高等学校计算机专业规划教材

计算机网络
与下一代互联网

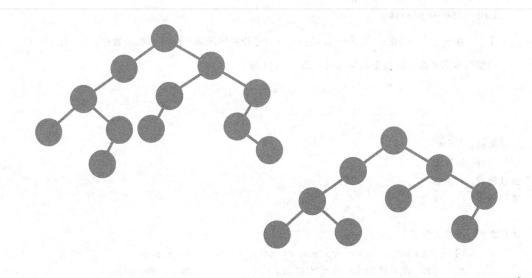

崔来中　傅向华　陆楠　编著

清华大学出版社
北　京

内容简介

本书采用自顶向下的系统分析方法,全面且系统地介绍计算机网络的基本概念、体系结构、协议模型以及技术原理,并在此基础上,重点介绍下一代互联网领域当前研究的重点和热点问题,系统地讨论IPv6 技术、组播技术、QoS 服务质量以及无线网络技术等。本书内容组织突出系统性、实用性和新颖性,使学生能够全面了解和掌握当前计算机网络技术和互联网发展潮流和热点。

本书适合作为计算机、软件工程、信息安全、通信、电子信息等相关专业的本科生与硕士研究生计算机网络课程的教材或教学参考书,也可供从事信息技术的工程技术人员与技术管理人员作为学习和研究网络技术的参考。

图书在版编目(CIP)数据

计算机网络与下一代互联网/崔来中,傅向华,陆楠编著. —北京:清华大学出版社,2015(2023.1 重印)
高等学校计算机专业规划教材
ISBN 978-7-302-38796-1

Ⅰ. ①计⋯ Ⅱ. ①崔⋯ ②傅⋯ ③陆⋯ Ⅲ. ①计算机网络-高等学校-教材 Ⅳ. ①TP393

中国版本图书馆 CIP 数据核字(2014)第 296441 号

责任编辑:龙启铭
封面设计:何凤霞
责任校对:焦丽丽
责任印制:沈　露

出版发行:清华大学出版社
　　　　　网　　　址:http://www.tup.com.cn,http://www.wqbook.com
　　　　　地　　　址:北京清华大学学研大厦 A 座　　　　邮　　编:100084
　　　　　社 总 机:010-83470000　　　　　　　　　　　邮　　购:010-62786544
　　　　　投稿与读者服务:010-62776969,c-service@tup.tsinghua.edu.cn
　　　　　质量反馈:010-62772015,zhiliang@tup.tsinghua.edu.cn
　　　　　课件下载:http://www.tup.com.cn,010-83470236
印 装 者:涿州市毅润文化传播有限公司
经　　销:全国新华书店
开　　本:185mm×260mm　　　　印　　张:32.5　　　　字　　数:750 千字
版　　次:2015 年 2 月第 1 版　　　　　　　　　　　印　　次:2023 年 1 月第 7 次印刷
定　　价:59.00 元

产品编号:061962-01

前言

计算机网络是 20 世纪对人类社会产生最深远影响的科技成就之一。随着 Internet 技术的发展和信息基础设施的完善,计算机网络正在改变人们的生活、学习和工作方式,推动社会文明的进步。计算机网络已经成为人们获取和交流信息的一种十分重要、快捷的手段。

进入 21 世纪之后,信息化社会对巨量信息快速处理、存储、交换能力的迫切需求,计算机技术得到飞速发展,网络新概念、新思想、新技术、新型信息服务不断涌现,随着互联网应用需求的不断发展,目前的互联网在实际应用中越来越暴露出其不足之处,已经成为制约互联网发展的主要障碍。下一代互联网技术和发展将从根本上解决未来网络发展的技术挑战,并逐渐成为衡量一个国家综合实力的重要标志。

尽管计算机网络技术与应用的发展十分迅猛,但是我们深入到网络技术体系中系统地研究和总结会发现,计算机网络技术经过几十年的发展,已经形成了相对成熟的知识体系与处理问题的思维方式,这是学习计算机网络技术体系、掌握系统原理以及网络分析设计的基础。众所周知,计算机网络与互联网从技术上是密不可分的,未来互联网应用是现代网络技术最有影响力的应用。本教材从计算机网络技术的应用、分析与设计角度去介绍网络系统原理和体系结构,采用从应用层到物理层的"自顶向下"的内容组织形式。从介绍互联网应用开始,从高层协议到底层协议、从互联网体系到具体物理网结构;从下一代互联网概念、系统体系与应用,结合未来计算机网络新的技术和潮流,循序渐进,内容上突出新技术和实用性。

全书内容分为 12 章,第 1～7 章为基础篇,第 8～12 章为提高篇。基础篇自顶向下系统介绍了计算机网络与互联网技术基本概念、体系结构、协议标准,以及现代网络技术的发展潮流。提高篇则从下一代互联网技术与应用出发,重点介绍下一代互联网体系结构的层次模型、服务质量控制、IP 组播技术,以及无线网络协议体系和关键技术、网络安全协议以及安全解决方案等重点问题。

本书适合于作为普通高等院校计算机网络课的教材和主要教学参考书,建议学时数为 72 学时(含实验),基础篇为必修内容,提高篇则可根据实际情况,选择部分章节内容进行讲解。

计算机网络与下一代互联网

　　本书是作者结合多年讲授网络课程的工作经验并在整理前期教材基础上修订编写而成，得到学校"计算机网络"精品课程建设项目资助。在编写过程中，得到了学院领导大力支持和帮助，特别感谢课程组老师在授课过程中对本书提出的建设性意见。由于时间仓促，作者水平有限，本书错漏之处在所难免，欢迎广大读者批评指正。

作　者

2015 年 1 月于深圳大学

目录

第 8 章　IP 组播与 IGMP 协议　/340

第 1 章

计算机网络概论

计算机网络是计算机技术与通信技术高度发展、相互渗透、紧密结合的产物。互联网是计算机网络最重要的应用。计算机网络与互联网技术的广泛应用对当今人类社会的生活、科技、教育、文化与经济的发展产生了重大的影响。计算机网络已成为信息社会的重要基础设施,其发展和应用水平直接反映了一个国家计算机技术和通信技术的水平,也是反映其现代化程度和综合国力的标志之一。

本章主要介绍:
- 计算机网络的产生与发展
- 计算机网络定义
- 计算机网络的形成、发展和趋势
- 计算机网络的分类和特点
- 计算机网络的拓扑结构
- 互联网的网络结构与特点

1.1 计算机网络的产生与发展

1.1.1 计算机网络的产生

世界上第一台电子计算机的诞生是一个创举,任何人都没有预测到计算机会在今天产生如此广泛和深远的影响。当 1969 年 12 月世界上第一个数据包交换计算机网络 ARPANET 出现时,也没有人预测到计算机网络会在现代信息社会中发挥如此重要的作用。

计算机网络涉及计算机技术和通信技术两大领域。计算机技术与通信技术的紧密结合,对人类社会进步做出了极大的贡献。

第一,通信网络为计算机之间的数据传递和交换提供了必要的手段,它是计算机网络发展的基础;第二,计算机技术的发展渗透到通信技术中,提高了通信网络的各种性能。当然,这两个方面的结合都离不开半导体技术,特别是超大规模集成电路 VLSI 技术取得的辉煌成就,这是促进计算机网络发展的重要技术。

如同计算机的迅猛发展一样,计算机网络的发展也经历了从简单到复杂、由低级到高级的演变过程。在这一过程中,计算机技术与通信技术相互结合、相互促进、共同发展,最终产生了计算机网络。

1. 面向终端的计算机通信网

在计算机刚问世后的几年里,计算机数量非常少,且非常昂贵,因此计算机和通信并没有什么关系。1954 年,人们开始使用一种称为**收发器**(transceiver)的终端,人们使用这种终端首次实现了将穿孔卡片上的数据通过电话线路送到远程计算机。后来,电传打字机也作为远程终端和计算机相连,用户可在远程电传打字机上输入自己的程序,而计算机的处理结果又可以传送到远程电传打字机上并打印出来。计算机网络的基本原型就这样诞生了。

由于当初计算机是为成批处理而设计的,所以计算机与远程终端相连时,必须在计算机上增加一个接口,并且这个接口应当对计算机原来的硬件和软件的影响尽可能小。于是,就出现了所谓的"线路控制器"(因为在通信线路上是串行传输而在计算机内采用的是并行传输,因此线路控制器的主要功能是进行串行和并行传输的转换以及简单的差错控制)。在通信线路的两端还必须各加上一个调制解调器。这是因为电话线路本来是为传送模拟的语音信号而设计的,它不适合于传送计算机的数字信号。调制解调器的主要作用就是把计算机或终端使用的数字信号与电话线路上传送的模拟信号进行模数或数模转换。

随着远程终端数量的增多,为了避免一台计算机使用多个线路控制器,在 20 世纪 60 年代初,出现了**多重线路控制器**(multiline controller),它可和多个远程终端相连接(见图 1.1),构成了面向终端的计算机通信网,它是最原始的计算机网络(有人称其为第一代计算机网络)。这里,计算机是网络的中心和控制者,终端围绕中心计算机分布在各处,而计算机的主要任务也还是进行成批处理,故称其为联机系统,以区别于早先使用的脱机系统。

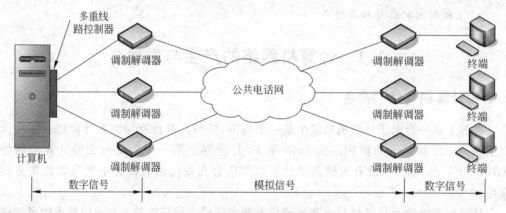

图 1.1　面向终端的计算机通信网

当人们认识到计算机还可用作数据处理时,计算机的用户数量就迅速增长。但是,每当需要增加一个新的远程终端时,上述的这种线路控制器就要进行许多硬件和软件的改动,以便和新加入的终端的字符集和传输速率等特性相适应。然而,这种线路控制器对主机却造成了相当大的额外开销。人们终于认识到应当设计出另一种不同硬件结构的设备来完成数据通信的任务。这就导致了具有较多功能的通信处理机的出现。通信处理机也称为**前端处理机**(Front End Processor,FEP),或简称为前端机。前端处理机分工完成全部的通信任务,而让主机专门进行数据的处理。这样就大大地提高了主机进行数据处理的效率。图 1.2 表示用一个前端处理机与多个远程终端相连的情况。由于可采用较便宜的小型计算机充当大型计算机的前端处理机,因此这种面向终端的计算机通信网获得了很大的发展。一直到现在,大型计算机组成的网络仍使用前端处理机,而对于目前接入局域网的个人计算机,其使用的接口网卡在原理上就相当于这种前端处理机。

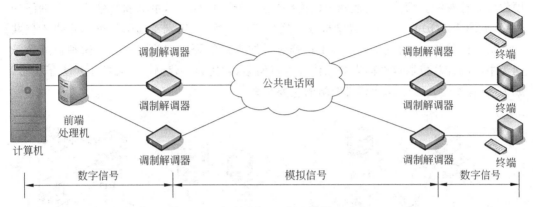

图 1.2　用前端处理机实现的联机系统

2. 基于交换的计算机通信网

在面向终端的计算机网络中,用户通过终端命令以交互方式使用计算机,从而将单一计算机系统的各种资源共享给各个用户。这种网络系统的应用极大地刺激了用户使用计算机的热情,使计算机用户的数量迅速增加。但这种网络系统也存在着一定的缺点:如果计算机的负荷较重,会导致系统响应时间过长;如果主机系统可靠性降低,一旦计算机发生故障,将导致整个网络系统的瘫痪。

为了克服第一代计算机网络的缺点,提高网络的可靠性和可用性,人们开始研究利用类似电话系统中的线路交换思想将多台计算机相互连接起来。这种基于交换技术的通信网络系统为网络的发展起到了极其重要的作用,它成为现代计算机网络技术的基础。

多年来,虽然电话交换机经过多次更新换代,从人工接续、步进制、纵横制直到现代的程控制,但其本质始终未变,都是采用**电路交换**(circuit switching)技术。从资源分配角度来看,电路交换是预先分配线路带宽的。所谓"交换"就是按照某种方式动态地分配传输线路的资源。用户在通话之前,先要通过用户呼叫(即拨号)建立一条从主叫端到被叫端的物理通路。只有在此物理通路建立后,双方才能互相通话。通话完毕挂机后即自动释放这条物理通路。在整个通话过程中,用户始终占用从发送端到接收端的固定传输带宽。

电路交换技术本来是为电话通信而设计的,对于计算机网络来说,建立通路的呼叫过程太长,必须寻找新的适合于计算机通信的交换技术。1964 年 8 月 Baran(巴兰)在美国 Rand(兰德)公司的"论分布式通信"的研究报告中提出了存储转发思想。在 1962—1965 年,美国国防部的高级研究计划署(Advanced Research Projects Agency,ARPA)和英国的国家物理实验室(National Physics Laboratory,NPL)都在对新型的计算机通信网进行研究。1966 年 6 月,NPL 的 Davies(戴维斯)首次提出"分组"(packet)这一概念。1969 年

12 月,美国的分组交换网 ARPANET 投入运行,当时仅有 4 个结点。ARPANET 的成功,标志着计算机网络的发展进入了一个新纪元。

ARPANET 网的成功运行使计算机网络的概念发生了根本变化。早期面向终端的计算机网络是以单台主机为中心的星形网(见图 1.3(a)),各终端通过电话网共享主机的硬件和软件资源。而分组交换网则以网络(通信子网)为中心,主机和终端都处在网络的边缘(见图 1.3(b))。主机和终端构成了用户资源子网(以区别于通信子网),用户不仅共享通信子网的资源,而且还可共享用户资源子网丰富的硬件和软件资源。这种以通信子网为中心的计算机通信网称为第二代计算机网络,它比第一代网络在功能上扩大了很多,成为 20 世纪七八十年代计算机网络的主要形式。

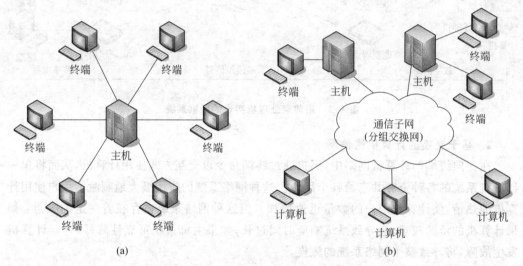

图 1.3 从以单个主机为中心演变到以通信子网为中心

在以分组交换为核心的第二代通信网络中,多台计算机通过通信子网构成一个有机的整体,既分散又统一,从而使整个系统性能大大提高;原来单一主机的负载可以分散到全网的各个机器上,使得网络系统的响应速度加快;而且在这种系统中,单机故障也不会导致整个网络系统的全面瘫痪。

必须指出,分组交换网之所以能得到迅速发展,很重要的一个原因就是,分组交换技术给用户带来了经济上的好处,其费用比使用电路交换更为低廉。

3. 计算机网络体系结构的形成

在网络中,相互通信的计算机必须高度协调工作,而这种“协调”是相当复杂的。为了降低网络设计的复杂性,早在当初设计 ARPANET 时专家就提出了层次模型思想。分层次设计方法可以将庞大而复杂的物体转化为若干较小且易于处理的子问题。

1974 年 IBM 公司提出了它研制的“系统网络体系结构(System Network Architecture,SNA)”,它是按照分层的方法制定的,成为世界上使用得较为广泛的一种网络体系结构。DEC 公司当时也提出了自己的网络体系结构,即数字网络体系结构(Digital Network Architecture,DNA)。

有了网络体系结构,使得一个公司所生产的各种机器和网络设备可以非常容易地连接起来,这种情况显然有利于一个公司垄断自己的产品。用户一旦购买了某个公司的网络,当需要扩展时,就只能再购买原公司的产品。如果想购买其他公司的网络产品,由于各个公司的网络体系结构各不相同,所以不同公司之间的网络不能互连互通。

　　然而全球经济的发展使得不同网络体系结构的用户迫切要求能够互相交换信息。为了使不同体系结构的计算机网络都能互连,国际标准化组织 ISO 于 1977 年成立了专门机构研究该问题。不久,他们就提出了一个使各种计算机能够互连的标准框架,即著名的开放系统互连参考模型(Open Systems Interconnection Reference Model,OSI/RM),简称为 OSI,它将网络划分为七层,并规定了每层的功能。它的“开放”思想是:只要遵循 OSI 标准,一个网络系统就可以和位于世界上任何地方并也遵循这同一标准的任何其他系统进行通信(这一点很像世界范围的电话和邮政系统,这两个系统都是开放系统)。OSI/RM 参考模型的提出,意味着计算机网络发展到了第三代。

　　OSI 参考模型的推出使网络发展道路走向标准化,而网络标准化的最大体现就是 Internet 的飞速发展,现在 Internet 已成为全球最大的商用计算机互联网。它遵循 TCP/IP 参考模型,由于 TCP/IP 仍然使用分层结构思想(但与 OSI 参考模型有很大不同),因此 Internet 仍属于第三代计算机网络。

4. 局域网的形成

　　在计算机网络的发展过程中,另一个重要阶段就是在 20 世纪 80 年代初发展起来的局域网。由于微型计算机的出现和应用普及,人们迫切需要将众多的微型计算机组成网络,局域网就是在一个有限区域范围内将众多微型计算机连接在一起实现信息交换和信息共享。作为网络的一个重要分支,局域网连网简单,只要在微型计算机中插入一个接口板就能实现连网。由于局域网价格便宜,传输速率高,使用方便,因此局域网在 20 世纪 80 年代开始得到了快速发展,特别是微型计算机的大量推广和普及,对局域网的应用起到了极大的推动作用,对当今计算机网络技术发展产生了重要影响。

5. Internet 时代的到来

　　进入 20 世纪 80 年代末期以来,在计算机网络领域最引人注目的就是起源于美国的 Internet 的飞速发展。Internet 的原意就是互联网,全国自然科学名词审定委员会推荐的译名是“因特网”(本书仍用英文原名)。现在 Internet 已发展成为世界上最大的国际性计算机互联网。Internet 对世界的冲击之大,影响之深是人们所未能预料的,这就使得 20 世纪 90 年代开始进入 Internet 时代。

　　Internet 已经成为世界上规模最大和增长速率最快的计算机网络,没有人能够准确说出 Internet 究竟有多大。特别是 21 世纪,Internet 得到了迅猛发展,成指数级增长趋势。由于 Internet 存在着技术上和功能上的不足,加上用户数量猛增,使得现有的 Internet 不堪重负。美国率先宣布实施“下一代 Internet 计划”,即“NGI 计划”(Next Generation Internet Initiative)。

　　NGI 计划要实现的一个目标是:开发下一代网络结构,以比现在的 Internet 高 100 倍的速率连接至少 100 个研究机构,以比现在的 Internet 高 1000 倍的速率连接 10 个类似的网点。其端到端的传输速率要达到 100Mbps 至 10Gbps。另一个目标是使用更加先进的网络服务技术和开发许多带有革命性的应用,如远程医疗、在线教育、有关能源和地球系统的研究、高性能的全球通信、环境监测和预报、紧急情况处理等。NGI 计划将使用超高速全光网络,能实现更快速的交换和路由选择,同时具有为一些实时应用保留带宽的能力。在整个 Internet 的管理和保证信息的可靠性和安全性方面也会有很大的改进。

1.1.2　计算机网络各个发展阶段的特点

回顾计算机网络技术发展的历程,大致可以划分为 4 个阶段。

第一阶段:计算机网络技术与理论的准备

第一阶段可以追溯到 20 世纪 50 年代。这个阶段的特点与标志性成果主要表现在:

(1) 数据通信的研究与技术的日趋成熟,为计算机网络的形成奠定了技术基础。

(2) 分组交换概念的提出为计算机网络的研究奠定了理论基础。

第二阶段:计算机网络的形成

第二阶段是从 20 世纪 60 年代 ARPANET 与分组交换技术开始。ARPANET 是计算机网络技术发展中的一个里程碑,它的研究对促进网络技术发展和理论体系的形成起到了重要的推动作用,并为互联网的形成奠定了坚实的基础。这个阶段出现了以下 3 项标志性的成果:

(1) ARPANET 的成功运行证明了分组交换理论的正确性。

(2) TCP/IP 协议的广泛应用为更大规模的网络互连奠定了坚实的基础。

(3) DNS、E-mail、FTP、TELNET、BBS 等应用展现了网络技术广阔的应用前景。

第三阶段:网络体系结构的研究

第三阶段大致是从 20 世纪 70 年代中期开始。这个时期,国际上各种广域网、局域网与公用分组交换网技术发展迅速,各个计算机生产商纷纷发展自己的计算机网络,提出了各自的网络协议标准。如果不能推进网络体系结构与协议的标准化,则未来更大规模的网络互连将面临巨大的阻力。

国际标准化组织(ISO)在推动开放系统互连(Open System Interconnection, OSI)参考模型与网络协议标准化研究方面做了大量工作,同时它也面临着 TCP/IP 协议的严峻挑战。这个阶段研究成果的重要性主要表现如下。

(1) OSI 参考模型的研究对网络理论体系的形成与发展,以及在推进网络协议标准化方面起到了重要的推动作用。

(2) TCP/IP 协议经受了市场和用户的检验,吸引了大量的投资,推动了互联网应用的发展,成为业界事实上的标准。

第四阶段:互联网应用、无线网络与网络安全技术研究的发展

第四阶段是从 20 世纪 90 年代开始。这个阶段最富有挑战性的话题是互联网应用技术、无线网络技术、对等网络技术与网络安全技术。这个阶段的特点主要表现如下。

(1) 互联网(Internet)作为全球性的网际网与信息系统,在当今政治、经济、文化、科研、教育与社会生活等方面发挥了越来越重要的作用。

(2) 计算机网络与电信网络、有线电视网络"三网融合",促进了宽带城域网概念和技术的演变。宽带城域网已经成为现代化城市的重要基础设施之一。接入技术的发展扩大了终端用户设备的接入范围,进一步促进了互联网应用的发展。

（3）无线局域网与无线城域网技术日益成熟，已经进入应用阶段。无线自组网、无线传感器网络的研究与应用受到了高度重视。

（4）对等网络（peer-to-peer，P2P）的研究使新的网络应用不断涌现，成为现代信息服务业新的产业增长点。

（5）随着网络应用的快速增长，新的网络安全问题不断出现，促使网络安全技术的研究与应用进入高速发展阶段。网络安全的研究成果为互联网应用提供了安全保障。

1.1.3　互联网应用的高速发展

互联网是通过路由器实现多个广域网、城域网和局域网互连的大型互联网络，它对推动科学、文化、经济和社会发展有着不可估量作用。对于广大用户来说，它好像是一个庞大的广域计算机网络。如果用户将自己的计算机接入互联网，就可以在这个信息资源宝库中漫游。互联网中的信息资源几乎是应有尽有，涉及商业、金融、政府、医疗、科研、教育、信息服务、休闲娱乐等众多领域。基于 Web 的电子商务、电子政务、远程医疗、在线教育，以及基于对等结构的 P2P 网络应用，使得互联网以超常规的速度发展。正如尼尔·巴雷特在《信息国的状态》一书中所说："要想预言互联网的发展，简直就像企图用弓箭追赶飞行中的子弹一样。在你每次用手指按动键盘的同时，互联网已经在不断变化。"

20 世纪 90 年代，世界经济进入一个全新的发展阶段。世界经济的发展推动着信息产业的发展，信息技术与网络应用已成为衡量 21 世纪综合国力与企业竞争力的重要标准。1993 年 9 月，美国公布了国家信息基础设施（National Information Infrastructure，NII）建设计划，NII 被形象地称为信息高速公路。美国建设信息高速公路的计划触动了世界各国，各国认识到信息产业发展对经济发展的重要作用，很多国家开始制定自己的信息高速公路建设计划。1995 年 2 月，全球信息基础设施委员会（Global Information Infrastructure Committee，GIIC）成立，目的是推动与协调各国信息技术与信息服务的发展与应用。在这种情况下，全球信息化的发展趋势已经不可逆转。

近年来，随着我国宏观经济的快速增长和人民生活的不断丰富，我国的互联网技术与应用水平也得到了飞速发展。根据中国互联网信息中心（CNNIC）的统计报告显示，截止到 2013 年 12 月，中国网民规模达 6.18 亿，全年共计新增网民 5358 万人。互联网普及率为 45.8%，较 2012 年底提升 3.7 个百分点。中国手机网民规模达 5 亿，较 2012 年底增加 8009 万人，年增长率为 19.1%，手机继续保持第一大上网终端的地位（如图 1.4 所示）。

随着互联网应用日益普及，中国互联网的发展主题已经从"普及率提升"转换到"使用程度加深"。首先，近几年国家政策支持和网络环境变化对互联网使用深度的提升提供有力保障；其次，互联网与传统经济结合越加紧密，如购物、物流、支付乃至金融等方面均有良好应用；再次，互联网应用塑造全新的社会生活形态，对人们日常生活中的衣食住行均有较大改变。截止到 2013 年底，我国 IPv4 地址数量为 3.30 亿，拥有 IPv6 地址 16 670 块/32。我国域名总数为 1844 万个，其中".CN"域名总数较 2012 年同期增长 44.2%，达到 1083 万，在中国域名总数中占比达 58.7%。我国网站总数为 320 万个，较 2012 年同期增长 19.4%。国际出口带宽为 3 406 824Mbps，较 2012 年同期增长 79.3%，如表 1-1 和图 1.5 所示。

中国网民规模和互联网普及率

来源：CNNIC 中国互联网络发展状况统计调查　　　　　2013.12

中国手机网民规模及其占网民比例

来源：CNNIC 中国互联网络发展状况统计调查　　　　　2013.12

图 1.4　中国互联网普及情况

表 1-1　2012—2013 年中国互联网基础资源对比

类　　型	2012 年 12 月	2013 年 12 月	年增长量	年增长率
IPv4/个	330 534 912	330 308 096	−226 816	−0.1%
IPv6/(块/32)	12 535	16 670	4135	33.0%
域名/个	13 412 079	18 440 611	5 028 532	37.5%
其中.CN 域名/个	7 507 759	10 829 480	3 321 721	44.2%
网站/个	2 680 702	3 201 625	520 923	19.4%
其中.CN 下网站/个	1 036 864	1 311 227	274 363	26.5%
国际出口带宽/Mbps	1 899 792	3 406 824	1 507 032	79.3%

来源：CNNIC 中国互联网络发展状况统计调查　　　　　　　　　　　　2013.12

来源：CNNIC 中国互联网络发展状况统计调查

图 1.5　中国 IP 地址增长数

1.1.4　互联网发展面临的挑战与下一代互联网

随着互联网的日益普及，异构环境、普适计算、泛在连网、移动接入和海量流媒体等新应用不断涌现，人们对互联网的规模、功能和性能等方面的需求越来越高。目前互联网在"扩展性、高性能、实时性、移动性、安全性、易管理和经济性"等方面存在重大技术问题。其中，扩展性和安全性是目前互联网面临的首要技术挑战。

1. 可扩展性

可扩展性是目前互联网技术取得成功的最重要原因之一。无连接分组交换技术不要求网络交互结点记录数据传送的轨迹，成为互联网易于控制的基础；分层的路由寻址结构使得全球属于不同管理域的网络相互寻址变得相对简单可行。但是，由于 IPv4 地址规划策略的局限性，目前全球互联网路由表已经超过 30 万条，并仍然保持快速增长的趋势。这不仅大大增加了路由计算的开销，也对互联网寻址路由技术的进一步扩展提出极大的挑战。尽管 IPv6 协议定义了海量的地址空间,但是如何对这些地址进行合理的规划和设计,以及如何在海量地址空间范围内实现高效的路由寻址,仍然是没有解决的技术难题。面对如此巨大的地址空间,理想的路由机制一定是可扩展的路由机制,是可以随着规模的不断扩大能够自适应的路由机制。因此,国际互联网标准化组织 IETF 在其 68 届大会上,直接提出了研究目标:"解决 20 年内 100 亿 IP 地址、超过 1000 万多宿主地址的互联网路由的技术问题"。

2. 安全性

目前的互联网中存在着种种安全问题。例如,网络恶意攻击不断;网络病毒泛滥;路由系统无法验证数据包的来源是否可信;追查网络肇事者异常困难;用户担心网络敏感信息或个人隐私泄露;关键应用系统的开发者和所有者担心受到网络的攻击,影响应用系统的可用性。互联网出现的这些安全问题严重影响了越来越依靠互联网运行的国家经济、社会和军事系统的安全,使人们对互联网的可信任性产生怀疑。目前的互联网安全技术相对独立,系统性不强,基本处于被动应对状态。从互联网体系结构上找出其安全问题的根源,确保互联网地址及其位置的真实可信,增强网络应用实体的真实可信,从下一代互联网体系结构上系统地解决互联网安全问题,是下一代互联网研究的重要技术挑战。

3. 高性能

随着流媒体数据在互联网中占有的比例不断增加,基于分组交换、点对点传输和闭环拥塞控制的互联网体系表现出越来越多的不适应性,越来越多的数据传输只能依靠网络层次叠加实现。由于不能感知和利用网络状态信息,无法利用路由器的数据复制和分发功能,P2P 等层叠网技术在实现海量信息传输的同时,降低了互联网本身的传输效率。随着千兆位/万兆位以太网技术、密集波分复用 DWDM 光通信技术的发展,下一代互联网主干网和接入网的超高速路由寻址技术受到微电子技术发展的限制,不是集成度不够就是电功耗太大。要想突破这种限制,必须设计出新的超高速分组处理算法和大规模高效路由寻址体系结构。此外,还要解决全网范围内的高性能端到端传输所面临的一系列技术挑战。

4. 实时性

贝尔实验室的研究预测表明:到 2012 年,互联网骨干业务流量的 80% 以上是延时敏感的流媒体业务。如何在非连接的 IP 网络"尽力而为"的业务模式下,为未来占统治地位的实时交互式流媒体业务提供良好的支持,将是下一代互联网研究面临的重要技术挑战之一。另外,对于其他大量非视频的实时性应用,如实时工业控制、自动指挥、测量监视等,互联网技术同样远远不能满足它们的实时性要求。如何提供与互联网"尽力而为"设计理念完全不同的实时性处理能力、如何支持更多的实时性应用需求,成为互联网面临的重大技术挑战之一。

5. 移动性

目前发展最为迅速的手机无线移动通信主要采用电路交换蜂窝移动通信技术,如 GSM 和 CDMA。它们以低速语音无线移动通信为主要业务,与互联网完全属于两种不同的技术体系。尽管人们现在也能通过手机系统访问互联网,但是因为受到语音信道容量的限制,一般速度较慢,无法满足互联网高速应用的访问需求。近年来,互联网的无线接入技术发展迅速,如 Wi-Fi,除了笔记本计算机可以方便地移动接入互联网外,各种无线移动终端也层出不穷,正在使互联网越来越具移动性。人们希望的下一代互联网实际上也是一个移动的互联网、一个无处不在的互联网。如何基于现有的互联网技术体系,采用先进的互联网的无线接入技术,借鉴目前无线移动通信技术的成功经验,构造出真正的移动互联网,是下一代互联网面临的重大技术挑战之一。

6. 可管理性

互联网之所以管理困难、安全问题严重,是因为互联网端到端的特性决定了网上的用户个人和端系统、每个网络和运营商都是独立的、自治的。用户的通信范围不局限在接入点所在的网络,但是对跨管理域的通信行为,目前在测量和控制方面缺乏基本支持。互联网上独立、自治的实体之间存在着合作、竞争和对抗关系,对网络管理和安全的目标有时很难达成一致;有限的网络资源在无序的竞争或对抗中,很难达到最佳的利用效果,甚至被大量滥用或恶意破坏。如何在由自治用户、自治网络构成的复杂系统中实现有效的网络管理,使得各种网络功能可知、可控和可管,是互联网研究又一个重大技术挑战。

互联网的后面将是什么,谁也不能准确预测,但是可以肯定,它将迎来新一轮创新。从互联网发展的历程来看,互联网是"逢山开路,遇水搭桥"一步一步走过来的,互联网的历史是一个不断创新的历史。正如互联网的创始人 Vinton Cerf 所说:"互联网一直面临斗争和挑战,我们一直在克服这样或那样的障碍,好像在翻山越岭一样,爬到山顶,然后落下来,再释放能量"。互联网面临地址耗尽等重大技术挑战,今后将如何发展是目前业界普遍思考和研究的一个话题。一场围绕下一代互联网技术研究和开发,抢占新一轮互联网技术和新经济竞争制高点和主动权的技术革命正在全球范围内拉开帷幕。下一代互联网出现具有深刻的历史、技术和社会背景。

(1) 国际互联网发展了 30 多年,虽然积累了许多成功经验,同时也暴露了许多不足和问题。互联网的继续发展面临一系列来自网络技术本身、大规模新型网络应用及互联网运营和管理等方面的挑战。有些初始设计的不足和问题,很难通过简单的修补加以解决。

(2) 随着互联网的商业化,现有的互联网已经无法成为进一步研究和开发新的互联网技术的平台,需要有一个全新的非商业用途的高速网络实验环境,继续研究、试验和验证新的网络技术。

(3) 美国已经从互联网在全球的发展中获得了巨大的经济利益和政治利益。为了继续保持美国在信息和网络技术领域的垄断地位,把对网络技术的研究演变成为市场竞争的有力武器,美国政府于 1996 年 10 月宣布启动"下一代互联网 NGI"研究计划时明确指出,其目的是研究 21 世纪计算机信息网络的基本理论,构造全新概念的新一代计算机互联网络体系结构,为美国的教育和科研提供世界最先进的基础设施,从而保证美国在科学和经济领域的竞争力。美国下一代互联网的研究,迅速引起许多发达国家的关注。英、德、法、日、加等发达国家目前除了拥有政府投资建设的运行的大规模教育和科研网络以外,也都建立了研究下一代互联网及其应用技术的高速网络。

中国下一代互联网(China's Next Generation Internet,CNGI)示范工程(CNGI 项目)是国家级的战略项目,于 2003 年经国务院批准启动。该项目由信息产业部、科技部、国家发展和改革委员会、教育部、国务院信息化工作办公室、中国科学院、中国工程院和国家自然科学基金委员会八个部委联合发起,主要目的是搭建下一代互联网的试验平台,以IPv6 为核心。以此项目的启动为标志,我国的 IPv6 进入了实质性发展阶段。CNGI 项目的目标是打造我国下一代互联网的基础平台,这个平台不仅是物理平台,相应的下一代研究和开发也都可在这一平台上进行试验,目标是使之成为产、学、研、用相结合的平台及中外合作开发的开放平台。目前,CNGI 项目已经建设成为一个覆盖全国的 IPv6 网络,该网络将成为世界上最大的 IPv6 网络之一。

中国下一代互联网示范网络核心网 CNGI-CERNET2/6IX 项目已通过验收,宣布取得四大首要突破:世界第一个纯 IPv6 网;开创性提出 IPv6 源地址认证互连新体系结构;首次提出 IPv4overIPv6 的过渡技术;首次在主干网大规模应用国产 IPv6 路由器。在北京建成国内/国际互连中心 CNGI-6IX(如图 1.6 所示),实现了 6 个 CNGI 主干网的高速互连,实现了 CNGI 示范网络与北美、欧洲、亚太等地区国际下一代互联网的高速互连。

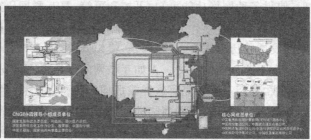

图 1.6　中国下一代互联网示范网络核心网

1.2　新兴网络形态介绍

1.2.1　物联网

随着网络技术的发展,物联网技术逐渐得到人们的广泛关注。物联网(Internet of Thing,IoT)是指通过射频识别(RFID)、红外感应器、全球定位系统和激光扫描器等信息传感设备,按约定的协议,把任何物品与互联网连接起来,进行信息交换和通信,以实现智能化识别、定位、跟踪、监控和管理的一种网络。

物联网的历史最早可以追溯到 1999 年,Auto-ID 研究中心基于麻省理工学院对于RFID 与传感器的研究,首次提出了物联网的概念,当时的定义是把所有物品通过射频识别等信息传感设备与互联网连接起来,实现智能化识别和管理。而在 2005 年国际电信联盟 ITU 发布的"ITU Internet Reports:2005 The Internet of Things"中指出,无所不在的"物联网"时代即将来临,世界上所有的物体从轮胎到牙刷,从房屋到纸巾都可以通过互联网主动进行信息交换,射频识别技术(Radio Frequency Identification,RFID)、传感器技术、纳米技术和智能嵌入技术将得到广泛应用。在 2008 年,IBM"智慧地球"提出把感应器嵌入和装备到电网、铁路、桥梁、隧道、公路、建筑、供水系统、大坝和油气管道等各种物体中,并且被普遍连接,形成所谓"物联网"。2009 年 6 月,欧盟委员会提出针对物联网行动方案,方案明确表示在技术层面将给予大量资金支持,在政府管理层面将提出与现有法规相适应的网络监管方案。

从物联网的相关技术和功能角度概括,可得出物联网是指通过射频识别(RFID)、红外感应器、全球定位系统和激光扫描器等信息传感设备,按约定的协议,把任何物品与互联网连接起来,进行信息交换和通信,以实现智能化识别、定位、跟踪、监控和管理的一种网络,这种网络形成了一种全新的人与物、物与物的通信交流方式。

物联网具有的诸多特点使得它广泛应用于各行各业,如交通物流、智能医疗、智能环境、社会应用等,彻底改变了人们的工作效率、管理机制、生活方式及行为模式等。

物联网还面临着一些需要深入研究的问题。

(1)物联网体系结构标准化。物联网为异构体系,导致标准各异,加之涵盖范围广,网络互联和接口复杂等,导致标准化进程缓慢。因此,建立一个资源共享,互联互通,统一规范的物联网标准体系仍然是关键问题。

(2)协议简化以及 IP 地址分配和管理。对应传统互联网来说,是否与物联网通信是可选的,因此协议层次需要裁减,并且完成可选的功能。裁减和自适应的方法是急需解决的问题。

物联网的 IP 地址分配和管理也是技术开发中需要攻克的关键问题。在物联网中,IP地址的需求是动态的、无限增加的,所以如何有效地分配和管理这些 IP 地址,直接关系到这些物件之间 IP 通信的有效性以及整个物联网异构体系的互通性。

物联网中 IP 的移动性管理与多接口技术的结合也将成为物联网体系结构的技术开发中需要解决的关键问题。传统的 IP 协议是基于固定结点所设计的,并不适合移动场景,而物联网要与现有互联网互联,就需要物联网移动性的支持。同时,设备具有多个接口,可以选择不同的网络;网络中源结点与目的结点之间存在多条路径,因此,将多接口技术整合进来有利于支持异构网络间的切换。

(3)物联网的网络安全机制。网络的安全性是互联网中极为关注的一个问题。物联网信息安全要求比以处理文本为主的互联网要高,对隐私权保护的要求也更高。

虽然 IPv6 协议具有安全机制,但并不能保证网络的安全问题,对应结点报文截获、DNS 服务器的攻击等问题需要重新考虑。

(4)网络的构建和部署。物联网部署要受到以下三个方面的制约:大规模推广、商业模式和维护。部署物联网涉及应用成本问题,再加上较为复杂的基础建设工程和公共设施工程方面的困难。另一方面,物联网目前的商业模式可能会制约物联网整体部署的进度。目前构建和部署物联网直接面临的问题是,如何普及物联网知识,让人们愿意使用并且可以维护物联网。

1.2.2 云计算

IBM 在其白皮书中对云计算(Cloud Computing)的定义是:云计算一词用来同时描述一个系统平台或者一种类型的应用程序。一个云计算的平台按需进行动态地部署(provision)、配置(configuration)、重新配置(reonfigure)以及取消服务(deprovision)等。在云计算平台中的服务器可以是物理的服务器,或者是虚拟的服务器。高级的计算云通常包含一些其他的计算资源,例如存储区域网络(SAN)、网络设备、防火墙以及其他安全设备等。云计算在应用方面描述了一种可以通过互联网进行访问的可扩展的应用程序。"云应用"使用大规模数据中心以及功能强劲的服务器来运行网络应用程序与网络服务。任何一个用户通过合适的互联网接入设备以及一个标准的浏览器就能够访问一个云计算应用程序。

上述定义给出了云计算两个方面的含义:一方面描述了基础设施,用来构造应用程序,其地位相当于 PC 上的操作系统;另一方面,描述了建立在这种基础设施之上的云计算应用。在与网格计算的比较上,网格程序是将一个大任务分解成很多小任务并行运行在不同的集群以及服务器上,注重科学计算应用程序的运行。而云计算是一个具有更广泛含义的计算平台,能够支持非网格的应用,例如支持网络服务程序中的前台网络服务器、应用服务器和数据库服务器三层应用程序架构模式,以及支持当前 Web 2.0 模式的网络应用程序。云计算是能够提供动态资源池、虚拟化和高可用性的下一代计算平台。现有的云计算实现使用的技术体现了以下三个方面的特征。

(1) 硬件基础设施架构在大规模的廉价服务器集群之上。与传统的性能强劲但价格昂贵的大型机不同,云计算的基础架构大量使用了廉价的服务器集群,特别是 x86 架构的服务器。结点之间的互联网络一般也使用普遍的千兆以太网。

(2) 应用程序与底层服务协作开发,最大限度地利用资源。传统的应用程序建立在完善的基础结构,如操作系统之上,利用底层提供的服务来构造应用。而云计算为了更好地利用资源,采用了底层结构与上层应用共同设计的方法来完善应用程序的构建。

(3) 通过多个廉价服务器之间的冗余,使用软件获得高可用性。由于使用了廉价的服务器集群,结点的失效将不可避免,并且会有结点同时失效的问题。为此,在软件设计上需要考虑结点之间的容错问题,使用冗余的结点获得高可用性。

在具体实例方面,主要有 Google 的云计算平台、IBM 的云计算平台、Amazon 的弹性计算云、微软的 Windows Azure 平台和清华大学的透明计算平台等。

从用户的角度看,云计算系统将各种数据包括用户数据通过网络保存到远端的云存储平台上,减少了用户对于数据管理的负担。同时,云计算系统也将处理数据的服务程序通过远程的大规模云计算处理平台运行,能够负担大量数据的处理工作。可以说,云计算是数据共享计算模式与服务共享计算模式的结合体,是下一代计算模式的发展方向。

从平台技术构建看,云计算具有三个基本特征,即系统建立在大规模的廉价服务器集群之上,通过基础设施与上层应用程序的协同构建以达到最大效率地利用硬件资源的目的,以及通过软件方法容忍多个结点的错误。通过云计算对这三个方面基本特征的体现,达到了分布式系统两个方面的目标,即系统的可扩展性和可靠性。

各个云计算平台也各自具有不同的特点。特别是在平台的使用上,透明计算平台为用户同时提供了用户实际接触的客户端结点以及无法接触的远程虚拟存储服务器,是一个半公开环境。Google 的云计算平台环境是私有的环境,除了开放有限的应用程序接口,例如 GWT(Google Web toolkit)、Google App Engine 以及 Google Map API 等以外,Google 并没有将云计算的内部基础设施共享给外部的用户使用。IBM 的云计算平台则是可提供销售的软硬件集合,用户基于这些软硬件产品构建自己的云计算应用。Amazon

的弹性计算云则是托管式的云计算平台,用户可以通过远端的操作界面直接操作使用,看不到实际的物理结点。云计算未来主要有两个发展方向:一个是构建与应用程序紧密结合的大型底层基础设施,使得应用能够扩展到很大的规模;另一个是通过从现有的云计算研究状况中体现出来。而在云计算应用的构造上,很多新型的社交网络(如 Facebook 等),已经体现了这个发展趋势,而在研究上则开始注重如何通过云计算基础平台将多个业务融合起来。

1.2.3　数据中心网络

数据中心网络(Data Center Network)是数据中心基础设施重要的组成部分,也是近年来各大公司和研究机构的研究热点。数据中心网络有自己的特点:一是服务器数据多,比如微软公司在芝加哥的数据中心就有超过 50 万台服务器;二是应用规模较大,一般是所有服务器到所有服务器全相连通信方式,并且大多数数据中心不止运行一种应用;三是虚拟化,每台服务器一般至少运行 10 台虚拟机,而每个虚拟机至少占用一个地址,例如微软数据中心的路由表项达到 500 万。一般来说,数据中心网络架构主要有以下几方面的需求。

(1) 即插即用:交换机需要更加简单的配置和管理方式,能够达到即插即用的效果。

(2) 可扩展性:数据中心应具有一定的容错能力,并且在路由和编址方面具有可扩展性。

(3) 最小的交换机状态:不需要特殊的硬件设计和考虑,只需要正常的硬件结构就能够满足要求。

(4) 虚拟化支持:虚拟机由一台服务器迁至另外的服务器时,不应该出现服务中断的情况,要做到无缝迁移。

(5) 节能:根据服务压力进行节能省电,也是数据中心网络需要考虑的一部分。

下面简要介绍几种典型的数据中心网络拓扑架构。

1. 以交换机为核心的拓扑方案

在以交换机为核心的拓扑方案中,Fat-Tree 和 Portland 采用相同的网络拓扑。Fat-Tree 典型的拓扑如图 1.7 所示。

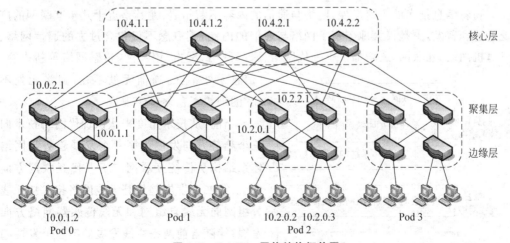

图 1.7　Fat-Tree 网络结构拓扑图

该网络将交换机分为 3 层,分别为边缘层交换机、聚集层交换机和核心层交换机。一般地,Fat-Tree 若使用 n 口交换机构建网络时,整个网络有 n 个 Pod,每个 Pod 中包括n/2 个边缘层交换机和 n/2 个聚集层交换机,顶层为$(n/2)^2$ 个核心层交换机。每个边缘层交换机的一半端口与服务器相连,另一半端口与聚集层交换机相连。汇聚层交换机的另一半端口与核心层交换机相连。每个核心层交换机的 n 个端口分别与 n 个 Pod 连接。整个网络最多可以互联 $n^3/4$ 台服务器。Fat-Tree 网络拓扑的优势是链路资源丰富,网络容错性好。而且提供了 1∶1 的超额订购率,可为任意一对服务器提供无阻塞的通信。

2. 以服务器为核心的拓扑方案

以服务器为核心的拓扑结构一般采用分层结构。分层拓扑结构的共同点是第 0 层网络是有一台交换机连接若干台服务器构成,高层网络通过连接若干个低层网络构成。连接低层网络的方法有两种。一种是不通过交换机,直接通过服务器端口进行连接,代表性的拓扑方案有 DCell 和 FiConn。另一种是通过交换机进行连接,代表性的拓扑方案有 BCube。CamCube 为采用分层结构,只通过服务器端口进行连接。

3. 混合拓扑结构

上述两类拓扑方案虽然具有构建成本低、网络可扩展性好、容错性好、网络对分带宽高以及能提供较低的超额订购率等优点,但同时引入了布线复杂度高,需要对已有硬件升级等问题。Srikanth、Kandual 等发现使用传统树形拓扑方案构建的网络在绝大部分时候都能够满足应用需求,只有在少数情况下应用需求得不到满足,而且数据中心网络内部的流量在某一时刻只集中在少数链路上。在这种背景下,一些研究者提出了融合分组交换网络和电路交换网络的混合拓扑方案。

1.3　现代网络技术发展的三大趋势

1.3.1　现代网络技术发展趋势

随着信息技术的飞速发展,网络与通信的内容不断拓展,尤其是近十几年互联网的广泛渗透和普及,更是极大地丰富了网络与通信的内涵,其概念不仅包含过去的通信网络、计算机网络、互联网,还增加了下一代网络、家庭网络、网格、语义网、传感网络等新内容。"信息无处不在,通信无处不在,网络无处不在"的理想正在逐步实现。

当前,从技术角度来认识现代网络技术向三个趋势方向发展。第一个发展趋势是网络体系结构从传统互联网向下一代互联网方向发展;第二个发展趋势是无线网络技术从无线分组网向无线自组网和无线传感器网络方向发展;伴随着前两条主线发展的第三个发展趋势是网络安全技术。图 1.8 给出了现代网络技术发展趋势示意图。

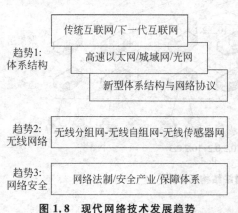

图 1.8　现代网络技术发展趋势

1.3.2　从传统互联网到下一代互联网

这一发展趋势中呈现出以下重要特点。

(1) ARPANET 的研究奠定了互联网(Internet)发展的基础,而联系二者的是 TCP/IP 协议。

(2) TCP/IP 协议体系在互联网的成功实现和广泛应用过程中,强烈的社会需求促进了广域网、城域网与局域网技术的研究与应用的发展,而广域网、城域网与局域网技术的成熟与标准化,又加速了互联网的发展进程。

(3) 新型 IP 网络体系结构的研究与设计,对下一代互联网的快速发展起到了重要的推动作用。从发展趋势来看,今后除计算机和个人手持设备(PDA)之外,手机、固定电话、相机、摄像机以及各种家用电器都会连接到互联网中。

(4) 与传统的客户/服务器(client/server,C/S)工作模式不同,对等(peer to peer,P2P)工作模式淡化了服务提供者与服务使用者的界限,以“非中心化”的方式使更多的用户身兼服务提供者与服务使用者的双重身份,从而达到进一步扩大网络资源共享范围和深度,提高网络资源利用率,使信息共享最大化的目的,因此受到学术界与产业界的高度重视,被评价为“改变互联网的新一代网络技术”。新的基于 P2P 的网络应用不断出现,成为 21 世纪网络应用重要的研究方向之一。

(5) 随着下一代互联网技术日趋成熟,计算机网络、电信网络与有线电视网络从结构、技术到服务领域正在快速地融合,成为 21 世纪信息产业发展最具活力的领域。

1.3.3　从无线分组网到无线自组网与无线传感器网

这一发展趋势中呈现出以下重要特点。

(1) 从是否需要基础设施的角度来看,无线网络可以分为需要基础设施与不需要基础设施两类。802.11 无线局域网(wireless LAN,WLAN)与 802.16 无线城域网(wireless MAN,WMAN)属于需要基础设施的无线网络,而无线自组网、无线传感器网络属于不需要基础设施的无线网络。

(2) 在无线分组网的基础上发展起来的无线自组网(Ad Hoc)是一种特殊的自组织、对等式、多跳、无线移动网络,它在军事和特殊应用领域有着重要的应用前景。

(3) 当无线自组网技术日趋成熟的时候,无线通信、微电子、传感器技术得到快速发展。在军事领域中,研究人员提出将无线自组网与传感器技术相结合的无线传感器网络技术(物联网技术)。无线传感器网络(wireless sensor network,WSN)用于对敌方兵力和装备的监控、战场的实时监视与目标的定位、战场评估、对核攻击和生化攻击的监测,并且在安全、应急、医疗与环境保护等特殊领域有着重要的应用前景。这项研究一出现,立即引起政府、军队和研究部门的高度关注,被评价为“21 世纪最有影响的 21 项技术之一”和“改变世界的十大技术之首”。

(4) 无线网状网(wireless mesh network,WMN)是无线自组网在接入领域的一种应用。WMN 又称为无线网格网。作为对无线局域网、无线城域网技术的补充,它将成为解决无线接入“最后一公里”问题的重要技术手段之一。

（5）如果说广域网的作用是扩大信息社会中资源共享的范围，局域网是进一步增强信息社会中资源共享的深度，无线网络是增强人类共享信息资源的灵活性，那么无线传感器网络将会改变人类与自然界的交互方式，它将极大地扩展现有网络的功能和人类认识世界的能力。

1.3.4   网络安全技术

这一发展趋势中呈现出以下重要特点。

（1）人类创造了网络虚拟社会的繁荣，也制造了网络虚拟社会的问题。网络安全是现实社会的安全问题在网络虚拟社会中的反映。现实世界中真善美的东西，网络虚拟社会中都会有。同样，现实世界中丑陋的东西，在网络虚拟社会中也会出现，只是在什么时间点，以什么形式表现的问题，可能表现形式不一样。网络安全技术是伴随着网络技术的发展而发展的，永远不会停止。

（2）现实社会对网络技术依赖的程度越高，网络安全技术就越显得重要。网络安全是网络技术研究中一个永恒的主题。

（3）网络安全技术的发展验证着"魔高一尺，道高一丈"的古老哲理。在"攻击-防御-新攻击-新防御"的循环中，网络攻击技术与网络反攻击技术相互影响、相互制约，共同发展，这个过程将一直延续下去。目前，网络攻击已从当初的显示才能、玩世不恭，逐步发展到经济利益驱动的有组织犯罪，甚至是恐怖活动。

（4）正如现实世界危害人类健康的各种"病毒"（它只会随着时间演变，不可能灭绝）一样，计算机病毒也会伴随着计算机与网络技术的发展而演变，不可能停止和消失。只要人类存在，就一定存在危害人类健康的病毒。只要计算机和网络存在，计算机病毒就一定会存在。网络是传播计算机病毒的重要渠道，计算机病毒是计算机与网络永远的痛。

（5）网络安全是一个系统的社会工程。网络安全研究涉及技术、管理、道德与法制环境等多个方面。网络的安全性是一个链条，它的可靠程度取决于链条中最薄弱的环节。实现网络安全是一个过程，而不是任何一个产品可以替代的。人们在加强网络安全技术研究的同时，必须加快网络法制建设，加强网络法制观念与道德的教育。

从当前的发展趋势看，网络安全问题已超出技术和传统意义上计算机犯罪的范畴，已发展成为国家之间的一种政治与军事的手段。各国只能立足于自身，研究网络安全技术，培养专门人才，发展网络安全产业，构筑网络与信息安全保障体系。

1.4   计算机网络基础知识

1.4.1   计算机网络的定义和功能

严格地说，计算机网络是一种将地理上分散的、具有独立工作能力的多台计算机通过通信设备和通信线路连接起来，在配有相应的网络通信软件条件下，实现数据通信和资源共享的系统。

从这个意义上讲，处于网络中的计算机应具有独立性。如果一台计算机被另一台计算机所控制,那么它就不具备独立性。同样,对于一台带有大量终端的大型机组成的分时系统也不能称为网络。

容易与计算机网络混淆的另一个概念是分布式系统。分布式系统的基础是计算机网络,但它是一种建立在网络之上的软件系统。作为分布式系统的用户,所面对的是单一的虚拟的处理机,觉察不到多个处理器的存在。所有对系统资源的访问都由分布式系统自动地完成,用户提交的任务,通过分布式系统自动划分子任务分配给不同的处理器处理。

但在计算机网络中,用户必须明确地指定在哪一台机器上登录;明确地指定远程递交任务;明确地指定文件传输的源和目的地,并且还要管理这个网络。在分布式系统中,不需要明确指定这些内容,系统会自动地完成而无需用户的干预。网络和分布式系统的区别主要取决于软件(尤其是操作系统性质)而不是硬件。

计算机网络自 20 世纪 60 年代末诞生以来,以异常迅猛的速度在发展,并得到广泛的应用和普及,任何人都没有预料到计算机网络在现代信息社会中扮演如此重要的角色。

计算机网络的主要功能包括如下 4 个方面。

1. 建立数据通信

利用计算机网络进行数据信息的传递是一种全新的电子传递方式,比现有的其他通信工具有更多的优点,比如它不像电话需要通话者同时在场,也不像广播系统只能是单方向传递信息。在速度上也比其他方式快得多,通过网络还可以传递声音、图像和视频等多媒体信息。通过网络环境,还可以建立一种新型的协作方式,实现网络计算机协同工作,它消除了地理上的距离限制。

2. 实现资源共享

在计算机网络中,有许多昂贵的资源,例如大型数据库、巨型计算机等,要使这些资源为每一用户所拥有,用户可以共享使用这些资源。共享资源包括硬件资源的共享,如打印机、大容量磁盘等,也包括软件资源的共享,如程序、数据等。资源共享的结果是避免重复投资和劳动,从而提高了资源的利用率,使系统的整体性价比得到改善。

3. 增加可靠性

在单个系统内,某个资源或计算机的暂时失效将导致系统瘫痪,或者通过替换资源的办法来维持系统的继续运行。但在计算机网络中,每种资源(尤其程序和数据)可以存放在多个地点,而用户可以通过多种途径来访问网内的某个资源,从而避免了单点失效对用户产生的影响。

4. 提高系统处理能力

单机系统的处理能力是有限的,且由于种种原因,各计算机的忙闲程度也不均匀。从理论上讲,在同一个网络系统的多台计算机通过协同操作和并行处理来提高整个系统的处理能力,并使各计算机负载均衡。

由于计算机网络具备上述功能,因此得到了广泛的应用。在计算机网络的支持下,银行系统实现异地通存通兑,而且加快资金的流转速度;医疗专家系统的各科医生可以联合为一个病人治疗诊断;由科学家们组成的各个领域的研究圈通过网络来进行学术交流和研究,及时发表最新的思想和研究成果。

日常生活中,IP 电话、网上寻呼、电子邮件已成为人们重要的通信手段。视频点播、网络游戏、网上教学、网上书店、网上购物、网上订票、网上电视直播、网上医院、网上证券交易、电子商务等正逐渐走进普通百姓的生活、学习和工作当中。在未来,谁拥有"信息资源",谁能有效使用"信息资源",谁就能在各种竞争中占据主导地位。

1.4.2　计算机网络的分类

1.4.2.1　计算机网络分类的基本方法

计算机网络分类的基本方法有两种:一种是按网络采用的传输技术分类;另一种是按网络覆盖的范围分类。

1. 按网络采用的传输技术分类

网络采用的传输技术决定网络的主要技术特点,根据网络采用的传输技术对网络分类是一种重要的分类方法。在通信技术中,通信信道有两类:广播通信信道与点对点通信信道。按照网络所采用的传输技术,可以将网络分为广播式网络与点对点式网络。

(1) 广播式网络。在广播式网络中,所有联网计算机共享一个公共通信信道。当一台计算机利用共享通信信道发送分组时,其他计算机都会"收听"到这个分组。由于发送的分组中带有目的地址与源地址,接收到分组的计算机将检查目的地址是否与本结点地址相同。如果接收分组的目的地址与本结点地址相同,则接收该分组,否则丢弃该分组。

(2) 点对点式网络。在点对点式网络中,每条物理线路连接一对计算机。假如两台计算机之间没有直接连接的线路,那么它们之间的分组传输就要通过多个中间结点转发。由于连接多台计算机之间的网络结构可能是复杂的,因此从源结点到目的结点可能存在多条路由。决定分组从通信子网的源结点到达目的结点的路由需要用路由选择算法。因此,分组存储转发与路由选择机制是点对点式网络与广播式网络最主要的区别。

2. 按网络覆盖的范围分类

由于网络覆盖的地理范围不同,它们采用的传输技术也就不同,因而形成不同的网络技术特点和网络服务功能。将计算机网络按照覆盖的地理范围进行分类,可以很好地反映不同网络类型的技术特征。按照覆盖的地理范围进行分类,计算机网络可以分为局域网、城域网与广域网。

1.4.2.2　局域网的基本特征

局域网(local area network,LAN)用于将有限范围内(例如一个实验室、一幢大楼、一个校园)的各种计算机、终端与外部设备互联成网。按照采用的技术、应用范围和协议标准的不同,局域网又可以分为共享局域网与交换局域网。局域网技术发展迅速,应用日益广泛,是计算机网络中最活跃的领域之一。

1.4.2.3　城域网的基本特征

城域网(metropolitan area network,MAN)的设计目标是满足几十公里范围内的大量企业、机关、公司的多个局域网互联的需求,以实现大量用户之间的数据、语音、图形与视频等多种信息的传输。互联网接入的需求使城域网在概念、涵盖的技术类型与网络层次结构上都发生了重要变化,宽带城域网的概念逐渐取代了传统意义上的城域网。宽带城域网已经成为目前研究、应用与产业发展的一个重要领域。

1.4.2.4　广域网的基本特征

广域网(wide area network,WAN)又称为远程网,它所覆盖的地理范围从几十公里到几千公里。广域网可以覆盖一个国家、地区,或横跨几个洲。广域网将分布在不同地区的宽带城域网或计算机系统互联起来,提供各种网络服务,实现信息资源共享。

总结计算机网络的分类与特点,可以得出以下几点结论。

(1) 从网络技术发展历史的角度来看,最先出现的是广域网,然后是局域网,有关城域网的研究最初融于局域网的研究范围中。在互联网大规模接入需求的推动下,接入技术的发展导致宽带城域网的概念、技术、结构的演变与发展。

(2) 广域网、城域网与局域网的区别主要表现在:设计的目标不同,覆盖的地理范围不同,核心技术与标准不同,组建与管理方式不同。由于局域网、城域网与广域网出现的年代、发展背景以及各自的设计目标不同,因此它们形成各自鲜明的技术特点。

(3) 广域网的作用是扩大信息资源共享的范围,局域网的作用是增加资源共享的深度,城域网的作用是方便地将大量用户计算机接入到互联网。

1.4.3　计算机网络的结构和组成

1. 通信子网与资源子网

从以上讨论中可以看出,最初出现的计算机网络是广域网。广域网的设计目标是将分布在很大地理范围内的若干台计算机互联起来。早期的计算机主要是指大型机、中型机或小型机。用户通过连接在主机上的终端访问本地主机与广域网的远程主机。

联网主机主要有两个功能:一是为本地的终端用户提供服务,二是通过通信线路与路由器连接,完成网络通信功能。由通信线路与路由器组成的网络通信系统完成广域网中不同主机之间的数据传输任务。从逻辑功能上来看,计算机网络可以分成两个部分:资源子网与通信子网(如图1.9所示)。

(1) 资源子网:由主机系统、终端、终端控制器、联网外设、各种网络软件与数据资源组成,负责全网的数据处理业务,向网络用户提供各种网络资源与网络服务。

(2) 通信子网:由路由器、通信线路组成,负责完成网络数据传输、路由与分组转发等通信处理任务。

2. 互联网的结构与组成

随着互联网的广泛应用,简单的两级结构的网络模型已很难表述现代网络的结构。互联网是一个由大量的路由器将广域网、城域网、局域网互联起来,层次复杂,结构在不断变化的网际网。图1.10给出了简化的互联网的网络结构示意图。国际/国家或地区级主干网组成互联网的主干网。

大量的用户计算机通过符合 802.3 标准的局域网、802.11 标准的无线局域网、

802.16 标准的无线城域网、无线自组网（Ad Hoc）、无线传感器网络（WSN）、电话交换网（PSTN）或有线电视网（CATV）接入本地的企业网或校园网。企业网或校园网通过路由器与光纤汇聚到作为地区主干网的宽带城域网。宽带城域网通过城市宽带出口连接到国际/国家或地区级主干网。由国际或国家级主干网、地区主干网和大量的企业网或校园网就组成了互联网。国际或国家级主干网与地区主干网连接有很多服务器集群（server farm），为接入的用户提供各种互联网服务。

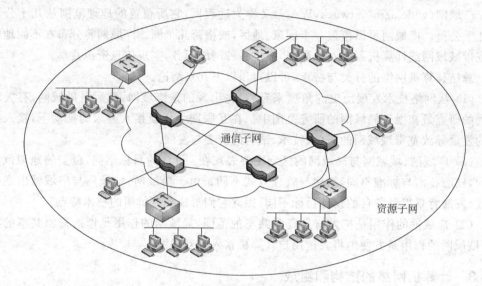

图 1.9　通信子网与资源子网

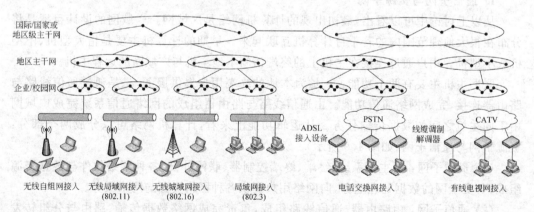

图 1.10　互联网的结构示意图

1.4.4　计算机网络分组交换技术

计算机通信最简单的形式是在两个用某种传输介质直接连接的设备之间进行通信，但这是不现实的，通常是要经过有中间结点的网络来把数据从源地发往目的地，以此实现通信。这些中间结点并不关心数据内容，其目的是提供一个交换设备，用它把数据从一个结点传到另一个结点直至到达目的地。图 1.11 表示了一个计算机通信的交换网络。

通常将希望通信的设备称为工作站,而将提供通信的设备称为交换结点,这些结点以某种方式用传输链路相互连接起来。这些结点和链路的集合称为通信网络,每个工作站都连接到一个结点上,如果所连接的设备是计算机和终端的话,那么就是计算机网络。常用的交换技术有3种:电话交换(线路交换)、报文交换和分组交换(包交换)。

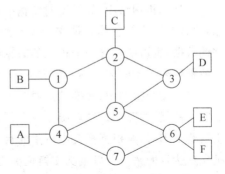

图 1.11 计算机通信的交换网络

1. 电话交换

电话交换(circuit switching)是一种直接的交换方式,它为一对需要进行通信的站之间提供一条临时的专用传输链路,它既可以是物理链路又可以是逻辑链路(使用时分或频分复用技术)。这条链路是由结点内部电路对结点间传输路径经过适当选择、连接而完成的,由多个结点和多条结点间传输路径组成的链路。目前公用电话网广泛使用的交换方式是电话交换。

电话交换的通信包括3个阶段,结合图1.11解释如下。

(1)线路建立:通过源站点连接请求完成交换网中对应的所需逐个结点的接续(连接)过程,以建立起一条由源站到目的站的传输链路。例如,A、D间要完成通信,其过程为A向结点4申请,通常从A到4的链路是专用线,结点4在4-1、4-5、4-7三条传输路径中选择一条作为通路,如选择4-5,并在结点4内部建立A-4路径与4-5路径间的连接,依次类推,之后结点5内部建立4-5和5-3路径之间的连接,最后结点3内部建立5-3路径和3-D路径之间的连接,最终完成A-D之间的传输链路为A-4-5-3-D。

(2)数据传输:现在信号可以从A经建立的链路传送到D,通常为全双工传输。

(3)电路拆除:在完成数据传输后,由源站或目的站提出终止通信,各结点相应拆除该电路的对应连接,释放由该电路占用的结点和信道资源。

电路交换具有下列特点。

- 呼叫建立时间长且存在呼损。在电路建立阶段,在两站间建立一条专用链路需要花费一段时间,这段时间称为呼叫建立时间。在电路建立过程中由于交换网繁忙等原因而使建立失败,对于交换网则要拆除已建立的部分电路,用户需要挂断重拨,这称为呼损。

- 电路连通后提供给用户的是"透明通路",即交换网对用户信息的编码方法、信息格式以及传输控制程序等都不加以限制,但对通信双方而言,必须做到双方的收发速度、编码方法、信息格式、传输控制等一致才能完成通信。

- 一旦电路建立后,数据以固定的数据率传输,除通过传输链路的传播延迟以外,没有别的延迟,在每个结点的延迟是可以忽略的,适用于实时大批量连续的数据传输。

- 线路利用率低。电路建立、数据传输,直至通信链路拆除为止,链路是专用的,再加上通信建立时间、拆除时间和呼损,其利用率较低。

2. 报文交换

在计算机网络中，如果不对传输的数据块长度做任何限制，直接封装成一个包进行传输，那么封装后的包称为**报文**（message）。报文可能包含一个很小的文本文件或语音文件的数据，也可能包含一个很大的数据库、图形、图像或视频文件的数据。将报文作为一个数据传输单元的方法称为**报文交换**（message switching）。

在报文交换网中，交换结点通常为一台专用计算机，它有足够的存储，以便在报文进入时，进行缓冲存储。结点接收一个报文之后，报文暂存放在结点的存储设备之中，等输出线路空闲时，再根据报文中所附的目的地址转发到下一个合适的结点，如此往复，直到报文到达目的站。所以报文交换也称为**存储转发**（store and forward）。

在报文交换中，每一个报文由传输的数据和报头组成，报头中有源地址和目标地址。结点根据报头中的目标地址为报文进行路径选择，并且对收发的报文进行相应的处理，如差错检查和纠错、调节输入输出速度进行数据速率转换、进行流量控制，甚至可以进行编码方式的转换等，所以报文交换是在两个结点间的一段链路上逐段传输，不需要在两个主机间建立多个结点组成的电路通道。

与电话交换相比，报文交换方式不要求交换网为通信双方预先建立一条专用的数据通路，因此就不存在建立电路和拆除电路的过程。如图 1.11 所示，如果主机 A 要求发送一个报文给主机 E，主机 A 首先将报文发送到结点 4；结点 4 根据报文附加的目标地址选择结点 5（或 7）为转发这个报文的下一个结点；结点 5（或 7）接收并存储所收到的报文，当输出线路有空时，把该报文转发到它所选择的下一个结点 6；结点 6 收到报文后交给主机 E，完成报文传输。报文交换中每个结点都对报文进行"存储转发"，报文数据在交换网中是按接力方式发送的。通信双方事先并不知道报文所要经过的传输路径，并且各个结点不被特定报文所独占。报文交换具有下列特征：

（1）源站 A 和目标站 E 在通信时不需要建立一条专用的通路，因此就不需要结点 4、5、6 或 4、7、6 同时空闲。

（2）与电话交换相比，报文交换没有建立线路和拆除线路所需的等待和时延。

（3）线路利用率高，结点间可根据线路情况选择不同的速度传输，能高效地传输数据。

（4）要求结点具备足够的报文数据存放能力，一般结点由微机或小型机担当。

（5）数据传输的可靠性高，每个结点在存储转发中，都进行检错、纠错等差错控制。

缺点是，由于采用了对完整报文的存储/转发，结点存储/转发的时延较大，不适用于交互式通信（如电话通信）。由于每个结点都要把报文完整地接收、存储、检错、纠错、转发，产生了结点延迟，并且报文交换对报文长度没有限制，报文内容过长就有可能使报文长时间占用某两结点之间的链路，不利于实时交互通信。

3. 分组交换

在计算机网络中报文交换不是一个最佳的方案，分组交换（packet switching）正是针对报文交换的缺点而提出的一种改进方式。

分组交换属于"存储/转发"交换方式，但它不像报文交换那样以报文为单位进行交换、传输,而是以更短的、标准的"报文分组"(packet)为单位进行交换传输。每个分组包含数据和呼叫控制信号,把它作为一个整体加以转接。这些数据、呼叫控制信号以及可能附加的差错控制信息是按规定的格式排列的分组格式。图1.12给出报文(message)与分组(packet)的结构关系。

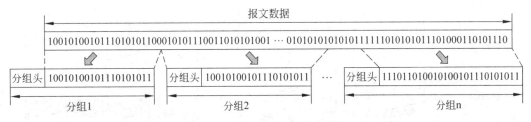

图 1.12 报文与分组结构的关系

假如A站有一份比较长的报文要发送给C站。则它首先将报文按规定长度划分成若干分组,每个分组附加上地址及纠错等其他信息,然后将这些分组顺序发送到交换网的结点4。

分组交换又可采用两种方式:数据报传输分组交换和虚电路传输分组交换。

(1) 数据报传输分组交换。交换网把进网的任一个分组都当作单独的"小报文"来处理,而不管它属于哪个报文的分组,就像报文交换中把一份报文进行单独处理一样。如A站将报文分成3个分组(P1,P2,P3),按序连串地发送给结点4,结点4每接收一个分组都先存储下来,并分别对它们进行单独的路径选择和其他处理过程。例如它可能将P1报文发送给结点5,P2发送给结点1,P3发往结点7,这种选择主要取决于结点4在处理每一个分组时各链路的负荷情况以及路径选择的原则和策略。由于每个分组都带有地址和分组序列,虽然它们不一定经过同一条路径,但最终都能到达同一目的结点2。这些分组到达目的结点2的顺序也可能被打乱,目的结点2可以负责对分组进行排序和重装,目的站C也可以完成这些排序和组装工作。

上述这种分组交换方式简称为数据报传输方式,作为基本传输单位的"小报文"称为数据报(datagram)。

(2) 虚电路传输分组交换。所谓虚电路就是两个用户的终端设备在开始互相发送和接收数据之前需要通过通信网络建立逻辑上的连接,一旦这种连接建立,直至用户不需要发送和接收数据时清除这种连接。

其主要的特点是:所有分组都必须沿着事先建立的虚电路传输,存在一个虚呼叫建立阶段和拆除阶段。与电路交换相比,并不意味着实体间存在像电路交换方式那样的专用线路,而是选定了特定路径进行传输,分组所途经的所有结点都对这些分组进行存储/转发,这是与电路交换的实质上的区别。

这种方法的优点是:对于数据量较大的通信传输率高,分组传输时延短,且不容易产生数据分组丢失。缺点是对网络依赖性大。数据报方式是将一个数据分组当作一份独立的报文看待,每一个数据分组都含有源地址和目标地址信息,交换结点需为每一个数据分组独立地寻找路径,因此一份报文包含的不同分组可能沿着不同的路径到达终点,而在网络终点需要重新排序。数据报的优点是对于短报文数据通信传输通信比较高,对网络故障的适应能力强,缺点是时延大。

图 1.13 对电话交换、报文交换、分组交换的存储转发过程进行了比较。

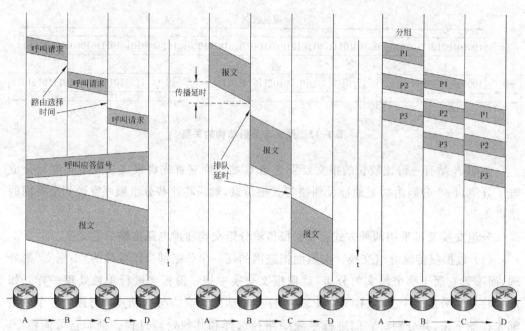

图 1.13　3 种交换方式的过程比较

1.4.5　计算机网络的拓扑结构与特点

无论网络规模如何庞大、结构如何复杂,它们都是由一些基本的网络单元所组成的。研究计算机网络拓扑,可以帮助我们了解这些基本网络单元的结构类型与特点。

1. 计算机网络拓扑的定义

计算机网络设计的第一步就是要解决在给定计算机位置,保证一定的网络响应时间、吞吐量和可靠性的条件下,通过选择适当的线路、带宽与连接方式,使整个网络的结构合理。为了简化复杂网络的结构设计,研究人员引入了网络拓扑(network topology)的概念。

拓扑学是几何学的一个分支,它是从图论演变过来的。拓扑学是将实体抽象成与其大小、形状无关的“点”,将连接实体的线路抽象成“线”,进而研究“点”、“线”、“面”之间的关系。计算机网络拓扑是通过网络中结点与通信线路之间的几何关系表示网络结构,反映出网络各实体之间的结构关系。拓扑设计是计算机网络设计的第一步,它对网络性能、系统可靠性与通信费用都有重大影响。需要指出的是:计算机网络拓扑是指通信子网的拓扑构型。

2. 计算机网络拓扑的分类与特点

基本的网络拓扑有 5 种:星形、环形、总线形、树形与网状。图 1.14 给出了基本的网络拓扑构型的结构示意图。

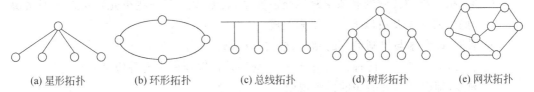

　　(a) 星形拓扑　　　(b) 环形拓扑　　　(c) 总线拓扑　　　(d) 树形拓扑　　　(e) 网状拓扑

图 1.14　基本的网络拓扑构型的结构示意图

　　(1) 星形拓扑。图 1.14(a)给出了星形拓扑的结构示意图。在星形拓扑结构中,结点通过点对点通信线路与中心结点连接。中心结点控制全网的通信,任何两结点之间的通信都要通过中心结点。星形拓扑构型的特点是:结构简单,易于实现,便于管理。但是,网络的中心结点是全网性能与可靠性的瓶颈,中心结点的故障可能造成全网瘫痪。

　　(2) 环形拓扑。图 1.14(b)给出了环形拓扑的结构示意图。在环形拓扑结构中,结点通过点对点通信线路连接成闭合环路。环中的数据将沿一个方向逐站传送。环形拓扑结构简单,传输延时确定,但是环中的每个结点与连接结点之间的通信线路都会成为网络可靠性的瓶颈。环中的任何一个结点出现线路故障,都可能造成网络瘫痪。为了方便结点加入和撤出环,控制结点的数据传输顺序,保证环的正常工作,需要设计复杂的环维护协议。

　　(3) 总线形拓扑。图 1.14(c)给出了总线形拓扑的结构示意图。在总线形拓扑结构中,所有结点连接在一条作为公共传输介质的总线上,通过总线以广播方式发送和接收数据。当一个结点利用总线发送数据时,其他结点只能接收数据。如果有两个或两个以上的结点同时利用公共总线发送数据,就会出现冲突,造成传输失败。总线形拓扑结构的优点是结构简单,缺点是必须解决多结点访问总线的介质访问控制策略问题。

　　(4) 树形拓扑。图 1.14(d)给出了树形拓扑的结构示意图。在树形拓扑结构中,结点按层次进行连接,信息交换主要在上、下结点之间进行,相邻及同层结点之间通常不进行数据交换,或数据交换量比较小。树形拓扑可以看成是星形拓扑的一种扩展,树形拓扑网络适用于汇集信息的应用要求。

　　(5) 网状拓扑。图 1.14(e)给出了网状拓扑的结构示意图。网状拓扑又称为无规则型。在网状拓扑结构中,结点之间的连接是任意的,没有规律。网状拓扑的优点是系统可靠性高。但是,网状拓扑结构复杂,必须采用路由选择算法、流量控制与拥塞控制方法。广域网一般都采用网状拓扑。

1.5　网络体系结构的基本概念

1.5.1　网络协议与网络体系结构

1. 网络协议

　　要想使两台计算机进行通信,必须使它们采用统一的信息交换规则。在计算机网络中,把用于规定信息格式以及如何发送和接收信息的一套规则(标准、约定)称为网络协议

（或称通信协议）。

在计算机网络中要做到有条不紊地交换数据，就必须遵守一些事先约定好的网络协议。一个网络协议主要由以下三个要素组成：

- 语法，即数据与控制信息的结构、格式和编码。
- 语义，即需要发出何种控制信息，完成何种动作以及做出何种应答。
- 同步，即事件实现顺序的详细说明。

由此可见，网络协议是计算机网络的不可缺少的组成部分。

2. 协议分层

为了减少网络协议设计的复杂性，协议的设计者并不是设计一个单一、巨大的协议来为所有形式的通信规定完整的细节，而是采用把复杂的通信问题按一定层次划分为许多相对独立的子功能，然后为每一个子功能设计一个单独的协议，即每层对应一个协议，这样做使得每个协议的设计、分析、编码和测试变得简单易行，这是协议分层的根本目的。从层次角度看，一个网络系统就是按照分层次的方式来组织和实现的。

狭义地说，协议分层就是按照信息的流动过程将网络的整体功能分解为一个个的功能层，每个功能层用对应的协议规定其功能，不同机器上的同等功能层之间采用相同的协议，同一机器上的相邻功能层之间通过接口进行数据传递。

为了便于理解协议分层的概念，在现实生活中可以找到许多协议分层思想。以邮政送递系统为例，人们平常写信时，实际上都有个信件的格式和内容约定。首先，写信时必须采用双方都懂的语言文字和文体，开头是对方称谓，最后是落款等。这样，对方收到信后，才可以看懂信中的内容，知道是谁写的，什么时候写的等。当然还可以有其他的一些特殊约定，如书信的编号、密写手段等。信写好之后，必须用信封将信件进行封装并交由邮局寄发。

寄信人和邮局之间也要有约定，这就是规定信封写法并贴上邮票。在中国寄信必须先写收信人地址、姓名和邮编，然后才写寄信人的地址、姓名和邮编。邮局收到信后，要按邮寄地点和信件种类进行分拣和分类，打包并附上标签后，交付有关运输部门进行运输，如航空信交民航，平信交铁路、公路或水路等运输部门。同样，邮局和运输部门也有约定，要规定打包标签上的格式，如到站地点、时间、包裹形式等。

信件运送到目的地后进行相反的过程，最终将信件送到收信人手中，收信人依照约定的格式才能读懂信件。如图 1.15 所示，整个过程被划分成三个子系统，即用户子系统、邮政子系统和运输子系统。

从上面例子可以看出，各种约定都是为了达到将信件从一个源地送到某一个目的地这个目标而设计的，这就是说，它们是因信息的流动而产生的。可以将这些约定分为同等机构间的约定，如用户之间的约定、邮政局之间的约定和运输部门之间的约定，以及不同机构间的约定，如用户与邮政局之间的约定、邮政局与运输部门之间的约定。虽然两个用户、两个邮政局、两个运输部门分处甲、乙两地，但它们都分别对应同等机构，同属一个子系统；而同处一地的不同机构则不在一个子系统内，而且它们之间的关系是服务与被服务的关系。显然，这两种约定是不同的，前者为部门内部的约定，而后者是不同部门之间的约定。

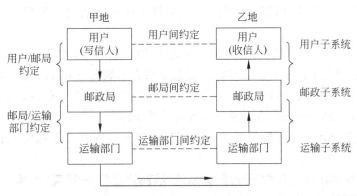

图1.15 邮政系统分层模型

计算机网络系统和邮政系统有许多相似之处,无论是邮政系统还是计算机网络,都有几个重要概念:协议、层次、接口、体系结构。

在计算机网络环境中,两台计算机中两个进程之间进行通信的过程与邮政通信的过程十分相似。用户进程对应于用户,计算机中进行通信的进程对应于邮局,通信设施对应于运输部门。

为了减少网络设计的复杂性,人们往往按功能将计算机网络划分为多个不同的功能层。网络中同等层之间的通信规则就是该层使用的协议,如有关第N层的通信规则的集合,就是第N层的协议。而同一计算机的不同功能层之间的通信规则称为接口,在第N层和第(N+1)层之间的接口称为N/(N+1)层接口。

总的来说,协议是不同机器同等层之间的通信约定,而接口是同一机器相邻层之间的通信约定。不同的网络,分层数量、各层的名称和功能以及协议都各不相同。然而,在所有的网络中,每一层的目的都是往其上一层提供一定的服务。

协议分层方法将整个网络通信功能划分为垂直的层次后,在通信过程中下层将向上层隐蔽其实现细节。层次的划分应首先确定分层数以及每层应完成的任务,原则上划分时应按逻辑组合功能,既要有足够的层次,以使每层易于处理,但层次也不能过多,以免产生难以负担的处理开销。

协议层次化不同于程序设计中模块化的概念。在程序设计中,各模块可以相互独立、任意拼装或者并行,而协议层次则一定有上下之分,它是依数据流的流动而产生的。

3. 网络体系结构

网络体系结构是指网络中分层模型和各层协议的集合。网络体系结构的描述必须包括足够的信息,以方便为每一功能层进行硬件设计或编写程序,并使之符合相关协议。值得注意的是,网络协议实现的细节不属于网络体系结构的内容,因为它们隐蔽在机器内部,对外部来说是不可见的。总之,体系结构是抽象的,而实现则是具体的。

为了加深对网络体系结构概念的理解,暂时回避 OSI/RM 和 TCP/IP 这些具体协议体系,这里先构造一个原理性的网络体系结构(见图1.16),虽然是原理性的(只有5层),但它综合了

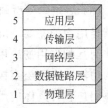

5	应用层
4	传输层
3	网络层
2	数据链路层
1	物理层

图1.16 一个原理性的网络体系结构

OSI 和 TCP/IP 协议分层的优点,既简明又能将概念阐述清楚。各层的主要功能简述如下。

(1) 物理层。物理层的任务就是透明地传送比特流。在物理层上所传数据的单位是比特,它关心的问题是:使用什么样的物理信号来表示数据 0 和 1;0 和 1 持续的时间多长;数据传输是否可同时在两个方向上进行;最初的连接如何建立和完成通信后连接如何终止;物理接口(插头和插座)有多少针以及各针的功能。

该层还规定设计物理层接口的机械、电气、功能和过程特性等通信工程领域的一些问题。

传递信息所利用的一些物理介质,如双绞线、同轴电缆、光缆等,不属于物理层范围之内,而是在物理层的下面。

(2) 数据链路层。数据链路层的任务是在两个相邻结点间的线路上无差错地传送以帧(frame)为单位的数据。每一帧包括数据和必要的控制信息。在传送数据时,若接收结点检测到所收到的数据中有差错,就要通知发方重发这一帧,直到这一帧正确无误地到达接收结点为止。在每一帧所包括的控制信息中,有同步信息、地址信息、差错控制,以及流量控制信息等。

这样,数据链路层就把一条有可能出差错的实际链路,转变成为让网络层向下看起来好像是一条可靠的链路。

(3) 网络层。在计算机网络中进行通信的两个计算机之间可能要经过许多个结点和链路,也可能还要经过好几个不同的通过路由器互连的通信子网。在网络层,数据的传送单位是分组(或包),因此要将发送方主机送来的报文分割成若干个分组。网络层的任务就是完成主机间报文传输;要选择合适的路由,使发送方报文能够正确无误地按照地址找到目的站,并交付给目的站。这就是网络层的寻址功能。如果在子网中出现过多的报文,子网可能形成拥塞,因此网络层还要避免拥塞。

在局域网中,由于没有路由问题,网络层是冗余的,因此可以没有。

(4) 传输层。传输层的任务是根据下面通信子网的特性最佳地利用网络资源,并以可靠和经济的方式为两端主机(也就是源站和目的站)的进程之间建立一条传输连接,以透明地传送报文。或者说,传输层为进行通信的两个进程之间提供一个可靠的端到端的服务,使它们看不见传输层以下的数据通信的细节。

在通信子网内的各个交换结点以及连接各通信子网的路由器都没有传输层。传输层只能存在于通信子网外面的主机之中。传输层以上的各层就不再关心信息传输的问题了。正因为如此,传输层就成为计算机网络体系结构中非常重要的一层。

(5) 应用层。应用层在体系结构中是最高层。它的任务是确定进程之间通信的性质以满足用户的需要。应用层不仅要提供应用进程所需要的信息交换和远程操作,而且还要作为互相作用的应用进程的用户代理来完成一些为进行语义上有意义的信息交换所必需的功能。应用层直接为用户的应用进程提供服务。需要注意的是,应用层协议并不是解决用户各种具体应用的协议。

图 1.17 说明了一个应用进程的数据在各层之间的传递过程中所经历的变化。这里为简单起见,假定两个主机是直接相连的。

假定计算机 A 的应用进程 AP1 向计算机 B 的应用进程 AP2 传送数据。AP1 先将其数据交给第5层。第5层添加必要的控制信息 H5 就变成了下一层的数据单元。第4层收到这数据单元后,添加本层的控制信息 H4,再交给第3层,成为第3层的数据单元。依次类推。不过到了第2层(数据链路层)后,控制信息分成两部分,分别添加到本层数据单元的首部(H2)和尾部(T2),而第1层(物理层)由于是比特流的传送,所以不再添加控制信息。

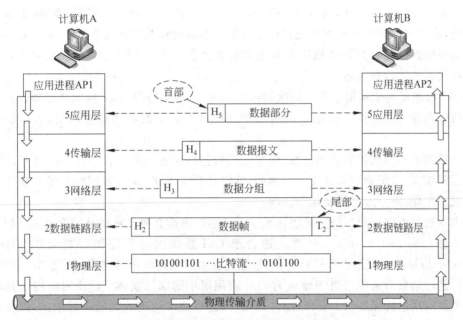

图 1.17　数据在各层之间的传递过程

在 OSI 参考模型中,在对等层次上传送的数据,其单位都称为该层的协议数据单元(Protocol Data Unit,PDU)。这个名词现已被许多非 OSI 标准中采用。

当这一串的比特流经网络的物理媒体传送到目的站时,就从第1层依次上升到第5层。每一层根据控制信息进行必要的操作,然后将控制信息剥去,将该层剩下的数据单元上交给更高的一层。最后,把应用进程 AP1 发送的数据交给目的站的应用进程 AP2。

可以用一个简单的例子来比喻上述过程。有一封信从最高层向下传。每经过一层就包上一个新的信封。当包有多个信封的信传送到目的站后,从第1层起,每层拆开一个信封后就交给它的上一层。传到最高层后,取出发信人所发的信交给收信用户。

虽然应用进程数据要经过如图 1.17 所示的复杂过程才能送到对方的应用进程,但这些复杂过程对用户来说,却都被屏蔽掉了,以至于应用进程 AP1 觉得好像是直接把数据交给了应用进程 AP2。同理,任何两个同样的层次(例如在两个系统的第4层)之间,也好像如同图中的水平虚线所示的那样,将数据(即数据单元加上控制信息)通过水平虚线直接传递给对方。这就是所谓的"对等层"(peer layers)之间的通信。我们以前经常提到的各层协议,实际上就是在各个对等层之间传递数据时的各项规定。

人们将实现网络系统所需的一组协议,称为协议栈(protocol stack)或协议族

(protocol suite)。这是因为几个层次画在一起与堆栈的形式非常相似。

前面一般性地讨论了协议分层和网络体系结构,下面将具体分析和讨论两个重要的网络体系结构。

1.5.2　ISO-OSI 参考模型

自从 ARPANET 出现后,市场上推出了许多商品化的网络系统,这些系统都是由各个公司自行设计开发,在体系结构上存在很大差异,导致它们相互之间不兼容,更难于相互互连,为此许多标准化组织积极开展了网络体系结构标准化方面的工作,其中最有权威的就是国际标准化组织 ISO 提出的开放系统互连参考模型 OSI/RM。它的目标是将各种开放式系统连接在一起。

OSI 参考模型中采用了 7 个层次的体系结构,也就是将图 1.17 所示的原理性体系结构中的应用层再划分为三个层次。这三个层次从上到下的名称是应用层、表示层和会话层。

会话层不参与具体的数据传输,但它却对数据传输进行管理。它在两个互相通信的进程之间建立、组织和协调其交互。例如,确定是双工工作(每一方同时发送和接收),还是半双工工作(每一方交替发送和接收)。

表示层主要解决用户信息的语法表示。表示层将欲交换的数据从适合于某一用户的抽象语法(abstract syntax),变换为适合于 OSI 系统内部使用的传送语法(transfer syntax)。应用层对应用进程进行了抽象,它只保留应用进程中与进程间交互有关的那些部分。经过抽象后的应用进程就成为 OSI 应用层中的应用实体。OSI 的应用层并不是要把各种应用进行标准化。而仅仅对一些应用进程经常使用的功能进行描述,以及实现这些功能所要使用的协议。

1.5.3　TCP/IP 参考模型

TCP/IP 最初是为 ARPANET 开发的网络体系结构,该体系结构主要由两个重要协议即 TCP 协议和 IP 协议而得名,实际上,TCP/IP 体系包含了大量的协议和应用,它是由大量协议组成的集合,简称为 TCP/IP 协议集。

虽然 TCP/IP 不是 ISO 倡导的标准,但它有广泛的商业应用,因此 TCP/IP 是一种事实上的标准。由于 Internet 已经得到了全世界的承认,因而 Internet 所使用的 TCP/IP 体系在计算机网络领域中就占有特殊重要的地位。

TCP/IP 协议体系分为四个层次(如图 1.18 所示)。由于 TCP/IP 协议集中没有考虑具体的物理传输介质,因此在 TCP/IP 的标准中并没有对数据链路层和物理层做出规定,而只是将最低的一层取名为网络接口层,只是规定了与物理网络的接口。这样,如果不考虑网络接口层,那么 TCP/IP 体系实际上就只有三个层次:应用层、传输控制层和网络互连层。

TCP/IP 的最高层是应用层。在这层中有许多著名协议,如远程登录协议 TELNET、文件传送协议 FTP、简单邮件传送协议 SMTP 等。

再往下的一层是 TCP/IP 的传输层,也称为主机到主机层。这一层可使用两种不同

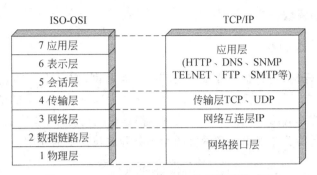

图 1.18 TCP/IP 与 ISO-OSI 体系结果的对比

的协议。一种是面向连接的传输控制协议(Transmission Control Protocol,TCP)。另一种是无连接的用户数据报协议(User Data Protocol,UDP)。传输层传送的数据单位是报文(message)或数据流(stream)。报文也常称为报文段(segment)。

传输层下面是 TCP/IP 的网络互连层,其主要的协议就是无连接的网络互连协议(Internet Protocol,IP)。该层传送的数据单位是分组(packet)。与 IP 协议配合使用的还有三个协议,那就是 Internet 控制报文协议(Internet Control Message Protocol,ICMP)、地址解析协议(Address Resolution Protocol,ARP)和逆地址解析协议(Reverse Address Resolution Protocol,RARP)。

图 1.18 给出了 TCP/IP 与 OSI 这两种体系结构的对比。值得注意的是,在一些问题的处理上,TCP/IP 与 OSI 差异较大。

(1) TCP/IP 一开始就考虑到多种异构网的互连问题,并将网际协议 IP 作为 TCP/IP 的重要组成部分。但 ISO 和 CCITT 最初只考虑到使用一种标准的公用数据网将各种不同的系统互连在一起。后来,ISO 认识到了网际协议 IP 的重要性,然而已经来不及了,只好在网络层中划分出一个子层来完成类似 TCP/IP 中 IP 的作用。

(2) TCP/IP 一开始就对面向连接服务和无连接服务并重,而 OSI 在开始时只强调面向连接服务。直到后期 OSI 才开始制定无连接服务的有关标准。无连接服务的数据报对于互联网中的数据传送以及分组话音通信(即在分组交换网里传送话音信息)都是十分方便的。

(3) TCP/IP 有较好的网络管理功能,而 OSI 到后来才开始考虑这个问题。

当然,TCP/IP 也有不足之处。例如,TCP/IP 的模型对"服务"、"协议"和"接口"等概念并没有清晰区分。因此在使用一些新的技术来设计新的网络时,采用这种模型就可能会遇到一些麻烦。另外,TCP/IP 模型的通用性较差,难以用来描述其他种类的协议栈。还有,TCP/IP 的网络接口层严格来说并不是一个层次而仅仅是一个接口,而在这下面的数据链路层和物理层则根本没有。但实际上这两个层次还是很重要的。

最后要说一下,虽然 OSI 在一开始是由 ISO 来制订的,但后来的许多标准都是 ISO 与原来的国际电报电话咨询委员会 CCITT 联合制订的。从历史上来看,CCITT 原来是从通信的角度考虑一些标准的制订,而 ISO 则关心信息的处理。但随着科学技术的发展,通信与信息处理的界限变得比较模糊了。于是,通信与信息处理就都成为 CCITT 与

ISO 所共同关心的领域。

1.5.4　互联网管理机构

　　实际上,没有任何组织、企业或政府能够拥有互联网,它是由一些独立的机构来管理的,这些机构都有自己特定的职能。图 1.19 给出了互联网管理机构的结构。大多数互联网管理和研究机构都有两个共同点:一是它们都是非赢利的;二是都是自下向上的结构,这种结构的优点是能够体现出互联网资源与服务开放与公平的原则。

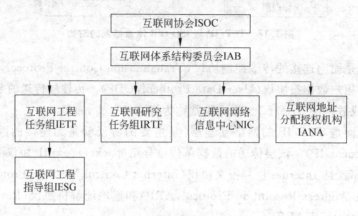

图 1.19　互联网管理机构结构

互联网管理和研究机构的网址主要有:

(1) 互联网协会 ISOC(http://www.isoc.org)。

(2) 互联网体系结构委员会 IAB(http://www.iab.org)。

(3) 互联网工程任务组 IETF(http://www.ietf.org)。

(4) 互联网工程指导组 IESG(http://www.ietf.org/iesg.html)。

(5) 互联网研究任务组 IRTF(http://www.irtf.org)。

(6) 互联网网络信息中心 InterNIC(http://www.internic.net)。

(7) 互联网地址分配授权机构 IANA(http://www.iana.org)。

习　　题

1. 计算机网络的发展划分为几个阶段? 每个阶段有何特点?

2. 试举出对网络协议的分层处理方法的优缺点。

3. 把 TCP/IP 和 OSI 的体系结构进行比较。讨论其异同之处。

4. 协议与服务有何区别? 有何关系?

5. 某公司的总裁打算与本地的零配件制造商合作生产一种产品。总裁指示他的法律部门调查此事,后者又请工程部门帮忙。于是总工程师打电话给合作方的这方面主管讨论此事的技术问题。然后工程师又各自向自己的法律部门汇报。双方法律部门通过电话商议,安排了有关法律方面的事宜。最后,两位公司总裁讨论这笔生意的经济方面的问题。请问,这是否是 OSI 参考模型意义上的多层协议的例子?

6. 假设一个系统具有 n 层协议,其中应用进程生成长度为 m 字节的数据。在每层都加上长度为 h 字节的报头。计算为传输报头所占用的网络带宽的百分比。

7. 在一个 n 层的层次型网络体系结构中,每层协议分别要求加上长为 H 字节的报头。如果某应用进程生成的数据长度为 D 字节,则在物理传输介质的带宽中有多大比例是用来传输有效应用数据的?

第 2 章

应用层协议与互联网应用技术

在讨论计算机网络与互联网的基本概念以及计算机网络产生和发展的基础上,本章将系统讨论互联网应用技术发展的 3 个阶段,以及基于客户/服务器(client-server,C/S)工作模式的网络应用、基于对等(peer to peer,P2P)工作模式的网络应用。

本章主要介绍:

- 互联网应用技术发展的 3 个阶段
- 互联网应用系统的工作模型
- C/S 工作模式与 P2P 模式的相同之处与不同之处
- 基于 C/S 工作模式的网络应用类型
- 网络应用协议分析与应用

2.1 互联网应用技术发展与工作模式

2.1.1 互联网应用技术发展的 3 个阶段

图 2.1 给出了互联网应用的发展趋势示意图。从图中可以看出,互联网应用的发展大致可以分成 3 个阶段。

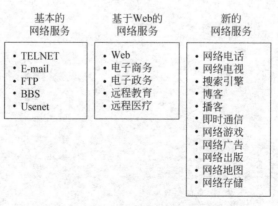

图 2.1 互联网应用的发展趋势

1. 第一阶段

第一阶段互联网应用的主要特征是:提供 TELNET、E-mail、FTP、BBS 与 Usenet 等基本的网络服务功能。

（1）TELNET（远程登录）服务实现终端远程登录服务功能。

（2）E-mail（电子邮件）服务实现电子邮件服务功能。

（3）FTP（文件传送）服务实现交互式文件传输服务功能。

（4）BBS（电子公告牌）服务实现网络中人与人之间交流信息的服务功能。

（5）Usenet（网络新闻组）服务实现人们对所关心的问题开展专题讨论的服务功能。

2. 第二阶段

第二阶段互联网应用的主要特征是：Web 技术的出现，以及基于 Web 技术的电子政务、电子商务、远程医疗与远程教育应用的快速发展。

3. 第三阶段

第三阶段互联网应用的主要特征是：P2P 网络应用将互联网应用推向一个新的阶段。在继续发展基于 Web 的网络应用的基础上，出现了一批基于对等结构的 P2P 网络新应用。这些新的网络应用主要有网络电话、网络电视、博客、播客、即时通信、搜索引擎、网络视频、网络游戏、网络广告、网络出版、网络存储与网络地图等。这些新的网络应用为互联网与现代信息服务业增加了新的产业增长点。

2.1.2　互联网端系统与核心交换的基本概念

1. 互联网边缘部分和核心交换部分

在实际开展互联网应用系统设计与研发任务时，设计者面对的不会只是单一的广域网或局域网环境，而将是由多个路由器互连起来的局域网、城域网与广域网构成的、复杂的互联网环境。作为互联网应用系统的一个用户，可能在深圳大学某实验室的一台计算机前，正在使用位于美国某大学合作伙伴实验室的一台超级计算机，合作完成一项大型的分布式计算任务。在设计这种基于互联网的分布式计算软件系统时，设计者关心的是协同计算的功能是如何实现的，而不是每一条指令或数据具体是以长度为多少个字节的分组，以及通过哪一个路径传输到对方的。这也就是说，作为基于互联网的协同计算软件设计者，他的研究重点应该放在应用系统的体系结构、应用层协议与协议的交换过程，以及协议编程技术上，而把网络环境中的进程通信、数据传输过程中的路由与分组交付、比特流的传输等问题交给传输层、网络层及低层协议去完成。应用程序设计者的任务是如何合理地利用传输层、网络层等低层所提供的服务，而不需要考虑低层的数据传输任务是由谁、使用什么样的技术以及通过什么样的硬件或软件方法去实现的。

而对复杂的互联网结构，研究者必须遵循网络体系结构研究中"分而治之"的分层结构思想，在解决过程中对复杂网络进行简化和抽象。在各种简化和抽象中，将互联网系统分为边缘部分和核心交换部分是最有效的方法之一。图 2.2(a)给出了互联网中的客户/服务器(C/S)工作模式，以及客户机之间直接通信的对等(P2P)工作模式的系统结构。图 2.2(b)给出了将互联网抽象为边缘部分和核心交换部分的结构示意图。

2. 端系统的概念

互联网边缘部分主要包括大量接入互联网的主机和用户设备，核心交换部分包括由大量路由器互联的广域网、城域网和局域网。边缘部分利用核心交换部分所提供的数据

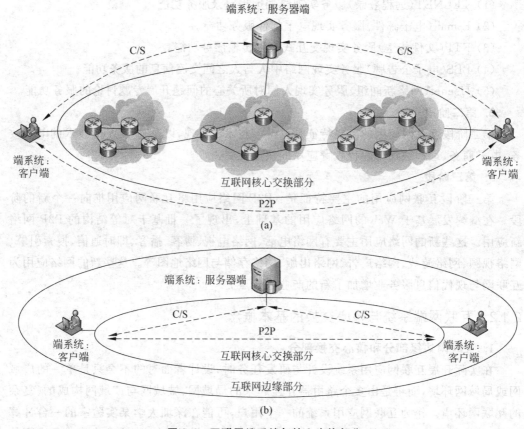

图 2.2　互联网端系统与核心交换部分

传输服务功能,使得接入互联网的主机之间能够相互通信和共享资源。

边缘部分的用户设备也称为**端系统**(end system)。端系统是能够运行 FTP 应用程序、E-mail 应用程序、Web 应用程序、P2P 文件共享程序或即时通信程序的计算机。因此,端系统又统称为**主机**(host)。需要注意的是,在未来的网络应用中,端系统的主机类型将从计算机扩展到所有能够接入互联网的设备,如手持终端 PDA、固定与移动电话、数码相机、电视机、无线传感器网络的传感器结点,以及各种家用电器。

3. 应用程序体系结构的概念

网络应用程序运行在端系统,核心交换部分为应用程序进程通信提供服务。将复杂的互联网抽象为边缘部分与核心交换部分后,网络应用程序设计员在设计一种新的网络应用时,只需要考虑如何利用核心交换部分所能提供的服务,不涉及核心交换部分的路由器、交换机等低层设备和通信协议软件的编程问题。注意力可以集中到运行在多个端系统之上应用程序体系结构(application architecture)的设计与软件编程上,这就使得网络应用系统的设计开发过程变得比较容易和规范。这一点也正体现了网络分层结构的基本思想,反映出网络技术的成熟。图 2.3 描述了应用程序体系结构的基本概念。

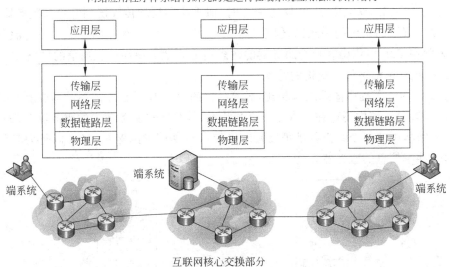

图 2.3 应用程序体系结构的基本概念

2.1.3 应用进程间的相互作用模式

1. 应用进程间的相互作用模式的基本概念

在应用程序体系结构的分类中使用的客户/服务器(C/S)对于理解系统结构是有利的,但是容易与应用进程间的相互作用模式产生混淆。客户与服务器的概念可以从应用层和传输层两个角度去认识。在讨论应用程序体系结构设计时,是从应用层去分析客户和服务器的概念。例如,用户通过浏览器程序去访问 Web 服务器,那么运行浏览器程序的计算机就是客户,而提供 Web 服务的计算机就是服务器。这是从应用层服务的请求服务与提供服务的角度看待客户/服务器的含义。

从传输层角度,网络的每一项服务都是对应一个"服务程序"进程。进程通信的实质是实现进程间的相互作用。网络环境中的进程通信要解决的一个问题是确定进程间的相互作用模式。在 TCP/IP 协议中,进程间的相互作用采用的是客户/服务器模式。

在客户/服务器模式中,客户和服务器分别表示相互通信的两个应用程序进程。客户向服务器发出服务请求,服务器响应客户的服务请求,提供客户所需要的服务。发起本次进程通信、请求服务的本地计算机的进程称为客户进程,远程计算机提供服务的进程称为服务器进程。图 2.4 给出了进程通信中的客户/服务器模式。在一次通信过程中,如果主机 A 首先发起一次进程通信,那么主机 A 的进程为客户端(client)进程,而响应的主机 B 的进程为服务器(server)进程。如果是主机 B 发起的一次进程通信,那么主机 B 的进程为客户端进程,而响应的主机 A 的进程为服务器进程。

需要注意如下两个问题。

(1) 使用计算机的人是"用户"(user),而不是"客户端"(client)。在描述进程间的相互作用的客户/服务器模式中,客户与服务器分别表示相互通信的两个端系统设备的应用程序进程。

（2）在讨论 E-mail、FTP 和 Web 服务时，似乎应用层和传输层的客户与服务器、请求服务与提供服务的角色是一致的，但是在 P2P 应用中已经不存在固定的客户与服务器的关系，因此在 P2P 应用中客户与服务器的概念更准确地表现在进程通信的层面。

2. P2P 应用程序体系结构的特点

与 C/S 的应用程序体系结构相比，对等结构的 P2P 应用程序体系结构中所有结点的地位是平等的，系统中不存在一直处于打开状态、等待客户服务请求的服务器。P2P 应用程序体系结构中的每个结点都既可以是发出信息共享请求的客户，又可以是为其他对等结点提供共享信息的服务器。

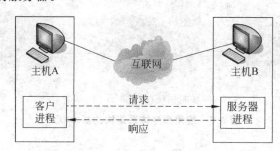

图 2.4　进程通信中的客户/服务器模式

2.1.4　应用层 C/S 工作模式与 P2P 工作模式

从互联网应用系统的工作模式角度，互联网应用可以分为两类：客户端/服务器（C/S）模式与对等（peer to peer，P2P）模式。在研究如何设计应用程序体系结构时，需要确定是采用 C/S 模式还是 P2P 模式，或者是 C/S 与 P2P 的混合模式。

2.1.4.1　C/S 模式的基本概念

1. C/S 结构的特点

从应用层的应用程序工作模型的角度，应用程序分为客户端程序与服务器程序。以 E-mail 应用程序为例，E-mail 应用程序分为服务器端的邮局程序与客户端的邮箱程序。用户在自己的计算机中安装并运行客户端的邮箱程序，就能够成为电子邮件系统的客户端，发送和接收电子邮件。而安装邮局应用程序的计算机就成为了电子邮件服务器，它为客户提供电子邮件服务。

2. 服务器程序与服务器

在应用层 C/S 工作模式中，作为端系统的计算机可以分为客户端与服务器端。服务器程序与客户程序是协同工作的两个部分。在互联网的很多网络应用（如 FTP、E-mail、Web）中，服务器应用程序运行在一台高配置计算机中，这台计算机专门提供一种或几种网络服务功能。例如，一台运行着 Web 服务器程序的计算机，以 Web 页面形式存储了很多用户需要的信息，可以同时为多个请求服务的用户提供服务，那么这台计算机就称为 Web 服务器。客户端是运行 Web 浏览器程序的计算机或 PDA，甚至是一部手机。它向 Web 服务器提出浏览请求，Web 服务器接收到客户端的服务请求之后，将所需的信息发送给客户端,用户通过浏览器来阅读有关的信息。

3. 采用 C/S 模式的原因

互联网应用系统采用 C/S 模式的主要原因是网络资源分布的不均匀性。网络资源分布的不均匀性表现在硬件、软件和数据 3 个方面。

(1) 网络中计算机系统的类型、硬件结构、功能都存在着很大的差异。它可以是一台大型计算机、高档服务器,也可以是一台个人计算机,甚至是一个 PDA 或家用电器。它们在运算能力、存储能力和外部设备的配备等方面存在着很大差异。

(2) 从软件的角度来看,很多大型应用软件都是安装在一台专用的服务器中,用户需要通过互联网访问服务器,成为合法用户之后才能够使用网络的软件资源。

(3) 从信息资源的角度来看,某一类型的数据、文本、图像、视频或音乐资源存放在一台或几台大型服务器中,合法的用户可以通过互联网访问这些信息资源。这样做对保证信息资源使用的合法性与安全性,以及保证数据的完整性与一致性是非常必要的。

网络资源分布的不均匀性是网络应用系统设计者的设计思想的体现。组建网络的目的就是要实现资源的共享,"资源共享"表现出网络中的结点在硬件配置、运算能力、存储能力以及数据分布等方面存在差异与分布的不均匀性。能力强、资源丰富的计算机充当服务器,能力弱或需要某种资源的计算机作为客户端。客户端使用服务器的服务,服务器向客户端提供网络服务。因此,客户端/服务器模式反映了网络服务提供者与网络服务使用者的关系。在客户端/服务器模式中,客户端与服务器在网络服务中的地位不平等,服务器在网络服务中处于中心地位。在这种情况下,"客户端"(client)可以理解为"客户端计算机","服务器"(server)可以理解为"服务器端计算机"。

4. C/S 工作模式的特点

C/S 工作模式具有以下几个特点。

(1) 服务器程序在固定的 IP 地址和熟知的端口号上一直处于打开状态,随时准备接收客户端的服务请求。客户端程序可以根据用户需要,在访问服务器时打开。

(2) 客户端之间不能够直接通信。

(3) 当同时向服务器发出服务请求的客户数量比较多时,一台服务器不能满足多个客户请求的需要,研究人员常常使用由多个服务器组成的服务器集群(server farm)构成一个虚拟服务器。同时,在客户数量比较少,或者是客户服务请求不频繁的情况下,也可以将多种服务器的应用程序安装在一台计算机中,这样一台服务器就可以提供多种网络服务功能。

2.1.4.2　P2P 模式的基本概念

1. P2P 结构的特点

P2P 是网络结点之间采取对等的方式,通过直接交换信息来共享计算机资源和服务的工作模式。有时人们也将这种技术称为"对等计算"技术,将能提供对等通信功能的网络称为"P2P 网络"。目前,P2P 技术已广泛应用于实时通信、协同工作、内容分发与分布式计算等领域。统计数据表明,目前的互联网流量中 P2P 流量超过 60%,已经成为当前互联网应用的新的重要形式,也是当前网络技术研究的热点问题之一。

P2P 已经成为网络技术中的一个基本术语。研究 P2P 技术涉及 3 方面内容：P2P 通信模式、P2P 网络与 P2P 实现技术。

（1）P2P 通信模式是指 P2P 网络中对等结点之间直接通信的能力。

（2）P2P 网络是指在互联网中由对等结点组成的一种动态的逻辑网络。

（3）P2P 实现技术是指为实现对等结点之间直接通信的功能和特定的应用所需设计的协议、软件等。

因此，术语 P2P 泛指 P2P 网络与实现 P2P 网络的技术。基于 P2P 工作模式的应用程序体系结构分为两类：纯 P2P 模式、P2P 与 C/S 混合模式。

2. 纯 P2P 模式

在纯 P2P 模式的应用程序体系结构中，所有结点的地位是平等的，都以对等方式直接通信。应用程序中没有一个需要一直打开的专门的服务器程序。

纯 P2P 应用程序体系结构的典型例子是 BT，它是一个 P2P 文件共享应用程序。在 P2P 系统中，任何一个结点都可以提出服务请求，查询和定位一个文件，对其他结点的服务请求进行响应，发送文件，或转发查询请求。

由于作为 P2P 文件共享应用系统的成员可能是一台通过 ADSL 接入的个人计算机，那么这台计算机必须通过一个 ISP 接入到互联网中，显然，这台计算机每次接入互联网的 IP 地址可能是由 ISP 临时分配的，因此这台运行着 P2P 文件共享软件的计算机每次工作时的 IP 地址都有可能不同。这一点与传统 C/S 工作模式的做法是不一样的。在传统 C/S 工作模式中，作为客户端的计算机可能通过 ADSL 接入，它的地址可能是临时分配的；而作为服务器，它的 IP 地址在分配过程中一般都会分配固定的 IP 地址。否则，DNS 的域名解析过程将无法实现。

P2P 工作模式的最大优点是其信息共享的灵活性和系统的可扩展性。在一个 P2P 文件共享应用程序中，可以有数以百计的对等结点加入，每个结点既可以作为客户端，也可以起服务器作用。

3. P2P 与 C/S 的混合模式

随着 P2P 规模的扩大，很多 P2P 应用实际上采用了 P2P 与 C/S 的混合模式，第一个流行的 MP3 文件共享应用程序 Napster 就是一个典型例子。在 Napster 系统中，共享的 MP3 文件是在两个对等结点之间直接传输，但是提出共享请求的结点需要通过一个查询服务器找到当前打开的对等结点的地址。目前大量使用的 P2P 即时通信程序也采用了 P2P 与 C/S 的混合模式。尽管两个聊天的结点不是通过服务器直接通信，但是在开始聊天时，他们需要在一个中心服务器注册，当需要寻找另一位聊天对象时，他们也需要通过服务器查询。

2.1.4.3 P2P 与 C/S 工作模式的区别与联系

图 2.5 给出了 C/S 与 P2P 工作模式的区别。在传统的互联网中，信息资源的共享是以服务器为中心的 C/S 工作模式。以 Web 服务器为例，Web 服务器是运行 Web 服务器程序且计算能力与存储能力强的计算机，所有 Web 页都存储在 Web 服务器中。服务器可以为很多 Web 浏览器客户提供服务。但是，Web 浏览器之间不能直接通信。显然，在

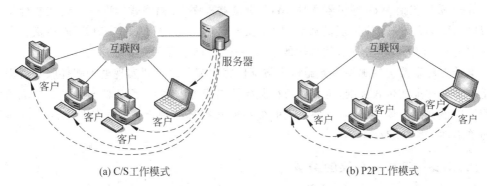

(a) C/S 工作模式　　　　　　　　　　　　　　　(b) P2P 工作模式

图 2.5　C/S 与 P2P 工作模式的区别

传统互联网的信息资源的共享关系中,服务提供者与服务使用者之间的界限是清晰的。

P2P 网络则淡化了服务提供者与服务使用者的界限,所有结点同时身兼服务提供者与服务使用者的双重身份,以达到"进一步扩大网络资源共享范围和深度,提高网络资源利用率,使信息共享达到最大化"的目的。在 P2P 网络环境中,成千上万台计算机之间处于一种对等的地位,整个网络通常不依赖于专用的集中式服务器。P2P 网络中的每台计算机既可以作为网络服务的使用者,也可以向其他提出服务请求的客户提供资源和服务。这些资源可以是数据资源、存储资源或计算资源等。

从网络体系结构的角度来看,传统互联网 C/S 与 P2P 模式在传输层及以下各层的协议结构相同,差别主要表现在应用层。采用传统的 C/S 工作模式的应用层协议主要包括 DNS、SMTP、FTP、Web 等。P2P 网络应用层协议主要包括支持文件共享类 Napster 与 BitTorrent 服务的协议、支持多媒体传输类 Skype 服务的协议等。

由此可见,P2P 网络并不是一个新的网络结构,而是一种新的网络应用模式。构成 P2P 网络的结点通常已是互联网的结点,它们脱离传统的互联网基于客户/服务器的工作模式,不依赖于网络服务器,在 P2P 应用软件的支持下以对等的方式共享资源与服务,在 IP 网络上形成一个逻辑的网络。这就像在一所大学里,学生在系、学院、学校等各级组织的管理下开展教学和课外活动,同时学校也允许学生自己组织社团(例如,计算机兴趣小组、电子俱乐部、学术论坛),开展更加适合不同兴趣与爱好的同学的课外活动。这种结构与互联网、P2P 网络的关系很相似。因此,P2P 网络是在 IP 网络上构建的一种逻辑的**覆盖网**(overlay network)。

2.1.5　网络应用与应用层协议

2.1.5.1　网络应用与应用层协议的基本概念

网络应用与应用层协议是两个重要的概念。E-mail、FTP、TELNET、Web、IM、IPTV、VoIP 以及基于网络的金融应用系统、电子政务、电子商务、远程医疗、远程数据存储都是不同类型的网络应用。应用层协议是网络应用的一个主要组成部分。应用层协议规定应用程序进程之间通信所遵循的通信规则,包括如何构造进程通信的报文,报文应该包括哪些字段,每个字段的意义与交互的过程等。

Web 系统包括 Web 服务器程序、Web 浏览器程序、文档格式标准——超文本标记语言(HTML),以及一个应用层的协议,即超文本传输协议(HTTP)。HTTP 协议定义了 Web 浏览器与 Web 服务器之间传输的报文格式、会话过程和交互顺序。

电子邮件系统包括邮件服务器程序与邮件客户端程序。要实现电子邮件服务就需要制定电子邮件报文格式标准,定义如何在服务器与服务器之间、服务器与邮件客户端程序之间传送报文的协议,以及对邮件报文的报头格式解释的规定。电子邮件的应用层协议是简单邮件传输协议(SMTP)。

2.1.5.2　应用层协议的类型

应用层协议分为两种类型。一类是标准的网络应用,例如 E-mail、FTP、TELNET、Web 等,它们的协议以 RFC 文档的方式公布出来,提供给网络应用系统开发者使用。如果它们遵循 RFC 文档所制定的应用层协议规则,就可以与所有按照相同协议开发的应用系统互联和互操作。另一类是应用层协议是专用的,目前很多 P2P 文件共享的应用层协议都属于专用协议。

2.1.5.3　应用层协议的基本内容

应用层协议定义了运行在不同端系统上应用程序进程交换的报文格式和交互过程,主要包括:

(1) 交换报文的类型,如请求报文与应答报文。

(2) 各种报文格式与包含的字段类型。

(3) 对每个字段意义的描述。

(4) 进程在什么时间、如何发送报文,以及如何响应。

2.1.6　网络应用对传输层协议的选择

互联网在传输层使用了两个协议,即 TCP 和 UDP。网络应用系统设计人员在应用程序体系结构设计阶段就要决定是选择 TCP 协议,还是选择 UDP 协议。TCP 协议和 UDP 协议有不同的特点,每个协议为调用它们的应用程序提供不同类型的服务。

1. TCP 协议提供的服务

TCP 协议是一种功能完善的、面向连接的、可靠的传输层协议。它提供以下服务。

(1) 支持可靠的面向连接服务。TCP 协议支持可靠的面向连接服务。在应用层数据传输之前,必须在源套接字与目的套接字之间建立一个 TCP 连接。当一次进程通信结束后,TCP 协议关闭这个连接。同时,面向连接传输的每一个报文都需接收方确认,未确认报文被认为是出错报文。

(2) 支持字节流传输服务。TCP 协议支持面向字节流的传输服务。流(stream)相当于一个管道,从一端放入什么,从另一端可以照原样取出什么。由于 TCP 协议建立在不可靠的网络层 IP 协议之上,IP 不能提供任何可靠性机制,所有 TCP 的可靠性需要由自身来解决。TCP 采用最基本的可靠性保证方法,即确认与超时重传,并采用滑动窗口方法进行流量控制与拥塞控制。

（3）支持全双工服务。TCP 协议支持数据可在同一时间双向流动的全双工服务。两个应用程序进程可以同时利用该连接发送和接收数据,双方通过捎带确认的方法通报是否正确接收数据报的相关信息。

2. 选择 TCP 协议时需要注意的问题

网络应用程序选择 TCP 协议时,需要注意以下问题。

（1）TCP 协议的拥塞控制机制的设计思想是在网络出现拥塞之后,抑制客户或服务器的发送进程,减少发送的数据数量,以便缓解网络拥塞。这是一种通过限制每个 TCP 连接来达到公平使用网络带宽的方法。对于有最低带宽限制的实时视频应用来说,抑制传输速率会造成严重的影响。实时视频应用对于数据传输的可靠性的要求可以降低,即它可以容忍个别数据报丢失,不需要完全可靠的传输服务,而 TCP 协议与这类应用的需求保证的重点恰恰相反,因此实时视频应用应该选择 UDP 协议,而不是 TCP 协议。

（2）通过研究 TCP 协议的特点发现,TCP 协议不能保证最小的传输速率,也不能保证最小传输延时。发送进程不能按照自己的需求以需要的速率发送数据。受 TCP 协议拥塞控制机制的限制,发送端只能以较低的平均速率发送。因此,TCP 协议能保证数据字节按照流方式传送到目的进程,但是不能保证最小的传输速率和传输延时。

3. UDP 协议提供的服务

和 TCP 协议相比,UDP 是一种可实现最低传输要求的传输层协议。其主要特点表现在以下几个方面。

（1）UDP 是一种无连接、不可靠的传输层协议。设计一个比较简单的传输层 UDP 协议的目的,是希望以最小的开销来实现网络环境中进程通信的目的。由于两个通信的进程之间没有建立连接,因此通过 UDP 协议发送的数据报不能保证都能够到达接收端,并且也不能保证数据报是按顺序到达的。

（2）UDP 协议没有提供拥塞控制机制,发送进程可以用任意的速率通过 UDP 协议发送数据报。这一点对于对数据可靠性要求相对较低,而有最低传输速率要求的实时视频应用以及网络电话 VoIP 应用来说是合适的。

（3）UDP 协议不提供最小延时保证。虽然 TCP 协议与 UDP 协议都不提供最小延时保证,但是在互联网上使用对传输延时敏感的网络应用仍可以实现。事实上,目前很多对传输延时敏感的网络应用已成为新的互联网应用的增长点。实时协议（real-time protocol,RTP）和实时交互应用协议（real-time interactive application protocol,RTIAP）等增强性的传输协议的研究,正在解决 TCP 协议与 UDP 协议最初设计时存在的问题。

4. 应用层协议与传输层协议的关系

应用层协议与 TCP 协议、UDP 协议之间的关系如表 2-1 所示。从表中可以看出,根据应用层协议与传输层协议的单向依赖关系,应用层协议可以分为 3 类:一类应用层协议只能使用 TCP 协议,一类应用层协议只能使用 UDP 协议,另一类应用层协议既可以使用 TCP 协议又可以使用 UDP 协议。

使用 TCP 协议的应用层协议主要是需要大量传输交互式报文的应用,例如 SMTP、TELNET、FTP、HTTP 等。使用 UDP 协议的应用层协议主要有简单文件传输协议（TFTP）、远程过程调用（RPC）、网络时间协议（NTP）等。域名服务（DNS）和流媒体的实时网络(Real Network)协议既可以使用 UDP 协议,也可以使用 TCP 协议。

表 2-1　应用层协议与传输层协议的关系

网络应用类型	应用层协议	传输层协议
E-mail	SMTP	TCP
TELNET	TELNET	TCP
Web	HTTP	TCP
FTP	FTP	TCP
DNS	DNS	UDP 或 TCP
流媒体	实时网络	UDP 或 TCP
VoIP	Net2phone	UDP

2.1.7　网络应用对低层提供服务的要求

应用程序的开发者将根据网络应用的实际需求来决定传输层是选择 TCP 协议还是 UDP 协议,以及主要的技术参数。传输层协议是在主机的操作系统控制下,为应用程序提供进程通信服务。如同我们从深圳出发到北京,可以选择以最快速度到达,或者选择以最经济的方式到达,然后根据不同的要求选择乘飞机、坐火车或乘长途客车。

传输层为网路应用程序提供的服务质量(QoS)主要表现在 3 个方面:数据传输的可靠性、带宽和延时。在 E-mail、FTP、TELNET、Web、IM、IPTV、VoIP 以及基于网络的金融应用系统、电子政务、电子商务、远程医疗、远程数据存储等应用中,它们对数据传输的可靠性、带宽和延时的要求不同。其中有一类应用,例如基于网络的金融应用系统、电子政务、电子商务、远程医疗、远程数据存储等应用,它们对数据传输的可靠性要求高,一次数据传输错误可能导致重大损失。另一类应用(如 IPTV、VoIP 等),它们对带宽和延时要求比较高,而对数据传输的可靠性要求不是很严格,一个分组的丢失一般不会影响语音和图像的收听或收看效果。网络多媒体应用则对网络端到端的传输质量提出了更高的要求。

20 世纪 90 年代,网络带宽的不断提高使得网络环境中的多媒体应用成为现实。多媒体计算机逐渐从单机转向网络,出现了大量的多媒体网络应用系统,其中典型的有网络视频会议系统、分布式多媒体交互仿真系统、远程教学系统与远程医疗系统。通过网络和多媒体技术的结合,参与者与计算机组成了一个统一的虚拟环境。各个结点通过网络传输音频、视频和文字,这些多媒体信息使用户感觉到处于一个共同的虚拟环境之中。

网络视频会议系统是一种典型的多媒体网络应用系统。国际电信联盟(ITU)定义了基于电信网络的多媒体会议系统标准 H.320、H.323。微软公司的 NetMeeting 和多播主干网(multicast backbone,Mbone)上的 vic、vat 等工具也可以用来建立网络会议环境。网络会议的参与者可以看到会议的进展情况,可以接收到正在发言人的声音和图像等,并可以亲自参与问题的讨论。

根据系统的交互方式,可以把多媒体网络应用系统分为一对一系统、一对多系统、多对一系统、多对多系统 4 种基本的方式。一对一的网络多媒体系统是指两个终端之间的单独通信,比如视频电话系统、视频点播系统等。这类系统需要解决的主要问题是多媒体的传输和质量控制。一对一系统的实现集中体现了多媒体传输的特点,是其他多媒体系统的基础。一对多系统是由一个发送端和多个接收端构成的系统,如网络广播系统。一对多系统需要实现多媒体信息的发送与推送服务、网页和应用程序更新,以及系统运行状态的监控功能。

在多对一系统中,多个发送端通过单播或者多播向单个接收端发送消息。当有多个发送端同时向一个接收端发送消息时,这些信息在接收端网络接口可能形成比较大的数据量。如果数据量超过了接收端能力,就会造成"反馈风暴"。多对一的情况主要用于对信息的搜集,例如资料搜集、投票等应用。多对多系统是一个组的成员之间可以相互发送信息。多对多的情况是多播应用中最为重要也是最为复杂的一种,例如多媒体会议系统、远程教育、交互式网络游戏、分布式交互仿真、虚拟现实、多机协同工作等应用。研究网络多媒体必须了解网络环境中多媒体传输的基本特性,多媒体网络应用对端到端的服务质量的要求主要表现在带宽、延时、延时抖动、误码率等方面。

2.2　Web 服务与 HTTP 协议

2.2.1　Web 服务的基本概念

Web 亦称万维网,是 Internet 发展中的重要里程碑,现在 Internet 上的 Web 应用数量远远超过其他应用。Web 并不是某一种类型的计算机网络,实际上,Web 是一个大规模的提供海量信息存储和交互式超媒体信息服务的分布式应用系统。超媒体系统是超文本(hypertext)系统信息多媒体化的扩充,超媒体是 Web 的基础。超媒体使用超链(hyperlink)将多个信息源链接而成。超链是包含在每一个页面中能够链接到其他 Web 页面的链接信息。利用一个链接可以由一个文档找到一个新的文档,由这个新的文档又可链接到其他文档,如此链接下去,可以在全世界范围内连接于 Internet 上的超媒体系统中漫游。

为了标识分布在整个 Internet 上的 Web 文档,Web 使用了统一资源定位符(Uniform Resource Locator,URL),使得每一个 Web 文档在 Internet 范围内都具有唯一的标识。要使 Web 文档在 Internet 上传送,客户和服务器之间的交换遵循 HTTP 协议,它是基于传输层的 TCP 协议进行可靠传输,且 HTTP 与平台无关。Web 文档的基础编程语言是超文本标记语言(Hyper Text Markup Language,HTML),后来又扩充了各种编程语言。

1993 年 2 月,第一个名为 Mosaic 的图形界面浏览器开发成功,它的作者后来离开美国国家超级计算应用中心(NCSA)创办了 Netscape 通信公司。1995 年著名的 Navigator 浏览器面市。现在使用最广泛的浏览器是微软公司的 Internet Explorer 和谷歌公司的 Chrome。

1. 支持 Web 服务的关键技术

Web 服务又称为 WWW(World Wide Web)服务,它的出现是互联网应用技术发展中的一个里程碑。Web 服务是互联网中最方便、最受欢迎的信息服务类型,它的影响力已远超出专业技术的范畴,并进入电子商务、远程教育、远程医疗与信息服务等领域。

支持 Web 服务的 3 个关键技术是:超文本传输协议(hyper text transfer protocol,HTTP)、超文本标记语言(hyper textmarkup language,HTML)与统一资源定位符(uniform resource locators,URL),如图 2.6 所示。

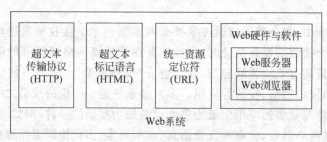

图 2.6　给出了支持 Web 服务的主要部分

(1) 超文本传输协议(HTTP)是 Web 服务的应用层协议,它是超文本文档在 Web 浏览器与 Web 服务器之间的传输协议。

(2) 超文本标记语言(HTML)是定义超文本文档的文本语言。HTML 给常规的文档增加标记(tag),使一个文档可以链接到另一个文档;允许文档中有特殊的数据格式,同时可以将不同媒体类型结合在一个文档中。

(3) 统一资源定位符(URL)用来标识 Web 中的资源,以便于用户查找。

2. 超文本与超媒体的基本概念

如果想了解 Web,首先要了解超文本(hypertext)与超媒体(hypermedia)的概念,它们是 Web 的信息组织形式。

长期以来,人们一直在研究如何组织信息,最常见的方式就是现有的书籍所采用的方式。书籍采用有序的方式组织信息,它将要讲述的内容按照章、节的结构组织起来,读者可以按照章、节的顺序进行阅读。

随着计算机技术的发展,人们不断推出新的信息组织方式,以方便对各种信息的访问。在 Web 系统中,信息是按超文本方式组织的。用户直接看到的是文本信息本身,在浏览文本信息的同时,随时可以选中其中的"热字"。热字往往是上下文关联的单词,通过选择热字可以跳转到其他的文本信息。图 2.7 给出了超文本方式的工作原理。如果读者在教育部网站看到"学校目录",并对深圳大学感兴趣,可以单击热字"深圳大学",Web 系统将直接链接到深圳大学主页。如果读者想了解深圳大学的概况,可以单击热字"深大概况";如果读者对学校领导感兴趣,可以单击热字"学校领导"。如果读者对计算机与软件学院感兴趣,可以单击"院系设置",再找到计算机与软件学院的页面,进一步了解学院的情况。同时,读者可以直接从计算机与软件学院的友情链接,跳转到清华大学软件学院的网页。

超媒体进一步扩展了超文本所链接的信息类型。用户不仅能从一个文本跳到另一个文本,而且可以激活一段声音,显示一个图形,甚至播放一段动画。目前在市场上,流行的多媒体电子书籍大都采用这种方式。例如,在一本多媒体儿童读物中,当读者选中屏幕上

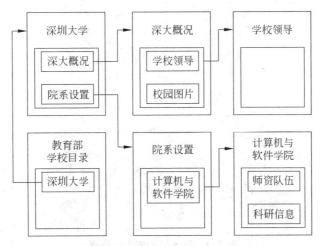

图 2.7　超文本方式的工作原理

显示的老虎图片、文字时,可以播放一段关于老虎的动画。超媒体可以通过这种集成的方式,将多种媒体的信息联系在一起。图 2.8 给出了超媒体方式的工作原理示意图。

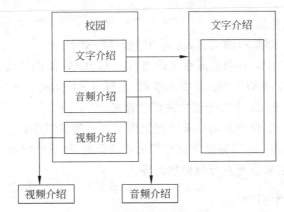

图 2.8　超媒体方式的工作原理示意图

3. Web 的工作方式

Web 是以浏览器/服务器(B/S)模式工作。浏览器向 Web 服务器发出信息浏览请求,服务器向客户送回客户所要的 Web 文档(称为页面(Page)),在客户的屏幕上显示,图 2.9 给出了 Web 服务的工作原理。信息资源以网页形式存储在 Web 服务器中,用户通过 Web 客户端的浏览器(browser)向 Web 服务器发出请求;Web 服务器根据客户端的请求内容,将保存在 Web 服务器中的 Web 页发送给客户端;浏览器在接收到该页面后对其进行解释,最终将图、文、声并茂的画面呈现给用户。用户可以通过页面中的链接,访问位于其他 Web 服务器中的 Web 页,或其他类型的网络信息资源。

4. 主页概念

在 Web 环境中,信息以 Web 页的形式来显示与链接。Web 页是用 HTML 语言来实现的,并可以在 Web 页之间建立超文本链接。主页(home page)是指个人或机构的基

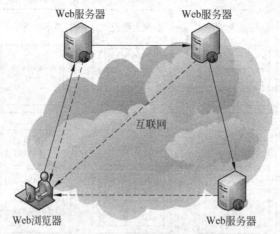

图 2.9   Web 服务的工作原理

本 Web 页,用户访问 Web 网站首先会看到主页,通过主页可以访问该网站的其他信息。主页中通常包含文本、图形、声音和其他多媒体文件,以及可以跳转到其他主页的超链接等。

主页包含以下几种基本元素。

(1) 文本(text): 最基本的元素,就是通常所说的文字。

(2) 图像(image): Web 浏览器通常识别 GIF 与 JPEG 图像格式。

(3) 表格(table): 类似于 Word 中的表格,表格单元内容通常为字符类型。

(4) 超链接(hyperlink): 用于将主页链接起来。

主页是政府部门、学校和公司在互联网上展示自己的重要手段。WWW 服务在商业上的重要作用就体现在:可以通过主页介绍公司的概况,展示公司新产品的图片,介绍新产品的特性,或利用它来公开发行免费软件等。

2.2.2   HTTP 的工作机制

2.2.2.1   URL 与信息资源定位

在互联网中有如此众多的 Web 服务器,而每台服务器中又包含很多 Web 页,查找想看的网页要使用统一资源定位符(URL)。

标准的 URL 由 3 部分组成: 协议类型、主机名、路径及地址。例如,深圳大学的 Web 服务器的 URL 为

其中,http:表示使用 HTTP 协议,www. szu. edu. cn 表示要访问的 Web 服务器的主机名,szu2007/index. html 表示要访问的主页的路径与文件名。

通过使用 URL 机制,用户可以指定要访问哪种类型的服务器、哪台服务器与哪个文件。如果用户希望访问某台 Web 服务器中的某个 Web 页,只要在浏览器中输入该页面

的 URL 即可。

URL 为 Internet 上的资源定位和访问方式提供一种抽象的表示方法。对于与 Internet 相连的主机上任何可访问的对象来说，URL 是唯一的，可以将 URL 想象为一台计算机上的文件名系统在整个 Internet 范围的扩展。

URL 不仅用于用户漫游的 Web 网，而且也能用于 FTP、E-mail 和 TELNET 等，这样将几乎所有因特网访问统一为一个程序，即 Web 浏览器。

URL 的格式为

访问方式://服务器域名[:端口号]/路径/文件名

URL 一般使用小写字母，但它不区分大小写字母。URL 的前面（冒号左边）部分指明了 URL 的访问方式。URL 可使用的访问方式如下。

(1) http：超文本传输协议（HTTP）；

(2) ftp：文件传输协议（FTP）；

(3) telnet：交互式会话；

(4) mailto：电子邮件地址。

对 Web 网站的访问要使用 HTTP 协议，其 URL 的一般形式为

http://服务器名[:端口号]/路径/文件名

HTTP 的默认端口号是 80，可以省略。如果 URL 在服务器域名后使用了非默认的端口号，就不可省略。路径/文件名用于直接指向服务器中的某一个文件；如果省略路径和文件名，则 URL 就指向了 Internet 上的某个主页。例如：

http://www.szu.edu.cn

2.2.2.2   无状态协议的概念

HTTP 使用面向连接的 TCP 协议，如果 Web 浏览器要访问一个 Web 服务器，那么作为客户端的 Web 浏览器就需要在它与 Web 服务器之间建立一个 TCP 连接。一旦 TCP 连接建立之后，客户端的 Web 浏览器进程就可以发送 HTTP 请求报文，并接收应答报文。Web 服务器接收 HTTP 请求报文，并发送应答报文。一旦浏览器进程发送了 HTTP 请求报文，这个请求报文就脱离了客户端进程的控制，进入了 TCP 控制。由于 TCP 提供的是面向连接的可靠服务，这就意味着 Web 客户进程发送的 HTTP 请求报文可以准确地到达服务器端。同时，Web 服务器进程发送的 HTTP 应答报文也可以准确地达到客户端。即使报文在传输过程中出现丢失或乱序问题，也由传输层及一些低层协议去解决，Web 浏览器与 Web 服务器进程不需要干预。

由于 Web 服务器要面对很多浏览器的并发访问，为了提高 Web 服务器对并发访问的处理能力，在设计 HTTP 协议时规定 Web 服务器发送 HTTP 应答报文和文档时，不保存发出请求的 Web 浏览器进程的任何状态信息。这就可能出现一个浏览器在短短几秒钟之内两次访问同一个对象时，服务器进程不会因为已经给它发出过应答报文而不接受第二次服务请求。由于 Web 服务器进程不保存发出请求的 Web 浏览器进程的任何信

息,因此,HTTP 协议属于无状态协议(stateless protocol)。

2.2.2.3　非持续连接

HTTP 协议有非持续连接(nonpersistent connection)与持续连接(persistent connection)两种状态。其中,HTTP1.0 版协议定义了非持续连接,HTTP1.1 的默认状态为持续连接。

例如,http://csse.szu.edu.cn/case/netlab.asp 的网页包括一个基本的 HTML 文件和 105 个 GIF 图像文件,那么就称这个 Web 页由 106 个对象组成。对象就是文件,例如,HTML 文件、JPEG 个 GIF 文件、Java 程序、语音文件等,它们都可以通过 URL 来寻址。

在非持续连接中,对每次请求/响应都要建立一次 TCP 连接。如果一个网页包括一个基本的 HTML 文件和 105 个 GIF 图像文件,即 106 个对象,并且都位于同一个服务器中。那么在非持续连接状态,浏览客户的工作过程为:

(1) HTTP 客户进程在 80 端口发起一次与服务器 csse.szu.edu.cn 的 TCP 连接。

(2) HTTP 客户进程在这个 TCP 连接上发送一个 HTTP 请求报文,请求报文中包括对象路径 case\netlab.asp。

(3) HTTP 服务器在这个 TCP 连接上接收 HTTP 请求报文,从它的存储器中查询出对象 case\netlab.asp,并封装在一个 HTTP 应答报文中,通过这个 TCP 连接发送到客户进程。

(4) HTTP 服务器进程通知 TCP 协议断开此次 TCP 连接。

(5) HTTP 客户程序在接收到应答报文后,通知 TCP 协议断开此次 TCP 连接。同时,客户进程在应答报文中提取 105 个 GIF 文件的引用方法。

(6) HTTP 客户程序对每个 GIF 文件的引用重复一次以上过程。

图 2.10 给出了请求一个 HTTP 文件所需时间。

需要注意的是,第一次 TCP 连接完成之后的 105 次用于访问 GIF 格式文件的 TCP 连接是串行的还是并行的,对于请求一个 HTTP 文件所需要的时间有比较大的影响。事实上,用户可以通过设置浏览器的相关属性来控制 TCP 连接的并行度。大部分浏览器允许打开 5~10 个并行的 TCP 连接,每个 TCP 连接处理一个请求/响应事务,并行连接可以缩短用户读取 Web 文档的响应时间。

2.2.2.4　持续连接

1. 持续连接基本概念

非持续连接的缺点是:必须为每个请求对象建立和维护一个新的 TCP 连接。对于每个这样的连接,客户端与服务器端都需要设定缓冲区及其他的一些变量,在服务器端处理大量的客户端进程请求时负担很重,因此研究支持持续连接的 HTTP 协议势在必行。

在持续连接时,服务器在发出响应后保持该 TCP 连接,相同的客户端进程与服务器端之间的后续报文都通过该连接传送。例如,一个网页包括一个基本的 HTML 文件和 8

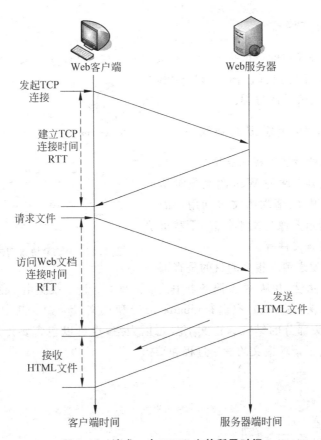

图 2.10　请求一个 HTTP 文件所需时间

个 JPEG 图像文件,所有请求与应答报文都可以通过一个持续的 TCP 连接来传送。同时,一个 Web 服务器中的多个 Web 页也可以通过一个持续的 TCP 连接来传送。服务器进程在接收到客户进程的请求或超时时才关闭该连接。

持续连接有两种工作方式:非流水线(without pipelining)方式与流水线(pipelining)方式。

2. 非流水线方式

非流水线方式的特点是:客户端只有在接收到前一个响应时才能发出新的请求。这样,客户端在每访问一个对象时要花费一个 RTT 时间。这时服务器每发出一个对象之后,要等待下一个请求的到来,连接处于空闲状态,浪费了服务器资源。

3. 流水线方式

流水线方式的特点是:客户端在没有收到前一个响应时就能够发出新的请求。客户端的请求可以像流水线一样工作,连续地发送到服务器端,服务器端可以连续地发送应答报文。使用流水线方式的客户端访问所有的对象只需花费一个 RTT 时间。因此流水线方式可以减少 TCP 连接的空闲时间,提高下载 Web 文档的效率。

HTTP1.1 默认状态是持续连接的流水线工作方式。

2.2.3　HTTP 报文格式

HTTP 是一种简单的请求报文和应答报文的协议,RFC2616 文档对 HTTP 请求与应答报文做了详细的定义。图 2.11 给出了 HTTP 协议请求与应答的过程。

2.2.3.1　HTTP 请求报文结构

1. 请求报文的发送过程与结构

作为 HTTP 客户端的 Web 浏览器向 Web 服务器发送请求报文,请求报文包括用户的一些请求,如请求显示图像与文本信息,下载可执行程序、语音或视频文件等。

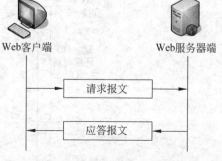

图 2.11　HTTP 协议请求与应答的过程

Web 浏览器发送请求报文的目的是查询一个 Web 页面的可用性,并从 Web 服务器中读取该页面。请求报文由 4 部分组成:请求行(request line)、报头(header)、空白行(blank line)和正文(body)。其中空白行用 CR 和 LF 表示,表示报头部分的结束。正文部分可以为空,也可以包含要传送到服务器的数据。图 2.12 给出了请求报文的发送过程和结构。

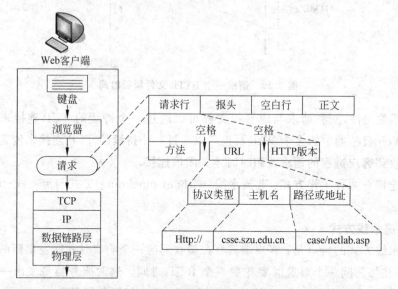

图 2.12　请求报文的发送过程和结构

2. 请求行使用的方法

HTTP 请求行使用的方法如下。

(1) GET 方法:当浏览器要从服务器中读取文档时使用 GET 方法。该方法要求服务器将 URL 定位的资源放在应答报文的正文中,回送给浏览器。

(2) HEAD 方法:当浏览器要从服务器中读取关于文档的某些信息而不是文档本身时,使用 HEAD 方法。它与 GET 方法很类似,但来自服务器的响应不包括文档的正文。

（3）PUT 方法：当浏览器要把新的或需要替换的文档存放到服务器时，使用 PUT 方法。报文的正文是需要存放的文档，URL 是存放的位置。

（4）POST 方法：当浏览器要给服务器提供某些信息时，可以使用 POST 方法。

（5）PATCH 方法：当浏览器要用正文中存放的文档区替换 URL 位置的文档时，使用 PATCH 方法。

（6）COPY 方法：当浏览器要将文档复制到另一个位置时，使用 COPY 方法。源文件的位置由 URL 给出，目的文件的位置由报头中给出。

（7）DELETE 方法：表示从服务器中删除请求行中 URL 指定的文件。

（8）MOVE 方法：当浏览器要将文档移动到另一个位置时，使用 MOVE 方法。源文件的位置由 URL 给出，目的文件的位置由报头中给出。

（9）LINK 方法：当需要创建从一个文档到另一个文档的链接时，使用 LINK 方法。源文件的位置由 URL 给出，目的文件的位置由报头中给出。

（10）UNLINK 方法：当需要删除从一个文档到另一个文档的链接时，使用 UNLINK 方法。URL 给出该文件位置。

2.2.3.2 HTTP 应答报文结构

图 2.13 给出了 HTTP 应答报文结构。它包括 3 部分：状态行、报头、正文。其中状态行又包括 3 个字段：HTTP 版本、状态码、状态短语。

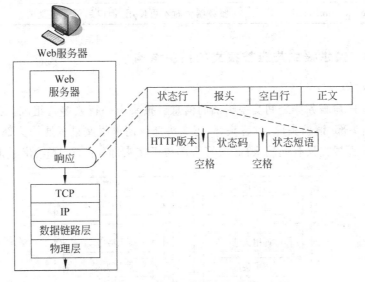

图 2.13 HTTP 应答报文结构

状态码有 35 种。表 2-2 给出了状态码及其意义。其中，100 系列代码只提供信息，200 系列代码表示请求成功信息，300 系列代码表示客户定向到另一个 URL，400 系列代码表示客户端的差错，500 系列代码表示服务器端的差错。

表 2-2　主要的状态码与意义

代码	短　语	说　明
100	Continue	请求的开始部分已经被接受,客户可以继续他的请求
101	Switching	服务器同意客户的请求,切换到更新报头中定义的协议
200	Ok	请求成功
201	Created	新的 URL 被创建
202	Accepted	请求被接受,但还没有马上起作用
204	No accepted	报文中没有内容
301	Multiple choices	所请求的 URL 指向多个资源
302	Moved permanently	服务器已经不再使用所使用的 URL
304	Moved temporarily	所请求的 URL 已暂时地移走
400	Bad request	在请求中有语法错误
401	Unauthorized	请求缺乏适当的授权
403	Forbidden	服务被拒绝
404	Not found	文档未发现
405	Method not allowed	URL 不支持
406	Not acceptable	所请求的格式不可接受
500	Server error	服务器端出错
501	Not implemented	所请求的动作不能完成
503	Service unavailable	服务器暂时不可使用,但以后可能接受请求

2.2.3.3　请求报文与应答报文的报头结构

1. 报头结构

报头在客户与服务器之间交换附加的信息。报头由一行或多行组成。报头可以有 4 种类型:通用头部、请求头部、应答头部、正文头部。请求报文只有通用头部、请求头部与正文头部。应答报文只有通用头部、应答头部与正文头部。图 2.14 给出了请求报文与应

图 2.14　请求报文与应答报文的报头结构

答报文的报头结构。

2. 通用头部

通用头部给出关于报文的通用信息，可以出现在请求报文和应答报文中。表 2-3 给出了主要的通用头部及意义。

表 2-3　通用头部及意义

通 用 头 部	说　明	通 用 头 部	说　明
Cache-control	给出关于高速缓存的信息	MIME-version	给出所使用的 MIME 版本
Connection	指出连接是否应该关闭	Upgrade	指明优先使用的通信协议
Date	给出当前日期		

3. 请求头部

请求头部只出现在请求报文中，它用于指明客户的配置与客户优先使用的文档格式。表 2-4 给出了主要的请求头部及意义。

表 2-4　请求头部及意义

请 求 头 部	说　明
Accept	给出客户能够接受的数据格式
Accept-charset	给出客户能够处理的字符集
Accept-encoding	给出客户能够处理的编码方案
Accept-language	给出客户能够接受的语言
Authorization	给出客户具有何种权限
From	给出客户的电子邮件地址
Host	给出客户的主机和端口号
If-modified-since	只在比指定日期更新时才发生这个文档
If-match	只在与指定的标记匹配时才发生这个文档
If-not-match	只在与指定的标记不匹配时才发生这个文档
If-range	只发生缺少的那部分文档
If-unmodified-since	如果在指定的日期之后还未改变，则发生文档
Referrer	给出被链接文档的 URL
User-agent	标识客户程序

4. 应答头部

应答头部只出现在应答报文中，用于指明服务器的配置和关于请求的特殊信息。表 2-5 给出了主要的应答头部及意义。

表 2-5   应答头部及意义

应 答 头 部	说　明
Accept-range	给出服务器接受客户请求的范围
Age	给出文档的使用范围
Public	给出可以支持的方法清单
Retry-after	指明的日期之后,服务器才能够使用
Server	给出服务器与版本号

5. 正文头部

正文头部主要出现在应答报文中,用于说明关于文档正文达到信息。表 2-6 给出了主要的正文头部及意义。

表 2-6   正文头部及意义

正 文 头 部	说　明
Allow	列出 URL 可以使用的合法的方法
Content-encoding	指明编码方案
Content-language	指明语言
Content-length	给出文档长度
Content-range	给出文档的范围
Content-type	给出数据类型
Etag	给出正文的标记
Expires	给出内容可能改变的时间和日期
Last-modified	给出上次内容改变的时间和日期
Location	给出被创建和被移走的文档的位置

2.2.3.4   请求报文与应答报文的交互过程

在讨论了请求报文和应答报文结构基础上,下面用 3 个方法的请求报文和应答报文说明它们的交互过程,并对 HTTP 协议的工作过程做一个总结。

1. GET 方法的使用

图 2.15 给出了使用 GET 方法读取路径为/usr/bin/image1 的图像。请求行给出了方法 GET、URL 与 HTTP 协议版本号。报文头部有 2 行,给出了浏览器可以接受 FIG 和 JPEG 的图像。请求报文中没有正文。应答报文包括状态码和 4 行报头。报头标识了日期、服务器、MIME 版本号和文档长度。

2. HEAD 方法的使用

图 2.16 给出了使用 HEAD 方法读取 HTML 文档的信息。请求行给出了方法 HEAD、URL 与 HTTP 协议版本号。报文头部只有 1 行,给出了浏览器可以接受任何格

式的文档(通配符 * / *)。请求报文中没有正文。应答报文包括状态码和 5 行的报头。
报头标识了日期、服务器、MIME 版本号、数据类型和报文长度。应答报文不包括正文。

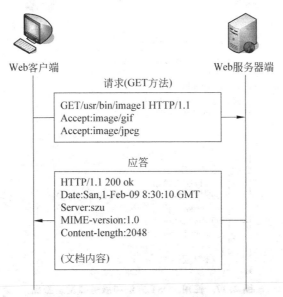

图 2.15 使用 GET 方法读取图像

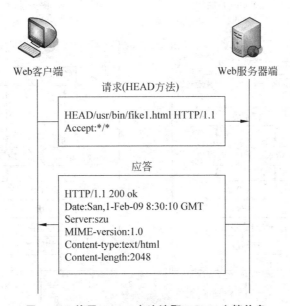

图 2.16 使用 HEAD 方法读取 HTML 文档信息

3. POST 方法的使用

图 2.17 给出了使用 POST 方法向服务器发送数据。请求行给出了方法 POST、URL
和 HTTP 协议版本号。报文头部有 4 行。请求报文中给出了输入数据。应答报文包括
状态码和 4 行的报头。被创建的 CGI 文档在应答报文的正文位置。

总结以上讨论的内容,图 2.18 给出了 HTTP 工作原理与过程示意图。

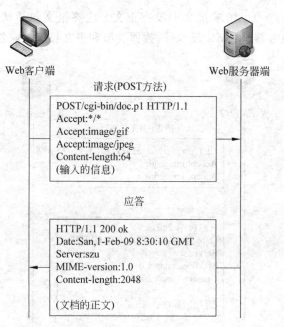

图 2.17　使用 POST 方法和服务器发送数据

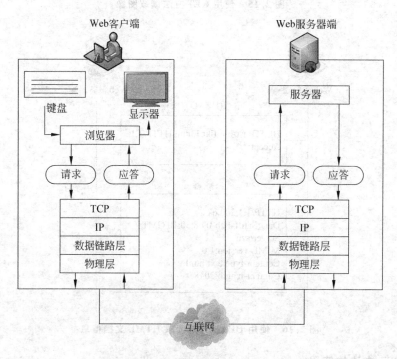

图 2.18　HTTP 工作原理与过程示意图

2.2.4　超文本标记语言 HTML

2.2.4.1　HTML 的标记

超文本标记语言 HTML 是用于创建网页的语言。"标记语言"这个名词是从图书出版社技术中借鉴而来,在书籍出版过程中,编辑在阅读稿件和排版过程中要做很多记号,这些记号可以告诉具体的排版工作人员如何处理正文的印刷要求,在书籍的编辑过程中已经有很多行业规矩。创建网页的语言也采用了这种思想,图 2.19 给出了一个 HTML 标记的例子。在浏览器中要使"A set of layers and protocol is called a **network architecture.**"中的 **network architecture** 用粗体字显示。

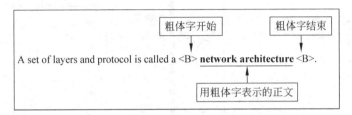

图 2.19　一个 HTML 标记的例子

在文档中可以嵌入 HTML 的格式化指令。Web 浏览器能读出这些指令,并根据指令的要求进行显示。Web 文档不使用普通的文字处理软件的格式化方法,这是由于不同的文字处理软件的格式化采用的技术不同。例如,在 Macinitoshi 计算机上创建的格式化文档并存储到 Web 服务器中,那么另一个使用 IBM 计算机的用户就无法读出它。在HTML 正文与格式化指令中都只使用 ASCII 字符,这样使用 HTML 语言创建的网页在所有计算机上都能正确地读取和显示。表 2-7 给出了常用的 HTML 标记。

表 2-7　常用的 HTML 标记

开 始 标 记	结 束 标 记	意 　 义
\<HTML\>	\</HTML\>	定义 HTML 文档
\<HEAD\>	\</HEAD\>	定义 HTML 文档的头部
\<BODY\>	\</BODY\>	定义 HTML 文档的正文
\<TITLE\>	\</TITLE\>	定义 HTML 文档的标题
\<P\>	\</P\>	分段
\<B\>	\</B\>	粗体
\<I\>	\</I\>	斜体
\<U\>	\</U\>	加下划线
\<CENTER\>	\</CENTER\>	居中
\<IMG\>	\</IMG\>	定义图像
\<A\>	\</A\>	定义地址
\<APPLET\>	\</APPLET\>	文档是小应用程序

Web 文档是由 HTML 元素相互嵌套而成的,如果将所有元素按嵌套的层次连成一棵树,可以更容易地理解 Web 文档结构。图 2-20 给出了一个 Web 文档的例子。图中左侧是 Web 文档的内容,右侧是 Web 文档在浏览器中的显示。通过这个例子可以看出,Web 文档的顶层元素是<HTML>,它的下面包括两个元素:<HEAD>和<BODY>。元素<HEAD>描述有关 HTML 文档的信息,如标题<TITLE>。元素<BODY>中包含 HTML 文档的实际内容,也就是在浏览器中显示的内容。

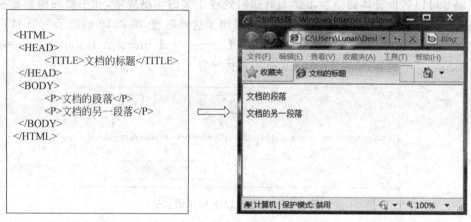

图 2.20 一个 Web 文档的例子

2.2.4.2 Web 文档类型

Web 文档可以分为 3 种类型:静态文档、动态文档、活动文档。

1. 静态文档

静态文档是固定内容的文档,它由服务器创建并保存在服务器中。Web 客户端只能得到文档的副本。当 Web 客户端访问静态文档时,文档的一个副本就发送到客户端并显示。图 2.21 给出了静态文档的访问过程。

2. 动态文档

动态文档不存在预定义的格式,它是在用户浏览器请求该文档时才由服务器创建。当浏览器的请求到达服务器时,服务器运行创建该文档的应用程序。然后,服务器就将创建的文档作为响应发送给浏览器。由于对每一次请求产生一个新的文档,因此每一次请求产生的新的文档可以是不相同的。一个

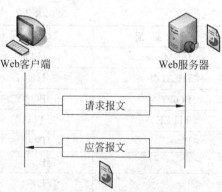

图 2.21 静态文档的访问过程

最简单的例子就是从服务器得到日期和时间的动态文档。客户可以请求服务器中运行 date 程序,并将程序运行的结果发生到客户端。图 2.22 给出了动态文档的访问过程。其中图 2.22(a)表示 Web 客户端向服务器发送请求报文;图 2.22(b)表示服务器根据客户请求报文的要求生成文档;图 2.22(c)表示服务器以应答报文的形式将生成的文

档发送给 Web 客户端。

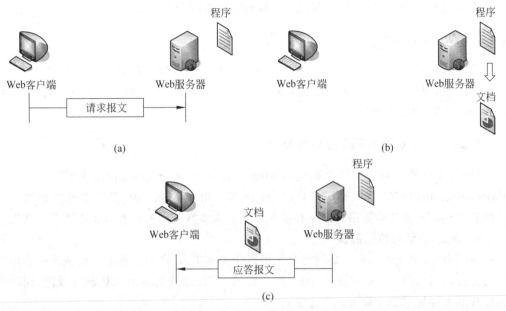

图 2.22　动态文档的访问过程

3. 活动文档

在有些情况下,例如需要在 Web 浏览器屏幕上产生动画图形,或者需要与用户交互的程序,应用程序需要在客户端运行。当用户请求该文档时,服务器就将二进制代码的活动文档发送给浏览器。Web 浏览器收到该活动文档后,存储并运行该程序。图 2.23 给出了活动文档的访问过程。其中,图 2.23(a)表示 Web 客户端向服务器发送请求报文;

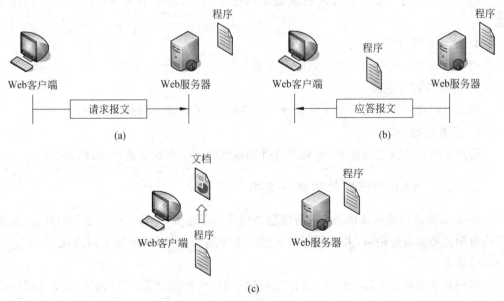

图 2.23　活动文档的访问过程

图 2.23(b)表示 Web 服务器根据客户端请求报文的要求,将程序以应答报文的形式发送给客户端;图 2.23(c)表示 Web 客户端运行程序生成所需的文档。

2.2.5　Web 浏览器

目前,各种 Web 浏览器的功能都非常强大,通过它可以访问互联网中的各种信息。更重要的是,当前的浏览器基本都支持多媒体信息,可以通过它播放音频、动画与视频等,使 Web 变得更加丰富多彩。

2.2.5.1　Web 浏览器的基本功能

目前,流行的浏览器软件主要包括 Microsoft Internet Explorer(简称 IE)、Netscape Navigator、Mozilla Firefox、腾讯 TT 和 Opera 等。由于 Microsoft 公司在操作系统方面的优势,当前 IE 浏览器的用户数量在逐年增加。大多数的浏览器都具备以下基本功能。

1. 查找、启动与终止链接

在网页中,加亮的或有下划线的热字可以作为链接,带彩色边界的图像或图标也可以作为链接。当用户用鼠标单击一个链接时,它的 URL 地址会显示在状态区域内,同时将被链接的页面显示在屏幕上。

2. 查看内嵌图像与外部图像

网页不仅可以提供正文,而且可以方便地传输图像。通常,图像与文本、表格等同时显示在主页中,这种图像称为内嵌图像。与正文相比,图像字节数通常较大。外部图像是单独的图像文件。外部图像的链接过程与网页基本相同。外部图像文件与网页一样,都有唯一的 URL 地址。

3. 历史与书签的使用

用户可以使用历史功能查询到最近访问过的网页,使用书签功能记录更多的网页地址。

4. 改变式样、字体与色彩

用户可以为自己的浏览器界面随意设置自己喜欢的颜色与字体。

5. 保存与打印主页

用户可以将网页作为一个文件保存到计算机中,或者输出到打印机中。

6. 设置起始页

用户可以自己设置起始页,也就是打开浏览器时第一个在屏幕上出现的网页。

2.2.5.2　Web 浏览器的功能与结构

Web 服务器的基本功能是:等待浏览器打开一个连接,并请求一个指定的网页,服务器接收浏览器的服务请求,并将所需的文档副本传送给浏览器,然后关闭连接,等待下一个连接请求。

当用户指定需要阅读的文档后,该文档的 URL 也就确定了。这时,Web 浏览器就成为一个客户端,与指定 URL 的服务器进程进行连接,接收需要浏览的文档副本,然后向用户显示文档。Web 浏览器和服务器之间的连接维持一小段时间。浏览器建立连接和发送请求,然后接收请求的信息。一旦文档或者图像传输完毕,连接立即被关闭,浏览器不再保持与服务器的连接。快速终止连接在大多数场合下非常有效。用户可以访问某个主机上的网页,并跟随超链接立即转到另一个主机上的网页。当 Web 浏览器与服务器进行交互时,这两个程序遵循 HTTP 协议。

图 2.24 给出了 Web 浏览器的结构。从理论上说,Web 浏览器由一组客户、一组解释器与一个管理它们的控制器单元组成。控制器单元形成了浏览器的中心部件,它负责解释鼠标单击与键盘输入,并调用其他组件来执行用户指定的操作。例如,当用户输入一个 URL,或单击一个超链接时,控制器单元接收并分析该命令,调用一个 HTTP 解释器解释该页面,并将解释后的结果显示在用户屏幕上。

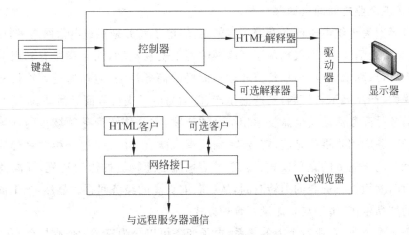

图 2.24　Web 浏览器的结构

Web 浏览器除了能够浏览网页之外,还能够访问 FTP、Gopher 等服务器,因此每个浏览器必须包含一个 HTML 解释器,以便能够显示 HTML 格式的网页。另外,Web 浏览器还包括其他可选的解释器,例如很多浏览器包含一个 FTP 解释器,用来获取 FTP 文件传输服务;有些浏览器包含一个电子邮件客户,使浏览器能够收发电子邮件信息。

2.2.5.3　Web 浏览器中的缓存

从用户使用的角度来看,用户通常会频繁地浏览同一个网站的网页,并且同时重复访问一个网站的可能性比较小。为了提高文档查询效率,Web 浏览器需要使用缓存。浏览器将用户查看的每个文档或图像保存在本地磁盘中。当用户需要访问某个文件时,Web 浏览器首先会检查缓存中的内容,然后向 Web 服务器请求访问文档。这样,既可以缩短用户查询的等待时间,又可以减少网络中的通信量。

很多 Web 浏览器允许用户自行调整缓存策略。用户可以设置缓存的时间限制,Web 浏览器在时间限制到期后,将会删除缓存中的一些文档。Web 浏览器通常在特定会话中保持缓存。如果用户在会话期间不想在缓存中保留文档,则可以请求缓存时间置零。在这种情况下,当用户终止会话时,Web 浏览器将会删除缓存中保存的文档。

2.3　基于 Web 的网络应用

2.3.1　电子商务应用

2.3.1.1　电子商务的基本概念

电子商务(electronic commerce)是指通过互联网 Web 技术开展的各种商务活动,它覆盖与商务活动有关的所有方面。电子商务所覆盖的业务范围相当广泛,主要包括信息的传递与交换、网上订货与交易、网上认证与支付、商品的运输与配送、商品的售前与售后服务,以及实现企业之间的资源共享等。

按照世界贸易组织电子商务专题报告的定义,电子商务是通过电信网络进行的生产、营销、销售和流通活动,它不仅指基于互联网的网上交易活动,而且指所有利用电子信息技术来扩大宣传、降低成本、增加价值和创造商机的商务活动,包括通过计算机网络实现从原材料采购、产品展示与订购,到产品生产、储运与电子支付等商务活动。

电子商务是商务活动与信息技术相结合的产物,它是传统商务领域里的一场巨大的变革。电子商务应用要将信息流、资金流、物流有机融合,并且要建立相对完善的电子商务运行环境。电子商务的赢利模式是:通过信息流加速物流的流通过程,提高商业销售额,减少库存,缩短银行资金的周转时间,从中获取更高的经济回报。显然,电子商务代表着一种新的产品生产、销售与企业运营管理方式。

根据企业对企业、企业对个人的关系,电子商务可以分为三类:企业与企业(business to business,B2B)、企业与消费者(business to consumer,B2C)、消费者与消费者(consumer to consumer,C2C)。

随着互联网的不断发展与完善,人类进入信息化社会的步伐在深度与广度方面都加快了。网络带给人类的好处不仅是通过网络了解与获得信息,而且可以通过网络进行远程通信、网上教学、网上医疗以及各种商务活动。互联网引发的电子商务应用发展迅猛,给社会带来了难得的、巨大的发展机遇。

2.3.1.2　电子商务中的网络技术

既然商家可以通过网络推销商品、寻求合作、签订合同、进行银行支付,那就可能产生一场商业革命。同时,电子商务需要进一步解决一些技术、观念与立法问题。

电子商店开在网络上,接触的客户可能来自世界各地,这样就会大大增加竞争机会。商品必须以实物形式邮寄或发送出去,网上交易的货款支付要有必要的机制。目前,货款支付方式正逐步由传统的现金交易向网上支付方式转变,这样使相距很远的人可以通过网络交易。在电子商务中获利最大的是银行业,这是因为原本可以直接付现金的交易,在电子商务中无法直接支付,只能通过银行来支付。在电子商务的发展中,受到影响最大的不一定是商家,可能会是银行。电子商务最重要的构想是消费通过银行从商店延伸到个人。

电子商务需要有支付工具,它正由现金逐步向信用卡转移。这将面临重要的问题:如何确定信用卡与银行账号的真伪。在进行电子商务活动之前,首先必须确认两件事:一是要保证信用卡与银行账号必须是真的;二是使用信用卡与银行账号的人身份合法。由于电子商务运行在互联网环境中,因此要有足够的安全措施来保证交易双方的权益。

在进行电子商务活动时,网络上传输的是信用卡与银行账号信息,如果这些信息没有加密,就可能被人偷取、破坏或修改,这就要求网络传输的保密性好。支持电子商务的网络信息系统要实现三个目标:保密、完整与防止抵赖。在电子商务中,网络安全技术(如身份确认、数据加密、数字签名与第三方认证)将起到重要作用。

2.3.1.3 电子商务系统结构

电子商务系统应该包括客户、电子商店、收单银行、发卡银行、物流公司与认证中心。图 2.25 给出了典型的电子商务系统结构。在电子商务中,电子商店可以设在中国上海,而客户可以在北京。客户使用信用卡购买商品后,账单通过商店设在北京的收单银行,转到商店设在上海的收单银行;该商店的信息通过本地的收单银行,经过全世界的信用卡网络到达北京的客户信用卡的发卡银行,再由该银行把账单寄给该客户,同时商店把该客户购买的商品邮寄给他。银行的任务是建立网络支付系统。除了银行与商家之外,仍需要权威机构(例如政府)制定认证中心的第三方保证规则,缺乏这个环节将导致电子商务活动无法进行。

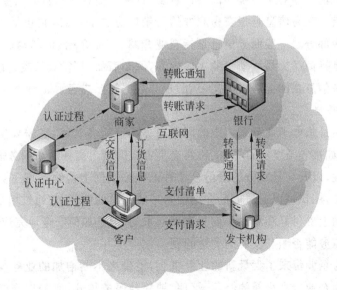

图 2.25 典型的电子商务系统结构

因此,电子商务是许多方面活动的综合,电子商务技术相当复杂,并且需要提供先进的信息技术和相应的政策、法规、结构的支持。安全认证中心是电子商务解决方案的重点,政府应在有关电子商务的政策、法规,以及建立认证中心等工作中发挥重要作用。一个安全的电子商务系统必须具有一个安全、可靠的通信网络,以保证交易信息安全、迅速地传递。如果要实现真正实时的网上交易,则要求网络有很快的响应速度和较高的带宽。同时,必须保证网络数据绝对安全,防止黑客闯入网络盗取信息。

2.3.1.4　电子商务体系结构

从电子商务应用的角度来看,电子商务体系结构由3层组成:网络平台层、信息发布层与电子商务层。

1. 网络平台层

网络平台层是指电子商务系统的硬件基础设施。网络平台是电子商务系统得以运行的基础,网络平台性能的优劣直接影响电子商务系统的服务质量。电子商务的网络平台一般包括接入到互联网的企业内网(Intranet)、企业外网(Extranet)、商业增值网。随着电子商务的快速发展,出现了专门为电子商务提供服务平台的服务商,它可以提供网络空间、信息交流、商务管理以及交易服务等不同层次的电子商务服务平台。很多大型企业自己建设了电子商务服务平台。而对于一些中小企业来说,借助于电子商务服务平台提供商的网络开展电子商务活动,可以节约成本,减少因技术力量不足而带来的风险。

2. 信息发布层

信息发布层是指电子商务系统中的信息发布功能,所有电子商务活动信息最终都要在网络中进行传输。相对于传统的商务信息发布,网上信息发布具有快速灵活、便于查询与成本低的特点。交易信息是指交易双方的与销售有关的信息,它包括一般商务信息与交易条件信息两部分。一般商务信息是指企业介绍、产品介绍、市场动态与促销信息等;交易条件信息是指商品交易活动中的主要内容,例如商品的名称、品质、价格、交货期与付款条件等。交易信息在网上可以用文字、图片与数据等形式表示。

3. 电子商务层

电子商务层是指电子商务系统中的网上商务活动服务功能,它需要实现电子商务系统的具体服务,如接收与核实订单、支付与交货方式。网上商务活动服务需要保证商业信息传送的安全性,以及交易双方的身份合法性的认证。网上购物站点主页上提供了各种可供选择的商品,用户可以通过商品介绍信息了解商品的性能,并通过填写商品订单来订购某种商品。网上支付是随着电子商务发展起来的,但是如何安全地完成整个交易过程,是关系到电子商务能否顺利发展的关键问题。

电子商务为企业带来了大量新的业务机会,也带来不断增加的业务与信息方面的挑战。电子商务为企业带来全新的经营、管理、销售与服务模式,它的出现必将打破企业原有的业务格局。很多公司开始精简组织机构,并重新构造各种业务的操作流程,以便降低成本、增加反应能力与增强客户服务。电子商务可以使企业开展新的业务,获得全球范围内更多的新客户,这些在传统商务环境中很难实现。

电子商务改变了传统的企业竞争模式,为企业提供了把握市场与客户需求的能力。电子商务使企业决策者能了解客户的爱好与需求,促进企业开发新产品的能力与加快开发周期。电子商务扩大了企业的竞争范围,使竞争从传统的广告促销、产品设计与包装方面,扩大到无形的虚拟市场。电子商务为企业提供了全面展现自己的产品与服务的场所。从这个角度看,电子商务降低了中小企业进入市场的初始成本。

2.3.2　电子政务应用

1. 电子政务的基本概念

电子政务(electronic government,e-government 或 e-gov)是通过灵活应用信息技术,实现全部政府业务处理电子化,达到高效、方便、透明地处理政府机关之间以及政府与企业、社会公众之间的全部业务服务的目的。

电子政务是应用现代信息技术和先进的管理思想,对政府机构的业务模式、管理模式和服务方式进行改革和创新,对传统政府组织结构和业务流程进行重新构架,以实现高效率的政府管理和服务,并在互联网上为企业和社会公众提供服务和管理。电子政务服务主要包括以下 4 个方面的内容。

(1) 在互联网上发布政府信息,使群众可以方便地了解政府信息。

(2) 通过互联网对政府与公众之间的事务进行互动处理,使政府能够直接听到群众的呼声,对群众的来信和意见做出及时处理。

(3) 在政府机构内部实现办公自动化,以提高政府机构的办公效率。

(4) 公务员从网络中获得机构内的工作信息和机构外的业务信息,为日常的政务工作和领导决策提供服务。

电子政务建设需要搭建基本的政务工作平台,实现行政流程的集约化、标准化和高效化;另一方面,通过计算机网络技术实现与政府各部门、企业和公众之间的信息沟通,从而达到由传统政府管理职能向信息化、网络化、自动化管理服务职能转变的目的。全面推进电子政务必须重点解决以下问题:

(1) 研究电子政务的总体结构。

(2) 确定以网络平台、业务系统和数据库为重点的建设任务。

(3) 推动业务整合和跨部门互联,促进信息资源建设。

(4) 分层、分类、分步选择电子政务建设的推广应用示范。

(5) 研究建立电子政务的管理和运行体制。

(6) 建立电子政务风险评测和绩效评估体系。

2. 电子政务的作用和意义

电子政务的作用主要表现在以下 4 个方面。

(1) 转变政府工作方式,提高政府工作效率。随着各类政务信息资源的数字化和信息传输的网络化,政府可以利用计算机网络技术,突破时间和空间的限制,随时随地为公众和企业提供服务。电子政务系统通过对外宣传主页发布信息,使公众能方便地了解政府机构的组成、职能和办事章程、政策法规,增加办事的透明度。政府服务部门和科研教育部门的各种资料、档案、数据库的上网使政府的服务更完善,能更好地为社会服务。

电子政务促进了政府部门之间的办事程序的统一与标准化,有利于促进各个政府部门之间的协作和政务公开。电子政务的发展将改变原有的行政业务流程,对管理机构进行重新组合,达到减少层次,提高信息传递的速度、准确率和利用率,利用信息技术、信息资源和信息网络提高政府办公效率的目的。

电子政务为政府公务员提供了现代化的办公手段和应用工具,降低了信息传输的时间和人力成本,节约了原来靠人工处理文件信息所消耗的大量时间和精力,将政府公务员从常规的事务性工作中解脱出来。网上办公、远程会议、虚拟机关的产生,打破了政府工作的时空界限,加强了政府部门之间以及政府与公众之间的信息沟通和互动,使以前无法想象、无法实现的政府服务成为现实,使政府管理和服务更加精干高效。

(2) 提高政府领导机构科学决策的水平。在信息已经成为一种重要的战略资源的时代,提高信息传递和交流的正确性与速度是促进经济发展和社会进步的决定性因素之一,也为政府领导机构提高科学决策水平提供了保证。采集信息的规模、范围与时效性,以及信息的完整性和准确性将直接影响政府决策的质量。传统的人工信息采集的方法已经不可能满足当前社会经济发展的需要,科学决策需要使用先进的统计分析、智能决策工具和方法。电子政务系统能在网上建立起政府与公众之间相互交流的桥梁,便于发挥民众的主观能动性,同时还可以就一些社会热点问题以及政府准备出台的政策、大的工程项目展开网上调查,作为政府各部门工作的参考。只有采用先进的信息技术完成政府办公信息的收集、分类、处理、存储与交流,才能使信息处理的质量达到及时、完整和准确的要求,为政府的科学决策提供保证。

(3) 充分利用信息资源,降低管理和服务成本。计算机网络可以将一个地区乃至全国的政府机关连接在一起,达到协同工作与信息资源共享的目的。利用计算机网络可以进行跨部门或跨地区的电子数据交换,使用专用的软件来进行数据统计与分析,以及整合不同政府部门的资源,使信息资源得到充分的利用;可以避免重复建设,节约办公经费,降低管理服务的成本,提高服务质量;在价格调节、财政税收等方面,实现网上调控;政府通过网上的虚拟市场获得真实、全面、准确、及时的企业信息;电子政务系统利用互联网发布政府采购信息,通过网络进行电子招标,完成采购过程,可以大量节省工作时间和精力,提高工作效率,并在网上实现政府采购的国际化。

(4) 实施电子政务,促进政府机构改革。实施电子政务对于促进政府机构改革,转变机关工作作风,提高政府工作效率,增加政务工作的透明度,有着显著的意义;对于建设一支高素质的公务员队伍,以适应新形势、新任务的需要有重要的战略意义;利用先进的现代信息技术,更便捷地为人民群众提供服务,有利于形成政通人和的良好局面。

3. 电子政务的类型

图 2.26 给出了电子政务系统的基本结构。根据服务对象的不同,电子政务系统可以

分为 3 种基本类型：政府机关之间（government-to-government，G-to-G）的电子政务、政府对企业（government-to-business，G-to-B）的电子政务、政府对市民（government-to-citizen，G-to-C）的电子政务。

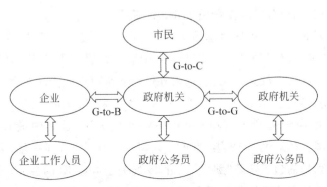

图 2.26　电子政务系统的基本结构

2.3.3　MOOC 应用

1. MOOC 的基本概念

MOOC 的英文全称为 Massive Open Online Course，中文全称为"大规模在线开放课程"，是一种新的课程模式，具有比较完整的课程结构。大规模在线开放课程是通过社会化网络学习环境向参与者提供围绕某个主题的分布式开放教育资源和活动，允许参与者在领域专家指导下通过自组织学习方式参与课程资源建设与分享、构建个人学习与概念网络，形成个性化意义与观点的关联式课程。MOOC 的核心是社会化学习，是基于社会化网络的以连接、沟通、分享和创新等为主要活动的一种新型学习方式，是通过协作共享空间寻找、消费、创建和贡献信息的新模式。

MOOC 课程的表现形式以视频为主，将具有交互功能的网络课程免费发布到互联网上，供全球众多学员学习，没有人数、时间、地点的限制，通过互联网得以快速传播。其突出特点是以小段视频为主传授名校名师的教学内容，以即时测试与反馈促进学员学习，并基于大数据分析促进教师和学生改进教与学，并且具有开放性（Open，就是说学习者是来自全球各地的，信息来源、评价过程、学习环境都是开放的）、大规模（Massive，指大量的学习者参与课程）、组织和社会性等特点。MOOC 是"在线课程"与"远程教育"层面上的网络教学形式之一，属于已经发展了十几年的在线教育和远程教育系统的组成部分，对以往的网络教学有重要借鉴意义。

2. MOOC 的起源与发展

MOOC 起源于加拿大。2008 年加拿大阿萨巴萨卡大学的乔治·西门子和斯蒂芬·唐斯基于联通主义的学习理论模型，首次提出了 MOOC 并创建了全球第一个 cMOOC 类型的课程。cMOOC 强调人机交互的学习模式，把课程设计者、学习资源、教学者、学习者和自发组建学习共同体等作为一个整体，并基于已经大众化的社会性交互工具平台，促进不同思维类型和学习方式的学习者在人机、人人交互模式下切磋学习，引发知识迁移和知识创造,使面向信息类聚、整合理解、迁移运用、批判思维和知识构建等的"深度学习"真正发生,从而对传统大学教学模式和组织形态提出了革命性挑战,所以学术界充分肯定了cMOOC 的理论创新。但是,cMOOC 尚未形成稳定的、易于复制的、可供一般在线课程教学应用的实践模式,也没有风险投资便于介入的抓手。

大规模在线开放课程掀起的风暴始于 2011 年秋天,被誉为"印刷术发明以来教育最大的革新",呈现"未来教育"的曙光。2011 年,斯坦福大学教授塞巴斯蒂安·特龙将其研究生课程"人工智能导论"放到了网上,校内外任何人都可以免费注册学习,吸引了 190 个国家的 160 000 名学生。2012 年,被《纽约时报》称为"MOOC 元年"。多家专门提供MOOC 平台的供应商纷起竞争,Coursera、edX 和 Udacity 是其中最有影响力的"三巨头",均已入驻中国。如果说 2012 年 MOOC 在国际教育界引发了一场"海啸",那 2013 年在中国教育界也算是刮起了阵阵"飓风"。近 20 场关于 MOOC 的会议、论坛相继召开,北京大学和清华大学等高校相继与美国 MOOC 平台签约,面向全球免费开放了 15 门在线课程。深圳大学更是牵头组建了全国地方高校优课联盟,首批有深圳大学、贵州大学、苏州大学、首都师范大学、云南大学等 56 所高校加盟,所修学分校际之间互认,该联盟已经是中国最大的 MOOC。MOOC 这种以短视频方式学习的在线课程正在受到中国学习者的青睐。

3. MOOC 的优点与存在的问题

MOOC 作为在线课程教学的新形式,具有诸多优点,具体包括如下。

(1) MOOC 上的课程建立知识模块化的课程体系,按照知识点组织成诸多小视频,每个视频 10～20 分钟,包含 1～2 个知识点,基于宽带网络、智能手机和移动技术的迅速普及,学习者可以在任何地点、不花费长时间即可学习,适用于碎片化学习,受众非常广泛。

(2) MOOC 上的课程都配有在线测试,辅助教学效果,学习者可以通过在线测试的方式考察自己掌握知识点的情况,课程组织者也可以通过测验结果作为依据,发放课程结业证书。

(3) 名校名课免费向全球开放,学习者不需要花费很多的金钱,也可以克服地理位置的限制,享受到国际一流名师的讲解,并且具有丰富的在线学习资源,学生可以自由选择感兴趣的课程,有助于推进高等教育国际化进程和全球优质教育资源的互换和共享,学生听课效果将明显改进。

(4) MOOC 上的课程具有广泛的学生学习,学习过程中产生了大量的学习数据,包括视频观看、习题测验、论坛回答等在线的行为数据,通过基于大数据的学习分析技术成果,将可以挖掘学习者的共性行为以及问题,及时促进教师完善和改进教学内容,并进一步帮助学员自我调整学习计划和学习方法,系统性的建立学习者学习全过程的管理。

(5) 对于 MOOC 课程的学习感受以及心得、问题,学习者可以基于社会性交互工具软件支持构建学习共同体,展开广泛的交流和探讨,能促进学习兴趣和学习质量的提升。

（6）MOOC 课程将同现有的教育课程体系有效和灵活的结合，通过修学分、辅助教学等方式，融合到现有教学体系，互相弥补，MOOC 课程的认证起到同样的评价作用。

综上所述，MOOC 将通过标准和流程化的在线课程教学实现高水平大学教学资源受众的规模化和全球化，拓展和丰富现有高等教育的知识传授体系。

但是在 MOOC 发展的现阶段，也要客观阐明 MOOC 的课程在教学实践和技术实施方面依然存在很多问题，具体包括如下。

（1）教学组织形式是传统课堂教学的翻版，以结构化的知识传授为主，相应就继承了传统课程教学的优点和不足，这种学习方式并不完全适合分布式认知和高阶思维能力培养，并且对于动手实验类的课程如何有效通过在线方式进行，依然需要思考和改进。

（2）从教学论的视角，MOOC 是基于行为主义理论即"刺激-反应"理论的教学，程式化的教学模板，教学模式单一，教学设计简单，既没有分类、分层的教学目标分析，也没有针对多种学员对象的需求，难以适应高等教育众多学科和不同类别课程的具体要求。

（3）现有的国际上 40 多个 MOOC 平台与以往网络教学平台相比，还很多地方需要发展完善，不能因某些热门课程的注册学员多而一叶障目，依然有很多课程的受众面的教学效果达不到预期要求，因此不应过度夸大 MOOC 平台的教育性和技术性功能。

（4）与以往的开放远程教育系统相比，MOOC 仅是课程教学层面，缺乏数字化教学资源库和与其他教学及其管理平台的数据交换共享，更是与联合国教科文组织对于开放教育资源标准的要求相差甚远。

（5）大多数 MOOC 课程仅仅不足 10% 的学员坚持完成课程学习取得结业证书，所以既要欣慰少数学员学有所成，也要从教育学和心理学视角关心对另外 90% 学员造成的负面影响。

（6）随着 MOOC 课程认证的逐步得到社会认可，如何防止一部分学习者不依靠个人努力，而依靠作弊、抄袭等外界力量完成课程任务，是需要解决的问题。另外，要善于引导围绕 MOOC 的辅助服务（辅导资料、图书销售、证书机构、MOOC 课程制作）的健康发展。

MOOC 的兴起和发展可理解为互联网在线教育发展过程的一个新的切入点和契机。在认识层面，MOOC 引起了国内外，尤其是国内教育部门领导、大学管理者、教师和社会公众对在线教育的普遍重视。而在实践层面，既不需要照搬美国 MOOC 做法，也不需要完全另起炉灶运动式搞一套所谓的 MOOC 系统，而是应该从整个在线教育发展的历史、成就、问题、机遇、挑战和对策，辩证认识和发展 MOOC，从单一的"课程"层面扩展到系统的"教育"体系层面，从单一的"在线网络教学"扩展到"结合 MOOC 和传统大学课程混合教学"的双重教育体系。

2.3.4　远程医疗应用

1. 远程医疗的基本概念

远程医疗是一项全新的医疗服务模式。它将计算机、多媒体、互联网技术与医疗技术相结合,以提高诊断与医疗水平,降低医疗开支,满足广大人民群众健康与医疗的需求。目前,基于互联网的远程医疗系统已经将初期的电视监护、电话远程诊断技术发展到利用高速网络实现实时图像与语音的交互,实现专家与病人、专家与医务人员之间的异地会诊,使病人在原地、原医院即可接受多个地方的专家的会诊,并在其指导下进行治疗和护理。同时,远程医疗可以使身处偏僻地区(例如农村、山区、野外勘测地、空中、海上、战场等)和没有良好医疗条件的患者,也能获得良好的诊断和治疗。远程医疗实现了宝贵的专家知识和医疗资源的共享,可以大大地提高医疗水平,必将为保障人民群众的健康发挥重要的作用。广义的远程医疗还应该包括远程医学教育、远程医疗保健咨询。

2. 远程医疗技术研究的发展

远程医疗在发达国家发展得比较早。20 世纪 50 年代末,美国学者 Wittson 首先将双向电视系统用于医疗;同年,Jutra 等人创立远程放射医学;之后美国学者将医疗活动与网络技术相结合,出现了大量与远程医疗(telemedicine)相关的研究课题。

20 世纪 60 年代初到 80 年代中期,利用电视双向传输的交互式远程医疗被认为是第一代远程医疗技术。1988—1997 年,远程医疗方面的文献数量呈几何级增长。在远程医疗系统的实施过程中,美国和欧洲国家发展最快,他们将卫星通信网和综合业务数字网(ISDN)用于远程会诊、远程医疗咨询、医学图像传输和军事医学方面。欧洲组织的 3 个生物医学工程实验室、10 个大公司、20 个病理学实验室和 120 个终端用户参加的大规模远程医疗系统推广实验推动了远程医疗的普及。

澳大利亚、南非、日本、中国香港等国家和地区也相继开展各种形式的远程医疗活动。1988 年 12 月,前苏联亚美尼亚共和国发生强烈地震,在美苏太空生理联合工作组的支持下,美国国家宇航局首次进行国际间远程医疗,使亚美尼亚的一家医院与美国四家医院联合会诊。这表明远程医疗技术能跨越国际间政治、文化、社会经济的界限,为更多的民众服务。这一阶段发展的远程医疗技术属于第二代远程医疗技术。1997 年之后发展的基于互联网的远程医疗技术属于第三代远程医疗技术。

第三代远程医疗技术的重要特征是在互联网基础上,将信息技术与医疗技术全面地结合起来。例如,美国马里兰大学研究的战地远程医疗系统由战地医生、通信设备车、卫星通信网、野战医院和医疗中心组成。每个士兵都佩戴一个简单的医疗设备,能测量出士兵的血压和心率等参数。同时还装有一只 GPS 定位仪,当士兵受伤时,该设备可以帮助医生很快找到他,并通过远程医疗系统及时诊断和治疗。还有航空公司正在研究一种在飞行过程中保障飞行员与乘客安全的远程医疗系统,在飞行过程中测试、收集和传输人们的生命信号,例如心跳、血压、呼吸等。在发现健康问题时,可以通过移动互联网系统发出远程医疗请求,从而使患者及时获得世界各地的医疗服务。

2007 年 7 月 23 日是对于远程医疗技术发展具有重要意义的一天。远程机器人在互联网的支持下辅助外科完成了一例胃-食道回流病手术。一位 55 岁的男性病人患有严重的胃-食道回流病,躺在多米尼加共和国一家医院的手术室。"主刀"医生是世界著名的外科专家 Rosser,他位于数千英里之外的美国康乃迪格州,面对的是远程医疗系统中的一台计算机。手术十分复杂,当地医生经验不足。在手术现场有两台机器人协助,一台是利用语音激活的机器人控制手术辅助设备;另一台是控制腹腔镜内摄像机的机器人,由机器人控制摄像机是为了保证从内窥镜获得清晰的图像。耶鲁医学院的两名医生作为 Rosser 的助手在现场协助监督机器人工作。Rosser 利用称为 Telestrater 的设备,通过置于病人体内的摄像机观察病人腹部,指挥手术活动。这次远程手术是前瞻性技术展示,也是医学和现代信息技术结合的成功范例,充分体现出基于互联网的医学技术广阔的应用前景。

在我国幅员辽阔、医疗资源不均衡的状态下,发展远程医疗技术更有重要的意义。我国从 20 世纪 80 年代开始远程医疗的探索。1988 年,解放军总医院通过卫星通信系统与德国一家医院进行了神经外科远程病例讨论。1995 年上海教育科研网、上海医大远程会诊项目启动,并成立基于互联网的远程医疗会诊研究室。中国医学科学院北京协和医院、中国医学科学院阜外心血管病医院等全国 20 多个省市的数十家医院网站,目前已经为很多例各地疑难急重症患者进行了远程、异地、实时、动态电视直播会诊。

3. 远程医疗技术的应用范围

远程医疗主要包括以检查诊断为目的的远程医疗诊断系统、以咨询会诊为目的的远程医疗会诊系统、以教学培训为目的的远程医疗教育系统,以及用于家庭病床的远程病床监护系统。远程医疗的应用范围非常广泛,通常可用于放射科、皮肤科、心脏科、内诊镜与神经科等多种学科领域。远程医疗技术的广泛应用,决定了这项技术具有巨大的发展空间。目前,我国一些远程医疗中心通过与合作医院共建“远程医疗中心合作医院”的方式,整合优质资源,构建区域医疗服务体系,帮助基层医院提高医疗水平,带动合作医院的整体发展,为加速医院发展和解决患者就医难问题提供了一条有效的解决途径。

2.3.5　搜索引擎应用

2.3.5.1　搜索引擎技术研究的背景

搜索引擎(search engine)作为运行在 Web 上的应用软件系统,以一定的策略在 Web 上搜索和发现信息,对信息进行理解、提取、组织和处理,极大地提高了 Web 应用的广度与深度。

互联网中拥有大量的 Web 服务器,Web 服务器提供的信息种类与内容极其丰富。互联网中的信息量呈爆炸性增长。全球 Web 页面的数量已超过 40 亿,中国的网页数量估计也超过 3 亿。人类有文字以来大约出版 1 亿本书,中华民族有史以来出版的书籍大约为 275 万种。尽管书籍的容量和质量是网页不可比的,但互联网在短时间内积聚文字的总数却令人叹为观止。网页的内容是不稳定的,不断有新的网页出现,旧的网页也会不断更新,50％网页的平均生命周期约为 50 天。要在这样的海量信息中进行查找与处理,不太可能完全用人工的方法完成,必须借助于搜索引擎技术。

从 2002 年开始,中国的网页规模一直保持高速增长态势。截至 2008 年底,中国网页总数超过 160 亿个,较 2007 年同期增长 90％。中文网页数量的快速增长也对中文搜索技术的研究提出更高的要求。如果不能快速提高中文搜索技术水平,势必会大大降低中文网络资源的利用率,同时也会使很多中文资源被浪费,甚至成为"信息垃圾"。

搜索引擎基本上可以分为两种:目录导航式搜索引擎与网页搜索引擎。目录导航式搜索引擎又称为目录服务。目录导航式搜索引擎的信息搜索主要靠人工完成,信息的标引也是靠专业人员完成。懂得检索技术的专业人员不断搜索和查询新的网站与网站出现的新内容,并给每个网站生成一个标题与摘要,将它加入相应的目录的类中。对于目录的查询可以根据目录类的树状结构,依次单击,一层层去查询。同时,也可以根据关键字进行查询。目录导航式搜索引擎相对较简单,主要工作是编制目录类的树状结构,以及确定检索方法。有些目录导航式搜索引擎利用机器人程序抓取网页,由计算机自动生成目录类的树状结构。目前,业界使用"搜索引擎"术语时,通常是指网页搜索引擎。

2.3.5.2　搜索引擎技术发展的过程

实际上,人们在 Web 服务出现之前,已经开始研究信息查询技术。在互联网应用早期,各种匿名访问的 FTP 站点的内容涉及学术、技术报告和研究性软件。这些内容以计算机文件的形式存储。

为了便于人们在分散的 FTP 资源中找到所需东西,麦基尔大学的研究人员在 1990年开发了一个 Archie 软件。Archie 通过定期搜集并分析 FTP 系统中存在的文件名信息,提供查找分布在各个 FTP 主机中的文件的服务。Archie 能够在只知道文件名的条件下,为用户找到这个文件所在的 FTP 服务器地址。Archie 实际上是一个大型的数据库,以及与该数据库相关联的一套检索方法。数据库中包括大量可通过 FTP 下载的文件资源的相关信息,包括这些资源的文件名、文件长度、存放文件的计算机名及目录名等。尽管 Archie 提供服务的信息资源对象不是 HTML 文件,但它的基本工作原理和搜索引擎相同。Archie 能自动搜集分布在互联网中的信息,建立索引并提供检索服务,因此人们认为 Archie 是现代搜索引擎技术的鼻祖。即使在 10 多年后的今天,以 FTP 文件为对象的信息检索技术依然在发展,用户界面也充分采用 Web 风格。

1993 年,Matthew Gray 开发了 Web Wanderer,这是第一个利用 HTML 网页之间的链接关系来监测 Web 发展规模的"机器人"(robot)程序。开始,它只用来统计互联网中的服务器数量,后来发展成通过它检索网站的域名。由于它通过在 Web 中沿着超链接"爬行"来实现检索,因此这种程序称为"蜘蛛"(spider)或"爬虫"(crawler)。现代搜索引擎的思路源于 Web Wanderer,不少人在 Matthew 的基础上对蜘蛛程序加以改进。1993年,基于蜘蛛工作原理的搜索引擎纷纷出现,如 JumpStation、WEB Worm、RBSE spider 等。

1994 年 7 月,Michael Mauldin 将 John Leavitt 的蜘蛛程序接入其索引程序,创建了大家现在熟知的 Lycos,成为第一个现代意义的搜索引擎。1994 年 4 月,斯坦福大学的 David Filo 和杨致远共同创办了 Yahoo! 网站,成为在门户网站上提供搜索引擎服务的样板。1996 年,中国出现类似的网站"搜狐"。1997 年 10 月,北京大学计算机系在

CERNET 上推出天网搜索 1.0 版,成为我国最大的公益性搜索引擎。2000 年,李彦宏从美国回国创业,带领几位美国留学的华人学者创建"百度"搜索引擎,现在仍处于国内搜索引擎的领先地位。目前,我国在这方面的研究发展得非常迅速。截止到 2009 年 6 月底,我国网络的搜索引擎的使用率已经达到 69.4%,用户数为 2.35 亿。

Google 最初起源于斯坦福大学的 BackRub 项目,当时主要由 Larry Page 和 Sergey Brin 两名学生负责。1998 年,BackRub 项目更名为 Google,并且走出校园成立为公司。2002 年 4 月,Google 发布 Google API,编程人员可以方便地利用它开发应用程序,合法地自动查询 Google 检索结果。Google 的名字来源于英文单词,它表示 10^{100} 这样一个巨大的数。

2.3.5.3 搜索引擎的基本工作原理与结构

1. 搜索引擎的基本工作原理

用户在使用搜索引擎时,首先要提交一个或多个"关键字"(或检索词),通过浏览器输入到搜索引擎的界面。搜索引擎返回与"关键字"相关的信息列表,它通常包括三方面内容:标题、URL、摘要。其中,标题是从网页的<TITLE></TITLE>标签中提取的内容;URL 是网页的访问地址;摘要是从网页内容中提取的。用户需要浏览这些内容,挑选自己真正需要的内容,然后通过对应的 URL 访问该网页。由于不同读者对信息的需求相差很大,即使同一读者在不同时间关心的问题也不同,因此搜索引擎不可能理解读者的真正需求,只能争取做到尽可能不漏掉任何有用信息。由于反馈给用户的长长的列表经常使读者感到困惑和无从下手,因此搜索引擎还要将用户"最可能关心的信息"排在列表前面。

2. 搜索引擎的结构

搜索引擎技术起源于传统的全文检索理论。全文检索程序通过扫描一篇文章中的所有词语,并根据检索词在文章中出现的频率和概率,对所有包含这些检索词的文章进行排序,最终给出可以提供给读者的列表。基于全文搜索的搜索引擎通常包括 4 个部分:搜索器、索引器、检索器与用户接口。

(1) 搜索器。搜索引擎通过搜索器在互联网上逐个访问 Web 站点,并建立一个网站的关键字列表。人们将搜索器建立关键字列表的过程称为"爬行"。搜索器要根据一个事先制定的策略确定一个 URL 列表,而这个列表通常是从以前访问记录中提取的,特别是一些热门站点和包含新信息的站点。搜索器访问每个 Web 站点后,需要分析与提取新的 URL,并将它加入访问列表中。搜索器遍历指定的 Web 空间,将采集到的网页信息添加到数据库。但是,采集互联网上的所有网页是不可能的。最大的搜索引擎抓取的网页也只可能占 40%。在建立初始网页集时,最可能的方法是启动多个搜索器,并行地访问多个 Web 站点的网页。

实际上,每个搜索器的搜索策略与过程都不相同。搜索策略有两种基本类型:一种是从一个起始的 URL 集出发,顺着这些 URL 中的超链接,以深度优先或宽度优先以及启发式的方式循环地发现新的信息。这些起始的 URL 集可以是任意的 URL,但更多的是流行的和包含着很多链接的站点。另一种方法是将 Web 空间按照域名、IP 地址划分，每个搜索器负责对一个子域进行遍历搜索。

（2）索引器。索引器的功能是理解搜索器获取的信息，进行分类并建立索引，存放到索引数据库或目录数据库中。索引数据库可以使用通用的大型数据库（如 Oracle 或 Sybase），也可以采用自己定义的文件格式。索引项可以分为两种：客观索引项与内容索引项。其中，客观索引项与文档的语义内容无关，如作者名、URL、更新时间、编码、长度与链接流行度（link popularity）等。内容索引项反映的是文档内容，如关键字、权重、短语与单字等。内容索引项可以分为：单索引项与多索引项（或短语索引项）。英文单索引项是单个英文单词，而中文需要对文档进行词语切分。

用户的查询过程只能对索引进行检索，而不是对原始数据进行检索。索引器在建立索引时，需要为每个关键字赋予一个等级值或权重，表示该网页的内容与关键字的符合程度。当用户输入一个或一组关键字时，搜索器将查询索引数据库，找出与关键字相关的所有网页。有时被查出的网页数量很大，搜索器将按照等级值由高到低排序，将排序的结果提供给用户。因此，检索结果是否符合用户的需求取决于索引器确定关键字及权重的策略。

（3）检索器。检索器的功能是根据用户输入的搜索关键字，在索引库中快速检索出文档。根据用户输入的查询条件，对搜索结果的文档与查询的相关度进行计算和评价。有的搜索引擎是在查询之前计算网页的等级（page rank），根据评价意见，对输出的查询结果进行排序，将相关度或等级高的排在前面，将相关度或等级低的排在后面。很多搜索引擎都具备处理用户反馈的能力。

（4）用户接口。用户接口用于输入查询要求，显示查询结果，提供用户反馈意见。好的用户接口采用人机交互的方法，以适应用户的思维方式。用户接口可以分为两类：简单接口与复杂接口。其中，简单接口只提供用户输入关键字的界面，而复杂接口可以对用户输入条件进行限制，例如，进行简单的与、或、非等逻辑运算，以及相近关系、范围等限制，以提高搜索结果的有效性。

2.3.5.4 搜索引擎的发展趋势

在讨论搜索引擎的时候，不应该忽略另一个几乎同期发展的应用，即基于目录的服务。从技术上来看，提供目录服务的门户网站提供的搜索服务和搜索引擎不同。目录服务的门户网站依赖的是经过整理的网站分类目录。一方面，用户可以直接沿着目录导航，定位到自己所关心的信息；另一方面，用户也可以通过提交查询词，让系统直接引导到和该查询词最匹配的网站。随着互联网中的信息越来越多，单纯靠人工整理网站目录取得较高精度查询结果的优势逐渐退化，对海量信息进行高质量的人工分类已不太现实。

目前，搜索引擎主要有两个发展方向：一个发展方向是利用文本自动分类技术，在搜索引擎中提供对每篇网页的自动分类，这方面最主要的例子是 Google 的"网页分类"选项，但它分类的对象只是英文网页。中文文本自动分类的研究工作已经很多。2002 年 10 月，第一个在网上提供较大规模网页自动分类服务的是"天网搜索"，它挂接一个 300 万个网页的分类目录。另一个发展方向是将自动网页搜索和一定的人工分类目录相结合,希望形成一个既有高信息覆盖率又能提高查询准确性的搜索服务。

目前,通用搜索引擎的运行也开始分工协作,出现了专业的搜索引擎技术和搜索数据库服务提供商。例如,美国的 InKomi 本身并不直接提供面向用户的搜索引擎,但它向 Overture、LookSmart、MSN、HotBot 等搜索引擎提供全文网页搜集服务。从这个意义上来说,它是通用搜索引擎的数据来源。这也预示着信息搜索产业链正在逐步形成。

搜索引擎的发展趋势是智能化与个性化。"垂直搜索"或"专业搜索"研究工作进展很快。对于通用搜索引擎来说,将搜索引擎限定在某个领域,有利于为用户提供更有价值的搜索结果。这就像图书馆分普通图书馆和专业图书馆一样。

下一代搜索引擎应该是深层搜索。目前的搜索引擎主要是处理普通的网页,对于深层网页的信息难以搜索到,深层搜索能搜索到与 Web 页链接的数据库的信息。同时,下一代搜索引擎应该跨媒体。也就是说,用户通过统一的界面和单一的提问,就能获得以各种媒体形式存在的语义相似的结果。

2.4 电子邮件服务与协议体系

电子邮件(E-mail)服务是目前互联网上使用最广泛的一类服务,它为互联网用户之间发送和接收消息提供了一种快捷、廉价的现代化通信手段。电子邮件系统不但可以传输各种格式的文本信息,而且还可以传输图像、声音、视频等多种信息,电子邮件已成为多媒体信息传输的重要手段之一。

初期的电子邮件协议是在 ARPANET 课题中开始研究的。第一个关于电子邮件的文档 RFC196 在 1971 年公布,它描述了邮件传输的基本方法。1982 年,公布了简单邮件传输协议(SMTP)的正式标准 RFC821、RFC822。由于 SMTP 协议只能传输 7 位 ASCII 码的邮件,因此在 1993 年提出通用互联网邮件扩充(Multipurpose Internet Mail Extensions,MIME)标准,1996 年形成草案标准 RFC2045~RFC2049。MIME 在邮件的头部说明邮件类型,包括文本、语音、图像或视频。2001 年,SMTP 标准 RFC821、RFC822 经过修改后形成新的文档 RFC2821、RFC2822。

2.4.1 电子邮件服务的基本概念

1. 电子邮件服务

大家都知道,现实生活中的邮政系统已有近千年历史。各国的邮政系统要在自己管辖的范围内设立邮局,在用户家门口设立邮箱,让一些人担任邮递员,负责接收与分发信件。各国的邮政部门制定相应的通信协议与管理制度,包括规定信封按什么规则书写。总之,正是由于有一套严密的组织体系、通信规程与约定,才保证了世界各地的信件能及时、准确地送达,世界范围的邮政系统才能有条不紊地运转。

互联网中的电子邮件也具有与社会中的邮政系统相似的结构与工作规程。不同之处在于,社会中的邮政系统是由人在运行,而电子邮件是在计算机网络中通过计算机、网络、应用软件与协议来协调、有序地运行。互联网中的电子邮件系统同样设有邮局(即邮件服务器)、邮箱(即电子邮箱),并有自己的电子邮件地址书写规则。

邮件服务器(mail server)是互联网邮件服务系统的核心,它的作用与日常生活中的邮局相似。一方面,邮件服务器负责接收用户送来的邮件,并根据收件人地址发送到接收方的邮件服务器中;另一方面,它负责接收由其他邮件服务器发来的邮件,并根据收件人地址分发到相应的电子邮箱中。

2. 电子邮箱的概念

如果用户要使用电子邮件服务,首先要拥有一个电子邮箱(mail box)。电子邮箱由提供电子邮件服务的机构(通常是 ISP)为用户建立。当用户向 ISP 申请互联网账户时,ISP 会在邮件服务器上建立该用户的电子邮件账户,包括用户名(user name)与用户密码(password)。任何人都可以将电子邮件发送到某个电子邮箱中,但只有电子邮箱的拥有者输入正确的用户名与用户密码后,才能查看电子邮件内容或处理电子邮件。

每个电子邮箱都有一个邮箱地址,称为电子邮件地址(E-mail address)。电子邮件地址的格式是固定的,并且在全球范围内是唯一的。用户的电子邮件地址格式为:用户名@主机名,其中"@"符号表示"at",主机名指的是拥有独立 IP 地址的计算机的名字,用户名是指在该计算机上为用户建立的电子邮件账号。例如,在"szu. edu. cn"主机上,有一个名为 csse 的用户,那么该用户的 E-mail 地址为:

用户名　　主机名

3. 电子邮件服务的工作过程

电子邮件服务基于客户端/服务器模式工作。图 2.27 给出了电子邮件的工作过程示意图。基于 SMTP 协议的电子邮件通信经过 5 个步骤:编写邮件、提交邮件、交付邮件、接收与处理邮件、读取邮件。

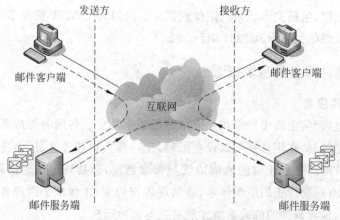

图 2.27　电子邮件的工作过程

在编写邮件时,用户首先创建一个电子邮件报文。电子邮件报文包括两部分:报文头和报文体。报文头相当于信封,表示该报文的源地址与目的地址;报文体相当于人们平时书写的信件。提交邮件相当于将这封信送到本地邮局。交付邮件是本地邮局将信件传送到下一个邮局;如果下一个邮局不是该报文的目的地址表示的接收方邮局,则需要逐个邮局传递下去,最后被接收方邮局接收和处理。接收方定期到本地邮局查询是否有邮件到来。当接收方发现有自己的邮件到来时,通过自己的邮箱程序去读取邮件。

发送方将电子邮件发出之后,邮件通过什么样的路径到达接收方,这个过程可能非常复杂,但是不需要用户介入,一切都由互联网电子邮件系统自动完成。

2.4.2　电子邮件系统基本功能

电子邮件系统的最大优势在于,不管用户使用何种计算机、操作系统、邮件客户端软件和网络硬件,相互之间都可以实现电子邮件的交换。

与电子邮件系统有关的典型协议主要有如下几点。

1. 传输方式的协议

- 简单邮件传输协议 SMTP(Simple Mail Transfer Protocol)。
- 通用 Internet 邮件扩展协议 MIME(Multipurpose Internet Mail Extensions)。

2. 邮件存储访问协议

- 邮政协议第 3 版 POP-3(post office protocol)。
- Internet 邮件访问协议第 4 版 IMAP-4(interactive mail access protocol)。

3. 目录访问方法的协议

- 轻型目录访问协议 LDAP。

目前电子邮件系统越来越完善,功能也越来越强,并已提供了多种复杂通信和交互式的服务,其主要功能包括如下。

(1) 邮件发送者把一条信息发送给接收者,接收者可以是一个或多个。

(2) 发送的信息包括数据、文件、文字、声音、图像或图形。

(3) 发送者或接收者可以是 Internet 以外的用户。

(4) 电子邮件的发送和接收软件可以与用户的其他软件沟通。

(5) 电子邮件系统具有较强的管理和监控功能,以利于系统的维护和改善系统的运行性能。

(6) 其他一些方便用户的功能,如支持多种语言文本、邮件优先权等。

2.4.3　电子邮件系统结构与工作原理

2.4.3.1　电子邮件系统结构

一个电子邮件系统有两个主要组成部分:用户接口和邮件传输程序。整个电子邮件系统与 Internet 相连,如图 2.28 所示。

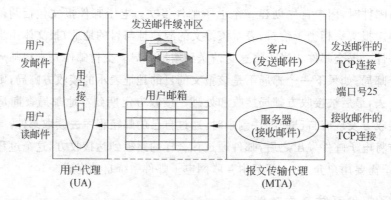

图 2.28　电子邮件的系统结构

1. 用户接口

用户接口是一个在本地运行的程序,又称为用户代理(User Agent,UA),它使用户能够通过一个很友好的接口(目前主要是用窗口界面)来发送和接收邮件。用户接口部分至少应当具有以下三个功能。

(1) 撰写:给用户提供很方便地编辑信件的环境。

(2) 显示:能方便地在计算机屏幕上显示出来信,包括来信附上的声音和图像。

(3) 处理:收信人根据情况按不同方式对来信进行处理,如打印、转发、分类保存。

2. 邮件传输程序

邮件传输程序又称为报文传送代理(Message Transfer Agent,MTA)在后台运行,它将邮件通过网络发送给对方主机,并从网络接收邮件。它有如下两个功能。

(1) 传送和接收:电子邮件按照客户/服务器方式工作。当用户编辑好要发送的邮件后,就通过用户接口交给邮件传输程序。发送信件时,邮件传输程序作为远程目的计算机邮件服务器的客户,与目的主机建立 TCP 连接,并将邮件传送到目的主机。接收方计算机的邮件传输程序在收到邮件后,将邮件存放在接收方的邮箱中,等待着用户来读取。由于用户接口的屏蔽作用,用户在发送和接收邮件时看不见邮件传输程序的工作情况。

(2) 报告:将邮件传送的情况(已交付、被拒绝、丢失等)向发信人报告。

电子邮件在传输过程中,往往需要经过多个结点。因此每一个网络结点都要安装邮件传输程序,即报文传送代理 MTA,以便对邮件进行存储转发。Internet 中的 MTA 的集合构成了报文传送系统(Message Transfer System,MTS)。因此,整个邮件系统结构归结为如图 2.29 所示。

总之,用户代理 UA 的任务是创建和显示报文,并在 UA 和本地 MTA 之间传送报文。而报文传送系统 MTS 则是一个由许多报文传送代理 MTA 构成的应用层网络,其任务就是在两个 MTA 之间起着报文传送的作用。

电子邮件由两部分组成,即信封和内容。电子邮件的传输程序根据邮件信封上的信息来传送邮件。用户在从自己的邮箱中读取邮件时才能见到邮件的内容。

在邮件的信封上,最重要的就是收信人的地址。TCP/IP 体系的电子邮件系统规定

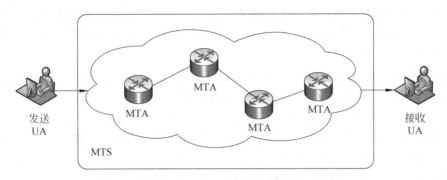

图 2.29　MTA 与 UA 的概念

电子邮件地址的格式如下：

　　收信人邮箱名@邮箱所在主机域名

这里符号"@"读作"at"(表示"在"的意思)。收信人邮箱名(又简称为用户名)是收信人自己定义的字符串标识符。定义的收信人邮箱名在邮箱所在计算机中必须是唯一的。

　　由于一个主机的域名在 Internet 上是唯一的,而每一个邮箱名在该主机中也是唯一的,因此在 Internet 上的每一个人的电子邮件地址都是唯一的。这一点对保证电子邮件能够在整个 Internet 范围内的准确交付是十分重要的。

　　还应注意到,在发送电子邮件时,邮件传输程序只使用电子邮件地址中的后一部分,即目的主机的域名。只有在邮件到达目的主机后,接收方计算机服务器才根据电子邮件地址中的前一部分(即收信人邮箱名),将邮件送往收件人的邮箱。

2.4.3.2　邮件报文传输过程

　　图 2.30 给出了互联网中邮件报文从用户 A 的计算机上发送到用户 B 的个人计算机的过程,其步骤如下。

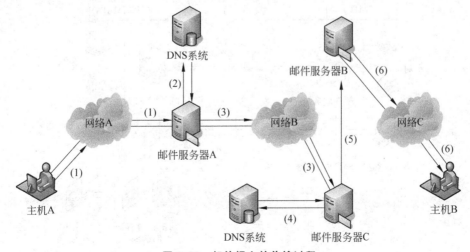

图 2.30　邮件报文的传输过程

（1）用户 A 首先使用主机 A 上的用户代理软件，将写好的一份给用户 B 的邮件报文发送到他所注册的邮件服务器 A。邮件服务器 A 接收并存储该邮件报文，同时通知用户A："邮件报文已经成功地发送"。

（2）邮件服务器 A 根据用户 B 的"电子邮件地址"确定把该报文发送到何处，第一步是向 DNS 系统查询与该报文的邮箱地址有关的邮件交换资源记录。

（3）对于本例来说，如果查询返回的邮件交换资源记录中给出了两个邮件交换系统，即邮件服务器 B 和邮件服务器 C 都可以接收发给用户 B 信箱的邮件报文，并且邮件服务器 C 的优先权要高于邮件服务器 B 的优先权，那么邮件服务器 A 与邮件服务器 C 使用TCP 协议建立一个 SMTP 会话，并将邮件报文发送给邮件服务器 C。

在上述过程中，邮件服务器 A 是以 SMTP 客户的身份工作，而邮件服务器 C 则是作为服务器来使用。一旦报文达到邮件服务器 C，该服务器将把它存储到本地报文中。

（4）对于邮件服务器 C 来说，由于该报文无法直接转交给主机 B，因此邮件服务器 C必须再次进行 DNS 查询。

（5）如果查询返回的邮件交换资源记录中给出两个邮件交换系统，即邮件服务器 B和邮件服务器 X 都可以接收发给用户 B 信箱的邮件报文，并且邮件服务器 B 的优先权要高于邮件服务器 X 的优先权，那么邮件服务器 C 与邮件服务器 B 同样要使用 TCP 协议建立一个 SMTP 会话，并将邮件报文发送给邮件服务器 B。在这个过程中，邮件服务器 C同样是以 SMTP 客户身份出现的，而邮件服务器 B 则是作为服务器来使用的。一旦报文到达邮件服务器 B，该服务器将把它存储到本地报文中。

（6）用户 B 可以通过主机 B，借助适当的软件从邮件服务器 B 中取出该报文并阅读。

2.4.4　邮件报文交付的 3 个阶段

根据邮件报文在互联网中从发送端到接收端的传输过程，可以得出邮件报文交付的3 个阶段。图 2.31 给出了邮件报文的交付过程示意图。

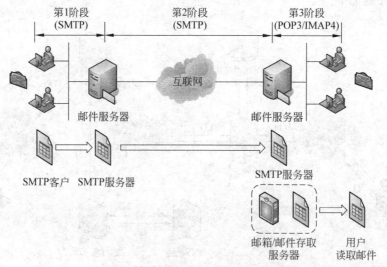

图 2.31　邮件报文的交付的 3 个阶段

邮件报文交付包括如下 3 个阶段。

（1）邮件报文从用户代理送到本地邮件服务器。用户使用的是 SMTP 客户端程序，服务器使用的是 SMTP 服务器程序。邮件报文存放在本地邮件服务器。

（2）本地邮件服务器作为 SMTP 客户，将报文转发给作为 SMTP 服务器的远程服务器，直到达到目的地址所在的服务器，它将邮件报文存放在用户的个人信箱中，等待用户读取。

（3）接收邮件的用户通过用户代理程序，使用 POP3 或 IMAP4 协议对个人邮箱进行访问，获取邮件报文。

2.4.5 SMTP 协议的基本内容

互联网电子邮件系统中使用了多种规范，包括邮箱地址的规则、报文格式，以及 SMTP 主机之间进行通信的各种通信命令和应答规则。

2.4.5.1 SMTP 命令和应答

SMTP 使用一些命令和应答，在 MTA 客户与 MTA 服务器直接传输报文。图 2.32 给出了 SMTP 的命令与应答关系。

表 2-8 与表 2-9 分别给出了主要的 SMTP 命令和应答的意义。

表 2-8 主要的 SMTP 命令

命　令	意　　义
HELO	发送端的主机名
MAIL FROM	发信人
RCPT TO	预期的收信人
DATA	邮件主体
QUIT	退出
RSET	重置
VRFY	需要验证的收信人名字
EXPN	需要扩展的邮件发送清单
HELP	命令名

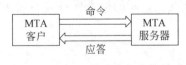

图 2.32 SMTP 的命令和应答关系

表 2-9 主要的 SMTP 应答

代码	说　　明
220	服务就绪
221	服务关闭传输通道
250	请求命令完成
251	用户不是本地的，报文将被转发

续表

代码	说　　明
354	开始邮件输入
450	邮箱不可使用
500	语法错,不能识别命令
502	命令未实现
552	所请求的动作异常终止,存储位置超过
553	所请求的动作未发生,邮箱名不允许使用

2.4.5.2　邮件报文的封装

SMTP 协议可以将互联网邮件报文封装在邮件对象中。SMTP 协议的邮件对象是由信封和内容两个部分组成。信封实际上是一种 SMTP 命令,邮件报文是封装在信封中的邮件内容,报文本身又包括首部和主体两个部分。SMTP 命令和应答分别由一系列字符以及一个表示报文介绍的回车换行符(CRLF)组成。图 2.33 给出了邮件报文结构。

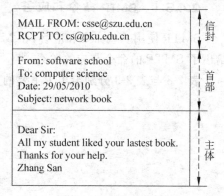

MAIL FROM: csse@szu.edu.cn RCPT TO: cs@pku.edu.cn	信封
From: software school To: computer science Date: 29/05/2010 Subject: network book	首部
Dear Sir: All my student liked your lastest book. Thanks for your help. Zhang San	主体

图 2.33　邮件报文结构

2.4.5.3　报文格式

互联网使用的信息格式一直执行互联网标准草案 RFC822"ARPANET 文本报文格式标准"的定义。直到 2001 年,新的互联网标准草案 RFC2282"互联网报文格式"取代了 RFC822 标准。新协议中建议推广的标准规范对早期规范进行了修改,修改结果使互联网报文的格式更符合当前的使用情况,而没有引入有关报文格式方面的新定义,也没有对早期格式进行大幅度变更。新的标准保持着与过去协议之间的连续性。

RFC2822 定义的报文格式具有以下特点。

(1) 所有报文都是由 ASCII 码组成。

(2) 报文由报文行组成,各行之间用回车(CR)与换行(LF)符分隔。

(3) 报文的长度不能超过 998 个字符。

(4) 报文行的长度最好在 78 个字符之内(不包括回车换行符)。

(5) 报文中可包括多个首部字段和首部内容。

(6) 报文可包括一个在其首部后的主体,如果报文中有主体的话,则该主体必须用一个空行与其首部分隔。

(7) 除非在需要使用回车与换行符的地方,否则报文中一般不使用回车与换行符。

2.4.5.4　邮件报文传送过程

这个过程分为连接建立、报文传送、连接终止 3 个阶段。

1. 连接建立

SMTP 客户和 SMTP 服务器首先要建立 TCP 连接。图 2.34 给出了连接建立的过程。

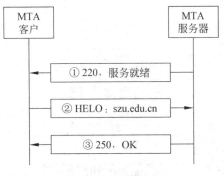

图 2.34　连接建立过程

（1）从客户端使用熟知端口号 25 建立与服务器的 TCP 连接，SMTP 服务器向该客户回送应答码 220 响应客户的连接请求，该应答码中向客户端提供了服务器的域名，并通知客户端，服务器已准备好接收命令。

（2）客户端收到应答码后，通过发送 HELO 命令，启动客户端与服务器之间的会话。该客户端发送的 HELO 用来向服务器提供客户端的标识信息，并请求提供邮件服务。

（3）服务器端将回送应答码 250，通知客户端：请求建立的邮件服务会话已经实现。

2. 报文传送

在 SMTP 客户与 SMTP 服务器之间的连接建立之后，发信的用户就可以与一个或多个收信人交换邮件报文。图 2.35 给出了报文传送的过程。

（1）客户用"MAIL FROM"向服务器报告发信人的邮箱和域名。

（2）服务器向客户发"250"（请求命令完成）的响应。

（3）客户用"RCPT TO"命令向服务器报告收信人的邮箱和域名。

（4）服务器向客户发"250"（请求命令完成）的响应。

（5）客户用"DATA"命令对报文的传送进行初始化。

（6）服务器向客户发"354"（开始邮件输入）的响应。

（7）客户用连续的行向服务器传送报文的内容，每行以两字符的行结束标志（回车与换行）终止。报文以只有一个"."的行结束。

（8）服务器向客户发"250"（请求命令完成）的响应。

3. 连接终止

客户端在完成一次邮件报文的传输过程中始终起着控制作用，报文发送完毕后终止本次 SMTP 会话连接。图 2.36 给出了连接终止过程。

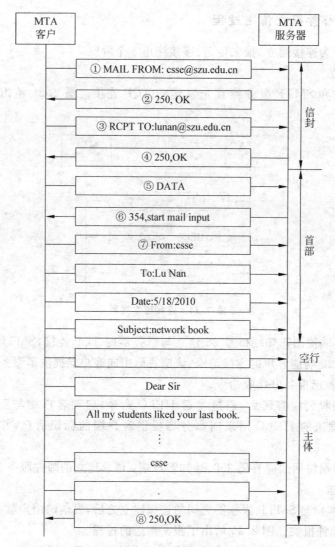

图 2.35 报文传送过程

图 2.36 连接终止过程

2.4.6　MIME 协议的基本内容

1982 年提出的 SMTP 协议由于受到当时网络带宽的限制,只能是一个简单的邮件传输协议。其局限性表现在只能发送 7 位 ASCII 码格式的报文,不支持那些不使用 7 位 ASCII 码格式的语种(例如中文、法文、德文、俄文等),它也不支持语音和视频数据。

通用互联网邮件扩展(multipurpose internet mail extension,MIME)是一种辅助性的协议,它本身不是一个邮件传输协议,只是对 SMTP 协议的补充,并不能替代 SMTP 协议。MIME 的功能是允许非 7 位 ASCII 码格式的数据通过 SMTP 传输。图 2.37 描述了 MIME 与 SMTP 协议之间的关系。

MIME 协议定义了 5 种头部。用来加在原始的 SMTP 头部,以便定义参数的转换。这 5 种头部是:MIME 版本(MIME-Version)、内容-类型(Content-Type)、内容-传输-编码(Content-Transfer-Endoding)、内容-标识(Content-ID)、内容-描述(Content-Description)。图 2.38 给出了 MIME 邮件报文格式。

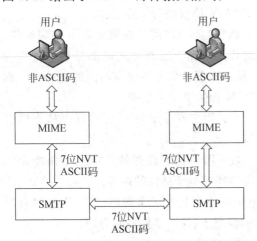

图 2.37　MIME 与 SMTP 的关系

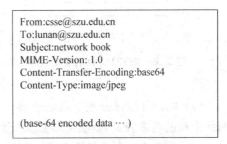

图 2.38　MIME 邮件报文格式

2.4.7　POP3、IMAP4 协议与基于 Web 的电子邮件

在邮件交付阶段,并不使用 SMTP 协议,其原因是:在发送端,SMTP 采用“推送”(push)方式,将邮件报文“推送”到服务器端。在接收端,如果仍然采取“推送”方式,那么无论接收方愿不愿意,报文也要被“推送”到接收方。如果改变工作方式,采取“拉”的方式,由接收方在愿意收取邮件报文时才去启动接收进程,那么邮件必须存储在服务器邮箱中,直到收信人去读邮件为止。因此,在邮件交付的第 3 阶段,采用了邮件读取协议。邮件读取协议主要有 POP3 协议和 IMAP4 协议。

1. POP3 协议

互联网标准 RFC1939“POP3 协议(邮局协议第 3 版)”中提供了一种将存储在目的 SMTP 服务器中的邮件报文传送到用户的机制。

POP3 协议比较简单。POP3 客户软件安装在邮件客户端中,POP3 服务器软件安装在邮件服务器中。POP3 协议的会话格式与 SMTP 协议的会话格式类似,其通信过程为:当客户需要从邮件服务器中下载邮件时,客户端用户代理与服务器之间建立 TCP 连接。用户向服务器发送用户名和口令,经验证合法后,就可以列出邮件清单,并可以逐个读取邮件。图 2.39 给出了 POP3 协议的会话过程。

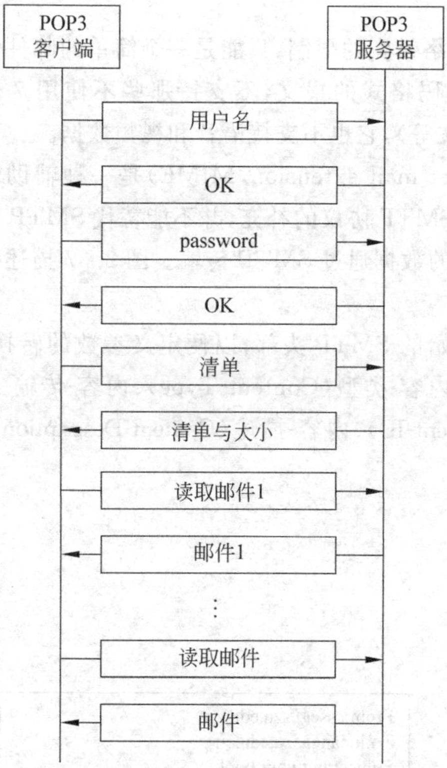

POP3 协议有两种工作模式:删除模式与保留模式。删除模式是在一次读取邮件后,将读取过的邮件删除。保留模式是在一次读取邮件后,将读取过的邮件仍保存在服务器中。

2. IMAP4 协议

IMAP4 是另一种邮件读取协议。它与 POP3 相似,但功能更强,也更复杂。RFC2060 对 IMAP4 协议进行了定义。

POP3 不允许用户在服务器上整理邮件,不允许用户在下载邮件之前部分检查邮件内容,用户在服务器上不能有不同的文件夹。而 IMAP4 提供了更多功能:

（1）用户在下载邮件之前可以检查邮件的头部。

（2）用户在下载邮件之前可以用特定的字符串搜索电子邮件的内容。

图 2.39　POP3 协议的会话过程

（3）用户可以部分地下载电子邮件。在电子邮件中包含了多媒体信息,下载过程对网络带宽的需求较高,而实际带宽又受到限制的情况下,这一功能特别有用。

（4）用户可以在邮件服务器上创建、删除、更名邮箱。

（5）为了存放电子邮件,用户可以在文件夹中创建分层次的邮箱。

3. 基于 Web 的电子邮件

20 世纪 90 年代中期,Hotmail 开发了基于 Web 的电子邮件系统。目前几乎每个门户网站和大学、企业网站都提供基于 Web 的电子邮件,越来越多的用户使用 Web 浏览器来收发电子邮件。在基于 Web 的电子邮件应用中,用户代理就是普通的 Web 浏览器,用户与远程邮箱之间的通信使用的是 HTTP 协议,而不是 POP3 或 IMAP4 协议。邮件服务器之间的通信仍然使用 SMTP 协议。

2.5　网络文件传输与 FTP/TFTP 协议

文件传输服务是互联网中最早提供的服务功能之一,也是最重要的互联网应用之一。1971 年 4 月公布的 RFC114 是第一个 FTP 协议标准草案,它定义 FTP 协议的基本命令和文件传输方法,其出现早于 IP 协议和 TCP 协议。RFC114 是 A. Bhushan 在 MIT 的

GE645/Multics 与 PDP-10/DM/CG-ITS 型计算机之间进行文件传输研究的成果,它奠定了 FTP 协议研究的基础。1972 年 7 月公布的 RFC354 第一次系统地描述了 FTP 的通信模型与很多协议实现的细节。1980 年 6 月公布的 RFC765 是第一个 TCP/IP 协议体系中的 FTP 协议标准。1985 年 10 月公布的 RFC959 是对 RFC765 的修订,增加了几个新的命令,它是目前使用 FTP 系统所遵循的协议标准。

2.5.1 文件传输的基本概念

文件传输服务是由 FTP 应用程序提供的,而 FTP 应用程序遵循的是 TCP/IP 中的文件传输协议(FTP),它允许用户将文件从一台计算机传输到另一台计算机,并且能保证传输的可靠性。很多公司、大学的主机上含有数量众多的程序与文件,这是互联网上巨大与宝贵的信息资源。通过使用 FTP 服务,用户就可以方便地访问这些信息资源。采用 FTP 传输文件时,不需要对文件进行转换,因此 FTP 服务的效率较高。在使用 FTP 服务后,相当于每个联网计算机都拥有一个容量巨大的备份文件库,这是单个计算机无法比拟的优势。

1. FTP 文件服务

FTP 文件服务采用典型的 C/S 模式,在传输层选择 TCP 协议。图 2.40 描述了文件传输的工作模型。提供 FTP 服务的计算机称为 FTP 服务器,它通常是信息服务提供者的计算机。用户的本地计算机称为客户,将文件从 FTP 服务器传输到客户的过程称为下载,而将文件从客户传输到 FTP 服务器的过程称为上传。

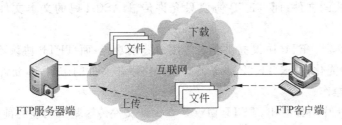

图 2.40 文件传输的工作模型

FTP 服务是一种实时的联机服务,用户在访问 FTP 服务器之前必须登录,登录时要求用户使用 FTP 服务器上的合法账号和口令。只有成功登录的用户才能访问该 FTP 服务器,并对授权的文件进行查阅和传输。这种工作方式限制了互联网上一些公用文件及资源的发布。因此,互联网中多数 FTP 服务器提供一种匿名 FTP 服务。

2. 匿名 FTP 服务

匿名 FTP(anonymous FTP)服务的实质是:提供服务的机构在它的 FTP 服务器上建立一个公开账户(通常为 Anonymous),并赋予该账户访问公共目录的权限,以便提供免费的服务。如果用户要访问提供匿名服务的 FTP 服务器,不需要输入用户名与用户密码。如果需要输入它们的话,可以用 Anonymous 作为用户名,用 Guest 作为密码;有些 FTP 服务器可能要求用户用自己的电子邮件地址作为密码。

目前,互联网用户使用的大多数 FTP 服务都是匿名服务。为了保证 FTP 服务器的安全,几乎所有的匿名 FTP 服务都只允许用户下载文件,而不允许用户上传文件。

3. TFTP 协议

尽管 FTP 协议的设计者设定的目标是保持 FTP 协议简洁,但是由于要求 FTP 协议能适应大多数通用文件传送,满足文件传输的可靠性,以及在不同应用环境和各种设备上都能使用,所以 FTP 协议需要定义几十条命令与响应的报文格式,同时在传输层必须采用面向连接、可靠的 TCP 协议,因此 FTP 协议不可能太简单。完全达到 FTP 协议与 TCP 协议的软件运行要求,对于目前使用的个人计算机与 UNIX 工作站来说是很容易的。但是,对于 30 年前的计算机来说,满足这些要求并不是一件容易的事。同时,当时存在着大量的无盘工作站设备,这就要求设计者必须考虑研究一种更简单的"轻型"FTP 版本,即普通文件传输协议(Trival File Transfer Protocol, TFTP)。

TFTP 协议是在 20 世纪 70 年代后期开始研究的,1980 年出现了第一个 TFTP 协议标准;1981 年公布了 TFTP 协议文档 RFC783;1992 年在 RFC783 基础上修订的 TFTP 协议(版本 2)的文档 RFC1350 成为当前使用的 TFTP 协议的标准。

理解 FTP 协议与 TFTP 协议的关系的最好办法是将两者进行比较:

(1) 对传输可靠性的要求。为了保证文件传输的可靠性,FTP 协议在传输层采用面向连接、可靠的 TCP 协议;而 TFTP 协议从协议简洁的角度出发采用了 UDP 协议。

(2) 协议的命令集。FTP 协议制定了发送文件、接收文件、列出目录与删除文件等功能的复杂的命令集;而 TFTP 协议只定义文件发送和接收的基本的命令集。

(3) 数据表示方式。FTP 协议可以指定数据类型,允许传送 ASCII 码的文本文件或图像等多种格式的文件;而 TFTP 协议只允许传输 ASCII 码的文本文件或二进制文本文件。

(4) 用户鉴别。FTP 协议提供登录等用户鉴别功能;而 TFTP 协议不提供用户鉴别功能,这是一种简化,要求 TFTP 服务器必须严格限制文件的访问,不允许 TFTP 客户执行删除文件的操作。

从以上分析中可以看出,TFTP 协议是在保证文件传输基本功能的前提下对 FTP 协议的一种简化,也是对 FTP 协议的一种补充。由于实现 TFTP 协议的程序所占的内存空间较小,因此对于有内存空间限制的设备,通常都使用 TFTP 协议。

2.5.2　FTP 协议特点

文件传输协议 FTP 是 TCP/IP 中使用最广泛的应用层协议之一,早在 TCP/IP 出现之前,ARPANET 中就有了文件传输的标准文本,该文本后来发展成为目前众所周知的文件传输协议 FTP。

在 UNIX 系统中,客户端 FTP 有一组 shell 命令,其中最重要的命令就是 FTP。客户端用户调用 FTP 命令后,便与服务器建立连接,这个连接称为控制连接,用于双方传输控制信息,而非传输数据。一旦建立起控制连接,双方便进入交互式会话状态。然后,客户端用户每调用一个 FTP 命令(如文件拷贝),客户进程便与服务器之间再建立一个数据连接并进行文件传输。等到该 FTP 命令执行完后,再回到交互会话状态,可继续执行其他 FTP 命令。最后用户输入 CLOSE 和 QUITE 命令,退出 FTP 会话。

FTP 的命令多达 60 多个,总的来说,它们的命名风格与 DOS 命令的命名风格非常接近。除了基本的文件传输外,这些命令还提供许多附加的功能。

FTP 有以下特点:

(1) 交互式用户界面。客户端用户调用 FTP 后,便进入交互状态,可以利用 FTP 命令方便地与服务器对话。例如,客户端用户可以列出远程系统某个目录下的文件,也可以进入远程系统的某个工作目录;同时还可以在 FTP 客户进程中执行本地 shell 命令。

(2) 对文件格式说明。FTP 允许客户指定存储数据的数据类型和格式。例如,客户端用户可以指定某文件是按文本方式还是二进制方式存储,也可以指定文本文件是使用 ASCII 字符集还是使用 EBCDIC 字符集。

(3) 权限控制。在请求文件传输之前,FTP 要求客户必须首先向服务器提供登录的用户名和口令,FTP 服务器将拒绝非法客户的访问。

2.5.3　FTP 协议工作原理

1. 控制连接与数据连接

FTP 是基于客户/服务器模型而设计的,图 2.41 给出了 FTP 协议的工作模型。客户与服务器之间利用 TCP 建立连接。与一般客户/服务器模型(如 HTTP、SMTP)不同的是,FTP 客户端与服务器之间要建立双重连接,一个是控制连接,用于在 FTP 客户端与服务器端之间传输控制信息,例如命令、用户名和口令。另一个是数据连接,用于在 FTP 客户端与服务器端之间传输文件。控制连接在服务器端的 TCP 连接的熟知端口号为 21;数据连接在服务器端的 TCP 连接的熟知端口号为 20。

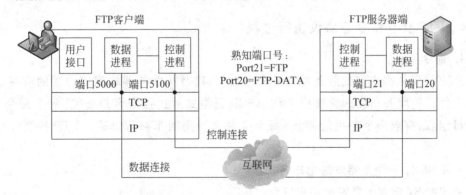

图 2.41　FTP 协议的工作模型

建立双重连接的原因在于:FTP 是一个交互式会话系统,FTP 客户进程每次调用 FTP 便与服务器建立一个会话,会话以控制连接来维持,直至退出 FTP。为了满足多 FTP 客户进程请求的需要,FTP 服务器采用并发服务器方式。一个 FTP 服务器进程可同时为多个客户进程提供服务。FTP 的服务器进程由两大部分组成:一个主进程,负责接受新的请求。另外有若干个从属进程,负责处理单个请求。

2. FTP 会话过程

在客户端与服务器端之间开始一个 FTP 会话之前,FTP 客户端使用临时端口号(例如5100)与服务器端的熟知端口号21之间连接一个控制连接。控制连接建立之后,服务器端要求客户端发送用户名和口令。当服务器端接收到客户端发送的文件传输命令后,开始发起一个到客户端的数据连接。FTP客户端使用临时端口号(例如5000)与服务器端的熟知端口号20之间连接一个数据连接,用于一个文件的下载或上传。当文件在数据连接上正确传输之后,该数据连接关闭。如果在同一个会话期间,客户端还需要传输另一个文件,那么需要建立另一个数据连接。

因此,对于FTP传输来说,控制连接贯穿于客户端与服务器端的整个会话过程,但会话过程中的每次文件传输都需要建立一个新的数据连接,即数据连接是非持续的。FTP在整个会话过程中需要保留客户端状态信息,它必须将会话过程中文件的传输与建立控制连接时验证的用户账户信息(用户名和口令)联系起来。

不难看出,FTP协议与HTTP等一般协议的区别在于:HTTP协议在客户端与服务器端只需建立一个连接,而FTP协议需要建立控制连接和数据连接两个连接。HTTP协议是无状态的,不对用户状态进行追踪,而FTP协议需要追踪用户状态。

3. FTP 客户程序

目前,常用FTP客户程序有3种:传统的命令行、Web浏览器、FTP下载工具。

传统的FTP命令行是最早的FTP客户程序,它在Windows系统下仍然能够使用,但需要进入MS-DOS状态下。目前的浏览器软件不但支持Web访问,还支持FTP方式访问FTP服务器,通过浏览器可以直接登录到FTP服务器,并下载文件。例如,要访问深圳大学的FTP服务器,只需在URL地址栏中输入ftp://ftp.szu.edu.cn即可。

2.5.4　FTP交互命令与协议执行过程

1. 命令

FTP使用从客户端到服务器端的命令报文,以及从服务器端到客户端的应答报文完成文件传输服务功能。它使用7位ASCII码格式通过控制客户传输,每个命令由4个字母组成,有点命令有可选参数,每个命令之后用回车换行结束。FTP控制命令主要有:

- USER:向服务器发送用户名。
- PASS:向服务器发送用户口令。
- LIST:向服务器请求发送当前目录的文件列表。
- GET(filename):从服务器端检索当前目录指定的文件。服务器端在接收到该命令之后,将启动数据连接,并在建立的数据连接上发送所请求的文件。
- PUT(filename):将客户主机的一个文件存储到FTP服务器中。

2. 响应

对于客户端的每个FTP命令,服务器都会回应至少一个应答,应答是用3位数字表示。主要的响应有:

- 125:数据连接正确,准备传输文件。

- 150：数据连接即将打开。
- 220：服务就绪。
- 221：服务关闭。
- 226：数据连接关闭。
- 230：用户注册完成。
- 331：用户名正确，需要传输用户口令。

3. FTP 协议执行过程

图 2.42 给出了客户端从服务器端读取文件的 FTP 协议执行过程。

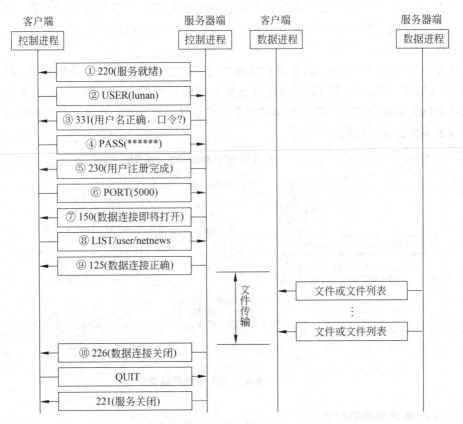

图 2.42 客户端从服务器端读取文件的 FTP 协议执行过程

2.6 域名系统与 DNS 服务

在 Internet/Intranet 上，人们通过 IP 地址方法访问网上资源，以确定网络信息从何处来、到何处去，使用 IP 地址的缺点也很明显，不容易记住。可见，一种编址方法仅具有简单的区分功能是不够的，还必须直观、易记、使用方便。为此，人们用类似英文名字的字符串来代替 IP 地址，这就是域名。域名作为 Internet 上计算机的唯一标识，名字不能重复。但网络上计算机成千上万，为了保证域名的唯一性，必须引入域名结构。

2.6.1　DNS 服务的概念

1. DNS 服务的作用

DNS 的作用是将主机的域名转换成 IP 地址,使得用户能够方便地访问各种网络资源和服务,因此它是互联网各种应用层协议实现的基础。

几乎所有的网络应用系统都要依赖于 DNS 的支持,它虽然是一种应用层协议,但它的作用不同于 Web、E-mail 和 FTP 等,DNS 不直接与用户打交道。图 2.43 给出了 DNS 与其他网络应用的关系。

实现 DNS 的关键技术是借助分布于互联网各处的数量众多的域名服务器。在这种服务的支持下,每个服务器只作为整个名字空间的一小部分向用户提供域名服务。主机名也就被称为主机域名或域名。

到目前为止,DNS 仍是支持互联网发展和安全的主要机制之一。虽然使用 128 位地址的 IPv6 协议可以为互联网的继续发展提供足够的发展空间,但同时 IPv6 机制也将更加依赖于域名系统的支持。即将推出的安全域名系统(DNSSEC)将会在很大程度上改善现行域名系统的安全性能。

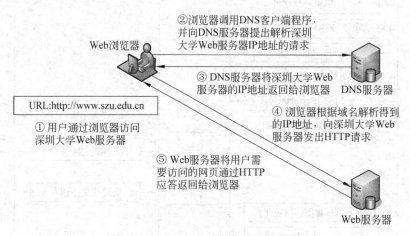

图 2.43　DNS 与其他网络应用的关系

2. DNS 服务系统的功能

DNS 系统提供了如下 3 种基本功能(如图 2.44 所示)。

(1) 名字空间定义:系统提供一个给所有可能出现的结点命名的名字空间。

(2) 名字注册:系统为每台主机分配一个在全网具有唯一性的名字。

(3) 名字解析:系统为用户提供一种有效地完成主机名与网络 IP 地址转换的机制。

现行的 DNS 是按照 1987 年发布的 RFC1034"域名的概念和应用"和 RFC1035"域名的实现和说明"中所描述的规则实现的。实现的功能包括如下。

(1) 使用统一的名字空间。域名中不能使用如网络标识符、地址、路由或类似信息作名字的组成部分。

(2) 数据库容量限制和更新频率都要求对域名进行分布式管理,并使用本地的缓存

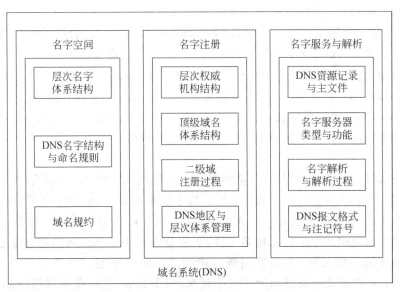

图 2.44　域名系统的功能

来改善系统的性能。

（3）DNS 具有通用性，必须适应各种应用需求，要适应可能出现的各种新的服务。

（4）域名服务的处理独立于它所使用的传输系统。

（5）DNS 适用于各类主机环境。

2.6.2　域名结构

首先应该明确，互联网上提供主机名字的目的在于方便用户使用互联网。首先，对主机名字要求是全局唯一的，即能在整个互联网通用。其次，要便于管理，互联网中主机名字管理工作包括名字分配、确认和名字回收等。第三，要便于映射，即便于域名与 IP 地址之间的映射，映射的效率是要解决的一个关键问题。

互联网采用层次树状结构的命名方法，就像全球邮政系统和电话系统那样。采用这种命名方法，任何一个连接在互联网上的主机或路由器都有唯一层次结构名字，称为"域名（domain name）"，这里的"域"是名字空间中一个可被管理的划分，域还可以继续划分为子域，如二级域、三级域等等。

互联网的 DNS 系统被设计成一个联机分布式数据库系统，由若干个在专设结点上运行的域名服务器组成，并采用客户端/服务器模式。DNS 使大多数名字都在本地映射，仅少量映射需要在互联网上通信，使得系统是高效的。同时 DNS 也是可靠的，即使单个计算机出了故障，也不会影响整个系统的正常运行。

IP 层次域名结构由若干个分量组成，各分量之间用点分隔，各分量分别代表不同级别的域名。每一级域名由字母和数字组成，级别最低的域名写在最左边，而级别最高的顶级域名写在最右边，各级域名由其上一级域名管理机构注册和管理，而最高的顶级域名则由 Internet 有关机构负责管理。用这种方法可使每一个名字都是唯一的，并且很容易设计域名查找的机制。例如,域名 computer.mit.edu 包含了 3 个标识:computer、mit 和 edu。名字中每一个标识称为一个域,比如"computer.mit.edu"为最低域。第二级域为"mit.edu",代表美国麻省理工学院。第一级为"edu",代表教育机构。

需要注意的是,域名只是一个逻辑概念,它并不能反映出主机所在的物理位置。

域名的命名机制有两类:一类是根据管理上的组织机构来划分,跟地理位置和网络互连情况无关,称为组织型域名。比如 computer.mit.edu 就是一个组织型域名。另一类根据国家或地区的地理位置区域来划分,称为地理型域名。比如 sz.gd.cn 代表中国广东深圳。

为保证其域名系统的通用性,互联网规定了一组正式的通用标准标识,作为其第一级域的域名,如图 2.45 所示。其中前 7 个域对应于组织型域名,最后一个域对应于地理型域名。按地理模式,美国的主机应归入第一级域 us(一般省略不写)中,而其他国家或地区的主机要按地理模式登记进入域名系统,必须首先向 Internet 网络信息中心(NIC)申请本国或地区第一级域名(一般采用该国或地区国际标准的二字符标识符,如中国是 cn)。目前,在组织模式中又新增加了几个域,如 ltd、inc 表示商业部门;npo 表示非盈利性组织;isp 代表 Internet 服务提供商。

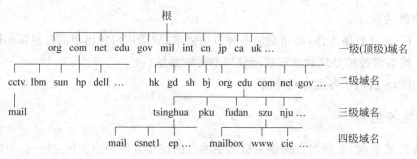

图 2.45　Internet 的名字空间

NIC 将第一级域的管理特权分派给指定管理机构,各管理机构再对其管辖的域名空间继续划分,并将各子部分管理特权授予子管理机构。如此下去,便形成层次型域名。由于管理机构是逐级授权的,所以最终的域名都得到 NIC 承认,成为全球 Internet 的唯一名字。假如深圳大学一台 WWW 服务器,其域名为 www.szu.edu.cn。其中,主机名 www 是由深圳大学校园网网管中心分配并进行管理的,深圳大学网管中心是经中国教育科研网(CERNET)网管中心授权管理 szu.edu.cn 子域;中国教育科研网(CERNET)网管中心是经中国互联网信息中心(CNNIC)授权管理 edu.cn 子域;中国互联网信息中心(CNNIC)是经 Internet 网络信息中心(NIC)授权对 cn 域进行管理。但 Internet 信息中心(NIC)最终保留对 cn 域的控制。因此,整个 Internet 域名系统如同层次型名字管理系统构成一个树形结构,其中树根作为唯一的中央管理机构 NIC,不构成域名的一部分。图 2.45 说明了 Internet 的名字空间。

前面谈到的域名主要针对主机而言,其实由于域名系统的广泛通用性,域名既可以标识主机,也可以标识信箱及用户等。因此为了区分不同类型的对象,域名系统中每一个条目都被赋予"类型(type)"属性。这样,一个特定的名字就可能对应于域名系统中的若干个条目。另外,域名系统还根据协议类型将整个名字集分为若干"类(class)",因此域名系统中的命名条目又被赋予类的属性。这样,在同一个域名系统数据库(这是一个名字-地址映射表)中,存放了对应多种对象类型和多种协议族的命名对象。

2.6.3　DNS 服务的实现

DNS 由域名空间和资源记录、域名服务器、地址解析程序 3 部分组成。

1. 域名空间与资源记录

DNS 名字空间被组织成"域"与"子域"的层次结构,它在结构上像计算机中的树状文件目录结构。域名空间和资源记录是按照树形名字空间结构和与域名相关数据的技术规范建立的。域名空间树上的每个结点和叶子都用一组信息命名,而对域名的查询就是从某个域的域名集合中抽取某类特殊信息的过程。对域名的查询请求信息中包括了要查询的域名和对要查询的资源信息的类型说明。互联网中使用域名来标识主机名字,查询的目的是获取与之对应的 IP 地址资源。

2. 域名服务器

域名服务器是一组用来保存域名树结构和对应信息的服务器程序。虽然该服务器可使用高速缓存来存储域名树中的任何部分的结果及信息集合,但特定的域名服务器应该在其内部存储某个域名空间子集的完整信息,以及可指向其他域名服务器的内容。域名服务器对其拥有完整信息的那一部分域名空间树完全了解,在这种情况下,该域名服务器被称为对该部分名字空间的"授权"服务器。授权服务器所管理的是"区域"(zone)的域名信息。

3. 地址解析程序

地址解析程序可以从域名服务器中检索客户请求查询的某个域名对应的 IP 地址。该程序至少可对一个域名服务器进行访问,或者使用从该服务器查询的信息来直接对域名请求进行应答,或者引用其他域名服务器来继续对请求进行查询。地址解析程序应该是可直接与用户程序交互的系统子程序。

4. 域名空间和资源记录、域名服务器、地址解析程序三者关系

域名空间和资源记录、域名服务器、地址解析程序三者关系如下所示。

(1)用户可以通过对本地地址解析程序的简单过程调用或系统调用,对域名系统进行访问。由于域名空间是一个树形结构,因此用户可以从该树的任何一处开始遍历。

(2)从地址解析程序的角度看,域名系统则是由数量未知的域名服务器构成的系统,每个域名服务器只带有整个域名空间树数据的一部分,但地址解析程序将每一个域名系统使用的数据库视为基本静态的数据库。

(3)从域名服务器角度看,域名系统是由相互独立的称为"区域"的本地数据集构成的。域名服务器对一些区域具有本地备份。域名系统下的域名服务器必须周期性地用来自于本地的或外部域名服务器的主备份文件,对本地的区域数据进行更新。域名服务器必须可以对来自于地址解析程序的请求进行并行处理。

基于以上的讨论可以看出,域名系统有 3 个基本构件:域名数据库、服务与用户。

在 DNS 协议下,请求或接收域名服务数据的主机都是借助于发送报文来实现的。为了减少开销,DNS 报文通常是在 UDP 协议下实现封装的。协议的设计者之所以选择使用 UDP 协议,主要是考虑到即使请求域名服务的主机在没有很快得到应答的情况下,又向主域名服务器或其他域名服务器发送了第二个请求报文,也不会造成很大的网络开销。DNS 协议为请求和应答报文定义了专用的数据格式,同时该协议还为域名服务的主机之间的通信定义了通用的报文格式。

2.6.4 域名解析的基本原理

1. 域名解析的基本概念

将域名转换为对应的 IP 地址的过程称为域名解析(name resolution),完成该功能的软件称为域名解析器。每一个 ISP 或一所大学,甚至一个系都可以设置一个本地域名服务器,有时也称为默认域名服务器。在个人计算机 Windows XP 系统中打开"控制面板",选择"网络连接",进入后再选择"TCP/IP 协议",单击"属性"之后,所看到的 DNS 地址就是自动获取的本地域名服务器地址。每个本地域名服务器配置一个域名软件。客户在查询时,首先向域名服务器发出一个带有待解析域名的 DNS 请求(DNS request)报文。

由于 DNS 名字信息以分布式数据库的形式分散存储在很多个 DNS 服务器中,每个服务器都知道根服务器的地址,因此无论经过几步查询,在域名树中最终总会找出正确的解析结果,除非这个域名不存在。

2. 域名解析算法

域名解析可以有两种方法:递归解析(recursive resolution)与反复解析(iterative resolution)。主机向本地域名服务器查询时,可以选择是采用递归解析还是采用反复解析。主机向本地域名服务器的查询过程如图 2.46 所示。

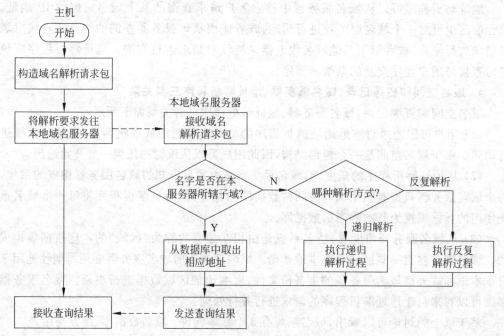

图 2.46 主机向本地域名服务器的查询过程

（1）反复解析。反复解析也称为迭代解析。图 2.47 给出了迭代解析中客户与服务器的交互过程。可以看出，如果用户希望访问名为 netlab. csse. szu. edu. cn 的主机，应用程序首先向本地域名服务器发出查询请求。本地域名服务器如果查不到，则向根域名服务器 edu. cn 查询，根域名服务器告诉本地域名服务器下一级 szu 域名服务器的 IP 地址。本地域名服务器下一步向 szu 域名服务器进行域名解析，szu 域名服务器给出 csse 域名服务器地址。本地域名服务器会进一步向 csse 域名服务器进行域名解析，csse 域名服务器最终将 netlab. csse. szu. edu. cn 的 IP 地址告诉本地域名服务器，本地域名服务器将解析结果返回客户。至此，本次迭代解析的域名解析过程结束。

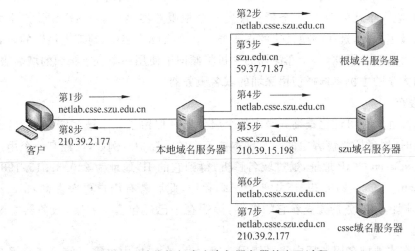

图 2.47 迭代解析中客户与服务器的交互过程

（2）递归解析。在递归解析过程中，本地域名服务器只需要向根域名服务器发出一次查询请求，之后的查询过程是在其他的域名服务器之间进行，最终由根域名服务器向本地域名服务器反馈查询结果。图 2.48 给出了递归解析中客户与服务器的交互过程。

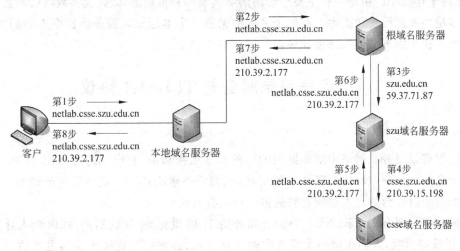

图 2.48 递归解析中客户与服务器的交互过程

2.6.5 域名系统的高速缓存

实际测试表明,上面描述的域名系统效率并不高。在没有优化的情况下,根服务器的通信量是难以忍受的,因为每次有人对远程计算机的域名进行解析时,根服务器都会收到一个请求。而且,一个主机可能会反复发出同一台机器的域名请求。DNS 系统性能优化方法主要是复制和缓存。

1. 复制

每个根目录是被复制的,该服务器的副本存放在整个网络上。当一个新的网络加入互联网时,它在本地的 DNS 服务器中配置一个根服务器表。本地 DNS 服务器可以为本网用户的域名服务,选择响应最快的根服务器。在实际应用中,地理上最近的域名服务器往往响应得最好。因此,一个在深圳的主机将倾向于使用一个位于深圳的域名服务器,而一个深圳大学的主机将选择使用深圳的域名服务器。

2. 缓存

使用高速缓存可优化查询开销。每个服务器都保留了一个域名缓存,每当查询一个新的域名时,服务器将该绑定的一个副本置于它的缓存中。例如,已经有一个用户查询了 csse. szu. edu. cn 的 IP 地址,通过域名解析,得到它的 IP 地址为 210.39.15.198,则可以将 csse. szu. edu. cn/210.39.15.198 置于缓存中,此后若有用户再次查询 csse. szu. edu. cn 的 IP 地址,则服务器先查看它的缓存,因缓存中已经包含了答案,服务器立即将所存的 IP 地址返回给用户。

不但在本地域名服务器中需要使用高速缓存,在主机中也需要使用高速缓存。许多主机在启动时从本地域名服务器上下载域名和地址的全部数据库,维护一个存放本机最近使用域名的高速缓存,并且只在从缓存中找不到域名时才使用域名服务器。

维护本地域名服务器数据库的主机需要定期更新域名服务器,以获取最新的映射信息,提高工作效率。由于一些主要与常用的域名改动并不频繁,因此大多数网站不需要花费太多精力就能维护数据库。在每个主机中保留一个本地域名服务器数据库的副本,可使本地主机上的域名转换速度加快。

2.7 远程登录服务与 TELNET 协议

2.7.1 远程登录服务

远程登录服务是网络中最早提供的一种基本服务功能,它出现的时间比 TCP/IP 协议早十几年。在研究网络互联技术的初期,人们需要解决的一个最重要的问题是:一个用户如何通过一台终端去访问互联的另一台主机系统。

远程登录服务的 TELNET 协议研究开始于 20 世纪 60 年代后期,那时个人计算机(PC)还没有出现,人们在使用大型或中型计算机时,必须首先直接连接到主机的一个终端,使用用户名和密码登录成为合法用户之后,才能将软件与数据输入到主机,完成科学计算的任务。当用户要用多台计算机共同完成一个较大的任务时,需要调用远程计算机资源同本地计算机协同工作。这些大中型计算机互联之后,需要解决一个基本的问题,那就是不同型号的计算机之间的差异性,即异构计算机系统之间的互连问题。

异构计算机系统的差异性主要表现在不同厂商生产的计算机的硬件、软件与数据格式不同,它给联网计算机系统之间的互操作带来很大困难。不同计算机系统的差异性最明显的表现是对终端键盘输入命令的解释。例如,有的系统用 return 或 enter 作为行结束标志,有的系统用 ASCII 字符的 CR 作为行结束标志,而有的系统用 ASCII 字符的 LF 作为行结束标志。键盘定义的差异给远程登录带来很多问题。在中断一个程序时,有些系统使用"˄C",而另一些系统使用"ESC"键。发现这个问题之后,各个厂商都开始研究如何解决互操作性的方法,例如,Sun 公司制定远程登录协议 rlogin,但是该协议是专为 BSD UNIX 系统开发的,它只适用于 UNIX 系统,并不能很好地解决不同类型计算机之间的互操作性问题。

为了解决异构计算机系统互联中存在的问题,人们开始研究 TELNET 协议。TELNET 协议引入网络虚拟终端(network virtual terminal,NVT)的概念,它提供了一种专门的键盘定义,用来屏蔽不同计算机系统在键盘输入上的差异性,同时定义客户与远程服务器之间的交互过程。TELNET 协议的优点就是能解决不同类型的计算机系统之间的互操作问题。远程登录服务是指用户使用 TELNET 命令,使自己的计算机暂时成为远程计算机的一个仿真终端的过程。一旦用户成功地实现远程登录,用户计算机就可以像一台与远程计算机直接相连的本地终端一样工作。

TELNET 协议是 1969 年在 ARPANET 雏形上演示的第一个应用程序。专门用于定义 TELNET 协议的 RFC97 是在 1971 年 2 月公布的。作为 TELNET 协议标准的 RFC854"TELNET 协议规定",最终于 1983 年 5 月完成并公布。

2.7.2　TELNET 协议的工作原理

远程登录服务采用典型的客户/服务器模式。图 2.49 给出了 TELNET 的工作原理。用户的实终端(real terminal)采用用户终端的格式与本地 TELNET 客户通信;远程计算机采用主机系统格式与 TELNET 服务器通信。在 TELNET 客户进程与 TELNET 服务器进程之间,通过网络虚拟终端(NVT)标准来进行通信。NVT 是一种统一的数据表示方式,以保证不同硬件、软件与数据格式的终端与主机之间通信的兼容性。

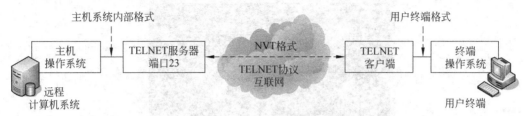

图 2.49　TELNET 的工作原理

TELNET 客户进程将用户终端发出的本地数据格式转换成标准的 NVT 格式,通过网络传输到 TELNET 服务器端。TELNET 服务器将接收到的 NVT 格式的数据转换成主机内部的数据格式,再传输给主机。互联网上传输的数据都是标准的 NVT 格式。引入网络虚拟终端概念之后,不同的用户终端与服务器进程将与各种不同的本地终端格式无关。TELNET 客户与服务器进程完成用户终端格式、主机系统内部格式与标准 NVT 格式之间的转换。

2.7.3　Windows 下使用远程登录

使用 TELNET 功能,需要具备以下两个条件。

（1）用户的计算机要有 TELNET 应用软件,例如,Windows 操作系统所提供的 TELNET 客户端程序。

（2）用户在远程计算机上有自己的用户账户(包括用户名与密码),或者该远程计算机提供公开的用户账户。

用户在使用 TELNET 命令进行远程登录时,首先应在 TELNET 命令中给出对方计算机的主机名或 IP 地址,然后根据对方系统的询问,正确输入自己的用户名与密码。有时还要根据对方的要求,回答自己所使用的仿真终端的类型。互联网有很多信息服务机构提供开放式的远程登录服务,登录到这样的计算机时,不需要事先设置用户账户,使用公开的用户名就可以进入系统。

用户可以使用 TELNET 命令,使自己的计算机暂时成为远程计算机的一个仿真终端。一旦成功地实现了远程登录,用户就可以像远程计算机的本地终端一样进行工作,使用远程计算机对外开放的全部资源,如硬件、程序、操作系统、应用软件及信息资源,这个过程对于用户是透明的。因此,TELNET 又被称为"终端仿真协议"。

TELNET 已经成为 TCP/IP 协议集中一个最基本的协议,同时也是最重要的协议。即使目前互联网用户从来没有直接调用 TELNET 协议,但是 E-mail、FTP 与 Web 服务都是建立在 TELNET NVT 概念与协议的基础上的。

在 Windows 系统下使用远程登录服务有两种方式：命令行方式、系统窗口方式。

1. Windows 系统命令行使用 TELNET

在系统命令行下执行 TELNET 命令,将进入 TELNET 控制方式进行远程登录、执行远程操作命令等,如图 2.50 所示。

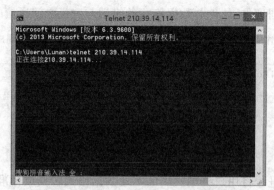

图 2.50　TELNET 方式进行远程登录

2. Windows 系统下使用远程桌面连接

在系统下单击"远程桌面连接",进入远程登录窗口进行用户名和密码验证,完成登录后成为远程主机的仿真终端,如图 2.51 所示。

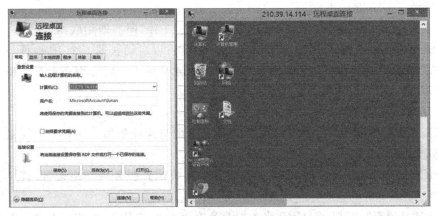

图 2.51　Windows 系统下的远程桌面连接

2.8　网络配置服务与网络管理协议

2.8.1　动态主机配置协议 DHCP

1. DHCP 协议的重要性

对于 TCP/IP 协议来说,要将一台主机接入互联网中必须配置与其他主机和设备通信所需要的参数,这些参数主要有:

(1) 本地网络的默认路由器地址。

(2) 主机使用的 IP 地址与地址掩码。

(3) 为主机提供特定服务的服务器地址,例如 DNS、E-mail 服务器。

(4) 本地网络的最大传输单元(MTU)长度值。

(5) IP 分组的生存时间(TTL)值。

对于一个确定的网络来说,需要为每台接入的主机配置的参数有十多个,只有 IP 地址是各自不同的,而其他参数应该相同。主机参数配置不但需要在组网时进行,而且在有主机加入和退出时也需要进行。作为一个网络管理员,在管理十几台主机的局域网时,主机配置任务通过手工方法完成是可行的。但是,如果管理的局域网主机数量达到几百台,并且经常有主机接入和退出,那么通过手工的方法完成主机配置任务效率将会很低且容易出错。同时,对于远程主机、移动设备、无盘工作站和地址共享配置,手工方法是不可能完成的。因此,主机参数的配置过程必须实现自动化。

动态主机配置协议 DHCP 可以为主机自动分配 IP 地址及其他一些重要的参数。DHCP 不但运行效率高,减轻网络管理员的工作负担,更重要的是它能够支持远程主机、移动设备、无盘工作站和地址共享的配置任务。

2. DHCP 的发展过程

早期用于 TCP/IP 网络的主机配置协议是 BOOTP,它协议支持主机配置,但缺少对动态 IP 地址分配的支持。20 世纪 90 年代,对动态 IP 地址分配的需求变得十分突出,这种需求导致了 DHCP 的出现。

近年来,又出现了新的关于 DHCP 协议,提供了一种"即插即用联网"(plug-and-play networking)机制,它允许一台主机接入网络之后就可以自动获取一个 IP 地址与相关参数。同时,DHCP 协议可以给各种服务器分配一个永久的 IP 地址,服务器在重新启动时 IP 地址不变。

3. DHCP 服务功能

DHCP 协议最重要的功能是:动态 IP 地址分配与地址租用。DHCP 协议是基于客户/服务器工作模式的。

DHCP 服务器是一个为客户主机提供动态主机配置服务的网络设备,其主要功能如下。

(1) 地址储存与管理。DHCP 服务器是所有客户主机 IP 地址的拥有者。服务器储存这些地址并管理它们的使用,记录哪些地址已经被使用,哪些地址仍然可用。

(2) 配置参数储存和管理。DHCP 服务器储存和维护配置参数,在客户请求时发送给客户。这些参数是指客户主机如何操作的主要配置数据。

(3) 租用管理。DHCP 服务器用租用的方式将 IP 地址动态地分配给客户主机一段租用时间,即租用期(lease period)。DHCP 服务器维护批准租用给客户主机的 IP 地址信息,以及租用期长度。租用期用 4 字节的二进制数来表示,单位为秒。DHCP 协议对租用期并没有具体的规定,其数值由 DHCP 服务器决定。

(4) 客户主机请求响应。DHCP 服务器响应客户主机发送的请求分配地址、传送配置参数,以及租用的批准、更新与终止等各种类型的请求。

(5) 服务管理。DHCP 服务器允许管理员查看、改变和分析有关地址、租用、参数等与 DHCP 服务器运行相关的信息。

DHCP 客户的主要功能如下。

(1) 发起配置过程。DHCP 客户端主机可以随时向 DHCP 服务器发起获取 IP 地址与配置参数的交互过程。

(2) 配置参数管理。DHCP 客户端主机可以从 DHCP 服务器获取全部或部分配置参数,并维护与自身配置相关的参数。

(3) 租用管理。在动态分配 IP 地址时,DHCP 客户端主机要了解自身地址的租用状态,负责在适当时候更新租用,在无法更新时进行重绑定,以及在不需要时提前终止租用。

(4) 报文重传。由于 DHCP 协议采用不可靠的 UDP 协议,因此 DHCP 客户端主机要负责检测 UDP 报文是否丢失,以及丢失之后的重传。

4. DHCP 客户与服务器的交互过程

在讨论 DHCP 客户与服务器的交互过程时,需要说明如下几个问题。

(1) 在动态分配 IP 地址时,DHCP 服务器同时要给出临时 IP 地址的租用期 T。例如,校园网的 DHCP 服务器为一台 DHCP 客户分配的临时 IP 地址的租用期 T 为 1 小时。协议规定,当 DHCP 客户获得临时 IP 地址时,要设置两个定时器 T_1 和 T_2, $T_1 =$ $0.5T$、$T_2 = 0.875T$。当 $T_1 = 0.5T$ 时,客户端需要立即要求更新租用期,如果收到 DHCP 服务器的确认应答,则可得到新的租用期。如果收到不同意的应答,客户端要立即停止使用原有的 IP 地址,重新申请新的 IP 地址。如果客户端在 $T_2 = 0.875T$ 的时间内没有收到服务器的应答报文,那么客户端必须立即重新申请新的 IP 地址。

(2) DHCP 协议在传输层使用的端口号与 SMTP、Web、FTP 等协议不同。BOOTP 与 DHCP 协议没有按照传输层 UDP 协议规定的客户端要使用临时端口号,而是要客户端使用熟知的端口号。那么,DHCP 客户端与服务器端都使用熟知的端口号。DHCP 客户端使用熟知端口号 68,DHCP 服务器使用熟知端口号 67。

(3) 在动态配置开始阶段,DHCP 客户端没有 IP 地址,也不知道它所在的网络中有没有 DHCP 服务器,以及 DHCP 服务器在哪里。为了发现一个 DHCP 服务器,DHCP 客户端需要安装 DHCP 协议构造一个 DHCPDISCOVER 请求报文,以广播方式发送出去,以达到任何一个可用的 DHCP 服务器。接收到请求报文的 DHCP 服务器也需要以广播方式返回一个 DHCPOFFER 应答报文。由于实际网络环境中可能有多个 DHCP 服务器,并都接收到 DHCPDISCOVER 请求报文,那么 DHCP 客户端就有可能接收到多个 DHCPOFFER 应答报文。这就要求 DHCP 客户端从多个应答的 DHCP 服务器中选择一个,再向该 DHCP 服务器发出一个 DHCPREQUEST 请求报文。当该 DHCP 服务器返回一个 DHCPACK 应答报文后,DHCP 客户端确定可以使用的临时 IP 地址,并形成"已绑定状态"。

图 2.52 给出了简化的 DHCP 客户与 DHCP 服务器的交互过程。

① DHCP 客户端需要构建一个 DHCPDISCOVER 请求报文,以广播方式发送出去。

② 凡是接收到 DHCP 客户端请求报文的 DHCP 服务器都要返回一个 DHCPOFFER 应答报文。该报文中包括分配给 DHCP 客户端的 IP 地址、租用期以及其他参数。

③ 可能收到多个 DHCPOFFER 应答报文的 DHCP 客户端从中选择一个 DHCP 服务器,然后向被选择的 DHCP 服务器发送一个 DHCPREQUEST 请求报文。

④ 被选择的 DHCP 服务器向客户端发送一个 DHCPACK 应答报文。当 DHCP 客户端接收到 DHCPACK 应答报文之后,才可以使用分配的临时 IP 地址,进入"已绑定状态"。同时,DHCP 客户端需要设置两个定时器 T_1 和 T_2, $T_1 = 0.5T$、$T_2 = 0.875T$。

⑤ 当定时器 $T_1 = 0.5T$ 时,客户端发送一个 DHCPREQUEST 请求报文,请求更新租用期。

⑥ DHCP 服务器同意更新租用期,它将返回 DHCPACK 应答报文。DHCP 客户端获得了新的租用期,可以重新设置定时器。同时,还有可能出现以下两种情况:

第一种情况:收到 DHCP 服务器不同意更新租用期,它将返回 DHCPNAK 否定确认应答报文,表示 DHCP 客户端需要重新申请新的 IP 地址。

第二种情况:如果 DHCP 客户端没有收到 DHCP 服务器的应答报文,那么当 $T_2 = 0.875T$ 的时间到时,DHCP 客户端必须重新发送一个 DHCPREQUEST 请求报文,重新申请新的 IP 地址。

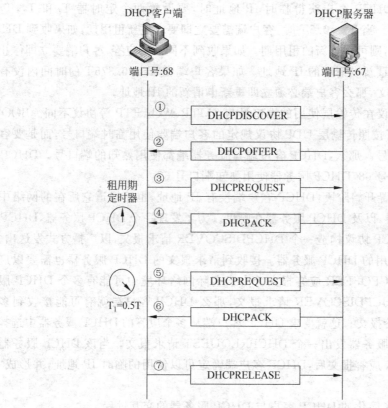

图 2.52　DHCP 客户与 DHCP 服务器的交互过程

⑦ 如果 DHCP 客户端准备提前结束服务器提供的租用期,只要向 DHCP 服务器发出一个 DHCPRELEASE 释放报文即可。

5. DHCP 中继代理

为了避免在每一个网络中都设置一个 DHCP 服务器,造成 DHCP 服务器数量过多,可以在一些没有设置 DHCP 服务器的网络中设置一个 DHCP 中继代理(relay agent)。具有 DHCP 中继代理的结构如图 2.53 所示。

DHCP 中继代理功能一般加载于一台路由器上。DHCP 客户端在网络 10.1.0.0 上以广播方式将 DHCPDISCOVER 请求报文发送出去。DHCP 中继代理路由器接收到请求报文之后,以单播的方式将 DHCPDISCOVER 请求报文发送到 DHCP 服务器所在的 10.2.0.0 网络上。DHCP 中继代理在与 DHCP 服务器协商中获取 IP 地址与参数之后,再转发给 DHCP 客户主机,完成动态配置的过程。

2.8.2　网络管理

1. 网络管理的基本概念

网络管理的目的是使网络资源得到有效的利用,网络出现故障时能及时报告和处理,以保证网络能够正常、高效地运行。网络管理系统通常由 5 个部分组成:管理进程(manager)、被管对象(managed object)、代理进程(agent)、管理信息库(MIB)和网络管理

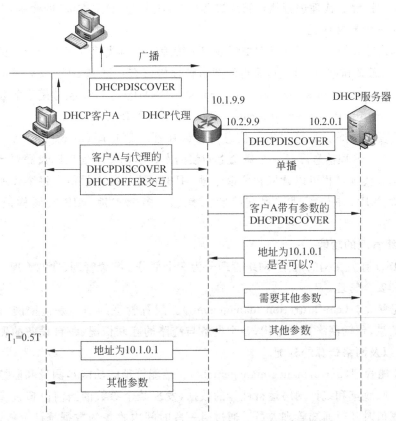

图 2.53　DHCP 中继代理采用单播方式转发发现报文

协议。图 2.54 给出了网络管理系统结构示意图。

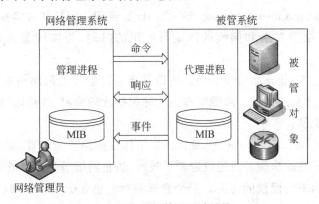

图 2.54　网络管理系统结构

　　(1) 管理进程。管理进程是网络管理的主动实体,它提供网络管理员与被管对象之间的界面,完成网络管理员指定的各项管理任务,读取或改变被管对象的网络管理信息。

　　(2) 被管对象。被管对象指网络上的软硬件设备,例如交换机、路由器、主机与服务器等。

（3）代理进程。代理进程执行管理进程（如系统配置、数据查询）的命令，向管理进程报告本地出现的异常情况。

（4）网络管理协议。网络管理协议规定了管理进程与代理进程之间交互的网络管理信息的格式、意义和过程。目前，流行的网络管理协议有：TCP/IP 协议体系的简单网络管理协议（simple network management protocol，SNMP）与 OSI 参考模型的公共管理信息协议（common management information protocol，CMIP）。

（5）管理信息库。被管对象的信息都存放在管理信息库（management information base，MIB）中。管理信息库是一个概念上的数据库。本地管理信息库只需要包含本地设备相关信息。代理进程可以读取和修改本地 MIB 中的各种变量值。每个代理进程管理自己的本地 MIB，并与管理进程交换状态信息。多个本地 MIB 共同构成整个网络的 MIB。

2. 网络管理的功能

按照 ISO 有关文档的规定，网络管理分为 5 个部分：配置管理、性能管理、计费管理、故障管理和安全管理。

（1）配置管理（configuration management）。配置管理的功能是监控网络中各个设备的配置信息，包括网络拓扑结构、各个设备与链路的互联情况、每台设备的硬件和软件配置数据，以及网络资源的分配。

（2）性能管理（performance management）。性能管理的功能是测量和监控网络运行的状态，监视、收集和统计网络运行性能的数据，发现某个参数的当前值超过管理人员预先设定的阈值时及时通知管理人员。通过对一段时间内收集的数据统计分析，帮助管理人员了解路由器的 CPU 与内存利用率、各个接口的带宽利用率与 I/O 吞吐率、响应时间等参数。

（3）计费管理（accounting management）。计费管理是测量和收集各种网络资源的使用情况、统计分析结点发送和接收的流量与使用的时间，为按流量或时间的计费提供数据。

（4）故障管理（fault management）。故障是指有可能导致网络出现部分或全部中断或瘫痪，必须予以修复的错误。故障管理的功能包括故障检测、差错跟踪、故障检测日志、报告生成和隔离定位。

（5）安全管理（security management）。为了保证网络正常工作，必须采取多项安全控制措施。安全管理的功能是通过设定若干规则，防止网络遭受有意或无意的破坏，同时限制对敏感资源的未经授权的访问。安全管理包括：建立访问权限和访问控制；建立安全审计，对系统中的各种重要操作与违规操作进行记录；当出现安全事件时发出警告，产生安全报告。

3. 网络管理技术发展过程

网络管理技术的重要性很早就被人们所重视。20 世纪 80 年代曾经出现过 3 种协议：RFC1021 定义的高层实体管理协议（HEMS）、RFC1028 定义的简单网关监视协议（SGMP）和 OSI 协议体系中的公共管理信息协议（CMIP）。IETF 认识到在 TCP/IP 协体系中产生一个统一的网络管理协议的重要性,于是发布了 RFC1052"IAB 对互联网网络管理准备研究的建议",决定在 SGMP 协议基础上研究新的简单网络管理协议(SNMP)。

1988 年,第一个 TCP/IP 网络管理协议 SNMPv1 公布,立即得到产业界的认可和广泛应用。SNMPv1 在安全性上有一定缺陷。1990 年公布的 RFC1155～RFC1157 对 SNMP 进行了修订。针对 SNMP 安全性问题,1992 年对安全 SNMP(SNMPsec)标准进行定义。1993—1996 年,对 SNMPv2 进行了多次修订。2002 年 12 月,定义了 SNMPv3 标准,它的框架结构仍然与 SNMPv1 基本保持一致。

2.8.3　SNMP 协议的基本内容

2.8.3.1　SNMP 协议工作原理

对网络管理的 SNMP 协议理解需要注意以下几个问题。

(1) 研究网络管理标准涉及网络管理系统的体系结构与网络管理协议。

SNMP 应该包含 SNMP 体系结构与 SNMP 协议两部分内容。SNMP 体系结构通常由 5 部分组成:管理进程、被管对象、代理进程、管理信息库、网络管理协议。

在 SNMP 网络管理模型中,代理可以分为两种类型:管理代理和外部代理。管理代理是在被管理的设备中加入的执行 SNMP 协议的程序。外部代理(proxy agent)是指在被管设备外部增加的执行 SNMP 协议的程序或设备。

当一个网络资源不能与管理进程直接交换管理信息时,就需要使用外部代理。例如,集线器、调制解调器、交换机,以及某些便携式设备不支持复杂网络管理协议。这时,需要为这类网络设备增加外部代理。外部代理按照 SNMP 协议与网络管理进程通信,还要与管理的网络设备通信。一个外部代理应该能够管理多个网络设备。

(2) 对协议名称中"简单"的理解。

实际上网络管理是一个很困难的问题,它受到网络拓扑、网络规模、网络设备类型、网络状态的动态变化等因素的影响,因此描述网络管理的模型和协议也是复杂的。网络中任何硬件和软件的增删都要影响到网络管理对象的变化,那么网络管理系统设计一定要考虑如何将这种对象"添加"的影响减到最小。

从 SNMP 协议名称上可以看出,设计者希望用"简单"的系统结构和协议解决复杂的网络管理问题。"简单"应该理解为协议设计者的设计目标和技术路线。从 SNMP 协议的基本内容上看,SNMP 协议的交互过程简单,只规定了 5 种消息对网络进行管理。为了简化和降低通信代价,它在传输层采用了简单的 UDP 协议。图 2.55 给出了 SNMP 协议的工作原理示意图。

基于 SNMP 的网络管理应主要解决 3 个问题:管理信息结构(structure of management information,SMI)、管理信息库(management information base,MIB)和 SNMP 协议规则。

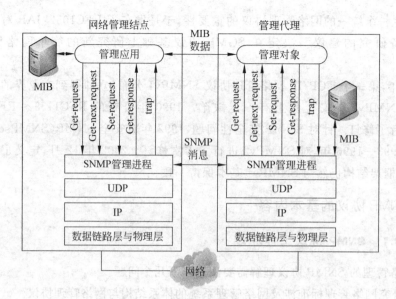

图 2.55　SNMP 协议的工作原理

2.8.3.2　管理信息结构 SMI

管理信息结构 SMI 是 SNMP 的重要组成部分。SMI 要解决 3 个问题：被管对象如何命名、存储的被管对象数据有哪些类型、在管理进程和代理进程中传输的数据如何编码。

1. 对象命名树的结构

SMI 规定适用于全球网络所有的被管对象，它们都必须在对象命名树(object naming tree)中。图 2.56 给出了 SMI 对象命名方法。对象命名树没有根，结点标识符用小写英文字母表示。对象命名树结构如下。

(1) 顶级有 3 个对象：ITU-T 标准、ISO 标准以及两者联合的帮助，在对象命名树中标识符的标号分别为 0、1、2。ITU-T 的前身是 CCITT，它们都是世界上最主要的标准制定组织。

(2) ISO 之下也有多个对象，其中标号为 3 的是为其国际组织建立的子树，称为 org。

(3) 在 org 之下有一个美国国防部的子树 dod，标号为 6。

(4) 在 dod 之下有一个 internet 子树，标号为 1。如果只讨论 internet 之下的子树，那么只需要在对象标识符旁标出"iso. org. dod. internet"，或标号"1. 3. 6. 1"。

(5) 在 internet 结点之下，标号为 2 的结点是网络管理 mgmt，表示为"iso. org. dod. internet. mgmt"或标号"1.3.6.1.2"；标号为 4 的结点 private 是供私有公司使用的，表示为"iso. org. dod. internet. private"，或标号"1.3.6.1.4"。

(6) 在 mgmt 结点之下，只有一个结点，即管理信息库 mib-2，其对象标识符为"iso. org. dod. internet. mgmt. mib-2"，或标号"1. 3. 6. 1. 2. 1"。在 private 之下，有一个

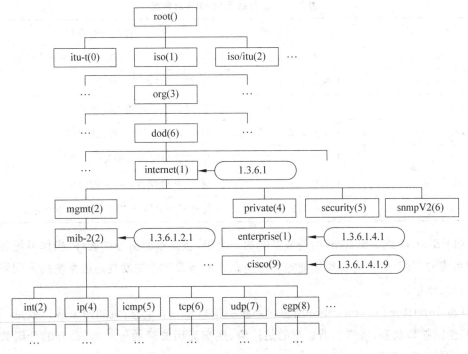

图 2.56　SMI 对象命名方法

enterprise 的子树,其对象标识符表示为"iso. org. internet. private. enterprise",或标号 "1. 3. 6. 1. 4. 1"。

(7) 在 enterprise 的子树中,标号为 9 的结点是分配给 Cisco 公司的,所有 CiscoMIB 对象都是从"1. 3. 6. 1. 4. 1. 9"开始。

2. MIB 对象的定位

从以上讨论中可以看出,所有 MIB 对象都以命名树中的两个分支来命名。

(1) 常规 MIB 对象:常规 MIB 对象不是由某个厂商制定的,而是按照 SNMP 标准 制定的,这些对象都在 mgmt(2)结点之下的 mib-2(1)子树(1.3.6.1.2.1)中。

(2) 专用 MIB 对象:由硬件制造商创建的,用于某个网络管理系统制造商的专用对 象位于 private(4)之下的 enterprise(1)子树(1.3.6.1.4.1)中。

2.8.3.3　管理信息库 MIB

最早的 RFC1066 对管理信息库 MIB 做出了定义,它是作为 SNMPv1 协议的一部分 出现的。后来出现过多个关于 MIB 的协议。RFC1213 定义了 MIB 的第二个版本 MIBII。

常规 MIB 对象都在 mib-2(1)子树(1.3.6.1.2.1)中,最早定义的对象数量比较多, 为了用一种逻辑的方式组织这些对象,它们被安排在不同的对象组中。经过几次修订,已 经有一部分组不再使用。表 2-10 给出了目前使用的 MIB 对象组。

表 2-10　目前使用的 MIB 对象组

组　　名	完整的组标识符	包含的主要内容
System/sys	1.3.6.1.2.1.1	与主机或路由器的操作系统相关的对象
Interface/int	1.3.6.1.2.1.2	与网络接口相关的对象
Ip/ip	1.3.6.1.2.1.4	与 IP 协议运行相关的对象
Icmp/icmp	1.3.6.1.2.1.5	与 ICMP 协议运行相关的对象
Tcp/tcp	1.3.6.1.2.1.6	与 TCP 协议运行相关的对象
Udp/udp	1.3.6.1.2.1.7	与 UDP 协议运行相关的对象
Egp/egp	1.3.6.1.2.1.8	与外部网关协议 EGP 运行相关的对象

（1）System 组。System 组是最基本的一个组，包括被管对象的硬件、操作系统、网络管理系统的厂商、结点的物理地址等常用信息。网络管理系统发现新的系统接入网络，首先会访问该组。

（2）Interface 组。Interface 组包含系统中接口相关的信息，例如网络接口数量、接口类型、当前接口状态、接口当前速率的估计值、递交高层协议的分组数、丢弃的分组数、输出分组的队列长度等。

（3）Ip 组。Ip 组包含 IP 协议中的各种参数信息。Ip 组中有如下 3 个表。

- ipAddrTable：分配给结点的 IP 地址。
- ipRouteTable：路由选择信息，用于对路由器的配置检测、路由控制。
- ipNetToMediaTable：IP 地址与物理地址之间对应关系的地址转换表。

（4）Icmp 组。Icmp 组包含所有关于 ICMP 的参数，例如发送或接收的 ICMP 报文总数，以及出错的、目的地址不可达的、重定向的 ICMP 报文的数量等。

（5）Tcp 组。Tcp 组包含与 TCP 协议相关的信息，例如重传时间、支持 TCP 的连接数、接收或发送报文段的数量、重传报文段或出错报文段的数量等。

（6）Udp 组。Udp 组包含与 UDP 协议相关的信息，例如递交该 UDP 用户的数据报数、收到无法递交的数据报的数量、UDP 用户的本地 IP 地址与本地端口号等。

（7）Egp 组。Egp 组包含于 EGP 协议的实现、操作相关的信息。例如收到正确的 EGP 报文数、错误的报文数、相邻网关的 EGP 表、本 EGP 实体连接的自治系统数等。

2.8.3.4　SNMP 的基本操作

SNMP 采用轮询的方式，周期性地通过两种"读"、"写"操作来实现基本的网络管理功能。网络管理进程通过向代理进程发送 get 报文来检测被管读写状态，使用 set 报文来改变被管读写状态。除了轮询方式之外，网络管理进程也允许被管对象在重要事件发生时，使用 trap 报文向网络管理进程报告。表 2-11 给出了 SNMPv3 的报文类型。

表 2-11　SNMPv3 的报文类型

操作类型	说　　明	SNMPv3 报文
读	使用轮询机制从一个被管对象读取管理信息报文	GetRequest-PDU GetNextRequest-PDU GetBulkRequest-PDU
写	改变一个被管对象的管理信息报文	SetRequest-PDU
响应	被管对象对请求返回的应答报文	Response-PDU
通知	被管对象向管理进程报告重要事件发生的报文	Trapv2-PDU InformRequest-PDU

图 2.57 给出了管理进程执行 get 操作的过程。管理进程向代理进程发送 get 报文来读取被管对象状态信息,被管对象中的代理进程以 Response-PDU 报文向管理进程应答。

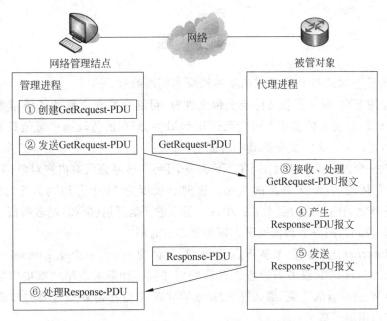

图 2.57　管理进程执行 get 操作的过程

图 2.58 给出了管理进程执行 set 操作的过程。管理进程向代理进程发送 set 报文来改变被管对象状态信息,被管对象中的代理进程以 Response-PDU 报文向管理进程应答。从这两个操作可以看出,SNMP 协议的设计充分体现了以简单方法处理复杂问题的原则。

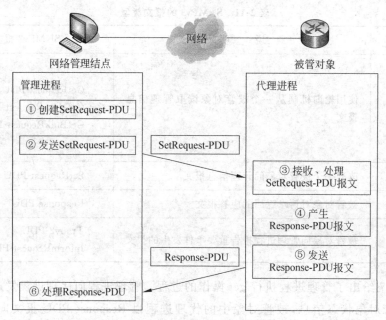

图 2.58　管理进程执行 set 操作的过程

习　题

1. 叙述 C/S 模式和 P2P 模式的基本特征和应用前景。

2. 在使用 FTP 服务下载文件或上传文件时,可能会发现文件的传输速率会有较大的变化,比如说,最初的传输速率可能高达几十 kbps,最后的传输速率可能只有几个或者几十个 bps,这是为什么? 试分析其中可能的原因。

3. 假设一个用户正在通过 HTTP 下载一个网页,该网页没有内嵌对象,TCP 协议的慢启动窗口门限值为 30 个分组的大小。该网页长度为 14 个分组的大小,用户主机到WWW 服务器之间的往返时延 RTT 为 1s。不考虑其他开销(例如,域名解析、分组丢失、报文段处理),那么,用户下载该网页大概需要多长时间?

4. 在 Internet 上有一台 WWW 服务器,其名称为 www.center.edu.cn。IP 地址为213.67.145.89,HTTP 服务器进程在默认端口守候。如果某个用户直接用服务器名称查看该 WWW 服务器的主页,那么客户端的 WWW 浏览器需要经过哪些步骤才能将主页显示在客户端的屏幕上?

5. 某大学校园网上有一台主机,其 IP 地址为 202.113.27.60,子网掩码为 255.255.255.224。默认路由器配置为 202.113.27.33,DNS 服务器配置为 202.113.16.10。现在,该主机需要解析主机名 www.sina.com.cn。请逐步写出其域名解析过程。

6. 假设用户单击某个超链接来访问某个网页。该网页的 URL 对应的 IP 地址没有被缓存,因此需要通过 DNS 来获得其 IP 地址,假设采用 n 个不同的 DNS 服务器,每个DNS 服务器和当前机器的往返时延 RTT 分别为 RTT1,RTT2,……,RTTn。同时假设网页没有内嵌对象，大小为 500 字节，当前主机和 WWW 服务器的 RTT 为 RTT0。则从单击超链接到接收到该网页的时间最长为多少？

7. 电子邮件最主要的组成部件是什么。UA 和 MTA 的作用是什么？能否不使用它们？

8. 试简述 SMTP 通信的三个阶段的过程。试述邮局协议 POP3 的工作过程。IMAP 与 POP3 有何区别？

9. SNMP 使用 UDP 传送报文。为什么不使用 TCP？管理信息库 MIB 和管理信息结构 SMI 的作用是什么？

第 3 章

传输层协议与进程通信

本章将从网络进程通信的基本概念出发,讨论传输层的基本功能,传输层向应用层提供的服务,以及实现这些服务的传输层协议(即 TCP 与 UDP)的基本内容,为进一步研究应用层协议与网络应用程序打下基础。

本章主要介绍:

- 设置传输层的原因
- 传输层的主要功能
- TCP 协议的主要特点
- UDP 协议的主要特点
- 解决进程通信拥塞与流量控制方法

3.1 传输层的基本概念

传输控制是网络中十分关键的一层协议,它最主要的作用是在主机之间保证可靠的进程通信,为此提出了许多新的概念和策略。

3.1.1 传输层的基本功能

传输层的根本目的是,在 IP 网络互连层所提供的主机数据通信服务的基础上,提供主机进程通信之间的可靠的服务,这种通信服务称为"端到端"的通信服务。从主机到主机的通信演变成端到端的通信是一次质的飞跃。从根本上说,传输控制有两大功能:一是加强和弥补网络互连层提供的网络服务;二是进一步提供进程通信机制。因此它是实现各种网络应用与应用层协议的基础。图 3.1 描述了传输层的基本功能。

网络层的 IP 地址标识了连网主机、路由器的位置信息;路由算法可以在网络中选择一条由源主机-路由器、路由器-路由器、路由器-目的主机的多段"点-点"链路组成的传输路径;IP 协议通过这条传输路径完成分组数据的传输。传输层协议是要利用网络层所提供的服务,穿过网络,在源主机的应用进程与目的主机的应用进程之间建立"端-端"连接,实现网络进程通信。

网络层是传输网络(承载网)的一部分,而传输网络是由电信公司运营和提供服务的。如果网络层提供的服务不可靠(例如频繁丢失分组),用户无法对传输网络加以控制,则需要在网络层上增加一层以改善服务质量。传输层会对分组丢失、线路故障进行检测,并采取相应的补救措施。

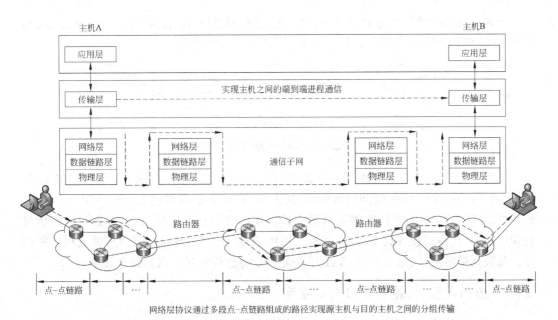

网络层协议通过多段点-点链路组成的路径实现源主机与目的主机之间的分组传输

图 3.1　传输层的基本功能

传输层协议可以屏蔽网络层及以下各层实现技术的差异性,弥补网络层所能提供的服务的不足,使得应用层在实现各种网络应用系统时只需要使用传输层提供的"端-端"进程通信服务,而不需要考虑网络数据传输的细节问题。因此,从"点-点"通信到"端-端"通信是一次质的飞跃。

3.1.2　传输层与应用层、网络层之间的关系

传输层中实现传输协议的硬件和软件称为传输实体(transport entity)。传输实体可能在操作系统内核或单独的用户进程中。图 3.2 给出了网络层、传输层和应用层之间关系示意图。

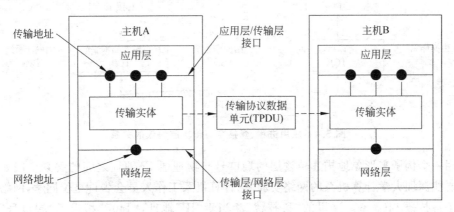

图 3.2　网络层、传输层和应用层之间关系

传输层之间传输的报文称为传输协议数据单元(transport protocol data unit, TPDU)。图 3.3 描述了 TPDU 结构与 IP 分组、帧结构的关系。

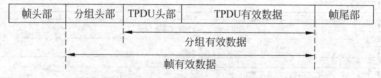

图 3.3 TPDU 结构与 IP 分组、帧结构的关系

TPDU 的有效数据是应用层的数据,传输层在 TPDU 有效数据之前加上 TPDU 头部,形成 TPDU;TPDU 传送到网络层后,加上 IP 分组头部后形成 IP 分组;IP 分组传送到数据链路层后,加上帧头部、帧尾部形成帧。帧传输到目的主机后,经过数据链路层与物理层处理,传输层接收到 TPDU,读取 TPDU 头部,按照传输层协议要求完成相应的动作。与数据链路层、网络层一样,TPDU 头部用于传达传输层协议的命令和响应。

3.1.3 应用进程、传输层接口与套接字

图 3.4 描述了应用进程、套接字与传输层协议的关系。IP 网络的传输层采用 TCP 与 UDP 两种协议。图中假设传输层采用 TCP 协议,应用进程是由应用程序开发者控制的,应用程序与传输层的 TCP 或 UDP 协议都是在主机操作系统的控制下工作的。应用程序开发者只能根据需要,在传输层选择 TCP 或 UDP 协议,设定相应的最大缓存、最大报文长度等参数。一旦传输层协议类型和参数设定后,传输层协议就在本地主机的操作系统控制之下,为应用程序提供确定的服务。

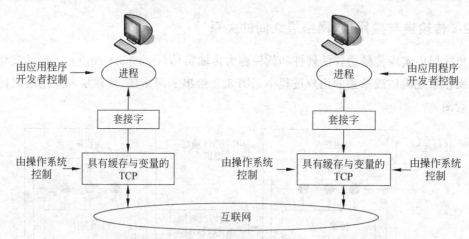

图 3.4 应用进程、套接字与传输层协议的关系

用一个例子来形象地描述传输层的端口号与物理层 IP 地址之间的关系。假如一位同学要找深圳大学计算机系的网络实验室,计算机系工作人员会告诉这位同学,网络实验室位于科技楼 1405 室。这里的"科技楼"相当于"IP"地址,"1405"相当于"端口号"。IP 地址只能告诉你实验室在哪个楼,这时不知道房间号还是不行的。只有知道是哪个楼的哪个房间,才能顺利地找到你要去的地方。在计算机通信中也一样,只有知道 IP 地址和

端口号,才能唯一地找到准备通信的进程。

　　网络层定义了 IP 地址,传输层需要解决的第一个问题是进程标识。在一台计算机中,不同进程使用进程号或进程标识(process ID)唯一地标识。进程号又称端口号(port number)。在网络环境中,标识一个进程必须同时使用 IP 地址和端口号。"套接字"(socket)或"套接字地址"(socket address)表示一个 IP 地址与对应的一个进程标识。例如,一个 IP 地址为 202.1.2.5 客户端使用 3022 端口号,与一个 IP 地址为 41.8.22.51、端口号为 80 的 Web 服务器建立 TCP 连接,那么标识客户端的套接字为"202.1.2.5:3022",标识服务器端的套接字为"41.8.22.51:80"。

　　在网络环境中,套接字是建立网络应用程序的可编程接口,因此套接字又称为应用编程接口(application programming interface,API)。

3.1.4　网络环境中的应用进程标识

3.1.4.1　应用进程标识的基本方法

　　IP 网络的传输层寻址是通过 TCP 与 UDP 的端口来实现的。有很多类型的互联网应用程序,例如基于 C/S 工作模式的 FTP、E-mail、Web、DNS 与 SNMP,以及基于 P2P 的应用。这些标准的互联网应用程序在传输层分别选择了 TCP 或 UDP 协议。为了区别不同的网络应用程序,TCP 和 UDP 协议规定用不同的端口号来表示不同的应用程序。图 3.5 给出了基于 C/S 的应用进程标识方法。

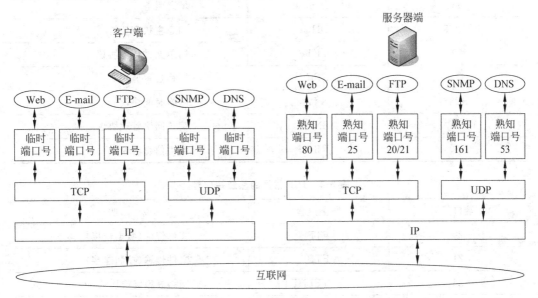

图 3.5　基于 C/S 的应用进程标识方法

3.1.4.2　端口号的分配方法

1. 端口号的数值范围

在 TCP/IP 协议族中,端口号为 0~65535 之间的整数。

2. 端口号的类型

端口号有 3 种类型：熟知端口号、注册端口号和临时端口号。图 3.6 给出了端口号数值范围的划分。

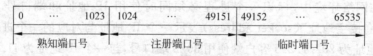

| 0 | ... | 1023 | 1024 | ... | 49151 | 49152 | ... | 65535 |

熟知端口号　　　　注册端口号　　　　　临时端口号

图 3.6　端口号数值范围的划分

（1）临时端口号：客户端程序使用临时端口号，它是运行在客户端上的 TCP/IP 软件随机选取的。临时端口号的数值范围为 49152～65535。

（2）熟知端口号：给每种服务器分配确定的全局端口号，称为熟知端口号（well-known port number）或公认端口号。每个客户进程都知道相应的服务器进程的熟知端口号。熟知端口号的数值范围为 0～1023，它是统一分配和控制的。

（3）注册端口号：在 IANA 注册的端口号，为避免与临时端口号和熟知端口号重复，注册端口号的数值范围为 1024～49151。

表 3-1 和表 3-2 分别给出了 UDP 与 TCP 常用的熟知端口号。

表 3-1　UDP 常用的熟知端口号

端口号	服务进程	说　明
53	Domain	域名服务
67/68	DHCP	动态主机配置协议
69	TFTP	简单文件传输协议
111	RPC	远程过程调用
123	NTP	网络时间协议
161/162	SNMP	简单网络管理协议
520	RIP	路由信息协议

表 3-2　TCP 常用的熟知端口号

端口号	服务进程	说　明
20	FTP	文件传输（数据连接）
21	FTP	文件传输（控制连接）
23	TELNET	网络虚拟终端协议
25	SMTP	简单邮件传输协议
80	HTTP	超文本传输协议
119	NNTP	网络新闻传输协议
179	BGP	边界路由协议

3.1.4.3 网络环境中的进程识别

网络环境中一个进程的全网唯一的标识需要用一个三元组标识：协议、本地地址与本地端口号。在 UNIX 系统中，这个三元组又称为半相关（half-association）。图 3.7 给出了三元组的结构。

图 3.7 三元组的结构

网络环境中的进程通信要涉及两个不同主机的进程，因此一个完整的进程通信标识需要一个五元组标识：协议、本地地址、本地端口、远程地址与远程端口号。在 UNIX 系统中，这个五元组又称为相关（association）。例如，一个客户端套接字为"202.1.2.5:3022"，服务器端套接字为"41.8.22.51:80"，则标识客户端与服务器端的 TCP 连接的五元组应该是"TCP,202.1.2.5:3022,41.8.22.51:80"。

3.1.5 传输层的多路复用与多路分解

一台运行 TCP/IP 协议的主机可能同时运行不同的应用层协议和应用程序。例如，客户端和服务器端同时运行 4 个应用程序，它们分别是域名服务（DNS）、Web 服务（HTTP）、电子邮件（SMTP）、网络管理（SNMP）。其中，HTTP、SMTP 协议使用 TCP 协议，DNS、SNMP 协议使用 UDP 协议。TCP/IP 协议允许多个不同的应用程序数据，同时使用 IP 协议和一个互联网络的物理连接进行发送和接收。在发送端，IP 协议将 TCP 或 UDP 的协议传输数据单元（TPDU）都分成 IP 分组发送出去；在接收端，IP 协议将从 IP 分组中拆开的传输协议数据单元（TPDU）传送到传输层，由传输层根据不同 TPDU 的端口号，区分出不同 TPDU 属性，分别传送给对应的 4 个应用进程。这个过程成为传输层的多路复用与多路分解。图 3.8 给出了传输层的多路复用与多路分解原理示意图。

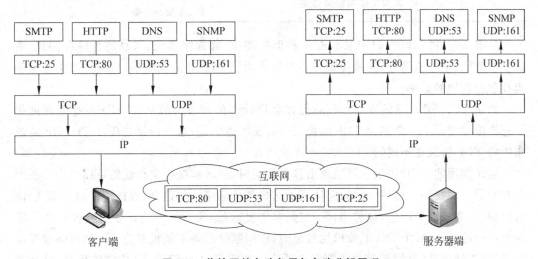

图 3.8 传输层的多路复用与多路分解原理

3.2　传输层协议的特点与比较

3.2.1　TCP 协议与 UDP 协议的比较

IP 网络的传输层定义了两种协议：TCP 协议与 UDP 协议。表 3-3 给出了 TCP 与 UDP 协议比较。

表 3-3　TCP 与 UDP 协议比较

特征/描述	TCP	UDP
一般描述	允许应用程序可靠地发送数据，功能齐全	简单、高速，只负责将应用层与网络层衔接起来
面向连接与无连接	面向连接，在 TPDU 传输之前需要建立 TCP 连接	无连接，在 TPDU 传输之前不需要建立 UDP 连接
与应用层的数据接口	基于字节流，应用层不需要规定特点的数据格式	基于报文，应用层需要将数据分成包来传送
可靠性与确认	可靠报文传输，对所有的数据均要确认	不可靠，不需要对传输的数据确认，尽力而为地交付
重传	自动重传丢失的数据	不负责检查是否丢失数据和重传
开销	低，但高于 UDP	很低
传输速率	高，但低于 UDP	很高
适用的数据量	从少量到几个 GB 的数据	从少量到几百个字节的数据
适用的应用类型	对数据传输可靠性要求较高的应用，例如文件与报文传输	发送数量比较少，对数据传输可靠性要求低的应用，例如 IP 电话、视频会议、多播与广播

从表 3-3 可以看出，TCP 协议是一种面向连接、面向字节流、可靠的传输层协议，它提供了确认、字节流管理、拥塞控制与丢失重传功能。UDP 协议简单，只关注数据交付和提高数据传输的速率。

回顾 TCP/IP 协议的发展过程就能体会设计者的初衷。最早的 ARPANET 在网络层与传输层制定了一个称为 TCP 的协议。需要注意的是，这个协议与现在 TCP/IP 协议集中的 TCP 协议是不同的。

当时使用的 TCP 协议在解决路由选择的同时，要求解决报文传输的可靠性等一系列复杂问题。要在一个协议中同时解决路由选择与传输路径的建立、数据传输的可靠性、流量控制、拥塞控制等问题，这种协议一定是非常复杂的，实现这种协议是以牺牲带宽与延时为代价的。在 ARPANET 规模比较小时，该问题暴露得不是很充分。一旦网络规模增大，初期设计的 TCP 协议就显得非常不适应。在重新设计 TCP/IP 协议体系时，设计者采取了在网络层选择只能提供"尽最大努力而为"服务的 IP 协议，而在传输层制定两种性质协议的技术路线。一种传输层协议用于满足对数据传输可靠性要求较高的应用需求，另一种传输层协议用于满足对传输灵活性要求比较高的应用需求。TCP 和 UDP 能满足互联网发展的实际需求,二者同等重要,同时二者又是互补的关系。从目前实际应用的经验,尤其是 P2P 网络应用对数据传输的需求中可以看出,这条技术路线是非常正确的。

3.2.2　TCP 协议、UDP 协议与应用层协议的关系

图 3.9 描述了 TCP 协议、UDP 协议与其他协议的层次关系,以及它与应用层协议的单向依赖关系。从图中可以看出,根据应用层协议与传输层协议的单向依赖关系,应用层协议可以分为 3 种类型:一类依赖于 UDP 协议,一类依赖于 TCP 协议,另一类既依赖于 UDP 协议又依赖于 TCP 协议。依赖于 TCP 的应用层协议主要是需要大量传输交互式报文的应用,例如,虚拟终端协议(TELNET)、电子邮件协议(SMTP)、文件传输协议(FTP)、超文本传输协议(HTTP)等。

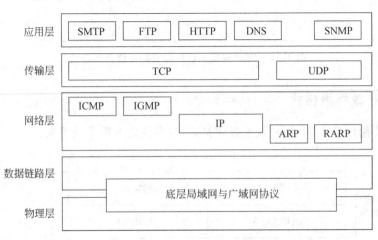

图 3.9　TCP 协议、UDP 协议与其他协议的层次关系

3.3　用户数据报协议 UDP

3.3.1　UDP 协议的主要特点

设计 UDP 协议的主要原则是协议简洁,运行快捷,它是一种基于不可靠的数据传输。因此它只能适用于高可靠、低延迟的局域网上运行。而在 QoS 较差的网络环境中,UDP 可能根本无法运行。因为 UDP 本身没有可靠性处理,要依靠高层应用程序自行解决可靠性问题,如报文丢失、重复、失序和流控等问题。

UDP 协议的主要特点表现在:

(1) UDP 是一种无连接、不可靠的传输协议。UDP 协议在传输报文之前不需要在通信双方之间建立连接,因此减少了协议开销和传输延时。UDP 对报文除了提供一种可选的校验和之外,几乎没有其他保证数据传输可靠性的措施。如果 UDP 检测出在收到的分组中有差错,它就丢弃这个分组,也不通知发送方重传。因此,UDP 协议提供的是“尽力而为”的传输服务。

（2）UDP 是一种面向报文的传输层协议。图 3.10 描述了 UDP 对应用程序提交的数据处理方式。UDP 对于应用程序提交的报文，在添加了 UDP 协议头部构成一个 TPDU 之后就向下提交给 IP 层。UDP 对应用程序提交的报文既不合并也不拆分，而是保留原报文的长度和格式。接收方会将发送方传送的报文原封不动地提交给接收方应用程序。因此，在使用 UDP 协议时，应用程序必须选择合适长度的报文。如果应用程序提交的报文太短，则协议开销相对较大；如果应用程序提交的报文太长，则 UDP 向 IP 层提交的 TPDU 可能在 IP 层被分段，这样也会降低协议的效率。

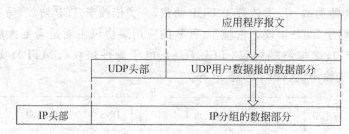

图 3.10　UDP 对应用程序提交的数据处理方式

3.3.2　UDP 数据报格式

图 3.11 给出了 UDP 用户数据报的格式，它有固定 8 字节的报头。

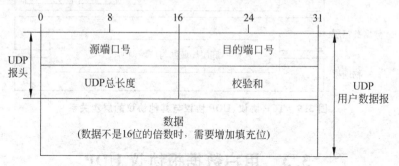

图 3.11　UDP 用户数据报的格式

UDP 报头主要字段如下。

（1）端口号。端口号字段包括源端口号和目的端口号。每个端口号字段长度为 16 位（2 字节）。源端口号表示发送方进程端口号，目的端口号表示接收方进程端口号。如果源进程是客户端，则源端口号是由 UDP 软件分配的临时端口号。服务器使用的是熟知端口号。

（2）长度。长度字段的长度也是 16 位（2 字节），它定义了包括报头在内的用户数据报的总长度。因此，用户数据报的长度最大为 65535 字节，最小为 8 字节。如果长度字段是 8 字节，那么说明该用户数据报只有报头，而没有数据。

（3）校验和。UDP 校验和字段是可选的，用来检验整个用户数据报（包括报头）在传输中是否出现差错。这一点正反映出设计者效率优先的思想。计算校验和要花费时间，如果应用进程对通信效率的要求高于可靠性，那么应用进程可以不选择校验和。该字段设为 0,说明不需要进行校验,以尽可能减少开销。

3.3.3 UDP 校验和计算

UDP 校验和计算包括 3 个部分:伪报头、UDP 报头、应用层数据。

3.3.3.1 使用伪报头的目的

使用伪报头是为了验证 UDP 数据报是否传送到正确的目的进程。UDP 数据报目的方的地址应该包括两部分:目的主机 IP 地址和目的端口号。UDP 数据报本身只包含目的端口号,由伪报头补充目的主机 IP 地址部分。UDP 数据报发送方、接收方计算校验和时都加上伪报头信息。假如接收方检查校验和后正确,则在一定程度上说明 UDP 数据报达到了正确主机上的正确端口。UDP 伪报头来自于 IP 报头,因此在计算 UDP 校验和之前,UDP 首先必须从 IP 层获取有关信息。这说明 UDP 与 IP 之间存在一定程度的交互。在 UDP-IP 协议组合中,UDP 校验和是保证数据正确性的唯一手段。

3.3.3.2 伪报头结构

图 3.12 给出了 UDP 校验和校验的伪报头与报头的结构。在计算校验和时,在数据报之前增加 12 字节的伪报头,伪报头是 IP 报头的一部分,其中填充域字段要填入 0,目的是使伪报头长度为 16 位的整数倍。之所以称为伪报头,是因为它本身不是用户数据报的真正头部,只是在计算时和用户数据报连接在一起的。伪报头只在计算时起作用,它既不向低层传输,也不向高层传送。

图 3.12 UDP 校验和校验的伪报头与报头的结构

IP 分组报头的协议号 17 表示 UDP,UDP 长度是 UDP 数据报的长度,不包括伪报头的长度。

3.3.3.3 计算校验和的方法

UDP 校验和与 IP 分组头校验和的技术方法类似。在发送方,首先将校验和字段置为全 0,然后将伪报头与用户数据报作为一个整体进行计算。以每列 16 位为单位,将二进制位按低位到高位逐列计算。如果用户数据报的数据字节数不是偶数,则要填入一个全 0 的字节,然后按照二进制反码计算 16 位的和。

二进制求和的计算方法是 0+0=0,0+1=1,1+1=0(产生一个进位,加到下一列)。如果最高位相加后产生进位,则最后的结果加 1。

1. 发送方计算校验和的步骤

(1) 将伪报头加到 UDP 用户数据报上。

(2) 将校验和字段置为 0。

(3) 将所有的位分为 2 字节(16 位)的字。

(4) 如果字节总数不是偶数,则增加 1 字节的填充(全 0)。

(5) 对所有的 16 位字进行二进制求和计算。

(6) 将计算所得的 16 位的和取反码,并插入到校验和字段。

(7) 将伪报头和其他任何增加的填充位删除。

(8) 将填充有校验和的 UDP 用户数据报送至 IP 软件进行封装。

2. 接收方计算校验和的步骤

(1) 将伪报头加到 UDP 用户数据报上。

(2) 如果需要就增加填充。

(3) 将所有的位分为 2 字节(16 位)的字。

(4) 对所有的 16 位字进行二进制求和计算。

(5) 将计算所得的 16 位的和取反码,并插入到校验和字段。

(6) 如果所得的结果为全 0,说明数据传输正确,则丢弃伪报头和任何填充,并接收已经经过校验的正确的 UDP 用户数据报。如果结果不为 0,则认为 UDP 用户数据报传输中出现了错误,丢弃该数据报。

图 3.13 给出了在发送方计算 UDP 校验和的例子。假设发送方的用户数据报是长度为 7 字节的短报文"TESTING",由于它不是 2 字节的整数倍,因此需要添加一个全 0 的字节。

			10011001 00010010 → 153.18
153.18.8.105			00001000 01101001 → 8.105
171.2.14.10			10101011 00000010 → 171.2
			00001110 00001010 → 14.10
0	17	15	00000000 00010001 → 0,17
			00000000 00001111 → 15
1087		13	00000100 00111111 → 1087
			00000000 00001101 → 13
15		0	00000000 00001111 → 15
			00000000 00000000 → 0(校验和)
T	E	S T	01010100 01000101 → T,E
			01010011 01010100 → S,T
T	N	G 0	01001001 01001110 → I,N
			01000111 00000000 → G,0(填充)
			10010110 11101011 → 和
			01101001 00010100 → 校验和

图 3.13　在发送方计算 UDP 校验和的例子

从这个例子可以看出,UDP 校验和算法简单,检错能力不是很强,但这正体现出协议设计者如何使协议简洁,以及如何提高协议执行速度的设计理念。

3.3.4　UDP 协议适用的范围

确定应用程序在传输层是否采用 UDP 协议需要考虑如下因素。

（1）系统对性能的要求高于对数据完整性的要求。这类系统的典型例子是网络多媒体应用,视频播放程序对数据实时交付的要求高于对数据交付可靠性的要求。为了在互联网上播放视频,用户最关注的是视频流能尽快、不间断地播放,而对其中个别数据包的丢失并不在意,丢失个别数据包不会对视频节目的播放效果产生重要影响。如果采用对数据传输可靠性要求很高的的 TCP 协议,有可能因为重传个别丢失的数据包而增大传输延时,这样反而会产生不利的影响。

（2）需要"简短快捷"的数据交换。有一类应用只需要进行简单的请求与应答报文交互,客户端发出一个简短的请求报文,服务器端回复一个简短的应答报文,在这种情况下应用程序选择 UDP 协议则更为合适。在这样的系统中,可以在应用程序中设置"定时器/重传机制",用来处理 IP 数据分组丢失问题,而不需要选择有确认/重传的 TCP 协议。在应用程序中增加适当的补充方法有利于提高系统的效率。

（3）需要多播和广播的应用。UDP 支持一对一、一对多与多对多的交互式通信,这一点 TCP 协议不支持。UDP 报文长度只有 8B,比 TCP 协议最短报头长度 20B 都要短。同时,UDP 没有拥塞控制,在网络拥塞时不会要求源主机降低报文发送速率,而只会丢弃个别报文。这对于 IP 电话、实时视频会议应用来说是适用的。由于这类应用要求源主机以恒定的速率发送报文,因此在拥塞发生时允许丢弃部分报文。

当然,任何事情都有两面性。简洁、快捷、高效是 UDP 协议的优点,但是它不能提供必需的差错控制机制,同时在拥塞严重时缺乏必要的控制和调节机制。这些问题需要使用 UDP 协议的应用程序设计者在应用层考虑必要的措施加以解决。

3.4　传输控制协议 TCP

3.4.1　TCP 协议的主要特点

TCP 协议的主要特点如下。

1. 支持面向连接的传输服务

UDP 是一种可实现最低传输要求的传输层协议,而 TCP 则是一种功能完善的传输层协议。如果将 UDP 协议提供的服务比作发送一封平信的话,那么 TCP 协议所能提供的服务相当于人们打电话。面向连接对提高系统数据传输的可靠性是很重要的。应用程序在使用 TCP 传送数据之前,必须在源进程端口与目的进程端口之间建立一条传输通道。每个 TCP 连接用双方端口号来唯一标识,因此每个 TCP 连接为通信双方的一次进程通信提供服务。

2. 支持字节流传输

TCP 协议同样建立在不可靠的网络层 IP 协议之上,IP 协议不能提供任何可靠性机制,因此 TCP 的可靠性完全由自己来解决。图 3.14 给出了 TCP 协议支持字节流传输的过程。流(stream)相当于一个管道,从一端放入什么,从另一端可以照原样取出什么内容。图中描述了一个不出现丢失、重复和乱序的数据传输过程。

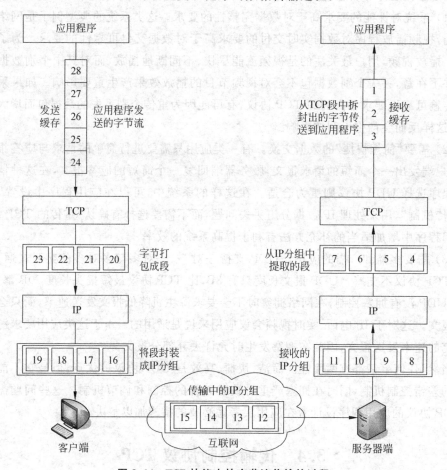

图 3.14　TCP 协议支持字节流传输的过程

如果用户是在键盘上输入数据,则是逐个字符地交付给发送方。如果数据是从文件得到的,则数据可能是逐行或逐块地交付给发送方。应用程序和 TCP 每次交互的数据长度可能都不相同,但 TCP 将应用程序提交的数据看成是一连串的、无结构的字节流。为了能够提供字节流方式的传输,发送方和接收方都需要使用缓存,发送方使用发送缓存存储从应用程序送来的数据。发送方不可能为每个写操作创建一个报文段,而是选择将几个写操作组合成一个报文段,然后提交给 IP 协议,由 IP 协议封装成 IP 分组后传输到接收方。

接收方 IP 将接收的 IP 分组拆封之后,将数据字段提交给接收方 TCP。接收方 TCP 将接收的字节存储在接收缓存中,应用程序使用读操作将接收的数据从接收缓存中读出。

由于 TCP 在传输过程中将应用程序提交的数据看出是一连串的、无结构的字节流,因此接收方应用程序数据字节的起始和终结位置必须由应用程序自己确定。

3. 支持全双工服务

TCP 通信进程的任何一方都不必专门发送确认报文,而可以在发送数据时顺便把确认信息捎带传送,这样做可以提高传输效率。因此通信双方的应用程序在任何时候都可以发送数据。

通信双方都设置有发送和接收缓冲区,应用程序将要发送的数据字节提交给发送缓冲区,数据字节的实际发送过程由 TCP 协议来控制;而接收方在接收到数据字节之后也将它存放到接收缓冲区,高层应用程序在它合适的时候到缓冲区中读取数据。

4. 支持同时建立多个并发的 TCP 连接

TCP 协议支持同时建立多个连接,这个特点在服务器端表现最突出。一个 Web 服务器必须同时处理多个客户端的访问。例如,一个 Web 服务器的套接字为“41.8.22.51：80”,同时有 3 个客户端要访问这个 Web 服务器,它们的套接字分别为“202.1.2.5：53022”、“192.10.22.5：63522”与“212.0.0.5：57122”,则服务器需要同时建立 3 个 TCP 连接,用五元组表示这 3 个 TCP 连接分别为:

(1) TCP,41.8.22.51：80,202.1.2.5：53022

(2) TCP,41.8.22.51：80,192.10.22.5：63522

(3) TCP,41.8.22.51：80,212.0.0.5：57122

根据应用程序的需要,TCP 协议支持一个服务器与多个客户端同时建立多个 TCP 连接,也支持一个客户端与多个服务器同时建立多个 TCP 连接。TCP 软件将分别管理多个 TCP 连接。在理论上,TCP 协议可以支持同时建立的上百甚至上千条这样的连接,但是建立并发连接的数量越多,每条连接共享的资源就会越少。

5. 支持可靠传输服务

TCP 是一种可靠的传输服务协议,它使用确认机制检查数据是否安全、完整地到达,并提供拥塞控制功能。TCP 支持可靠数据通信的关键是对发送和接收的数据字节进行跟踪、确认与重传。

需要注意的是：TCP 协议建立在不可靠的网络层 IP 协议之上,一旦 IP 协议及以下层出现传输错误,TCP 协议只能进行重传,试图弥补传输过程中出现的错误。因此,传输层协议的可靠性是建立在网络层基础上的,同时也会受到它的限制。

总结以上讨论可以看出,TCP 协议是面向连接、面向字节流、支持全双工、支持并发连接、提供确认重传与拥塞控制的可靠传输层协议。

3.4.2　TCP 报文格式

图 3.15 描述了 TCP 报文格式。

1. TCP 报头格式

TCP 报头长度为 20～60 字节,其中固定部分长度为 20 字节;选项部分长度可变,最多为 40 字节。TCP 报头的字段主要包括如下。

(1) 端口号。端口号字段包括源端口号和目的端口号。每个端口号字段长度为 16 位(2 字节),分别表示发送该报文段的应用进程的源端口号和接收进程的目的端口号。

(2) 发送序号。发送序号字段指出报文段中数据在发送方字节流中的位置。其长度

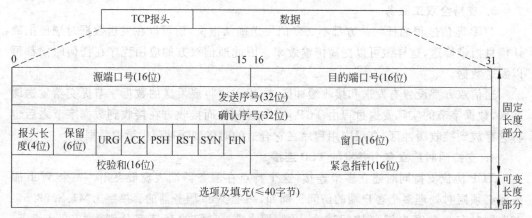

图 3.15　TCP 报文格式

为 32 位(4 字节),序号范围在 0~(2^{32} -1),即 0~4 284 967 295。

TCP 是面向字节流的,它要为发送字节流中的每个字节都按顺序编号。在 TCP 连接建立时,每一方都需要使用随机数发生器产生一个初始序号(initial sequence number, ISN),例如一个报文的初始序号值为 300,发送的字节数为 100,那么这个报文的第一个字节的序号为 300,最后一个字节的序号就为 399。如果紧接着有下一个报文的话,它的第一个字节的序号就从 400 开始。由于是连接双方各自随机产生初始序号,因此一个 TCP 连接的通信双方的序号是不同的。

例如,一个 TCP 连接需要发送 6000 字节的文件,初始发送序号 ISN 为 10010,分 5 个报文段发送。前 4 个报文段的长度为 1000 字节,第 5 个报文段的长度为 2000 字节。那么,根据 TCP 报文段序号的分配规则,第 1 个报文段的第 1 个字节的序号取初始序号 10010,第 1000 个字节的序号为 11009。以此类推,可以得出:

- 第 1 个报文段的字节序号范围为 10010~11009。
- 第 2 个报文段的字节序号范围为 11010~12009。
- 第 3 个报文段的字节序号范围为 12010~13099。
- 第 4 个报文段的字节序号范围为 13100~14099。
- 第 5 个报文段的字节序号范围为 14100~16099。

(3) 确认序号。确认序号字段指出接收方希望下一次接收的字节序号,其长度为 32 位(4 字节)。确认序号表示一个进程已经正确接收了序号为 N 的字节,要求发送方下面应该发送序号为 N+1 的字节的报文段。例如,如果 A 发送给 B 的报文字节序号为 401~500,B 正确接收了这个字节段,那么 B 在下一个发送到 A 的报头的确认序号为 "501"(500+1)。A 在接收到该报文后,读到确认序号为 "501" 时就理解为:B 已经正确接收了序号为 "500" 及以前的所有字节,希望下面发送从字节序号 "501" 开始的报文。这是网络协议中典型的捎带确认方法。

(4) 报头长度。报头长度字段的长度为 4 位。TCP 报头长度是以 4 字节为一个计算单元,实际报头长度在 20~60 字节,因此这个字段的值在 5(5×4=20)至 15(15×4=60)之间。

（5）保留。保留字段的长度为 6 位，留作今后使用。

（6）控制。控制字段定义了 6 种不同的控制位或标志，使用时在同一时间可设置一位或多位。表 3-4 给出了控制字段标志的说明。控制字段将在 TCP 的连接建立和终止、流量控制以及数据传输中发挥作用。

（7）窗口。窗口字段的长度为 16 位，表示要求对方必须维持的窗口大小（以字节为单位）。由于窗口字段的长度为 16 位，因此窗口的长度范围是 $0 \sim (2^{16} - 1)$，即 $0 \sim 65\,535$。如果结点 A 发送给结点 B 的 TCP 报文的报头中确认号为 502，窗口字段的值为 1000，就表示：下一次 B 向 A 发送的 TCP 报文的数据字段的第 1 个字节号应该是 502，最后一个字节号最大为 1501，数据字段长度不能超过 1000。因此，窗口字段值是准备接收下一个 TCP 报文的接收方，通知即将发送报文的发送方下一个报文中最多可以发送的字节数，它是发送方确定发送窗口的依据。同时需要注意的是，窗口字段值是动态变化的。

表 3-4　控制字段标志的说明

标志	说　　明
SYN	当 SYN＝1，而 ACK＝0 时，表明这是一个建立连接请求报文，若对方同意建立该连接，则应在发回的报文中将 SYN 和 ACK 标志位同置 1。实质上，就是用 SYN 来代表 Connection Request 和 Connection Accepted，用 ACK 位来区分这两种情况
ACK	确认号字段的值有效。只有当 ACK＝1 时，确认序号字段才有意义。当 ACK＝0 时，确认序号没有意义
FIN	终止连接。当 FIN＝1 时，表明数据已经发送完毕，并请求释放连接
RST	连接必须复位。当 RST＝1 时，表明出现严重差错，必须释放连接，然后重新建立连接
URG	此报文是紧急数据，应尽快传送出去。此标志位要与紧急指针字段配合使用，由紧急指针指出在本报文段中的紧急数据的最后一个字节的编号
PSH	将数据推向前。当 PSH＝1 时，请求接收方 TCP 软件将该报文立即推送给应用程序

（8）紧急指针。紧急指针字段的长度为 16 位，只有当紧急标志 URG＝1 时，这个字段才有效，这时的报文段中包括紧急数据。TCP 软件要在优先处理完紧急数据之后才能够恢复正常操作。

（9）选项。TCP 报头可以有多达 40 字节的选项字段。选项包括两类：单字节选项和多字节选项。单字节选项有两个：选项结束和无操作。多字节选项有三个：最大报文段长度、窗口扩大因子和时间戳。

（10）校验和。TCP 校验和的计算过程与 UDP 校验和的计算过程相同。但是，在 UDP 中校验和是可选的，对 TCP 协议来说，校验和是必需的。TCP 校验和同样需要伪报头，唯一不同的是协议字段的值是 6。

2. TCP 最大段长度

TCP 协议对报文数据部分的最大长度有一个规定，这个值称为最大段长度（maximum segment size，MSS）。规定 MSS 需要注意以下问题：

（1）TCP 报文段的最大长度与窗口长度的概念不同。窗口长度是 TCP 协议为保证字节流传输的可靠性，接收方通知发送方下一次可以连续传输的字节数。MSS 是在构成一个 TCP 报文段时，最多可以在报文的数据字段中放置的数据字节数。MSS 值的确定与每次传输的窗口大小无关。

（2）MSS 是 TCP 报文中数据部分的最大字节数限定值，不包括报头长度。如果确定MSS 值为 100 字节，那么考虑到报头部分，整个 TCP 报文的长度是 120～160 字节。具体值取决于报头的实际长度。

（3）MSS 值的选择应该考虑以下几个方面的因素：

- 协议开销。TCP 报文的长度等于报头部分加上数据部分。TCP 的报头长度是20～60 字节。如果报头值选择一个折中的数值（比如 40 字节），且 MSS 值也选择40 字节的话，那么每个报文段的 50% 用来传输数据。显然，选择 MSS 值太小会增加协议开销。

- IP 分段。TCP 报文是要通过 IP 分组传输的。如果 MSS 值选择比较大，受到 IP分组长度的限制，较长的报文段在 IP 层将会被分段传输。分段同样会增加网络层的开销和传输出错的概率。

- 发送和接收缓冲区的限制。为了保证 TCP 面向字节流传输，建立 TCP 连接的发送方与接收方都必须设置发送和接收缓冲区。MSS 值的大小直接影响到发送和接收缓冲区的大小与使用效率。

- MSS 的默认值。基于以上因素，确定默认的 MSS 值为 536 字节。当然对于某些应用，MSS 默认值也许不一定适用。编程人员可能希望选择其他的 MSS 值，这可以在建立 TCP 连接时，使用 SYN 报文中的最大段长度选项来协商。TCP 允许连接的双方选择使用不同的 MSS 值。

3.4.3 TCP 连接建立与释放

图 3.16 给出了 TCP 协议工作原理。TCP 连接包括连接建立、报文传输与连接释放3 个阶段。

1. 连接建立

TCP 连接建立需要经过"三次握手"的过程，这个过程可以描述为：

（1）最初的客户端 TCP 进程处于"CLOSE"（关闭）状态。当客户端准备发起一次TCP 连接，进入"SYN-SEND"状态时，它首先向处于"LISTEN"（监听）状态的服务器端TCP 进程发送第一个"SYN"报文（控制位 SYN＝1）。"SYN"报文包括源端口号和目的端口号，目的端口号表示客户端打算连接的服务器进程号，以及一些连接参数。

（2）服务器端在接收到"SYN"报文后，如果同意建立连接，则向客户端发送第二个"SYN＋ACK"报文（控制位 SYN＝1，ACK＝1）。该报文表示对第一个"SYN"报文请求的确认，同时也给出了"窗口"大小，这时服务器进入"SYN-RCVD"状态。

（3）在接收到"SYN＋ACK"报文之后，客户端发送第三个"ACK"报文，表示对"SYN＋ACK"报文的确认。这时客户端进入"ESTABLISHED"（已建立连接）状态。服务器端在接收到"ACK"报文之后也进入"ESTABLISHED"（已建立连接）状态。

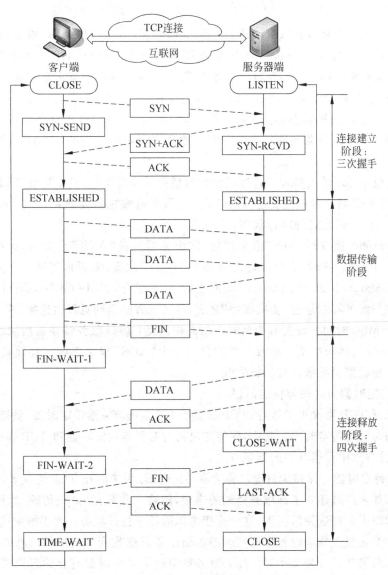

图 3.16　TCP 协议工作原理

经过"三次握手"之后,客户进程与服务器进程之间的 TCP 传输连接就建立了。

2. 报文传输

当客户进程与服务器进程之间的 TCP 传输连接建立之后,客户端的应用进程与服务器端的应用进程就可以使用这个连接,进行全双工的字节流传输。

3. 连接释放

TCP 传输连接的释放过程很复杂,客户端与服务器端都可以主动提出释放连接的请求。下面是客户端主动提出请求的连接释放的"四次握手"过程:

（1）当客户端准备结束一次数据传输,主动提出释放 TCP 连接时,进入"FIN＋WAIT-1"（释放等待 1）状态。它可以向服务器端发送第一个"FIN"（控制位 FIN＝1）

报文。

（2）服务器端在接收到"FIN"报文之后，立即向客户端发回"ACK"报文，表示对接收第一个"FIN"请求报文的确认。TCP 服务器程序通知高层应用程序客户端请求释放TCP 连接，这时客户端已经不会再向服务器端发送数据，客户端到服务器端的 TCP 连接断开。但是，服务器端到客户端的 TCP 连接还没有断开，如果服务器有需要，它还可以继续发送直至完毕。这种状态称为"半关闭"（half-close）状态。这个状态需要维持一段时间。客户端在接收到服务器端发送的"ACK"报文之后，进入"FIN＋WAIT-2"状态；服务器进入"CLOSE-WAIT"状态。

（3）当服务器端的高层应用程序已经没有数据需要发送时，它会通知 TCP 可以释放连接，这时服务器端向客户端发送"FIN"报文。服务器端也需要在经过"LAST-ACK"状态之后转回到"LISTEN"（监听）状态。

（4）客户端在接收到"FIN"报文之后，向服务器发送"ACK"报文，表示对服务器端"FIN"报文的确认。这时，客户端进入"TIME-WAIT"状态，需要再等待 2 个最长报文寿命 MSL（maximum segment lifetime）时间之后，才真正进入"CLOSE"（关闭）状态。

客户端与服务器端经过"四次握手"之后，确认双方已经同意释放连接，客户端仍然需要延迟 2 个 MSL 时间。设置等待延时机制的原因是：确保服务器在最后阶段发送给客户端的数据，以及客户端发送给服务器的最后一个"ACK"报文都能正确地被接收，防止因个别报文传输错误导致连接释放失败。

4. 保持定时器与时间等待定时器

为了保证 TCP 协议正常运行，TCP 设置了 4 个定时器：重传定时器、坚持定时器、保持定时器与时间等待定时器。其中，保持定时器与时间等待定时器和 TCP 连接的运行状态，以及连接释放中可能存在的问题有关。

（1）保持定时器。保持定时器又称为激活定时器，用来防止 TCP 连接长时间处于空闲状态。假如客户端建立了到服务器端的连接，传输一些数据，停止传输，然后这个客户端可能出故障了。在这种情况下，这个连接将永远处于打开状态。为了解决这个问题，在多数实现中都在服务器端设置保持定时器。当服务器端收到客户端的信息时，就将定时器复位。超时通常设置为 2 小时。如果服务器端过了 2 小时没有收到客户端的信息，它就发送探测报文。如果发送了 10 个探测报文（每个相隔 75 秒）还没有响应，就假定客户端出现了故障，因而就终止该连接。

（2）时间等待定时器。时间等待定时器是在连接终止期间使用的。当 TCP 关闭一个连接时，它并不认为这个连接马上就真正地关闭了。在时间等待期间，连接还处于一种过渡状态。时间等待定时器的值通常设置为一个报文的寿命的两倍。

3.4.4　TCP 滑动窗口与确认重传机制

3.4.4.1　TCP 的差错控制

理解 TCP 差错控制机制，需要注意以下几个问题。

（1）TCP 协议的设计思想是让应用进程将数据作为一个字节流来发送。而不限制应用层数据的长度。应用进程不需要考虑发送数据字节的长度,而由 TCP 协议来负责将这些字节分段打包。

(2)发送方依靠已经建立的 TCP 连接,将字节流传送到接收方的应用进程,并且是顺序的,没有差错、丢失与重复。

(3)TCP 发送的报文是交给 IP 协议传输的,而 IP 协议只能提供尽力而为的服务,所以 IP 分组在传输过程中出错是不可避免的。TCP 协议必须提供差错控制功能,以保证接收的字节流是正确的。TCP 的差错控制是通过差错检测、确认与重传方法实现的。

3.4.4.2 传输的字节流状态分类与滑动窗口的概念

1. 滑动窗口的基本概念

TCP 协议使用以字节为单位的滑动窗口协议(sliding-windows protocol)来控制字节流的发送、接收、确认和重传过程。

理解滑动窗口概念,需要注意以下几个问题。

- TCP 使用两个缓存和两个窗口来控制字节流的传输过程。发送方的 TCP 有一个缓存,用来存储应用进程准备发送的数据。发送方对这个缓存设置一个发送窗口,只要这个窗口值不为 0,就可以发送报文段。TCP 的接收方也有一个缓存,接收方将正确接收到的字节流写入缓存,等待接收方应用进程读取。接收方对接收缓存设置一个接收窗口,窗口值等于接收缓存可以继续接收字节流的多少。接收方通过 TCP 报头通知发送方:已经正确接收的字节号,以及发送方还能够继续发送的字节数。接收窗口的大小由接收方根据接收缓存剩余空间的大小、应用进程读取字节流的速度决定。发送窗口的大小取决于接收窗口的大小。

- 虽然 TCP 协议是面向字节流的,但是它不可能是每传送一个字节就对这个字节进行确认。它是将字节流分成段,一个段的多个字节打包成一个 TCP 报文一起传送、一起确认。TCP 协议通过报头的"序号"来标识发送的字节,用"确认号"来表示哪些字节已经被正确接收。TCP 通过滑动窗口去跟踪和记录发送字节的状态,以实现差错控制功能。

2. 传输的字节流状态分类

为了达到利用滑动窗口协议控制差错的目的,TCP 引入了"传输的字节流状态"的概念。图 3.17 给出了传输的字节流的状态分类方法。本例假设发送的第一个字节的序号为 1。

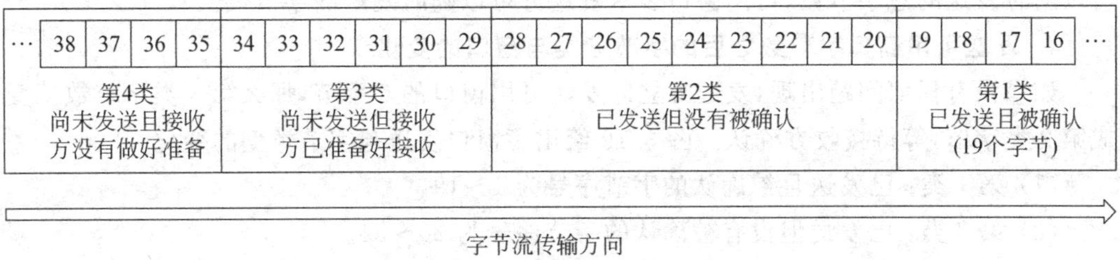

···	38	37	36	35	34	33	32	31	30	29	28	27	26	25	24	23	22	21	20	19	18	17	16	···
	第4类 尚未发送且接收 方没有做好准备				第3类 尚未发送但接收 方已准备好接收						第2类 已发送但没有被确认									第1类 已发送且被确认 (19个字节)				

字节流传输方向 →

图 3.17 传输的字节流状态分类

为了对正确传输的字节流进行确认,就必须对字节流的状态进行跟踪。根据图 3.17 所示的发送状态,可以将发送的字节分为以下 4 种类型。

(1) 第 1 类:已发送且被确认的字节。例如,序号 19 之前的字节已经被接收方正确接收,并给发送方发送了确认信息,因此序号为 1~19 的字节属于第 1 类。

(2) 第 2 类:已发送但没有被确认的字节。例如,序号 20~28 的字节已发送,但目前尚未得到接收方的确认,属于第 2 类,字节数为 9。

(3) 第 3 类:尚未发送但接收方已准备好接收的字节。例如,发送方可以发送序号为 29~34 的 6 字节,如果发送方准备好就可以立即发送这些字节。

(4) 第 4 类:尚未发送且接收方没有做好准备的字节。例如,序号 35 之后的一些准备发送的字节,但是接收方目前尚没有做好接收的准备,它们属于第 4 类。假设这些字节共有 50 个,那么第 4 类字节的序号为 35~84。

3. 发送窗口与可用窗口

发送方能够利用 TCP 连接发送字节流的大小取决于发送窗口的大小。图 3.18 体现发送窗口与可用窗口的概念。

图 3.18   发送窗口与可用窗口

- 发送窗口:其长度等于第 2 类与第 3 类字节数之和。在图 3.17 中,第 2 类"已发送但没有被确认"的字节数为 9,第 3 类"尚未发送但接收方已准备好接收"的字节数为 6,而没有被确认的第一个字节序号为 20,于是发送窗口长度应该为 15。

- 可用窗口:其长度等于第 3 类字节数,即"尚未发送但接收方已准备好接收"的字节,表示发送方随时可以发送的字节数。本例中可以发送的第一个字节的序号为 29,可用窗口窗口长度为 6。

TCP 通过滑动窗口来跟踪和记录发送字节的状态,实现面向字节流传输的功能。发送窗口是实现滑动窗口机制的关键。发送窗口表示发送方已经发送但没有被确认,以及可以随时发送的总字节数;可用窗口表示发送方可以随时发送的字节数。

4. 发送可用窗口字节数之后的字节分类与窗口的变化

如果没有任何问题出现,发送方立即发送可用窗口的 6 字节,那么第 3 类字节数就变成第 2 类字节,等待接收方确认。图 3.19 给出了窗口发送与字节类型的变化。

(1) 第 1 类:已发送且被确认的字节序号为 1~19。

(2) 第 2 类:已发送但没有被确认的字节序号为 20~34。

(3) 第 3 类:尚未发送但接收方已准备好接收的字节数位 0。

(4) 第 4 类:尚未发送且接收方没有做好准备的字节序号为 35~84。

图 3.19 窗口发送与字节类型的变化

5. 处理确认并滑动发送窗口

经过一段时间后,接收方向发送方发送 1 个报文,确认序号为 20～25 的字节,如果保持发送窗口仍然为 15 字节,那么将窗口向左滑动。图 3.20 给出了滑动窗口与字节类型的变化。

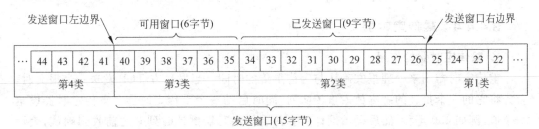

图 3.20 滑动窗口与字节类型的变化

(1) 第 1 类:已发送且被确认的字节序号为 1～25。

(2) 第 2 类:已发送但没有被确认的字节序号为 26～34。

(3) 第 3 类:尚未发送但接收方已准备好接收的序号为 35～40。

(4) 第 4 类:尚未发送且接收方没有做好准备的字节序号为 41～84。

从以上讨论中可以看出,TCP 滑动窗口协议的特点是:

- TCP 使用发送和接收缓冲区,以及滑动窗口机制控制 TCP 连接上的字节流传输。
- TCP 滑动窗口是面向字节的,它可以起到差错控制和流量控制作用。
- 接收方可以在任何时候发送确认,窗口大小可以由接收方根据需要增大或减少。
- 发送窗口值不能够超过接收窗口值,发送方可以根据自身的需要来决定。

3.4.4.3 选择重发策略

上述讨论中还没有解决报文段丢失的情况。但是互联网中,报文段丢失是不可避免的。图 3.21 给出了接收的字节流序号不连续的例子。如果 5 个报文段在传输过程中丢失了 2 个,就会造成接收的字节流序号不连续的现象。

对接收的字节流序号不连续的处理方法有两种:回退方式与选择重发方式。

1. 回退方式

如果采用回退方式处理接收的字节流序号不连续,需要在丢失第 2 个报文段时,不管之后的报文段是否已经正确接收,从第 2 个报文段的第 1 个字节序号 151 开始,重发所有

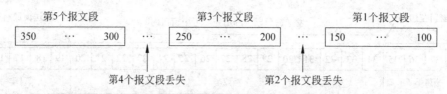

图 3.21　接收的字节流序号不连续的例子

的 4 个报文段。显然,这种方法是非常低效的。

2. 选择重发方式

采取选择重发 SACK(selective ACK)方式,当接收方收到与前面接收的字节流序号不连续的字节时,如果这些字节的序号都在接收窗口之内,则首先接收这些字节,然后将丢失的字节流序号通知发送方,发送方只需要重发丢失的报文段,而无需重发已经接收的报文段。

3.4.4.4　重传定时器

1. 重传定时器的作用

重传定时器用来处理报文确认与等待重传的时间。当发送方 TCP 发送一个报文时,首先将它的一个报文的副本放入重传队列,同时启动一个重传定时器。重传定时器设定一个值,例如 400 毫秒,然后开始倒计时。在重传定时器倒计时到 0 之前收到确认,表示该报文传输成功;如果在重传定时器倒计时到 0 时没有收到确认,表示该报文传输失败,准备重传该报文。图 3.22 给出了重传定时器的工作过程。

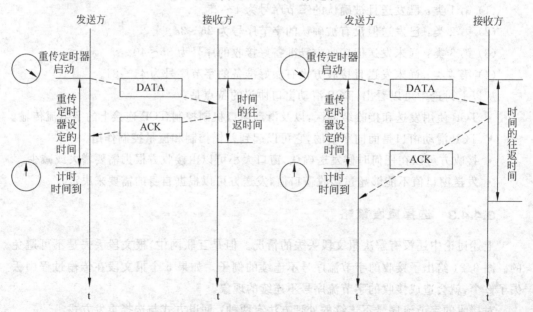

(a) 在重传定时器规定的时间内接收到ACK报文　　　(b) 在重传定时器规定的时间内没有接收到ACK报文

图 3.22　重传定时器的工作过程

2. 需要注意的几个问题

(1) 设定重传定时器的时间很重要。如果值设定过低,有可能出现已被接收方正确接收的报文被重传,从而出现接收报文重复的现象。如果值设定过高,可能会造成一个报文已经丢失,而发送方长时间等待,从而降低协议的执行效率。

(2) 如果一个主机同时与其他两个主机建立两条 TCP 连接,那么它就需要分别为每个 TCP 连接启动一个重传定时器。假设其中一个 TCP 连接是用于在本地局域网中传输文本文件,而另一个 TCP 连接用于对远程 Web 服务器视频文件的访问。那么,两个 TCP 连接的报文发送和确认信息返回的往返时间(round-trip time,RTT)相差很大。因此,不可能对不同的 TCP 连接使用一个重传定时器。

(3) 由于互联网在不同时间段的用户数量变化很大,流量与传输延时变化也很大,因此即使是相同的两个主机在不同时间建立的 TCP 连接,并且完成同样的 Web 访问操作,客户端与服务器端之间的报文传输延时也不会相同。

正是由于以上原因,在互联网环境中为 TCP 连接确定合适的重传定时器数值是很困难的。TCP 协议不会采用简单的静态方法来设定重传定时器的数值,必然要选择使用一个动态的自适应重传方法。

3. 计算重传时间方法

对于每个 TCP 连接都要维持一个 RTT 变量,它是当前到达目的结点的最佳估计往返延时值,自适应重传定时是基于往返时间(RTT)。计算重传时间的公式为

$$\text{Timeout} = \beta \times \text{RTT}$$

其中,β 为一个大于 1 的常量加权因子,RTT 为估算的往返时间。其计算公式为

$$\text{RTT} = \alpha \times \text{旧 RTT} + (1-\alpha) \times \text{最新 RTT 测量值}$$

其中,"旧 RTT"是上一个往返时间估算值,"最新 RTT 测量值"是实际测出的前一个报文的往返时间(样本)。α 也是一个常量加权因子($0 \leqslant \alpha < 1$)。

在以上两个公式中,α 决定了 RTT 对延时变化的反应速度。当 α 接近 1 时,短暂的延时变化对 RTT 不起作用;当 α 接近 0 时,RTT 将紧随延时变化。此外,公式中 β 因子很难确定,当 β 接近 1 时,TCP 能迅速检测报文丢失,及时重传,减少等待时间,但可能引起很多重传报文;当 β 太大时,重传报文减少,但等待确认时间太长。作为折中,TCP 推荐 $\beta = 2$。以 RTT 为基础的重传超时可以是动态的。因此,使用最多的是设重传时间为 RTT 的两倍。

4. 举例说明

已知收到了 3 个连续的确认报文段(之前的 RTT 为 30ms),它们比相应的数据报文段分别滞后 26ms、32ms、24ms。假设 $\alpha = 0.9$,求:新的估计往返延时值为多少?

解:已知条件有:

$\alpha = 0.9$,旧 RTT $= 30$ms,最新 RTT 测量值 $M_1 = 26$ms,$M_2 = 32$ms,$M_3 = 24$ms。

根据公式可以计算出:

$$\text{RTT}_1 = 0.9 \times 30 + (1-0.9) \times 26 = 29.6 \text{(ms)}$$
$$\text{RTT}_2 = 0.9 \times 29.6 + (1-0.9) \times 32 = 29.84 \text{(ms)}$$
$$\text{RTT}_3 = 0.9 \times 29.84 + (1-0.9) \times 24 = 29.256 \text{(ms)}$$

答案：新的往返延时估计值分别为 29.6ms、29.84ms、29.256ms。

3.4.5　TCP 窗口与流量控制、拥塞控制

3.4.5.1　TCP 窗口与流量控制

流量控制(flow control)的目的是让发送方控制发送速率，使之不超过接收方的接收速率，防止接收方由于来不及接收送达的字节流而出现报文丢失的现象。传输层可以利用滑动窗口协议，在 TCP 连接上方便地实现收发双方流量控制的目的。

1. 利用滑动窗口进行流量控制的过程

如果接收方应用进程从缓存中读取字节的速度大于或等于字节到达的速度，那么接收方将在每个确认中发出一个非零的窗口通告。如果发送方发送的速度比接收方要快，将造成缓冲区被全部占用，之后到达的字节将因缓冲区溢出而丢弃。这时，接收方必须发出一个"零窗口"的通告。当发送方接收到一个"零窗口"通告时，停止发送，直到下一次接收到接收方新发送的一个"非零窗口"通告为止。接收方需要根据自己的接收能力给出一个合适的接收窗口(rwnd)，并将它写入到 TCP 的报头中，通知发送方。在流量控制过程中，接收窗口又称为通知窗口(advertised windows)。

图 3.23 给出了 TCP 利用窗口进行流量控制的过程示意图。假设发送方每次最多可以发送 1000 字节，并且接收方通告一个 2400 字节的初始窗口。初始窗口 2400 字节表明接收方具备 2400 字节的空闲缓冲区。如果要发生 2400 字节的数据，需要分 3 个数据段来传输，其中两个数据段有 1000 字节的数据，另一个数据段有 400 字节的数据。在每个数据段到达时，接收方就产生一个确认。例如，当第 1 个数据段达到接收方时，接收方发送对第 1 个 1000 字节的确认，同时指示"窗口＝1400"。由于前 3 个数据段到达接收方时，接收方的应用程序还没有读完数据，接收缓冲区"满"，所有接收方通知发送方"确认2400"，"窗口＝0"。这时，发送方不能再发数据。

在接收方应用程序读完 2000 字节数据后，接收方 TCP 发送一个额外的确认，其中的窗口通告为 2000 字节，通知发送方可以在送 2000 字节。这样，发送方又发送 2 个 1000 字节的数据段，接收方的窗口再次变为 0。利用通知窗口可以有效控制 TCP 的数据传输流量，使接收方的缓存空间不会产生溢出现象。

2. 坚持定时器

接收方发出了"零窗口"通告之后，发送方就停止发送，这个过程直到接收方 TCP 再发出一个"非零窗口"通告为止。如果下一个"非零窗口"通告丢失，那么发送方将无休止地等待接收方的通知，才能继续发送报文段，这就造成了死锁。为了防止这种现象出现，TCP 协议设置了一个"坚持定时器"(persistence timer)。

为防止出现死锁，TCP 为每个连接使用一个坚持定时器。当发送方 TCP 收到一个"零窗口"通告为零的确认时，就启动坚持定时器。当坚持定时器时间到时，发送方 TCP 就发送一个特殊的报文，称为探测报文。这个报文只有一个字节的数据，它有一个序号，但它的序号永远不需要确认，甚至在接收方计算对其他数据的确认时，该序号也被忽略。探测报文的作用是提示接收方的 TCP：确认已丢失，必须重传。

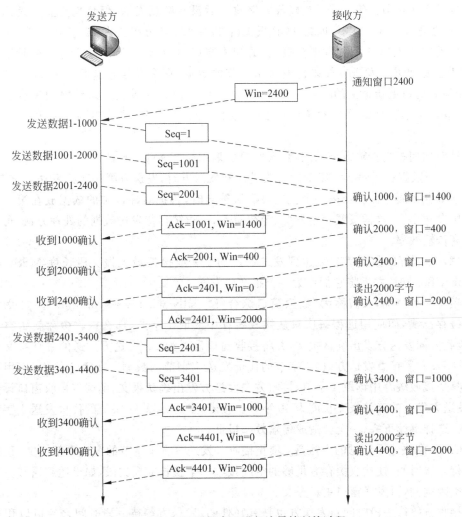

图 3.23   TCP 利用窗口进行流量控制的过程

坚持定时器的初值设置为重传时间的数值。但是,若第一个探测报文没有收到从接收方送来的应答,则需发送第二个探测报文,并将坚持定时器的值加倍和复位。发送方继续发送探测报文,将坚持定时器的值加倍和复位,直到这个值增大到阈值(通常是 60 秒)。此后,发送方每隔 60 秒就发送一个探测报文,直到窗口重新打开。

3. 传输效率问题

应用进程将数据传送到 TCP 的发送缓存之后,控制整个传输过程的任务就由 TCP 协议来承担。考虑到传输效率的问题,TCP 协议必须注意解决好"什么时候"发送"多长报文段"。这个问题受到应用进程产生数据的速度和接收方要求的发送速度的影响,因此是一个很复杂的问题。同时,存在一些极端的情况。

例如,如果一个用户用 TELNET 协议进行通信,他可能只发出了 1 字节。第一步:是将这 1 字节的应用层数据需要封装在一个 TCP 报文段中,再通过网络层继续封装到一个 IP 分组中。在 41 字节的 IP 分组中,TCP 报头占 20 字节,IP 分组头占 20 字节,应用层数据只有 1 字节。第二步：是接收方接收之后没有数据发送，但是也要立即返回一个 40 字节的确认分组。其中，也是 TCP 报头占 20 字节，IP 分组头占 20 字节。第三步：接收方向发送方发出一个窗口更新报文，通知将窗口向前移 1 字节，这个分组的长度也是 40 字节。第四步：发送方如果再发送 1 字节的数据，那么发送方返回一个 41 字节的分组，作为对窗口更新报文的应答。从上述过程可以看出，如果用户以较慢的速度输入字符，每输入 1 个字符就可能发送总长度 162 字节的 4 个报文段。这种方法显然是不合适的。

针对如何提高传输效率的问题，人们提出采用如下 Nagle 算法。

（1）当数据是以每次 1 字节的方式进入到发送方时，发送方第一次只发送 1 字节，其他的字节存入缓冲区。当第一个报文段确认符合时，再把缓冲区中的数据放在第 2 个报文段中发送出去，这样按照一边发送、等待应答，一边缓存待发送数据的处理方法，可以有效提高传输效率。

（2）当缓存的数据字节数达到发送窗口的 1/2 或接近最大报文段长度 MSS（Max. Segment Size）时，立即将它们作为一个报文段发送。

还有一种情况，人们称为"糊涂窗口综合征"（silly windows syndrome）。假设 TCP 接收缓存已满，而应用进程每次只从接收缓存中读取 1 字节，那么接收缓存就腾空 1 字节，接收方向发送方发出确认报文，并将接收窗口设置为 1。发送方发送的确认报文长度为 40 字节。紧接着发送方以 41 字节的代价发送 1 字节的数据。在第 2 轮中，应用进程每次只从接收缓存中读取 1 字节，接收方向发送方发出确认报文，继续将接收窗口设置为 1。发送方发送的确认报文长度为 40 字节。接着，发送方以 41 字节的代价发送 1 字节的数据。这样继续下去，一定会造成传输效率极低。

Clark 解决这个问题的方法是：禁止接收方发送只有 1 字节的窗口更新报文，让接收方等待一段时间，使接收缓存有足够的空间接收一个较长的报文段，如果达到通知窗口长度的空闲空间，再发送窗口更新报文。

接收方等待一段时间对发送方也是有好处的，发送方等待一段时间之后可以积累一定长度的数据字节，发送长报文也有利于提高传输效率。

综上所述，Nagle 算法是针对数据以每次 1 字节的方式进入到发送方问题提出的解决方案，而 Clark 提出的"糊涂窗口综合征"是针对应用进程每次只能从接收缓存中读取 1 字节的问题提出的解决方案，二者相辅相成。二者在解决问题上都遵循着一种思想：发送方不要发送太小的报文段，接收方也不请求太小的报文段。

3.4.5.2　TCP 拥塞窗口与拥塞控制

1. 拥塞控制的基本概念

拥塞控制（congestion control）用于防止由于过多的报文进入网络而造成路由器与链路过载情况的发生。流量控制的重点放在点-点链路的通信量的局部控制上，而拥塞控制的重点是放在进入网络报文总量的全局控制上。

造成网络拥塞的原因十分复杂，涉及链路带宽、路由器处理分组的能力、结点缓存与处理数据能力，以及路由选择算法、流量控制算法等一系列的问题。网络出现拥塞的条件是：

$$\sum 对网络资源的需求 > 网络可用资源$$

如果在某段时间里对网络的某类资源要求过高,就有可能造成拥塞。假设一条链路的带宽是 2Mbps,而连接在这条链路上的计算机却要求以 10Mbps 的速率发送数据,显然这条链路无法满足计算机对于链路带宽的要求。人们自然会想到将这条链路的带宽升级到 10Mbps,以满足用户的需求。某个结点缓存的容量过小或处理速度太慢,造成进入结点的大量报文不能及时被处理,而不得不丢弃一些报文。人们自然会想到把这个结点的主机升级,换成大容量的缓存、高速的处理器,这样这个结点的处理能力改善了,就不会出现报文丢失的现象。但是这些局部的改善不能从根本上解决网络拥塞的问题,只是将造成拥塞的瓶颈转移到链路的带宽或路由器上。流量控制可以很好地协调发送方和接收方之间的端到端报文发送和处理速度,但是无法控制进入网络的总体流量。虽然每个发送方和接收方之间的流量是合适的,但是对于网络整体来说,随着进入网络的报文的增加,会使网络通信负荷过重,由此引起报文传输延时增大或丢弃。报文的差错确认和重传又会进一步加剧网络的拥塞。

图 3.24 给出了拥塞控制的作用示意图。图中横坐标是进入网络的负载(load),纵坐标是吞吐率(throughput)。负载表示单位时间进入网络的报文数,吞吐量表示单位时间内通过网络输出的报文数。

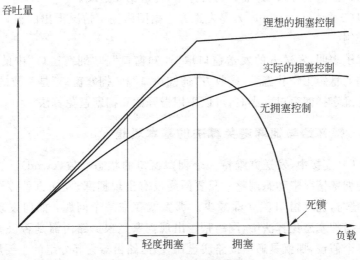

图 3.24 拥塞控制的作用

从图中可以得出以下几点。

(1) 在没有采取拥塞控制方法时,在开始阶段网络吞吐量随着网络负载的增加呈线性增长。当出现轻度拥塞时,网络吞吐量的增长小于网络负载的增加量。当网络负载继续增加而吞吐量不变时,达到饱和状态。在饱和状态之后,网络吞吐量随着网络负载的增加呈减少的趋势。当网络负载继续增加到一定程度时,网络吞吐量为 0,系统出现死锁。

(2) 理想的拥塞控制是在网络负载达到饱和点之前,网络吞吐量一直保持线性增长,而到达饱和点之后网络吞吐量维持不变。

（3）实际的拥塞控制是在网络负载开始增长的初期，由于要在拥塞控制过程中消耗一定的资源。因此它的吞吐量将小于无拥塞控制状态。但是，它可以在负载继续增加的过程中，通过限制进入网络的报文或丢弃部分报文的方法，使得系统的吞吐量逐渐增长，而不出现下降和死锁现象。

拥塞控制的前提是：网络能够承受现有的网络负荷。拥塞控制算法通过动态地调节用户对网络资源的需求来保证网络系统的稳定运行。拥塞控制算法的设计涉及动态和全局性的问题，难度较大。有时拥塞控制算法的失败本身就会引起网络的拥塞。因此，网络拥塞控制的研究已经开展多年。目前在对等网络和无线网络、网络视频应用出现之后，拥塞控制仍然是一个重要的研究课题。

TCP 的拥塞控制方法分为：慢开始（slow-start）、拥塞避免（congestion avoidance）、快重传（fast retransmit）与快恢复（fast recovery）。

2. 拥塞窗口的概念

TCP 滑动窗口是实现拥塞控制最基本的手段。发送方在发送数据时，既要考虑到接收方的接收能力，又要使网络不要发生拥塞。所以发送方的发送窗口应按以下方式确定：

$$发送窗口 = Min(通知窗口，拥塞窗口)$$

其中，通知窗口是接收方根据其接收能力允许的窗口值，它来自接收方的流量控制。接收方将"通知窗口"的值放在 TCP 报文的头部中，传送给发送端。

拥塞窗口（congestion window）是发送方根据网络拥塞情况得出的窗口值，它来自发送方的流量控制。

上面的式子表明，发送方的发送窗口取"通知窗口"和"拥塞窗口"中的较小的一个。在未发生拥塞的稳定工作状态下，接收方"通知窗口"和"拥塞窗口"是一致的。

发送方在确定拥塞窗口大小时，可以采用慢开始和拥塞避免算法。

3.4.5.3　慢开始与拥塞避免算法的基本思想

在一个 TCP 连接中，发送方维持一个拥塞窗口的状态参数（cwnd）。拥塞窗口的大小根据网络的拥塞情况来动态调整。只要网络没有出现拥塞，发送方就逐渐增大拥塞窗口；当出现拥塞时，拥塞窗口就立即减少。那么就存在一个问题：如何发现网络出现拥塞？在慢开始与拥塞避免算法中，网络是否出现拥塞是根据路由器是否丢弃分组来确定的。这里有一个假设，那就是通信线路质量比较好，路由器丢弃分组的主要原因不是由于物理层比特流传输差错造成的，而是由于网络中分组传输的总量较大，以至于超过路由器的接收能力，造成路由器因负载过重而丢弃分组。

1. 慢开始的过程

当主机开始发送数据时，它对网络的负载状态不了解，这时可以用试探的方法，采取由小到大逐步增大拥塞窗口的方法。

如果将从发送方发送报文到接收方，接收方在规定时间内返回了确认报文作为一个往返的话，那么在主机建立一个 TCP 连接时将"慢开始"的初始值定为 1（最大报文数，MSS）。第一个往返首先将拥塞窗口（cwnd）设置为 2，然后向接收方发送 2 个最大报文数。如果接收方在定时器允许的往返时间内返回确认,表示网络没有出现拥塞,拥塞窗口按二进制指数方式增长,即在第二个往返将拥塞窗口值增大一倍为 4。

如果报文正常传输,那么第三个往返发送方将拥塞窗口增加为 8。如果报文正确传输,在第四个往返将拥塞窗口值增大一倍为 16 时也正常,而在第五个往返拥塞窗口最大一倍为 32 时,没有在规定的往返时间内收到确认报文,那么就表明网络开始出现拥塞。

这里需要注意 3 个问题:

(1) 每次发送的往返时间(RTT)是不同的。如果在第一个往返过程中,拥塞窗口值为 2,那么这一次 TCP 协议可以连续发送 2 个报文。发送方只有在连续发送的 2 个报文段的确认都收到之后,才能够判断网络没有出现拥塞。因此,在拥塞控制过程中,每一个往返过程的往返时间应该是从连续发送多个报文段到接收到所有发送的报文段的确认回来需要的时间。往返时间的长短取决于连续发送报文段的多少。

(2) 这里所说的"慢开始"的"慢"并不是指将拥塞窗口(cwnd)从 1 开始,按二进制指数方式成倍增长的速度作为"慢",而是指这种方式是一种试探着逐步增大的方式,比突然将很大报文发送到网络上的情况要"慢",这意味着发送报文段的多少存在着逐步加快的过程。

(3) 为了避免拥塞窗口(cwnd)增长过快引起网络拥塞,还需要定义一个参数:慢开始阈值(slow-start threshold,SST)。在慢开始和拥塞避免算法中,对于拥塞窗口与慢开始阈值之间的关系可以做这样规定:

* 当 cwnd<SST 时,使用慢开始算法。
* 当 cwnd>SST 时,停止使用慢开始算法,使用拥塞避免算法。
* 当 cwnd=SST 时,既可以使用慢开始算法,也可使用拥塞避免算法。

在慢开始阶段,如果长度为 32(单位 MSS)时出现超时,那么发送方就可以将慢开始阈值(SST)设置为出现拥塞的 cwnd 值 32 的一半,即 16。

2. 拥塞避免算法

当 cwnd>SST 时,停止使用慢开始算法,转而使用拥塞避免算法。该算法不是采用每增加一个往返就将拥塞窗口值加倍的方法,而是采取每增加一个往返就将拥塞窗口值加 1 的方法。在采取拥塞避免算法阶段,拥塞窗口呈线性增加的规律缓慢增长。和慢开始阶段一样,只要发现接收方没有按时返回确认就认为出现网络拥塞,将慢开始阈值(SST)设置为发生拥塞时拥塞窗口(cwnd)值的一半,并将重新进入下一轮的慢开始过程。

图 3.25 给出了一个 TCP 慢开始和拥塞避免的拥塞控制过程示意图。

(1) 慢开始阶段:当 TCP 连接初始化时,将 cwnd 设置为 1。慢开始的初始阈值 SST_1 设置为 16(单位为报文)。在慢开始阶段,当 cwnd 经过 4 个往返传输后,按指数算法已经增长到 16 时,进入"拥塞避免"控制阶段。往返次数 1~4 使用的拥塞窗口值分别是 2、4、8、16。

(2) 拥塞避免阶段:在进入拥塞避免阶段之后,cwnd 按照线性的方法增长,假如在 cwnd 值达到 24 时,发送方检测出超时,那么拥塞窗口 cwnd 重新回到 1。因此,往返次数 5~12 使用的拥塞窗口 cwnd 的值分别是 17~24。

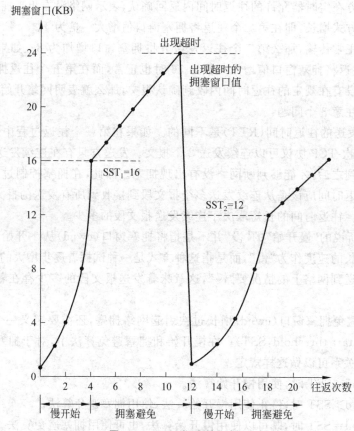

图 3.25   TCP 拥塞控制例子

（3）重新进入慢开始与拥塞避免阶段：在出现一个网络拥塞之后，慢开始阈值 SST_2 设置为出现超时的 cwnd 最大值的 1/2，即 24/2＝12，然后重新开始慢开始与拥塞避免的阶段。往返次数 13～17 使用的拥塞窗口值分别是 1、2、4、8、12。由于 SST_2 值设置为 12，第 17 次往返使用的拥塞窗口值不能大于 12，只能取值为 12。往返次数 18、19、20 使用的拥塞窗口值分别是 13、14、15。表 3-5 给出了图 3.25 所示例子中往返次数与拥塞窗口值。

表 3-5   往返次数与拥塞窗口值

往返次数	拥塞窗口值	往返次数	拥塞窗口值	往返次数	拥塞窗口值
1	2	8	20	15	4
2	4	9	21	16	8
3	8	10	22	17	12
4	16	11	23	18	13
5	17	12	24	19	14
6	18	13	1	20	15
7	19	14	2		

设计拥塞避免算法的目的是：在 cwnd 按指数增长到达阈值之后改为线性增长,使拥塞窗口 cwnd 增长减慢,以防止网络过早出现拥塞。

3.4.5.4　快重传与快恢复

在慢开始与拥塞避免的基础上,研究人员又提出快重传与快恢复的拥塞算法。图 3.26 给出了快重传与快恢复的研究背景。

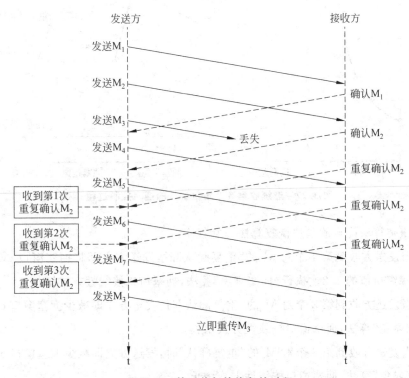

图 3.26　快重传与快恢复的过程

基于慢开始、拥塞避免的 AIMD(线性增加指数减少)算法针对的问题是：发送方在超时之后就判断网络出现拥塞,将拥塞窗口 cwnd 置 1,并执行慢开始策略,同时将阈值 SST 减小到一半,以延缓拥塞的出现。如果出现图 3.26 所示的情况：发送方连续发送报文 $M_1 \sim M_7$,只有 M_3 在传输过程中丢失,而 $M_4 \sim M_7$ 都能正确接收,这时不能根据 M_3 的超时而简单地判断网络出现拥塞。在这种情况下,需要采用快重传与快恢复拥塞控制算法。

图 3.27 给出了连续收到 3 个重复确认的拥塞控制过程。接收方正确接收了 M_1、M_2 报文,没有收到 M_3 报文,接收方在返回对 M_1、M_2 的确认之后,接收到 M_4,没有接收到 M_3,这时接收方不能对 M_4 进行确认,这是由于 M_4 属于乱序的报文。根据“快重传”算法的规定,接收方应该及时向发送方连续 3 次发出对 M_2 的“重复确认”,要求发送方尽早重传未被确认的报文。

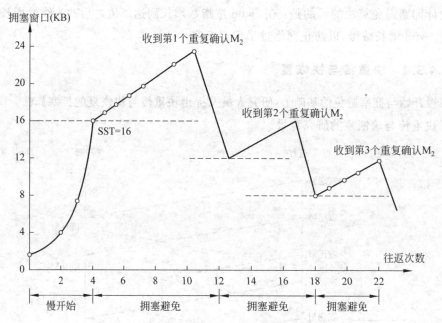

图 3.27　连续收到 3 个重复确认的拥塞控制过程

与快重传算法配合的是快恢复算法。它规定：

（1）当发送方收到第 1 个对 M_2 的"重复确认"时，发送方立即将拥塞窗口 cwnd 设置为最大拥塞窗口值的 1/2。执行"拥塞避免"算法，拥塞窗口按线性方式增长。

（2）当发送方收到第 2 个对 M_2 的"重复确认"时，发送方立即减少拥塞窗口 cwnd 值。执行"拥塞避免"算法，拥塞窗口按线性方式增长。

（3）当发送方收到第 3 个对 M_2 的"重复确认"时，发送方立即减少拥塞窗口 cwnd 值。执行"拥塞避免"算法，拥塞窗口按线性方式增长。

3.4.5.5　发送窗口的概念

假设接收方有足够的缓存空间，发送窗口的大小只由网络拥塞程度确定。但是，实际上接收缓存空间是有限的。接收方需要根据自己的接收能力给出一个合适的接收窗口（rwnd），并将它写入到 TCP 的报头中，通知发送方。接收窗口又称为通知窗口（advertised window）。从流量控制的角度看，发送窗口大小一定不能超过接收窗口大小。因此，实际的发送窗口的上限值应该等于接收窗口（rwnd）与拥塞窗口（cwnd）中较小的一个：

$$发送窗口的上限值＝Min（rwnd，cwnd）$$

当 rwnd＞cwnd 时，则表示受网络拥塞窗口限制发送窗口的最大值。当 rwnd＜cwnd 时，则表示受接收方的接收能力限制发送窗口的最大值。rwnd 与 cwnd 中较小的一个限制了发送方的报文发送速率。

习　题

1. 在某个网络中,TPDU 的长度最大值为 128 字节,最长生存时间为 30s,序列号为 8 位。那么,每条 TCP 连接所能达到的最大数据传输速率为多少?

2. 假定 TCP 使用 2 次握手替代 3 次握手来建立连接,也就是说,不需要第 3 个报文。那么是否可能产生死锁? 请举例来说明你的答案。

3. TCP 和 UDP 在传输报文时都使用端口号来标识目的实体。试说明为什么这两个协议使用一个新的抽象标识符(即端口号),而不使用进程号来标识。

4. 在 IP 地址为 IP1 的主机 1 上的一个进程被分配端口 p,在 IP 地址为 IP2 的主机 2 上的一个进程被分配端口 q。那么,在这两个端口之间是否可以同时建立两条或多条 TCP 连接?

5. 在一个 1Gbps 的 TCP 连接上,发送窗口的大小为 65535 字节,发送方和接收方的单程延迟时间为 10ms。那么,可以获得的最大吞吐率是多少? 线路效率是多少?

6. 假设需要设计一个类似于 TCP 的滑动窗口协议,该协议将运行于一个 100Mbps 网络上,网络中线路的往返时间 RTT 为 100ms,报文段最大生存时间为 60s。那么,所设计的协议头部中的窗口字段和序号字段最少应该有多少位? 为什么?

7. 设 TCP 使用的最大窗口为 64KB,即 64×1024 字节,而传输信道的带宽可认为是不受限制的。若报文段的平均往返时延为 20ms,问所能得到的最大吞吐量是多少?

8. 若一个应用进程使用传输层的用户数据报 UDP。但继续向下交给 IP 层后,又封装成 IP 数据报。既然都是数据报,是否可以跳过 UDP 而直接交给 IP 层? UDP 有没有提供 IP 没有提供的功能?

9. 一个应用程序用 UDP,到了 IP 层将数据报再划分为 4 个数据报段发送出去。结果前两个数据报段丢失,后两个到达目的站。过了一段时间应用程序重发 UDP,而 IP 层仍然划分为 4 个数据报段来传送。结果这次前两个到达目的站,而后两个丢失。试问:在目的站能否将这两次传输的 4 个数据报段组装成为完整的数据报? 假定目的站第一次收到的后两个数据报段仍然保存在目的站的缓冲区中。

10. 使用 TCP 对实时话音业务的传输有没有什么问题? 使用 UDP 在传送文件时会有什么问题?

11. TCP 在进行流量控制时是以分组的丢失作为产生拥塞的标志。有没有不是因拥塞而引起的分组丢失的情况? 如有,请举出三种情况。

第 4 章

网络层与 IP 协议

网络层与 IP 协议是实现网络互连关键技术的核心,学习和掌握 IP 技术是研究网络系统的重中之重。

本章主要介绍:

- 网络层的主要功能
- IPv4 协议的基本内容
- IPv4 地址技术以及路由技术的应用和发展
- 路由器的工作原理
- ICMP 协议的意义和作用
- 移动 IP 协议的工作原理

4.1 IPv4 协议的演变与发展

1. IPv4 协议的研究背景

图 4.1 给出了 IPv4 协议的演变与发展过程。

IPv4 协议的最早版本 RFC791 是 1981 年公布。那时候互联网的规模很小,计算机网络主要用于科研和部分参与研究的大学,在这样背景下产生的 IPv4 协议不可能适应以后互联网的网络规模扩大和应用范围扩展的需求,因此必然要修改和完善。

伴随着互联网规模的扩大和应用的深入,作为互联网核心协议之一的 IPv4 协议也一直处于不断补充、完善和提高的过程,但是 IPv4 版本的主要内容没有发生任何实质性的变化。实践证明,IPv4 协议是健壮和易于实现的,并且具有很好的互操作性。它本身也经受住了从小型的科研范围中应用的互联网络发展到今天这样的全球性大规模网际网的考验,这些都说明了 IPv4 协议的设计是成功的。但是,当互联网规模发展到一定程度时,部分修改和完善 IPv4 已显得无济于事,最终不得不期待着研究一种新的网络层协议,以解决 IPv4 协议面临的所有难题,这个新的协议就是 IPv6 协议。

2. IPv4 协议

IPv4 协议最初只对 IP 分组格式、标准分类的 IP 地址以及分组的交付方式进行了规定,其余的部分基本上是在应用过程中,从不断完善协议和提高服务质量的角度进行补充。

IPv4 协议的发展过程可以从不变和变化两个部分去认识。IPv4 协议中对于分组头结构的基本定义是不变的,变化的部分可以从 IP 地址处理方法、分组交付需要的路由算法与路由协议,以及为提高协议可靠性、服务质量与安全角度增加的补充协议等 3 方面来认识。互联网规模的扩大与应用的深入,导致了 IPv6 协议的研究与应用。

　　本章的讨论的 IP 协议如果不做特殊说明,都是指 IPv4 协议。

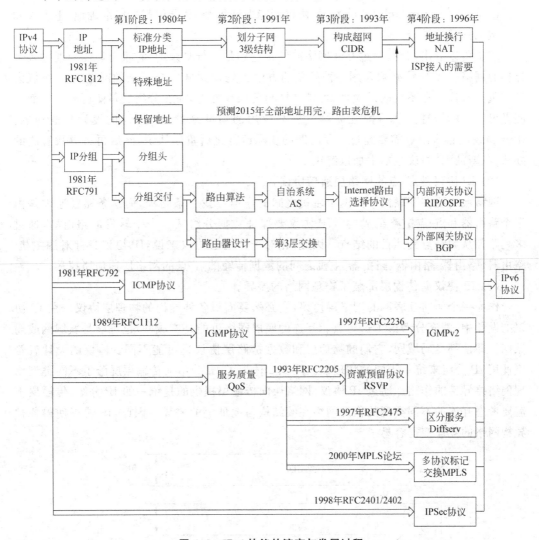

图 4.1　IPv4 协议的演变与发展过程

4.2　IPv4 协议的主要特点

　　IP 是 TCP/IP 协议体系中网络层的协议。TCP/IP 协议体系中的其他协议,如 TCP、UDP、ICMP、ARP 等都是以 IP 协议为基础,因此它是 TCP/IP 协议体系中的重中之重。

　　IP 协议的主要特点表现如下。

　　(1) IP 协议是一种无连接、不可靠的分组传送服务协议。

　　IP 协议提供的是一种无连接的分组传送服务,它不提供对分组严格的差错校验和传输过程的跟踪。因此,它提供的是一种"尽力而为"的服务。

① 无连接(connectionless)意味着 IP 协议并不维护 IP 分组发送后的任何状态信息。每个分组的传输过程是相互独立的。

② 不可靠(unreliable)意味着 IP 协议不能保证每个 IP 分组都能够准确地、不丢失和顺序地到达目的结点。

从中可以看出,分组通过互联网络的传输过程是十分复杂的,它很可能需要通过多个异构的网络。IP 协议必须采用一种简单的方法去处理这样一个复杂的问题。IP 协议设计的重点应该放在系统的适应性、可扩展性与可操作性上,而在分组交付的可靠性方面只能做出一定的牺牲。从目前互联网发展与应用的角度来看,IP 协议的设计是成功的。IPv4 协议的很多缺点需要经过一段时间的实际运行之后重新认识,然后再去寻找解决的办法,在新的 IP 协议版本中加以解决。

(2) IP 协议是点-点的网络层通信协议。

网络层需要在互联网中为两个主机之间的通信寻找一条路径,而这条路径通常是由多个路由器和点-点链路组成的。IP 协议要保证数据分组从一个个转发的路由器,通过多跳路径从源结点到达目的结点。因此,相对于传输层协议来说,IP 协议是针对源主机-路由器、路由器-路由器、路由器-主机之间的数据传输的点-点的网络层通信协议。

(3) IP 协议向传输层屏蔽了物理网络的差异。

作为一个面向互联网的网络层协议,它必然要面对各种异构的物理层协议。在 IP 协议的设计中,就充分考虑了这一点。互连的底层网络可能是广域网,也可能是城域网或局域网。即使都是局域网,它们的物理层和数据链路层协议也可能不同。协议的设计者希望使用 IP 分组来统一不同的物理帧。图 4.2 体现了 IP 分组向传输层屏蔽了不同类型物理网络差异性的作用。通过 IP 协议,网络层向传输层提供的是统一的 IP 分组,传输层不需要考虑互连的不同类型的物理网络在帧结构与地址上的差异。因此,IP 协议使得各种异构网络的互连变得容易了。

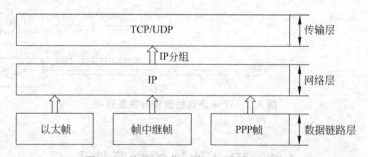

图 4.2　使用 IP 分组统一不同类型的帧

4.3　IPv4 地址结构

4.3.1　IP 地址概念与地址划分方法

图 4.3 给出了 IPv4 地址与地址划分新技术的研究过程,大致分为如下 4 个阶段。

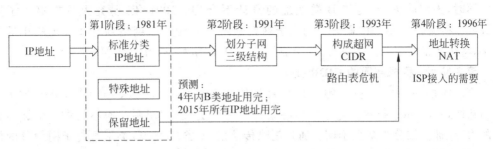

图 4.3　IPv4 地址与地址划分新技术的研究过程

第 1 阶段：标准分类的 IP 地址

第 1 阶段是在 1981 年 IPv4 协议制定的初期,那时的网络规模比较小,用户通常是通过终端、经过大型计算机接入 ARPANET。IP 地址设计的最初目的是希望每个 IP 地址可以唯一、确定地识别一个网络与一台主机。IP 地址由网络号与主机号组成,长度为 32 位,用点分十进制方法表示,这就是标准分类的 IP 地址。通常的 A 类、B 类与 C 类 IP 地址采用"网络号-主机号"的两级层次结构(RFC1812)。

A 类地址的网络号长度为 7 位,实际允许分配 A 类地址的网络只能有 126 个;B 类地址的网络号长度为 14 位,因此允许分配 B 类地址的网络只能有 16384 个。初期的 ARPANET 是一个研究性的网络,即使把美国大约 2000 所大学、学院和一些研究机构,连同其他国家的一些大学接入 ARPANET,总数也不会超过 16000 个,因此,A 类、B 类与 C 类地址的总数在当时是没有什么问题的。理论上,各类 IP 地址加起来总数超过 20 亿,但实际上其中有数百万个地址被浪费了。

第 2 阶段：划分子网的三级地址结构

第 2 阶段是在标准分类的 IP 地址的基础上,增加了子网号的三级地址结构。标准分类的 IP 地址在使用过程中,首先显现出的是地址有效利用率问题:

(1) A 类地址的主机号长度为 24 位,即使对于一个大的机构来说,一个网络中也不能有 1600 万个结点。即使有这种网络,网络中路由器的路由表太大,处理负荷也太重。

(2) B 类地址的主机号长度为 16 位,一个网络中允许有 6.5 万个结点。但是,使用 B 类地址的网络中有 50% 的主机数实际上不超过 50 台。

(3) C 类地址的主机号长度为 8 位,实际允许分配给主机和路由器的地址数不超过 256 个,这个数又太小。

按照标准分类的 IP 地址,如果只有两台主机的网络,它只要连接互联网上,就需要申请一个 C 类 IP 地址。在这种情况下,这个 C 类 IP 地址的有效利用率为 2/255≈0.78%。而有 256 台主机网络,就需要申请一个 B 类 IP 地址。在这种情况下,这个 B 类 IP 地址的有效利用率为 256/65 535≈0.39%。IP 地址的有效利用率问题总是存在,并且人们发现 B 类 IP 地址空间的无效消耗问题更突出。

IP 的设计者当初没有预见到互联网会发展到如此之大和如此之快,人们对 IP 地址的匮乏表现出强烈的担忧。研究报告指出:1992 年 B 类地址已经分配了一半,估计在 1994 年 3 月将用完,所有的 IP 地址在 2015 年将全部用完。

同时,人们认为 A 类和 B 类地址的设计不合理。1991 年,研究人员提出了子网(subnet)和掩码(mask)的概念。构成子网就是将一个较大的网络划分成几个较小的子网络,将传统的"网络号-主机号"的两级结构变为"网络号-子网号-主机号"三级结构。

第 3 阶段:构成超网的 CIDR 技术

第 3 阶段是 1993 年提出的 CIDR(无类别域间路由)技术(RFC1519)。CIDR 技术也称为超网(supernet)技术。它是将网络聚合成一个更大的"超网",而不是将一个标准分类的 IP 地址段划分为多个子网。通过消除传统的 A 类、B 类、C 类地址与子网划分的概念,支持灵活、多级、可变规模的网络层次结构,解决了标准分类地址带来的很多问题。因此,CIDR 研究的是一种 IP 寻址与路由选择机制。

CIDR 的出现,在某种程度上是希望解决互联网的扩展中存在的两大问题:

(1) 32 位 IP 地址空间可能在第 40 亿台主机连入互联网前就已被消耗完。

(2) 越来越多的网络地址出现,主干网的路由表增大,路由器负荷增加,会造成服务质量下降。

如果希望 IP 地址空间的利用率能接近 50%,可以采用两种方法:一是拒绝任何申请 B 类 IP 地址空间的要求,除非它的主机数已接近 6 万台。二是为它分配多个 C 类 IP 地址。这种方法带来一个新问题,那就是如果分配给它一个 B 类 IP 地址,那么在主干路由表中只需保存 1 条该网络的路由记录;如果分配给这个网络 16 个 C 类 IP 地址,那么即使它们的路径相同,在主干路由表中也要保存 16 条该网络的路由记录。这将给主干路由器带来额外的负荷。互联网的主干路由器的路由表项已从几千条增加到几万条。因此,CIDR 技术需要在提高 IP 地址利用率和减少主干路由器负荷两个方面取得平衡。

第 4 阶段:网络地址转换技术

第 4 阶段是 1996 年提出的网络地址转换 NAT(network address translation)技术。

IP 地址短缺已是非常严重的问题,而互联网迁移到 IPv6 的进程很缓慢,可能需要很多年才能够完成。人们需要有一个在短时期内快速缓解和修补问题的方法,这就是网络地址转换 NAT。目前 NAT 最主要应用在专用网、虚拟专用网以及 ISP 为用户拨号连入互联网提供的服务上。

NAT 技术的基本思想是:为每个公司分配少量的全局 IP 地址,用于传输需要通过互联网的流量。在公司内部的每台主机分配一个不能够在互联网上使用的保留的专用 IP 地址。

专用 IP 地址是互联网管理机构预留的,任何组织不需要向互联网管理机构申请就可以使用,所有网络管理员都应知道这些地址是为专用网络内部使用的。这类地址在专用网络内部是唯一的,但是在互联网中并不是唯一的。

专用 IP 地址用于内部网络的通信,如果需要访问外部互联网主机,必须由运行 NAT 的主机或路由器将内部的专用 IP 地址转换成全局 IP 地址。

NAT 更多地被 ISP 应用,以节省 IP 地址。对于通过拨号进入互联网的家庭用户,当计算机拨号并登录到 ISP 时,ISP 为用户动态分配一个 IP 地址,当用户会话结束时,再收回 IP 地址。

4.3.2 标准分类 IP 地址

1. 网络地址的概念

要理解网络地址,需要注意以下几个问题。

(1) 名字、地址与路径。名字、地址与路径概念上有很大区别。名字说明要找谁,地址说明他在哪,路径说明如何找到他。

(2) 连续地址编址方法与层次地址编址方法。地址有两类基本的编址方法:连续地址编址方法与层次地址编址。其中,连续地址编址方法简单,但是它不包含位置信息,能力有限,只能将不同的结点区分开。连续地址编址方法不适用于互联网环境。

由于互联网络是由多个网络通过路由器互连起来的,因此在初期 ARPANET 的地址设计中采用了有结构的地址标识符。即主机地址用(P,N)表示,P 表示主机接入 IMP 的结点号,N 表示与该 IMP 连接的主机号。这种有结构的地址标识符反映了 ARPANET 真实的网络结构,因此有效地提高了路由器的寻找效率。IP 地址采用的是有结构的地址标识符的表示方法。

(3) 物理地址与逻辑地址。互联网是由多个网络互连而成的。例如,一个校园网是将多个学院、系以及很多实验室的局域网通过路由器互连而成的。连接到每个局域网的每台计算机都有一块网卡,也就是说每台计算机都有一个 MAC 地址。这个 MAC 地址称为物理地址。物理地址的特点如下。

- 地址的长度、格式等与具体的物理网络的协议相关。
- 物理地址不能修改。例如,以太网的 MAC 地址的长度为 48 位,在网卡出厂时就被固化在网卡的 EPROM 中。
- 物理地址是数据链路层地址,供数据链路层软件使用,用来标识接入局域网的一台主机。

IP 地址是网络层的地址,主要用于路由器的寻找。相当于数据链路层固定不变的物理地址来说,网络层 IP 地址是由网络管理员分配的,可以通过软件来设置,因此把它称为逻辑地址。

(4) IP 地址与网络接口。IP 地址标识的是一台主机、路由器或网络的接口。图 4.4 描述了网络接口与 IP 地址的关系。局域网 LAN1 与 LAN2 都是以太网,它们通过路由器 1 互连。主机 1~主机 3 通过以太网网卡连接 LAN1;主机 4~主机 6 通过以太网网卡连接 LAN2;路由器 1 通过安装在机箱内的两块网卡分别连接到 LAN1 与 LAN2 中。

以主机 1 为例,它的以太网网卡有一个固定的 MAC 地址(01-2A-00-89-11-2B)。IP 协议为主机 1 连接 LAN1 的接口分配一个 IP 地址(202.1.12.2)。这样,主机 1 的 MAC 地址(01-2A-00-89-11-2B)与 IP 地址(202.1.12.2)就形成了对应关系。同样,主机 2~主机 6 都会形成 MAC 地址与 IP 地址的对应关系。

实际上,路由器是一台专门处理网络层路由与转发功能的计算机。图 4.4 中路由器 1 通过接口 1 的以太网卡(E1)连接到 LAN1,通过接口 2 的以太网卡(E2)连接到 LAN2。这两块网卡也都有固定的 MAC 地址。同时,它要执行 IP 协议,需要给它分配 IP 地址。接口的网卡连接 LAN1,它与主机 1~主机 3 处在一个网络中,需要分配对应于 LAN1 的

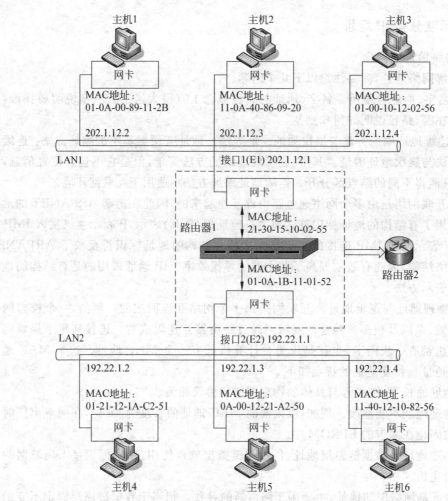

图 4.4　网络接口与 IP 地址的关系

IP 地址(202.1.12.1)。这样,接口 1(E1)的 MAC 地址为 21-30-15-10-02-55,对应的 IP 地址为 202.1.12.1。同样,接口 2(E2)的 MAC 地址为 01-0A-1B-11-01-52,对应的 IP 地址为 192.22.1.1。

　　由于路由器要连接到多个网络中,完成多个网络之间的互连,它与连接的每个网络起码有一个连接的接口,因此需要为它的每个接口分配一个 IP 地址。因此,这类具有多个接口的主机又称为"多归属主机"或"多穴主机"。

　　从以上讨论可以得出 IP 地址有以下特点。

- IP 地址是一种非等级的地址结构。也就是说,通过 IP 地址不能反映任何有关主机位置的地理信息,这与电话号的结构不一样。
- 在 IP 地址中,所有分配的网络彼此都是平等的。
- 连接到互联网的每一条主机或路由器都有一个 IP 地址。
- 原则上,互联网上的任何两台主机或路由器都不会有相同的 IP 地址。
- IP 地址是与一个网络接口相关联的,如果一台主机通过多个网卡分别连接到多个网络中,那么必须为它的每一个接口分配一个 IP 地址。

2. IP 地址的点分十进制表示法

IPv4 的地址长度为 32 位,用点分十进制表示,即 x. x. x. x 的格式来表示 IP 地址,每个 x 为 8 位,值为 0～255。例如,202.11.29.119 就是一个用点分十进制方法表示的 IP 地址。

3. 标准 IP 地址的分类

图 4.5 给出了标准分类的 IP 地址以及每类地址的比例数量。

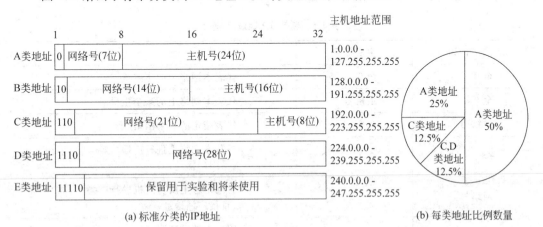

图 4.5   标准分类 IP 地址及比例数量

(1) A 类地址。A 类地址的网络号(net-ID)占 8 位,第 1 位为 0,其余 7 位可以分配。因此 A 类地址共分为大小相同的 128(2^7)块,每一块的网络号不同。

第 1 块覆盖的地址为: 0.0.0.0～0.255.255.255(网络号=0)。

第 2 块覆盖的地址为: 1.0.0.0～1.255.255.255(网络号=1)。

最后一块覆盖的地址为: 127.0.0.0～127.255.255.255(网络号=127)。

其中第 1 块和最后一块地址留作特殊用途,网络号为 10 的 10.0.0.0～10.255.255.255 用于专用的地址,其余 125 块用作分配。因此,能够得到 A 类地址的机构只有 125 个。每个 A 类网络可以分配的主机号(host-ID)可以是 $2^{24}-2=17777214$ 个,主机号为全 0 或全 1 的两个地址保留用于特殊目的。

A 类地址的覆盖范围为: 1.0.0.0～127.255.255.255。

(2) B 类地址。B 类地址的网络号(net-ID)占 16 位,前 2 位为 10,其余 14 位可以分配。因此总共有 $2^{14}=16384$ 个不同的 B 类网络。B 类地址的主机号(host-ID)长度为 16 位,因此每个 B 类网络可以有 $2^{16}=65536$ 个主机号。主机号为全 0 或全 1 的两个地址保留用于特殊目的。实际上,一个 B 类 IP 地址允许分配的主机号为 65534 个。

B 类地址的覆盖范围为: 128.0.0.0～191.255.255.255。

(3) C 类地址。C 类地址的网络号(net-ID)占 24 位,前 3 位为 110,其余 21 位可以分配。因此总共有 $2^{21}=2097152$ 个不同的 C 类网络。C 类地址的主机号(host-ID)长度为 8 位,因此每个 C 类网络可以有 $2^8=256$ 个主机号。主机号为全 0 或全 1 的两个地址保留用于特殊目的。实际上,一个 C 类 IP 地址允许分配的主机号为 254 个。

C 类地址的覆盖范围为：192.0.0.0～223.255.255.255。

（4）D 类地址。D 类 IP 地址不用于标识网络，地址覆盖范围为：224.0.0.0～239.255.255.255。D 类地址用于其他特殊的用途，如多播（multicasting）地址。

（5）E 类地址。E 类 IP 地址暂时保留，地址覆盖范围为：240.0.0.0～247.255.255.255。E 类地址用于某些实验和将来使用。

4. 特殊 IP 地址

表 4-1 给出了特殊的 IP 地址及意义。

表 4-1　特殊 IP 地址及意义

网络标识	主机标识	意　　义
全 0	全 0	代表本网络上的本主机
全 0	主机号	代表本网络上的某个主机
网络号	全 0	代表指定的一个网络
全 1	全 1	只限本网络上进行广播 （受限广播地址）
网络号	全 1	对网络号上所有主机进行广播 （直接广播地址）
127	0.0.1	用作本地循环测试 （loopback test）

（1）直接广播（directed broadcasting）地址。在 A、B、C 三类 IP 地址中，如果主机号全 1（如 B 类地址 190.1.255.255），那么这个地址为直接广播地址，路由器用它来将一个分组以广播形式发送给特定网络（190.1.0.0）的所有主机。

（2）受限广播（limited broadcasting）地址。网络号与主机号的 32 位全 1 的 IP 地址（255.255.255.255）为受限广播地址。它用来将一个分组以广播方式发送给本物理网络中的所有主机。路由器阻挡该分组通过，将其广播功能只限制在本网内部。

（3）本网络的特定主机。在 A、B、C 三类 IP 地址中，如果网络号为全 0（如 C 类地址为 0.0.0.25），则该地址是这个网络上的特定主机地址。路由器接收到这个分组的目的地址时，不会向外转发该分组，而是直接交付给本网络中主机号为 25 的主机。

（4）指定一个网络地址。在 A、B、C 三类 IP 地址中，如果主机号为全 0（如 B 类地址为 190.1.0.0），则该地址表示指定的是一个网络。

（5）本网络的本主机。网络号与主机号的 32 位全 0 的 IP 地址（0.0.0.0）表示的是本网络的本主机。

（6）回送地址。A 类地址中，127.0.0.1 是回送地址，用于网络软件测试和本地进程间通信。可以用回送地址发送一个分组给本机的另一个进程，以测试本地进程之间的通信状况。

5. 专用 IP 地址

在 A、B、C 三类地址中各保留一部分地址作为专用 IP 地址，用于使用 TCP/IP 协议但不接入互联网的内部网络,或者是向互联网发送分组时需要将专用地址转换成公用 IP 地址的内部网络。表 4-2 给出了保留的专用 IP 地址。

表 4-2　保留的专用地址

类	网　络　号	总数
A	10	1
B	172.16～172.31	16
C	192.168.0～192.168.255	256

使用专用 IP 地址需要注意以下问题。

(1) 如果 IP 分组的源地址和目的地址使用了 10.1.0.1、172.16.1.12 或 192.168.0.2,那么连接到互联网的路由器会认为这是一个内部网络使用的 IP 地址,不会转发该分组。

(2) 如果一个主机转发两个 IP 分组,源地址都是 201.10.1.2,第一个分组的目的地址为 172.16.1.12,第 2 个分组的目的地址为 172.15.10.1,那么连接到互联网的路由器会认为:第一个分组使用的是专用的 IP 地址,这个地址无法在互联网中寻址,拒绝转发该分组。第二个分组使用的是可以在互联网中寻址的公用 IP 地址,将转发该分组。

(3) 如果一个组织出于安全等原因,希望组建一个专用的内部网络,不准备连接到互联网,或者在转发到互联网时希望使用网络地址转换(NAT)技术,那么该组织就可以使用专用 IP 地址。

4.3.3　划分子网的三级地址结构

1. 子网的概念

标准分类的 IP 地址存在着两个问题:IP 地址的有效利用率和路由器的工作效率。为了解决这两个问题,人们提出了子网(subnet)的概念。提出子网概念的基本思想是:允许将网络划分成多个部分供内部使用,但是对于外部网络仍像一个网络一样。

需要强调的是:子网的划分纯属本组织和单位内部的事,在本单位以外是看不见这样的划分,从外部看,这个单位仍只有一个网络号。只有当外面的分组进入到本单位网络内,本单位的路由器再根据子网号进行选路,最后找到主机。

2. 子网的地址结构与划分方法

划分子网的方法如下。

(1) 将主机号前若干位作为"子网号",后面剩余的位仍为主机号,形成三级层次的 IP 地址,即网络号-子网号-主机号。

(2) 划分子网可以应用于 A、B、C 三类任意一类 IP 地址中。同一个子网中所有主机必须使用相同的子网号。

(3) 划分子网是一个组织和单位内部的事,既不需要向 ICANN 申请,也不需要改变任何外部数据库。

(4) 在互联网文献中,一个子网也称为一个 IP 网络。

　　使用子网最好在一个大的校园或公司中,因为外部结点只要知道其共同的网络地址,就可以通过校园网或公司连入互联网的路由器,方便地访问校园或公司内部的多个网络。只要在路由器的路由表中保持一个记录,就可以快速找到校园或公司内部的某个网络。

3. 子网掩码的概念

　　一个标准的IP地址可以从数值上直观地判断出它的类别,指出它的网络号和主机号。但是,当包括子网号的三层结构的IP地址出现后,需要解决如何从IP地址中提取出子网号。于是人们提出了子网掩码(subnet mask)的概念,也称为子网屏蔽码,或简称掩码。

　　掩码同样适用于没有进行子网划分的A、B、C三类地址。图4.6给出了标准A、B、C三类地址的掩码。

　　如果路由器处理的是一个标准的IP地址,它只要判断二进制IP地址的前2位值就可以知道是哪类地址。如果是10,则它一定是个B类地址,其网络号长度为16位,该地址的前16位表示网络号,后16位表示主机号。而当路由器处理划分子网之后的三层结构IP地址时,就需要给它IP地址和子网掩码。这时,需要通过IP地址的前3位判断该地址是A类、B类或C类地址,同时根据子网掩码来判断子网号。图4.7给出了一个B类地址划分为64个子网的例子。标准B类地址的16位网络号不变,如果需要划分出64(2^6)个子网,可以借用原16位主机号中的6位,该子网的主机号就变成10位。子网掩码用点分十进制表示为255.255.252.0,另一种表示方法是用"/"加上"网络号＋子网号"的长度。即"/22"表示。

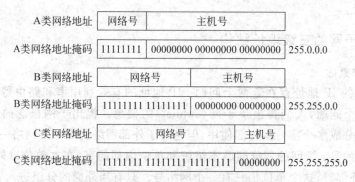

图 4.6　标准 A、B、C 三类地址的掩码

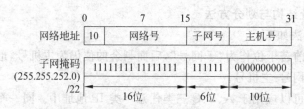

图 4.7　一个 B 类地址划分为 64 个子网的例子

4. 子网规划与地址空间划分方法

　　下面举例说明子网规划与地址空间的划分方法。

一个校园网要对一个 B 类 IP 地址(156.26.0.0)进行子网划分。该校园网由近210个网络组成。考虑到校园网的子网数量不超过 254 个,因此可行的方案是,子网划分时取子网号的长度为 8 位。这样,子网掩码为 255.255.255.0。

根据以上子网划分的方案,校园网可用的 IP 地址为:

子网1: 156.26.1.1~156.26.1.254

子网2: 156.26.2.1~156.26.2.254

子网3: 156.26.3.1~156.26.3.254

……

子网254: 156.26.254.1~156.26.254.254

由于子网地址与主机号不能使用全 0 或全 1,因此校园网只能拥有 254 个子网,每个子网只能有 254 台主机。

在确定子网长度时,应该权衡两方面的因素:子网数以及每个子网中的主机与路由器数。不能简单地追求子网数量,通常是满足基本要求,并考虑留有一定的余量。

5. 可变长度子网掩码

在某种情况下,需要在子网划分时子网号长度不同。IP 协议允许使用可变长的子网划分。

例如,某公司申请了一个 C 类的 IP 地址 202.60.31.0。该公司有 100 名员工在销售部门工作,50 名员工在财务部门工作,50 名员工在设计部门工作。要求为销售部门、财务部门和设计部门分别组建子网。

针对这种情况,可以通过可变长度子网掩码技术,将一个 C 类 IP 地址分为 3 个部分,其中子网 1 的地址空间是子网 2 与子网 3 的地址空间的两倍。

(1) 使用子网掩码 255.255.255.128,将一个 C 类 IP 地址分为两半。在二进制运算中,运算过程是:

主机的 IP 地址:11001010 00111100 00011111 00000000 (202.60.31.0)

子网掩码: <u>11111111 11111111 11111111 10000000 (255.255.255.128 或/25)</u>

与运算结果: 11001010 00111100 00011111 00000000 (202.60.31.0)

(2) 运算结果表明:可以将 202.60.31.1~202.60.31.126 作为子网 1 的 IP 地址,而将余下的部分进一步划分为两半。202.60.31.127 的第 4 个字节全 1,被保留用作广播地址,不能使用,而子网 1 与子网 2、子网 3 的地址空间交界点是 202.60.31.128,因此可以使用子网掩码 202.60.31.192。子网 2 与子网 3 的地址空间的计算过程为:

主机的 IP 地址:11001010 00111100 00011111 10000000 (202.60.31.128)

子网掩码: <u>11111111 11111111 11111111 11000000 (255.255.255.192 或/26)</u>

与运算结果: 11001010 00111100 00011111 10000000 (202.60.31.128)

平分后的两个较小的地址空间分配给子网 2 和子网 3。对于子网 2 来说,第 1 个可用地址是 202.60.31.129,最后一个可用地址是 202.60.31.190。子网 2 的可用地址范围是 202.60.31.129~202.60.31.190。

(3) 下一个地址 202.60.31.191 中的第 4 个字节的主机号部分(6 位)是全 1,需要留作广播地址。接下来的地址是 202.60.31.192,它是子网 3 的第 1 个地址,子网 3 的可用地址范围是 202.60.31.193～202.60.31.254。

所以,采用可变子网划分的 3 个子网的 IP 地址分别为:

子网 1: 202.60.31.1～202.60.31.126

子网 2: 202.60.31.129～202.60.31.190

子网 3: 202.60.31.193～202.60.31.254

其中,子网 1 使用的子网掩码为 255.255.255.128(/25),允许使用的主机号为 126 个;子网 2 和子网 3 的子网掩码为 255.255.255.192(/26),它们可以使用的主机号均为 61 个。该方案可以满足公司的要求。图 4.8 给出了可变长度子网划分的结构。变长子网划分的关键是找到合适的可变长度子网掩码。

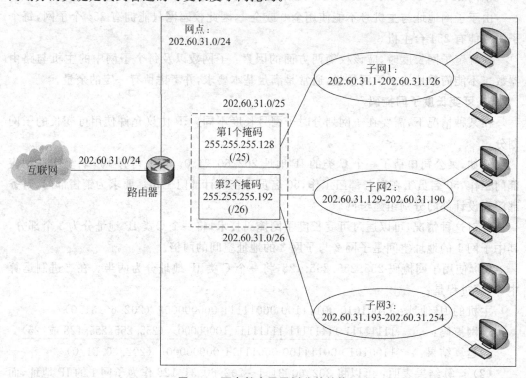

图 4.8　可变长度子网划分的结构

4.3.4　无类别域间路由 CIDR

1. 无类别域间路由的概念

在可变子网掩码的基础上人们提出了无类别域间路由(CIDR)的概念,并已形成了互联网的建议标准。CIDR 的基本思想是:将剩余的 IP 地址不是按标准的地址分类规则,而是以可变大小的地址块方法来分配。ISP、大学、机关与公司在确定 IP 地址结构时,不是限制于标准分类的 IP 地址结构,而是根据对 IP 地址管理和路由器的需要来灵活决定。

使用 CIDR 技术需要注意以下问题。

(1) CIDR 是一种新的 IP 寻址和路由选择机制,它不采用传统的固定 IP 地址的分类方法,以地址块为基础来支持一种灵活、多级、可变规模的网络层次结构,以解决标准分类

IP 地址存在的问题。与传统的标准分类 IP 地址与子网地址划分的方式相比,CIDR 不是以粗粒度的固定大小的地址块来分配地址,而是以任意的二进制倍数的大小来分配地址。

(2) 由于 CIDR 不采用传统的标准 IP 地址分类方法,无法从地址本身来判断网络号的长度,因此 CIDR 地址采用"斜线记法",即<网络前缀>/<主机号>,例如,用 CIDR 方法给出一个地址块中的一个 IP 地址是 200.16.23.0/20,表示这个 IP 地址的前 20 位是网络前缀、后 12 位是主机号,其地址结构为:

200.16.23.0/20=**11001000 00010000 0001**0111 00000000

(3) CIDR 将网络前缀相同的连续的 IP 地址组成一个"CIDR 地址块"。例如,200.16.23.0/20 的网络前缀为 20 位,那么该地址块可以拥有的主机号为 2^{12}(4096)个。

(4) 一个 CIDR 地址块由块起始地址与前缀来表示。地址块的起始地址是指地址块中地址数值最小(即主机号是全 0)的一个。200.16.23.0/20 地址块中起始地址的主机号应该是全 0,那么这么地址块的最小地址的结构为:

200.16.16.0/20=**11001000 00010000 0001**0000 00000000

这个地址块的最大地址是主机号是全 1 的地址,其结构为:

200.16.31.255/20=**11001000 00010000 0001**1111 11111111

200.16.23.0/20 所在的地址块应该由初始地址与前缀表示,即 200.16.16.0/20。

(5) 与标准分类 IP 地址一样,除去主机号是全 0 的网络地址,以及主机号是全 1 的广播地址,这个 CIDR 地址块中可以分配的 IP 地址为:

200.16.16.1/20～200.16.31.254/20。

2. CIDR 的应用

如果一个校园网管理中心获得了 200.24.16.0/20 的地址块,希望将它划分成 8 个等长的较小的地址块,则网络管理员可以采取 CIDR 方法,借用地址中 12 位主机号的前 3 位,实现进一步划分地址块的目的。图 4.9 给出了划分 CIDR 地址块的例子。

校园网地址	200.24.16.0/20	**11001000 00011000 0001**0000 00000000
计算机学院地址	200.24.16.0/23	**11001000 00011000 0001000**0 00000000
数学学院地址	200.24.18.0/23	**11001000 00011000 0001001**0 00000000
物理学院地址	200.24.20.0/23	**11001000 00011000 0001010**0 00000000
化学学院地址	200.24.22.0/23	**11001000 00011000 0001011**0 00000000
材料学院地址	200.24.24.0/23	**11001000 00011000 0001100**0 00000000
管理学院地址	200.24.26.0/23	**11001000 00011000 0001101**0 00000000
经济学院地址	200.24.28.0/23	**11001000 00011000 0001110**0 00000000
外语学院地址	200.24.30.0/23	**11001000 00011000 0001111**0 00000000

图 4.9 划分 CIDR 地址块的例子

从这个例子可以看出,对于计算机学院来说,它被分配了 202.24.16.0/23 的地址块,网络地址为 23 位"11001000 00011000 0001000",地址块的最小起始地址是 202.24.16.0,可分配的地址数位 2^9 个。对于数学学院来说,它被分配了 202.24.18.0/23 的地址块,网络地址为 23 位"11001000 00011000 0001001",地址块的最小起始地址是 202.24.18.0,可分配的地址数位 2^9 个。同样,8 个学院都获得了同等大小的地址空间。

分析计算机学院和数学学院的网络地址如下。

计算机学院网络地址:**11001000 00011000 0001**000

数学学院网络地址：   **11001000 00011000 0001**001

两个学院分配的网络地址的前 20 位是相同的,并且 8 个地址块网络地址的前 20 位都是相同的。这个结论说明了 CIDR 地址的一个重要特点是:地址聚合(address aggregation)和路由聚合(route aggregation)的能力。

图 4.10 给出了划分 CIDR 地址块后的校园网结构。在这个结构中,连接到互联网的主路由器向外部网络发送一个通告,说明它接收所有目的地址的前 20 位与 200.24.16.0/20 相符的分组。外部网络不需要知道在 200.24.16.0/20 地址块的校园网内部还有 8 个院级网络的存在。

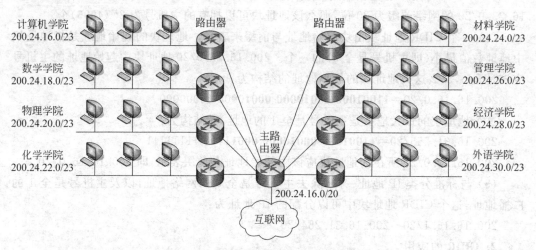

图 4.10 划分 CIDR 地址块后的校园网结构

CIDR 技术通常用在将多个 IP 地址归并到单一的网络中,并且在路由表中使用一项来表示这些 IP 地址。表 4-3 给出了 CIDR 及对应的掩码。网络前缀越短,其地址块所包含的地址数越多。

表 4-3 CIDR 及对应的掩码

CIDR	对应的掩码	CIDR	对应的掩码	CIDR	对应的掩码
/8	255.0.0.0	/16	255.255.0.0	/24	255.255.255.0
/9	255.128.0.0	/17	255.255.128.0	/25	255.255.255.128
/10	255.192.0.0	/18	255.255.192.0	/26	255.255.255.192
/11	255.224.0.0	/19	255.255.224.0	/27	255.255.255.224
/12	255.240.0.0	/20	255.255.240.0	/28	255.255.255.240
/13	255.248.0.0	/21	255.255.248.0	/29	255.255.255.248
/14	255.252.0.0	/22	255.255.252.0	/30	255.255.255.252
/15	255.254.0.0	/23	255.255.254.0		

4.3.5　专用 IP 地址与内部网络地址规划方法

1. 全局 IP 地址与专用 IP 地址

全局 IP 地址与专用 IP 地址的区别表现如下。

(1) 使用 IP 地址的网络可以分为两种情况：一种是将网络直接连接到互联网；另一种是运行 TCP/IP 协议的内部网络,但不直接连接到互联网,网络内部用户访问互联网是受严格控制的。全局 IP 地址是分组在互联网上传输时使用的 IP 地址,例如 202.168.2. 12。全局 IP 地址也称为公用 IP 地址。只要不作特殊说明的 IP 地址通常是指全局 IP 地址。专用 IP 地址只能用于一个机构、公司的内部网络,而不能用于互联网。当一个分组使用专用 IP 地址时,该网络即使有接入互联网的路由器,路由器也不会将该分组转发到互联网。

(2) 全局 IP 地址需要申请,而专用 IP 地址不需要申请。互联网分配机构 IANA 负责组织和监督 IP 地址的分配,确保每个字段都是唯一的。它授权给下一级申请成为互联网网点的网络管理中心,每个网点组成一个自治系统。网络信息中心只给申请成为新网点的组织分配 IP 地址的网络号,主机号则由申请的组织自己分配和管理。自治系统负责自己内部网络的拓扑结构、地址建立与更新。这种分层管理的方法能有效防止 IP 地址的冲突。连接到互联网的网络在组建时,需要根据网络的结构和规模,申请 A 类、B 类或 C 类的公用 IP 地址。

(3) 全局 IP 地址必须保证在互联网上是唯一的；而专用 IP 地址在某一个网络内部是唯一的,但在互联网中并不是唯一的。IPv4 为内部网络预留的专用 IP 地址有如下 3 组。

- 第 1 组：A 类地址的 1 个地址块(10.0.0.0～10.255.255.255)。
- 第 2 组：B 类地址的 16 个地址块(172.16～172.31)。
- 第 3 组：C 类地址的 256 个地址块(192.168.0～192.168.255)。

例如,专用 IP 地址 10.1.1.1 可能出现在不同学校的校内网中,但不会出现在互联网上。即使出现了,路由器也认为是错误地址而丢弃该分组。

2. 内部网络的专用 IP 地址规划方法

使用专用地址规划一个内部网络地址系统时,首选的方案是使用 A 类地址中的专用 IP 地址块。理由主要有两个：一是这个地址块覆盖了从 10.0.0.0 到 10.255.255.255 的地址空间,由用户分配的子网号和主机号的总长度为 24 位,可以满足各种专用网的需要；二是 A 类专用地址的特征比较明显,从 20 世纪 80 年代之后,10.0.0.0 的地址已经不再使用。因此,只要出现了 10.0.0.0 到 10.255.255.255 的地址块,很快就会识别出它是一个专用地址,这样也便于规划和管理。当然,B 类的 16 个专用地址块和 C 类的 256 专用地址块也可以使用。

3. 规划内部网络地址的基本原则

当使用专用地址规划内部网络地址时,需要遵循以下基本原则。

(1) 简捷。内部网络地址的规划一定要简洁,文档记录清晰。当看到一个特定设备上的 IP 地址时,不需要更多查询,就能够推断出它是哪一类设备,以及它在网络中的大致位置。

（2）便于系统的扩展与管理。内部网络地址的规划一定要考虑容易实施，方便管理，并能够适应未来系统的发展，具有很好的扩展性。

（3）有效的路由。内部网络地址的规划应采用分级地址结构，减少路由器的路由表规模，提高路由与分组转发速度。

4.3.6　网络地址转换技术

1. NAT 的基本概念

解决 IP 地址的短缺已经迫在眉睫，但是从 IPv4 过渡到 IPv6 的进程很缓慢，因此需要有一种短时间内有效的快速补救办法，那就是网络地址转换技术 NAT。

NAT 技术适用于四类应用领域：一是 ISP、ADSL 和有线电视的地址分配；二是移动无线接入地址分配；三是电子政务内网等对互联网的访问需要严格控制的内部网络系统的地址分配；四是与防火墙相结合。在使用专用 IP 地址设计的内部网络中，如果内部网络的主机要访问互联网或外部网络的主机，则需要使用 NAT 技术。图 4.11 给出了 ISP 使用 NAT 技术的结构示意图。

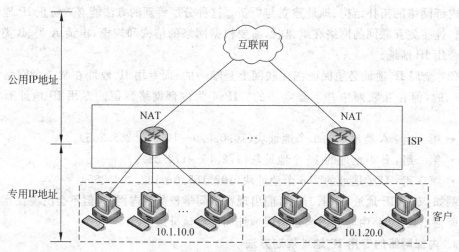

图 4.11　ISP 使用 NAT 技术的结构

为 ADSL 用户提供拨号服务的 ISP 使用 NAT 技术来节省 IP 地址。假设 ISP 有 1000 个地址，但是有 10000 个用户。这个 ISP 可以将用户划分为 100 个组，每个组有 100 个用户。每个组可以视为一个内部网络，给每个内部网络的用户分配一个专用 IP 地址。ISP 将给每个内部网络分配 10 个可用在互联网使用的全局 IP 地址，这样，每个内部网络的 100 个用户就可以共享 10 个全局 IP 地址。内部网络主机之间的访问就是使用专用 IP 地址，只有需要访问外部网络的分组才使用全局 IP 地址。

如果内部网络中的用户希望访问互联网的某个 Web 站点，它的访问请求达到连接互联网的路由器时，执行 NAT 协议的路由器可以从自己的公用 IP 地址池中为用户临时分配一个全局 IP 地址，将内部网络使用的专用 IP 地址转换成公用 IP 地址，满足用户访问互联网的需求。当访问结束后，路由器收回分配的全局 IP 地址，以便给其他用户提供服务。实际上,NAT 经常与代理(proxy)、防火墙(fireware)技术一起使用。

2. NAT 的工作原理

图 4.12 给出了 NAT 的基本工作原理。如果内部网络地址为 10.0.1.1 的主机希望访问互联网上地址为 135.2.1.1 的 Web 服务器,它产生一个源地址 S=10.0.1.1、端口号为 3342 以及目的地址 D=135.2.1.1、端口号为 80 的分组 1,即"S=10.0.1.1,3342 D=135.2.1.1,80"。当分组 1 到达执行 NAT 功能的路由器时,它将分组 1 的源地址从内部专用地址转换成可以在外部互联网上路由的全局 IP 地址。例如,转换结果构成的分组 2 为"S=202.0.1.1,5001 D=135.2.1.1,80"。

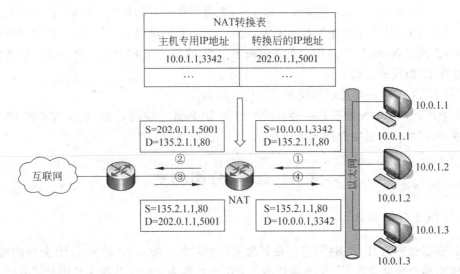

图 4.12 NAT 的基本工作原理

需要注意的是,分组 1 的专用地址从 10.0.1.1 转换成 201.0.1.1,同时传输层客户进程的端口号也需要转换,本例中是从 3342 转换成 5001。转换传输层客户进程的端口号的原因是,有些应用程序在执行过程中可能需要在源与目的地址之间交换 UDP 协议的数据。根据传输层进程通信的规定,TCP 与 UDP 协议的端口号分配不同。由于 TCP 与 UDP 协议的端口号是变化的,因此必须同时考虑 IP 地址与端口号的改变。

NAT 可以分为"一对一"和"多对多"两类。实现地址"一对一"转换的方法属于静态 NAT,即配置一个内部专用 IP 地址对应一个公用的 IP 地址。在前面例子的假设中,每个内部网络的 100 个用户可以共享 10 个全局 IP 地址,则属于动态 NAT。10 个共享的全局 IP 地址可以放在一个全局 IP 地址池中。

3. 对 NAT 方法的评价

尽管 NAT 是对 IP 地址短缺的一种快速弥补的很好办法,但是相关研究人员对 NAT 方法引起的问题进行了讨论,主要的评价如下。

(1) NAT 违反了 IP 地址结构模型的设计原则。IP 地址结构模型的基础是每个 IP 地址均标识一个网络的连接,互联网的软件设计就建立在这个基础上。NAT 使得很多主机可能在使用相同的地址,如 10.0.0.1。

（2）NAT 使 IP 协议从面向无连接变成了面向连接。NAT 必须维持专用 IP 地址与公用的 IP 地址，以及端口号的映射关系。在 TCP/IP 协议体系中，如果一个路由器出现故障，不会影响 TCP 协议的执行，因为只有几秒钟收不到应答，发送进程就会进入超时重传处理。当采用了 NAT 技术时，最初设计的 TCP/IP 的处理过程发生了变化，互联网变得非常脆弱。

（3）NAT 违反了网络基本的分层结构模型的设计原则。在传统的网络分层结构模型中，第 N 层是不能修改第 N+1 层的报头内容的，NAT 破坏了这种各层独立的原则。

（4）有些应用将 IP 地址插入在正文的内容中，例如标准的 FTP 协议与 IP Phone 协议 H.323。如果 NAT 与这类协议一起工作，则需要做一定的修改。同时，传输层也可能使用 TCP 与 UDP 协议之外的其他协议，这一点 NAT 协议也必须知道，并且做相应的修改。NAT 的存在，给 P2P 应用的实现带来了困难，这是由于 P2P 的文件共享与语音共享都建立在 IP 协议的基础上。

（5）NAT 的存在对高层协议和安全性有影响。

综上所述，NAT 技术只是一种临时性缓解 IP 地址短缺的方案，它推迟了向 IPv6 迁移的进程，但并没有解决深层次的问题。

4.4 IPv4 分组格式

4.4.1 IPv4 分组结构

IP 分组也称为 IP 数据报，它们在概念上是相同的。图 4.13 给出了 IP 分组的结构。IP 分组由两个部分组成：分组头和数据。分组头也称为首部。分组头长度是可变的。人们习惯用 4 字节为基本单位表示分组头字段。图中分组头的每行宽度是 4 字节，前 5 行

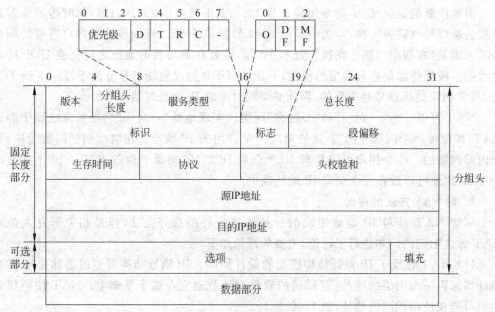

图 4.13 IP 分组的结构

是每个分组头中必须有的字段,第 6 行是选项字段,因此 IP 分组头的基本长度是 20 字节。如果加上最长为 40 字节的选项,则 IP 分组头的最大长度为 60 字节。

4.4.2 IPv4 分组头格式

1. 版本字段

IP 分组的第一个字段是"版本"(version),其长度为 4 位。它表示所使用的网络层 IP 协议的版本号。版本字段值为 4,表示 IPv4;版本字段值为 6,表示 IPv6。不同的协议版本所规定的分组结构是不同的,该字段向 IP 软件说明它所处理的 IP 分组的版本号。IP 软件在处理该分组之前必须检查版本号,以避免出现错误解释分组的内容。

2. 协议字段

协议字段是指使用 IP 协议的高层协议类型。协议字段长度为 8 位。表 4-4 给出了协议字段值所表示的高层协议类型。

表 4-4 协议字段值所表示的高层协议类型

协议字段值	高层协议类型	协议字段值	高层协议类型
1	ICMP	17	UDP
2	IGMP	41	IPv6
6	TCP	89	OSPF
8	EGP		

3. 长度

IP 分组的分组头有两个长度字段:分组头长度(hlen)和总长度(total length)。

(1) 分组头长度字段。分组头长度字段的长度为 4 位,它定义了以 4 字节为一个单位的分组头的长度。分组头中除了 IP 选项字段与填充字段外,其他各项是定长的,长度为 20 字节。因此,分组头长度字段的最小值为 5,表示分组头的最小长度为 20 字节(5×4)。

一个有 IP 选项字段和填充字段非 IP 分组的分组头要大于 20 字节。因此,分组头长度字段的最大值为 15,表示分组头的最大长度为 60 字节(15×4)。这样,IP 分组的分组头长度在 20~60 字节。同时,协议还规定:IP 分组的分组头长度必须是 4 字节的整数倍。如果不是 4 字节的整数倍,则由填充字段补 0 来补齐。

(2) 总长度字段。总长度字段的长度为 16 位,它定义了以字节为单位的分组总长度,是分组头长度与数据长度之和。由于总长度字段的长度为 16 位,因此 IP 分组的最大长度为 65 535 字节($2^{16}-1$)。IP 分组中高层协议的数据长度等于分组的总长度减去分组头长度。

4. 服务类型字段

服务类型字段的长度为 8 位,用于指示路由器如何处理该分组。服务类型由 4 位服务类型字段(type of service,TOS)与 3 位优先级字段(procedence)构成,剩下的 1 位为保留位。

（1）服务类型字段。服务类型用 4 个参数来指示路由器如何处理分组，以及分组所希望达到的传输效果。这些服务类型参数为：延迟 D(delay)、可靠性 R(reliability)、吞吐量 T(throughput)与成本 C(cost)。每位取值 0 或 1。在这 4 位中，最多只能有一位的值为 1，其他 3 位的值则为 0。例如，延时位 D=1 表示低延迟(low delay)，D=0 表示正常延迟(normal)；吞吐量位 T=1 表示高吞吐量(high throughput)，T=0 表示正常吞吐量(normal)；可靠性位 R=1 表示高可靠性(high reliablity)，R=0 表示正常可靠性；成本位 C=1 表示低服务成本(low cost)，C=0 表示正常服务成本(normal)。因此，尽管服务类型可以组合 D、T、R、C 等 4 个参数，但在实际应用中必须根据需要对 4 个参数协调和折中。例如，如果要获得低服务成本，则 D、T、R、C 参数的组合只能 0001，即牺牲延迟、吞吐量、可靠性等三方面的要求。由于一条网络传输路径的性能往往取决于它所依赖的网络传输技术，每种网络传输技术都需要用延迟、吞吐量、可靠性与成本等 4 个参数来描述，一般情况下，每种网络传输技术都不可能同时在延时、吞吐量、可靠性与成本等 4 个方面达到最优。因此，只能强调用户最需要保证的性能，而降低其他方面的要求。这是 IP 协议在设计中遵循的原则和基本思路。

（2）优先级字段。当分组在网络之间传输时，有的应用需要网络提供优先服务，重要服务信息的处理等级比一般服务信息的处理等级高。例如，网络管理信息分组的优先等级设定要比 FTP 分组高。当网络处于高负荷状态，尤其是在路由器发生拥塞而必须丢弃一些分组时，路由器将只接收某优先等级以上的分组，而将等级较低的分组丢弃，这时可以只接收网络管理信息分组，而将 FTP 分组丢弃。路由器根据 4 个参数的搭配组合来确定选择标准。

5. 生存时间字段

IP 分组从源主机到达目的主机的传输延时是不确定的。如果出现路由器的路由表错误，甚至可能造成分组在网络中循环、无休止的转发。为了避免这种情况的出现，IP 协议设计了生存时间(time-to-live，TTL)字段。TTL 用来设定分组在互联网中的"寿命"，它通常是用转发分组最多的路由器跳数(hop)来实现的。

设计 TTL 是用来限制一个分组在互联网络中的最大生存时间。TTL 的初始值由源主机设置，经过一个路由器，它的值被减 1。当 TTL 的值为 0 时，分组就被丢弃，并发送 ICMP 报文通知源主机。

6. 头校验和字段

头校验和(header checksum)字段的长度为 8 位。设置头校验和是为了保证分组头部的数据完整性。IP 分组只对分组头而不是对整个分组进行校验和计算，其原因如下。

（1）IP 分组头之外的部分属于高层数据，高层数据都会有相应的校验字段，因此 IP 分组可以不对高层数据进行校验。

（2）IP 分组头每经过一个路由器都要改变一次，但数据部分并不改变。因此在 IP 分组头设置头校验和，只对变化部分进行校验是合理的。如果对整个分组进行校验的话，则每次需要对整个分组进行计算，势必要花费路由器大量的时间，使系统性能大大降低。

在 IP 分组头设置头校验和可以简化协议，提高路由器的工作效率，符合"尽力而为"的设计思想。但是这种方法势必会增大高层数据传输的不可靠性，增加高层协议的负担。

7. 地址字段

分组头中最简单的是地址字段。地址字段包括源地址（source address）与目的地址（destination address）。源地址与目的地址字段的长度都是 32 位，分别表示发送分组的源主机与接收分组的目的主机的 IPv4 地址。在分组的整个传输过程中，无论采用什么样的传输路径或如何分段，源地址与目的地址都始终保持不变。

4.4.3　IP 分组的分段与组装

1. 最大传输单元与 IP 分组的分段

在 IP 分组头中，与分组的分段和组装相关的字段有标识（identification）、标志（flag）与段偏移（fragment offset）。

（1）从 IP 协议和数据链路层协议的角度看 IP 分组的最大长度。IP 分组作为网络层的数据必然要通过数据链路层，封装成帧再通过物理层来传输。一个分组可能要经过多个不同的网络，每个路由器都要将接收的帧进行拆包和处理，然后封装成其他类型的帧。帧的格式与长度取决于网络采用的协议。例如，一个路由器从一个以太网接收到一个帧，而要转发到一个令牌环网，则路由器接收的是符合以太网协议的帧，而要按令牌环协议的要求去构造令牌环格式的帧。这两种帧的格式、长度都不同。每种网络规定帧的数据字段的最大长度称为最大传输单元（maximum transfer unit，MTU）。不同网络的 MTU 的长度不同。考虑到 IP 协议对于不同网络的适应性，规定 IP 分组可标识的最大长度为 65 535 字节。

（2）从 IP 协议和传输层协议的角度看 IP 分组的最大长度。传输层数据包必须在网络层封装成 IP 分组，再传送到数据链路层组成帧。在封装成 IP 分组时，传输层数据包加上 IP 分组头的总长度必须小于 65 535 字节。如果大于 65 535 字节，那么就需要将传输层数据分成多个数据包，分别封装在不同的 IP 分组中，多个分组传输出错的概率会增大。因此，TCP/IP 协议在设计时，从应用层和传输层就开始注意控制报文的长度，以避免被分成多个分组的问题。

由于 IP 分组的最大长度为 65 535 字节，而实际使用的网络 MTU 长度一般都比 IP 分组的最大长度短，如以太网的 MTU 长度为 1500 字节，因此，在使用这些网络传输 IP 分组时，要将 IP 分组分成若干较小的段（fragment）来传输，这些段的长度小于或等于 MTU 的长度。在传输路径中，路由器通常需要连接多种网络。不同网络的数据链路层 MTU 的长度可能不同，因此路由器在接收到分组并准备转发到目的主机时，首先要根据下一个网络的数据链路层 MTU，决定该分组在转发之前是否需要分段。

2. IP 分组分段的方法

当 IP 分组的长度大于 MTU 的长度时，就必须对 IP 分组进行分段。图 4.14 给出了 IP 分组分段的基本方法。首先需要确定段长度，然后将原始 IP 分组（包括分组头）分成第 1 个段。如果剩余的数据仍然超过段长度，则需要进行第 2 次分段，第 2 个分段数据加上原来的分组头，构成第 2 个段。这样一直分割到剩下的数据小于段长度为止。

3. 标识、标志、段偏移字段

（1）标识字段。标识字段的长度为 16 位，最多可以分配的 ID 值为 65 535 个。分组

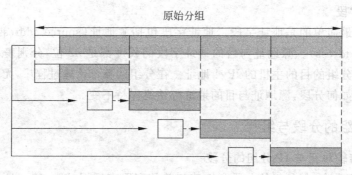

图 4.14　IP 分组分段的基本方法

可能通过不同的传输路径到达目的结点。属于同一分组的不同的段到达时会出现乱序，或者和属于其他分组的段混在一起。例如，如果为一个分组的所有段分配一个标识字段 ID 值为 1562，到达目的结点的段的标识字段 ID 值有些是 1562，也有的是 2489、3178 等，则目的结点可以根据标识字段 ID 值，将标识字段 ID 值为 1562 的段挑出来重装。标识字段 ID 是段识别的标记。

（2）标志字段。图 4.15 给出了标志字段的结构。标志字段共 3 位，最高位为 0，该值必须复制到所有分组中。

0	DF	MF

图 4.15　标志字段的结构

DF＝1，表示接收结点不能对分组进行分段。如果分组的长度超过 MTU，又不可以分段，那么只能丢弃这个分组，并用 ICMP 差错报文向源主机报告。DF＝0，表示可以分段。

MF 值表示该分段是不是最后一个分段。MF＝1 表示接收的不是最后一个分段，MF＝0 表示接收的是最后一个分段。

（3）段偏移。段偏移值表示分段在整个分组中的相对位置。它的长度为 13 位。段偏移是以 8 字节为单位来计数，因此选择的分段长度应为 8 字节的整数倍。

图 4.16 给出了分段方法的例子。可以看出，分组的数据长度为 2200 字节，分组头长度为 20 字节，MTU 长度为 820 字节，那么可以分成 3 个段。如果原始分组的数据编号为 0～2199，那么编号为 0～799 的数据作为第 1 分段的数据，复制原分组头（标志与段偏移值除外），原分组头与第 1 分段的数据就构成了第 1 分段。由于是初始的分段，因此段偏移值为 0。编号为 800～1599 的数据作为第 2 分段的数据，复制原分组头（标志与段偏移值除外），原分组头与第 2 分段的数据就构成了第 2 分段。由于该分段的第 1 个数据编码号为 800，段偏移值是以 8 字节为单位来计数的，因此段偏移值为 100。编号为 1600～

原始分组：| 分组头 | 段1(800字节) | 段2(800字节) | 段3(600字节) |

段1：| 分组头 | 段1(800字节) | 段偏移值：0

段2：| 分组头 | 段2(800字节) | 段偏移值：100

段3：| 分组头 | 段3(600字节) | 段偏移值：200

图 4.16　分段方法的例子

2199 的数据作为第 3 分段的数据,复制原分组头(标志与段偏移值除外),原分组头与第 3 分段的数据就构成了第 3 分段。由于该分段的第 1 个数据编码号为 1600,因此第 3 分段的偏移值为 200。第 3 分段的字节数小于 MTU 长度。

图 4.17 给出了分段与标识、标志、段偏移的关系。从原始分组到分段之后,分组头的总长度字段、标志字段与段偏移字段值均发生变化。在分段 1、分段 2 中 MF=1,表示它后面还有分段,它不是最后一个分段;在分段 3 中 MF=0,表示它是最后一个分段。需要注意的是:由于标识、标志与段偏移值发生变化,因此分组头的校验和需要重新计算。图中标识字段值假设为 265。

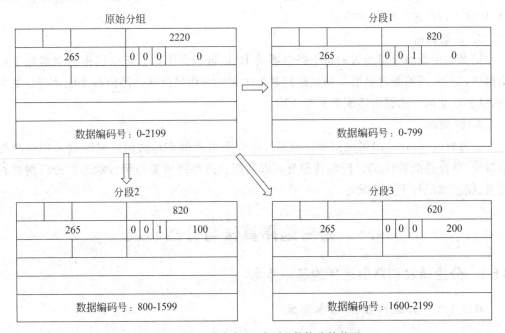

图 4.17 分段与标识、标志、段偏移的关系

4.4.4 IP 分组头选项

1. 设置 IP 分组头选项的目的

设置 IP 分组头选项的主要目的是控制与测试。使用分组头选项需要注意以下问题。

(1) 作为分组头选项,用户可以不使用,但作为 IP 分组头的组成部分,所有实现 IP 协议的硬件或软件都应该能够处理它。

(2) 选项的最大长度为 40 字节,如果用户使用的选项长度不是 4 字节的整数倍,需要添加填充位。

(3) 分组头选项由选项码、长度与选项数据等 3 部分组成。选项码用于确定该选项的具体功能,例如源路由、记录路由、时间戳等。长度表示选项数据的大小。

2. 源路由

源路由是指由发送分组的源主机制定的传输路径,用以区别由路由器通过路由选择算法确定的路径。源路由主要用于绕开出错的网络,测试某个网络的吞吐量,也可以用于保证传输安全的应用中。源路由分为严格源路由(strict source route,SSR)和松散源路由(loose source route,LSR)。

（1）严格源路由 SSR：规定了分组要经过的路径上的每个路由器，相邻路由器之间不能插入其他路由器，并且经过的路由器顺序不能改变。严格源路由选项主要用于网络测试，网络管理员本身必须对网络拓扑有相当的了解，在建立这类分组的分组头时，应直接将第一个测试点的地址设定为分组头中的目的地址，最后一个测试点或目的主机的地址设定为路径数据字段中的最后一个指定地址。

（2）松散源路由 LSR：规定了分组一定要经过的路由器，但不是一条完整的传输路径，中途可以经过其他路由器。

3. 记录路由

记录路由是将分组经过的每个路由器的 IP 地址记录下来。记录路由选项常用于网络测试，例如，网络管理员要了解发送到某个主机的分组经过哪些路由器才能达到目的主机，以及互联网中的路由器配置是否正确。

4. 时间戳

时间戳(timestamp)可以记录分组经过每个路由器的本地时间。时间戳采用格林尼治时间，单位是毫秒(ms)。网络管理员可以利用它追踪路由器的运行状态，分析网络吞吐量、拥塞情况与负荷情况等。

4.5　路由选择算法与分组转发

4.5.1　分组转发和路由选择的基本概念

4.5.1.1　分组转发的基本概念

分组转发(forwarding)是指互联网中主机、路由器转发 IP 分组的过程。多数主机先接入一个局域网，局域网通过一台路由器再接入互联网。这种情况下，这台路由器就是局域网主机的默认路由器(default router)，又称为第一跳路由器(first-hop router)。每当这台主机发送一个 IP 分组时，它首先将该分组发送到默认路由器。因此发送主机的默认路由器称为源路由器，与目的主机连接的路由器称为目的路由器。通常也将默认路由器称为默认网关。

分组转发分为两类：直接转发和间接转发。路由器需要根据分组的目的地址与源地址是否属于同一个网络，判断是直接转发还是间接转发。当分组的源主机和目的主机在同一个网络，或者当目的路由器向目的主机传送时，分组将直接转发。如果目的主机和源主机不在同一个网络，分组就要间接转发。路由器从路由表中找出下一个路由器的 IP 地址，然后将 IP 分组转发给下一个路由器。当 IP 分组到达与目的主机所在的网络连接的路由器时，分组将被直接转发。图 4.18 给出了分组转发的过程。

分组转发的路径由路由选择的结果来确定。为一个分组选择从源主机传送到目的主机的路由问题，可以归结为从源路由器到目的路由器的路由选择问题。

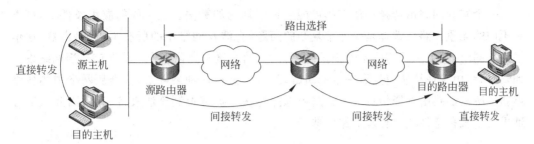

图 4.18 分组转发的过程

4.5.1.2 评价路由选择的依据

路由选择的核心是路由选择算法,路由选择算法为生成路由表提供算法依据。一个理想的路由选择算法应具备以下特点。

(1)算法必须是正确、稳定和公平的。沿着路由表所指引的路径,分组最终到达目的网络和目的主机。在网络通信量和网络拓扑相对稳定的情况下,路由算法应收敛于一个可以接受的解。算法应对所有用户平等。

(2)算法应该尽量简单。路由选择算法的计算必然要消耗路由器的资源,增加分组转发的延时,算法只有尽量简单,才可能有实用价值。

(3)算法必须能够适应网络拓扑和通信量的变化。网络拓扑与网络通信量的变化是必然的,当某个路由器或通信线路发生故障时,算法应能及时地改变路由。当网络的通信量发生变化时,算法应能自动改变路由,以均衡各链路的负载。这种自适应性表现出路由选择算法的稳健性。

(4)算法应该是最佳的。算法的“最佳”是指以较低的开销转发分组。衡量开销的因素可以是链路长度、数据速率、链路容量、保密、传播延时、费用等。正是需要考虑很多因素,因此不存在一种绝对的最佳路由算法。“最佳”是指相对于某种特定条件和要求,选择较为合理的路由。

4.5.1.3 路由选择算法的主要参数

路由选择算法的主要参数如下。

(1)跳数(hop count)。跳数是指一个分组从源结点到达目的结点经过的路由器的个数。一般来说,跳数越少路径越好。

(2)带宽(bandwidth)。带宽是指链路的传输速率,例如高速以太网的传输速率为100Mbps,也可以说以太网的带宽为 100Mbps。

(3)延时(delay)。延时是指一个分组从源结点到达目的结点所花费的时间。

(4)负载(load)。负载是指通过路由器或线路的单位时间通信量。

(5)可靠性(reliability)。可靠性是指传输过程中的误码率。

(6)开销(overhead)。开销通常是指传输过程中的耗费,该耗费通常与所使用的链路带宽相关。

一个实际的路由选择算法应尽可能接近于理论的算法。在不同的应用条件下,可以有不同的侧重。路由选择是个非常复杂的问题,它涉及网络中的所有主机、路由器、通信线路。同时,网络拓扑与网络通信量随时都在变化,这种变化事先无法知道。当网络发生拥塞时,路由选择算法应具有一定的缓解能力,恰好在这种条件下,很难从网络中的各结点获得所需的路由选择信息。由于路由选择算法与拥塞控制算法直接相关,因此只能寻址出对于某种条件相对合理的路由选择。

4.5.1.4　路由选择算法的分类

在互联网中,路由器采用的是表驱动的路由选择算法。路由表存储了可能的目的地址与如何达到目的地址的信息。路由器在传送 IP 分组时必须查询路由表,以决定将分组通过哪个端口转发出去。路由表是根据路由选择算法产生的。从路由选择算法对网络拓扑和通信量变化的自适应能力的角度划分,可以分为静态路由选择算法与动态路由选择算法两大类。

静态路由选择算法也称为非自适应路由选择算法,其特点是实现起来简单,开销较小,但不能及时适应网络状态的变化。动态路由选择算法也称为自适应路由选择算法,其特点是能较好地适应网络状态的变化,但实现起来较为复杂。路由表可以是静态的,也可以是动态的。

(1) 静态路由表。静态路由表是由人工方式建立的,网络管理员将每个目的地址的路径输入到路由表中。网络结构发生变化时,路由表无法自动更新。静态路由表的更新工作必须由管理员手工完成。因此,静态路由表一般只用在小型的、结构不会经常改变的局域网系统中,或者是故障查询的试验网络中。

(2) 动态路由表。大型互联网络通常采用动态路由表。在网络系统运行时,系统自动运行动态路由选择协议,建立路由表。当互联网结构发生变化时,例如某个路由器出现故障或某条链路中断,动态路由选择协议就会自动更新所有路由器中的路由表。不同规模的网络需要选择不同的动态路由选择协议。

4.5.1.5　路由选择算法与路由表

在互联网中,每一台路由器都会保存一个路由表,路由选择是通过表驱动的方式实现的。

1. 标准路由选择算法

一个标准的路由表通常保存着多个网络 IP 地址与下一跳路由器的二元组(N,R),这里 N 表示网络的 IP 地址,R 表示到网络 N 路径上的下一跳路由器的 IP 地址。在结构复杂的互联网中,要求每个路由器的路由表记录到达所有网络的路由是不可能的,因此路由器只需要记录到网络 N 路径上的下一跳路由器的 IP 地址。同时,为了提高路由运行效率,路由表中的 N 使用的是目的主机所在网络的 IP 地址。图 4.19 给出了一个简化的通过 3 个路由器连接 4 个网络的例子。表 4-5 给出了图 4.19 中 R2 的路由表。

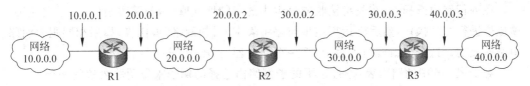

图 4.19 一个 3 个路由器连接 4 个网络的例子

表 4-5 图 4.19 中 R2 的路由表

目的网络	下一个路由器	目的网络	下一个路由器
20.0.0.0	直接转发	10.0.0.0	20.0.0.1
30.0.0.0	直接转发	40.0.0.0	30.0.0.3

从路由表中可以看出:

(1) 由于网络 20.0.0.0 和 30.0.0.0 直接与 R2 连接,因此当路由器接收到属于网络 20.0.0.0 和 30.0.0.0 的 IP 分组时,R2 可以将该 IP 分组直接转发给目的主机。

(2) 如果路由器 R2 接收到属于网络 10.0.0.0 的分组,R2 将根据路由表的指示,将分组通过地址为 20.0.0.1 的接口转发给 R1。

(3) 如果路由器 R2 接收到属于网络 40.0.0.0 的 IP 分组,R2 将根据路由表的指示,将分组通过地址为 30.0.0.3 的接口转发给 R3。

2. 子网的路由选择

在实际应用中,所有路由器应该支持子网的路由选择。图 4.20 给出了另一个通过 3 个路由器连接 4 个网络的例子。在子网编码方式下,直接通过网络地址已无法准确判断网络号、子网号与主机号,因此需要在路由表中增加子网掩码,这样就需要将二元组(N, R)变成三元组(M,N,R),其中 M 表示目的网络的子网掩码。表 4-6 给出了图 4.20 中 R2 的路由表。

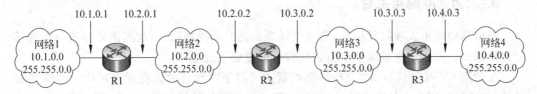

图 4.20 另一个 3 个路由器连接 4 个网络的例子

表 4-6 图 4.20 中 R2 的路由表

子网掩码	目的网络	下一个路由器
255.255..0.0	10.2.0.0	直接转发
255.255.0.0	10.3.0.0	直接转发
255.255.0.0	10.1.0.0	10.2.0.1
255.255.0.0	10.4.0.0	10.3.0.3

在进行路由选择时,首先将接收的分组中的目的地址取出,与路由表中的"子网掩码"项逐位进行"与"操作,然后将运算结果与路由表中"目的网络"项比较,如果相同则表明路由选择成功。这个分组按路由表中"下一个路由器"指出的 IP 地址转发。

对于表 4-6 中的路由表,通过以下的子网路由选择的例子来说明路由表的使用。

(1) 如果 R2 接收到目的地址为 10.2.12.1 的分组,路由选择的第一步是将这个目的地址与 255.255.0.0 的子网掩码进行"与"操作,获得的网络地址为 10.2.0.0。查找路由表,属于表中的第 1 项。路由器将该分组直接转发给 10.2.0.0 网络。

(2) 如果 R2 接收到目的地址为 10.4.112.10 的分组,路由选择的第一步是将这个目的地址与 255.255.0.0 的子网掩码进行"与"操作,获得的网络地址为 10.4.0.0。查找路由表,属于表中的第 4 项。R2 将根据路由表的指示,将接收到的分组通过地址为 30.0.0.3 的接口转发到 R3。

(3) 如果 R3 与该分组的目的地址表示的网络不直接连接,则 R3 将按以上方法进行下去,直至该分组最终传送到目的主机所在的网络为止。

3. 路由表的特殊路由

路由表可以有两种特殊路由:默认路由和特定主机路由。

(1) 默认路由:在路由选择过程中,如果路由表中没有明确指明一条到达目的网络的路由信息,那么可以将该分组转发到默认路由指定的路由器。例如,在图 4.20 中,如果 R1 的路由表中建立了一个指向 R2 的默认路由,则它就可以不需要建立到网络 10.3.0.0 和网络 10.4.0.0 的路由。这样,R1 接收到的分组的目的地址只要不是它直接连接的网络 10.1.0.0 和 10.2.0.0,就只需按照默认路由将它们转发到 R2。

(2) 特定主机路由:路由表的主要表项是基于网络地址的,同时 IP 协议也允许为一个特定的主机建立路由表项(即特定主机路由)。特定主机路由方式赋予了本地网络管理员更大的网络控制权,可以用于网络安全、网络流通性测试、路由表正确性判断等。

4.5.1.6　IP 路由汇聚

路由器的路由表项数量越少,路由选择查询的时间就越短,通过路由器转发分组的延时也就越少。路由汇聚是减少路由表项数量的重要手段之一。

在使用 CIDR 协议后,IP 分组的路由就通过与子网划分的相反过程汇聚。网络前缀越长,其地址块所包含的主机地址数越少,寻址目的主机就越容易。在使用 CIDR 的网络前缀记忆法后,IP 地址由网络前缀和主机号两部分组成。因此实际使用的路由表的项目也要相应地改变。路由表项有"网络前缀"和"下一跳地址"组成。这样,路由选择就变成了从匹配结果中选择具有最长网络前缀的路由,这就是"最长前缀匹配"的路由选择原则。

图 4.21 给出了 CIDR 的路由汇聚过程。连接路由器的接口标有 S0、S1 的为串行线路标记,E1、E2、E3 表示以太网接口。其中,路由器 R_g 通过两条专线 S0、S1 与两台汇聚路由器 R_e 和 R_f 连接;路由器 R_e 和 R_f 分别通过两个以太网与 4 台接入服务器 R_a、R_b、R_c、R_d 连接。R_a、R_b、R_c、R_d 分别连接 156.26.0.0/24～156.26.3.0/24、156.26.56.0/24～156.26.59.0/24 等 8 个子网。图中包括连接核心路由器与汇聚路由器的两个子网,共有 12 个子网。表 4-7 给出了路由器 R_g 的路由表,其中包括 12 个路由条目。如果采用的是

静态路由表,用人工添加到7个路由器的路由表,则总共需要输入12×7＝84个条目。对于大型的网络来说,采用静态路由表(人工添加路由表)的做法显然不可取,只能采用动态路由选择协议自动建立和更新路由表。

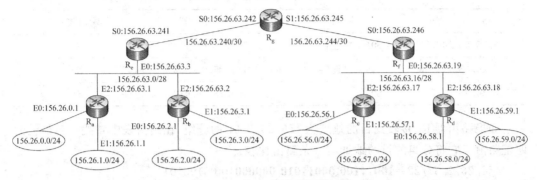

图 4.21   CIDR 的路由汇聚过程

表 4-7   路由器 R_g 的路由表

路 由 器	输出接口	路 由 器	输出接口
156.26.63.240/30	S0(直接连接)	156.26.2.0/24	S0
156.26.63.244/30	S1(直接连接)	156.26.3.0/24	S0
156.26.63.0/28	S0	156.26.56.0/24	S1
156.26.63.16/28	S1	156.26.57.0/24	S1
156.26.0.0/24	S0	156.26.58.0/24	S1
156.26.1.0/24	S0	156.26.59.0/24	S1

从表4-7可以看出,路由器 R_g 的路由表可以简化。其中前4项保留,后8项可以考虑合并成2项。

按照"最长前缀匹配"的原则,可以寻找 156.26.0.0/24～156.24.3.0/24 等4项的最长相同的前缀。在本例中,观察地址中的第3字节:

0＝**00000000**

1＝**00000001**

2＝**00000010**

3＝**00000011**

对于这4条路径,第3个字节的前6位都是相同的,也就是说,4项的最长相同的前缀是22位。因此,路由表中的这4项可以合并成:156.26.0.0/22,同样,观察 156.26.56.0/24～156.26.59.0/24 的第3个字节:

56＝**00111000**

57＝**00111001**

58＝**00111010**

59＝**00111011**

对于这4条路径,第3个字节的前6位都是相同的,也就是说,4项的最长相同的前缀是 22 位。因此,路由表中的这 4 项可以合并成:156.26.56.0/22。表 4-8 给出了汇聚后的路由器 R_g 的路由表,路由条目由 12 个减少到 6 个。

表 4-8　汇聚后的路由器 R_g 的路由表

路 由 器	输出接口	路 由 器	输出接口
156.26.63.240/30	S0(直接连接)	156.26.63.16/28	S1
156.26.63.244/30	S1(直接连接)	156.26.0.0/22	S0
156.26.63.0/28	S0	156.26.56.0/22	S1

如果路由器 R_g 接收到目的地址为 156.26.2.37 的分组,在路由表中查找一条最佳的匹配路由。它将分组的目的地址与一条路由比较:

156.26.2.37/22=**10011100 00011010 000000**10 00100101

156.26.0.0/22=**10011100 00011010 000000**00 00000000

目的地址与 156.26.0.0/22 的地址前缀之间有 22 位是匹配的,那么路由表 R_g 将接收到的目的地址为 156.26.2.37 的分组从 S0 接口转发。

从以上例子可以看出,如果 IP 一开始就使用 CIDR 协议,并且按地理位置对地址分块,则路由选择的过程将简单得多,可惜没有采用这种办法。目前 CIDR 的使用使得寻址最长相同前缀的过程越来越复杂。当路由表很大时,如何减少路由表的查找时间成为一个重要问题。如果路由器的链路线速达到 10Gbps,分组长度为 2000 位,要求路由器的路由查找速度达到输入端口线速,则路由器每秒钟要处理 500 万个分组,路由器(包括路由查找时间)的分组处理时间要求在 200ns 之内。因此,如何在路由表中使用优化的数据结构和快速查询方法一直是网络领域中一个重要的研究问题。

4.5.2　路由表的建立、更新与路由选择协议

1. 解决互联网路由选择协议的基本思路

在讨论了路由选择算法基本概念的基础上,研究实际网络环境中路由器的路由表建立、更新问题。首先需要认识两个基本问题:

(1) 在结构复杂的互联网环境中,试图建立一个能适用于整个互联网环境的全局性的路由选择算法是不切实际的。在路由选择问题上也必须采用分层的思想,以"化整为零"、"分而治之"的办法来解决这个复杂的问题。

(2) 路由选择算法与路由选择协议的概念不同。路由选择算法的目标是产生一个路由表,为路由器转发 IP 分组找出适当的下一跳路由器;而设计路由选择协议的目的是实现路由表路由信息的动态更新。

为了解决以上两个基本问题,人们提出了自治系统与路由选择协议的概念。

2. 自治系统的基本概念

研究人员提出了分层路由选择的概念,并将整个互联网划分为很多较小的自治系统(autonomous system,AS)。引进自治系统的概念可以使大型互联网的运行变得更有序。

自治系统的核心是路由选择的"自治"。由于一个自治系统中的所有网络都属于一个

行政单位,例如一所大学、一个公司、政府的一个部门,因此它有权自主地决定内部采用的路由选择协议。自治系统内部的路由选择称为域内路由选择;自治系统之间的路由选择称为域间路由选择。

3. 互联网路由选择协议的分类

路由选择协议分为两大类:内部网关协议(interior gateway protocol,IGP)、外部网关协议(external gateway protocol,EGP)。

(1) 内部网关协议。内部网关协议是在一个自治系统内部使用的路由选择协议,这与互联网中其他自治系统选用什么路由选择协议无关。目前,内部网关协议主要有:路由信息协议(routing information protocol,RIP)和开放最短路径优先协议(open shortest path first,OSPF)。

(2) 外部网关协议。每个自治系统的内部路由器之间通过 IGP 交换路由信息,而连接不同自治系统的路由器之间使用 EGP 交换路由信息。图 4.22 给出了自治系统与 IGP、EGP 之间的关系。

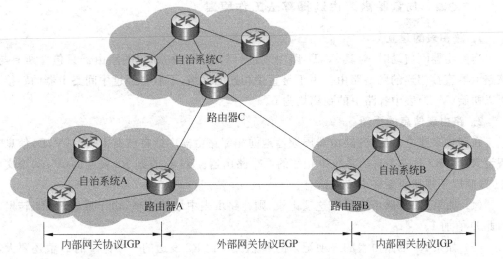

图 4.22 自治系统与 IGP、EGP 之间的关系

理解路由选择协议,需要注意以下几个问题。

(1) 早期 RFC 文档中使用的术语"网关"(gateway),相当于大家很熟悉的"路由器"(router)。从网络互联角度看,"网关"与"路由器"是有区别的,但由于历史原因,在互联网路由技术讨论中,"网关"与"路由器"不加以区别。

(2) IGP 与 EGP 是两类路由选择协议的名称,但是早期一种具体的外部网关协议就称为"EGP"。因此,一类协议的名称与一种具体的协议名称相同,容易造成混淆。此后,出现了一种新的外部网关协议,即边界网关协议 BGP,它取代了 EGP 协议,成为目前广泛使用的一种边界网关协议。

(3) 目前内部网关协议主要是路由信息协议 RIP 和开放最短路径优先协议 OSPF,外部网关协议主要是边界网关协议 BGP。

4.5.3　路由信息协议 RIP

路由信息协议是基于向量距离 V-D(vector-distance)路由选择算法的内部网关协议。向量距离路由选择算法源于 1969 年的 ARPANET。

4.5.3.1　向量距离路由选择算法

向量距离路由选择算法也称为 Bellman-ford 算法。向量距离路由选择算法的设计思想比较简单,它要求路由器周期性地通知相邻路由器自己可以到达的网络,以及到达该网络的距离(跳数)。

路由刷新报文的主要内容是若干(V,D)表。其中,V 代表向量(vecor),标识该路由器可以到达的目的网络或目的主机;D 代表距离(distance),指出该路由器到达目的网络或目的主机的距离。距离 D 对应该路由的跳数(hop count)。其他路由器在收到这个路由器的(V,D)报文后,按照最短路径原则对各自的路由表进行刷新。

4.5.3.2　向量距离路由选择算法工作原理

1. 路由表的建立

当路由器刚启动时,对其(V,D)路由表进行初始化。初始化的路由器只包含所有与该路由器直接相连的网络路由。由于是直接相连的网络,不需要经过中间路由器的转接,所以初始(V,D)表中各路由的距离均为 0。

2. 路由表信息的更新

在路由表建立之后,各路由器周期性地向相邻路由器广播自己路由表的(V,D)信息。假设 R1 和 R2 是一个自治系统中相邻的两个路由器。R1 接收到 R2 发送的(V,D)报文,R1 按照以下规律更新路由表的信息:

(1) 如果 R1 的路由表没有这项记录,则在路由表中增加该项,由于要经过 R2 转发,因此 D 值加 1。

(2) 如果 R1 的路由表的一项记录的 D 值减 1 比 R2 发送的一项记录的 D 值还要大,则在 R1 路由表中修改该项,D 值根据 R2 提供的值加 1。

图 4.23 给出了 R1 和 R2 的路由表信息的更新过程。图 4.23(a)是更新前的 R1 路由表,图 4.23(b)是 R2 发送的(V,D)报文。比较发现图 4.23(a)中有 3 项做标记的记录要修改:

第 1 项是:图 4.23(a)中目的网络 20.0.0.0 的距离为 8,而图 4.23(b)中的对应项距离为 4,显然更短,因此 R1 要根据 R2 提供的数据,修改相应项的值(取值为 4+1=5),路由不变。

第 2 项是:R1 的路由表中没有目的网络 40.0.0.0,需要向路由表中增加一项,增加的一项为:网络 40.0.0.0,距离 8,路由 R2。

第 3 项是:图 4.23(a)中的目的网络 120.0.0.0 的距离为 11(路由:R4),而图 4.23(b)中的对应项距离为 5(路由:R2),显然应将下一跳的路由器改为 R2。因此 R1 要根据 R2 提供的数据,修改相应项的值,距离为 5+1=6(路由:R2)。

图 4.23(c)是根据向量距离路由选择算法更新的路由表。该算法的优点是实现简单,但不适应大型或路由变化频繁的网络环境。

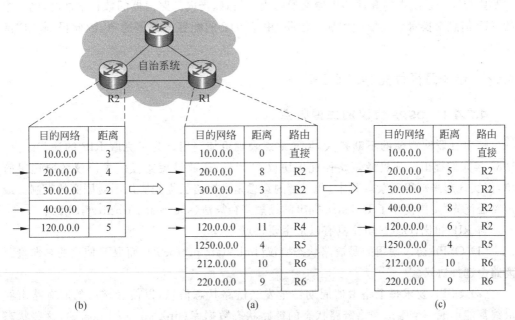

图 4.23 路由表信息的更新过程

4.5.3.3 路由信息协议 RIP

路由信息协议 RIP 在向量距离路由选择算法的基础上,规定了自治系统内部路由器之间的路由信息交互格式和错误处理方式,同时设置了周期更新定时器、延迟定时器、超时定时器与清除定时器。

(1) RIP 规定路由器设置一个周期更新定时器,每隔 30 秒在相邻路由器之间交换一次路由信息。由于每个路由器的周期更新定时器都相对独立,因此它们同时以广播方式发送路由信息的可能性很小。为了防止出现因触发更新而引起的广播风暴,RIP 协议增加了一个延迟定时器。延迟定时器为每次路由更新产生一个随机延迟时间,一般控制在 1~5 秒。

(2) 如果路由器接收到同一网络有多条距离相同的路径,它将按照"先入为主"原则,采用得到的第一条路径的参数,直到这一条路径失效或被更短的路径取代。

(3) 根据向量距离路由选择算法,只有当一个开销小的路径出现时才修改路由表中的一项路由记录,否则就一直保留下去。这样有一个弊端,即某条路径已经出现故障,而对应这条路径的记录可能还一直保留在路由表中。为了避免这种情况发生,RIP 为每个路由表项增加了一个超时定时器,在路由表中的一项记录被修改之时开始计时,当该记录在 180 秒(相当于 6 个 RIP 刷新周期)没有收到刷新信息时,表示该路径已经出现故障,路由表将该项记录置为"无效",而不是立即删除该项路由记录。另外,RIP 协议设置了一个清除定时器。如果路由表中的一项路由记录置为"无效"超过 120 秒没有收到更新信息,则立即从路由表中删除该项记录。

从以上讨论看出,RIP 只适用于相对较小的自治系统。由于每个自治系统中的路由器都要与同一系统内的其他路由器交换路由表信息,当内部路由器的数目增加时,网络中的 RIP 信息交换量会大幅度增加。但是,由于 RIP 的配置与部署简单,因此得到了广泛应用。

4.5.4　最短路径优先协议 OSPF

4.5.4.1　OSPF 协议的主要特点

随着互联网规模的不断扩大,RIP 缺点表现更加突出。为了克服 RIP 的这些缺点,1989 年人们提出了开放最短路径优先协议 OSPF。开放最短路径优先协议的原理很简单,但实现起来却很复杂。其中,"开放"的意思是最短路径优先协议不受厂商的限制,"最短路径优先"是指使用了 Dijkstra 提出的最短路径算法(shortest path first,SPF)。

与 RIP 相比,OSPF 协议具有以下主要特点。

(1) OSPF 协议使用的是链路状态协议(link state protocol),而 RIP 使用的是向量距离路由选择协议。

(2) OSPF 要求每个路由器周期性地发送链路状态信息,以使区域内的所有路由器最终都能形成一个跟踪网络链路状态的链路状态数据库(link state database),这些状态包括路由器可用端口、已知可达路由和链路状态信息。实际上,链路状态数据库是一张完整的网络映射图,是路由器建立路由表的依据。RIP 只能根据相邻路由器的信息更新路由表。

(3) OSPF 要求路由器在链路状态发生变化时用泛洪法(flooding)向所有路由器发送该信息,而 RIP 仅向自己相邻的几个路由器通报路由信息。

(4) 路由器之间交换的链路状态信息主要是费用、距离、延时、带宽等。值得注意的是,RIP 和 OSPF 都是在寻找最短的路径,并且都采用"最短路径优先"的指导思想。但是,在具体使用怎样的参数以及计算方法上有所不同。RIP 采用的是"跳数"作为路径长短的度量,是以跳数最少作为"最短路径"的评价标准。而 OSPF 采用的是链路状态作为"最短路径"的评价标准。

4.5.4.2　OSPF 主干区域与区域的概念

为了适应更大规模的网络路由选择的需要,自治系统内部又可以进一步分为两级:主干区域(backbone)与区域(area)。主干路由器构成主干区域。区域要通过区域边界路由器与主干路由器连接,以接入主干区域。区域路由器要向主干路由器报告内部路由信息。区域内部主机之间的分组交换通过区域路由器实现,区域之间的分组交换通过主干路由器实现,自治系统之间通过自治系统边界主干路由器实现互连。

图 4.24 给出了自治系统内部结构。每个区域有一个 32 位的区域标识符(用点分十进制标识),一个区域内的路由器数不超过 200 个。区域边界路由器接收从其他区域来的信息。主干区域内有一个自治系统边界路由器,专门和其他自治系统交换路由信息。

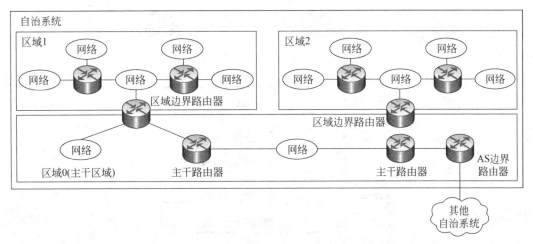

图4.24 自治系统内部结构

采用 OSPF 协议的路由器每隔30分钟用泛洪法向所有路由器广播链路状态信息,建立并维护一个区域内同步的链路状态数据库。每个数据库中的路由表从这个链路状态数据库出发,计算出以本路由器为根的最短路径树,根据最短路径树得出路由表。

划分区域的好处是:利用泛洪法交换链路状态信息的范围局限在每个区域内,而不是整个自治系统内。在一个区域内的路由器只知道本区域的完整网络拓扑,而不知道其他区域的网络拓扑的情况。采用分层次划分区域的方法使 OSPF 能够用于大型自治系统中。

4.5.4.3 OSPF 协议的执行过程

1. 路由器的初始化过程

当一个路由器刚开始工作时,它只能通过"问候分组"完成邻居发现功能,得知哪些与它相邻的路由器在工作,以及将数据发往相邻路由器所需的"开销"。OSPF 让每个路由器用"数据库描述分组"和相邻路由器交换本地数据库中已有的链路状态摘要信息。摘要信息主要是指出有哪些路由器的链路状态信息已写入数据库。通过一系列的这种分组交换,就建立了全网同步的链路状态数据库。

2. 网络运行过程

在网络运行的过程中,只要一个路由器的链路状态发生变化,该路由器就使用"链路状态更新分组"用洪泛法向全网更新链路状态。为了确保链路状态数据库与全网的状态保持一致,OSPF 规定每隔一段时间(例如30分钟)要刷新一次数据库中的链路状态。通过各个路由器之间交换链路状态信息,每个路由器都可得出该网络的链路状态数据库。每个路由器中的路由表可以从这个链路状态数据库出发,计算出以本路由器为根的最短路径树,再根据最短路径树得出路由表。图4.25给出了 OSPF 协议的执行过程。

3. OSPF 域最短路径选择过程

图4.26给出了一个自治系统划分为多个区域的结构。自治系统中包含多个路由器,连接路由器之间的链路边标出的数值表示分组传输的开销(传输距离、延时等)。这些路由器执行的是 OSPF 协议。

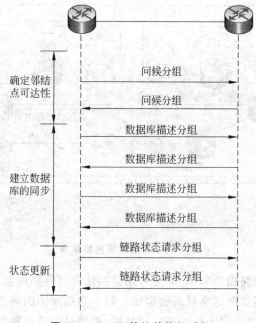

图 4.25　OSPF 协议的执行过程

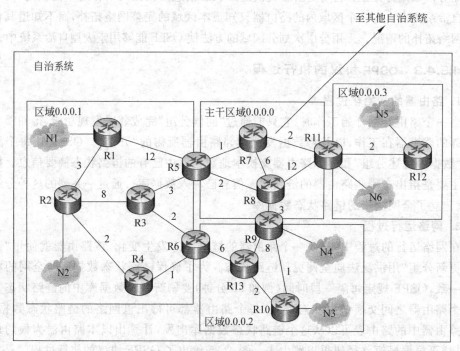

图 4.26　一个自治系统划分为多个区域的结构

图 4.27 给出了计算最短路径的拓扑图。可以用更简洁的方法表示计算最短路径的带有传输开销的拓扑图。本例中的网络抽象成点。按照 OSPF 规定，网络与路由器直接连接的开销为 0。为了使讨论简化，本例中假设链路两个方向的传输开销相同。

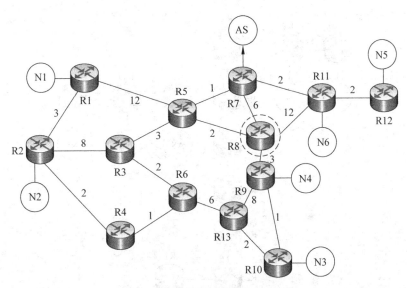

图 4.27　计算最短路径的拓扑图

图 4.28 给出了最小开销计算方法,计算出从路由器 R8 出发到网络 N1~N5 的最短路径。

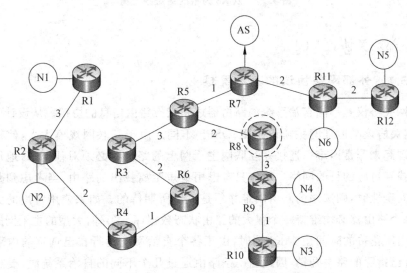

图 4.28　根据最小开销计算方法得出的最短路径

如果将这个结果用图 4.29 表示出来,就会发现,用最短路径优先计算的最终结果是形成以 R8 为根的最短路径树,根据最短路径树可以很容易得出路由器 R8 的路由表。

目前,大多数路由器都支持 OSPF,并开始在一些网络中取代 RIP 协议,成为主要的内部网关协议。

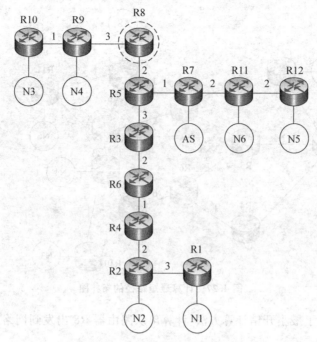

图 4.29　以 R8 为根的最短路径树

4.5.5　外部网关协议 BGP

4.5.5.1　外部网关协议的基本思想

　　外部网关协议是不同自治系统的路由器之间交换路由信息的协议。从设计的角度来看,边界网关协议与内部网关协议 RIP、OSPF 不同。由于互联网规模太大,使得域间路由选择实现起来非常困难。连接在互联网主干网上的路由器必须对任何 IP 地址都能在路由表中找到对应的目的网络。对应只考虑用最短距离找出的路由,当考虑到路由的使用费用和安全性时,则选用的路由困难并不是人们所期待的。如果使用常用的路由选择算法,则每个路由器必须维持一个很大的路由状态数据库。另外,大型的主干网路由器计算最短路由所花费的时间也太长,同时,由于各个自治系统运行自己选定的内部网关协议,使用自己指明的路由开销,因此当一条路由通过几个不同的自治系统时,要想对这样的路由计算出有意义的开销是不可能的。

　　自治系统的域间路由选择协议应当允许使用多种路由选择策略,要考虑安全、经济方面的因素。使用这些策略是为了找出较好的路由,而不是最佳路由。

　　BGP 采用了路径向量(path vector)路由协议,它与 RIP、OSPF 协议有很大区别。在配置 BGP 时,每个自治系统的管理员要选择至少一个路由器(通常是 BGP 边界路由器)作为该自治系统的"BGP 发言人"。一个 BGP 发言人与其他自治系统中的 BGP 发言人要交换路由信息,就要先建立 TCP 连接,然后在此连接上交换 BGP 报文以建立 BGP 会话,再利用 BGP 会话交换路由信息,如增加了新的路由,撤销过时的路由,报告出差错情况等。由于使用 TCP 连接提供可靠的服务,使得可以简化路由选择协议。

图 4.30 给出了 BGP 发言人和自治系统的关系。图中的 3 个自治系统有 5 个 BGP 发言人。每个 BGP 发言人除了必须运行 BGP 协议外,还必须运行该自治系统所使用的内部网关协议(如 OSPF 或 RIP)。BGP 所交换的网络可达性信息就是要到达某个网络所要经过的一系列的自治系统。当 BGP 发言人互相交换了网络可达性信息后,各 BGP 发言人就根据所采用的策略,从接收到的路由信息中找出到达各自治系统的比较好的路由。

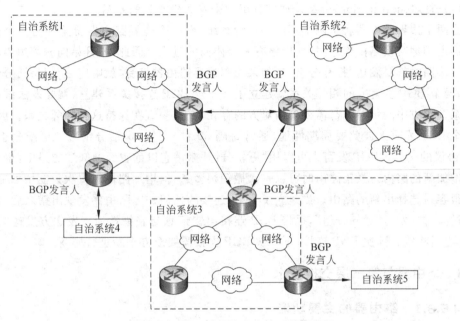

图 4.30　BGP 发言人和自治系统的关系

图 4.31 给出了自治系统连接的树形结构。BGP 协议交换路由信息的结点数是以自治系统数为单位的,这要比自治系统中的网络数少很多。要在很多自治系统之间寻找一条较好的路由,就是要寻找正确的 BGP 边界路由器,而每个自治系统中的边界路由器的数量很少,因此这种方法可以使路由选择的复杂度大大降低。

4.5.5.2　BGP 路由选择协议的工作过程

1. BGP 边界路由器的初始化过程

在 BGP 刚开始运行时,BGP 边界路由器与相邻的边界路由器交换整个 BGP 路由表。但是,以后只需在发生变化时更新有变化的部分,而不是像 RIP 或 OSPF 那样周期性地进行更新,这样做对节省网络带宽和减少路由器的处理开销有利。

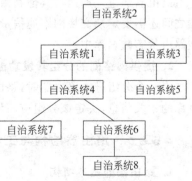

图 4.31　自治系统连接的树形结构

2. BGP 路由选择协议的分组

BGP 路由选择协议使用以下 4 种分组。

(1) 打开(open)分组。打开分组用来与相邻的另一个 BGP 发言人建立关系。

(2) 更新(update)分组。更新分组用来发送某一路由的信息,以及列出要撤销的多条路由。

(3) 保活(keepalive)分组。保活分组用来确认打开分组以及周期性地证实相邻边界路由器的存在。

(4) 通知(notification)分组。通知分组用来发送检测到的差错。

当两个边界路由器属于两个不同的自治系统,而一个边界路由器希望和另一个边界路由器定期地交换路由信息时,就应该有一个协商的过程。因此,一开始向相邻边界路由器进行协商时就要发送"打开分组"。如果相邻边界路由器接受,就响应一个"保活分组"。这样,两个 BGP 发言人的相邻关系就建立了。一旦 BGP 连接关系建立,就要设法维持这种关系。双方中的每一方都需要确信对方的存在,并且一直在保持这种相邻关系。因此,这两个 BGP 发言人彼此要周期性地(通常每隔 30 秒)交换"保活分组"。"更新分组"是BGP 协议的核心。BGP 发言人可以用"更新分组"撤销它以前曾经通知过的路由,也可以宣布增加新的路由。撤销路由时可以一次撤销很多条,但增加路由时每次只能增加一条。因此很容易选择出新的路由。当建立了 BGP 连接的任何一方路由器发现出错之后,它需要通过向对方发送"通知分组",报告 BGP 连接出错信息与差错性质。发送方发送"通知分组"之后将终止这次 BGP 连接,下一次 BGP 连接需要双方重新进行协商。

4.5.6 路由器与第三层交换技术

4.5.6.1 路由器的主要功能

1. 建立并维护路由表

为了实现分组转发功能,路由器内部有一个路由表数据库与一个网络路由状态数据库。在路由表数据库中,保存路由器每个端口对应连接的结点地址,以及其他路由器的地址信息。

路由器通过定期地与其他路由器和网络结点交换地址信息,自动更新路由表。路由器之间还需要定期交换网络通信量、网络结构和网络链路状态等信息,这些信息保存在网络路由状态数据库中。

2. 提供网络间的分组转发功能

当一个分组进入路由器时,路由器检查分组的源地址和目的地址,然后根据路由表数据库的相关信息,决定该分组应该传送给哪个路由器或主机。

4.5.6.2 路由器结构与工作原理

1. 路由器的基本结构

路由器是一种具有多个输入端口和多个输出端口,完成分组转发功能的专用计算机系统。它由"路由选择处理机"和"分组处理和交换"两部分组成。图 4.32 给出了典型的路由器结构。

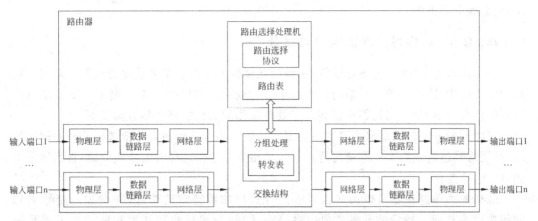

图4.32　典型的路由器结构

2. 路由选择处理机

路由选择部分又称为控制部分,其核心构件是路由选择处理机。路由选择处理机的任务是:根据所选定的路由选择协议构造路由表,同时与相邻路由器交换路由信息,更新和维护路由表。

3. 分组处理与交换部分

分组处理与交换部分主要包括:交换结构、一组输入端口和一组输出端口。

交换结构(switching fabric)的作用是:根据转发表对分组进行处理,将某个输入端口进入的分组从合适的输出端口转发出去。路由器是根据转发表将用户的IP分组从合适的端口转发出去,而转发表是根据路由表来形成的。

路由器通常有多个输入端口和多个输出端口。每个输入端口和输出端口中各有三个模块,分别对应于物理层、数据链路层和物理层的处理模块。物理层处理模块进行比特流的接收,数据链路层处理模块按数据链路层协议接收和传送帧,物理层处理模块处理分组头信息。

如果接收的分组是路由器之间交换路由信息的分组(例如RIP或OSPF分组),则将这种分组送交路由器的路由选择处理机。如果接收的是数据分组,则按照分组头中的目的地址查找转发表,确定合适的输出端口。

查找转发表和转发分组的机理虽然并不复杂,但是在具体的实现中还是很困难的,问题的关键在于转发分组的速率。最理想的状况是路由器分组处理速率等于输入端口的线路传送速率。路由器的这种能力称为线速(line speed)。衡量路由器性能的重要参数就是路由器每秒钟能处理的分组数。

4. 排队队列

当一个分组正在查找转发表时,后面又紧跟着从这个输入端口接收到另一个分组,这个后到的分组就必须在输入队列中排队等待。输出端口从交换结构接收分组,然后将它们发送到路由器输出端口的线路上,也要设有一个缓存并形成一个输出队列。只要路由器的接收分组速率、处理分组的速率、输出分组速率小于线速,无论是输入端口、处理分组过程与输出端口都会出现排队等待,产生分组转发延时,严重时会由于队列长度不够溢出,而造成分组丢失。

4.5.6.3　路由器技术的演变与发展

路由器作为 IP 网络的核心设备,在网络互联技术中处于至关重要的位置。随着互联网的广泛应用,路由器的体系结构发生了重要的变化。这种变化主要集中在从基于软件工作的单总线单 CPU 结构路由器向基于硬件工作的高性能路由器方向发展。

路由器的分组转发是网络层的主要服务功能。根据路由表为分组选择合适的输出端口,以便将分组转发给下一跳路由器。下一跳路由器也按这种方法处理分组,直到该分组到达目的地为止。

最初的简单路由器可以由一台普通的计算机加载特定的软件,并增加一定数量的网络接口卡构成。特定的软件主要提供路由选择、分组接收和转发功能。为了满足网络规模发展的需要,高速、高性能、高吞吐量与低成本的路由器的研究、开发与应用,一直是网络设备制造商与学术界十分关注的问题。路由器的体系结构也发生了很大变化。

1. 第一代单总线单 CPU 结构的路由器

最初的路由器采用了传统计算机的体系结构,它包括 CPU、RAM 和总线上的多个连接网络的物理接口。Cisco2501 是第一代单总线单 CPU 结构路由器的典型代表,其中 CPU 用的是 Motorola 的 MC68302 处理器。有 1 个 AUI 以太网接口和 4 个广域网接口,其结构如图 4.33 所示。物理接口从与它连接的网络中接收分组,CPU 通过查询路由表决定该分组从哪个物理接口转发出去。

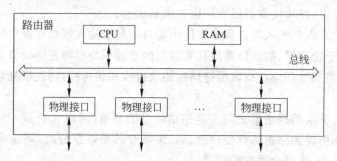

图 4.33　第一代单总线单 CPU 结构的路由器结构

传统的路由器的控制信令与收发数据都是通过一条总线来传输的,路由器软件需要完成路由选择和分组转发两项基本功能。这种单总线单 CPU 结构的路由器主要局限于处理速度慢,CPU 的故障将导致系统瘫痪。但是这种结构的路由器价格便宜,适用于结构简单,通信量小的网络系统。目前,接入网所使用的多是这一类路由器。

2. 第二代多总线多 CPU 结构的路由器

为了提高路由器的性能,路由器的体系结构发生了很大变化。从第一代单总线单 CPU 结构逐步发展到多总线多 CPU 结构的第二代路由器,出现了单总线主从 CPU 结构、单总线对称多 CPU 结构、多总线多 CPU 结构等多种形式的路由器。

在单总线主从 CPU 结构的路由器中,两个 CPU 是非对称的主从式结构关系,一个 CPU 负责数据链路层的协议处理,另一个 CPU 负责网络层的协议处理。典型的产品有 3COM 公司的 NetBuilder2 路由器。这种路由器是第一代单总线单 CPU 结构的简单延伸。路由器的系统容错能力有比较大的提高,但分组的转发处理速度并没有明显提高。

针对单总线主从 CPU 结构的缺点,单总线对称多 CPU 结构开始采用并行处理技术。在每个网络接口处使用一个独立的 CPU,负责接收和转发本接口的分组,其中包括管理队列、查询路由表和决定转发。主控 CPU 则完成路由器的配置、控制与管理等非实时任务。典型的产品有 Bay 公司的 BCN 系列路由器,它的 CPU 使用的是 Motorola 的 MC68060 和 MC68040 处理器。尽管这种结构路由器的网络接口处理能力提高了,但是单总线与软件实现转发处理这两个因素成为限制路由器性能提高的瓶颈。

针对这两个因素,第二代路由器将多总线多 CPU 结构与交换技术结合起来。典型的产品有 Cisco7000 系列路由器。该系列路由器使用 3 种 CPU 和 3 种总线。3 种 CPU 是接口 CPU、交换 CPU 和路由 CPU,3 种总线是 CxBUS、dBUS、SxBUS。图 4.34 给出了多总线多 CPU 的路由器结构。在路由和交换技术方面,系统采用了硬件 cache 快速进行路由表查找,以提高转发处理速度。应该说这是一种中间的过渡结构,第三代路由器是基于硬件专用芯片的交换结构。

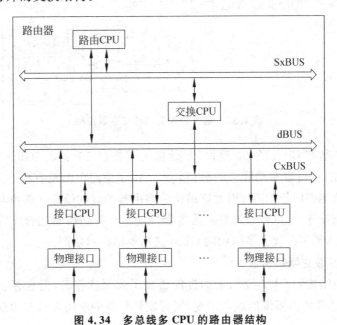

图 4.34 多总线多 CPU 的路由器结构

3. 第三代交换结构的 Gbps 路由器

用软件无法在 10Gbps 或 2.5Gbps 端口上实现线速路由转发。因此,用基于硬件专用芯片 ASIC 的交换结构去代替传统计算机中的共享总线是必然发展趋势。图 4.35 给出了基于硬件交换的路由器结构。

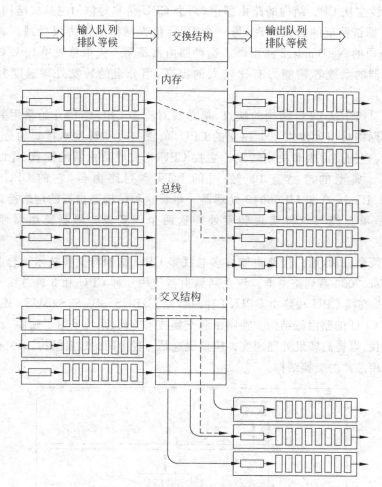

图 4.35　基于硬件交换的路由器结构

　　其典型的产品有 Cisco12000 路由器,最多可以提供 16 个 2.5Gbps 的 POS(packet over SONET)端口,可以实现线速的分组转发。由于该路由器没有核心的 CPU,所有网络接口卡都有功能相同的 CPU,因此该结构的路由器扩展性很好。路由与转发软件采用并行处理的思想设计,可以有效地提高路由器性能。这类路由器适合作为核心路由器使用。图 4.36 给出了第三代交换结构的 Gbps 路由器结构示意图。

4. 第四代多级交换路由器

　　第三代交换结构的 Gbps 路由器的性能得到了大幅度提高,但也存在一些问题。例如,专用 ASIC 芯片使得系统的成本增高,同时硬件对新的应用需求与协议变化的适应能力差。

　　针对这种情况,提出了网络处理器 NP(network processor)的概念,通过采用多微处理器的并行处理模式,使 NP 具有与 ASIC 芯片相当的功能,同时具有很好的可编程能力,使得用 NP 设计的路由器性能得到大幅度提高,又能适应未来发展的需要。未来的路由器应该是采用并行处理、光交换技术的多级交换路由器。

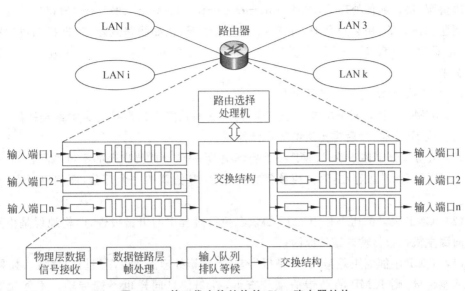

图 4.36 第三代交换结构的 Gbps 路由器结构

4.5.6.4 第三层交换的基本思想

20 世纪 90 年代中期,提出了"第三层交换"的概念。最初人们将"第三层交换"的概念限制在网络层。但是,有一种发展趋势是:将第三层成熟的路由技术与第二层高性能的硬件交换技术相结合,达到快速转发分组,保证服务质量,提高结点性能的目的。

Ipsilon 公司最早开展将第三层路由与第二层交换相结合的研究,并推出了 IP 交换机设备。在它之后其他公司也纷纷推出各自产品,典型的有 Cisco 的标记交换设备,IBM 公司的汇聚基于路由的 IP 交换设备等。这些产品都希望提高 IP 分组的转发速度,改善 IP 网络的吞吐量与延时特性。

第三层交换机通过内部网关协议(例如 RIP 或 OSPF)创建和维护路由表。处于安全方面的考虑,第三层交换机通常提供防火墙分组过滤等服务功能。由于第三层交换机设计的重点放在如何提高接收、处理和转发分组速度,以及如何减少传输延时上,因此其功能是由硬件实现的,使用专用集成电路 ASIC,而不是路由处理软件。但是由于交换机执行的协议是硬件固化的,因此它只能用于特定的网络协议。

4.6 互联网控制报文协议 ICMP

4.6.1 ICMP 的作用与特点

IP 协议提供了不可靠的、无连接的分组传输服务,因此属于一种尽力而为的服务。IP 协议的优点是简单,缺点是缺少差错控制和查询机制。

对于 IP 协议来说,分组一旦发送出去,是否到达目的主机以及在传输过程中出现哪些错误,源主机的 IP 模块是不知道的,必须通过一种差错报告与查询、控制机制来了解分组传输情况,决定如何处理。ICMP(Internet Control Message Protocol)协议就是为解决以上问题而设计的,用它配合 IP 协议,报告差错情况,比如线路故障、数据报超过生存时间、路由器发生拥塞等。ICMP 的差错与查询、控制功能对于保证 TCP/IP 协议的可靠运行至关重要。

ICMP 协议的特点主要表现如下。

(1) ICMP 本身是网络层的一个协议,但是它的报文不是直接传送给数据链路层,而是要封装成 IP 分组,然后再传送给数据链路层。

(2) 从协议分层体系看,ICMP 只是要解决 IP 协议可能要出现的不可靠问题,它不能独立于 IP 协议而单独存在,因此应该将它看作是 IP 协议的一个部分,而归属于 IP 协议体系。

(3) ICMP 设计的初衷是用于 IP 协议在执行过程中的出错报告,严格地说是由路由器来向源主机报告传输差错的原因。

(4) ICMP 不能纠正差错,它只是报告差错,差错处理需要由高层协议完成。如果 IP 分组不能传输,则 ICMP 的差错信息与查询、控制信息同样也不能传输。不能说有了 ICMP 协议之后,IP 分组的传输就变得可靠了。如果传输层及高层协议希望得到可靠的通信传输,则还需要采用其他的机制来保证。

4.6.2　ICMP 报文类型和报文格式

ICMP 信息必须全部封装在 IP 分组的数据字段中,但是长度必须限制在 576 字节之内。根据 IP 分组头的规定,分组头的协议字段的值为 1,表明数据字段中封装的是 ICMP 信息。携带 ICMP 信息的 IP 分组与普通的 IP 分组格式相同,路由器或主机根据分组头的协议字段值为 1,来判断该 IP 分组携带的是 ICMP 信息。

1. ICMP 报文类型

ICMP 报文类型分为两类:差错报告和查询报文(如表 4-9 所示)。

表 4-9　ICMP 报文类型

报文类型	种　类
差错报文	目的站不可达
	数据报超时
	数据报参数错
	源站抑制
	路由重定向
查询报文	时间戳请求与应答
	回应请求与应答
	地址掩码请求与应答
	路由器查询与通告

2. ICMP 报文格式

与 IP 报文类似,ICMP 报文由报文头和数据段两部分组成,其头部包含了类型、代码、校验和等控制信息,数据段用来存放报文数据信息。图 4.37 给出了 ICMP 的报文格式。

图 4.37 ICMP 的报文格式

(1) 类型:定义 ICMP 报文类型。

(2) 代码:标识发送特定报文类型的原因。

(3) 校验和:提供 ICMP 整个报文的校验和,计算方法与 IP 分组头的校验和计算类似。

(4) 其他部分:由报文类型确定内容,大部分差错报文未使用该字段。

(5) 数据:提供 ICMP 差错和状态报告信息,内容因报文类型而异。

4.6.3 ICMP 差错报文

ICMP 差错报文用于报告 IP 分组传输过程中出现的差错信息,由发现差错的路由器或主机向源主机发送差错信息,但不负责纠正错误。差错报告有如下 5 种。

1. 目的站不可达报文

当路由器不能找到正确的路由器或主机完成分组转发时,就丢弃该分组。然后路由器向源主机发出 ICMP 目的站不可达报文(destination unreachable)。该报文类型为 3,代码字段指明丢弃报文原因。图 4.38 给出了目的不可达报文的格式。表 4-10 给出该报文代码与描述。

```
0          7          15                    31
┌─────────┬─────────┬──────────────────────┐
│ 类型(3) │代码(0-15)│    校验和(16位)        │
├─────────┴─────────┴──────────────────────┤
│              全0(未使用)                  │
├───────────────────────────────────────────┤
│    IP分组头+原始IP分组中数据前8字节        │
└───────────────────────────────────────────┘
```

图 4.38 目的不可达报文的格式

表 4-10 目的不可达报文代码

代码	描 述
0	网络不可达
1	主机不可达
2	协议不可达,即 IP 分组中指定的高层协议不可用
3	端口不可达,一般指 IP 要交付的应用程序未运行

代码	描　述
4	需要分段,但 DF 置位致使 IP 分组无法分段
5	源路由失败
6	目的网络未知
7	目的主机未知
8	源主机被隔离
9	与目的网络的通信被禁止
10	与目的主机的通信被禁止
11	对特定的服务类型(ToS)网络不可达,即由于得不到指定的服务类型而不能访问目的网络
12	对特定的服务类型(ToS)主机不可达,即由于得不到指定的服务类型而不能访问目的主机
13	因设置过滤而使主机不可达(对主机的访问被禁止)
14	因非法的优先级而使主机不可达,即所请求的优先级对该主机是不允许的
15	因报文的优先级低于网络设置的最小优先级而使主机不可达

需要注意的是:在某些情况下,目的不可达是检测不了的,所以如果路由器没有发送目的不可达差错报文,也并不意味着 IP 分组已成功转发到目的地。

2. 源站抑制报文

由于是无连接分组传输服务,IP 协议中没有流量控制,则在产生分组的源主机、转发分组的路由器以及接收分组的目的主机之间,并没有通信协调机制。在分组发送前,不需要在路由器或主机为分组预留缓冲区,这就可能有大量分组同时涌向某个路由器或主机,会造成拥塞现象。同时,路由器或主机缓冲区中的队列长度有限,如果路由器的分组接收速率比转发或处理的速率快,则缓冲区队列将会溢出。在这种情况下,路由器或主机只能将一些分组丢弃。

路由器出现拥塞的原因一是处理数据慢,不能完成分组排队;二是输出分组的速度低于输入分组的速度,从而造成分组的积压。但根本原因是路由器缓冲区空间不足。拥塞可能发生在一个路由器,也可能发生在几个或全部路由器。

"源站抑制"是当路由器或主机因拥塞而丢弃分组时,就向分组的发送站发送源站抑制报文(source quench)。源站抑制分为如下 3 个阶段。

第 1 阶段:路由器或主机发现拥塞,发出源站抑制报文。出现拥塞的路由器或目的主机必须为每一个丢弃的分组发送源站抑制报文。

路由器周期性地测试每条输出线路,密切监视拥塞的发生,一旦发现某条输出线路发生拥塞,立即向相应的源主机发送 ICMP 源站抑制报文。

发送源站抑制报文的方式有如下 3 种。

(1) 假如路由器的输出队列已满,在缓冲区空出之前,该路由器将丢弃新到达的分组,每当丢弃一个分组,路由器就向源主机发送源站抑制报文。

（2）为输出队列设置一个上限值。当输出队列中的分组超出上限时，进入"警告状态"，新的分组到来时，路由器则向源主机发送源站抑制报文。

（3）比较复杂的源站抑制技术不是简单地抑制每个引起路由器拥塞的源主机，而是有选择地抑制分组传输速率较高的源主机。

第 2 阶段：源主机收到源站抑制报文之后，相应地降低发往目的主机的分组传输速率。

主机在收到关于一个目的主机的源站抑制报文并降低分组传输速率后，在一定时间内将不理会关于同一目的主机的源站抑制报文。在下一个时间间隔内到达的关于同一目的主机的第一个源站抑制报文才会再次生效。

第 3 阶段：拥塞解除后，源主机要恢复分组传输速率。

恢复过程与 ICMP 协议无关，完全由主机自动完成。主机在某个时间间隔内，假如没有收到源站抑制报文，便认为拥塞已经解除，可以逐渐恢复分组流量。

源站抑制报文的格式与目的站不可达报文格式相同，只是其中的类型值为 4，代码值设置为 0。图 4.39 给出了源站抑制报文的格式。

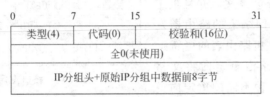

图 4.39 源站抑制报文的格式

3. 路由重定向报文

IP 分组的路由选择是由源主机和路由器上的路由表决定的。其中路由器的路由表起主导作用。当路由器要将分组转发到另一个网络时，它必须知道下一个路由器的地址。源主机和路由器都必须有一个路由表，以便找出默认路由器或下一个路由器的地址。同时路由器还要参与路由表的更新过程。但是，为了提高效率，主机不参与路由表的更新，这是因为互联网中主机数量比路由器多得多，动态更新主机的路由表会大大增加通信量。因此主机通常使用静态路由选择。

TCP/IP 协议设计的原则是：假定路由器知道正确的路径，主机启动时只需知道最少的寻找信息，启动后在分组传输过程中不断从路由器获取新的路径信息。按照这种思路，当主机开始联网工作时，其路由表中的项目数有限，它通常只需知道默认路由的 IP 地址。当主机向外部网络的目的主机发送分组时，它只能将分组发给默认路由器。默认路由器会将该分组转发给正确的路由器。这里存在两个问题：一是主机如何从路由器获取寻址信息；二是一旦网络拓扑发生变化，路由器之间如何交换新的路径信息。

解决第一个问题的方法是：更新主机中的路由表时，向主机发送路由重定向报文。图 4.40 给出了路由重定向的过程。主机 A 打算向主机 B 发送分组，路由器 2 显然是最有效的路由选择，但是主机 A 没有选择路由器 2；二是将分组发给了路由器 1。路由器 1 在查找路由表后发现分组应该发送给路由器 2，那么它就将该分组发送到路由器 2，并同时向主机 A 发送改变路由的 ICMP 路由重定向报文。这样，主机 A 的路由表就被更

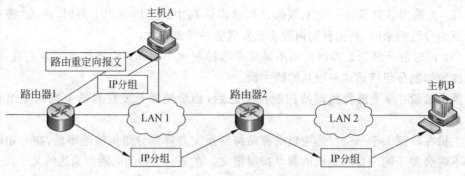

图 4.40　路由重定向的过程

新了。

解决第二个问题的方法是：路由器之间周期性地交换路径信息，以便更新路由表。

因此，路由重定向报文是一个比较特殊的差错报文，路由器在向源主机发送重定向报文的同时会将所接收的分组转发给正确的路由器，而不是丢弃该报文。并且重定向报文是由位于同一网络上的路由器发给源主机，完成对源主机路由表的更新。

图 4.41 给出了路由重定向报文格式。表 4-11 给出了 4 种不同的重定向类型代码值。

0	7	15	31
类型(5)	代码(0-3)		校验和(16位)
目的路由器的IP地址			
IP分组头+原始IP分组中数据前8字节			

图 4.41　路由重定向报文格式

表 4-11　重定向类型代码表

代码值	描　　述
0	对特定网络重定向
1	对特定主机重定向
2	基于指定的服务类型对特定网络重定向
3	基于指定的服务类型对特定主机重定向

4. 超时报文

分组的寻找是由路由器根据本地路由表来决定的，如果路由表出现问题，则整个网络的寻址就会出现错误，极端情况下会造成分组在某些路由器之间循环，使得分组无休止地在网络中传输。为了防止出现这种情况，IP 协议采取了两点措施：一是在分组头中设置生存时间 TTL 字段；二是对分段采用定时器技术。针对这两种情况，ICMP 协议设计了超时报文。超时报文在以下两种情况下产生：

（1）路由器在转发分组时，如果生存时间（TTL）字段的值减 1 后为 0，就丢弃这个分组。同时路由器向源主机发送一个超时报文。

（2）当一个分组的所有分段未在某一限定时间内到达目的主机时，目的主机就不能将接收的分段重新组装成分组，而一个分组的分段将长时间占用主机的缓冲区，如果多个分组都出现这种情况，就会使目的主机不能接收新的分组，而已经接收的分段不能组装成分组,从而出现"死锁"。因此,当某个分组的第一个分段到达时,目的主机就启动定时器。当定时器的时限到时,目的主机没有接收到一个分组的所有分段时,它就将接收到的分段丢弃,并向源主机发送超时报文。

超时报文的格式与目的站不可达报文基本相同。图 4.42 给出了超时报文的格式,其中类型值为 11,代码值=0 表示 TTL 超时,代码值=1 表示分段重组超时。

5. 参数出错报文

当 IP 分组头中的任何一项出错时,路由器都无法处理,只能丢弃该分组。ICMP 差错报文中的目的站不可达、源站抑制、超时与路由重定向报文可以报告其中的一些错误,如果出现以上 4 种差错报文所不能包括的错误,路由器或目的主机在丢弃该分组之后向源结点发送参数出错报文。该报文可以指出被丢弃的分组头是一个字段有差错或二义性,还是缺少所需的选项。图 4.43 给出了参数出错报文的格式,其中报文类型为 12,代码值=0 表示 IP 分组头参数错误,并且只能报告一个参数错,代码值=1 表示缺少选项所要求的部分,但不能说明缺少哪个参数。

图 4.42 超时报文的格式   **图 4.43 参数出错报文的格式**

4.6.4 ICMP 查询报文

设计 ICMP 查询报文的目的是实现对网络故障诊断与控制。在 ICMP 查询报文中,一个结点发出信息请求报文,由目的结点用特定格式的报文进行应答。ICMP 差错报文是单向的,而 ICMP 查询报文是双向的,成对出现。表 4-12 给出了 ICMP 查询报文的类型与代码说明。

表 4-12 ICMP 查询报文的类型与代码说明

类型	类 型 名 称	代码	报文名称
13/14	时间戳请求与应答	0	时间戳请求
		0	时间戳应答
8/0	回应请求与应答	0	回应请求
		0	回应应答
17/18	地址掩码请求与应答	0	地址掩码请求
		0	地址掩码应答
10/9	路由器询问与通告	0	路由器询问
		0	路由器通告

1. 时间戳请求与应答

互联网中的各个主机基本上都是独立运行的,对应分布式系统软件来说,为了避免计算机系统之间的时钟相差过大,TCP/IP 协议提供了一个基本和简单的时钟同步协议,即 ICMP 时间戳请求和应答报文。

时间戳请求和应答报文用来确定 IP 分组在两个机器之间往返所需的时间,也可用作两个机器中时钟的同步。初始时间戳是源主机发出请求的时间;接收时间戳是目的主机收到请求的时间;发送时间戳是目的主机发送应答的时间。

报文中有 3 个长度为 32 字节的时间戳。32 字节可以表示 0~4294967295 的数,而一天 24 小时用毫秒计算是:$24 \times 60 \times 60 \times 1000 = 86400000$ 毫秒,因此时间戳字段可以表示一个以毫秒为单位的时间值。源主机在发生时间戳请求报文时,在初始时间戳字段填入它的时钟的当前时间,其他两个时间戳字段则都填 0。

目的结点在时间戳应答报文中将请求报文中的初始时间戳复制到应答报文的初始时间戳字段中,然后在接收时间戳字段中填入报文接收的时间,最后在应答报文的发送时间戳字段中填入发送的时间。

时间戳请求和应答报文可用来计算分组从源主机到目的主机所需的单向传输延迟时间,以及再返回到源主机所需的往返传输延迟时间。所用的公式是:

$$发送延迟时间=接收时间戳值-初始时间戳值$$
$$接收延迟时间=分组返回时间-发送时间戳值$$
$$往返延迟时间=发送延迟时间-接收延迟时间$$

实际上,只有在源主机和目的主机的时钟同步的情况下,发送时间和接收时间的计算才是准确的,因此上述计算得到的传输延迟时间是不准确的。在一个大型网络中,即使是多次测量取平均值的做法,其可信程度也是比较低的。

图 4.44 给出了时间戳请求和应答报文的格式,其中类型值=13 为时间戳请求报文;类型值=14 为时间戳应答报文。两个报文的代码值都是 0。

类型(13/14)	代码(0)	校验和	
标识(16位)		序号(16位)	
初始时间戳(32位)			
接收时间戳(32位)			
发送时间戳(32位)			

图 4.44　时间戳请求和应答报文的格式

2. 回应请求与应答

回应请求与应答报文是为了测试目的主机或路由器是否能到达而设计的。网络管理员和用户都可以使用这对报文来发现网络的问题,回应请求与应答组合起来确定主机或路由器是否能通信。主机或路由器可以发送回应请求报文给另一个主机或路由器,收到回应请求报文的主机或路由器创建回应应答报文,并将其返回给原发送者。

回应请求与应答报文可用来确定是否能在 IP 层通信。由于 ICMP 报文被封装成 IP 分组在网络中传输,发送回应请求的结点在收到回应应答报文时,就证明在发送结点而后接收结点之间能使用 IP 分组通信。同时,这还可以证明中间路由器能正常接收、处理和转发分组。

回应请求与应答报文可由主机使用,以检查另一个主机是否可达。在很多 TCP/IP 应用中,用户调用 ping 命令就是通过回应请求与应答报文来检查和测试目的主机或路由器是否连通。

图 4.45 给出了回应请求与应答报文的格式,其中类型值＝8 为回应请求报文;类型值＝0 为回应应答报文,两个报文的代码值都为 0。

类型(8/0)	代码(0)	校验和
标识(16位)		序号(16位)
数据(由请求方指定,接收方照原样返回)		

图 4.45　回应请求与应答报文的格式

3. 地址掩码请求与应答

如果知道一个主机的 IP 地址和子网掩码,用简单的运算就可以得到子网地址和主机号。如果希望得到子网掩码,主机应发送地址掩码请求报文给路由器。路由器接收到地址掩码请求报文则响应地址掩码应答报文,向主机提供所需的掩码。

图 4.46 给出了地址掩码请求与应答报文的格式,其中类型值＝17 为地址掩码请求报文;类型值＝18 为地址掩码应答报文,两个报文的代码值都为 0。

类型(17/18)	代码(0)	校验和
标识(16位)		序号(16位)
地址掩码(在请求报文中为0,在应答报文为子网掩码)		

图 4.46　地址掩码请求与应答报文的格式

4. 路由器询问与通告

某主机如果想将数据发送给另一个网络中的主机,它需要知道连接到本网络上的路由器 IP 地址。同时,主机还需要知道这些路由器是否正常工作,在这种情况下,可以使用路由器询问与通告报文。

主机可将路由器询问报文进行广播或多播,收到询问报文的一个或几个路由器使用路由器通告报文广播其路由选择信息。在没有主机询问时,路由器可以周期性地发送路由器通告报文。路由器发出通告报文时,它不仅通告自己的存在,而且通告它所知道的这个网络中的所有路由器。

图 4.47 给出了路由器询问报文的格式,其类型值为 10,代码值为 0。图 4.48 给出了路由器通告报文的格式,其类型值为 9,代码值为 0。

类型(10)	代码(0)	校验和
0(保留)		

图 4.47　路由器询问报文的格式

类型(9)	代码(0)	校验和
地址数	地址项大小	生存时间(16位)
路由器地址1		
地址优先级1		
路由器地址2		
地址优先级2		
…		

图 4.48　路由器通告报文的格式

4.6.5　ICMP 报文的封装

ICMP 虽然是 IP 层的协议,但其报文是以 IP 分组形式进行传递的,即 ICMP 报文本身被封装在 IP 分组的数据段中。包含 ICMP 报文的 IP 分组头的协议类型字段值被设置为 1。图 4.49 给出了 ICMP 报文的封装过程。对于封装有 ICMP 报文的 IP 分组,其头部的源地址是 ICMP 请求方地址,目的地址是接收 ICMP 报文的目的方 IP 地址。

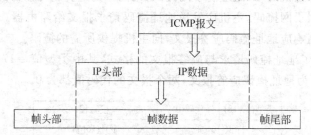

图 4.49　ICMP 报文的封装过程

4.7　地址解析协议 ARP

4.7.1　IP 地址与物理地址的映射

在互联网中通过引入 IP 地址实现了不同物理网络中主机、路由器等设备逻辑地址的统一,但互联网是一种网际网,它并没有改变底层的物理网络,更没有取消网络设备的物理地址(MAC 地址),数据最终还是在物理网络上传输,使用的还是物理地址。因此,互联网在网络层使用 IP 地址的同时,在物理网络中仍然在使用物理地址,即网络中同时存在两套地址。这样这两套地址之间就必须建立相应的映射关系,否则网络系统将无法正常工作。在 TCP/IP 中引入 ARP 和 RARP 协议来实现两种地址之间的映射。图 4.50 给出了 TCP/IP 中地址类型和层次关系。

建立 IP 地址和物理地址之间映射的方法有两种:静态映射和动态映射。静态映射采用地址映射表来实现 IP 地址和物理地址之间的转换,即主机中利用地址映射表来记录网络上其他主机或设备的 IP 地址和物理地址对应关系。这张地址映射表一般以人工方式建立和维护。这种方法在一个小型网络系统中比较容易实现,但在大型网络系统中几

应用层
进程
传输层
TCP
UDP
端口号
网络层
IP
IP地址
ARP/RARP
数据链路层
物理层
底层物理介质
物理地址

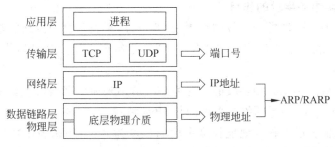

图 4.50 TCP/IP 中地址类型和层次关系

乎是不可能实现的,主要表现如下。

(1) 如果一个主机或路由器刚加入到网络中,其他结点的“IP 地址-物理地址映射表”不会有它的信息。

(2) 如果一个主机更换了网卡,在 IP 地址不变的情况下,它的物理地址却发生了改变。

(3) 不同的物理网络的网络地址结构、长度与设置方法都可能不同。有些局域网(如 LocalTalk)每次加电时,其物理地址每次都要改变一次。这种网络的 IP 地址与物理地址没有确定的对应关系。

(4) 如果一个主机从一个物理网络移到另一个物理网络,那么它的物理地址不变,而 IP 地址发生变化。

因此,互联网中要使用动态映射的方法来解决 IP 地址和物理地址映射问题。

4.7.2 地址解析协议

从已知的 IP 地址找出对应的物理地址的映射关系过程称为正向地址解析,其协议称为地址解析协议(address resolution protocol,ARP)。从已知的物理地址找出对应的 IP 地址的映射过程称为反向地址解析(reverse address resolution protocol,RARP)。

4.7.3 ARP 分组格式与封装

在地址解析协议中,需要使用 ARP 请求分组和应答分组。图 4.51 给出了 ARP 分组格式。

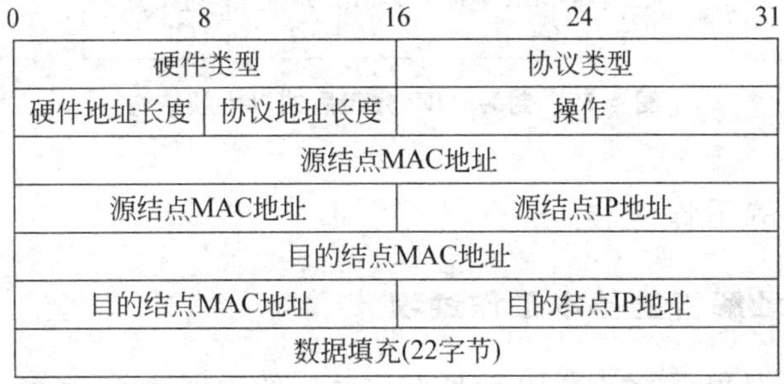

0
8
16
24
31
硬件类型
协议类型
硬件地址长度
协议地址长度
操作
源结点MAC地址
源结点MAC地址
源结点IP地址
目的结点MAC地址
目的结点MAC地址
目的结点IP地址
数据填充(22字节)

图 4.51 ARP 分组格式

1. ARP 分组中各字段的作用

(1) 硬件类型。硬件类型字段的长度为 16 位,用来表示物理网络类型。例如硬件类型字段值＝1 时,表示发送结点是以太网。ARP 分组允许使用各种网络,它为每种局域网分配一个代码。

(2) 协议类型。协议类型字段的长度为 16 位,用来表示网络协议类型。例如协议类型字段值＝0x0800 时,表示网络层采用的是 IPv4 协议。

(3) 硬件地址长度。硬件地址长度字段的长度为 8 位,用来表示物理地址长度。例如,硬件地址长度字段值＝6 时,表示采用以太网地址。

(4) 协议地址长度。协议地址长度字段的长度为 8 位,用来表示网络层所采用的地址长度。例如,协议地址长度字段值＝4 时,表示采用 IPv4 协议,其地址长度为 32 位。

(5) 操作。操作字段的长度为 16 位,用来表示分组类型。该字段值＝1,表示 ARP 请求分组;该字段值＝2,表示 ARP 应答分组;该字段值＝3,表示 RARP 请求分组;该字段值＝4,表示 RARP 应答分组。

(6) 源结点 MAC 地址。源结点 MAC 地址字段长度为 6 字节,用来存放以太网源结点的物理地址。

(7) 源结点 IP 地址。源结点 IP 地址字段长度为 4 字节,用来存放源结点的 IP 地址。

(8) 目的结点 MAC 地址。目的结点 MAC 地址字段长度为 6 字节,用来存放以太网目的结点的物理地址。

(9) 目的结点 IP 地址。目的结点 IP 地址字段长度为 4 字节,用来表示目的结点的 IP 地址。

(10) 补充数据段。补充数据段长度为 18 字节,作为 ARP 分组的填充字节,使 ARP 分组长度达到 46 字节,满足以太网数据帧最小 64 字节(14＋46＋4＝64 字节)的要求。

2. ARP 分组的封装

在以太网上发送 ARP 分组,需要将 ARP 分组封装在以太网的数据帧中,图 4.52 给出了封装 ARP 分组后的以太数据帧结构。

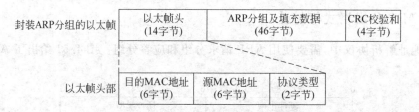

图 4.52　封装 ARP 分组后的以太帧结构

4.7.4　地址解析的工作过程

4.7.4.1　地址解析的基本工作过程

ARP 地址解析是根据给定的 IP 地址获取对应的物理地址,其解析过程主要包括两个步骤:请求获取目的结点的物理地址和向发送请求物理地址的源结点回送解析结果。

图 4.53 给出了结点 A 要获取结点 B 的物理地址的解析过程。

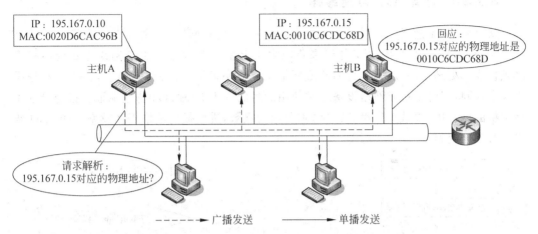

图 4.53　结点 A 要获取结点 B 的物理地址的解析过程

1. 请求获取目的结点的物理地址

（1）源主机 A 调用 ARP 请求，请求 IP 地址为"195.167.0.15"的目的主机物理地址。

（2）ARP 创建一个"ARP 请求分组"，其内容包括：源主机 A 物理地址、源主机 A 的 IP 地址、目的主机 B 的 IP 地址。并将其封装在链路层数据帧中。

（3）主机 A 在本地网络中广播"ARP 请求分组"数据帧，请求数据帧的目的地址为广播地址（195.167.0.255）。

2. 向发送请求物理地址的源结点回送解析结果

（1）由于是广播地址，该网络中的所有主机都能接收到 ARP 请求的数据帧，并将"ARP 请求分组"中的目的主机 IP 地址与自己的 IP 地址进行匹配，如果不匹配则丢弃该数据帧。

（2）如果某主机（如图中主机 B）发现"ARP 请求分组"中的目的 IP 地址与自己的 IP 地址一致，则产生一个包含自己的物理地址的"ARP 应答分组"，其中包含应答主机 B 的物理地址和 IP 地址、请求方主机 A 的物理地址和 IP 地址。

（3）主机 B 的"ARP 应答分组"直接以单播形式回送给发送"ARP 请求分组"的主机 A。

（4）主机 A 利用应答分组中得到的主机 B 的物理地址，完成地址解析过程。

以上解析过程需要注意两点：

（1）ARP 请求分组和响应分组使用相同的分组格式，它们的协议类型都是 0x0800，通过操作类型来区分请求分组和响应分组，ARP 请求分组的操作类型为 0x0001，ARP 响应分组的操作类型为 0x0002。

（2）ARP 注意解决同一局域网上的主机和路由器的 IP 地址和物理地址的映射问题，如果目的主机位于远程网络中，那么"ARP 请求分组"将先发给路由器，然后路由器进行逐级转发，最后发送到目的主机。

4.7.4.2　本地 ARP 高速缓存

从 ARP 地址解析工作过程不难发现,在同一个物理网络中,主机 A 向主机 B 发送 IP 分组时,首先要广播 ARP 请求分组来获取主机 B 的物理地址。由于网络上每台主机都必须接收和处理广播数据报,进而造成网络工作效率低下。为此,人们引入 ARP 高速缓存技术,即将某台主机或网络设备经常使用的目的主机 IP 地址和物理地址直接记录在本地主机的内存中,以减少广播 ARP 请求分组的次数,进而提高网络工作效率。图 4.54 给出了其工作流程。

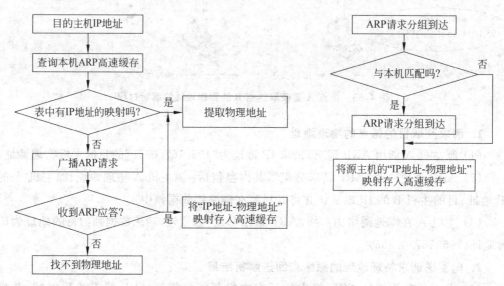

图 4.54　引入高速缓存后 ARP 解析流程

在源主机和目的主机上都引入了本地高速缓存机制。通过本地高速缓存大大减少了广播 ARP 请求分组的次数,提高了网络工作效率。然而,由于网络上的设备资源毕竟是动态变化的,因此高速缓存中的数据也存在动态刷新的问题,如果长时间不刷新,那么高速缓存中的数据将逐步失效。因此一般在高速缓存管理中,对每一条 IP 地址记录都绑定一个超时计时器,每次使用该 IP 记录时就对超时计时器清零。当超时计时器溢出时,表示该条 IP 地址记录失效了,可以从高速缓存中将其删除。

4.7.4.3　ARP 实用工具

在 Windows 系统中,提供了一个查看 ARP 地址表的实用程序 ARP,如图 4.55 所示。通过该命令可以查看本地主机的 ARP 地址表内容,即 IP 地址和网络设备的物理地址的映射表。

4.7.5　ARP 欺骗与防范

1. ARP 协议的缺陷

ARP 协议虽然是一个高效的网络层协议,但作为一个局域网协议,它是建立在各主

```
管理员: C:\Windows\system32\cmd.exe                          _ □ X

C:\Users\Lunan>arp -a

接口: 192.168.0.169 --- 0xc
  Internet 地址         物理地址               类型
  192.168.0.1          00-22-b0-a9-65-86      动态
  192.168.0.255        ff-ff-ff-ff-ff-ff      静态
  224.0.0.22           01-00-5e-00-00-16      静态
  224.0.0.251          01-00-5e-00-00-fb      静态
  224.0.0.252          01-00-5e-00-00-fc      静态
  224.0.0.253          01-00-5e-00-00-fd      静态
  239.255.255.250      01-00-5e-7f-ff-fa      静态
  255.255.255.255      ff-ff-ff-ff-ff-ff      静态

C:\Users\Lunan>
```

图 4.55　ARP 程序运行界面

机之间相互信任的基础上的,所以 ARP 协议存在以下缺陷。

（1）ARP 高速缓存根据所接收到的 ARP 协议包随时进行动态更新;

（2）ARP 协议没有连接的概念,任意主机即使在没有 ARP 请求的时候也可以做出应答;

（3）ARP 协议没有认证机制,只要接收到的协议包是有效的,主机就无条件的根据协议包的内容刷新本机 ARP 缓存,并不检查该协议包的合法性。

因此攻击者可以随时发送虚假 ARP 包更新被攻击主机上的 ARP 缓存,进行地址欺骗或拒绝服务攻击。从而影响网内结点的通信,甚至可以做"中间人"进行截留。

2. ARP 欺骗过程

假设主机 C 为实施 ARP 欺骗的攻击者,其目的是截获主机 B 和主机 A 之间的通信数据,且主机 C 在实施 ARP 欺骗前已经预先知道 A 和 B 的 IP 地址。其步骤如图 4.56 所示。

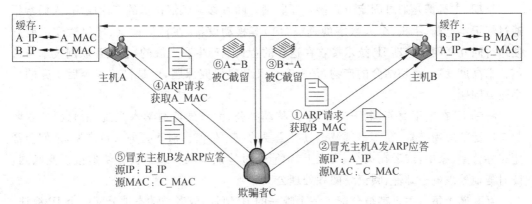

图 4.56　ARP 欺骗过程

（1）C 先发送 ARP 请求包获得主机 B 的 MAC 地址。

（2）攻击者 C 冒充主机 A 向 B 发送 ARP 应答包,其中源 IP 地址为 A 的 IP 地址,但是源 MAC 地址却是主机 C 的 MAC 地址。主机 B 收到该 ARP 应答后,将根据新的 IP 地址与 MAC 映射,更新 ARP 缓存。这以后当 B 给 A 发送数据包时,目标 MAC 地址将使用 C 的 MAC 地址,因此交换机根据 C 的 MAC 地址就将数据包转发到攻击者 C 所在的端口。

（3）攻击者 C 冒充主机 B 向 A 发送 ARP 应答包，其中源 IP 地址为 B 的 IP 地址，但是源 MAC 地址却是主机 C 的 MAC 地址，使主机 A 确信主机 B 的 MAC 地址为 C 的 MAC 地址。主机 A 收到该 ARP 应答后，将根据新的 IP 地址与 MAC 映射，更新 ARP 缓存。这以后当 A 给 B 发送数据包时，目标 MAC 地址将使用 C 的 MAC 地址。

（4）攻击者 C 打开本地主机的路由功能，将被劫持的数据包转发到正确的目的主机，这时攻击者对主机 A 和 B 来说是完全透明的，通信不会出现异常，但实际上数据包却被 C 非法截获，攻击者 C 成为了"中间人"。

3. ARP 欺骗防范

（1）静态绑定：是一种最常用的方法之一，将 IP 和 MAC 做静态绑定，是通过 ARP 的动态实时的规则欺骗内网机器，ARP 全部设置为静态，可以解决对内网 PC 的欺骗，同时在网关也要进行 IP 和 MAC 的静态绑定，这样双向绑定才比较保险。

方法：

$$arp -s\ IP\ 地址\ MAC\ 地址$$

（2）使用 ARP 防护软件：目前 ARP 类的防护软件比较多，比较常用的 ARP 工具是 Antiarp。防护的工作原理是一定频率向网络广播正确的 ARP 信息。

（3）使用具有 ARP 防护功能的路由器。

4.8　移动 IP 协议

4.8.1　移动 IP 协议的基本概念

早期，主机都是通过固定方式接入互联网。随着移动通信技术的广泛应用，人们希望通过笔记本电脑、手机、个人数字助理（PDA）等移动设备，在任何地点、任何时候都能方便地访问互联网。移动 IP 技术接收在这样的背景下产生和发展的，它是互联网技术与通信技术高度发展、密切结合的产物，是一个交叉学科研究课题，也是目前和今后研究的一个热点问题。

移动 IP 在电子商务、电子政务、个人移动办公、大型展览与学术交流、信息服务领域都有广泛的应用前景，在军事领域也具有重要的应用价值。对于公务人员来说，他们会希望在办公室、家中，或者在火车、飞机上，都能通过笔记本电脑或手机方便地接入互联网，随时随地处理电子邮件、阅读新闻和处理公文。

互联网中每台主机都被分配了一个唯一的 IP 地址，或者被动态地分配一个 IP 地址。IP 地址由网络号和主机号组成，标识了一台主机连接网络的网络号，标识出自己的主机号，也就明确地标识出它所在的地理位置。互联网中主机之间数据分组传输的路径都是通过网络号来决定的。路由器根据分组的目的 IP 地址，通过查找路由表来决定转发端口。

移动 IP 结点也称为移动结点。移动结点是指从主机或路由器一个链路移动到另一个链路，或从一个网络移动到另一个网络。当移动结点在不同的网络或不同的传输介质之间移动时,随着接入位置的变化,接入点会不断改变。最初分配给它的 IP 地址已不能表示它目前所在的网络位置,如果使用原来的 IP 地址,路由选择算法已不能为移动结点提供正确的路由服务。

在不改变现有 IPv4 协议的条件下,解决这个问题只有两种可能:一是每次改变接入点时,也随着改变它的 IP 地址;二是改变接入点时,不改变 IP 地址,而是在整个互联网中加入该主机的特定主机路由。基于这种考虑,研究人员提出了两种基本方案:第一种方案是在移动结点每次变换位置时,不断改变它的 IP 地址;第二种方案是根据特定的主机地址进行路由选择。

比较这两种基本方案,可以发现二者都有重大缺陷。第一种方案的主要缺点是不能保持通信的连续性,特别是当移动结点在两个子网之间漫游时,由于它的 IP 地址不断在变化,将导致移动结点无法与其他主机通信。第二种方案的主要缺点是路由器对移动结点发送的每个数据分组都要进行路由选择,路由表将急剧膨胀,路由器处理特定路由的负荷加重,不能满足大型网络的要求。因此,必须寻找一种新的机制来解决主机在不同网络之间移动的问题。为此,1992 年 IETF 开始组织制定移动 IPv4 的标准草案,于 1996 年正式公布,为移动 IPv4 称为互联网的正式标准奠定的基础。

4.8.2 移动 IP 的设计目标与主要特征

1. 移动 IP 的设计目标

移动 IP 的设计目标是,移动结点在改变接入点时,无论是在不同的网络之间,还是在不同的物理传输介质之间移动,都不必改变其 IP 地址,从而在移动过程中保持已有通信的连续性。因此,移动 IP 的研究是要解决支持移动结点 IP 分组转发的网络层协议问题。

移动 IP 的研究主要解决以下两个基本问题:

(1)移动结点可以通过一个永久的 IP 地址,连接到任何链路上。

(2)移动结点在切换到新的链路上时,仍然能够保持与通信对端主机的正常通信。

2. 移动 IP 协议应满足的基本要求

为了解决以上两个问题,移动 IP 协议应满足以下几个基本条件:

(1)移动结点在改变网络接入点之后,仍然能与互联网中的其他结点通信。

(2)移动结点无论连接到任何接入点,都能使用原来的 IP 地址进行通信。

(3)移动结点应能与其他不具备移动 IP 功能的结点通信,而不需要修改协议。

(4)移动结点通常使用无线方式接入,涉及无线信道带宽、误码率与电池供电等因素,应尽量简化协议,减少协议开销,提高协议效率。

(5)移动结点不应该比互联网中的其他结点受到更大的安全威胁。

3. 移动 IP 协议的基本特征

作为网络层的一种协议,移动 IP 协议应该具备以下特征:

(1)移动 IP 协议要与现有的互联网协议兼容。

(2)移动 IP 协议与底层所采用的物理传输介质类型无关。

(3)移动 IP 协议对传输层及以上的高层协议是透明的。

(4)移动 IP 协议应该具有良好的可扩展性、可靠性和安全性。

4.8.3　移动 IP 的结构与基本术语

1. 移动 IP 的结构

图 4.57 给出了移动 IP 结构示意图,其中,图 4.57(a)给出了一个无线移动结点从家乡网络漫游到外地网络的示意图。图 4.57(b)给出了移动 IP 逻辑结构。移动 IP 的逻辑结构图简化了移动结点通过无线接入点接入网络的细节,而突出了链路接入和 IP 地址的概念。

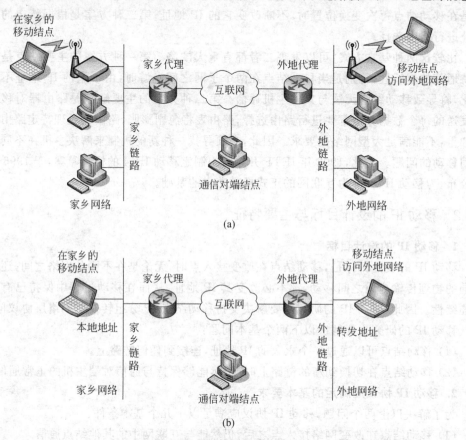

(a)

(b)

图 4.57　移动 IP 结构示意图

在讨论移动 IP 的工作原理时,涉及构成移动 IP 的 4 个概念实体:移动结点、家乡代理、外地代理、通信对端。

(1) 移动结点(mobile node)。移动结点是指从一个链路移动到另一个链路的主机或路由器。移动结点在改变网络接入点之后,可以不改变其 IP 地址,继续与其他结点通信。

(2) 家乡代理(home agent)。家乡代理是指移动结点的家乡网络连接到互联网的路由器。当移动结点离开家乡网络时,它负责把发送到移动结点的分组通过隧道方式转发到移动结点,并且维护移动结点当前的位置信息。

(3) 外地代理(foreign agent)。外地代理是指移动结点所访问的外地网络连接到互联网的路由器。它接收移动结点的家乡代理通过隧道方式发送给移动结点的分组,并为移动结点发送的分组提供路由服务。家乡代理和外地代理统称为移动代理。

（4）通信对端（correspondent node）。通信对端是指移动结点在移动过程中与之通信的结点，它既可以是一个固定结点，也可以是一个移动结点。

2. 移动 IP 的基本术语

常用的基本术语如下。

（1）家乡地址（home address）。家乡地址是指家乡网络为每个移动结点分配的一个长期有效的 IP 地址。

（2）转交地址（care-of address）。转交地址是指当移动结点接入一个外地网络时，被分配的一个临时的 IP 地址。

（3）家乡网络（home network）。家乡网络是指为移动结点分配长期有效的 IP 地址的网络。目的地址为家乡地址的 IP 分组，将会以标准的 IP 路由机制发送到家乡网络。

（4）家乡链路（home link）。家乡链路是指移动结点在家乡网络时接入的本地链路。

（5）外地链路（foreign link）。外地链路是指移动结点在访问外地网络时接入的链路，家乡链路与外地链路比家乡网络与外地网络更精确地表示出了移动结点所接入的位置。

（6）移动绑定（mobility binding）。移动绑定是指家乡网络维护移动结点的家乡网络与转交地址的关联。

（7）隧道（tunnel）。家乡代理通过隧道将发送给移动结点的 IP 分组转发到移动结点。隧道的一端是家乡代理，另一端通常是外地代理，也有可能是移动结点。图 4.58 给出了使用隧道传输移动结点的 IP 分组的结构示意图。

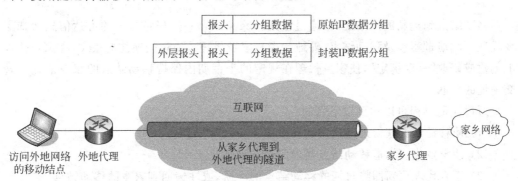

图 4.58　使用隧道传输移动结点的 IP 分组

原始 IP 数据分组准备从家乡代理转发到移动结点，它的源 IP 地址为发送该 IP 分组的结点地址，目的 IP 地址为移动结点的 IP 地址。家乡代理路由器在转发之前需要加上外层报头。外层报头的源 IP 地址为隧道入口的家乡代理地址，目的 IP 地址为隧道出口的外地代理的地址。在隧道传输过程中，中间的路由器看不到移动结点的家乡地址。

4.8.4　移动 IPv4 的工作原理

移动 IPv4 的工作过程大致分为 4 个阶段：代理发现、注册、分组路由、注销。

4.8.4.1　代理发现

代理发现（agent discovery）是通过扩展 ICMP 路由发现机制来实现的。它定义了

"代理通告"和"代理请求"两种新的报文。

图 4.59 给出了移动 IP 代理的发现机制示意图。移动代理周期性地发送代理通告报文,或为响应移动结点的代理请求而发送代理通告报文。移动结点在接收到代理通告报文后,判断它是否从一个网络切换到另一个网络,是在家乡网络还是在外地网络。在切换到外地网络时,可以选择使用外地代理提供的转交地址。

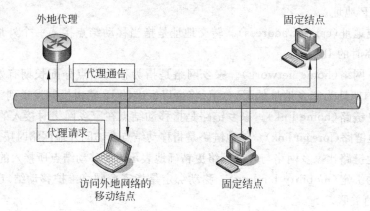

图 4.59　移动 IP 代理的发现机制

4.8.4.2　注册

移动结点到达新的网络之后,通过注册(registration)过程将自己的可达信息通知家乡代理。注册过程涉及移动结点、外地代理和家乡代理。通过交换注册报文,在家乡代理上创建或修改"移动绑定",使家乡代理在规定的生存期内保持移动结点的家乡地址与转交地址的关联。

通过注册过程可以达到以下目的。

(1) 使移动结点获得外地代理的转发服务。

(2) 使家乡代理知道移动结点当前的转交地址。

(3) 家乡代理更新即将过期的移动结点的注册,或注销回到家乡的移动结点。

注册过程可以使移动结点在未配置家乡地址的时候,发现一个可用的家乡地址;维护多个注册,使数据分组能通过隧道,被复制、转发到每个活动的转交地址;在维护其他移动绑定的同时,注销某个特定的转交地址;当它不知道家乡代理地址的时候,通过注册过程找到家乡地址。

(4) 注册过程。以 IPv4 为移动结点到家乡代理的注册定义了两种过程:一种过程是通过外地代理转发移动结点注册请求;另一种过程是移动结点直接到家乡代理注册。

图 4.60 给出了通过外地代理转发注册请求的过程。

通过外地代理注册需要经过以下步骤:

(1) 移动结点发送注册请求报文到外地代理,开始进行注册。

(2) 外地代理处理注册请求报文,然后将它转发到家乡代理。

(3) 家乡代理向外地代理发送注册应答报文,同意(或拒绝)请求。

（4）外地代理接收注册应答报文,并将处理结果告知移动结点。

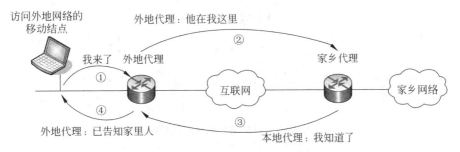

图 4.60　通过外地代理转发注册请求

图 4.61 给出了移动结点直接到家乡代理注册的过程。

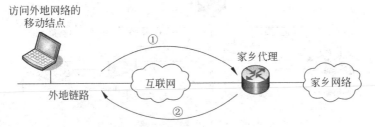

图 4.61　移动结点直接到家乡代理注册

移动结点直接到家乡代理注册需要经过以下两步。

（1）移动结点向家乡代理发送注册请求报文。

（2）家乡代理向移动结点发送一个注册应答,同意(或拒绝)请求。

具体采用哪种方法注册,要按以下规则来确定:

（1）如果移动结点使用外地代理转交地址,则它必须通过外地代理进行注册。

（2）如果移动结点使用配置转交地址,并从它当前使用的转交地址的链路上收到外地代理的代理通告报文,该报文的“标志位-R(需要注册)”被置位,则它也必须通过外地代理进行注册。

（3）如果移动结点转发时,使用配置转交地址,则它必须到家乡代理进行注册。

4.8.4.3　分组路由

移动 IP 的分组路由(packet routing)分为 3 种情况:单播、广播与多播。

1. 单播分组路由

（1）移动结点接收单播分组。图 4.62 描述了移动结点接收单播分组的过程。在移动 IPv4 中,与移动结点通信的主机(使用移动结点的 IP 地址)所发送的数据分组,首先会被传送到家乡代理。家乡代理判断目的主机已经在外地网络访问,它会利用隧道技术将数据分组发送到外地代理,最后由外地代理发送给移动结点。

（2）移动结点发送单播分组。图 4.63 描述了移动结点发送单播分组的过程。移动结点发送单播分组有两种方法:一种方法是通过外地代理路由到目的主机,如图 4.63(a)

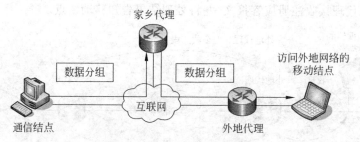

图 4.62　移动结点接收单播分组

所示。另一种方法是通过家乡代理转发,如图 4.63(b)所示。

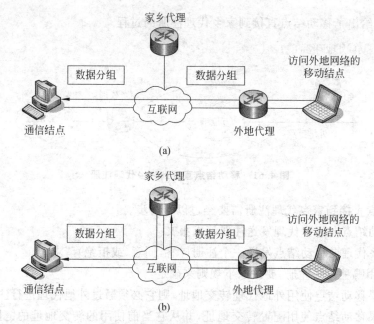

(a)

(b)

图 4.63　移动结点发送单播分组

2. 广播分组路由

一般情况下,家乡代理不将广播数据分组转发到移动绑定列表中的每个移动结点。如果移动结点已请求转发广播数据分组,则家乡代理将采取"IP 封装"的方法实现转发。

3. 多播分组路由

(1)移动结点接收多播分组。图 4.64 描述了移动结点接收多播分组的过程。移动结点接收多播分组有两种方法:一种方法是移动结点通过多播路由器加入多播组,如图 4.64(a)所示。另一种方法是通过和家乡代理之间建立的双向隧道加入多播组,移动结点将 IGMP 报文通过反向隧道发送到家乡代理,家乡代理通过隧道将多播分组发送到移动结点,如图 4.64(b)所示。

(2)移动结点发送多播分组。图 4.65 描述了移动结点发送多播分组的过程。移动结点发送多播分组有两种方法:一种方法是移动结点通过多播路由器发送多播分组,如图 4.65(a)所示。另一种方法是先将多播分组发送到家乡代理,家乡代理再将多播分组

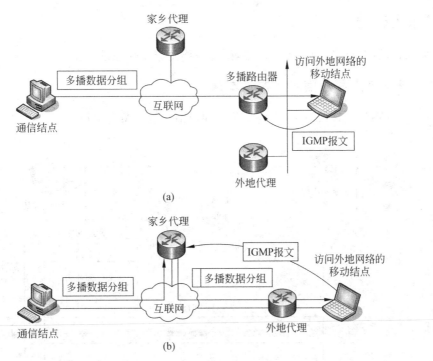

图 4.64 移动结点接收多播分组

转发出去,如图 4.65(b)所示。

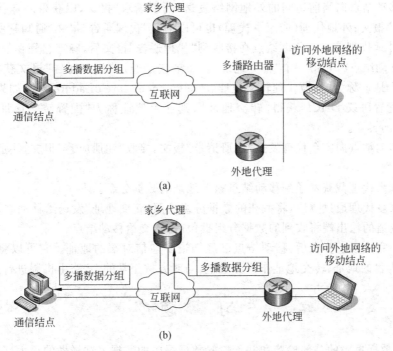

图 4.65 移动结点发送多播分组

4.8.4.4　注销

如果移动结点已经回到家乡网络,则它需要到家乡代理进行注销。

4.8.5　移动结点和通信对端的基本操作

图 4.66 描述了移动 IPv4 中移动结点和通信对端的基本操作过程。

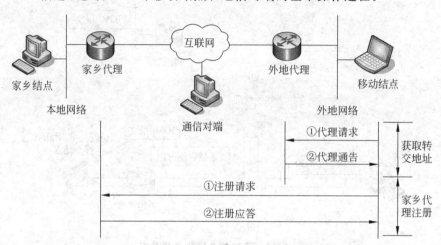

图 4.66　移动 IPv4 中移动结点和通信对端的基本操作

在移动 IPv4 中,移动结点和通信对端的基本操作分为以下几步。

(1) 移动结点向当前访问的外地网络发送"代理请求"报文,以获得外地代理返回的"代理通告"报文;外地代理(或家乡代理)也可以通过"代理通告"报文,通知它所访问的当前网络的外地代理信息。移动结点在接收到"代理通告"报文后,确定它是在外地网络上。

(2) 移动结点将获得一个"转交地址"。如果它是通过"代理通告"报文获得"转交地址",则这个地址称为"外地代理转交地址(foreign agent care-of address)";如果它是通过动态主机配置协议 DHCP 获得"转交地址",则这个地址称为"配置转交地址(co-locate care-of address)"。

(3) 移动结点向家乡代理发送"注册请求"报文,接收"注册应答"报文,注册它获得的"转交地址"。

(4) 家乡代理截获发送到移动结点家乡地址的数据分组。

(5) 家乡代理通过隧道,将截获的数据分组按照"转交地址"发送给移动结点。

(6) 隧道的输出端将收到的数据分组拆包后,转交给移动结点。

(7) 在完成以上步骤后,移动结点已经知道了通信对端的地址。它可以将通信对端的地址作为目的地址、转交地址作为源地址,与对方按正常的 IP 路由机制进行通信。

习　　题

1. IP 数据报中的首部检验和并不检验数据报中的数据。这样做的最大好处是什么?坏处是什么?

2. 当某个路由器发现一数据报的检验和有差错时,为什么采取丢弃的办法而不是要求源站重发此数据报? 计算首部检验和为什么不采用 CRC 检验码?

3. 在 Internet 中分段传送的数据报在最后的目的主机进行组装。还可以有另一种做法,即通过了一个网络就进行一次组装。试比较这两种方法的优劣。

4. 现有一个公司需要创建内部的网络。该公司包括工程技术部、市场部、财务部和办公室四个部门,每个部门约有 20～30 台计算机。试问:

(1) 若要将几个部门从网络上进行分开。如果分配该公司使用的地址为一个 C 类地址,网络地址为 192.168.161.0,如何划分网络以便将几个部门分开?

(2) 确定各部门的网络地址和子网掩码,并写出分配给每个部门网络中的主机 IP 地址范围。

5. 假设有两台主机,主机 A 的 IP 地址为 208.17.16.165,主机 B 的 IP 地址为 208.17.16.185,它们的子网掩码为 255.255.255.224,默认网关为 208.17.16.160。试问:

(1) 主机 A 能否和主机 B 直接通信?

(2) 主机 A 与 B 不能和 IP 地址为 208.17.16.34 的 DNS 服务器通信,为什么?

(3) 如何制作一个修改就可以排除(2)中的故障?

6. 假设在以太网上运行 IP 协议,源主机 A 要和 IP 地址为 192.168.1.250 的主机 B 通信,请问 A 如何得到主机 B 的 MAC 地址? (说明采用的协议以及查找过程)

7. (1)假设一个主机的 IP 地址为 192.55.12.120,子网掩码为 255.255.255.240,给出其子网号、主机号以及直接的广播地址。(2)如果子网掩码是 255.255.192.0,那么下列的哪些主机必须通过路由器才能与主机 129.23.144.16 通信?

A. 129.23.191.21　B. 129.23.127.222　C. 129.23.130.33　D. 129.23.148.122

8. 已知某个 C 类网,现要将这个网分成几个子网,其中每个子网中的主机数不大于30,如何设计子网及子网掩码使其满足题目的要求? 被分成多少子网? 每个子网的可用 IP 地址数是多少? IP 地址损失多少个?

9. 一个有 50 个路由器的网络,采用基于距离矢量的路由选择算法。路由表的每个表项长度为 6 个字节,每个路由器都有 3 个邻接路由器,每秒与每个邻接路由器交换一次路由表,则每条链路上由于路由器更新路由信息而耗费的带宽为多少?

10. 假设有一个 IP 数据报,头部长度为 20 字节,数据部分长度为 2000 字节。现该分组从源主机到目的主机需要经过两个网络。这两个网络所允许的最大传输单位 MTU 为 1500 字节和 576 字节。请问该数据报如何进行分片?

11. 假设主机 A 要向主机 B 传输一个长度为 512KB 的报文,数据传输速率为 50Mbps,途中需要经过 6 个路由器,每条链路长度为 1000km。信号在链路中的传播速率为 2000km/s,并且链路是可靠的。假定对于报文与分组,每个路由器的排队延迟时间为 1ms,数据传输速率为 50Mbps,那么,在下列情况下,该报文需要多长时间才能到达主机 B?

(1) 采用报文交换方式,报文头部长为 32 字节;

(2) 采用分组交换方式,每个分组携带的数据位 2KB,头部长为 32 字节。

第 5 章

数据链路层协议与局域网交换技术

数据链路层是实现网络通信的基础,它和物理层一起共同实现物理网络的数据链路建立、链路管理和数据传输。

本章主要介绍:

- 数据链路层协议的主要功能
- 数据链路层协议的主要类型
- 数据链路层差错控制技术
- HDLC 协议的基本内容
- PPP 协议的基本内容
- 以太网 MAC 层协议的基本内容

5.1 数据链路层的基本概念

5.1.1 链路与数据链路

在通信技术中,“链路”和“数据链路”是两个概念。链路是指一条点到点的物理线路(physical circuit),它中间没有任何其他交换结点。在进行数据通信时,两个计算机之间的通路(path)往往是由许多链路串接而成的,可见一条链路只是一条通路的一个组成部分。数据链路(data link)是指在数据通信时,除了必须有一条物理线路和传输设备外,还必须有一些必要的规程来控制这些数据在物理线路上传输,以保证被传输数据的正确性。实现这些规程的硬件、软件与物理线路共同构成数据链路。图 5.1 给出了物理线路与数据链路的关系。

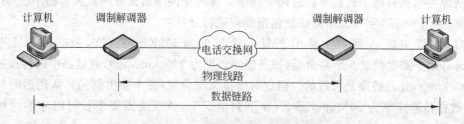

图 5.1 物理线路与数据链路的关系

链路可以分为物理链路和逻辑链路。物理链路就是上面所说的链路,而逻辑链路就是上面所说的数据链路,是物理链路加上必要的通信规程。这两种划分方法实质上是一样的。

数据链路层最重要的作用是通过一些数据链路层协议（即链路控制规程），在不太可靠的物理链路上实现可靠的数据传输。

5.1.2　数据链路层的主要功能

数据链路层的主要功能如下。

（1）链路管理。当网络中的两个结点要进行通信时，数据的发方必须确知收方是否已经处在准备接收的状态。为此，通信的双方必须先要交换一些必要的信息，建立数据链路连接；同时，在传输数据时要维持数据链路；在通信结束时要释放数据链路。数据链路的建立、维持和释放就称为链路管理。

（2）帧同步。在数据链路层，数据的传送单位是帧。数据一帧一帧地传送，当出现差错时，将有差错的帧再重传一次，而避免了将全部数据都进行重传。帧同步是指收方应当能从收到的比特流中准确地区分出一帧的开始和结束。

（3）流量控制。发送方的数据发送不能引起链路拥塞，即发送方发送数据的速率必须使接收方来得及接收。当接收方来不及接收时，就必须及时控制发送方发送数据的速率。

（4）差错控制。为了达到数据通信有极低误码率，数据链路层采用必要的差错控制技术，使接收方能够发现并纠正传输错误。数据链路层协议必须能实现差错控制功能。

（5）透明传输。一般情况下，数据和控制信息处于同一帧中传输，当传输的数据帧中出现控制信息时，必须要有适当的措施，使接收方不至于将数据误认为是控制信息。也就是说，使接收方能够将它们区分开。透明传输是指数据链路层提供解决方法，保证无论所传数据是什么样的比特组合，都应当能够在链路上传送。

（6）寻址。在多点连接的情况下，必须保证每一帧都能送到正确的目的站。接收方也应当知道发送方是哪一个站，以及该帧是发送给哪个结点。

5.1.3　数据链路层向网络层提供的服务

数据链路层是 OSI 参考模型的第 2 层，介于物理层与网络层之间。设立数据链路层的主要目的是将存在数据传输差错的物理线路变为对于网络层来说是无差错的数据链路。为了达到这个目的，数据链路层必须实现链路管理、帧传输、流量控制、差错控制等功能。

在整个通信过程中，由于数据链路层的存在，网络层并不知道实际的物理层采用的传输介质与传输技术的差异。数据链路层为网络层提供的服务主要表现在：正确传输网络层的用户数据；对网络层屏蔽物理层采用的传输技术的差异性。

5.2　差错产生与差错控制方法

5.2.1　设计数据链路层的原因

设置数据链路层的原因主要如下。

（1）在物理通信线路上传输数据信号时存在差错。通信线路由传输介质和设备组成。物理传输线路是指没有采用差错控制措施的基本物理传输介质和设备。误码率是指二进制比特流在数据传输过程中被传错的概率。测试结果表明：电话线路的传输速率在 $300\sim2400$bps 时，平均误码率在 $10^{-4}\sim10^{-6}$ 之间；传输速率在 $4800\sim9600$bps 时，平均误码率在 $10^{-2}\sim10^{-4}$ 之间。由于计算机网络对数据通信的要求是平均误码率必须低于 10^{-9}，因此普通电话线路不采用差错控制措施就不能满足计算机网络的要求。

（2）设计数据链路层的主要目的是在原始的、有差错的物理传输线路的基础上，采取差错检测、差错控制和流量控制等方法，将有差错的物理线路改进成无差错的数据链路，以便向网络层提供高质量的服务。

（3）从网络参考模型的角度来看，物理层以上各层都有改善数据传输质量的责任，而数据链路层是最重要的一层。

5.2.2　差错产生的原因和差错类型

数据经过通信信道后，接收的数据与发送的数据不一致的现象称为传输差错（简称差错）。差错的产生是不可避免的，差错控制方法是要分析差错产生的原因与类型，检查是否出现差错以及如何纠正差错。图 5.2 给出了差错产生的过程。其中，图 5.2(a)表示数据通过通信信道的过程；图 5.2(b)表示数据传输过程中噪声的影响。

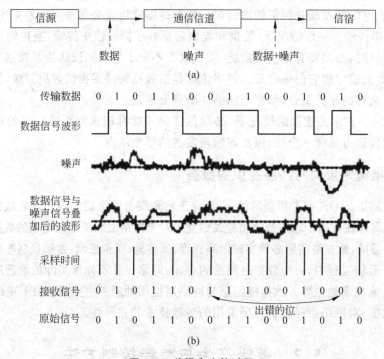

图 5.2　差错产生的过程

当数据从信源出发经过通信信道时，由于通信信道存在噪声，因此数据信号通过通信信道到达信宿时，接收的信号必然是数据信号和噪声信号电平的叠加。在接收方，接收电路在取样时对叠加后的信号进行判断，以确定数据的 0、1 值。如果噪声对信号叠加的结果在电平判决时引起错误,就会产生传输数据的错误。

通信信道的噪声分为两类:热噪声和冲击噪声。其中,热噪声是由传输介质导体的电子热运动产生的。热噪声的特点是:时刻存在,幅度较小,强度与频率无关,但频谱很宽。热噪声是一种随机的噪声,由热噪声引起的差错是一种随机差错。

冲击噪声是由外界电磁干扰引起的。与热噪声相比,冲击噪声的幅度较大,它是引起传输错误的主要原因。冲击噪声的持续时间与数据传输中每比特的发送时间相比可能较长,因此冲击噪声引起的相邻多个数据位出错呈突发性。冲击噪声引起的传输错误是一种突发差错。引起突发差错的位长称为突发长度,通信过程中产生的传输差错是由随机差错与突发差错共同构成的。

5.2.3　误码率的定义

误码率是指二进制比特流在数据传输系统中被传错的概率,用公式表示为

$$Pe = \frac{被传错的比特数}{传输的二进制比特总数}$$

在理解误码率定义时,应该注意以下几个问题。

(1) 误码率是衡量数据传输系统正常工作状态下传输可靠性的参数。数据在通信信道传输的过程中一定会由于各种原因出现错误,传输错误是正常的、不可避免的,但是一定要控制在一个允许的范围内。

(2) 对于一个实际的数据传输系统,不能笼统地说误码率越低就越好,要根据实际传输要求提出误码率要求。在数据传输速率确定后,要求传输系统的误码率越低,则传输系统的设备就会越复杂,相应造价也就越高。

(3) 对于实际数据传输系统,如果传输的不是二进制比特,需要折合成二进制比特来计算。

(4) 差错的出现具有随机性,在实际测量一个数据传输系统时,只有被测量的传输二进制比特数越大,才会越接近真正的误码率值。

5.2.4　检错码与纠错码

在数据链路层,实现差错控制的方法是差错控制编码(error control code)。要发送的数据称为信息位(data bit)。在向通信信道发送数据之前,先按照某种关系加上一定的冗余位(redundancy bit)(这个过程称为差错控制编码过程),构成一个码字(code word)再发送。接收方收到码字后查看信息位和冗余位,并检查它们之间的关系(校验过程),以发现传输过程中是否有差错发生。差错控制编码又可分为:检错码和纠错码,前者是指能自动发现差错的编码,后者是指不仅能发现差错而且能自动纠正差错的编码。

纠错码虽然有优越之处,但实现起来困难,在一般的通信场合不宜采用。检错码虽然需要通过重传机制达到纠错的目的。但是工作原理简单,实现起来容易,编码与解码速度快,因此得到了广泛的应用。

衡量编码性能好坏的一个重要参数是编码效率 R,它是码字中信息位所占的比例。若码字中信息位为 k 位,编码时外加冗余位为 r 位,则编码后得到的码字长为 n＝k＋r

位。编码效率为：

$$R = \frac{k}{n} = \frac{k}{k+r}$$

显然，编码效率 R 越高，则通信信道中用来传送信息码元的有效利用率就越高。

5.2.5 海明码工作原理

海明码是一种可以检错并纠正一位差错的编码，当信息位足够长时，它的编码效率很高。

若一个信息位为 $k = n-1$ 位的比特流 $a_{n-1}a_{n-2}\cdots a_1$，加上偶校验位 a_0，构成一个 n 位的码字 $a_{n-1}a_{n-2}\cdots a_0$。在接收方校验时，可按关系式

$$S = a_{n-1} \oplus a_{n-2} \oplus \cdots \oplus a_1 \oplus a_0$$

来计算，若 $S = 0$，则无错；若 $S = 1$，则有错。上式可称为监督关系式，S 称为校正因子。在奇偶校验情况下，只有一个监督关系式，一个校正因子，其取值只有两种（0 或 1），分别代表了无错和有错两种情况，而不能指出差错所在的位置。

不难推想，若增加冗余位，也相应地增加监督关系式和校正因子，就能区分更多的情况。例如，若有两个校正因子，则其取值就有 4 种可能：00、01、10 或 11，就能区分 4 种不同的情况。若其中一种表示无错，另外三种不但可以用来指出有错，还可用来区分错误的情况，如指出是哪一位错等。

一般说来，信息位为 k 位，增加 r 位冗余位，构成 $n = k+r$ 位码字。若希望用 r 个监督关系式产生的 r 个校正因子来区分无错和在码字中 n 个不同位置的一位错，则要求

$$2^r \geqslant n+1$$

或者

$$2^r \geqslant k+r+1$$

以 $k = 4$ 为例来说明，要满足上述不等式，则 $r \geqslant 3$。现取 $r = 3$，则 $n = k+r = 7$。也就是说，在 4 位信息位 $a_6a_5a_4a_3$ 后面加上 3 位冗余位 $a_2a_1a_0$，构成 7 位码字 $a_6a_5a_4a_3a_2a_1a_0$。其 a_2、a_1 和 a_0 分别由 4 位信息位中某几位半加得到。那么在校验时，a_2、a_1 和 a_0 就分别和这些位半加构成三个不同的监督关系式。在无错时，这三个关系式的值 S_2、S_1 和 S_0 全为"0"。若 a_2 错，则 $S_2 = 1$，而 $S_1 = S_0 = 0$；若 a_1 错，则 $S_1 = 1$，而 $S_2 = S_0 = 0$；若 a_0 错，则 $S_0 = 1$，而 $S_2 = S_1 = 0$。$S_2S_1S_0$ 这三个校正因子和其他 4 种编码的值可用来区分 a_3、a_4、a_5 或 a_6 一位错。该对应关系可按表 5-1 所示来执行（也可以规定成另外的对应关系，这并不影响讨论的一般性）。

表 5-1 $S_2S_1S_0$ 值与错码位置的对应

$S_2S_1S_0$	000	001	010	100	011	101	110	111
错码位置	无错	a_0	a_1	a_2	a_3	a_4	a_5	a_6

由表 5-1 可见，a_2、a_4、a_5 或 a_6 的一位错都应使 $S_2 = 1$，由此可以得到监督关系式

$$S_2 = a_2 \oplus a_4 \oplus a_5 \oplus a_6$$

同理还有

$$S_1 = a_1 \oplus a_3 \oplus a_5 \oplus a_6$$
$$S_0 = a_0 \oplus a_3 \oplus a_4 \oplus a_6$$

在发送端编码时,信息位 a_6、a_5、a_4 或 a_3 的值取决于输入信号,是随机的。冗余位 a_2、a_1 和 a_0 的值应根据信息位的取值按监督关系式来决定,使上述三式中的 S_2、S_1 和 S_0 的取值为 0,即

$$a_2 \oplus a_4 \oplus a_5 \oplus a_6 = 0$$
$$a_1 \oplus a_3 \oplus a_5 \oplus a_6 = 0$$
$$a_0 \oplus a_3 \oplus a_4 \oplus a_6 = 0$$

由此可求得

$$a_2 = a_4 \oplus a_5 \oplus a_6$$
$$a_1 = a_3 \oplus a_5 \oplus a_6$$
$$a_0 = a_3 \oplus a_4 \oplus a_6$$

已知信息位后,按此三式即可算出各冗余位。对于各种信息位算出的冗余位如表 5-2 所示。

表 5-2 由信息位算得的海明码冗余位

信息位	冗余位	信息位	冗余位
$a_6\,a_5\,a_4\,a_3$	$a_2\,a_1\,a_0$	$a_6\,a_5\,a_4\,a_3$	$a_2\,a_1\,a_0$
0000	000	1000	111
0001	011	1001	100
0010	101	1010	010
0011	110	1011	001
0100	110	1100	001
0101	101	1101	010
0110	011	1110	100
0111	000	1111	111

在接收方收到每个码字后,按监督关系式算出 S_2、S_1 和 S_0,若全为"0"则认为无错。若不全为"0",在一位错的情况下,可查表 5-2 来判定是哪一位错,从而纠正之。例如码字 0010101 传输中发生一位错,但在接收方收到的为 0011101,代入监督关系式可算得 $S_2 = 0$、$S_1 = 1$ 和 $S_0 = 1$,由表 5-1 可查得 $S_2 S_1 S_0 = 011$ 对应于 a_3 错,因而可将 0011101 纠正为 0010101。

上述海明码的编码效率为 4/7。若 $k = 7$,按 $2^r \geqslant k + r + 1$ 可算得 r 至少为 4,此时编码效率为 7/11。信息位长度越长编码效率越高。海明码只能纠正一位错,若用在纠正传输中出现突发性差错时可以采用下述方法:将连续 P 个码字排成一个矩阵,每行一个码字。如图 5.3 中例

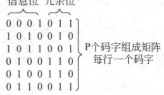

图 5.3 海明码用于突发错误的情况

子,发送顺序为 00010111010010…11111110110011。如果发生突发长度≤P 的突发错误,那么在 P 个码字中最多每个码字有一位有差错,正好由海明码纠正。

5.2.6　循环冗余码工作原理

常用的检错码主要有奇偶校验码和循环冗余码。奇偶校验码是一种最常见的校验码,它分为垂直奇偶校验、水平奇偶校验和水平垂直奇偶校验(即方阵码)。奇偶校验就是通过增加一位冗余位(奇偶位)使得码字中"1"的个数保持奇或偶的编码方法。这种方法简单,但检错能力差。目前循环冗余码(cyclic redundancy code,CRC)是应用最广泛的检错码编码方法,它具有检错能力强及实现容易的特点。

1. CRC 检错的工作原理

CRC 码又称为多项式码。这是因为任何一个由二进制数位串组成的代码都可以和一个只含有 0 和 1 两个系数的多项式建立一一对应的关系。例如,代码 1011011 对应的多项式为 $x^6+x^4+x^3+x+1$,而多项式 $x^5+x^4+x^2+x$ 对应的代码为 110110。

CRC 检错的工作原理:在发送方,将发送数据作为一个多项式 $f(x)$ 的系数,用双方预先约定的生成多项式 $G(x)$ 去除,求得一个余数多项式 $R(x)$。将余数多项式加到数据多项式后形成码字发送到接收方。在接收方,用同样的生成多项式 $G(x)$ 去除接收数据多项式 $f'(x)$,得到计算的余数多项式。若余式为 0,则认为传输无差错。否则(余式不为 0),传输有差错,由发送方重发数据,直至正确为止。图 5.4 给出了 CRC 检错的工作原理。

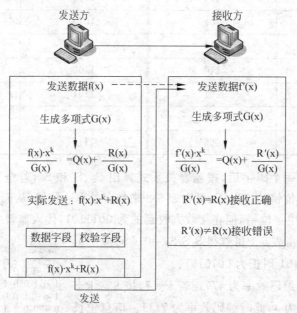

图 5.4　CRC 检错的工作原理

CRC 生成多项式 $G(x)$ 由协议来规定,$G(x)$ 的结构和检错效果是经过严格的数学分析与实验后确定的。目前已有多种生成多项式列入了国际标准:

CRC-12 　　　　$G(x) = x^{12} + x^{11} + x^3 + x^2 + x + 1$

CRC-16 　　　　$G(x) = x^{16} + x^{15} + x^2 + 1$

CRC-CCITT 　　$G(x) = x^{16} + x^{12} + x^5 + 1$

CRC-32 　　　　$G(x) = x^{32} + x^{26} + x^{23} + x^{22} + x^{16} + x^{12} + x^{11} + x^{10} + x^8 + x^7 + x^5 + x^4$
　　　　　　　　$+ x^2 + x + 1$

CRC 检错的工作过程可以描述如下。

(1) 发送方生成数据多项式 $f(x) \cdot x^k$,其中 k 为生成多项式的最高幂 n 值,例如 CRC-12 的最高幂值为 12,则 k=12,生成 $f(x) \cdot x^{12}$。对于二进制乘法来说,$f(x) \cdot x^{12}$ 的意义就是将数据比特流左移 12 位以放入余数。

(2) 将 $f(x) \cdot x^k$ 除以生成多项式 $G(x)$,得 $f(x) \cdot x^k / G(x) = Q(x) + R(x) / G(x)$。其中,$R(x)$ 为余数多项式。

(3) 将 $f(x) \cdot x^k + R(x)$ 作为整体,从发送方通过通信信道传送到接收方。

(4) 接收方对多项式 $f'(x)$ 采用同样的运算,$f'(x) \cdot x^k / G(x) = Q(x) + R'(x) / G(x)$,求得余数多项式 $R'(x)$。

(5) 根据计算的余数多项式 $R'(x)$ 是否等于余数多项式 $R(x)$ 判断是否出现错误。

2. CRC 检错方法的例子

实际的 CRC 校验码生成是采用二进制模 2 计算(即异或操作)。下面用一个实例说明 CRC 校验码的生成过程:

(1) 发送数据位 1010001(7 位)。

(2) 生成多项式为 10111(n=4,k=4)。

(3) 将发送数据乘以 2^4(左移 4 位),得到的乘积为 10100010000。

(4) 将乘积用生成多项式去除,按模 2 计算求得余数为 1101。

$$
\begin{array}{r}
1001111 \leftarrow Q(x) \\
G(x) \rightarrow 10111\,\overline{)10100010000} \leftarrow f(x) \cdot x^k \\
\underline{10111} \\
11010 \\
\underline{10111} \\
11010 \\
\underline{10111} \\
11010 \\
\underline{10111} \\
11010 \\
\underline{10111} \\
1101 \leftarrow R(x)
\end{array}
$$

(5) 将余数比特流加到乘积中,得到:

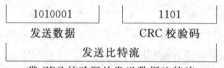

带 CRC 校验码的发送数据比特流

（6）如果在数据传输过程中没有发生错误，接收方收到的带有 CRC 校验码的数据比特流一定能被相同的生成多项式整除。

在实际网络应用中，CRC 校验码的生成与校验过程可以用硬件实现，很多超大规模集成电路芯片可以实现 CRC 校验功能。

3. CRC 检错方法的特点

CRC 校验码的检错能力很强，它除了能检查出离散错外，还能检查出突发错。CRC 校验码具有以下检错能力：

（1）CRC 校验码能检查出全部单个错。

（2）CRC 校验码能检查出全部离散的二位错。

（3）CRC 校验码能检查出全部奇数个错。

（4）CRC 校验码能检查出全部长度小于或等于 k 位的突发错。

（5）CRC 校验码能以 $[1-(1/2)^{k-1}]$ 的概率检查出长度为 k+1 位的突发错。

例如，如果 k=16，CRC 校验码能检查出小于或等于 16 位的所有突发错，并能以 $[1-(1/2)^{k-1}] \approx 99.997\%$ 的概率检查出长度为 17 位的突发错，漏检概率约为 0.003%。

5.2.7　差错控制机制

由于实际的通信系统通常采用检出错误而不自动纠错的检错码，因此必须研究基于检错码的差错控制机制。计算机网络主要采用自动反馈重发纠错方法。

自动反馈重发（automatic request for repeat，ARR）纠错是指收、发双方在发现帧传输错误时，采用反馈和重发的方法来纠正错误。接收方通过检错码检查接收数据是否正确，如果发现传输错误就采用自动反馈重发方法。图 5.5 给出了自动反馈重发纠错的实现机制。发送方将数据传送到校验码编码器产生校验字段，并将校验字段与数据一起通过传输信道发送到接收方。为了适应自动反馈重发的需要，发送方在存储器中保留发送数据的副本。

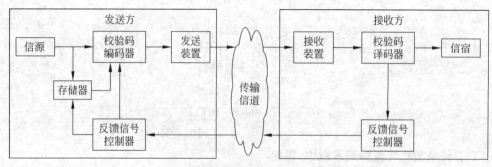

图 5.5　自动反馈重发纠错的实现机制

接收方通过校验码译码器判断数据传输是否出错。如果数据传输正确,接收方通过反馈信号控制器向发送方发送"传输正确(ACK)"信息。发送方的反馈信号控制器收到ACK 信息后,将不再保留发送数据的副本。如果数据传输不正确,接收方向发送方发送"传输错误(NAK)"信息。发送方的反馈信号控制器收到 NAK 信息后,将根据保留的发送数据的副本重新发送,直至协议规定的最大重发次数为止。如果超过协议规定的最大重发次数,接收方仍然不能正确接收,发送方停止该帧的发送,同时向高层协议报告出错信息。

5.3　数据链路层的流量与拥塞控制

5.3.1　数据链路层协议模型

传输层的 TCP 协议实现了对数据报的流量控制和拥塞控制,在数据链路层也同样需要有流量与拥塞控制,以保证数据帧传输的可靠性。从流量控制角度看,数据链路层协议模型分为:单帧停止等待协议、连续发送 ARQ 协议和滑动窗口协议。图 5.6 给出了数据链路层协议模型的分类。它们所采取的控制策略对数据链路层的数据帧传输效率有很大影响。

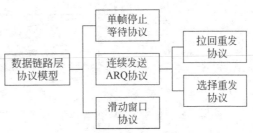

图 5.6　数据链路协议模型的分类

5.3.2　单帧停止等待协议

5.3.2.1　单帧停止等待协议的工作原理

图 5.7 给出了单帧停止等待协议的工作原理。在单帧停止等待协议中,发送方每次发送一帧之后,需要等待确认帧返回之后再发送下一帧。否则,重新发送出错的数据帧。单帧停止等待协议的优点是:协议简单、容易实现,但是帧传输效率低下。

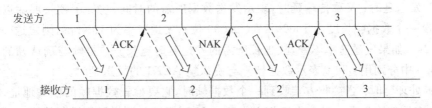

图 5.7　单帧停止等待协议的工作原理

5.3.2.2　单帧停止等待协议效率分析

在对数据链路层协议的效率进行分析时,需要研究理想状态下帧传输总延时的计算。理想状态是指:一个数据帧从发送方正确传输到接收方,接收方返回的确认帧也正确传送到发送方,在一次数据帧与确认帧的传输中没有出现错误的情况。图 5.8 给出了单帧停止等待协议的帧传输过程。

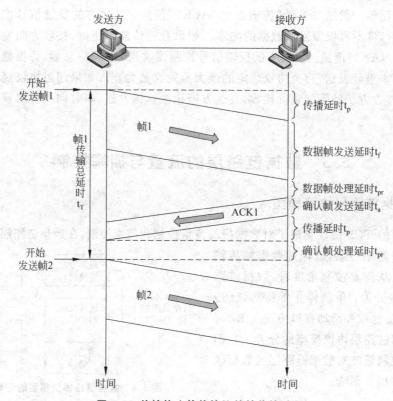

图 5.8 单帧停止等待协议的帧传输过程

1. 帧传输总延时分析

分析理想状态下的帧传输总延时,要涉及以下几个术语。

(1) 传播延时:发送方将表示数据的电信号通过传输介质传播到接收方,电磁波通过传输介质需要一定的传播时间,它等于传输介质长度除以电磁波传播速度。传播延时记为 t_p。

(2) 发送延时:又称传输延时,表示发送数据所需的时间,它等于帧长度除以发送速度。假设一个数据帧长度为 1500 字节(12 000 位),发送速率为 10Kbps,则发送一帧需要花费 1.2s。如果发送速率不变,帧越长所需的发送延时越长。数据帧与确认帧的长度不同,图 5.8 中分别用 t_f 和 t_a 表示数据帧 1 与确认帧 ACK1 的发送延时。

(3) 处理延时:当接收方接收到一个数据帧时,它要检查数据帧的帧头地址、校验字段,以确定帧传输是否正确。当接收方收到一个确认帧时,同样需要进行检查。结点对数据帧的处理时间与对确认帧的处理时间称为处理时间。为了简化计算,分析帧传输总延时时忽略结点对数据帧的处理时间与对确认帧的处理时间的细微区别,统一将数据帧处理延时与对确认帧处理延时记为 t_{pr}。

在理想状态下,帧传输总延时为

$$t_T = t_p + t_f + t_{pr} + t_a + t_p + t_{pr} = 2t_p + 2t_{pr} + t_f + t_a \tag{5-1}$$

对公式(5-1)可以做两点简化:一是结点对帧的处理延时 t_{pr} 小于帧发送延时与传播

延时 t_p，故 t_{pr} 可以忽略。二是确认帧通常很短，确认帧 ACK 的发送延时 t_a 可以忽略。简化后的帧传输总延时为

$$t_T \approx t_f + 2t_p \qquad (5\text{-}2)$$

在理想状态下，单帧停止等待协议的帧传输效率为

$$U = t_f/(t_f + 2t_p) \qquad (5\text{-}3)$$

假设 $\alpha =$ 传播延时/发送延时 $= t_p/t_f$，则

$$U = 1/(1 + 2\alpha) \qquad (5\text{-}4)$$

2. 讨论

从公式(5-4)中可以看出，单帧停止等待协议的帧传输效率 U 直接受 α 的影响。不妨做两个假设：一是假设两个结点的距离一定，则传播延时也一定。二是假设结点发送速率一定。通过以下参数的计算讨论影响协议传输效率的因素。

(1) 如果电磁波在有线传输介质中，如电缆中，其传播速度约为空间电磁波的 2/3，空间电磁波的传播速度为 $3 \times 10^8\,\mathrm{m/s}$，则在电缆中的传播速度约为 $2 \times 10^8\,\mathrm{m/s}$，另外连接收、发双方的传输介质长度为 1000m，则传播延时 t_p 约等于 $5.0 \times 10^{-6}\,\mathrm{s}$。

(2) 如果一个数据帧的长度为 100 位，结点的发送速率为 10Mbps，则发送延时 t_f 等于 $1 \times 10^{-5}\,\mathrm{s}$。

$$\alpha_1 = t_p/t_f = 5.0 \times 10^{-6}/(1 \times 10^{-5}) = 0.5$$
$$U_1 = 1(1 + 2 \times 0.5) = 0.5$$

如果数据帧的长度为 1000 位，其他参数不变，那么发送延时 t_f 等于 $1 \times 10^{-4}\,\mathrm{s}$。

$$\alpha_2 = t_p/t_f = 5.0 \times 10^{-6}/(1 \times 10^{-4}) = 0.05$$
$$U_2 = 1(1 + 2 \times 0.05) \approx 0.91$$

从上面讨论中可以看出，当传播延时一定时，发送的数据帧长度越长，发送延时就越大，α 就越小，传输效率 U 也就越高。发送的数据帧长度越短，发送延时就越小，α 就越大，传输效率 U 也就越低。在此结论基础上，可以形成这样一个推论：在保持 $t_f + 2t_p$ 时间内不出现差错的前提下，连续发送多个帧，同样可以提高帧传输效率。

5.3.3　连续发送 ARQ 协议

为了克服单帧停止等待协议的缺点，学术界又提出了流水线方式的多帧连续发送协议。

图 5.9 给出了多帧连续发送协议的工作原理。其中，图 5.9(a)是拉回重发方式。发送方可以连续向接收方发送数据帧，接收方对收到的数据帧进行校验，然后向发送方返回相应的应答帧。如果发送方在连续发送了编号为 0～5 的帧后，从应答帧得知 2 号帧传输错误，发送方将停止发送当前帧，重新发送 2、3、4、5 号帧。在拉回状态结束后，再继续发送 6 号帧。

图 5.9(b)是选择重发方式。它与拉回重发方式不同之处在于：如果发送方在发送 5 号帧时，接收到 2 号帧传输出错的应答帧，则发送方在发送完 5 号帧后，只是重新发送出错的 2 号帧。在选择重发结束后，再继续发送 6 号帧。显然，选择重发方式的效率要高于拉回重发方式的效率。

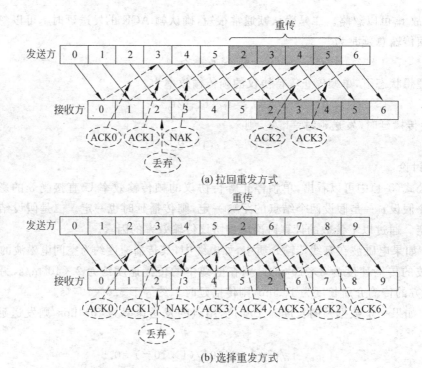

(a) 拉回重发方式

(b) 选择重发方式

图 5.9　多帧连续发送协议的工作原理

5.3.4　滑动窗口协议

5.3.4.1　滑动窗口的基本概念

在连续发送 ARQ 协议中,发送方不必等待接收方的确认(ACK)信息到来,就可以连续发送多个数据帧,提高了传输帧的效率。但如果发送方一直没有收到对方的确认信息,那么实际上发送方并不能无限制地发送其数据帧,原因如下。

(1)当未被确认的数据帧的数目太多时,只要有一帧出了差错,就可能要有很多的数据帧需要重传,这必然要白白浪费较多时间,因而增大了开销。

(2)为了对所发送出去的大量数据帧进行编号,每个数据帧的发送序号也要占用较多的比特数,这样又增加了一些不必要开销。

学术界提出了一种"滑动窗口"技术,发送方连续发送帧的数量需要由接收方限制,由接收方根据接收缓冲区剩余空间来调整发送方发送帧的节奏,以避免传输过程中出现拥塞。其核心思想是:利用滑动窗口方法将已发送出去但未被确认的数据帧的数目加以限制,达到流量控制的目的。

在滑动窗口协议中,设置发送窗口来对发送方进行流量控制,而发送窗口的大小 W_s 代表在还没有收到接收方确认信息的情况下发送方最多可以发送多少个数据帧。显然,单帧停止等待协议的发送窗口大小是 1,表明只要发送出去的一个数据帧未得到确认,就不能再发送下一个数据帧。

5.3.4.2　滑动窗口协议的工作原理

为了实现滑动窗口协议,引入发送窗口 W_s 和接收窗口 W_r。图 5.10 给出了滑动窗口控制流量的工作原理。

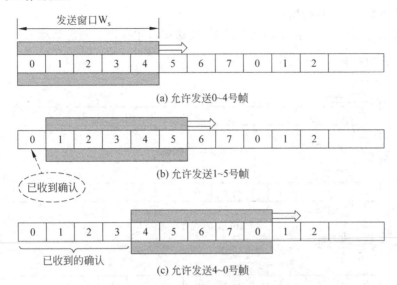

图 5.10　滑动窗口控制流量的工作原理

1. 发送窗口值 W_s 和接收窗口值 W_r

滑动窗口通过调节发送窗口值 W_s 和接收窗口值 W_r 来达到流量控制的目的。假设发送序号用 3 位比特来编码,即发送序号可以有 8 个(从 0 到 7)不同的序号。0～7 的发送帧与接收帧的序号将循环使用。图 5.10 中发送窗口值 W_s 为 5,表示在未收到对方确认信息的情况下,发送方最多可以发送出 5 个数据帧。

图 5.10(a)说明了刚开始发送时的情况。这时在带有阴影的发送窗口内(即在窗口前沿和后沿之间)共有 5 个序号,从 0 到 4。在发送窗口内的序号的数据帧就是发送方现在可以发送的帧。若发送方发完了这 5 个帧(从 0 到 4 号帧),但仍未收到确认信息,则由于发送窗口已填满,就必须停止发送而进入等待状态。

当收到 0 号帧的确认信息后,发送窗口就可以向前移动 1 个号。图 5.10(b)表明现在 5 号帧已落入到发送窗口内,因此发送方现在就可以发送 5 号帧。假设后来又有 3 个帧(1 至 3 号帧)的确认帧陆续到达发送方。于是发送窗口又可再向前移动 3 个序号(如图 5.10(c)所示),而发送方继续可发送的数据帧的序号是 6 号、7 号和 0 号。

为了减少开销,接收方不一定每收到一个正确的数据帧就必须发回一个确认帧,而是可以在连续收到几个正确的数据帧以后,才对最后一个数据帧发确认信息。这就是说,对某一数据帧的确认就表明该数据帧和这以前所有的数据帧均已正确无误地收到。这样做可以使接收方少发一些确认帧,因而减少了开销。

同理,在接收方设置接收窗口是为了控制应接收哪些数据帧而不应该接收哪些帧。在接收方只有当收到数据帧的发送序号落入接收窗口内时,才允许将该数据帧收下。若接收到的数据帧落在接收窗口之外,则一律将其丢弃。图 5.11 给出了接收窗口的工作原理,图中接收窗口的大小 $W_r = 1$。图 5.11(a)表明一开始接收窗口处于 0 号帧处,接收方准备接收 0 号帧。一旦收到 0 号帧,接收窗口即向前移动一个号(如图 5.11(b)所示),准备接收 1 号帧,同时向发送方发送对 0 号帧的确认信息。当陆续收到 1 到 3 号帧时,接收窗口的位置应如图 5.11(c)所示。

不难看出,只有在接收窗口向前移动时,发送窗口才有可能向前移动。

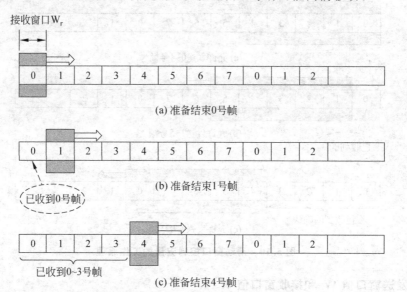

图 5.11　接收窗口的工作原理

2. 发送序号与发送窗口最大值的关系

正因为收、发双方的窗口按照以上规律不断地向前滑动,因此这种协议被称为滑动窗口协议。当发送窗口和接收窗口的大小都等于 1 时,就是前面讨论的停止等待协议。

表面上看,如果用 3 个比特编出的 8 个不同序号,发送窗口的最大值似乎应该是 8。但实际上,在某些情况下无法工作。下面说明这一点。

假设发送窗口 $W_s = 8$。设发送方发送完 0～7 共 8 个数据帧,因发送窗口已满,发送暂停。假定这 8 个数据帧均已正确到达接收方,并对每一个数据帧,接收方都发送了确认帧。这时考虑两种不同的情况。

第一种情况:所有的确认帧都正确到达了发送方,因而发送方接着又发送 8 个新的数据帧,其编号应该是 0～7。

第二种情况:所有的确认帧都丢失了,经过一段时间后,发送方重发这 8 个旧的数据帧,其编号仍为 0～7。

显然,接收方第二次收到编号为 0～7 的 8 个数据帧时,它无法判定这 8 个帧是新的还是旧的重发的数据帧。因此,将发送窗口设置为 8 肯定不行。

可以证明,当用 n 位比特进行编码时,若接收窗口的大小设为 1,则只有在发送窗口的大小 $W_s \leqslant 2^n - 1$ 时,连续 ARQ 协议才能正确运行。这就是说,当用 3 位比特编码时,发送窗口的最大值是 7,而不是 8。

5.4　点对点 PPP 协议

5.4.1　互联网数据链路层协议

　　互联网数据链路层协议主要有两种:串行线路 IP 协议(serial line IP,SLIP)和点对点协议(point-to-point protocol,PPP)。它们主要用于串行通信的拨号线路,是家庭或公司用户通过 ISP 方式连接到互联网的主要协议。

　　SLIP 最早是在 BSD UNIX 7.2 版操作系统上实现。SLIP 协议支持 TCP/IP 协议,它只是对数据报进行简单的封装,然后用 RS-232 接口的串行线路进行传输。SLIP 通常用来将远程终端连接到 UNIX 主机,也可以用于通过租用或拨号线路的主机到路由器、路由器到路由器的通信。SLIP 是一种简单、有效的协议。1992 年制定的 PPP 协议是 SLIP 协议的新版本,它提供了更快、更有效的通信。PPP 协议代替了 SLIP 协议,并解决了 SLIP 协议中的一些效率问题。1994 年,IETF 将 PPP 作为互联网数据链路层的标准协议。

　　PPP 协议的特点是简单。在通信线路质量不断提高、光纤应用日益广泛的情况下,简化数据链路层协议是必要的。PPP 协议的特点主要表现如下。

　　(1)不使用帧序号,不提供流量控制功能。

　　(2)只支持点对点连接,不支持点对多点连接。

　　(3)只支持全双工通信,不支持单工与半双工通信。

　　(4)可以支持异步、串行通信,也可以支持同步、并行通信。

　　PPP 协议是大多数个人计算机和 ISP 之间使用的协议,它在高速广域网上也有一定的应用。有些社区宽带网也将 PPP 协议作为协议族的一部分。PPP 协议不仅用于拨号电话线上,也在路由器之间的专用线路上得到了广泛应用。

5.4.2　PPP 协议的基本内容

5.4.2.1　PPP 协议的基本功能

　　PPP 协议提供以下几种基本功能。

　　(1)用于串行链路的基于 HDLC 数据帧封装机制。

　　(2)链路控制协议(link control protocol,LCP)用于建立、配置、管理和测试数据链路连接。

　　(3)网络控制协议(network control protocol,NCP)用于建立和配置不同的网络层协议。

5.4.2.2　PPP 协议的帧结构

　　为了提供点对点的 PPP 链路进行通信。每个端结点首先发送 LCP 数据帧,以配置和测试 PPP 数据链路。当 PPP 链路建立起来后,每个端结点发送 NCP 数据帧,以选择和配置网络层协议。当网络层协议配置好之后,网络层的数据分组就可以提供 PPP 数据帧传输。

PPP 协议的帧分为 3 种类型:PPP 信息帧、PPP 链路控制帧和 PPP 网络控制帧。

1. PPP 信息帧

图 5.12 给出了 PPP 信息帧的格式。PPP 帧格式与 HDLC 帧格式类似,由帧头、信息字段和帧尾 3 部分组成。PPP 信息帧的信息字段的长度可变,它包含要传送的数据,其开设部分可以是网络层的分组。

标志字段 (7E)	地址字段 (FF)	控制字段 (03)	协议字段	信息字段	帧校验 (FCS)	标志字段 (7E)
1字节	1字节	1字节	2字节	≤1500字节	2字节	1字节

图 5.12　PPP 信息帧的格式

PPP 信息帧头包括如下部分。

(1) 标志(falg)字段:长度为 1 字节,用于比特流的同步,采用 HDLC 表示方法,其值为"7E"(01111110)。

(2) 地址(address)字段:长度为 1 字节,其值为"FF"(11111111)表示广播地址,即网络中的所有结点都能接收该帧。

(3) 控制(control)字段:长度为 1 字节,其值为"03"(00000011)。

(4) 协议(protocol)字段:长度为 2 字节,它标识网络层协议的数据类型,常用的网络层协议类型主要有:TCP/IP(0021H)、OSI(0023H)、DEC(0027H)、Novell(002BH)、multilink(003DH)。

(5) 信息字段的长度可变,最长为 1500 字节。

PPP 信息帧尾包括两个部分:

(1) 帧校验(FCS)字段:长度为 2 字节,它用于保证数据的完整性。

(2) 标志(flag)字段:长度为 1 字节,其值为"7E"(01111110),用于表示一帧的结束。

需要注意的是:当 PPP 协议使用异步通信时,信息字段中不能出现与标志字段"7E"相同的值,这就是帧传输的透明性问题。为了解决这个问题,PPP 定义了转义字符"0x7D",并使用字节填充法进行转义。其规则是:

(1) 在信息字段中出现的每一个"0x7E"字节,要转换成双字节"0x7D 0x5E"。

(2) 在信息字段中出现的每一个"0x7D"字节,要转换成双字节"0x7D 0x5D"。

(3) 在信息字段中出现 ASCII 中的控制字符(即数值小于 0x20 时),在该字段前加一个"0x7D"字节,同时改变该字节。例如,传输结束"ETX"(0x03)转换后的双字节是"0x7D 0x31"。

(4) 由于在发送端进行字节填充,接收端需要检测并还原成填充前的数据。

2. PPP 链路控制帧

个人计算机通过 PPP 协议连入互联网要经过如下 3 个步骤。

(1) 计算机通过调制解调器呼叫 ISP 的路由器。

(2) 路由器端的调制解调器回答电话呼叫后,建立物理连接。

（3）计算机向路由器发送链路控制帧，用来指定 PPP 协议的数据链路选项。

PPP 协议的数据链路选项主要包括如下内容。

（1）链路控制帧可以用来与对方进行协商，异步链路中将什么字符作为转义字符。

（2）为了提高线路的利用率，链路控制帧可以用来与对方协商，是否可以不传输标志字节或地址字节，并将协议字段从 2 字节缩短为 1 字节。

（3）如果在线路建立期间，收、发双方不使用链路控制协商，固定的数据字段长度为 1500 字节。

PPP 帧的协议字段为 C021H 表示链路控制帧。图 5.13 给出了 PPP 链路控制帧的格式。在 PPP 链路传输的数据中出现与标志字节相同的字符时，也需要进行同样的转义处理。在同步链路中，转义采用"0 比特插入/删除"法，并由硬件自动完成。

标志字段 (7E)	地址字段 (FF)	控制字段 (03)	协议字段 (C021)	链路控制数据	帧校验 (FCS)	标志字段 (7E)
1字节	1字节	1字节	2字节	≤1500字节	2字节	1字节

图 5.13　PPP 链路控制帧的格式

3．PPP 的网络控制帧

PPP 帧的协议字段为 8021H，表示网络控制帧。图 5.14 给出了 PPP 网络控制帧的格式。网络控制帧可以用来协商是否采用报头压缩 CSLIP 协议，也可用来动态地协商链路每端的 IP 地址。

标志字段 (7E)	地址字段 (FF)	控制字段 (03)	协议字段 (8021)	网络控制数据	帧校验 (FCS)	标志字段 (7E)
1字节	1字节	1字节	2字节	≤1500字节	2字节	1字节

图 5.14　PPP 网络控制帧的格式

计算机通过 TCP/IP 协议访问互联网时需要一个 IP 地址。ISP 可以在用户登录时动态地给这台计算机分配一个临时 IP 地址。网络控制帧可以配置网络层，并获取一个临时 IP 地址。当用户要结束这次访问时，网络控制帧断开网络连接并释放 IP 地址，然后使用链路控制帧断开数据链路连接。

5.5　局域网参考模型与以太网工作原理

以上讨论了基于点对点链路的数据链路层协议基本概念和实现方法。下面以以太网为对象，讨论局域网的工作原理和数据链路层协议的实现方法。

5.5.1　IEEE 802 参考模型

1．IEEE 802 参考模型的研究背景

局域网在传输介质、介质访问控制方法和网络结构方面有自己的特点。局域网的网络拓扑结构主要分为总线、环形和星形三种；网络传输介质主要采用双绞线、同轴电缆和光纤等。局域网的介质访问控制（medium access control，MAC）是针对多个结点争用共享传输介质而制定的控制协议。局域网技术的核心就是研究介质访问控制的方法，它要解决以下三个基本问题。

(1) 发送方结点如何发送数据？

(2) 发送数据时会不会出现争用冲突？

(3) 发生了冲突怎么办？

环形拓扑结构的局域网通常采用令牌环（token ring）协议。总线型拓扑结构的局域网通常采用令牌总线（token bus）协议，或者采用带有冲突检测的载波侦听多路访问（carrier sense multiple access with collision detection，CSMA/CD）协议。

为了解决协议标准化问题，IEEE 在 1980 年 2 月成立了局域网标准委员会（简称 IEEE 802 委员会），专门从事局域网的标准化工作，并制定 IEEE 802 标准。其研究重点是解决在局部范围内的计算机组网问题，研究者只需面对 OSI 参考模型中的数据链路层与物理层，网络层及以上高层不属于局域网协议研究的范围。这就是最终 IEEE 802 标准只定义了对应 OSI 参考模型的数据链路层与物理层协议的原因。图 5.15 给出了 IEEE 802 与 OSI 参考模型的对应关系。

在 IEEE 802 委员会成立之初，局域网领域已经有三个典型技术与产品：以太网、令牌环、令牌总线。同时，市场上有很多不同厂家的局域网产品，它们的数据链路层与物理层协议各不相同。面对这样一个复杂局面，为了给多种局域网技术和产品制定一个共用的协议模型，IEEE 802 标准将数据链路层划分为两个子层：逻辑链路控制子层（LLC）与介质访问控制子层（MAC）。不同的局域网在 MAC 子层和物理层可以采用不同的协议，但在 LLC 子层必须采用相同的协议。这一点与网络层 IP 协议的设计思路相类似。无论局域网的介质访问控制方法与帧结构，以及采用的物理传输介质有什么不同，LLC 子层统一将它们封装到固定结构的 LLC 帧中。LLC 子层与底层具体采用的传输介质、介质访问控制方法无关，网络层可以不考虑局域网采用哪种传输介质、介质访问控制方法和拓扑结构。

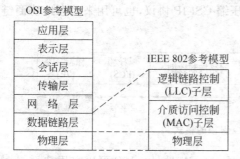

图 5.15　IEEE 802 与 OSI 参考模型的对应关系

从目前局域网实际应用情况来看，几乎所有大量应用的局域网环境（例如企业网、办公网、校园网）都采用了以太网协议，因此局域网是否使用 LLC 子层已变得不重要，很多硬件和软件厂商已不使用 LLC 协议，而是直接将数据封装在以太网的 MAC 帧结构中，网络层 IP 协议直接将分组封装到以太帧中，整个协议处理的过程也变得更加简洁，因此人们已很少讨论 LLC 协议。

2. IEEE 802 标准体系结构

到目前为止，IEEE 802 委员会公布了很多标准，这些标准（协议）可以分为如下 3 类。

(1) 定义局域网体系结构、网络互联以及网络管理与性能测试的 802.1 标准。

（2）定义 LLC 子层功能与服务的 802.2 标准。

（3）定义不同介质访问控制技术的相关标准。

第三类标准已经多达 16 个。随着局域网技术的发展，应用最多和正在发展的标准主要有 4 个，其中 3 个是无线局域网标准，而其他标准目前已很少使用。图 5.16 给出了简化的 IEEE 802 标准体系。4 个主要的 IEEE 802 标准如下所示。

图 5.16　简化的 IEEE 802 体系结构

（1）802.3 标准：定义 CSMA/CD 总线介质访问控制子层与物理层标准。

（2）802.11 标准：定义无线局域网访问控制子层与物理层标准。

（3）802.15 标准：定义近距离无线个人网络访问控制子层与物理层标准。

（4）802.16 标准：定义宽带无线城域网访问控制子层与物理层标准。

总结局域网技术研究与应用的实际情况，可以看出局域网有如下几个重要的发展趋势。

（1）以太网已经占据了绝对的优势，成为办公自动化环境组建局域网的首选技术。

（2）在大型局域网系统中，桌面系统采用 10M 以太网或 100M 的快速以太网（FE），主干网采用 1G 的千兆以太网技术（GE），核心交换网采用 10G 的万兆以太网技术（10GE）成为一种趋势。

（3）10M 以太网物理层有多种标准，目前基本上使用非屏蔽双绞线的 10BASE-T 标准。

（4）IP 协议直接使用以太网帧接口，LLC 协议已经很少使用。

（5）GE 与 10GE 保留传统的以太网结构，但它们在主干网或核心网应用时采用光纤作为传输介质、点对点的全双工通信方式，而不是传统的 CSMA/CD 随机争用方式。

（6）GE 与 10GE 技术已经发展成熟，并从局域网逐步扩大到城域网和广域网中。

5.5.2　以太网基本工作原理

5.5.2.1　以太网数据传输的特点

以太网的数据传输采用“载波侦听多路访问/冲突检测（CSMA/CD）”方法。图 5.17 给出了 CSMA/CD 的工作过程。这个过程可以形象地比喻成有很多人在一个黑屋子里举行讨论会，参加会议的人只能听到他人的声音。每个人在发言前必须先倾听，只有会场安静下来后，他才能够发言。将发言前监听以确定是否有人在发言的动作称为“载波侦听”；将在会场安静的情况下，每个人都有平等的讲话机会称为“多路访问”；如果在同一时刻有两人或两人以上同时说话，大家就无法听清其中任何一人的发言，这种情况称为“冲突"；发言人在发言过程中要及时发现是否发生冲突。这个动作称为"冲突检测"。如果发言人发现冲突已经发生，这时他需要停止讲话，然后随机后退延时，再次重复上述过程，直至讲话成功。如果失败多次，他也许就放弃了这次发言的想法。

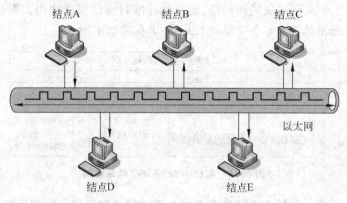

图 5.17　CSMA/CD 的工作过程

CSMA/CD方法与上述描述的过程相似。在以太网中，如果一个结点（图中的结点A）要发送数据，它以"广播"方式将数据通过作为公共传输介质的总线发送出去，连在总线上的所有结点都能"收听"到这个信号。由于网络中的所有结点都可以利用总线发送数据，并且网络中没有控制中心，因此冲突的发生将不可避免。

为了有效实现多个结点访问公共传输介质的控制策略，CSMA/CD 的发送流程可以简单概括为 4 点：先听后发；边听边发；冲突停止；延迟重发。图 5.18 给出了以太网结点数据发送流程。

1. 载波侦听过程

每个以太网结点利用总线发送数据时，首先需要侦听总线是否空闲。以太网的物理层规定发送的数据采用曼彻斯特编码方式。图 5.19 给出了总线忙闲状态的判断。如果总线上已经有数据在传输，总线上的比特信号会按曼彻斯特编码规律出现跳变，则可以判定此时"总线忙"。如果总线上没有数据在传输，总线将不出现信号跳变，则可以判定此时"总线空闲"。如果一个结点已准备好发送的数据帧，并且总线此时处于空闲状态，则这个结点就可以启动发送。

2. 冲突检测方法

载波侦听并不能完全消除冲突。数字信号以一定速度在介质中传输。电磁波在电缆中的传播速度只有光速的 65% 左右，即 $1.95 \times 10^8 \, \text{m/s}$。例如，如果局域网中相隔最远的两个结点 A 和 B 相距 1000m，则结点 A 向结点 B 发送一帧数据要经过大约 $5\mu s$ 的传播延时。也就是说，在结点 A 开始发送数据 $5\mu s$ 后，结点 B 才可能接收到该数据。在这个 $5\mu s$ 的时间段内，结点 B 并不知道结点 A 已发送数据，它也有可能向结点 A 发送数据。当出现这种情况时，结点 A 和结点 B 的数字信号在介质中"相遇"，这就发生了所谓的"冲突"（collision）。因此，多个结点共享公共传输介质发送数据需要进行"冲突检测"。

有一种极端的情况是：结点 A 向结点 B 发送了数据，在数据信号快要达到结点 B 时，结点 B 也发送了数据，此时发送冲突。等到冲突的信号传送回结点 A 时，已经经过近

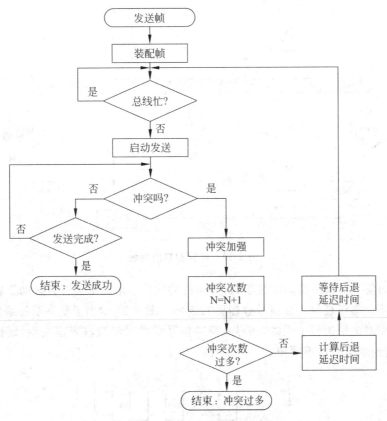

图 5.18 以太网结点数据发送流程

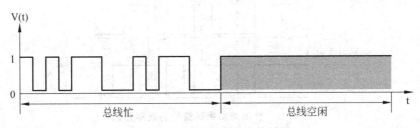

图 5.19 总线忙闲状态的判断

2 倍的传播延时 2τ,其中 $\tau = D/V$,D 为总线最大程度,V 是电磁波在介质中的传播速度。经过传播延时的 2 倍时间,冲突的数据帧将传遍整个网段。整个网段上连接的所有计算机都应该检测到冲突。一个网段就是一个"冲突域"(collision domain)。如果超过 2 倍的传播延时(2τ)没有检测出冲突,就能肯定该结点已取得总线访问权,因此将 2D/V 定义为冲突窗口。由于以太网物理层协议规定了总线的最大程度,并且电磁波在介质中的传播速度是确定的,因此冲突窗口值也是确定的。图 5.20 给出了冲突窗口的概念。

从物理层来看,冲突是指总线上同时出现两个或两个以上的发送信号,它们叠加后的信号波形将不等于任何结点输出的信号波形。例如,总线上同时出现了结点 A 和结点 B 的发送信号,它们叠加后的信号波形将既不是结点 A 的信号,也不是结点 B 的信号。结

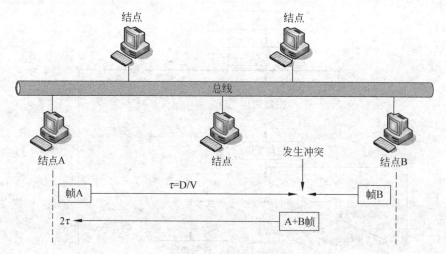

图 5.20　冲突窗口的概念

点 A 和 B 的信号都采用曼彻斯特编码,叠加后的信号波形既不会符合曼彻斯特编码的信号波形,也不会等于任何一路信号叠加后的波形。图 5.21 给出了曼彻斯特编码信号的波形叠加,图中对电平进行了限幅。另外,两路信号发送时间没有固定关系,因此两路波形的起始比特时间上可以不同步。

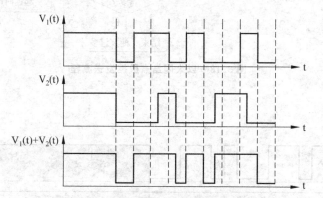

图 5.21　曼彻斯特编码信号的波形叠加

冲突检测可以有两种方法：比较法和编码违例判决法。

比较法是指发送结点在发送帧的同时,将其发送的信号波形与从总线上接收到的信号波形进行比较。当发送结点发现这两个信号波形不一致时,表示总线上肯定有多个结点同时发送数据,冲突已经发生。如果总线上同时出现两个或两个以上的发送信号,它们叠加后的信号波形将不等于任意一个结点的发送信号波形。

编码违例判决法是指检查从总线上接收的信号波形。接收的信号波形不符合曼彻斯特编码规律,就说明已经出现了冲突。如果总线上同时出现两个或两个以上的发送信号,它们叠加后的信号波形将不符合曼彻斯特编码规律。

如果在发送数据过程中没有检测出冲突,就顺序发送所有的数据。发送数据结束时报告发送成功,进入接收正常的结束状态。

在以太网协议标准中,规定冲突窗口长度为 $51.2\mu s$。以太网的数据传输率为 10Mbps,冲突窗口的 $51.2\mu s$ 可用于发送 512 位(64 字节)数据。64 字节是以太网的最短帧长度。这意味着当一个结点发送一个最短帧,或一个长帧的前 64 个字节数据时没有发生冲突,则表示该结点已经独自获得总线发送权,并可以继续发送后续的字节。

3. 发现冲突、停止发送

如果在发送数据过程中检测出冲突,为了解决信道争用,发送结点要进入停止发送数据、随机延迟后重发的流程。随机延迟重发的第一步是发送"冲突加强"信号。发送"冲突加强"信号的目的是确保有足够的冲突持续时间,使网络中的所有结点都能检测出冲突存在,并立即丢弃冲突帧,减少由于冲突浪费的时间,提高信道利用率。

4. 随机延迟重发

以太网协议规定:一个帧的最大重发次数为 16。如果重发次数超过 16,则认为是线路故障,进入"冲突过多"结束状态。如果重发次数 $n \leqslant 16$,则允许结点随机延迟再重发。

为了公平地解决信道争用问题,需要确定退避算法。典型的 CSMA/CD 退避算法是截止二进制指数退避(truncated binary exponential backoff)算法。该算法可以表示为 $\tau = 2^k \times R \times a$。其中,$\tau$ 为重新发送所需的退避时间,a 为冲突窗口值,R 为随机数。如果一个结点需要计算退避时间,则需要以其地址为初始值产生一个随机数 R,冲突窗口 a 的值是确定的。

结点重发退避时间是冲突窗口值的整数倍,并与以冲突次数为二进制指数的幂值成正比。为了避免延迟过长,截止二进制指数退避算法限定二进制指数 k 的范围,定义了 $k = min(n, 10)$。如果重发次数 $n < 10$,则 k 取值为 n;如果重发次数 $n \geqslant 10$,则 k 取值为 10。例如,第一次冲突发生,则重发次数 $n = 1$,由于 $n < 10$,取 $k = 1$,即在冲突 2 个时间片后重发。如果第二次发生冲突,则重发次数 $n = 2$,由于 $n < 10$,取 $k = 2$,即在冲突 4 个时间片后重发。在 $n < 10$ 时,随着 n 的增加,重发延迟时间按 2^n 幂值增长。当 $n \geqslant 10$ 时,重发延迟时间不再增长。由于限制了二进制指数 k 的范围,则第 n 次重发延迟分布在 $0 \sim 2^{min(n,10)} - 1$ 个时间片内,最大可能延迟时间为 1023 个时间片。在退避时间到达后,结点将重新判断总线忙闲状态,重复发送流程。当冲突次数超过 16 时,表示发送失败,放弃该帧的发送。

从以上讨论中可以看出,任何结点发送数据时都要通过 CSMA/CD 方法争取总线使用权,从准备发送到成功发送的等待延迟时间不确定,因此,以太网使用的 CSMA/CD 方法被定义为一种随机争用型介质访问控制方法。CSMA/CD 方法可以有效地控制多结点对共享总线的访问,方法简单并且容易实现。

5.5.2.2 以太帧结构

图 5.22 给出了以太帧结构,图中按照 Ethernet V2.0 规范描述帧结构。

前导符	帧前定界符	目的地址	源地址	类型	数据	帧校验
7字节	1字节	6字节	6字节	2字节	46~1500字节	4字节

图 5.22 以太帧结构

　　Ethernet V2.0 规范与 IEEE 802.3 标准中的以太帧结构有一些差别。这是因为 IEEE 802.3 标准制定时要考虑 IEEE 802.4、IEEE 802.5 等标准的兼容问题,因此,"类型"字段被规定为"类型/长度"字段。目前 IEEE 802.4、IEEE 802.5 标准已很少使用,因此基本都采用 Ethernet V2.0 规范规定的以太帧结构。以太帧结构由以下部分组成。

　　(1) 前导码与帧前定界符字段。前导码由 56 位(7 字节)的 10101010…10101010 比特流组成。从以太网物理层的角度看,接收电路从开始接收比特到进入稳定状态,需要一定的时间。设置该字段的目的是保证接收电路在帧的目的地址字段到来之前达到正常接收状态。帧前界定符可以视为前导码的延续。1 字节的帧前界定符为 10101011。如果将前导码与帧前界定符合在一起看,则 62 位 10101010…1010 比特流后是 11。在这个 11 比特后是以太帧的目的地址字段。前导码与帧前界定符主要用于接收同步阶段。8 字节的前导码与帧前界定符在接收后不需要保留,也不计入帧头长度中。

　　(2) 目的地址和源地址字段。目的地址和源地址分别表示帧的接收结点与发送结点的物理地址。物理地址通常称为 MAC 地址、硬件地址或以太网地址。地址长度为 6 字节(48 位)。目的地址可以是单一结点的单播地址(unicast address)、多播地址(multicast address)与广播地址(broadcast address)3 类。目的地址的第一位为 0 表示单一结点地址,该帧只被与目的地址相同的结点所接收。目的地址的第一位为 1 表示多点地址,该帧可被一组结点所接收。目的地址为全 1 表示是广播地址,该帧将被所有结点接收。

　　(3) 类型字段。类型字段是指网络层使用的协议类型。例如,类型字段值=0x800 时,表示网络层使用 IP 协议,类型字段值=0x8137 时,表示网络层使用 Netware 的 IPX 协议。

　　(4) 数据字段。数据字段是高层待发送的数据部分。数据字段的最小长度为 46 字节。如果帧的数据字段小于 46 字节,则要将它填充至 46 字节。填充字符是任意的。数据字段的最大长度为 1500 字节。帧头部分包括 6 字节的目的地址字段、6 字节的源地址字段、2 字节的类型字段、4 字节的校验字段,因此帧头部分的长度为 18 字节。

　　(5) 帧校验字段。帧校验字段采用 32 位 CRC 校验。CRC 校验范围是:目的地址、源地址、类型、帧数据。CRC 校验的生成多项式为

$$G(X) = X^{32} + X^{26} + X^{23} + X^{22} + X^{16} + X^{12} + X^{11} + X^{10} + X^8 + X^7 + X^5 + X^4 + X^2 + X + 1$$

5.5.2.3　以太网接收流程分析

　　图 5.23 给出了以太网结点的数据接收流程。如果一个以太网结点成功地利用总线发送了数据帧,则其他结点都处于接收状态。当结点入网并启动接收后,就处于接收状态。所有结点只要不发送数据,就处于接收状态。当某个结点完成一帧数据接收后,首先要判断接收的帧长度,这是由于 IEEE 802.3 规定了帧最小长度(46 字节)。如果接收帧长度小于规定的帧最小长度,则表明发生冲突,应该丢弃该帧,结点重新进入等待接收状态。

　　如果没有发生冲突,则结点完成一帧数据的接收后,首先需要检查帧的目的地址。如果目的地址为单一结点的物理地址,并且是本结点地址,则接收该帧。如果目的地址是组地址,而本结点属于该组,则接收该帧。如果目的地址是广播地址,也接收该帧。如果目的地址与本结点地址不符,则丢弃该帧。

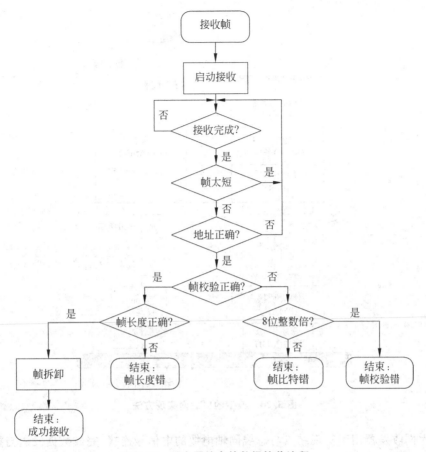

图 5.23　以太网结点的数据接收流程

接收结点进行地址匹配后,如果确认是应该接收的帧,下一步则进行 CRC 校验。如果 CRC 校验正确,则进一步检查帧数据部分长度是否正确。如果 CRC 校验正确,但是帧数据部分长度不对,则报告"帧长度错"并进入结束状态。如果 CRC 校验与帧数据部分长度都正确,则将帧的数据部分送网络层,报告"成功接收"并进入结束状态。

如果帧校验中发现错误,首先判断接收帧是不是 8 位的整数倍。如果帧的长度是 8 位的整数倍,表示传输过程中没有发现比特位对位错,则记录"帧校验错"并进入结束状态;如果帧长度不是 8 位的整数倍,则报告"帧比特错"并进入结束状态。以太网协议将接收出错分为三种:帧校验错、帧长度错和帧比特错。

5.5.3　以太网卡与物理地址

1. 以太网卡结构

图 5.24 给出了典型的以太网实现方法。从实现角度看,以太网的连接设备包括三部分:网络接口卡(简称网卡)、收发器和收发器电缆。从功能角度看,它包括:发送和接收信号的收发器、曼彻斯特编码与解码器、以太网数据链路控制、帧装配与主机接口。从层次角度看,这些功能覆盖了 IEEE 802.3 协议的 MAC 子层与物理层。

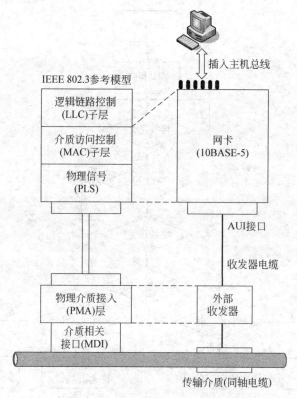

图 5.24　典型的以太网实现方法

以太网收发器用于实现结点与总线同轴电缆的电信号连接,完成数据发送与接收,以及冲突检测功能。收发器电缆完成收发器与网卡的信号连接功能。收发器可以方便地起到隔离结点故障的作用,如果结点主机出现故障,收发器就可以将结点与总线传输介质隔离。

网卡的一端通过收发器与总线传输介质连接,另一端通过主机接口电路与联网主机连接。网卡实现发送数据编码、接收数据的解码、CRC 产生与校验、帧装配与拆封,以及 CSMA/CD 介质访问控制等功能。图 5.25 给出了以太网卡结构示意图。

2. 以太网物理地址

以太网物理地址是一个重要概念。按照 48 位的以太网物理地址的编码方法,允许分配的以太网物理地址应该为 247 亿个,这个数量可以满足全球所有物理地址的需求。

为了统一管理以太网的物理地址,保证每块以太网卡的地址唯一,不会出现重复,IEEE 注册委员会(registration authority committee,RAC)为每个网卡生产商分配了以太网物理地址的前 3 字节,即公司标识(commpany-id),也称为机构唯一标识符(organizationally unique identifier,OUI)。后面的 3 个字节由网卡厂商自行分配。当网卡生产商获得一个前 3 字节的地址分配权后,它可以生产的网卡数量是 2^{24}(16 777 216)块。例如 IEEE 分配给 3COM 公司的以太网物理地址的前 3 个字节可能有多个,其中一个是 080100,标准的表示方法为 08-01-00,在两个十六进制数之间用一个连字符隔开。

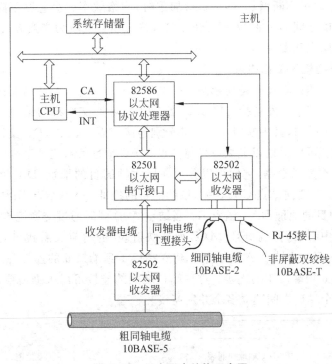

图 5.25　以太网卡结构示意图

3COM 公司可以给它生产的每块以太网卡分配一个后 3 字节的地址值,比如说 2A-10-C3,那么这块以太网卡的物理地址是: 08-01-00-2A-10-C3。

　　在网卡生产过程中,将网卡的物理地址写入网卡的只读存储器(EPROM)。因此,对于上面的例子,插入这块网卡的计算机的以太网物理地址是: 08-01-00-2A-10-C3。无论它连接在哪个具体的局域网中,也无论它移动到什么位置,它的物理地址都是不变的,并且不会与世界上任何计算机的以太网物理地址相同。图 5.26 给出了以太网物理地址的十六进制与二进制表示方法。

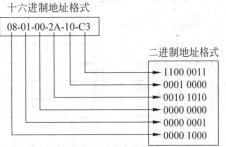

图 5.26　以太网物理地址十六进制与二进制表示方法

5.6　现代以太网技术

5.6.1　交换式局域网技术

1. 交换式局域网技术的研究背景

　　局域网交换技术在高性能局域网实现技术中占据重要的地位。在传统的共享介质局域网中,所有结点共享一条传输介质,因此不可避免地会发生冲突。随着局域网规模的扩大,网络中的结点数量不断增加,网络负荷加重时,网络效率就会急剧下降。为了克服网络规模与网络性能之间的矛盾,人们提出了将共享介质方式改为交换方式,这就带来交换式局域网技术的研究和发展。

2. 局域网交换机的工作原理

交换式局域网的核心设备是局域网交换机(LAN switch),局域网交换机可以在它的多个端口之间建立多个并发连接。图 5.27 给出了局域网交换机的结构与工作原理。图中的交换机有 6 个端口,其中端口 1、4、5、6 分别连接结点 A、B、C、D。交换机的"端口号/MAC 地址映射表"可以根据以上端口号与结点 MAC 地址的对应关系来建立。如果结点 A 与结点 D 同时要发送数据,它们可以分别在以太帧的目的地址(DA)字段中填上目的地址。例如,结点 A 要向结点 C 发送帧,该帧的目的地址 DA＝结点 C;结点 D 要向结点 B 发送帧,该帧的目的地址 DA＝结点 B。当结点 A、D 同时通过交换机传送以太帧时,交换机的交换控制中心根据"端口号/MAC 地址映射表"的对应关系找出对应帧目的地址的输出端口号,它可以为结点 A 到结点 C 建立端口 1 到端口 5 的连接,同时为结点 D 到结点 B 建立端口 6 到端口 4 的连接。这种端口之间的连接可以根据需要同时建立多条,也就是可以在多个端口之间建立多个并发连接。

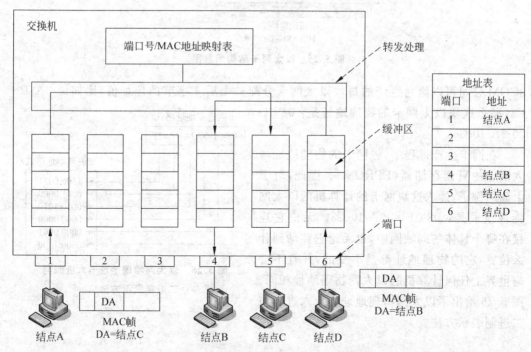

图 5.27　局域网交换机的结构与工作原理

3. 交换机的交换方式

交换机的交换方式主要有三种类型:直接交换方式、存储转发交换方式和改进的直接交换方式。

(1) 直接交换方式(cut through)。在直接交换方式中,交换机只要接收并检测目的地址字段,立即将该帧转发出去,而无论这帧数据是否出错。帧出错检测由结点主机完成。采用这种交换方式,延迟时间短,但是缺乏差错检测能力。

(2) 存储转发交换方式(store and forward)。在存储转发方式中,交换机首先完整地接收帧,并先进行差错检测。如果接收的帧正确,则根据帧目的地址确定输出端口号,然后转发出去。这种交换方式的优点是具有帧差错检测能力,并支持不同输入速率与输出速率端口之间的帧转发,缺点是交换的延迟时间会增加。

(3) 改进的直接交换方式。改进的直接交换方式则将二者结合起来,在接收到以太帧的前64个字节后,判断以太帧的帧头字段是否正确,如果正确则转发出去。对于短的以太帧来说,交换的延迟时间与直接交换比较接近;对于长的以太帧来说,由于只对帧的地址字段与控制字段进行差错检测,因此交换的延迟时间将会减少。

4. 局域网交换机的性能参数

衡量局域网交换机性能的参数主要有:最大转发速率、汇集转发速率和转发等待时间。

(1) 最大转发速率是指两个端口之间每秒最多能转发的帧数量。

(2) 汇集转发速率是指所有端口每秒可以转发的最多帧数量。由于局域网交换机一般采用多个CPU并行工作,在多个端口之间建立起并发连接,并且以最快的速度转发数据帧,因此汇集转发速率远大于最大转发速率。

(3) 转发等待时间是指交换机做出过滤或转发决策需要的时间,它与交换机采用的交换技术相关。

由于以太网交换机完成帧一级的交换,工作在数据链路层,因此也称为第二层交换机或二层交换。局域网交换机具有交换延迟低、支持不同传输速率和工作模式、支持虚拟局域网服务等优点。

5.6.2　快速以太网

1. 快速以太网的发展

随着局域网应用的不断深入,用户对局域网带宽提出了更高的要求。研究人员只有两条路可以选择:重新设计一种新的局域网体系结构与介质访问控制方法,以取代传统的局域网技术;保持传统的局域网帧结构与介质访问控制方法不变,设法提高局域网的传输速率。对目前已大量存在的以太网来说,要保护用户已有的投资,同时又要增加网络带宽,快速以太网(fast Ethernet,FE)是符合要求的新一代高速局域网。

快速以太网的传输速率比普通以太网块10倍,可达到100Mbps,它保留了传统的10Mbps速率以太网的基本特征,即相同的帧格式、最小帧长度与最大帧长度、介质访问控制方法和组网方法,而只是将10M以太网每个比特的发送时间由100ns降低到10ns。1995年9月,IEEE 802委员会正式批准了快速以太网标准802.3u。

2. 快速以太网的协议结构

IEEE 802.3u标准在LLC子层使用IEEE 802.2标准,在MAC子网使用CSMA/CD方法,只是在物理层做了一些必要的调整,定义了新的物理层标准。

100BASE-T标准定义了介质专用接口MII(media independent interface),它将MAC子层与物理层隔开。这样,物理层在实现100M速率时使用的传输介质和信号编码方法的变化不会影响到 MAC 子层。图 5.28 给出了快速以太网的协议结构。

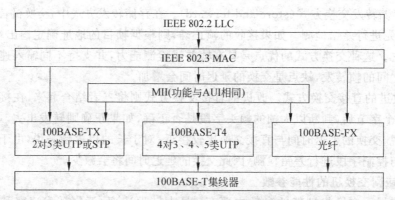

图 5.28　快速以太网的协议结构

目前,100BASE-T 有如下 3 种不同的标准。

(1) 100BASE-TX。100BASE-TX 支持 2 对 5 类非屏蔽双绞线(UTP)或 2 对屏蔽双绞线(STP)。一对用于发送,另一对用于接收。因此,100BASE-TX 是一个全双工系统,每个结点可以同时以 100M 速率发送与接收数据。

(2) 100BASE-T4。100BASE-T4 支持 4 对 3、4、5 类非屏蔽双绞线(UTP),其中 3 对用于数据传输,一对用于冲突检测。

(3) 100BASE-FX。100BASE-FX 支持 2 芯的多模或单模光纤。100BASE-FX 主要用在高速主干网中,从结点到集线器的距离可以达到 2km,它是一种全双工系统。

3. 全双工与半双工工作模式

快速以太网支持全双工与半双工两种模式,这是它与传统以太网的很大区别。传统以太网通过一个连接点接入同轴电缆,或者通过一对双绞线接到集线器或交换机,在这种结构中,结点可以利用这条通道发送和接收数据,但是它在发送数据的同时不能接收数据,在接收数据的同时不能发送数据,因此只能是以半双工模式工作。

如果要实现全双工工作,主机需要通过网卡的两个通道,例如两对双绞线或 2 根光纤,其中一对双绞线用于发送数据,而另一对双绞线用于接收数据;或者一根光纤用于发送数据,而另一根光纤用于接收数据。显然,这是一种点对点连接方式,它与传统以太网的连接方式不同。支持全双工的快速以太网的拓扑结构一定是星形结构。

传统以太网将很多主机连接在一条共享的同轴电缆上,主机之间需要争用共享的传输介质,因此采用了 CSMA/CD 介质访问控制方法。传输介质的最大程度受冲突窗口的大小限制。点对点连接方式不存在争用问题,不需要采用 CDMA/CD 方法。采用全双工、点对点连接方式的快速以太网的介质覆盖范围不受冲突窗口的大小限制,而只是受传输信号强弱限制。同时,全双工方式交换机可以混接不同速率的网卡,并实现不同速率之间的交互。

快速以太网、高速以太网的研究重点是:当速率提高 10 倍、100 倍甚至 1000 倍时,又要保持 CSMA/CD 方法中的冲突窗口、帧结构、最小最大帧长度,如何协调和处理好这个矛盾是很困难的。

4. 10M 与 100M 速率自动协商功能

为了更好地与大量现有的 10BASE-T 以太网兼容,快速以太网设计成在一个局域网中支持 10M 与 100M 速率的网卡共存的速率自动协商机制。它具有以下作用。

(1) 自动确定非屏蔽双绞线的远端连接设备使用的是半双工(CSMA/CD)的 10M 工作模式还是全双工的 100M 工作模式。

(2) 向其他结点发布远端连接设备的工作模式。

(3) 与远端连接设备交换工作模式相关参数,协调和确定双方的工作模式。

(4) 自动协商功能自动选择共有的最高性能的工作模式。

例如,当一台主机接入以太网交换机时,作为链路本地设备的主机网卡支持 100BASE-TX 与 10BASE-T4 两种模式,而作为链路远端设备的交换机支持 100BASE-TX 与 10BASE-TX 两种模式,则自动协商功能自动选择链路两端设备的最高性能的工作模式,即 100BASE-TX 模式。因此,自动协商机制是为链路两端的设备选择 10/100M 与半双工/全双工模式中共有的高性能工作模式,并在链路本地设备与远端设备之间激活链路。自动协商机制只能用于使用双绞线的以太网,并且规定自动协商过程要在 500ms 内完成。按工作模式性能从高到低,这些协议的优先级从高到低的排序是:

(1) 100BASE-TX 或 100BASE-FX 全双工模式。

(2) 100BASE-T4。

(3) 100BASE-TX 半双工模式。

(4) 10BASE-T 全双工模式。

(5) 10BASE-T 半双工模式。

5.6.3 千兆以太网

1. 千兆以太网的发展

尽管快速以太网具有高可靠性、易扩展性、成本低等优点,并且成为高速局域网方案中的首选技术,但在数据仓库、桌面电视会议、三维图形与高清晰度图像这类应用中,人们还要寻求有更高带宽的局域网。千兆以太网(Gigabit Ethernet,GE)就是在这种背景下产生的。

人们设想了一种用以太网组建企业网的全面解决方案:桌面系统采用传输速率为 10M 的以太网,部门级网络系统采用传输速率为 100M 的快速以太网,企业级网络系统采用传输速率为 1000M 的千兆以太网。由于普通以太网、快速以太网与千兆以太网有很多相似之处,并且很多企业已经大量使用了 10M 的以太网,因此局域网系统从普通以太网升级到快速以太网或千兆以太网时,网络技术人员不需要重新进行培训。

相比之下,如果将现有的以太网互联到作为主干网 622M 的 ATM 局域网,一方面由于以太网与 ATM 的技术架构存在很大的差异,会出现异型网互联的复杂问题,也就是从一种局域网中发送的帧格式必须经过转换才能被另一种局域网所接收,这种转换必然会造成系统性能的下降;另一方面,熟悉以太网技术的人员不熟悉 ATM 技术,网络技术人员需要重新进行培训。因此,千兆以太网有着广泛的应用前景。随着 GE 技术的成熟,它已经成为大、中型局域网系统主干网的首选方案。

---

2. 千兆以太网的协议结构

1998 年 2 月,IEEE 802 委员会公布了 GE 以太网标准 IEEE 802.3z。GE 的传输率比 FE 快 10 倍,它的数据传输速率达到了 1000Mbps。GE 保留了传统的 10M 以太网的基本特征,它们具有相同的帧格式、最小帧长度与类似的组网方法,只是将每个比特的发送时间降低到了 1ns。图 5.29 给出了 GE 的协议结构。

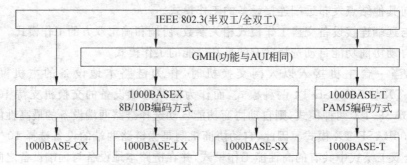

图 5.29　GE 的协议结构

802.3z 标准在 LLC 子层使用 802.2 标准,在 MAC 子层使用 CSMA/CD 方法,只是在物理层做了一些必要的调整,它定义了新的物理层标准(1000BASE-T)。1000BASE-T 标准定义了千兆介质专用接口(gigabit media independent interface,GMII),它将 MAC 子层与物理层隔开。这样,物理层实现 1000M 速率时传输介质和信号编码方法的变化不会影响 MAC 子层。

目前,1000BASE-T 有如下 4 个标准。

(1) 1000BASE-T:使用 5 类非屏蔽双绞线,双绞线长度可以达到 100m。

(2) 1000BASE-CX:使用屏蔽双绞线,双绞线长度可以达到 25m。

(3) 1000BASE-LX:使用波长为 1300nm 的单模光纤,光纤长度可以达到 3000m。

(4) 1000BASE-SX:使用波长为 850nm 的多模光纤,光纤长度可以达到 300~550m。

5.6.4　十千兆以太网

1. 十千兆以太网的主要特点

在 GE 标准 802.3z 通过后不久,IEEE 的高速研究组就致力于十千兆以太网(10GE)技术与标准的研究。于 2002 年正式公布了 10GE 的 IEEE 802.3ae 标准。

10GE 并不是将 GE 的速率简单地提高了 10 倍,还有很多复杂的技术问题需要解决。10GE 主要具有以下特点。

(1) 10GE 的帧格式与 10M、100M、1000M 以太网的帧格式基本相同。

(2) 10GE 仍保留了 802.3 标准对以太网最小帧长度和最大帧长度的规定,这就使用户在将其已有的以太网升级时,仍便于和较低速率的以太网通信。

(3) 由于数据传输率高达 10Gbps,所以 10GE 的传输介质不再使用铜质的双绞线,而只使用光纤。在超过 40km 的长距离传输中采用光收发器与单模光纤接口,以便能在广域网与城域网的范围内工作。

(4) 10GE 只工作在全双工方式,因此不存在争用问题,由于不使用 CSMA/CD 协议,这就使 10GE 的传输距离不受冲突检测的限制。

2．10GE 的物理层协议

由于 10GE 的物理层使用的是光纤通道技术,因此其物理层协议需要修订。10GE 有如下两种不同的物理层标准。

(1) 局域网物理层(LAN PHY)标准。局域网物理层标准的数据传输率是 10Gbps,一个 10GE 交换机支持 10 个 Gbit 的以太网端口。

(2) 可选的广域网物理层(WAN PHY)标准。对于广域网应用,10GE 使用光纤通道技术。10GE 广域网物理层应符合光纤通道技术速率体系 SONET/SDH 的 OC-192/STM-64 标准。OC-192/STM-64 标准速率是 9.953Gbps,而不是精确的 10Gbps。在这种情况下,10GE 的帧将插入到 OC-192/STM-64 帧的净载荷区域中,与光纤通道传输系统相连接。

由于 10GE 技术的出现,以太网的适用范围已从校园网、企业网等局域网,扩大到城域网和广域网。同样规模的 10GE 造价只有 SONET 的五分之一,ATM 的十分之一。从 10M 以太网到 10G 以太网都使用了相同的以太网帧格式,因此简化了操作和管理,提高了系统效率。GE 和 10GE 技术的问世,进一步提高了以太网的市场占有率,也使 ATM 技术在城域网和广域网中的应用受到更严峻的挑战。

5.6.5 虚拟局域网技术

虚拟局域网(VLAN)并不是一种新型的局域网,是局域网向用户提供的一种新的服务。虚拟局域网是用户与局域网资源的一种逻辑组合,交换式局域网技术是实现虚拟局域网的基础。

如果将局域网中的结点按工作性质与需要划分成若干个"逻辑工作组",则一个逻辑工作组就是一个虚拟网络。传统局域网中的工作组通常在同一个网段上,多个工作组之间通过实现互联的网桥或路由器交换数据。当一个工作组的结点要转移到另一个工作组时,需要将结点计算机从一个网段撤出,并将它连接到另一个网段上,这时甚至需要重新进行布线。因此,工作组的组成受结点所在网段的物理位置限制。

虚拟局域网是建立在局域网交换机之上的,以软件方式来实现逻辑工作组的划分与管理,逻辑工作组中的结点不受物理位置的限制。同一逻辑工作组的成员不一定连接在同一物理网段上,它们可以连接在同一局域网交换机上,也可以连接在不同的局域网交换机上,只要这些交换机之间互联就可以。当结点从一个逻辑工作组转移到另一个工作组时,只需要简单地通过软件设定来改变逻辑工作组,而不需要改变它在网络中的物理位置。同一个逻辑工作组的结点可以分布在不同物理网段上,它们之间的通信就像在同一物理网段上一样。IEEE 于 1999 年公布了关于 VLAN 的 802.1Q 标准。图 5.30 给出了虚拟局域网的工作原理。

例如,结点 N1-1～N1-4、N2-1～N2-4、N3-1～N3-4 分布连接在交换机 1、2、3 的 3 个网段里,分布于 3 个楼层。如果希望将 N1-1 、N2-1、N3-1 与 N4-1,N1-2 、N2-2、N3-2 与 N4-2,N1-3 、N2-3、N3-3 与 N4-3,以及 N1-4 、N2-4、N3-4 与 N4-4 分别组成 4 个逻辑工作组,成立 4 个分别用于计算机系、软件系、实验室与行政办公的内部网络,那么最简单的办法就是通过软件在交换机上设置 4 个虚拟局域网来实现。

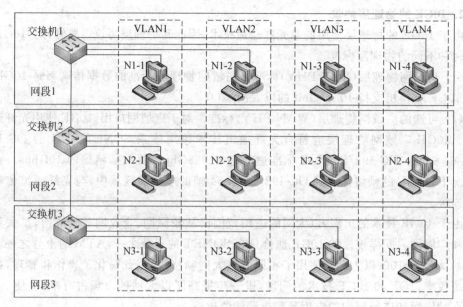

图 5.30   虚拟局域网的工作原理

5.6.6   以太网设备与组网方法

5.6.6.1   集线器与 10BASE-T 的组网

1. 集线器

集线器(hub)是以太网的结点连接设备之一,它是对总线型网络结构的一种改进。集线器作为以太网中的中心连接设备时,所有结点通过非屏蔽双绞线与集线器连接。这种以太网在物理结构上是星形结构,但在逻辑上仍然是总线型结构,在 MAC 层仍然采用 CSMA/CD 介质访问控制方法。当集线器接收到某个结点发送的帧时,它立即将数据通过广播方式转发到其他端口,所有连接在一个集线器上的主机属于一个"冲突域"。

2. 使用集线器的组网方法

使用集线器的组网方法有三种形式:单一集线器结构、多集线器级联结构和堆叠式集线器结构。

单一集线器的以太网结构很简单,所有结点通过非屏蔽双绞线与集线器连接,构成物理上的星形结构,典型的单一集线器一般支持 4~24 个 RJ-45 端口。

如果联网的结点数量超过单一集线器的端口数,可以采用多集线器的级联结构。普通集线器一般都提供两类端口:一类是用于连接结点的 RJ-45 端口;另一类端口是上联端口,包括 AUI 端口、BNC 端口或 F/O 端口。

在采用多集线器的级联结构时,通常采用以下两种方法:使用双绞线,通过集线器的 RJ-45 端口实现级联;使用同轴电缆或光纤,通过集线器提供的上联端口实现级联。图 5.31 给出了两个集线器通过 RJ-45 端口实现的级联结构。两个集线器通过非屏蔽双绞线直接相连,两集线器之间最大距离为 100m。

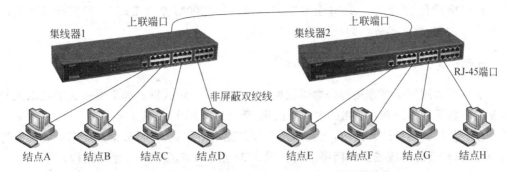

上联端口　　集线器1　　　集线器2　　上联端口

非屏蔽双绞线　　　　　　　　　　　RJ-45端口

结点A　　结点B　　结点C　　结点D　　结点E　　结点F　　结点G　　结点H

图 5.31　两个集线器通过 RJ-45 端口实现的级联结构

　　堆叠式集线器适用于中小型企业网环境。堆叠式集线器由一个基础集线器与多个扩展集线器组成。基础集线器是一种具有网络管理功能的独立集线器。通过在基础集线器上堆叠多个扩展集线器,一方面可以增加以太网的结点数,另一方面可以实现网络中结点的网络管理功能。图 5.32 给出了使用堆叠式集线器的结构。在实际应用中,经常将堆叠式集线器结构与多集线器结构相结合,以适应不同网络结构的要求。

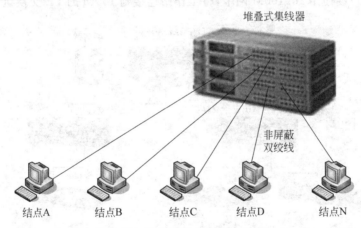

堆叠式集线器

非屏蔽
双绞线

结点A　　　　结点B　　　　结点C　　　结点D　　　　结点N

图 5.32　使用堆叠式集线器的结构

5.6.6.2　快速以太网组网方法

　　快速以太网的组网方法与普通以太网基本相同。如果要组建快速以太网,需要使用以下硬件设备:100M 集线器或 100M 以太网交换机、10/100M 以太网卡、双绞线或光缆。

　　支持 100BASE-T 的网卡分为三种:100BASE-TX、100BASE-T4 与 100BASE-FX 标准网卡。目前使用最多的是支持 100BASE-TX 标准网卡,它多用于主干网中。100BASE-TX 与 100BASE-T4 网卡只支持 RJ-45 标准。

　　以 100BASE-T 集线器为中心的快速以太网结构,与传统的以太网结构基本相同。组建 100BASE-T 的快速以太网时,需要注意两个问题:一是快速以太网通常是作为局域网的主干部分;二是设计快速以太网时通常考虑使用交换机,而不是集线器。

使用交换机的组网方法与集线器总的原则相同,只是在性能上得到了很大提高。如果一台交换机有 24 个 10/100M 全双工端口和 2 个 1000M 全双工端口,所有端口都工作在全双工状态,则交换机总的交换量为 6.8Gbps。

5.6.6.3　千兆以太网的组网方法

千兆以太网的组网方法与普通以太网组网方法有一定区别。如果要组建千兆以太网需要使用以下硬件设备:千兆以太网交换机、千兆以太网卡、光缆。

在千兆以太网组网方法中,重要的是合理分配网络带宽,需要根据具体网络的规模与布局,选择合适的两级或三级网络结构。图 5.33 给出了典型的 GE 组网结构。

在设计千兆以太网网络时,需要注意以下几个问题。

(1) 在网络主干部分通常使用高性能的千兆以太网主干交换机,以解决应用中的主干网络带宽的瓶颈问题。

(2) 在支干部分考虑使用价格与性能相对较低的千兆以太网支干交换机,以满足实际应用对网络带宽的需要。

(3) 在楼层或部门一级,根据实际需要选择 100M 的快速以太网交换机。

(4) 在用户端使用 10/100M 网卡,将工作站连接到 100M 的 FE 交换机。

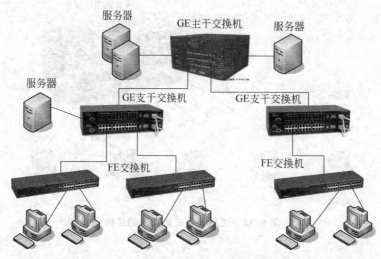

图 5.33　典型的 GE 组网结构

5.7　局域网互连与网桥

5.7.1　局域网互连的基本概念

在很多实际的网络应用中,经常需要将多个局域网互连起来。局域网互连的设备是网桥(bridge)。网桥在网络互连中的作用是数据接收、地址过滤与数据转发,以实现多个网络系统之间的数据交换。在使用网桥实现数据链路层互连时,互连网络的数据链路层与物理层协议可以相同,也可以不同。网桥是在数据链路层上实现网络互连的设备,它具有以下主要基本特征。

（1）网桥互连两个采用不同数据链路层协议、不同传输介质与不同传输速率的网络。

（2）网桥以接收、存储、地址过滤与转发的方式实现互连网络之间的通信。

（3）网桥需要互连网络在数据链路层以上采用相同的协议。

（4）网桥可以分隔两个网络之间的广播通信量,有利于改善互连网络的性能与安全性。

网桥最常见的用法是连接两个局域网。图 5.34 给出了两个局域网通过网桥互连的结构。如果 LAN 1 中的主机 A 想与同一局域网中的主机 B 通信,网桥可以接收到发送的帧,但在进行地址过滤后认为不需要转发,因此会将该帧丢弃;如果主机 A 要与 LAN 2 中的主机 D 通信,主机 A 发送的帧被网桥接收,经过地址过滤后识别出该帧应发送到 LAN 2,网桥将通过与 LAN 2 的网络接口转发该帧,这时 LAN 2 中的主机 D 能接收到这个帧。从用户的角度看,用户并不知道网桥的存在,LAN 1 和 LAN 2 就像是同一个网络。在大型局域网中,网桥常用来将局域网分成既独立又能相互通信的多个子网,从而改善各个子网的性能和安全性。

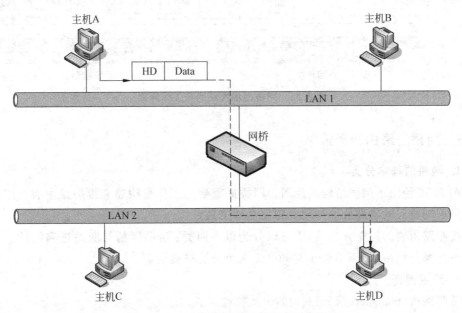

图 5.34　两个局域网通过网桥互连的结构

5.7.2　网桥的层次结构

图 5.35 给出了网桥的层次结构与工作原理。网桥用来互连 802.3 协议的以太局域网与 802.5 协议的令牌环局域网。

如果以太网中的主机 A 有一个分组要发送给令牌环中的主机 D,那么主机 A 的网络层将分组传送给 LLC 子层,LLC 子层在分组前加一个 LLC 分组头,传送到 MAC 子层;MAC 子层按 802.3 协议的规定,组装成以太帧,帧的目的地址为主机 D 的地址;主机 A 的物理层将帧发送到以太网。网桥的一个端口通过以太网卡连入主机 A 所在的以太网。网桥在接收到该帧后,由 MAC 子层检查该帧接收是否正确;如果接收正确,将 LLC 分组交给 LLC 子层;网桥软件对 LLC 分组进行处理,它将根据目的 MAC 地址、源 MAC 地址和路由表,确定是否向令牌环网转发。如果不需要转发,则丢弃该帧。如果需要转发,则将 LLC 分组送到令牌环网的 MAC 子层;MAC 子层按照 802.5 协议的规定,组装成令牌环帧;该帧将通过物理层发送到令牌环网。令牌环网中的主机 D 在物理层接收到该帧,将它传送给 MAC 子层、LLC 子层,最后将分组传送到主机 D 的高层。

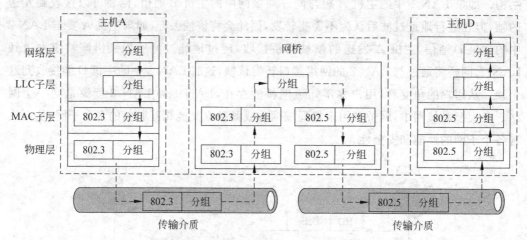

图 5.35　网桥的层次结构与工作原理

5.7.3　网桥的路由选择策略

1. 网桥的基本分类

图 5.36 给出了网桥结构示意图。网桥最重要的工作是构建和维护路由表。路由表中记录不同结点的物理地址与网桥转发端口关系。

按照路由表的建立方法,网桥可以分为以下两类:透明网桥与源站选路网桥。这两种网桥标准分别由 IEEE 802.1 与 802.5 两个分委员会制定。

2. 透明网桥

透明网桥(transparent bridge)的主要特点如下。

(1) 透明网桥由网桥自己决定路由选择,局域网上的各结点不负责路由选择,网桥对于互联的局域网中的各结点来说是"透明"的。

(2) 透明网桥常用在两个使用相同 MAC 层协议的网段之间的互连。例如,连接两个以太网或两个令牌环网。

(3) 透明网桥的最大优点是容易安装,它是一种即插即用设备。

透明网桥的路由表记录了三个信息:站地址、端口与时间。透明网桥刚连接到局域网时,其路由表显然是空的。当它接收到一个帧时,将记录帧的源 MAC 地址、进入网桥的端口号和时间。然后,它将该帧向除进入端口之外的所有端口转发。在这个转发过程中,网桥逐渐将建立起路由表。

局域网的拓扑经常发生变化。为了使路由表能反映整个网络的最新拓扑,需要将每个帧到达网桥的时间登记下来。网桥中的端口管理软件周期性地扫描路由表,只要是在一定时间(例如几分钟)以前登记的都要删除,这样使网桥的路由表能反映当前网络拓扑状态。

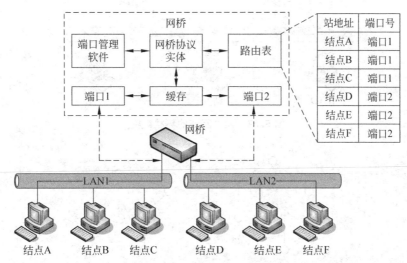

图 5.36　网桥结构示意图

3. 生成树算法

在很多实际的应用中,例如一个企业内部或校园网,很难保证通过网桥互连的结构不会出现环状结构(如图 5.37)。环状结构可能使网桥反复复制和转发同一帧,从而增加网络不必要的负荷,降低系统性能。为了防止出现这种现象,透明网桥使用了一种生成树(spanning tree)算法。

为了建造生成树,需要选择一个网桥作为生成树的根。实现方法是每个网桥广播其序列号(该序列号由厂家设置并保证全球唯一),通常选择序列号最小的网桥作为根。按根到每个网桥的最短路径来构造生成树。如果某个网桥或局域网失败,则重新计算。该算法的结果是建立了从每个局域网到根的唯一路径。该过程由生成树算法软件自动产生,拓扑结构变化时将重新计算生成树。图 5.38 给出了网络拓扑与对应的生成树。图 5.38(a)是一个包含环路的网络拓扑结构,图 5.38(b)是经过计算后产生的一个逻辑上无环路的生成树。

生成树算法通过网桥之间的协商构造出生成树。这个协商过程的结果是:每个网桥都有一个端口被置于转发状态,而其他端口被置于阻塞状态。该过程将保证网络中的任何两个设备之间只有一个通路,并防止出现任何形式的环路,创建一个逻辑上无环路的拓扑结构。

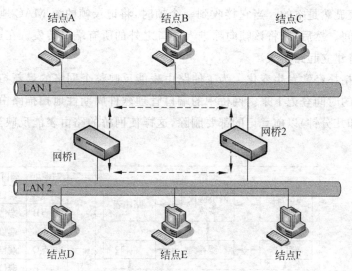

图 5.37　网桥互连的环状结构

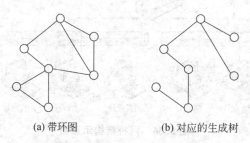

(a) 带环图　　　　　(b) 对应的生成树

图 5.38　网络拓扑与对应的生成树

4. 源站选路网桥

源站选路网桥(source routing bridge)由发送帧的源结点负责路由选择。它假设每个结点在发送帧时,都已知道发往各个目的结点的路由,在发送帧时将详细的路由信息放在帧头部。问题的关键在于:源结点怎么知道如何选择路由。

为了发现合适的路由,源结点以广播方式向目的结点发送用于探测的发现帧(discovery frame)。发现帧通过网桥互连的局域网时,会沿着所有可能的路由传送。在传送过程中,每个发现帧都记录经过的路由。当这些发现帧达到目的结点时,就沿着各自的路由返回源结点。源结点得到这些路由信息后,从可能的路由中选择出一个最佳路由。常用的方法是:如果有多条路径,源结点将选择经过的中间网桥跳步数最少的路径。此后,凡是这个源结点向这个目的结点发送的帧头部,都必须携带源结点所确定的路由信息。发现帧的另一个作用是帮助源结点确定整个网络可用通过帧的最大长度。

习　题

1. IEEE 802 局域网参考模型与 OSI 参考模型有何异同之处？

2. 数据链路（即逻辑链路）与链路（即物理链路）有何区别？"电路接通了"与"数据链路接通了"的区别何在？

3. 数据链路层中的链路控制包括哪些功能？

4. 信道速率为 4Kbps。采用停止等待协议。传播时延 $t_p=20$ms。确认帧长度和处理时间均可忽略。问帧长为多少才能使信道利用率达到至少 50％？

5. 长度为 1km，数据传输率为 10Mbps 的以太网，点信号在网上的传输速度是 200m/μs。数据帧的长度为 256 比特，包括 32 比特帧头、校验和及其他开销。数据帧发送成功后的第一个时间片保留给接收方用于发送一个 32 比特的应答帧。假设网络负载非常轻（即没有冲突），问该网络的有效数据传输率是多少？

6. 交换式集线器有何特点？用它怎样组成局域网？

7. 网桥的工作原理和特点是什么？网桥与集线器有何异同？

8. 在广播式网络中，当多个结点试图同时访问通信信道时，信道将会产生"冲突"，这会造成信道容量的浪费。作为一个简单的例子，假设把时间分割成的时间片，n 个结点中每个结点在每个时间片试图使用信道的概率为 p。试计算由于冲突而被浪费的时间片的百分比。

9. 试写出连续 ARQ 协议的算法。

10. 在连续 ARQ 协议中，设编号用 3 位，而发送窗口 $W_T=8$。试找出一种情况，使得在此情况下协议不能正确工作。

11. 在数据传输过程中，若接收方收到的二进制比特序列为 10110011010，接收双方采用的生成多项为 $G(x)=x^4+x^3+1$，则该二进制比特序列在传输中是否出现了差错？如果没有出现差错，发送数据的比特序列和 CRC 校验码的比特序列分别是什么？

12. 要发送的数据比特序列为 1010001101，CRC 校验生成多项式为 $G(x)=x^5+x^4+x^2+1$，试计算 CRC 校验码。

13. 在一些网络中，数据链路层通过请求重传损坏的帧来处理传输差错。如果一个帧损坏的概率为 p，在确认帧不丢失的情况下，发送一个帧需要的平均传输次数是多少？

14. 假设一个信道的数据传输速率为 4Kbps，单向传输延迟时间为 20ms，那么帧长在什么范围内，才能使用于差错控制的停止等待协议的效率至少为 50％？

第6章
物理层协议与数据通信

物理层协议是实现物理网络比特流传输的物理保障,本章将介绍数据通信的基本概念、传输介质类型与特点、数据编码与数据传输技术,以及多路复用技术等。

本章主要介绍:

- 物理层协议的主要功能
- 信息、数据、信号之间的关系
- 传输介质类型及主要特征
- 数据编码的类型和基本方法
- 数据通信速率和带宽的定义
- 数据传输技术、多路复用技术的基本概念

6.1 物理层的基本概念

6.1.1 物理层的主要服务功能

物理层处于 OSI 参考模型的最底层,它向数据链路层提供比特流传输服务。数据链路实体通过与物理层的接口将数据比特流传送给物理层,物理层将比特流按照传输介质的需要进行编码,然后将信号通过传输介质传输到下一个结点的物理层。物理层的主要功能是:物理连接的建立、维护与释放,比特流的传输。

计算机网络使用的传输介质与通信设备种类繁多,各种通信技术存在很大的差异,并且各种新的通信技术在快速发展。设置物理层的目的是屏蔽物理层采用的传输介质、通信设备与通信技术的差异性,使数据链路层只需考虑本层的服务,而不需要考虑网络具体使用哪种传输介质、设备与技术。

6.1.2 物理层协议的类型

计算机网络使用的通信线路分为两类:点对点通信线路和广播通信线路。点对点通信线路用于直接连接两个结点;广播通信线路的一条公共通信线路可以连接多个结点。因此,物理层协议可以分为两类:点对点通信线路的物理层协议和广播通信线路的物理层协议。

1. 点对点通信线路的物理层协议

OSI 参考模型对物理层的定义是:物理层为建立、维护和释放数据链路实体之间二

进制比特传输的物理连接提供机械的、电气的、功能的和规程的特性。早期最流行的物理层协议标准是美国电子工业协会(EIA)在 1969 年制定的 EIA-232-C(RS-232-C)标准。它是串行、低速、模拟传输设备与计算机之间连接接口的物理接口标准。EIA-232-C 标准规定了计算机串行通信接口卡与调制解调器之间物理接口的机械、电气、功能和规程的具体参数与工作流程。目前有很多低速的数据通信设备仍然采用 EIA-232-C 标准。

随着互联网接入技术的发展,家庭接入主要通过 ADSL 调制解调器与电话线路接入,或者通过线缆调制解调器与有线电视电缆接入。ADSL 物理层协议定义了上行与下行传输速率标准、传输信号的编码格式以及电平、同步方式、连接接口装置物理尺寸等内容。线缆调制解调器与有线电视线缆接入的物理层标准主要有:"线缆数据业务接口规范 DOCSIS"与 IEEE 802.14 物理层标准。DOCSIS 与 IEEE 802.14 物理层标准分为物理介质相关(PMD)子层和传输汇聚(TC)子层,规定了线缆调制解调器的频带、上行与下行速率、信号调制方式与电平同步方式等内容。

2. 广播通信线路的物理层协议

广播通信线路分为有线与无线两种。使用有线传输介质的以太网 802.3 协议标准就包括了多个物理层协议。例如,802.3 标准的物理层协议包括 10BASE-2、10BASE-5、10BASE-T;100BASE-T、快速以太网 802.3u 标准的物理层协议包括 100BASE-TX、100BASE-4 与 100BASE-FX 标准;千兆以太网 802.3z 标准的物理层协议包括 1000BASE-T、1000BASE-CX、1000BASE-LX 与 1000BASE-SX 标准;十千兆以太网 802.3ae 标准的物理层协议包括 LAN PHY 标准与 WAN PHY 标准。

无线局域网 802.11 分别为跳频扩频与直接序列扩频通信制定了物理层标准。无线个人区域网的 802.15.4 定义了无线信道频段、调制方式、信号编码方式、发射与接收功率以及同步方式。

从以上分析中可以看出,随着通信技术的快速发展,计算机网络中物理层的协议类型变化也十分迅速。只要网络采用一种新的通信技术,相应地就需要制定一种新的物理层标准。数据链路层、网络层与传输层协议的类型相对比较稳定,物理层协议的类型增加是最快、最复杂的。因此,本章将选择物理层与物理层协议中一些共性问题展开讨论。

6.2　信息、数据与信号

在数据通信技术中,信息(information)、数据(data)与信号(signal)是很重要的基本概念,它们分别涉及通信的 3 个不同层次问题。

6.2.1　信息与数据

通信的目的是交换信息,信息的载体可以是文字、语音、图形或图像。计算机产生的信息一般是字母、数字、语音、图形或图像的组合。为了传送这些信息,首先要将字母、数字、语音、图形或图像用二进制代码来表示。数据通信是实现不同计算机之间传输表示字母、数字、语音、图形或图像的二进制代码比特流的模拟或数字信号的过程。

对于数据通信来说,被传输的二进制代码称为"数据";数据是信息的载体。数据涉及对事物的表示形式,信息涉及对数据所表示内容的解释。数据通信的任务就是要传输二进制代码比特流,而不是解释代码所表示的内容。在数据通信中,习惯将被传输的二进制代码 0、1 称为码元。

目前主要有 3 种数据编码:CCITT 的国际 5 单位字符编码、扩充的二-十进制交换码(EBCDIC 码)、美国信息交换标准编码(ASCII 码)。EBCDIC 码是 IBM 公司为自己的产品设计的一种标准编码,它用 8 位二进制码代表 256 个字符。目前应用最广泛的是 ASCII 码。ASCII 码本来是一个信息交换编码的国家标准,但后来被国家标准化组织 ISO 接受,成为国际标准 ISO 646,又称为国际 5 号码。因此,它用于计算机内码,也是数据通信中的编码标准。

表 6-1 列出了 ASCII 码的部分字符编码。ASCII 码采用 7 位二进制位编码,可以表示 128 个字符。字符分为图形字符与控制字符两类。图形字符包括数字、字母、运算符号、商用符号等。控制字符用于数据通信收发双方工作的协调与信息格式的表示。

表 6-1　ASCII 码的部分字符编码

字符	二进制码	字符	二进制码	字符	二进制码
0	0110000	A	1000001	SOH	0000001
1	0110001	B	1000010	SRX	0000010
2	0110010	C	1000011	ETX	0000011
3	0110011	D	1000100	EOT	0000100
4	0110100	E	1000101	ENQ	0000101
5	0110101	F	1000110	ACK	0000110
6	0110110	G	1000111	NAK	0010101
7	0110111	H	1001000	ETB	0010111
8	0111000	I	1001001	SYN	0010110
9	0111001	J	1001010		

二进制编码按高位到低位($b_6\ b_5\ b_4\ b_3\ b_2\ b_1\ b_0$)的顺序排列,而 b_7 位一般用于字符的校验。如果采用奇校验,则字符串"ABCD"的 ASCII 的二进制比特流应该是"11000001 11000010 01000011 11000100"。如果要从主机 A 将这个比特流准备传送到主机 B,并且主机 A、B 都使用 ASCII 编码,则主机 B 可以将接收的比特流解释为"ABCD"。

随着计算机技术的发展,多媒体技术得到了广泛应用。媒体(media)在计算机领域中有两种含义:一是指用以存储信息的实体,例如磁盘、光盘、磁带;二是指信息的载体,例如文字、语音、图形与图像。多媒体技术研究的是计算机交互式处理多媒体信息(文字、语音、图形与图像)。多媒体信息首先要进行数字化处理,利用数字通信系统来实现多媒体信息的传输是通信技术研究的重要内容之一。与文字、图形信息的传输相比较,语音与视频信息的传输要求通信系统具有高速率与低延时。以视频传输为例,如果每帧视频由 1024×768 个点阵组成,每个点阵用 8 位二进制数表示,每秒传送 30 帧图像,则每秒需要传送 23 592 960 字节。如果传输数字化的语音信号,每秒对语音信号进行 22 050 次取样,每次取样占用 1 字节,则每秒需要传送 22 050 字节。

6.2.2 信号与信道

在通信系统中,将数据分为数字数据(具有离散值,如字符串等)和模拟数据(在某时间间隔中具有连续的值,如音频数据)两种类型。在数据通信时,要将数据编码(变换)为电信号的形式从一点传到另一点。由于有两种不同的数据类型,因此电信号相应有两种基本形式:数字信号和模拟信号。模拟信号(analog signal)是一种电平幅度连续变化的电信号,在传统的电话线上传输的信号是模拟信号。数字信号(digital signal)是一种离散的信号,计算机产生的电信号是用比特 0 和 1 表示的不同电平脉冲信号。图 6.1 给出了模拟信号与数字信号波形。用数字信号进行的传输称为数字传输,用模拟信号进行的传输称为模拟传输。

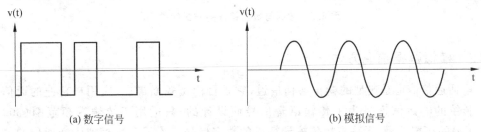

图 6.1   模拟信号与数字信号波形

信道是信号传输的通道,它包括通信设备和传输介质。信道可以按不同的方法分类,按传输媒体来分,可以分为:有线信道(如电缆、光纤)和无线信道(如微波、无线电);按传输信号类型可分为模拟信道和数字信道;按使用权可分为专用信道和公用信道等。对于不同信道,其特性和使用方法有所不同。

6.3　数据编码技术

计算机系统关心的是信息用什么样的数据编码方法表示。例如如何用 ASCII 码表示字母、数字与符号;如何用双字节表示汉字;如何表示图形、图像与语音。对于数据通信技术来说,它要研究的是如何将表示各类信息的二进制比特流通过传输介质在不同计算机之间传输的问题。物理层需要根据所使用的传输介质与传输设备来确定表示数据的二进制比特流采用哪一种信号编码方式传输。

6.3.1 数据编码类型

计算机数据在传输过程中的数据编码类型,主要取决于通信信道所支持的数据通信类型。用于数据通信的数据编码方式分为两类:模拟数据编码与数字数据编码。随着高速网络技术的发展,已经出现了一系列的新的编码技术。图 6.2 给出了数据与数据编码的方式的关系。

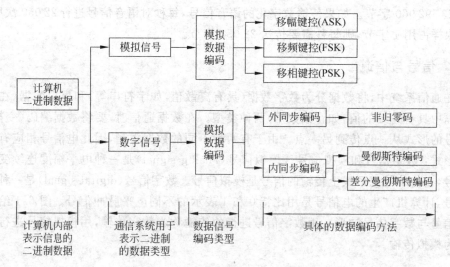

图 6.2　数据与数据编码的方式的关系

6.3.2　模拟数据编码方法

　　电话通信信道是典型的模拟通信信道,它是目前覆盖面最广、应用最普遍的通信信道。传统的电话信道是为了传输语音信号而设计的,只适用于传输音频范围(300～3400Hz)的模拟信号,无法直接传输计算机的数字信号。为了利用模拟语音通信的电话交换网实现计算机的数字数据信号的传输,必须首先将数字信号转换成模拟信号。

　　将发送端的数字信号转换成模拟信号的过程称为调制(modulation);将接收端的模拟信号还原成数字信号的过程称为解调(demodulation)。具备调制与解调功能的设备称为调制解调器(modem)。

　　在调制过程中,首先选择音频范围内的某一角频率 ω 的正(余)弦信号作为载波,该正(余)弦信号可以写为: $u(t) = u_m \cdot \sin(\omega_t + \psi_0)$。在载波 $u(t)$ 中,有 3 个可用改变的电参量(振幅 u_m、角频率 ω_t、相位 ψ_0)。可以通过改变 3 个电参量来实现模拟数据信号的编码。图 6.3 给出了模拟数据信号的编码方法。

1. 移幅键控

　　移幅键控(amplitude shift keying,ASK)方法是通过改变载波信号的振幅来表示数字信号 1、0。例如,可以用载波幅度为 u_m 表示 1,用载波幅度为 0 表示数字 0。图 6.3(a)给出了 ASK 信号波形,其数学表达式为

$$u(t) = \begin{cases} u_m \cdot \sin(\omega_1 t + \varphi_0) & \text{数字 1} \\ 0 & \text{数字 0} \end{cases}$$

ASK 信号实现容易,技术简单,但抗干扰能力较差。

2. 移频键控

　　移频键控(frequency shift keying,FSK)方法是通过改变载波信号的角频率来表示数字信号 1、0。例如,可以用角频率 ω_1 表示数字 1,用角频率 ω_2 表示数字 0。图 6.3(b)给出了 FSK 信号波形,其数学表达式为

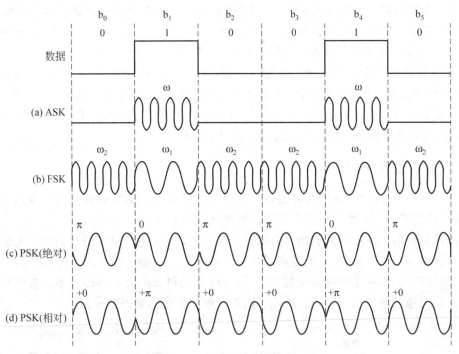

图 6.3 模拟数据信号的编码方法

$$u(t) = \begin{cases} u_m \cdot \sin(\omega_1 t + \varphi_0) & \text{数字 1} \\ u_m \cdot \sin(\omega_2 t + \varphi_0) & \text{数字 0} \end{cases}$$

FSK 信号实现容易,技术简单,抗干扰能力较强,是目前最常用的调制方法之一。

3. 移相键控

移相键控(phase shift keying,PSK)方法是通过改变载波信号的相位值来表示数字信号 1、0。如果用相位的绝对值表示数字信号 1、0,则称为绝对调相。如果用相位的相对偏移值表示数字信号 1、0,则称为相对调相。

(1) 绝对调相。在载波信号 u(t) 中,ϕ_0 为载波信号的相位。最简单的情况是:用相位的绝对值来表示它所对应的数字信号。图 6.3(c)给出了绝对调相的信号波形。当表示数字 1 时,取 $\psi_0 = 0$;当表示数字 0 时,取 $\psi_0 = \pi$。这种简单的绝对调相方法的数学表达式为

$$u(t) = \begin{cases} u_m \cdot \sin(\omega t + 0) & \text{数字 1} \\ u_m \cdot \sin(\omega t + \pi) & \text{数字 0} \end{cases}$$

(2) 相对调相。相对调相用载波在两位数字信号的交接处产生的相对偏移来表示载波所表示的数字信号。最简单的相对调相方法是:两比特信号交接处遇 0,载波信号相位不变;两比特信号交接处遇 1,载波信号相位偏移 π。图 6.3(d)给出了相对调相的信号波形。

在实际使用中,移相键控方法可以方便地采用多相调制方法达到高速传输的目的。移相键控方法抗干扰能力强,但是实现技术比较复杂。

（3）多相调制。以上讨论的是二相调制的方法,用两个相位值分别表示二进制数 0、1。在模拟数据通信中,为了提高数据传输速率,常采用多相调制的方法。例如,将待发送的数字信号按两比特一组的方式组织,两位二进制比特可以有 4 种组合：00、01、10、11。每组是一个双比特码元,用 4 个不同相位值表示这 4 组双比特码元。在调相信号传输过程中,相位每改变一次,传送两个二进制比特。这种调相方法称为 4 相调制。同理,如果将发送的数据每 3 个比特组成一个 3 比特码元组,3 比特二进制数共有 8 种组合,可以用 8 种不同的相位值表示,这种调相方法称为 8 相调制。

6.3.3　数字数据编码方法

在数据通信技术中,频带传输是指利用模拟信道通过调制解调器传输模拟信号的方法；基带传输是指利用数字信道直接传输数字信号的方法。

频带传输的优点是可以利用目前覆盖面最广、普遍应用的模拟语音信道。电话交换网技术成熟并且造价较低,它的缺点是数据传输率低。基带传输在基本不改变数字信号频带（即波形）的情况下直接传输数字信号,可以达到很高的数据传输速率。基带传输是目前发展迅速的数据通信方式。图 6.4 给出了数字信号的编码方式。

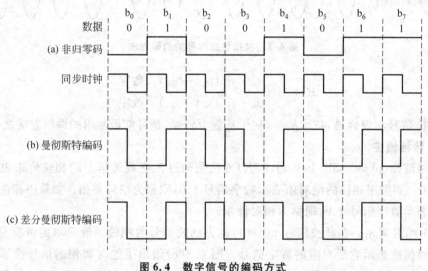

图 6.4　数字信号的编码方式

在基带传输中,数字信号编码方式主要有非归零码、曼彻斯特编码与差分曼彻斯特编码。

1. 非归零码

图 6.4(a)给出了非归零码(non return to zero,NRZ)波形。NRZ 码可以规定用低电平表示逻辑"0",用高电平表示逻辑"1"；也可以用其他方法表示。

NRZ 码的缺点是无法判断一位的开始和结束,收发双方不能保持同步。为了保证收发双方的同步,必须在发送 NRZ 码的同时用另一个信道同时传送同步信号。另外,如果信号中"1"与"0"的个数不相等,就会存在直流分量,这是在数据传输中不希望存在的。

2. 曼彻斯特编码

曼彻斯特(Manchester)编码是目前应用最广泛的编码方法之一。图 6.4(b)给出了典型的曼彻斯特编码波形。曼彻斯特编码的规则是：每比特的周期 T 分为前 T/2 与后 T/2 两部分；通过前 T/2 传送该比特的反码，后 T/2 传送该比特的原码。

根据曼彻斯特编码规则，被编码的数据 $b_0=0$，它的前 T/2 取 0 的反码(0 用低电平表示，其反码为高电平)，后 T/2 取 0 的原码(低电平)。$b_1=1$，前 T/2 取 1 的反码(低电平)，后 T/2 取 1 的原码(高电平)。$b_2=0$，前 T/2 为高电平，后 T/2 为低电平。$b_3=0$，前 T/2 为高电平，后 T/2 为低电平。按这个规律可以画出曼彻斯特编码信号的波形图。

曼彻斯特编码的优点如下。

(1) 每个比特的中间有一次电平跳变，两次电平跳变的时间间隔可以是 T/2 或 T，利用电平跳变可以产生收发双方的同步信号。曼彻斯特编码信号称为"自含时钟编码"信号，发送曼彻斯特编码信号时无需另外发送同步信号。

(2) 曼彻斯特编码信号不含直流分量。曼彻斯特编码的缺点是效率较低，如果信号传输速率是 10Mbps，则发送时钟信号频率应为 20MHz。

3. 差分曼彻斯特编码

差分曼彻斯特(Difference Manchester)编码是对曼彻斯特编码的改进。典型的差分曼彻斯特编码波形如图 6.4(c)所示。差分曼彻斯特编码与曼彻斯特编码的不同点是：每比特的中间跳变仅做同步使用。每比特的值根据其开始边界是否跳变来决定。某个比特开始处发生电平跳变表示传输二进制"0"，不发生跳变表示传输二进制"1"。

按照差分曼彻斯特编码规则，它与曼彻斯特编码的不同之处在于：b_0 之后的 b_1 为 1，在两个比特波形的交接处不发生电平跳变；$b_2=0$，在 b_1 与 b_2 交接处要发生电平跳变；$b_3=0$，在 b_2 与 b_3 交接处仍然要发生电平跳变。按这个规律可以画出差分曼彻斯特编码信号的波形。

6.3.4 脉冲编码调制方法

由于数字信号传输失真小、误码率低、数据传输速率高，因此在网络中除了计算机直接产生的数字以外，语音、图像信息的数字化已成为发展的必然趋势。脉冲编码调制(pulse code modulation，PCM)是模拟数据数字化的主要方法。

PCM 技术的典型应用是语音数字化。语音可以用模拟信号的形式通过电话线路传输，但是要将语音与计算机产生的数字、文字、图像同时传输，就必须首先将语音信号数字化。发送端通过 PCM 编码器将语音信号转换成数字信号，通过通信信道传送到接收端，接收端通过 PCM 解码器将它还原成语音信号。数字化语音数据的传输效率高、失真小，可以存储在计算机中，并且进行必要的处理。图 6.5 给出了 PCM 的工作原理。

PCM 操作包括 3 个部分：采样、量化与编码。

1. 采样

模拟信号数字化的第一步是采样。模拟信号是电平连续变化的信号。采样是每隔一定的时间间隔，将模拟信号的电平幅度取出作为样本，让其表示原来的信号。采样频率 $f \geq 2B$ 或 $f=1/T \geq 2 \cdot f_{max}$。其中，B 为通信信道带宽，T 为采样周期，$f_{max}$ 为信道允许通过

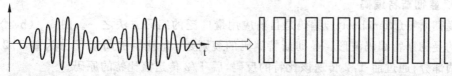

脉冲编码调制(PCM)

模拟语音信号 ⟹ 数字语音信号

图 6.5　PCM 的工作原理

的信号最高频率。研究结果表明：如果以大于或等于通信信道带宽 2 倍的速率对信号采样,其样本可以包含足以重构原模拟信号的所有信息。图 6.6 给出了 PCM 的采样与量化过程。

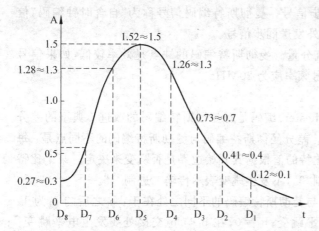

图 6.6　PCM 的采样与量化过程

2. 量化

量化是将样本幅度按量化级决定取值的过程。经过量化后的样本幅度为离散的量化级值,已不是连续值。量化前要规定将信号分为若干量化级。例如,可以分为 8 级或 16 级,这要根据精度要求决定。同时,要规定每级对应的幅度范围,然后将样本幅值与上述量化级幅值进行比较。例如,1.28 取值 1.3,1.52 取值为 1.5,即通过取整来定级。

3. 编码

编码是用相应位数的二进制代码表示量化后的样本的量化级。如果有 k 个量化级,则二进制的位数为 $\log_2 k$。例如,如果量化级有 16 个,就需要 4 位编码。在目前常用的语音数字化系统中,通常采用 128 个量化级,需要 7 位编码。编码后的样本都用相应的编码脉冲表示。D_5 取样幅度为 1.52,取整后为 1.5,量化级为 15,样本编码为 1111。将二进制编码 1111 发送到接收端,接收端可以将它还原成量化级 15,对应的电平幅度为 1.5。

当 PCM 用于数字化语音系统时,它将声音分为 128 个量化级,每个量化级采用 7 位二进制编码表示。由于采用速率为 8000 样本/秒,因此,数据传输速率能达到 $7 \times 8000 = 56$(Kbps)。另外,PCM 可以用在计算机中的图形、图像数字化与传输处理中。PCM 的缺点是采用二进制编码,使用的二进制位数较多,因此 PCM 的编码效率比较低。

6.4 数据通信系统结构与通信方式

6.4.1 数据通信系统结构

在讨论了数据通信编码方式后,下面以采用曼彻斯特编码的数据通信过程为例,对数据通信过程做一个总结,同时进一步分析数据通信系统的基本结构(如图 6.7 所示)。

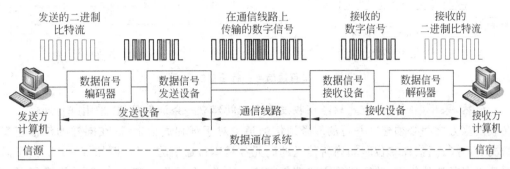

图 6.7 数据通信系统的基本结构

在数据通信过程中,将发送数据的一方称为"信源",将接收数据的一方称为"信宿"。发送方的计算机所产生的二进制代码波形是不能够直接在传输介质上传输。最简单的理由是:如果不采取其他措施的话,信源与信宿无法实现传输比特流的同步。因此,要完成信源与信宿之间的比特流传输,首先要将待传输的二进制比特流通过数据信号编码器转换为曼彻斯特编码信号,再由发送方的数据信号发送设备通过通信线路传送到接收方。接收方的数据信号接收设备在接收到数据信号之后,传送给数据信号解码器,将接收到的曼彻斯特编码信号还原成接收方计算机可以识别的二进制比特流,传送给接收方的计算机。

从以上讨论中可以看出,数据通信系统应该由发送设备、通信线路与接收设备组成。发送设备由数据信号编码器与数据信号发送设备组成;接收设备由数据信号接收设备与数据信号解码器组成。信源包括发送方的计算机与发送设备,信宿包括接收方计算机与接收设备。

6.4.2 数据通信方式

在设计一个数据通信系统时,还需要考虑以下三个基本问题:串行通信与并行通信;单工、半双工与全双工通信;同步技术。

1. 串行通信与并行通信

数据通信分为两种类型:串行通信与并行通信。图 6.8 给出了串行通信与并行通信的示意图。在计算机中,通常是用 8 位的二进制代码来表示一个字符。在数据通信中,将表示一个字符的二进制代码按由低位到高位的顺序依次发送的方式称为串行通信;将表示一个字符的二进制代码同时通过 8 条并行的通信信道发送,每次发送一个字符代码的方式称为并行通信。

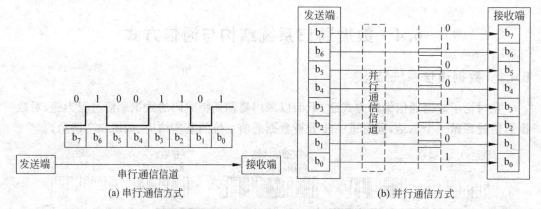

图 6.8　串行通信与并行通信的示意图

显然,采用串行通信方式只需在收发双方之间建立一条通信信道;采用并行通信方式在收发双方之间必须建立并行的多条通信信道。对于远程通信来说,在同样的传输速率情况下,并行通信在单位时间内所传送的码元数是串行通信的 n 倍(例如 n=8)。由于需要建立多条通信信道,并行通信方式造价较高。因此,在远程通信中,一般采用串行通信方式。

2. 单工、半双工与全双工通信

按照信号传送方向与时间的关系,数据通信分为 3 种类型:单工通信、半双工通信与全双工通信。图 6.9 给出了 3 种类型通信示意图。在单工通信方式中,信号只能向一个方向传输,任何时候都不能改变信号的传送方向。在半双工通信方式中,信号可以双向传送,但是必须交替进行,一个时间只能向一个方向传送。在全双工通信方式中,信号可以同时双向传送。

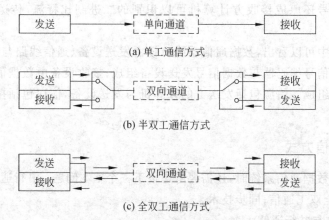

图 6.9　3 种类型通信示意图

3. 同步技术

(1)同步的概念。同步是数字通信中必须解决的一个重要问题。同步是要求通信双方在时间基准上保持一致的过程。计算机通信过程与人们使用电话通话的过程有很多相似之处。在正常的通话过程中,人们在拨通电话并确定对方是要找的人时,双方就可以进入通话状态。在通话过程中,说话人要讲清楚每个字,讲完每句话需要停顿。听话人也要适应说话人的说话速度,听清对方讲的每个字,并根据说话人的语气和停顿判断一句话的开始和结束,这样才可能听懂对方所说的每句话,这就是人们在电话通信中解决的"同步"问题。如果在数据通信中收发双方同步不良,轻者会造成通信质量下降,严重时甚至会造成系统不能工作。

在数据通信过程中,收发双方同样要解决同步问题,但问题更复杂一些。数据通信的同步有两种类型:位同步和字符同步。

(2) 位同步。尽管作为数据通信双方的两台计算机的时钟频率相同,但实际上不同计算机的时钟频率肯定存在差异。这种时钟频率的差异将导致不同计算机发送和接收的时钟周期误差。尽管这种差异是微小的,但在大量数据的传输过程中,其积累误差足以造成接收比特取样周期和传输数据的错误。因此,数据通信首先要解决收发双方时钟频率一致性问题。解决这个问题的基本方法是:要求接收端根据发送端发送数据的时钟频率与比特流的起始时刻,校正自己的时钟频率与接收数据的起始时刻,这个过程就称为位同步。实现位同步的主要方法有:

- 外同步法。是在发送端发送一路数据信号的同时,另外发送一路同步时钟信号。接收端根据接收到的同步时钟信号来校正时间基准和时钟频率,实现收发双方的位同步。
- 内同步法。是从自含时钟编码的发送数据中提取同步时钟的方法。曼彻斯特编码与差分曼彻斯特编码都是自含同步时钟的编码方法。

(3) 字符同步。在解决了位同步问题后,需要解决字符同步问题。标准的 ASCII 字符由 8 位二进制 0、1 组成的。发送端以 8 位为一个字符单元来发送,接收端也以 8 位的字符单元来接收。保证收发双方正确传输字符的过程称为字符同步。

实现字符同步的方法主要如下。

- 同步方式。采用同步方式进行数据传输称为同步传输(synchronous transmission)。同步方式将字符组成组,以组为单位连续传输。每组字符之前加上一个或多个用于同步控制的同步字符 SYN,每个数据字符内不加附加位。接收端接收到同步字符 SYN 后,根据 SYN 来确定数据字符的起始与终止,以实现同步传输功能。图 6.10 给出了同步传输的工作原理。

图 6.10 同步传输的工作原理

- 异步方式。采用异步方式进行数据传输称为异步传输(asynchronous transmission)。异步传输的特点是:每个字符作为一个独立的整体进行发送,字符之间的时间间隔可以是任意的。为了实现字符同步,每个字符的第 1 位前加 1 位起始位(逻辑"1"),字符的最后 1 位后加 1 位或 2 位停止位(逻辑"0")。图 6.11 给出了异步传输的工作原理。

在实际问题中,也将同步传输称为同步通信,将异步传输称为异步通信。同步通信比异步通信的传输效率要高,因此同步通信更适用于高速数据传输。

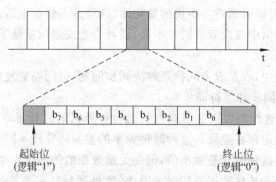

起始位
(逻辑"1")　　　　　　　　　　终止位
(逻辑"0")

图 6.11　异步传输的工作原理

6.5　传输介质的主要类型

传输介质是网络中连接收、发双方的物理通路,也是通信中实际传输信息的载体。网络中常用的传输介质有:双绞线、同轴电缆、光纤电缆、无线与卫星通信信道。

6.5.1　双绞线的主要特性

双绞线是网络通信中最常用的传输介质,既可用于模拟信号传输,也可用于数字信号传输。

双绞线由按规则螺旋结构排列的 2 根、4 根或 8 根绝缘导线组成。一对导线可以作为一条通信线路,各个线对螺旋排列的目的是使各线对之间的电磁干扰最小。局域网中所使用的双绞线分为两类:屏蔽双绞线(shielded twisted pair,STP)与非屏蔽双绞线(unshielded twisted pair,UTP)。屏蔽双绞线由外部保护层、屏蔽层与多对双绞线组成。非屏蔽双绞线由外部保护层与多对双绞线组成。图 6.12 给出了双绞线的基本结构。

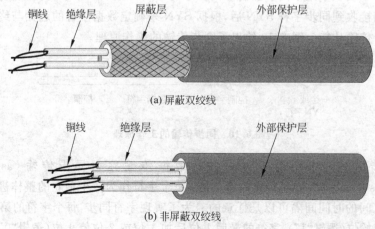

(a) 屏蔽双绞线

(b) 非屏蔽双绞线

图 6.12　双绞线的基本结构

双绞线按照传输特性分为 5 类：在典型的以太网中，常用第 3 类与第 5 类非屏蔽双绞线（简称 3 类线、5 类线）。3 类线的带宽为 16MHz，适用于语音与 10M 以下的数据传输；5 类线的带宽为 100MHz，适用于语音与 100M 的高速数据传输，可以支持 155M 的 ATM 数据传输；随着千兆以太网的出现，高性能双绞线标准不断推出，例如，增强 5 类线、6 类线以及使用金属箔的 7 类屏蔽双绞线。7 类屏蔽双绞线的带宽已经达到 600～1200MHz。

6.5.2 同轴电缆的主要特性

同轴电缆由内导体、绝缘层、外屏蔽层及外部保护层组成。同轴电缆的特性参数由内导体、外屏蔽层及绝缘层的电参量与机械尺寸决定。同轴电缆的特点是抗干扰能力较强。图 6.13 给出了同轴电缆的基本结构。

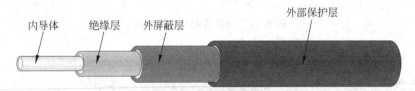

内导体　绝缘层　外屏蔽层　外部保护层

图 6.13 同轴电缆的基本结构

同轴电缆根据带宽分为两类：基带同轴电缆与宽带同轴电缆。基带同轴电缆一般仅用于数字信号的传输。宽带同轴电缆可以使用频分多路复用方法，将一条电缆的频带划分成多条通信信道，使用各自的调制方式来支持多路传输。宽带同轴电缆也可只用于一条通信信道的高速数字通信，这时称为单信道宽带。

6.5.3 光纤电缆的主要特性

光纤是性能最好、应用前途最广泛的一种传输介质。光纤是一种直径为 50～100μm 的柔软、能传导光波的介质，多种玻璃和塑料可以用来制造光纤，其中使用超高纯度石英玻璃纤维制作的光纤的纤芯可以得到最低的传输损耗。在折射率较高的纤芯外面，用折射率较低的包层包裹起来，外部包裹涂覆层，这样就可以构成一条光纤。多条光纤组成一束，构成一条光缆。图 6.14 给出了光纤结构与传输原理。

光纤通过内部的全反射来传输一束经过编码的光信号。由于光纤的折射系数高于外部包层的折射系数，因此可以形成光波在光纤与包层的界面上的全反射。图 6.14(b) 给出了光波通过光纤内部全反射进行光传输的过程。

图 6.15 给出了典型的光纤传输系统结构。在发送端使用发光二极管（LED）或注入型激光二极管（ILD）作为光源。在接收端使用光电二极管（PIN）检波器或 APD 检波器将光信号转换成电信号。光载波调制方法采用移幅键控（ASK）调制方法，即亮度调制。因此，光纤传输速率可以达到 Gbps 的量级。

光纤分为两种类型：单模光纤与多模光纤。单模光纤是指光纤的光信号仅与光纤轴成单个可分辨角度的单路光载波传输。多模光纤是指光纤的光信号与光纤轴成多个可分辨角度的多路光载波传输。单模光纤的性能优于多模光纤。

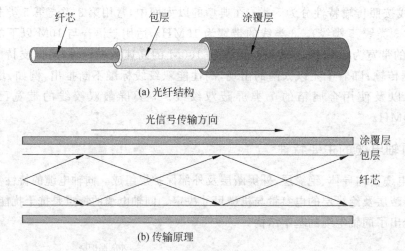

图 6.14　光纤结构与传输原理

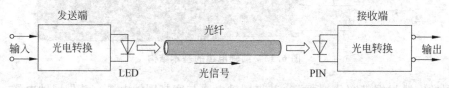

图 6.15　典型的光纤传输系统结构

　　光纤最普遍的连接方法是点对点方式,光纤信号衰减极小,它可以在 6～8km 的距离内,在不使用中继器情况下,实现高速率的数据传输。光纤不受外界电磁干扰与噪声的影响,在长距离、高速率的传输中保持低误码率。因此,光纤传输的安全与保密性都很好。

6.5.4　无线与卫星通信技术

1. 电磁波谱与移动通信

　　描述电磁波的参数有 3 个:波长(wavelength)、频率(frequency)与光速(speed of light)。三者之间的关系为:$\lambda \times f = C$,其中,λ 为波长,光速 C 为 $3 \times 10^8 \text{m/s}$,频率 f 的单位为 Hz。

　　电磁波的传播有两种方式:一种是在自由空间中传播(即无线方式传播);另一种是在有限制的空间内传播(即有线方式传播)。使用双绞线、同轴电缆、光纤传输电磁波的方式属有线方式。在同轴电缆中,电磁波传播的速度大约是光速的 2/3。不同的传输介质可以传输不同频率的信号。例如,普通双绞线可以传输低频或中频信号,同轴电缆可以传输低频到特高频信号,光纤可以传输可见光信号。以双绞线、同轴电缆与光纤作为传输介质的通信系统,一般只用于固定物体之间的通信。

　　移动物体与固定物体、移动物体与移动物体之间的通信都属于移动通信,例如人、汽车、轮船、飞机等移动物体之间的通信。移动物体之间的通信只能依靠无线通信,主要有以下几种类型:无线通信系统、微波通信系统、蜂窝移动通信系统、卫星移动通信系统。

2. 无线通信

从电磁波谱中可以看出,无线通信使用的频段覆盖了从低频到特高频。其中,调频无线电通信使用中波(MF),调频无线电广播使用甚高频,电视广播使用甚高频到特高频。国际通信组织对各个频段都规定了特定的服务。以高频(HF)为例,它在频率上从 3～30MHz,被划分成多个特定的频段,分别分配给移动通信(空中、海洋与陆地)、广播、无线电导航、业余电台、宇宙通信与射电天文等方面。

高频无线电波由天线发出后,可以沿两条路径在空间传播。其中,地波沿着地表面传播,天波则在地球与地球电离层之间来回反射。图 6.16 给出了高频无线电波的传播路径。高频与甚高频通信方式类似,它们的主要缺点是:易受天气等因素影响,信号幅度变化较大,容易被干扰。它们的主要优点是:技术成熟,应用广泛,能以较小的发射功率传输到较远的地方。

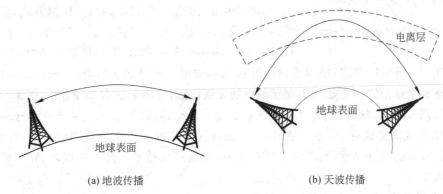

(a) 地波传播　　　　　　　　(b) 天波传播

图 6.16　高频无线电波的传播路径

3. 微波通信

在电磁波谱中,频率在 100MHz～10GHz 之间的信号称为微波信号,它们对应的信号波长为 3cm～3m。微波信号传输的主要特点如下。

(1) 只能进行视距传播。由于微波信号没有绕射能力,印象微波信号只能在收发两点可视的情况下才能正常接收。

(2) 大气对微波信号的吸收和散射影响很大。由于微波信号的波长比较短,因此利用机械尺寸相对较小的抛物面天线,就可以将微波信号能量集中在一个很小的波束内发送出去,这样就可以用很小的发射功率来进行远距离通信。同时,由于微波信号的频率很高,因此可以获得较大的通信带宽,特别适合于卫星通信与城市建筑物之间的通信。

由于微波天线的高度方向性,因此在地面一般采用点对点方式通信。如果距离较远,可采用微波接力的方式作为城市之间的电话中继干线。在卫星通信中,微波通信也可以用于多点通信。

4. 蜂窝无线通信

微电子与超大规模集成电路技术的发展,促进了蜂窝移动通信的迅速发展。为了提高覆盖区域的系统容量与充分利用频率资源,人们提出了小区制的概念。将一个大区制覆盖的区域划分成多个小区(cell),在每个小区中设立一个基站(base station),通过基站在用户的移动台(mobile station)之间建立通信。小区覆盖的半径较小(一般为1~20km),可以用较小的发射功率实现双向通信。

由若干个小区构成的覆盖区称为区群。由于区群的结构酷似蜂窝,因此小区制移动通信系统又称为蜂窝移动通信系统。图6.17给出了蜂窝移动通信系统的结构。在每个小区设立一个(或多个)基站,它与若干个移动站建立无线通信链路。区群中各小区的基站之间可以通过电缆、光缆或微波链路与移动交换中心连接。移动交换中心通过电路与市话交换局连接,从而构成一个完整的蜂窝移动通信的网络结构。

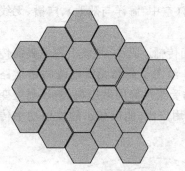

图6.17　蜂窝移动通信的结构

1995年出现的第一代移动通信是模拟方式,即用户的语音信息以模拟信号方式传输。1997年出现的第二代2G(2nd Generation)移动通信是数字方式,它采用GSM、CDMA等数字制式,使得手机能够接入互联网。第三代3G(3rd Generation)移动通信能够在全球范围内更好地实现互联网的无缝漫游,使用手机来处理音乐、图像、视频,能够进行网页浏览,参加电话会议,开展电子商务活动,同时与第二代系统有良好的兼容性。2008年我国正式对3G手机放号。3G的使用必将加速手机通信网域互联网的业务融合,促进移动互联网应用的发展。第四代4G移动通信技术已经研制成功,在某些发达国家进入试用。

5. 卫星通信

卫星通信具有通信距离远、费用与通信距离无关、覆盖面积大、不受地理条件限制、通信信道带宽大、可进行多址通信与移动通信的优点,它在最近的30多年里获得迅速发展,成为现代主要的通信手段之一。

图6.18给出了卫星通信的工作原理。图6.18(a)是通过卫星通信微波形成的点对点通信线路,它由两个地球站(发送站、接收站)与一颗通信卫星组成。卫星上可以有多个转发器,作用是接收、放大与发送信息。目前,通常是12个转发器拥有一个36MHz带宽的信道,不同转发器使用不同频率。地面发送站使用上行链路(uplink)向通信卫星发射微波信号。卫星起中继器的作用,它接收通过上行链路发送来的微波信号,经过放大后再使用下行链路(downlink)发送回地面接收站。上行链路与下行链路使用的频率不同,因此可以将发送信号与接收信号区分出来。图6.18(b)是卫星微波形成的广播通信线路。

传输延时是卫星通信系统的重要参数之一。发送站要通过卫星转发信号到接收站,如果从地面发送到卫星的信号传输时间为Δt,不考虑转发中的处理时间,则从信号发送到接收的延迟时间为$2\Delta t$。从卫星发射到地球表面的电磁波呈圆锥体形状,最短的是卫星到地面的垂线,最长的是斜边。电磁波在自由空间的传播速度为3×10^8m/s。对于卫星与地面的垂直高度数值,Δt值通常为250ms,对应于斜边数值,Δt值通常为300ms。在计算中通常取中间值270ms,因此往返传输延时的值为540ms。

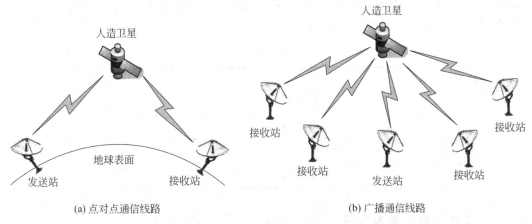

(a) 点对点通信线路   (b) 广播通信线路

图 6.18 卫星通信的工作原理

6.6 数据传输速率的定义与信道速率的极限

6.6.1 数据传输速率的定义

数据传输速率是衡量数据传输系统的重要标志之一。数据传输速率是指每秒传输构成数据代码的二进制比特数,单位为比特/每秒(bit/s),表示为 bps。对应二进制数据,数据传输速率为 S=1/T(bps),其中,T 为发送每个比特所需要的时间。例如,在通信信道上发送一个比特 0 或 1 信号所需的时间是 1ms,则信道的数据传输速率为 1000bps。在实际应用中,常用的数据传输速率单位有:Kbps、Mbps、Gbps 和 Tbps。其中,1Kbps=1×10^3 bps;1Mbps=1×10^6 bps;1Gbps=1×10^9 bps;1Tbps=1×10^{12} bps。

在讨论数据传输速率时,需要注意以下几点。

(1) 数据传输速率是指结点向传输介质发送数据的速率,因此它与发送速率是等价的。例如,传统以太网的传输速率为 10Mbps,它每秒可以发送 1×10^7 比特,如果帧是 1500 字节,可以在 1.2ms 内发送完,则 1.2ms 就是以太网发送一帧的发送延时。

(2) 在计算二进制字节长度时,1Kb=1024b。但在计算速率时使用的是十进制,因此 1Kbps=1000bps≠1024bps;同样,40.98×10^6 bps=40.98Mbps≠40.00Mbps。这是由计算机与通信中采用的二进制与十进制的区别引起的,也是经常容易忽略的问题。

(3) 在模拟线路上使用调制解调器通信时,使用"调制速率"与"波特率"的术语。调制速率是针对模拟数据信号传输过程中,从调制解调器输出的调制信号每秒载波调制状态改变的数值,单位是 1/s,称为波特(baud)。调制速率也称为比特率。

数据传输速率 S(bps)与波特率 B(baud)之间的关系可以表示为

$$S=B \cdot \log_2 k$$

式中 k 为多相调制的相数。

表 6-2 给出了波特率与数据传输速率的关系。如果波特率为 1200baud,多相调制的相数 k=8,那么对应的数据传输速率为 3600bps。这就是说,在多相调制中,每一次相位

的变化表示了 3 比特的二进制数,因此调制信号(相位、频率、振幅)每秒钟变化 1200 次,相当于传输了 3600 比特的二进制数据。

表 6-2　波特率与数据传输速率的关系

波特率(baud)	多相调制的相数	数据传输速率/bps
1200	二相调制(k=2)	1200
1200	四相调制(k=4)	2400
1200	八相调制(k=8)	3600
1200	十六相调制(k=16)	4800

6.6.2　信道带宽与香农定理

在前面的讨论中可以看到,信道带宽对基带信号传输的影响,但是信道带宽与数据传输速率到底是什么关系?

任何信道都是不理想的,信道带宽总是有限的。由于信道带宽的限制、信道干扰的存在,信道的数据传输速率总会有一个上限。奈奎斯特推导出具有理想低通矩阵特性的信道在无噪声情况下的最高速率与带宽关系的公式,这就是奈奎斯特准则。

奈奎斯特准则指出:如果表示码元的窄脉冲信号以时间间隔 $\pi/\omega(\omega=2\pi f)$ 通过理想通信信道,则前后码元之间不产生相互串扰。根据奈奎斯特准则,二进制数据信号的最大数据传输速率 R_{max} 与理想信道带宽 $B(B=f,$单位 Hz)的关系表示为

$$R_{max} = 2 \cdot f(bps)$$

对于二进制数据,如果信道带宽 $B=f=3000Hz$,则最大传输速率等于 6000bps。

奈奎斯特准则描述了有限带宽、无噪声的理想信道的最大传输速率与信道带宽的关系。香农定理则描述了有限带宽、有随机热噪声信道的最大传输速率与信道带宽、信号噪声功率比之间的关系。

香农定理指出:在有随机热噪声的信道中传输数据信号时,传输速率 R_{max} 与信道带宽 B、信噪比 S/N 的关系为

$$R_{max} = B \cdot \log_2(1+S/N)$$

式中,R_{max} 的单位是 bps,带宽 B 的单位是 Hz。

信噪比是信号功率与噪声功率之比的简称。在通信系统中,信噪比通常以分贝(db)表示。如果信噪比 S/N 为 1000,根据信噪比计算公式 $S/N(db) = 10 \cdot \lg(S/N)$,该信道的信噪比 S/N 为 30db。S/N=30db 表示该信道上的信号功率是噪声功率的 1000 倍。如果 S/N=1000db,信道带宽 $B=3000Hz$,则该信道的最大传输速率 $R_{max} \approx 30Kbps$。

香农定理给出了一个有限带宽、有热噪声信道的最大传输速率的极限值。它表示对带宽只有 3000Hz 的通信信道,信噪比 S/N 为 1000 时,无论数据采用二进制还是更多的离散电平值表示,数据都不能以超过 30Kbps 的速率传输。

由于信道的最大传输速率与带宽之间存在着明确关系,因此可以用"带宽"表示"传输速率"。例如,人们常将网络的"高传输速率"用网络的"高带宽"表述。所以,"带宽"与"速

率"在网络技术中几乎成为同义词。

6.7　多路复用技术

6.7.1　多路复用的基本概念

1. 多路复用与通信信道

多路复用(multiplexing)是数据通信中的一个重要概念。研究多路复用技术的原因：一是用于通信线路架设的费用相当高,需要充分利用通信线路的容量;二是网络中传输介质的容量都会超过单一信道传输的通信量,为了充分利用传输介质的带宽,需要在一条物理线路上建立多条通信信道。

实现多路复用技术的方法是：发送方将多个用户的数据通过复用器(multiplexer)汇集,并将汇集的数据通过一条物理线路传送到接收方。接收方通过分用器(demultiplexer)将数据分离成各个单独的数据,然后分发给接收方的多个用户。具备复用器与分用器功能的设备称为多路复用器。多路复用器在一条物理线路上可以划分出多条通信信道,其原理如图 6.19 所示。

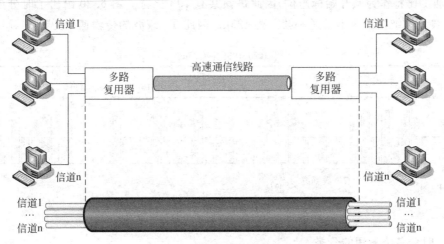

图 6.19　多路复用系统的结构与功能

2. 多路复用技术

多路复用技术分为如下 5 种基本形式。

(1) 频分多路复用(frequency division multiplexing,FDM)。它以信道频率为对象,通过设置多个频率互不重叠的信道,达到同时传输多路信号的目的。

(2) 波分多路复用(wavelength division multiplexing,WDM)。它在一根光纤上复用多路光载波信号,它是光频段的频分多路复用。

(3) 时分多路复用(time division multiplexing,TDM)。它以信道传输时间为对象,通过为多个信道分配互不重叠的时间片,达到同时传输多路信号的目的。

(4) 码分多路复用(code division multiplexing,CDM)。又称码分多址(code division multiple access,CDMA),它是 3G 手机移动通信中基本的共享信道方法。

(5) 正交频分多路复用(orthogonal frequency division multiplexing, OFDM)。它是一种特殊的多载波传输技术。

码分多路复用与正交频分多路复用在蜂窝移动通信以及 802.11 标准的 WLAN 与 802.18 标准的 WMAN 的物理层都有广泛的应用。

6.7.2　时分多路复用

1. 时分多路复用的基本概念

时分多路复用是以信道传输时间作为分割对象,通过为多个信道分配互不重叠的时间片的方法来实现多路复用,因此时分多路复用更适于数字信号的传输。时分多路复用将信道用于传输的时间划分为若干个时间片,每个用户分得一个时间片,用户在其占有的时间片内使用信道的全部带宽。目前,应用最广的时分多路复用方法是贝尔系统的 T1 载波。

T1 载波系统是将 24 路音频信道复用在一条通信信道上。每路音频模拟信号在送到多路复用器之前要通过一个 PCM 编码器。编码器每次取样 8000 次。24 路 PCM 信号的每一路轮流将一个字节插入到一帧中。每个字节为 8 比特,每帧由 24×8＝192 比特组成,附加 1 比特作为帧开始标志位,因此每帧共有 193 比特。图 6.20 给出了时分多路复用 T1 载波帧结构。由于发送一帧需要 125μs,因此 T1 载波的传输速率为 1.544Mbps。

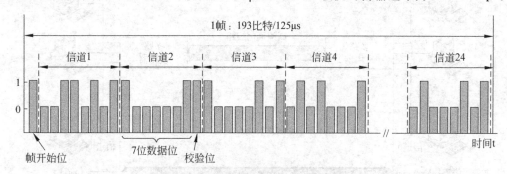

图 6.20　时分多路复用 T1 载波帧结构

2. 时分多路复用的分类

时分多路复用可以分为两类: 同步时分多路复用和统计时分多路复用。图 6.21 给出了时分多路复用的工作原理。

(1) 同步时分多路复用。同步时分多路复用(synchronous TDM, STDM)将时间片预先分配给各个信道,并且时间片固定不变,因此各个信道的发送和接收必须是同步的。图 6.21(a)给出了同步时分多路复用的工作原理。

如果有 n 条信道复用一条通信线路,则可以把通信线路的单位传输时间分成 n 个时间片。例如,图 6.21(a)中 n＝4,传输单位时间 T 定为 1 秒,则每个时间片为 1/4 秒。在第一个周期内,将第 1 个时间片分配给第 1 个信道,将第 2 个时间片分配给第 2 个信道,将第 3 个时间片分配给第 3 个信道,将第 4 个时间片分配给第 4 个信道。在第二个周期依然如此。按此规律循环下去。这样,在接收方只需要采用严格的时间同步,按照相同的

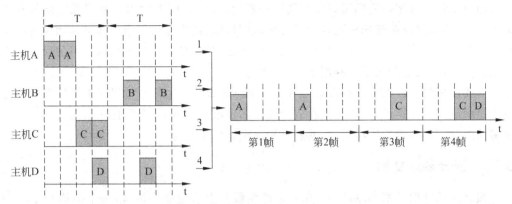

(a) 同步时分多路复用

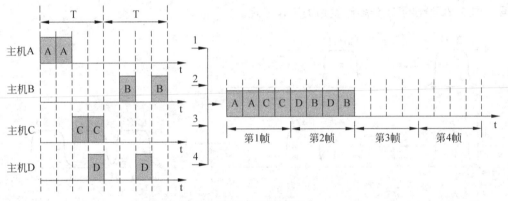

(b) 统计时分多路复用

图 6.21　时分多路复用的工作原理

顺序接收,就能将多路信号分割与复原。

　　同步时分多路复用采用将时间片固定分配给各个信道的方法,而不考虑这些信道是否有数据需要发送,在图 6.21(a)表示的前 4 个帧中出现了很多的空闲时间片,而结点 B 与结点 D 还有一些数据没有发送。这种采用固定时间片与信道的方法虽然简单,但会造成一定的资源浪费。

　　(2) 统计时分多路复用。为了克服这个缺点,可以采用异步时分多路复用 (asynchronous TDM,ATDM),又称为统计时分多路复用。统计时分多路复用允许动态地分配时间片。图 6.21(b)给出了统计时分多路复用的工作原理。

　　由于考虑到多个信道并不总是同时工作,为了提高通信线路的利用率,允许每个周期内的各个时间片只分配给需要发送数据的信道。例如,在第一个周期内,可以根据实际信道需要发送数据的情况,将第 1、2 个时间片分配给第 1 个信道,将第 3、4 个时间片分配给第 3 个信道。在第二个周期中,可以将第 1 个时间片分配给第 4 个信道,将第 2 个时间片分配给第 2 个信道,将第 3 个时间片分配给第 4 个信道,将第 4 个时间片分配给第 2 个信道。这样,只用 2 个帧就发送了 4 个信道需要发送的数据。在统计时分多路复用中,时间片序号与信道号之间不存在固定的对应关系,这种方法可以避免通信线路资源的浪费。

由于统计时分多路复用可以没有周期的概念,所以各信道发出的数据都需要带有双方地址,由通信线路两端的多路复用设备来识别地址、确定输出信道。多路复用设备也可以采用存储转发方式,以调节通信线路的平均传输速率,使其更接近通信线路的额定数据传输速率,以提高通信线路的利用率。

需要注意的是:在时分多路复用中使用"帧"的术语。这里的"帧"用来将物理层的比特流组织成多个数据单元,以在接收方能被正确接收。因此,多路复用中引用的"帧"与数据链路层"帧"的概念与作用不同,两者不能混淆。

6.7.3 频分多路复用

频分多路复用的基本原理是:在一条通信线路上设置多个信道,每个信道的中心频率不相同,并且各个信道的频率范围互不重叠,这样一条通信线路就可以同时传输多路信号。图 6.22 给出了频分多路复用的工作原理。

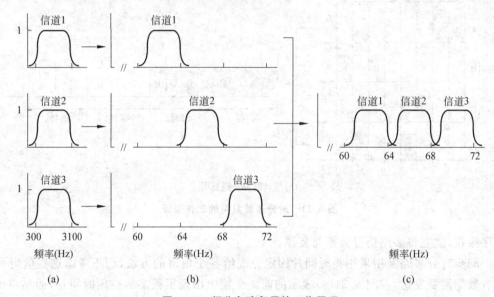

图 6.22 频分多路复用的工作原理

第 1 个信道的载波频率范围为 $60\sim64\text{kHz}$,中心频率为 62kHz,带宽为 4kHz;第 2 个信道的载波频率范围为 $64\sim68\text{kHz}$,中心频率为 66kHz,带宽为 4kHz;第 3 个信道的载波频率范围为 $68\sim72\text{kHz}$,中心频率为 70kHz,带宽为 4kHz。第 1、2、3 信道的载波频率不重叠。如果这条通信线路总的可用带宽为 96kHz,按照每个信道占用 4kHz 计算,则一条通信线路可以复用 24 个信号。两个相邻信道之间都按照规定保持一定的隔离带宽,以防止相邻信道之间的干扰,这样就可以将每个信道分配给一个用户,这条通信线路可以同时为 24 对用户提供通信服务。

6.7.4 波分多路复用

波分多路复用是在一根光纤上复用多路光载波信号。波分多路复用是光的频分多路复用。波分多路复用并不是什么新的概念。只要每个信道有各自的频率范围且互不重叠,它们就能以多路复用方式通过共享光纤进行远距离传输。

　　图 6.23 给出了波分多路复用的工作原理。两束光波的波长分别为 λ1 和 λ2。它们通过棱镜(或光栅)之后,通过一条共享的光纤传输到达目的结点后经过棱镜(或光栅)重新分成两束光波。波分多路复用利用衍射光栅来实现多路不同频率的光波信号的合成与分解。从光纤 1 进入的光波将传送到光纤 3;从光纤 2 进入的光波将传送到光纤 4。这种波分多路复用系统是固定的,从光纤 1 进入的光波不能传送到光纤 4。

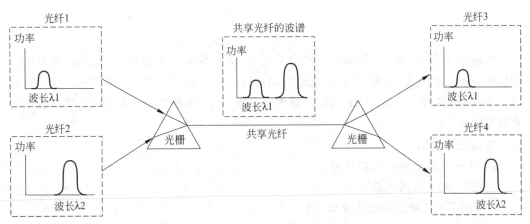

图 6.23　波分多路复用的工作原理

　　随着光学技术的发展,可以在一根光纤上复用更多光载波形,目前可以复用 80 或更多路的光载波信号。这种复用技术又称为密集波分多路复用(DWDM)。例如,将 8 路传输速率为 2.5Gbps 的光信号经过光调制后,将光信号的波长变换到 1550～1557nm 范围内,每个光载波的波长相隔大约 1nm。在经过密集波分多路复用后,一根光纤上的总传输速率可达到 20Gbps(8×2.5Gbps)。目前,这种系统已在高速主干网中广泛应用。

习　　题

　　1. 说明物理层的主要服务功能以及协议类型。

　　2. 说明数字数据编码和模拟数据编码的类型和编码方法,说明脉冲编码的调制方法。

　　3. 说明传输介质的主要类型和特性。说明数据传输率与带宽的关系。

　　4. 说明多路复用技术的类型和实现原理。

第7章

IPv6 与下一代互联网

当前基于 IPv4 的互联网地址已经分配完毕，极大地阻碍了互联网的发展，要想使互联网得以进一步发展，必须对其 IP 地址空间进行扩展，IPv6 协议是实现下一代互联网的核心协议，具有 IPv4 无法比拟的优势，理解和掌握 IPv6 技术是学习下一代互联网技术的重要基础。

本章主要介绍：

- 下一代互联网的主要特征
- 下一代互联网主要进展
- IPv6 寻址模式及地址分配
- IPv6 分组结构
- IPv6 过渡技术

7.1 IPv6 技术与下一代互联网

7.1.1 IPv4 存在的问题

1. 国内外 IPv4 地址现状

传统的 IP(即 IPv4 协议)定义的 32 位 IP 地址在 20 世纪足够使用，但进入 21 世纪后，IPv4 地址远远满足不了互联网飞速发展的需要。IPv4 协议的设计者无法预见到 20 多年来互联网技术发展如此之快，应用如此广泛。IPv4 协议面临的很多问题已经无法用"补丁"的办法来解决。只能在设计新一代协议时统一加以考虑和解决。

2011 年 2 月 2 日互联网地址分配机构(IANA)宣布 IPv4 地址全部耗尽，而 5 个地区分配机构(RIR)也即将耗尽自己手中的 IPv4 地址。图 7.1 给出 IANA 分配的地址数情况，表 7-1 给出 RIR 地址消耗趋势。从图 7.1 和表 7-1 中可以看成，IANA 目前已经耗尽了所有的 IPv4 地址，APNIC 和 RIPE 所拥有的 IPv4 地址已经分配完毕，而其他 3 个地区分配机构也将在未来几年耗尽所有的 IPv4 地址。

表 7-1　各个 RIR 耗尽 IPv4 地址时间表

分配机构	地址耗尽日期	分配机构	地址耗尽日期
IANA	2011 年 1 月 31 日	LACNIC(拉美)	2014 年 7 月 5 日(预计)
APNC(亚太)	2011 年 4 月 19 日	ARIN(美国)	2014 年 12 月 25 日(预计)
RIPE(欧洲)	2012 年 9 月 14 日	AFRINIC(非洲)	2020 年 10 月 12 日(预计)

图 7.1　IPv4 地址分配情况

在我国,中国互联网络信息中心 CNNIC 于 2014 年 1 月颁布了《第 33 次中国互联网发展状况统计报告》。该报告显示,截止到 2013 年 12 月底,我国拥有 IPv4 地址数量约为3.31 亿,较 2012 年底 IPv4 地址数量上涨−0.1%。网民人数达到 7.18 亿,互联网普及率为 44.1%,图 7.2 给出近几年我国 IPv4 地址分配及网民规模情况。中国电信成为中国大陆地区拥有 IPv4 地址最多的单位。

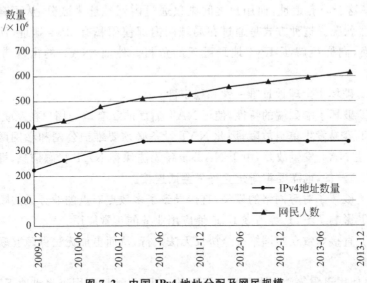

图 7.2　中国 IPv4 地址分配及网民规模

我国的 IPv4 地址数量非常紧张,一方面由于历史原因,我国参与互联网建设的时间较晚,绝大部分 IPv4 地址已经分配完毕,而我国仅占其中很小一部分(据 2004 年的统计,中国全部 IPv4 地址总数只占 IPv4 全部地址的 1%,还不如美国斯坦福大学一所高校的地址数)。另一方面,由于我国网民规模的迅速增长,加剧了 IPv4 地址的紧张程度,我国使用 IPv4 地址的地域差异性也加剧了这种情况的恶化。2013 年底前,北京拥有高达

25.61%的 IPv4 地址数量,而西藏、青海和宁夏等 9 个省市自治区拥有地址数不足 1%,使得 IP 地址短缺问题更显出其不均衡性。随着互联网的进一步普及,这个问题将更加严峻。此外,移动设备的迅速发展也使得地址分配的速度大大增加,由于移动 IP 要求每个移动设备至少一个 IP 地址,因此,IPv4 网络上实现移动 IP 将加剧地址资源的紧张程度。

2. CIDR 与 NAT 带来的问题

IPv4 地址使用早期(1981—1993 年),为了能够充分利用 IPv4 地址,设计者采用了分类网络的方式,即将 IPv4 地址划分为 5 类,包括 3 类单播地址(A 类、B 类和 C 类)、广播地址(D 类)和预留地址。不过这种方式并不能使地址得到充分利用,经常出现 A 类网络拥有的 IPv4 地址被大量闲置,而 C 类网络主机过多的现象,因此这种方式很快就被无类型域间路由 CIDR 方式代替。

CIDR 的出现在一定程度上缓解了无法充分利用 IPv4 地址的问题,从而在一定程度上减缓了 IPv4 地址的消耗速度。CIDR 一般采用 13~27 位可变网络 ID,而并非像 A 类、B 类和 C 类网络一样,使用固定的 8、16 和 24 位网络 ID。因此,在管理员能分配的地址块中,主机数量范围可以从 32 到 500 000,能够较好地满足各个机构对地址的特殊要求。CIDR 技术虽然在一定程度上解决了分类网络地址分配不合理问题,但由于它缺乏聚合性,导致地址无法继承,严重影响网络寻址以及路由选择的性能。

网络地址转换 NAT 允许互联网服务提供商 ISP 和企业仅使用一个公网 IPv4 地址,而在 NAT 后面可以设置若干个内网地址,这样仅需为若干台主机分配一个 IPv4 地址,多个用户共享这个公有地址,而用户之间则仅通过内网地址来区分,从而有效地解决了 IPv4 地址紧张状况。这种方式是通过在局域网内部使用私有 IPv4 地址,而在边界网关进行地址转换,同样缓解了 IPv4 地址匮乏的危机。然而,NAT 的出现带来很多严重问题。

(1) NAT 破坏了全球地址唯一性和稳定性。

(2) NAT 破坏了端到端的特性,使得 NAT 后面的私有地址用户在互联网上不可见。

(3) NAT 容易发生单点故障,因此 NAT 设备必须要维护公网和私网两个地址的映射关系,一旦主 NAT 发生故障,由于 NAT 设备无法保存 NAT 状态信息,即使很快地切换到备用 NAT 设备,也需要重新建立每个会话连接。

(4) NAT 破坏了对等网络的模型,直接导致了多数点对点的业务无法顺利开展。

(5) NAT 影响了 FTP 等内嵌 IP 地址应用业务的正常应用。

(6) NAT 直接导致众多网络安全协议无法执行,从而更加无法保障互联网服务质量(QoS)。

(7) 如果使用迅雷等消耗大量端口资源的应用时,地址利用率将迅速下降,同样出现地址压力危机。

因此,NAT 也仅仅是现阶段解决 IPv4 地址不足的一种暂时的解决方案,而不能成为一种长期有效的解决方案。

7.1.2 IPv6 产生与发展

为了解决上述问题,美国等发达国家从 20 世纪 90 年代中期就先后开始研究和开发下一代 IP 网络,1998 年 12 月 IETF 发布了一套全新的协议和标准 IPv6(RFC2460),用于替代现行版本(IPv4)的下一代协议。IPv6 在设计上尽量做到对上下层协议的影响最小,并力求考虑得更为周全,避免不断做改变。经过 10 年时间,基于 IPv6 的互联网研究在大规模试验网、核心技术和标准以及基础理论研究等各方面都取得了长足的进步。同时,人们也越来越深刻地认识到 IPv6 技术研究的重要性、复杂性、艰巨性和长期性,发达国家纷纷把对 IPv6 体系结构研究列为未来信息技术领域的重点发展方向。首先,IPv6 地址使用 128 位地址,即大约有 $3.4×10^{38}$ 个地址,大约是 IPv4 地址总量的 $7.9×10^{28}$ 倍,可以说 IPv6 具有几乎无限的地址空间。再者,相对于其他新技术来说,IPv6 是全球唯一发展较为成熟、易于大规模部署的技术。因此,IPv6 技术成为当前解决地址资源紧缺的最佳选择,能够满足当前互联网日益增长的地址需求。

IPv6 是分组交换网络中的一个网络层协议,它在 IP 网络中提供端到端数据传输,这点类似于 IPv4 的设计原则。除了提供更多的地址这一显著特征之外,IPv6 还实现了许多 IPv4 没有的功能。网络安全是 IPv6 体系结构中的一个重要设计需求,它包括互联网安全协议 IPSec 的规格说明书。根据 IPv6 地址的特点,它与 IPv4 地址是无法互操作的,这时需要考虑建立并行的、相对独立的 IPv4 和 IPv6 网络。这两个网络间的互操作包括流量转换或承载,需要用翻译和隧道过渡技术来完成。

与 IPv4 的编址方式相比,IPv6 地址长度增加,使得 IPv6 的编址方式更加灵活。它使用扩展的地址继承方式,允许每个 ISP 定义站点内的地址继承方式,方便管理。而严格的继承性编址方式更加容易实现地址聚合,使得路由器规模最大限度地减少,从而有利于提高网络的性能。

2003 年 1 月 23 日,IETF 发布了 IPv6 测试性网络,即 6bone 网络。它是 IETF 用于测试 IPv6 网络而进行的一项下一代互联网工程项目,该工程目的是测试如何将 IPv4 网络向 IPv6 网络迁移。作为 IPv6 问题测试平台,6bone 网络包括协议实现、IPv4 向 IPv6 迁移等功能。截止 2009 年 6 月,6bone 网络技术已经支持了 39 个国家的 260 个组织机构。6bone 网络被设计成为一个类似于全球性层次化的 IPv6 网络,同实际的互联网类似,最初开始于虚拟网络,它使用 IPv6-over-IPv4 隧道过渡技术。因此,它是一个基于 IPv4 互联网且支持 IPv6 传输的网络,后来逐渐建立了纯 IPv6 连接。从 2011 年开始,主要用在个人计算机和服务器系统上的操作系统基本上都支持 IPv6 技术。例如 Microsoft Windows 从 Windows 2000 起就开始支持 IPv6,到 Windows XP 时已经进入了 IPv6 完备阶段,而 Windows Vista 及以后版本,如 Windows 7、Windows 8 等操作系统都已经完全支持 IPv6,并对其进行了改进以提高支持度。MacOS X 和 Solaris 同样支持 IPv6 技术。一些应用基于 IPv6 实现,如 BitTorrent 点对点文件传输协议等,避免了使用 NAT 的 IPv4 内网无法正常使用的普遍问题。

2012 年 6 月 6 日,国际互联网协会举行了世界 IPv6 启动纪念日,这一天,全球 IPv6 网络正式启用,多家知名网站,如 Google、Facebook 和 Yahoo 等,于当天全球标准时间 0 点(北京时间 8 点整)开始永久性支持 IPv6 访问。截止到 2013 年 9 月,互联网 318 个中的 283 个顶级域名支持 IPv6 接入它们的 DNS,约占 89.0%。

由于近几年随着 IPv4 地址的耗尽和 IPv6 的影响越来越大,5 个地区性互联网注册机构 RIR 对 IPv6 分配逐年增加,特别是从 2008 年起,分配速度增速明显,截止到 2013 年 12 月,各个 RIR 对 IPv6 分配情况如图 7.3 所示。

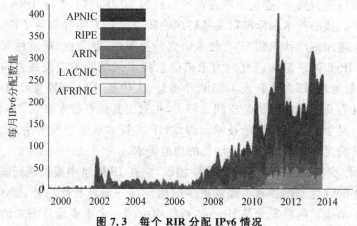

图 7.3　每个 RIR 分配 IPv6 情况

图 7.4 显示我国从 2009 年 12 月至 2013 年 12 月分配 IPv6 的数量,从图中可以看出,我国拥有 IPv6 地址的数量是从 2011 年 6 月以后才开始迅速增加。2011 年 6 月,IPv6 地址总量仅排在全球第 15 位。仅过 2 年时间,我国拥有 IPv6 地址数量已经是 2011 年 6 月 IPv6 数量的 34 倍,并超越巴西,列全球第 2 位。与 IPv4 地址分配情况类似,截止到 2013 年 12 月,中国电信成为中国拥有 IPv6 地址块数量最多的单位。

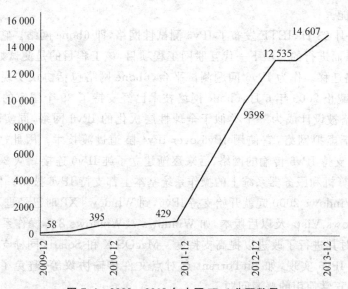

图 7.4　2009—2013 年中国 IPv6 分配数量

IPv6 具有如下六大优势。

(1) 解决地址耗尽问题。IPv6 采用 128 位的地址空间,几乎能够做到不受任何限制地提供 IP 地址,根据计算,地球上每平方米的范围内就可以分配约 7.67×10^{23} 个 IP 地址,使得"地球上的每一粒沙子都拥有一个 IPv6 地址"。如此大的地址空间,可以说 IPv6

能够从根本上解决地址耗尽问题。

（2）改善网络性能。IPv6 数据包远远大于 IPv4 数据包的 64KB，应用程序可以利用最大传输单元 MTU 获得更高效的数据传输速率。IPv6 分组头合理性的改善，使得路由器对分组的处理速率、转发速率等方面有了显著提升，从而提高了整个网络的性能。

（3）方便各项业务开展。由于 IPv4 大量使用 NAT 设备来实现 IP 分组头部外网地址和内网地址等信息的翻译，制约了 IP 电话和视频会议等媒体业务的应用，例如，处于不同内网的端系统进行通信时，即便可以穿透 NAT 设备，在增加系统复杂度的同时，数据包的传输效率也将显著下降；而充足的 IPv6 地址保证了任何通信终端都可以获得外网 IP 地址，无需 NAT 的中转，完全避免了 NAT 地址穿越问题，确保了多媒体业务顺利、全面的开展。

（4）服务质量保证。IPv6 分组头中新增了业务类别域（trafic class）和流标记域（flow label）。这些功能是 IPv6 允许网络用户对通信质量提出要求，路由器则可以根据该域值标识出同属于某一特定数据流的所有报文，并按需要对这些报文提供特殊处理，既可以保证用户和应用的优先级别，又可以达到负载均衡，从而实现优先级控制和服务质量保证。

（5）安全性更高。与 IPv4 对网络安全由第三方提供支持相比，IPv6 内置了安全机制 IPSec，为部署端到端的安全性虚拟专用网 VPN 提供了良好的支持，确保了网络层端到端通信的完整性和保密性，对虚拟专用网的互操作性提供了良好的支撑。

（6）支持移动性。对应移动的设计，IPv6 也好于 IPv4，IPv6 可以保证在已有通信不中断的情况下，漫游到其他网络时，通过一个漫游地址保持通信，并确保了自身的可达性。

当然，IPv6 技术也不尽完美，发展过程中也遇到了许多问题。首先，IPv6 出现的目的是为了替代 IPv4，然而至今 IPv4 仍然重载着大量的互联网流量。在 2012 年 11 月，IPv6 流量仅为全部流量的 1%。从数量上看，IPv6 的发展远没有达到前几年人们所设想的程度。全球 IPv6 的 AS 数量及比例与 IPv4 的 AS 相比还有差距，但幸运的是，差距正在缩小。其次，IPv6 在全球范围内还仅仅处于研究阶段，许多技术问题还有待于进一步解决。支持 IPv6 的设备也非常有限，同样限制了 IPv6 的发展。IPv6 部署全球进度不一致，各国对 IPv6 的支持度各不相同，都是导致这一现象发生的原因。图 7.5 显示了在 Google

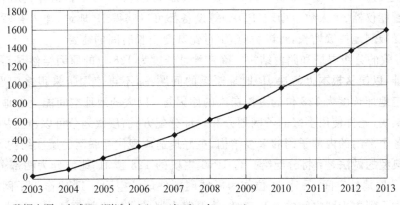

数据来源：全球IPv6测试中心(www.ipv6ready.org.cn)

图 7.5　IPv6 支持度

网站上测试的从 2003 年至 2013 年全球 IPv6 Ready Logo 证书颁发数量,这些设备全部都可以完美支持 IPv6,从图中可以看出,目前 IPv6 的支持度呈整体上升趋势,但最高仅有 1.36%,这说明 IPv6 支持度目前还非常低。

总的来说,全球 IPv6 技术的发展不断进行着,但距离大规模商用还有很长的路要走,随着 IPv4 消耗殆尽,IPv6 技术的发展也在不断加速扩展中。许多国家已经意识到了 IPv6 技术带来的优势,特别是中国,通过一些国家级项目,推动了 IPv6 与下一代互联网全面部署和大规模商用。随着 IPv6 的各项技术日趋完美,IPv6 成本过高,发展缓慢,支持度不够等问题将很快淡出人们的视野。

7.1.3 IPv6 的主要特征

IPv6 是为了解决 IPv4 所存在的一些问题和不足而提出,同时它还在许多方面做出了改进,如路由、自动配置等方面。经过一段较长的 IPv4 和 IPv6 共存的时期后,IPv6 最终会完全取代 IPv4 在互联网上占据统治地位。IPv6 的主要特征可以总结为:新的协议头格式、巨大的地址空间、有效的分级寻址和路由结构、有状态和无状态的地址自动配置、内置的安全机制、更好地支持 QoS、用协议处理邻结点的交互、可扩展性。与 IPv4 相比,IPv6 有如下主要特征。

(1) 新的协议头格式。IPv6 协议头采用了一种新的格式,可以最大程度地减少协议头的开销。为了实现这个目的,IPv6 将一些非根本性和可选字段移到固定协议头后的扩展协议头中。这样,中间转发路由器在处理这种简化的 IPv6 协议头时,效率就会更高。IPv4 和 IPv6 的协议头不具有互操作性,也就是说 IPv6 并不是 IPv4 的超集,IPv6 不向下兼容 IPv4。IPv6 中地址的位数是 IPv4 地址位数的 4 倍,但是 IPv6 分组头的长度仅是 IPv4 分组头长度的两倍。

(2) 巨大的地址空间。IPv6 的地址长度为 128 位,因此可以提供多达 3.4×10^{38} 个 IP 地址。如果用十进制数表示,有 340 282 366 920 938 463 463 374 607 431 768 211 456 个 IPv6 地址。常用地球表面每平方米平均可以获得多少个 IP 地址来形容 IPv6 的地址数量之多,地球表面面积按 5.11×10^{14} 平方米计算,则地球表面每平方米平均可以获得的 IP 地址数为 665 570 793 348 866 943 898 599(即 7.55×10^{23})个。这样,今后的移动电话、汽车、智能仪器、个人数字助理(PDA)等设备都可以获得 IP 地址,连入互联网的设备数量将不受限制地持续增长,可以适应 21 世纪甚至更长时间的需要。

(3) 有效的分级寻址和路由结构。确定地址长度为 128 位的原因当然是需要有更多的可用地址,以便从根本上解决 IP 地址匮乏的问题,而不再使用带来很多问题的 NAT 技术。确定地址长度为 128 位的更深层次的原因是:巨大的地址空间能更好地将路由结构划分出层次,允许使用多级的子网划分和地址分配方式,层次划分可以覆盖从互联网的骨干网到各个部门的内部子网的多级结构,更好地适应现代互联网的层次结构。

一种典型的做法是:将分配给一台 IPv6 主机的 128 位 IP 地址分为两部分,其中的 64 位作为子网地址空间,另外 64 位作为局域网硬件地址空间。64 位作为子网地址空间可以满足主机到主干网之间的 ISP 三级,使得路由器的寻址更加简便。这种方法可以增加路由层次划分和寻址的灵活性,适用于当前存在的多级 ISP 结构,这正是 IPv4 协议所缺乏的。

（4）有状态和无状态的地址自动配置。为了简化主机配置,IPv6 既支持 DHCPv6 服务器的有状态地址自动配置,也支持没有 DHCPv6 服务器的无状态地址自动配置。

在无状态的地址配置中,链路上的主机会自动为自己配置适合于这条链路的 IPv6 地址(称为链路本地地址)。在没有路由器的情况下,同一链路的所有主机可以自动配置它们的链路本地地址,这样不用手工配置也可以进行通信。在相同情况下,一个使用 DHCPv4 的 IPv4 主机需要先放弃 DHCP 的配置,然后自己配置一个 IPv4 地址,主机可能需要等待接近 1 分钟的时间。

（5）内置的安全机制。IPv6 支持 IPSec 协议,为网络安全提供了一个基于标准的解决方案,并提高了不同 IPv6 实现方案之间的互操作性。IPSec 由两个不同类型的扩展头和一个用于处理安全设置的协议组成。验证头(AH)为整个 IPv6 数据包中除了在传输过程中 IPv6 头中必须改变的字段之外的数据,提供了数据完整性、数据验证和重放保护。封装安全报文(ESP)为封装报文提供了数据完整性、数据验证、数据机密性和重放保护。在单播通信中,用于处理 IPSec 安全设置的协议通常是互联网密钥交换协议(IKE)。

（6）更好地支持 QoS。IPv6 协议头中的新字段定义了如何识别和处理通信流。通信流使用通信流类型字段来区分其优先级。流标记字段使路由器可以对属于一个流的数据包进行识别和提供特殊处理。由于通信流是在 IPv6 协议头中标识的,因此即使数据包有效载荷已经用 IPSec 和 ESP 进行了加密,也可以实现对 QoS 的支持。

（7）用新协议处理邻结点的交互。IPv6 中的邻结点发现(neighber discovery)协议使用了 IPv6 互联网控制报文协议 ICMPv6 来管理同一链路上的相邻结点间的交互过程。邻结点发现协议用更加有效的组播和单播的邻结点发现报文,取代了地址解析协议基于广播的 ARP、ICMPv4 路由器发现,以及 ICMPv4 重定向报文。

（8）可扩展性。IPv6 通过在 IPv6 协议头之后添加新的扩展协议头,可以很方便地实现功能的扩展。IPv4 协议头中最多可以支持 40 字节的选项,而 IPv6 扩展协议头的长度只受 IPv6 数据包的长度限制。

7.1.4　IPv6 与 IPv4 的区别

与 IPv4 相比,IPv6 有以下几个方面的不同。

（1）IPv4 的 32 位地址可提供 4 294 967 296 个地址,IPv6 将原来的 32 位地址空间扩大到 128 位,地址数目达 2^{128}。能够为地球上每平方米(含海洋面积)提供 7.659×10^{23} 个网络地址。由此可见,在可预估的时间内,IPv6 是取之不尽,用之不完的。

（2）IPv4 使用地址解析协议 ARP,而 IPv6 使用多点传播消息取代了地址解析协议 ARP。

（3）IPv4 中路由器不能识别用于服务质量 QoS 处理的有效载荷(payload)。IPv6 中路由器使用 Flow Label 字段可以识别用于服务质量 QoS 处理的有效载荷。

（4）IPv4 网络的回路测试地址为 127.0.0.1,IPv6 网络的回路测试地址为∷1。

（5）在 IPv4 中,动态主机配置协议 DHCP 实现了主机 IP 地址及其相关配置的自动设置。一个 DHCP 服务器拥有一个地址池,主机从 DHCP 服务器租借 IP 地址并获得有关的配置信息(如默认网关、DNS 服务器等),由此达到自动设置主机 IP 地址的目的。IPv6 继承了 IPv4 的这种自动配置服务,并将其称为全状态自动配置,以区别于无状态自动配置。

(6) IPv4 使用互联网组管理通信协议 IGMP 管理本机子网络群组成员身份,IPv6 使用 Multicast Listen Discovery(MLD)消息取代 IGMP。

(7) 在 IPv6 中,IPSec 不再是 IP 协议的补充部分,而是 IPv6 自身所具有的功能。IPv4 只是选择性地支持 IPSec,而 IPv6 是全自动地支持 IPSec。

(8) QoS 是网络的一种安全机制,通常不需要 QoS,但是对于关键应用和多媒体应用来说,QoS 就十分必要。当网络过载或拥塞时,QoS 能确保重要业务量不会延时或丢失,同时保证网络高效运行。在 IPv6 的分组头定义了如何处理与识别 QoS。通过 Flow Label 来识别和传输,可使路由器对属于一个流量的封包进行标识和特殊处理。流量是指来源和目的之间的一系列封包,因为是在 IPv6 分组头中识别传输,所以即使透过 IPSec 加密的封包,仍可实现对 QoS 的支持。

图 7.6 给出了 IPv6 和 IPv4 分组头结构区别。

IPv4分组头

版本	头长度	服务类型	分组长度	
标识			标志	段偏移
生存时间		协议	头校验和	
源IP地址				
目的IP地址				
选项			填充	

IPv6分组头

版本	流量等级	流标记	
有效负载长度		下一个报头	跳数限制
源IP地址			
目的IP地址			

☐ IPv6中被保留的IPv4字段
☐ IPv6中被取消的IPv4字段
▨ IPv6中名字和位置有变化的IPv4字段
■ IPv6中新增的字段

图 7.6　IPv6 和 IPv4 分组头结构区别

7.1.5　IPv6 与下一代互联网的特征与发展

1. 下一代互联网基本特征

IPv6 技术的产生和发展推动了下一代互联网体系结构研究和新一轮网络建设热潮。下一代互联网将是 IP 网络、光网络、无线网络的世界,是基于 IPv6 协议的网络,从核心网到用户终端,信息的传递以 IPv6 的形式进行。

美国政府 1996 年 10 月宣布启动的"下一代互联网(NGI)行动计划",旨在研究和开发先进的网络技术、革命性应用,以及能够示范这些网络技术和革命性应用,且比当时互联网端到端访问速度快 100~1000 倍的先进试验网络。目的是为美国的教育和科研人员提供世界上最先进的信息基础设施,保持美国 21 世纪在科学和经济领域的核心竞争力。

十多年来,许多发达国家持续投入大量的人力和财力进行下一代互联网研究,并且开展了广泛的国际交流活动。在研究和交流过程中,关于"什么是下一代互联网? 它和目前互联网的主要区别是什么?"始终没有形成统一、确切的定义。但是,人们面对目前互联网存在的主要技术挑战,对下一代互联网的需求和基本特征还是有了比较一致的看法,就是希望下一代互联网"更大、更快、更安全、更及时、更方便、更可管理和更有效益"。

　　"**更大**"是指下一代互联网应该从主要连接计算机系统扩展到连接所有可以连接的电子设备。接入终端设备的种类和数量更多,网络的规模更大,应用更广泛。

　　"**更快**"是指下一代互联网应该提供更高的传输速度,特别是端到端的传输速度应该达到 10~100Mbps,用以支持更高性能的新一代互联网应用。

　　"**更安全**"是指下一代互联网应该在以开放、简单和共享为宗旨的技术优势基础上建立完备的安全保障体系,从网络体系结构上保证网络信息的真实和可追溯,进而提供安全可信的网络服务。

　　"**更及时**"是指下一代互联网应该改变目前互联网"尽力而为"的网络服务质量控制策略,提供可控制和有保障的网络服务质量控制,支持组播、大规模视频和实时交互等新一代互联网应用。

　　"**更方便**"是指下一代互联网应该采用先进的无线移动通信技术,实现一个"无处不在,无时不在"的移动互联网,真正成为人们随时可用、随处可用的生活、工作和学习环境。

　　"**更可管理**"是指下一代互联网应该克服目前互联网难以精细管理的不足,从网络体系结构上提供精细的网络管理元素和手段,实现可靠的网络、业务和用户综合管理能力。

　　"**更有效益**"是指下一代互联网应该改变目前互联网基础网络运营商"搭台"而亏损,网络信息内容提供商"唱戏"而盈利的不合理经济模式,创立合理、公平和和谐的多方盈利模式,保持它的良性和可持续的发展。

　　实现下一代互联网的上述基本特征是下一代互联网研究的主要目标。十年来,各国的下一代互联网研究主要围绕实现这些基本特征展开。

　　下一代互联网的关键技术在于:光通信技术、移动通信技术、高性能的 IP 技术、IPv6 技术以及相关的协议技术。图 7.7 给出了下一代互联网的技术框架,该框架从下向上分为基础设施层、服务层和应用层。

图 7.7　下一代互联网的技术框架

2. 中国下一代互联网示范工程 CNGI

由于我国参与互联网建设起步较晚,20世纪我国在互联网界并没有很强的话语权。IPv6的出现,给全世界互联网界带来重新公平分配的机会,对应中国来说也不例外。1998年开始,国家投资建设中国教育和科研计算机网(CERNET),该网络不但为广大高校师生提供网络基础服务,还支持着一批教育重大项目。作为全国性学术互联网,CERNET最早承担了关于IPv6实验的研究与应用。2003年,中国下一代互联网示范工程(CNGI)正式启动。作为国家级战略项目,该项目的启动标志着我国IPv6及时进入了实质性发展阶段。CNGI项目的目标是建立我国下一代互联网平台,相应的下一代互联网相关研究模拟可以在该平台上进行。CNGI项目建立了一个覆盖全国的IPv6网络,成为世界上最大的IPv6网络之一,如图7.8所示。CNGI主干网由北京、武汉、广州、南京和上海5个一级核心结点和其他20个二级核心结点组成。2006年,中国下一代互联网示范网络CNGI核心网CNGI-CERNET2/6IX项目通过验收,取得4个首要突破,包括世界第一个纯IPv6网(中国教育和科研计算机网CERNET2),开创性地提出IPv6源地址认证互连新体系结构,首次提出4over6过渡隧道技术,首次在骨干网大规模应用国产IPv6路由器。与CERNET不同,CERNET2是一个实验性网络,并在相当长一段时间内为全国范围的IPv6技术提供实验示范平台。CERNET2成为目前所知世界上规模最大的采用纯IPv6技术的下一代互联网主干网。其他应用方面,2008年,第29届奥运会官方网站正式接入中国IPv6下一代互联网,成为奥运会有史以来首次利用IPv6技术搭建的官方网站。

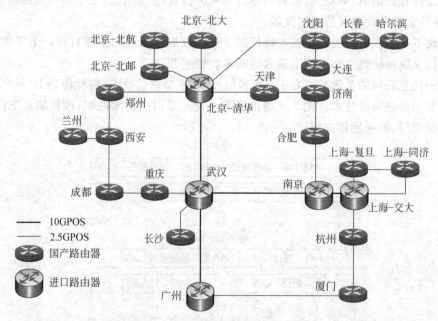

图7.8　CNGI-CERNET2拓扑结构示意图

从2011年开始,CERNET2得到大规模推广使用,目前已经连接了27个城市,有59个核心结点、273个驻地网络,100所重点大学完成了IPv6校园网的升级,计划用3年时间开通全国重点高中以上的 IPv6 校园网。下一代网络关键技术的研究已经列入科技部《国家中长期科技发展规划纲要》与我国政府"十二五发展规划"之中。

3. 下一代互联网的主要技术挑战

如果把前述的下一代互联网基本特征作为主要研究目标,下一代互联网面临的主要挑战可以归纳为扩展性、安全性、高性能、实时性、移动性和可管理性等。其中,扩展性和安全性是目前互联网面临的首要技术挑战。

(1) 扩展性。可扩展性是目前互联网技术取得成功的最重要原因之一。元连接分组交换技术不要求网络交换结点记录数据传送的轨迹,成为互联网易于扩展的基础;分层的路由寻址结构使全球属于不同管理域的网络相互寻址变得相对简单、可行。但是,由于 IPv4 地址规划策略的局限性,目前全球互联网路由表已经接近 40 万条,并仍然保持快速增长的趋势。这不仅大大增加了路由计算开销,也对互联网寻址路由技术的进一步扩展提出极大的挑战。尽管 IPv6 协议定义了海量的地址空间,但是如何对这些地址进行合理的规划和设计,以及如何在海量地址空间范围内实现高效的路由寻址,仍然是没有解决的技术难题。

近年来,人们对互联网路由寻址的扩展性、透明性、多宿主(multihoming)、重新编址(renumbering)、独立于运营商的编址、流量工程以及 IPv6 对互联网和路由系统的影响等一系列技术问题给予了极大的关注。2006 年以来,互联网体系结构委员会 IAB 开始推动 IETF 重点解决互联网路由寻址问题(简称为 ROAP)。2007 年初的第 68 届 IETF 大会更是把互联网的路由和寻址作为大会主题,提出的目标是解决 2050 年互联网发展为 100 亿个终端用户和 1000 万个多方连接用户时的路由寻址问题。报告中明确指出,只有 IPv6 协议可以提供如此大的寻址空间,目前的路由寻址理论和算法将不再有效,必须建立新的路由寻址理论和解决办法。作为互联网曾经的优势的可扩展性再次成为下一代互联网面临的首要技术挑战。

(2) 安全性。目前的互联网中存在着种种安全问题,例如:网络恶意攻击不断;网络病毒泛滥;路由系统无法验证数据包的来源是否可信;追查网络肇事者异常困难;用户担心网络敏感信息或个人隐私泄露;关键应用系统的开发者和所有者担心受到网络的攻击,影响应用系统的可用性。互联网出现的这些安全问题严重影响了越来越依靠互联网运行的国家经济、社会和军事系统的安全,使人们对互联网的可信任性产生怀疑。

目前的互联网安全技术相对独立,系统性不强,基本处于被动应对状态。从互联网体系结构上找出其安全问题的根源,确保下一代互联网地址及其位置的真实可信,增强下一代互联网应用实体的真实可信,从下一代互联网体系结构上系统地解决互联网安全问题,是下一代互联网研究的另一个重要技术挑战。

(3) 高性能。尽管互联网的用户访问速度从诞生之日起已经增长了几千倍,互联网主干网的传送速度增长了近百万倍,但是在互联网的大量创新应用面前,人们总是抱怨互联网的速度太慢,期待下一代互联网提供更高的网络访问速度,特别是端到端的用户访问速度。目前的计算机系统具备高速访问网络的能力,例如 100Mbps,但是如果要在互联网相隔几千公里的两个不同管理域用户之间提供一条确保 100Mbps 带宽的互联网访问通道,除了另外租用专线外,基本上不可能实现。

随着千兆/万兆位以太网技术、密集波分复用(DWDM)光通信技术的发展,下一代互联网主干网和接入网的超高速传输似乎大有发展潜力。但是,应该与此相匹配的超高速分组处理技术和超高速路由寻址技术却受到目前微电子技术发展的限制,不是集成度不够就是电功耗太大。要想突破这种限制,必须设计出新的超高速分组处理算法和大规模高效路由寻址体系结构。此外,还要解决全网范围高性能端到端传送所面临的一系列技术挑战。

(4) 实时性。互联网技术的重要特点之一是采用"尽力而为"的网络传送策略。对于早期实时性要求不高的数据传送服务,互联网达到了理想的传送效果。近年来,经过人们的努力,互联网已较好地解决了有一定实时性要求的语音传送服务。互联网上的 VoIP(Voice over Internet Protocol,基于 IP 的语音系统)服务已经大行其道,许多电信公司的长途语音服务实际上早已采用互联网技术实现。但是,对于实时性要求更高的视频服务,目前的互联网还不能很好地保证它的及时传送。特别是当互联网流量较大时,保证实时性就变得十分困难。对于其他大量非视频的实时性应用,例如实时工业控制、自动指挥和测量监视等,互联网技术还远远不能满足它们的实时性要求。

如何提供与互联网"尽力而为"的设计理念完全不同的实时性处理能力,如何支持更多的实时性应用需求,成为下一代互联网最大的技术挑战之一。

(5) 移动性。目前发展最为迅速的手机无线移动通信主要采用电路交换蜂窝移动通信技术,例如 GSM(Global System for Mobile communications,全球移动通信系统)和CDMA(Code Division Multiple Access,码分多址)。它们以低速语音无线移动通信为主要业务,与互联网完全属于两种不同的技术体制。尽管人们现在也能通过手机系统访问互联网,但是因为受到语音通道容量的限制,一般速度较慢,无法满足互联网高速应用的访问需求。近年来,互联网的无线接入技术发展迅速,例如 WiFi(Wireless Fidelity,无线相容性高保真技术)和 WiMax(Worldwide Interoperability for Microwave Access,全球微波互联接入),除了笔记本计算机可以方便地移动接入互联网外,各种无线移动终端也层出不穷,正在使互联网越来越具有移动性。

人们希望的下一代互联网实际上也是一个移动的互联网,一个无处不在的互联网。如何基于现有的互联网技术体制,采用先进的互联网的无线接入技术,借鉴目前无线移动通信技术的成功经验,构造出真正的移动互联网,是下一代互联网面临的重大技术挑战之一。

(6) 可管理性。互联网采用无连接分组交换技术和尽力而为的路由寻址策略,使得它的交换网络结构相对简单,网络效率较高,但同时网络中可供管理的基本要素相对贫乏,这就导致它的网络流量和业务功能管理极其困难,人们对互联网可知程度非常有限。

如何在保持互联网技术优势的基础上,增加互联网体系结构和交换网络中网络管理的基本要素,实现用户数据传送和管理数据传送的相对分离,使得各种网络功能可知、可控和可管,是下一代互联网研究的又一个重大技术挑战。

7.2　IPv6 地址格式与分类

7.2.1　IPv6 地址格式

IPv6 的地址长度 128 位,是 IPv4 地址长度的 4 倍,于是 IPv4 点分十进制格式不再适用,而采用十六进制表示。IPv6 地址有三种表示方法。

1. 冒分十六进制表示法

IPv6 的 128 位地址按每 16 位划分一个位段(共 8 段),每个位段用一个 4 位十六进制数,并用冒号隔开,例如:

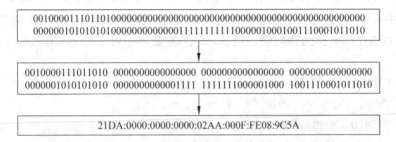

这种表示法中,每个位段的前导 0 可以省略,例如上面地址省略前导 0 后的地址为:

21DA:0:0:0:2AA:F:FE08:9C5A

2. 0 位压缩表示法

在某些情况下,一个 IPv6 地址中间可能包含很长的一段 0,那么可以把连续的一段 0 压缩为":"。比如,前面给出的 IPv6 地址:

21DA:0000:0000:0000:02AA:000F:FE08:9C5A

采用 0 位压缩法又可以简化为

21DA::2AA:F:FE08:9C5A

需要注意以下两个问题。

(1) 在使用零压缩法时,不能将一个位段的有效 0 压缩掉。例如,不能将 FF02:30:0:0:0:0:0:5 简写为 FF2:3::5,而应该简写为 FF2:30::5。

(2) 冒号在一个地址中只能出现一次。例如,对于地址 0:0:0:2AA:12:0:0:0,一种简化表示法是::2AA:12:0:0:0,另一种表示法是 0:0:0:2AA:12::,而不能将它表示为::2AA:12::。

要确定双冒号代表被压缩了多少位 0,可以数一下地址中还有多少个位段,然后用 8 减去这个数,再将结果乘以 16。

例如,在地址 FF02:3::5 中有 3 个位段(FF02、3 和 5),根据(8−3)×16 ＝ 80,则可知"::"之间有 80 位二进制数字 0 被压缩了。

3. 内嵌 IPv4 地址表示法

为了实现 IPv4-IPv6 互通,IPv4 地址会嵌入 IPv6 地址中,此时地址常表示为如下的

一种格式:

$$x : x : x : x : x : x : d. d. d. d$$

其前 96 位采用冒分十六进制表示,而最后 32 位地址则使用 IPv4 的点分十进制表示,例如,::192.168.0.1 与::FFFF:192.168.0.1 就是两个典型的例子。在前面 96 位中,压缩 0 位方法依旧适用。

7.2.2　IPv6 前缀格式

IPv6 不支持子网掩码,它只支持网络前缀长度表示法。网络前缀是 IPv6 地址的一部分,用作 IPv6 路由或子网标识。在 IPv4 的无类域间路由 CIDR 中,需要使用 IPv4 前缀表示网络。类似地,在 IPv6 路由中需要使用 IPv6 前缀,其格式为"IPv6 地址/前缀长度 n"。其中 IPv6 地址为一个任意格式的 IPv6 地址,前缀长度为一个以十进制表示的数字,表示其左边连续 n 位为该前缀。例如,60 位前缀 20010DB80000CD30,可以写成以下几种格式:

2001:0DB8:0000:CD30:0000:0000:0000:0000/60

2001:0DB8::CD30:0:0:0:0/60

2001:0DB8:0:CD30::/60

表 7-2 给出了常见的几种错误前缀格式和原因。

表 7-2　不正确地址前缀示例

错误前缀格式	错误原因
2001:0DB8:0:CD3/60	"/"左边不是一个合法的 IP 地址
2001:0DB8::CD30/60	"/"左边会被识别为 2001:0DB8:0000:0000:0000:0000:0000:CD30
2001:0DB8:0:CD3::/60	"/"左边会被识别为 2001:0DB8:0000:0CD3:0000:0000:0000:0000

7.2.3　IPv6 地址分类

IPv6 地址主要分为单播地址、组播地址和任意播地址。具体而言,IPv6 地址按照前缀进行区分,如表 7-3 所示。任意播地址将从单播地址空间取出,不明确与单播地址进行区分,表中地址类型除组播地址外均为单播地址。

表 7-3　IPv6 地址分类

地址类型	IPv6 前缀表示	含义
未定义	::/128	表示不存在的地址,不能被分配给任意结点
环回地址	::1/128	表示结点自身,不能被分配给任意物理接口
组播地址	FF00::/8	表示发送给某个组播地址
链路本地地址	FE80::/10	表示仅在本地链路上使用的地址,用于地址配置等场景
站点本地地址	FEC0::/10	表示仅用于站点内部的地址,已废除
全球单播地址	其他所有	表示可被分配到公网的地址,是全球可路由的

IPv6 单播地址的格式如图 7.9 所示,根据具体地址类型不同,n 的取值并不确定,其中子网前缀用于路由转发,接口标识符则用来标识一个特定链路的接口。

128-n位	n位
子网前缀	接口标识符

图 7.9　单播地址格式

通常情况下,接口标识符为 64 位,由 EUI-64 生成,EUI-64 是 IEEE 的新接口地址标准,地址格式如图 7.10 所示。其中前 24 位中,c 位组成公司标识符;u 位通用/本地位,0 表示通用域,1 表示本地域;g 位为个人/群组位,0 表示个人,1 表示群组。之后 40 个 m 位为厂商扩展地址,用于让生产厂商标识设备。通过将 EUI-64 接口地址的 u 位取反即可得到 64 位的接口标识符。

8位	8位	8位	40位
cccccug	cccccccc	cccccccc	mm…mm

图 7.10　EUI-64 地址格式示意图

对于 EUI-48 接口地址标准,生成接口标识符的方法为:首先在第三个字节之后增加 2 个字节(十六进制均为 0xFE),生成对应 EUI-64 接口地址,再进行与上面相同的操作,对 u 位取反得到最终的接口标识符。例如,接口地址 00AA:003F:2A1C 即变为 00AA:00FE:FE3F:2A1C。在此基础上,按照将 u 位取反,即得到接口标识符为 02AA:00FE:FE3F:2A1C。而对于其他类型接口地址得到 EUI-64 地址的转换。

单播地址又分为两大类:使用::/3 前缀的特殊全球单播地址、普通全球单播地址。

普通全球单播地址结构如图 7.11 所示,全球路由前缀通常是分配到某一个具体站点的一个前缀,而子网标识符则是在一个站点中对于某个子网的具体标识,接口标识符即为上述内容所描述的单播接口标识符。全球路由前缀由地区互联网注册机构 RIR 和互联网运营商进行划分,子网标识符则由站点管理员进行设定。

n位	m位	64位
全球路由前缀	子网标识符	接口标识符

图 7.11　全球单播地址格式

使用::/3 前缀的全球单播地址的典型样例在表 7-4 中描述,IPv4 向 IPv6 过渡时将用到这些地址。

表 7-4　使用::/3 前缀的全球单播地址样例

名　称	前　缀	含　义
IPv4 兼容地址	::/96	设计为 IPv6 过渡服务的一类地址,但由于目前过渡机制均不使用这类地址,这类地址目前已被废除
IPv4 映射地址	::FF:0:0/96	直接表示一个 IPv4 结点,最后 32 位即为实际的 IPv4 地址
嵌入 IPv4 的 IPv6 地址	64:FF9B::/96 或网络特定前缀	用于过渡场景下 IPv4 与 IPv6 之间翻译的 IP 地址

单播地址空间中将取出一部分作为任意播地址,任意播地址是一个分配给多个接口的地址,发往任意播的数据包会根据路由协议所度量的距离发往"最近"的那个接口。任意播地址是从单播地址空间中分配出来的,因此一个单播地址作为任意播地址被分配给多个接口时,被设置的结点必须知道该地址是任意播地址。子网的任意播地址格式如图 7.12 所示,其中子网前缀表示一个特定的链路,发送到该任意播地址的报文将被传输到子网内的一台路由器。被用于结点希望与某个子网内任意路由器发起连接的场景。

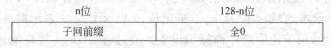

图 7.12　子网任意播地址格式

　　另外一类重要的地址为组播地址,一个 IPv6 组播地址是一组接口的标识。一个接口可能属于任意数量的组播分组。组播地址格式如图 7.13 所示,前 8 位全 1 用来标识这是一个组播地址,接下来 4 位用来表示该组播地址的参数,再接下来 4 位用来限定该组播分组的作用域,最后 112 位的标识符则用来标识作用域中具体的分组。

8位	4位	4位	112位
全1	标识	作用域	分组标识符

图 7.13　组播地址格式

7.3　IPv6 分组结构

7.3.1　IPv6 分组头部格式

　　IPv6 分组的整体结构如图 7.14 所示,分组包括三个部分:基本头部、扩展头部、上层协议数据。基本头部包含该分组的基本信息,是必选的分组头部,长度固定为 40 字节;扩展头部是可选头部,可能有 0 个、1 个或多个,IPv6 协议通过扩展头部实现各种丰富的功能;上层协议数据是该 IPv6 分组携带的上层数据,可能是 ICMPv6 报文、TCP 报文、UDP 报文或其他报文。

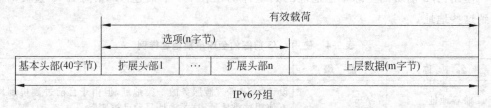

图 7.14　IPv6 分组结构

　　IPv6 基本头部的结构如图 7.15 所示,其中各个字段含义如表 7-5 所示,它与 IPv4 分组头对应字段作用的比较如表 7-6 所示。

图 7.15　IPv6 基本头部结构

表 7-5　IPv6 基本头部字段含义

字　　段	含　　义
版本号	表示协议版本,值为 6。需要注意的是:在以太网封装时,帧头的协议类型字段值为 0x800 代表 IPv4 协议,0x86DD 代表 IPv6 协议
流量等级(8 位)	用于 QoS。这个字段提供的功能类似于 IPv4 的服务类型字段
流标签(20 位)	用来标识同一个流中的报文。在 IPv6 网络中,从源结点到目的结点以单播方式或多播方式传输的实时语音或视频数据将被封装在多个 IPv6 分组中,多个分组组织一个"流"。一个"流"的分组具有相同的流标记,它们在经过 IPv6 网络中的多个转发路由器时,路由器要提供符合分组头中"流量等级"字段所要求的 QoS 服务 流标记字段允许路由器将一类分组与一个给定的资源分配策略相联系,形成一种新的支持资源分配的机制
载荷长度(16 位)	表明该 IPv6 分组基本头部后所包含的字节数(含扩展头部)。表示 IPv6 有效载荷长度。有效载荷长度包括扩展报头和高层 PDU。它可以表示最大长度为 65 535 字节的有效载荷。如果长度超过 65 535 字节,则将该字段置为 0,而有效载荷长度用逐跳选项报头中的超大有效载荷选项表示
下一报头(8 位)	用来指明报头后接的分组头部类型,若存在扩展头,则表示第一个扩展头的类型,否则表示其上层协议的类型,它是 IPv6 各种功能的核心实现方法
跳数限制(8 位)	类似于 IPv4 中的 TTL,该字段与 IPv4 的生存时间字段非常相似。分组每经过一个路由器,数值减 1。当该字段值减为 0,路由器向源结点发送"超时-跳数限制超时"ICMPv6 报文,并丢弃该分组
源地址(128 位)	标识该分组的源地址
目的地址(128 位)	标识该分组的目的地址。在大多数情况下,目的地址字段值为最终目的结点地址。但是,如果存在路由选项报头,目的地址字段可能为下一个转发路由器的地址

表 7-6　IPv6 与 IPv4 分组头对应字段作用的比较

IPv4 分组头字段	作　用	IPv6 分组头字段	作　用
版本(4 位)	协议版本号,=4	版本(4 位)	协议版本号,=6
分组头长度	以 4 字节为单位的分组头长度数,包括分组头选项		
服务类型(8 位)	指定优先级,可靠性与延迟参数	流量等级(8 位)	0～7 表示阻塞时允许延时处理,8～15 表示是优先级较高的实时业务
		流标记(20 位)	路由器根据流标记在连接时采用不同策略
总长度(16 位)	以字节为单位的分组总长度	有效载荷长度(16 位)	表示包括扩展报头和高层 PDU 的有效载荷长度
标识(16 位)	标识属于同一分组的不同分组		
标志(3 位)	表示分组还有分段或不能分段		
段偏移(13 位)	分段的偏移量		
		下一个报头	表示下一个扩展报头或传输层协议类型
生存时间(8 位)	分组在网络中以秒为单位的寿命	跳数限制(8 位)	分组在网络中经过路由器最多转发的次数
协议(8 位)	传输层协议类型		
头校验和(16 位)	只检验分组头		
源 IP 地址(32 位)	发送方的 IPv4 地址	源地址(128 位)	发送方的 IPv6 地址
目的 IP 地址(32 位)	接收方的 IPv4 地址	目的地址(128 位)	接收方的 IPv6 地址
选项(24 位)	用户可以选择		
填充	保证分组头是 4 字节的整数倍		

7.3.2　IPv6 扩展头部

7.3.2.1　IPv6 扩展头部的特点

IPv6 分组中,不再有"选项"字段,而是通过"下一报头"字段配合 IPv6 扩展头部来实现选项的功能。使用扩展头部时,将在 IPv6 分组的"下一报头"字段表明首个扩展头部的类型,再根据该类型对扩展头部进行读取和处理。每个扩展头部同样包含"下一报头"字段,若接下来有其他扩展报头,即在该字段中继续标明接下来的扩展头部的类型,从而达到添加连续多个扩展头部的目的。在最后一个扩展头部的"下一报头"字段中,则标明该分组上层协议的类型,用以读取上层协议数据。

IPv6 扩展头部包括：逐跳选项报头、目的选项报头、路由选项报头、分段选项报头、认证选项报头和封装安全有效载荷报头。IPv6 分组通常不需要这么多扩展头部，只是在中间路由器或目的结点需要一些特殊处理时，发送主机才会添加一个或几个扩展头部。

　　图 7.16 给出了三个用例，图 7.16(a) 的 IPv6 分组不包含扩展头，上层协议数据为 TCP，在"下一报头"字段直接标明 TCP；图 7.16 给出了三个用例，图 7.16(b) 的 IPv6 分组包含一个路由扩展头，在 IPv6 分组头"下一报头"字段标明路由头，再在路由头的"下一报头"字段标明上层协议数据 TCP；图 7.16(c) 的 IPv6 分组包含路由扩展头和分段扩展头两个扩展头部，因此在 IPv6 分组"下一报头"字段标明路由扩展，在路由扩展的"下一报头"标明分段扩展，最后在分段扩展的"下一报头"标明上层协议数据为 TCP。

IPv6分组头 下一报头=TCP	TCP头+TCP数据

(a) 0个扩展头

IPv6分组头 下一报头=路由头	路由扩展头 下一报头=TCP	TCP头+TCP数据

(b) 1个扩展头

IPv6分组头 下一报头=路由头	路由扩展头 下一报头=分段头	分段扩展头 下一报头=TCP	TCP头+TCP数据

(c) 多个扩展头

图 7.16　扩展头使用用例

7.3.2.2　"下一报头"与扩展头部类型

　　在 IPv6 报文中，每个扩展报头都由若干个字节组成，长度各不相同。但必须是 8 字节的整数倍，并且第 1 个字节都是"下一报头"字段。这个字段值说明该扩展报头是哪种扩展报头。如果有多个扩展报头，则按逐跳选项报头、目的选项报头、路由选项报头、分段选项报头、认证选项报头(AH)与封装安全有效载荷报头(ESP)的顺序出现。

　　表 7-7 给出了"下一个、报头"字段值与扩展报头类型的关系。如果"下一个报头"字段值为 59，则表示该报头是最后一个报头，后面再没有报头。

表 7-7　"下一报头"字段值与扩展报头类型的关系

"下一个报头"字段值	扩展报头类型
0	逐跳选项报头
43	路由选项报头
44	分段选项报头
50	ESP 报头
51	AH 报头
59	最后的报头，后面再没有报头
60	目的选项报头

7.3.2.3 IPv6 扩展报头中各字段的意义

1. 逐跳选项报头

扩展报头是按照逐跳选项报头(hop-by-hop option header)、目的选项报头、路由选项报头、分段选项报头、认证选项报头和封装安全有效载荷报头的顺序出现。如果有逐跳选项报头,它应该是第 1 个,则 IPv6 基本报头中的"下一个报头"字段值为 0。逐跳选项报头是中间路由器唯一需要处理的扩展报头。图 7.17 给出了逐跳选项报头结构。逐跳选项报头由 8 位的下一个报头、8 位的扩展报头长度与选项组成,选项长度必须是 8 位的整数倍。其中,扩展报头长度表示的是选项长度以 8 位计算的倍数。选项是由 8 位的选项类型、8 位的选项长度与选项数据组成。选项数据长度是 8 位的整数倍。

图 7.17　逐跳选项报头结构

选项类型的最高两位表示当前处理选项的结点不能识别选项类型时,应该采取的动作(如表 7-8 所示)。

表 7-8　选项类型最高两位值域作用

最高两位的值	作　　用
00	跳过这个选项
01	丢弃该分组
10	丢弃该分组,如果目的地址为单播或多播地址,向源结点发送 ICMPv6 参数错误分组
11	丢弃该分组,如果目的地址不是多播地址,向源结点发送 ICMPv6 参数错误分组

选项类型最高的第三位值表示当前处理选项的结点是否能改变分组到达目的结点的路由。第三位值为 0,表示当前处理选项的结点不能改变路由;为 1 时,当前处理选项的结点可以改变路由。

2. 目的选项报头

目的选项报头(destination option header)用于指定中间结点或目的结点的分组转发参数。在它之前的扩展报头中的"下一个报头"字段值为 60,表示下一个是目的选项报头。该报头有两种使用方式:

(1) 如果存在路由选项报头,那么目的选项报头指定每个中间结点都要转发或处理的选项。在这种情况下,目的选项报头出现在路由选项报头之前。

(2) 如果不存在路由选项报头,或目的选项报头出现在路由选项报头之后,则目的选项报头指定在最后的路由结点要转发或处理的选项。

3. 路由选项报头

路由选项报头(routing option header)用于指出在分组从源结点到达目的结点的过程中,需要经过的一个或多个中间结点路由器。

4. 分段选项报头

分段选项报头(fragment option header)用于支持在分组从源结点到达目的结点的过程中,是否需要对分组进行分段。

5. 认证选项报头

认证选项报头(authentication option headrer,AH 报头)主要在一对主机或一对安全网关之间应用,以便提高端到端通信的安全性。

6. 封装安全有效载荷报头

封装安全有效载荷报头(encapsulating security playload header,ESP 报头)可以与认证选项报头结合使用,也可以单独使用,以提高端到端通信的安全性。ESP 报头取决于采用的加密算法。IPv6 分组默认的加密技术是密码块链 CBC(cipher block chaining)模式下的 DES 算法,记为 DES-CBC 模式。DES 算法是一种 64 位密钥的标准对称加密算法。

7.3.3　IPv6 协议细节

IPv6 作为一个替代 IPv4 的全新协议,除了分组格式发生变化之外,还存在一些细节需要关注。

1. 数据包大小

在 IPv6 分组格式中,分段是作为一个可选扩展存在的,并不像 IPv4 作为一个必选项。在此情况下,IPv6 的分段必须由源主机进行,路由器不再像 IPv4 场景那样根据链路最大传输单元 MTU 重新分段。因此,为了保证数据分组顺利传输,IPv6 要求网络上链路 MTU 值至少为 1280 字节,并且为了支持可能存在的隧道封装,IPv6 推荐的 MTU 值至少为 1500 字节。在这种情况下,不仅分段数得到减少,路由器不需要二次分段,也能使路由开销得到节省。

但这种情况下,源主机无法清楚地知道整个路由路径上的 MTU,有可能存在老旧的链路,其 MTU 过小,导致数据无法准确传输,因此 IPv6 协议强烈建议 IPv6 结点使用路径 MTU 发现机制。在路由过程中,路由器若发现分段大小大于 MTU 情况,将返回一条 ICMPv6 错误报文告知源主机,源主机将得知这一点并进行重新分段。

上述内容仅适用于负载大小不大于 65 535 字节的数据包(因为负荷大小字段仅 2 字节),而负载大小大于 65 535 字节的数据包称为超大包。超大包是作为逐跳扩展头部里的一个选项实现的,它仅对那些与 MTU 大于 6575 字节(65 535 负载＋40 字节的 IPv6 分组头)的链路相连的 IPv6 结点有效。在该扩展中,长度字段为 32 位,使得 IPv6 超大包负载最大可达 4 294 967 295 字节。

2. 流标签

流标签是 IPv6 中引入的一个新的特性,主要目的是通过表明一个流来让同一个流的包得到相同服务质量,并能够高效处理。流标签的一个主要作用是让源主机能够特定地表明一个流,可以使得一组流的数据包能够被某些特定的方法和被中间的路由器进行处理,可开发的使用空间很大。

在 IPv6 标准中,流的定义为:对网络层来说,流是一个从特定源地址到特定的单播、组播或者任意播目的地址的希望打下标记能被特殊处理的一系列数据包。而对上层协议来说,一个流可以包括一个特定的传输连接,或者媒体流的某个方向的全部数据包。在IPv6 标准中,一个流由流标签、源地址和目的地址的三元组来标识,一个流的包与普通数据包的最大区别在于,它的流标签字段非 0 表明这是一个流里面的包,应当进行特殊化处理。

对源主机来说,一个流是由某个单一应用产生的数据包序列,例如一个或多个 TCP数据流。在路由过程中,中间路由器就可以通过流标签进行哈希,快速地找到流对应的路径,于是就能避免冗余的计算。

流标签使用方式大致如下:首先流标签值由源主机确定,应当是一个 1 到 0xFFFFF间的伪随机数,若不支持此字段,则应当置其为 0,或忽略此字段;源主机应保证新建流的时候不会使用正在使用或最近使用的流标签值,一般规定 120s 之内的流标签值不能使用;流标签值和流状态应当确保可以被恢复,以防止系统意外重启时出现问题。

3. 上层协议校验和

传输层协议 TCP 和 UDP 中,均包含校验和字段,校验和计算时需用到"伪头部"。TCP/IP 规定的伪头部是一个假想的头部,在计算校验和时,首先构造伪头部放到协议报文前,并将校验和字段置为 0,然后将伪头部和报文以 16 位分段计算二进制反码和。伪头部中包含了地址信息,而 IPv6 扩充了地址空间,因此伪头部将要做出一些调整以适应和保证校验和的正确计算。IPv4 的 TCP 和 UDP 校验和计算用到的伪头部格式和 IPv6中的伪头部格式如图 7.18 所示。

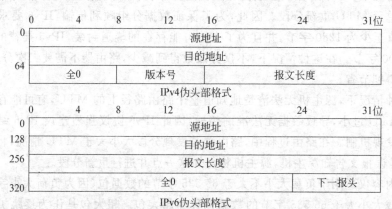

图 7.18　IPv6 与 IPv4 的伪头部格式

与 IPv4 相比,IPv6 伪头部中,首先地址长度从 32 位扩充到 128 位;其次,报文长度字段由 16 位增长为 32 位,该字段表示计算校验和的上层协议数据报的长度;再次,IPv6字段使用"下一报头"字段代替 IPv4 中的协议号字段,标识上层数据包的类型(例如 TCP是 6,UDP 是 17)。但由于伪头部是用于上层协议计算校验和,因此它的报文长度字段与下一报头字段相对于 IPv6 分组头的这两个字段有一定差别(在有扩展头的情况下)。

IPv6 的互联网控制消息协议 ICMPv6,相对于 IPv4 的 ICMP,校验和计算也存在差别。ICMP 计算校验和仅需要使用报头与数据进行计算。而 ICMPv6 为了防止错误传输,则需要像 TCP 一样在计算时添加一个 IPv6 伪头部。在 ICMPv6 的伪头部中,下一报头类型的值为 58,用来标识这个数据包是 ICMP。

在计算上层数据包的最大负载大小时,IPv6 与 IPv4 依旧有一定差别。IPv4 中,TCP 的最大报文大小 MSS 值是用链路最大负载大小减去 40 字节(20 字节为最小 IPv4 分组头,20 字节为最小 TCP 头部),而在 IPv6 的 TCP 中,则是减去 60 字节,因为最小 IPv6 分组头大小为 40 字节。

7.4 ICMPv6 控制报文

7.4.1 ICMPv4 报文回顾

在 IPv4 中,ICMP 向源结点报告关于向目的地址传输 IP 分组的错误和信息。为诊断、控制和管理 IP 分组定义了特定的消息,如目的不可达、数据包超长、超时、回送请求和回送通告等。ICMP 也是属于网络层中与 IP 一起使用的协议。

如果一个网关不能为 IP 分组选择路由,或者不能递交 IP 分组,或者这个网关测试到某种不正常状态,例如网络拥挤影响 IP 分组的传递,那么就需要使用 ICMP 协议来通知源主机采取措施,以避免或纠正这类问题。

ICMP 通常由某个监测到 IP 分组中错误的站点产生。从技术上说,ICMP 是一种差错报告机制,这种机制为网关或目的主机提供一种方法,使它们在遇到差错时能把差错报告发给原始报源。例如,如果 IP 分组无法到达目的地,那么就有可能使用 ICMP 警告分组的发送方:网络、主机或端口不可达。ICMP 也能通知发送方网络出现拥挤。

由于 ICMP 是互联网协议的一部分,但 ICMP 是通过 IP 来发送的。ICMP 的使用主要包括下面三种情况。

(1) IP 分组不能到达目的地。

(2) 在接收设备接收 IP 分组时,缓冲区大小不够。

(3) 网关或目的主机通知发送方主机,若这种路径确实存在,则应该选用较短的路径。

ICMP 数据报和 IP 分组一样不能保证可靠传输,因此,ICMP 信息有可能会丢失。为了防止 ICMP 信息无限地连续发送,对 ICMP 数据报传输的问题不能再利用 ICMP 传输。另外,对应被分段划分的 IP 分组而言,只有对分组偏移值等于 0 的分组片(也就是第 1 个分段)才能使用 ICMP 协议。

每个 ICMP 报文的开头都包含 4 个字段:1 字节的类型字段、1 字节的编码字段和 2 字节的校验和字段。8 位的类型字段标志,表示不同的 ICMP 报文。16 位的校验和的算法与 IP 头的校验和算法相同,但检查范围限于 ICMP 报文结构。

表 7-9 表明了 ICMP 8 位类型字段定义的部分常用报文的名称,每一种都有自己的 ICMP 头部格式。

表 7-9　常用 ICMP 报文类型表

类型	报 文 含 义
0	回应通告
3	目的不可达
4	抑制报源（拥挤网关丢弃一个 IP 分组时发给报源）
5	重定向路由
8	回送请求
11	IP 分组超时
12	一个 IP 分组参数错
13	时间戳请求
14	时间戳通告
15	消息请求
16	消息通告
17	地址掩码请求（发给网关或广播）
18	地址掩码通告（网关回答子网掩码）

7.4.2　ICMPv6 差错报文

在 IPv6 中，ICMPv6 除了能提供 ICMPv4 常用的功能外，还定义了其他所需的 ICMPv6 消息，如邻居发现、无状态地址配置、路径 MTU 发现等。

ICMPv6 报文分为两大类：差错报文和信息报文。差错报文用于报告在转发数据包的过程中出现的错误，常见的差错消息有：目的不可达、数据包超长、超时和参数问题。信息报文则提供诊断功能和附加的主机功能，如组播侦听发现（MLD）、邻居发现（ND）等。常见的信息报文主要包括：回送报文（echo request）和回送通告报文（echo reply）。

ICMPv6 报文结构如图 7.19 所示。

类型	代码	校验和
信息主体		

图 7.19　ICMPv6 报文结构

在 ICMPv6 的差错报文中，类型字段 8 位，规定最高位必须为 0，在 ICMPv6 的信息报文中，类型字段 8 位，规定最高位必须为 1。因此，ICMPv6 差错报文的有效值范围为 0～127，而 ICMPv6 的信息报文的有效值范围为 128～255。

1. 目标不可达报文

目标不可达报文结构如图 7.20 所示。

在目标不可达报文中，类型字段值为 1，代码字段值为 0～4，其含义如下。

0：没有能到达目标的路由。

1：与目标的通信被管理策略禁止。

2：超出源站的地址范围。

3：地址不可达。

4：端口不可达。

类型：1	代码：0~4	校验和
保留		
数据包被丢弃部分		

图 7.20　目标不可达报文结构

2. 数据包超长报文

如果由于出口链路的 MTU 小于 IPv6 分组长度（分组超长）而导致数据包无法转发，路由器就会发送数据包超长报文。该报文用于 IPv6 路径 MTU 发现的处理。数据包超长报文的类型字段值为 2，代码字段值为 0。其报文结构如图 7.21 所示。

类型：2	代码：0	校验和
MTU		
数据包被丢弃部分		

图 7.21　数据包超长报文结构

3. 超时信息报文

当路由器收到一个 IPv6 报头中的跳数限制（hop limit）字段值为 0 的分组时，便会丢弃该数据包，并向源地址发送一个 ICMPv6 超时报文。超时报文的类型字段值为 3，代码字段值为 0 或 1。其报文结构如图 7.22 所示。在代码字段中：

0：在传输中超越了跳数限制。

1：分段重组超时。

类型：3	代码：0~1	校验和
保留		
数据包被丢弃部分		

图 7.22　超时信息报文结构

4. 参数问题报文

当 IPv6 报头或扩展报头出现错误，导致数据包不能进一步进行处理时，IPv6 结点便会丢弃该数据包，并向发送方发回参数问题报文，以指明问题所在的位置和类型。参数问题报文的类型字段值为 4，代码字段值为 0~2。其报文结构如图 7.23 所示。代码字段含义如下。

类型：4	代码：0~2	校验和
指针（数据包中发生错误的位置）		
数据包被丢弃部分		

图 7.23　参数问题报文结构

0：发现错误的报头字段。

1：发现无法识别的下一个报头类型。

2：发现无法识别的 IPv6 选项。

7.4.3　ICMPv6 信息报文

最典型的信息报文有两种，即回送请求报文和回送应答报文。回送请求/回送通告报文机制提供了一个简单的诊断工具来协助发现和处理各种可达性问题。

1. 回送请求报文

回送请求报文用于发送到目的结点，目的结点收到该报文后，会立即发回一个回送通告报文。回送请求报文的类型字段值为 128，代码字段值为 0。其报文结构如图 7.24 所示。

类型：128	代码：0	校验和
标识符		序列号
数据		

图 7.24　回送请求报文结构

标识符和序列号字段由发送方主机设置，用于将收到的回送通告报文与发出的回送请求报文进行匹配比较。

2. 回送应答报文

当接收方接收到一个回送请求报文时，ICMPv6 会用回送应答报文进行响应。回送应答报文的类型字段值为 129，代码字段值为 0。标识符和序列号值与回送请求报文中相应的字段值完全一致。回送应答报文结构与回送请求报文结构一致，如图 7.25 所示。

类型：129	代码：0	校验和
标识符		序列号
数据		

图 7.25　回送应答报文结构

3. 组播组管理协议

ICMPv6 除管理单播地址外，还对组地址进行管理。ICMPv6 给出了通知某结点成为组成员的方法。路由器为了预先掌握链路上的组成员，一定要接收这些报文。于是，路由器就可获知是否应传送特定组地址的 IP 分组。

组播组成员关系查询、组播组成员关系报告、组播组成员关系终止这三种报文具有相同的格式，但它们的 ICMPv6 类型值不同。其格式如图 7.26 所示。

类型：130~132	代码：0	校验和
最大响应时间		保留位
组播地址		

图 7.26　组播组管理类报文格式

类型：其值表明是哪一种组播类报文。组播组成员关系查询报文的类型值为 130，组播组成员关系报告报文的类型值为 131，组播组成员关系终止报文的类型值为 132。

代码：对这三种报文，其值都为 0。

最大响应时间：该值表示"从查询报文发出到通告为止所能容许的最大延迟时间"，单位为 ms。在其他两种报文中，没有实际意义，发送方将其置为 0，目的结点接收时忽略。

4. 邻居发现报文

邻居发现是 ICMPv6 中最重要的功能之一，这类报文包括邻居请求和邻居通告报文。利用邻居发现报文，就能找到该链路上的其他主机和路由器。主机为了向不在同一链路上的结点传送 IP 报文分组，至少要学习一个路由器。当主机选择了低效的路由器时，还可以利用邻居的学习，使路由器向主机指示最合适的路由器。

IPv4 中有一个 ARP 协议，其作用是将 IP 地址转换为物理的 MAC 地址。在 IPv6 中，这一功能由邻居发现协议来完成，这是 IPv6 的组成部分。ICMPv6 为获取正确的物理网络地址，采用简单的方法，即通过发送"邻居请求报文"来实现。邻居请求报文一般以组播形式发送。网络上的主机一旦收到"邻居请求报文"，就检测报文中包含的 IP 地址。如果这个地址恰好是自己的主机地址，就将自己的数据链路层地址封装在"邻居通告报文"中，并回送给邻居请求报文的发送者。邻居请求报文和邻居通告报文除了能完成 IPv4 中的 ARP 功能外，还可以用来测试目的主机的连通性。

邻居请求报文结构如图 7.27 所示。

类型：135	代码：0	校验和
保留位		
对象地址		
选项		

图 7.27 邻居请求报文结构

类型：其值为 135，用于表明该报文是一个"邻居请求报文"。

代码：其值设置为 0。

保留位：该字段保留未用，其值置为 0。

对象地址：存放被请求的目的主机 IP 地址。

选项：存放网络参数，如源链路层地址等。

对封装邻居请求报文的 IPv6 分组，其跳数上限值为 255，源地址为发送该报文的主机地址。如果发送方主机是为了获得目的主机的物理网络地址，那么目的地址就设置为组播地址；如果是为了测试与目的主机的连通性，则目的地址就是目的主机的 IP 地址。

5. 邻居通告报文

邻居通告报文即邻居应答报文，是对邻居请求报文的响应。其报文结构与邻居请求报文结构基本相同，如图 7.28 所示。

类型：该字段值为 136，表明为"邻居通告报文"。

代码：其值设置为 0。

R 标志位：表明发送该报文的系统是否是路由器。R＝1 时，表明发送该报文的系统是路由器；否则表明不是路由器。

S 标志位：表明该报文是对请求的通告还是自发。S＝1 时，表示对请求的通告；否则表示自发。

0 标志位：表明接收到该报文的主机是否用选项中的物理网络地址更新自己的缓存。当该标志为 1 时，主机应当用选项中的物理网络地址更新自己的缓存，该标志为 0 时，不更新缓存内容。

对象地址：通告报文发往的目的地址。

选项：包括一些网络参数，如源链路层地址、目的主机的链路层地址等。

类型：136	代码：0	校验和
R　S　0	保留位	
对象地址		
选项		

图 7.28　邻居通告报文结构

6. 路由请求报文

利用上述邻居发现功能，主机可以探索同一网络内的其他主机，然而在许多情况下，主机必须和远程网络上的主机进行通信。这时，主机应找到相应的路由器。

在 IP 网络中，路由器每隔一段时间就向网上发送一个路由通告报文，报文中含有帮助主机选择网络接口的路由信息。一般情况下，路由器每 5 分钟发送一条路由通告报文。如果一台主机在这 5 分钟内发生了故障，丢失了所有路由信息怎么办？一种办法就是等待 5 分钟，从网路上获取下一个路由通告报文之后再发送自己的报文。另一种办法是主动向路由器发送一条"路由请求报文"，路由器收到"路由请求报文"后，将立即发送"路由通告报文"。

在下列情况下，主机需要发送路由请求报文。

- 系统启动初始化网络接口时。
- 当主机所在的网络发生故障或暂时关闭，重新恢复或启动时。
- 主机第一次连入某个链路时。
- 主机脱离了某链路，又重新回到该链路时。

路由请求报文结构如图 7.29 所示。

类型：133	代码：0	校验和
保留位		
选项代码：1	选项长度	选项长度
选项		

图 7.29　路由请求报文长度

类型：该字段值为 133，表明是"路由请求报文"。

代码：该字段值为 0。

保留位：该字段保留未用,其值为 0。

选项中的内容一般为发送路由请求的主机的链路地址等信息。

7. 路由通告报文

路由通告报文即路由器应答报文,路由器收到主机或其他路由器的路由请求报文后,将立即对路由请求报文进行响应,向网络发送路由通告报文。路由通告报文结构如图 7.30 所示。

类型：134		代码：0		校验和
跳数极限	M	O	保留位	路由生命周期
可到达时间				
选项				

图 7.30　路由通告报文结构

类型：该字段值为 134,表明是"路由通告报文"。

代码：该字段值为 0。

跳数极限：该字段值为 IPv6 基本报头中的跳数。

M 和 O 标志：各占一位,用于地址的自动配置。主机都必须通过集中式的地址管理协议来完成地址的自动配置。其区别在于,当 M＝1 时,主机的地址自动配置采用 DHCP 协议进行;当 M＝0 时,主机通过其他协议配置地址。

路由生命周期：以 s 为单位,表示路由的生存期。

可到达时间：以 ms 为单位,表示路由器与发送路由请求报文的主机之间的通信延时。

选项：包括网络的一些物理参数,如源物理网络地址、最大传输单元、前缀信息等。

8. 重定向报文

"重定向"的含义是：在数据包转发过程中,网络核心中的某一台路由器发现源主机通过自己转发给目的主机的路由不是最佳的,并能判断出最佳的路由,则可通过 ICMP 的重定向报文通告源主机其最佳路由,源主机收到该通告报文后,其后的数据包将按照路由通告的路由进行转发。重定向路由报文结构如图 7.31 所示。

类型：137	代码：0	校验和
保留位		
重定向地址		
目标地址		
选项		

图 7.31　重定向报文结构

类型：该字段值为 137,表明该报文是"重定向报文"。

代码值：该字段值为 0。

保留位：保留未用,其值设为 0。

重定向地址：报文要到达最终目的结点的最佳"第一跳"选择的地址为"重定向地址"。

目标地址：为报文要到达的最终目的结点地址。

选项：包括一些网络参数，如源链路层地址等。

7.5　IPv6 地址配置协议

IPv6 使用两种地址自动配置协议，分别为无状态地址自动配置协议 SLAAC 和 IPv6 动态主机配置协议 DHCPv6。

SLAAC 不需要服务器对地址进行管理，主机直接根据网络中的路由器通告信息与本机 MAC 地址结合计算出本机 IPv6 地址，实现地址自动配置；DHCPv6 由 DHCPv6 服务器管理地址池，用户主机从服务器请求并获取 IPv6 地址及其他信息，达到地址自动配置的目的。

7.5.1　无状态地址自动配置协议

无状态地址自动配置的核心是不需要额外的服务器管理地址状态，主机可以自行计算地址进行地址自动配置，它包括以下几个基本步骤。

(1) 链路本地地址配置，主机计算本地地址。

(2) 重复地址检测，确定当期地址唯一。

(3) 全局前缀获取，主机计算全局地址。

(4) 前缀重新编址，主机改变全局地址。

配置过程中，地址可能的状态如表 7-10 所示，它们的转换关系如图 7.32 所示。

表 7-10　SLAAC 地址可能的状态

状　态	含　义
临时地址	已初始化但未正式分配到接口的地址
优先地址	已分配到接口，可不受限制使用的地址
不赞成地址	虽然分配到地址，但不鼓励使用的地址
有效地址	包括优先地址和不赞成地址，指分配到接口允许使用的地址
无效地址	尚未分配到接口的不可用地址

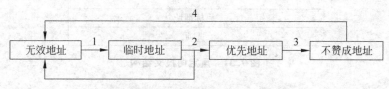

图 7.32　SLAAC 地址状态转换关系

步骤的具体流程是使用邻居发现协议 NDP 实现的，它涉及的关键报文如表 7-11 所示。

表 7-11　SLAAC 使用的 NDP 报文

报　文	作　用
路由器请求 SR	请求路由器快速发出 RA 报文
路由器通告 RA	路由器通告其存在,并通告网络参数
邻居请求 NS	结点请求邻居信息
邻居通告 NA	结点响应 NS 报文发送信息,或通告地址改变

SLAAC 的 4 个步骤如下所示。

1. 链路本地地址配置

主机的链路本地地址,将通过本地前缀 FE80::64 和 64b 接口标识符生成,接口标识符使用 EUI-64 算法通过 MAC 地址生成。此时的地址为临时地址。

2. 重复地址检测

主机生成链路本地地址后,将进行重复地址检测,以确定该临时地址在本链路上是否唯一。重复地址检测的完整流程如下。

(1)主机使用邻居发现协议,向链路组播 NS 报文,以生成的临时地址对应的被请求结点组播地址作为目标地址,以未指定地址为源地址,表明该报文用于重复地址检测。

(2)若链路中存在使用该临时地址的结点,则该结点在收到上述 NS 报文后,将返回一个 NS 报文声明它正在使用该地址。

(3)主机若收到 NA 报文,则地址重复检测失败,该临时地址不可用,系统管理员需要提供一个可用的替代接口标识符,对主机接口标识符进行手动配置,重新生成一个临时地址,并开始重复地址检测流程。

(4)主机若未收到 NA 报文,则地址重复检测成功,该临时地址可用,则将该地址分配给接口,成为有效地址。

3. 全局前缀获取

链路中路由器将定期发送 RA 报文,主机可等待 RA 报文,并从中获取全局前缀信息,若主机希望快速获取 RA 报文,则将组播一个 RS 报文到"链路所有路由器"组播组,以促使路由器发送 RA 报文。主机收到 RA 报文后,将处理报文,获取全局前缀,计算自身的全局单播地址,并使用该全局单播地址。由于路由器回复 RS 报文可能会延迟一段时间,为了提高效率,通常主机会将链路本地地址生成,并重复地址检测这两步与等待 RA 报文并行执行。

4. 前缀重新编址

由于 IP 地址存在生存期,一个地址可能在某个时候重新分配到另一个接口,一个接口可能在某个时候切换到新的地址,而前缀重新编址的作用就在于允许网络从原来的前缀平稳切换到新的前缀,且这一操作对主机完全透明。

在实际实现中,路由器通过 RA 报文中的优先时间和有效时间这两个参数来进行前缀重新编址。优先时间为无状态自动配置得到的地址保持为优先地址状态的时间;有效时间为地址保持有效状态的时间。

对应一个地址或前缀,优先时间一定不大于有效时间。地址优先时间到期时,该地址从优先时间变为过时时间,将不能再建立连接,但可保持以前建立的连接。同时路由器将会开始通告新的前缀。在此期间,每个链路上将会至少有两个前缀共同存在,在 RA 消息中将包括一个旧的和一个新的 IPv6 前缀信息。根据 RA 消息中的信息,主机将使用新的 IPv6 前缀生成新的优先地址,同时保持过时地址原来的连接,直到断开,以此达到平稳切换。

7.5.2　IPv6 动态主机配置协议

IPv6 动态主机配置协议 DHCPv6 是由 IPv4 下的 DHCP 发展而来。客户端通过向 DHCP 服务器发出请求来获取本机 IP 地址并进行自动配置,DHCP 服务器负责管理并维护地址池以及地址与客户端的映射信息。

DHCPv6 在 DHCP 基础上,进行了一定的改进和扩充,其典型拓扑如图 7.33 所示,其中包含三种角色:DHCPv6 客户端,用于动态获取 IPv6 地址、IPv6 前缀或其他网络配置参数;DHCPv6 服务器,负责为 DHCPv6 客户端分配 IPv6 地址、IPv6 前缀或其他配置参数;DHCPv6 中继,它是一个转发设备。通常情况下,DHCPv6 客户端可以通过本地链路范围内组播地址与 DHCPv6 服务器进行通信。若服务器与客户端不在同一链路范围内,则需要 DHCPv6 中继进行转发。DHCPv6 中继的存在使得在每一个链路范围内都部署 DHCPv6 服务器不是必要的,节省成本,并便于集中管理。

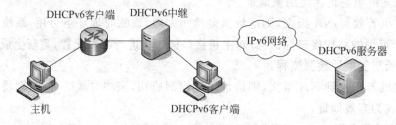

图 7.33　DHCPv6 典型拓扑

DHCPv6 定义了一系列的报文用于整个动态配置的流程,其中关键的一些报文如表 7-12 所示。DHCPv6 有三种典型地址配置场景。

表 7-12　DHCPv6 关键报文

报 文 类 型	报文作用
Solicit	由客户端发送以定位服务器
Advertise	由服务器对"要求"消息进行响应时发送以指明可用性
Request	由客户端发送以请求来自特定服务器的地址或配置设置
Information-request	由客户端发送以请求配置设置(但不包括地址)
Relay-forw	由中继代理发送以转发消息给服务器。DHCPv6 中继代理转发一个包含封装为 DHCPv6 中继消息选项的客户端信息
Relay-repl	由服务器发送以通过中继代理发送消息给客户端。中继应答包中含有封装为 DHCPv6 中继消息选项的服务器信息

1. DHCPv6 常规地址配置流程

DHCPv6 常规地址配置流程与 DHCP 流程基本相似,图 7.34 给出了这个配置过程。

(1) DHCPv6 客户端发送 Solicit 消息请求分配地址。

(2) DHCPv6 服务器回复 Advertise 消息声明能够分配地址。

(3) DHCPv6 客户端收到若干 Advertise 消息,选择一个合适的服务器,向该服务器发送 Request 消息请求 IPv6 地址。

(4) DHCPv6 服务器向客户端回复 Reply 消息,告知分配的 IPv6 地址,地址配置完成。

2. DHCPv6 快速地址配置流程

DHCPv6 与 DHCP 相比,一个主要区别即引入了一个快速地址配置流程,精简了客户端选择服务器的过程,仅用两步就能完成地址配置,图 7.35 给出了这种配置过程。

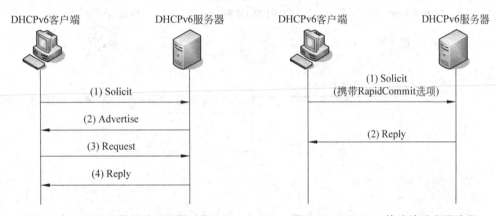

图 7.34　DHCPv6 常规地址配置过程　　　图 7.35　DHCPv6 快速地址分配流程

(1) DHCPv6 客户端发送 Solicit 消息,携带 RapidCommit 选项,表明它希望地址快速配置。

(2) DHCPv6 服务器收到含 RapidCommit 的 Solicit 消息后,若支持快速分配过程,则直接返回 Reply 消息,为客户端分配 IPv6 地址,否则将进入常规分配流程。

3. DHCPv6 中继转发流程

DHCPv6 协议的另一个改进是对 DHCPv6 中继的支持,当客户端与服务器不在同一链路内时,会使用中继转发配置,图 7.36 给出了这种配置过程。

(1) DHCPv6 客户端向所有 DHCPv6 服务器和中继的组播地址 FE02::1:2 发送 DHCPv6 消息。

(2) DHCPv6 中继接收到消息,将其封装到 Relay-forward 报文中继消息选项内,将该报文转发给 DHCPv6 服务器。

(3) DHCPv6 服务器收到并解析 Relay-forward 消息,得到客户端的 DHCPv6 消息并进行响应,将响应消息封装到 Relay-reply 消息的选项内,并向 DHCPv6 中继发送该 Relay-reply 消息。

(4) DHCPv6 中继从 Relay-reply 报文中解析出 DHCPv6 服务器的应答,向 DHCPv6

客户端转发,DHCPv6 客户端收到之后即可根据消息内容进行配置。

　　DHCPv6 除了对 IPv6 地址进行动态配置,还有一个功能为给已经具有 IPv6 地址的客户端分配其他网络参数,这个过程被称为 DHCPv6 无状态配置。DHCPv6 客户端通过 SLAAC 成功获取 IPv6 地址后,若接收到的 RA 报文中 M 标志位为 0,而 O 标志位为 1,则 DHCPv6 客户端会自动启动 DHCPv6 无状态配置功能来配置其他网络配置参数,其流程如下。

　　(1) 客户端以组播方式向 DHCPv6 服务器发送 Informatin-request 报文选项声明它需要从服务器获取哪些配置参数。

　　(2) 服务器收到上述报文后,分配网络配置参数,发送携带这些参数的 Reply 报文到客户端。

　　(3) 客户端接收并检查 Reply 报文中提供的信息,根据其中的内容进行配置。

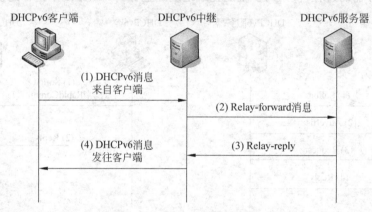

图 7.36　DHCP 中继转发流程

7.6　IPv6 过渡技术

　　IPv4 地址短缺已成为全球性问题,而 IP 地址是下一代互联网发展的基础资源。为了在下一代互联网发展中抢占先机,国内外互联网运营商在 IPv6 网络的建设部署、IPv6 服务应用拓展等方面的投入在不断加大。IPv6 基础网络建设正如火如荼地进行,而 IPv4 与 IPv6 网络不兼容的问题也日益受到国内外运营商和设备制造商的关注。IP 网络由 IPv4 向 IPv6 过渡技术的研究成为推进 IPv6 部署、发展下一代互联网的关键之一。

7.6.1　关于过渡问题

　　随着全球 IPv4 互联网普及率的大幅度提升,以及移动互联网的快速发展,IPv4 终端数量爆炸性增长导致 IPv4 地址空间的消耗日益加快。目前全球公有 IPv4 地址已经分配完毕,IPv4 地址资源正式宣告枯竭。为解决 IP 地址短缺问题,互联网各方参与者越来越多地关注 IPv6。IPv6 具有巨大的地址空间,可为互联网提供 2^{128} 个 IP 地址,是目前最好的 IPv4 替代协议。但是 IPv6 与 IPv4 并不兼容,是两个异构的 IP 网络。若通信两端处

在不同协同的网络中,二者之间无法进行通信。然而互联网用户、互联网服务提供商
ISP、互联网内容提供商 ICP 以及网络设备提供商等网络参与者由 IPv4 向 IPv6 的迁移在
短时间内无法完成,因此 IPv6 完全取代 IPv4 需要相当长的时间。IPv4 与 IPv6 网络、服
务与应用将长期共存,但互联网整体需逐步向 IPv6 过渡。我们称互联网的这个时期为
IPv6 过渡时期。

互联网 IPv6 过渡时期的主要任务是:通过新型过渡技术沟通异构的 IPv4 网络与
IPv6 网络,从而在保护现有 IPv4 网络投资的同时,充分利用 IPv6 网络设施,促进全网
向 IPv6 迁移,并最终实现全网的 IPv6 升级。IPv6 过渡技术的发展将促使互联网获得
更大的发展空间和更快的发展速度,并为移动互联网的发展开拓空间。然而 IPv6 过渡
涉及互联网发展的各个部分,它们之间紧密的依存关系致使全面的 IPv6 过渡并非
易事。

1. IPv4/ IPv6 相互依赖关系

过去 30 年 IPv4 互联网的巨大繁荣,为用户提供了大量的服务和应用。在 IPv6 过渡
期,用户对丰富的 IPv4 服务仍会保持较强的依赖性,而随着 IPv6 服务类型的日益多样
化,用户对 IPv6 的需求会逐渐增加。因此过渡期需要确保用户的 IPv4 和 IPv6 使用均不
受影响。

作为互联网主要参与者,互联网服务提供商 ISP、互联网内容提供商 ICP 和终端用户
之间的相互依赖和关联构成了当前 IP 网络发展的主体生态系统:ISP 主要向 ICP 和用
户提供网络接入和传输服务,ICP 向用户提供丰富的服务以及各种创新型应用,用户通过
购买 ISP 和 ICP 提供的服务享受互联网带来的便利。IPv6 过渡是对互联网的框架性演
进,涉及互联网各参与者设备和服务的更新升级。由于各方对 IPv6 过渡付出的代价不
同,以及 ISP、ICP 和用户之间的相互依存关系,IPv6 过渡面临多方面的压力。

硬件设备由 IPv4 向 IPv6 的升级,以及新 IPv6 接入网、主干网等网络的建设,对于运
营商来说是巨大的投入,而相应的软件支撑系统,如认证系统、计费系统以及防火墙等,也
需要与硬件系统的升级相匹配。另一方面,目前过渡场景多种多样,网络未来发展趋势也
难以预测,运营商无法确定在 IPv6 部署过程中会遇到何种场景;同时,针对不同场景的
IPv6 过渡技术层出不穷,尚未出现可以令运营商一劳永逸的过渡技术。IPv6 过渡场景的
多变性和过渡技术的多样性导致运营商过渡策略难以短期唯一确定,这也变相地增加了
运营商向 IPv6 过渡的成本。运营商向 IPv6 过渡的动力不足、IPv6 网络建设和部署的局
限致使 ISP 向 ICP 和终端用户提供 IPv6 的接入范围有限。

新浪、腾讯、百度等内容提供商也需要向 IPv6 迁移。内容提供商实现向 IPv6 过渡则
需要涉及原有 IPv4 服务的全面、平滑升级,以及数据中心网络设施的 IPv6 升级。内容提
供商还需开拓和推广新的 IPv6 业务,在保持当前用户群的基础上吸引新用户。而在其数
据中心、内部网络中新增或升级网络设备的巨大投入,拓展新业务带来的不确定性,新型
IPv6 服务相对于已存在的 IPv4 服务的滞后性,都有可能导致用户暂时性甚至永久性流
失。因此内容提供商对应数据中心、内容网络的 IPv6 升级改造以及对 IPv6 服务的研发
投入和业务拓展处理较为谨慎。

终端用户更关注互联网中各种应用服务的实际体验,而对于底层传输为 IPv4 还是

IPv6 并没有特别偏好。但由于内容提供商提供的 IPv6 服务有限,而 IPv4 新型服务层出不穷、用户体现良好,导致用户对 IPv4 服务具有较强的依赖性。在过去十年 IPv6 发展历程中,并未出现所谓"杀手级"应用对用户产生巨大的吸引力,促使用户主动向 IPv6 迁移。另外,用户的 IPv6 过渡会需要升级设备的协议栈、升级客户端软件,甚至更换接入设备(如家庭网关),导致用户的 IPv6 过渡缓慢。用户的 IPv6 需求不强烈,也成为阻碍 ISP 和 ICP 向 IPv6 过渡的原因之一。

2. IPv6 过渡原则

尽管全网向 IPv6 的过渡面临诸多阻力,但全球互联网用户日益增长,服务商服务器集群效应越来越明显,对 IP 地址的需求量爆炸性增长已耗尽 IPv4 地址空间。互联网顺利过渡到 IPv6 是其进一步高速和稳定发展的基础。IPv6 过渡符合下一代互联网的发展方向,是当今国内外网络技术研究的重点和热点。为确保 IPv6 平滑过渡,需要考虑的过渡原则体现如下。

(1) 提供 IPv4 和 IPv6 服务。在过渡时期,随着运营商网络设备的逐步升级,服务商新型 IPv6 业务的提供以及用户端操作系统、设备对 IPv6 支持逐步普及,同时支持 IPv4 和 IPv6 的双协议栈终端将逐步增多,但 IPv4 单栈用户将依然存在。因此 IPv4 与 IPv6 用户在过渡期会同时存在,处于不同网络环境中的用户都会有访问各类 IPv4 和 IPv6 应用服务的需求,为确保用户体验不受影响,运营商的单栈和双栈网络均需要具有同时具备提供 IPv4 和 IPv6 的接入和传输服务能力。

(2) 确保可持续发展。运营商在选择 IPv6 过渡技术方案时,需要从可持续性的角度出发,所部署的方案不能对现有网络产生限制,也不能对 IPv6 未来的发展产生潜在的限制甚至阻碍 IPv6 的进一步发展。IPv6 过渡场景多种多样,各种场景下所对应的过渡需求也不尽相同,但其目标都应是促使网络最终演进为 IPv6 单栈网络。因此运营商所部署的 IPv6 过渡方案既要满足过渡场景的需求,又要促进原生 IPv6 的部署和使用,从而促使全网逐步向 IPv6 切换。

(3) 易于运营和管理。较为简易的网络运维管理有利于过渡技术方案的部署和推广。因此过渡技术需易于理解、便于维护,从而使得网络运维人员能迅速掌握技术核心,便于网络监控、故障检测排除等。IPv6 过渡方案也需要具有较强的健壮性(如主持冗余设备等),以确保运营商在实际运用管理时可以有效减轻配置、维护和排除故障的负担。

(4) 保证处理效率。选择和部署过渡技术时必须有性能考虑,过渡技术方案从设计角度保证应用数据传输、路由转发的效率,保证用户体验,避免因为技术方案漏洞造成网络拥塞。过渡设备也应能在较低投入的基础上保证数据的处理效率。

(5) 逐步部署和更小更新。过渡机制的部署可能会发生在运营商网络的各个位置,且不同网络中设备也可能同时部署不同的过渡机制,因此要求过渡机制可在部分部署的情况下运行,且不会对其他部分产生不利影响。另外,部署的过渡机制应该可以促进 IPv6 网络和用户的规模逐步扩大。过渡机制对网络设备的更新应该尽量简单,降低对现有网络的影响,避免大规模升级。从用户体验的角度考虑。用户端也应该避免复杂的更新。

7.6.2　IPv6 过渡技术要点

IPv6 过渡涉及互联网的各个部分,设计 IPv6 过渡方案时需要从多个维度进行考虑,以保证过渡方案能符合上述原则。这些维度就是 IPv6 过渡技术设计时需要关注的各个关键技术要点,主要包括端到端透明性、编址及地址规则、路由可扩展性、状态维护以及 IPv4 地址资源复用等。

1. 端到端透明性

端到端特性是计算机网络的经典设计原则。在网络中,如果要进行通信,那么通信的两端就需要通过某种方式连接起来。这种连接从物理层看来是以各种网络设备(如路由器、交换机等)通过传输电缆连接形成的。而端到端通信的两端建立连接时并不关心它们之间物理链路的情况,因此,当两端建立连接后就认为它们之间是端到端传输了,直到通信结束这种状态会一直保持。用于建立端到端连接的经典协议,如传输控制协议 TCP 和顺序包交换协议 SPT。

端到端特性要求针对应用程序的功能应该实现在终端主机上,而不是网络中的传输结点。链路建立后,发送端知道接收设备一定能收到数据,而且经过中间交换设备时不需要进行存储,因此传输延迟小。对于两个相互通信的结点,从所采取的网络端通信方式获得的可靠性可能无法与两个通信结点需要的可靠性完全匹配。在终端主机使用某些机制以确保通信可靠性,要比在传输网络采取措施更容易且便于管理和操作,尤其是通常终端无法对传输网络进行控制。端到端特性使得网络核心设备主要负责传输功能,而在端系统实现各种创新型应用。

端到端透明性是指在互联网 IP 协议族的设计中,将互联网系统中与通信相关的部分(IP 网络)与高层应用(端点)分离,最大限度地简化网络设计,将尽可能多的复杂性和控制放在用户终端上,也应尽可能地将与特定应用相关的状态信息维护在端系统,而网络内部不维护该类状态信息,从而简化网络内部的功能而使其专注于网络传输。这样才能在网络中某部分发生故障时,不至于通信中断,除非端系统发生故障。

IPv4 网络中,由于 IPv4 地址短缺,网络地址翻译技术 NAT 大量使用,终端用户使用的私有 IPv4 地址需要在网关处翻译成公有 IPv4 地址才能顺利访问 IPv4 互联网资源。NAT 技术通过位于网络高层的网关设备隐藏了发起连接的真正终端主机,导致逆向地址溯源困难。某些新型服务和应用在 NAT 环境下无法建立双向连接,以致无法正常工作,如 P2P 应用、涉及网络定位的服务等。对端到端透明性的破坏致使端系统服务创新受到限制。

IPv6 具有巨大的地址空间,可以保证网络的端到端特性。而在 IPv6 过渡过程中,也需要考虑如何保持端到端透明性,从而在保证对现有上层应用的透明支持,并催生更多在端系统的创新,吸引用户向 IPv6 迁移,进而推进全网向 IPv6 过渡。

2. 编址及地址规划

在 IPv6 过渡期,IPv4 与 IPv6 网络服务及用户将长期共存,对 IPv4 地址及 IPv6 地址均保持相应的应用需求。因此运营商需要根据所管理的 IP 地址资源情况、网络部署情况以及用户需求,对 IPv4 地址、IPv6 地址进行宏观规划。

　　IPv4 地址与 IPv6 地址长度不同，二者无法兼容，无法直接通信。为实现 IPv4 结点与 IPv6 结点的互访问，一种方案是将 IPv4 地址信息无失真地嵌入 IPv6 前缀或接口 ID 中，构造特定格式的 IPv6 地址，即对 IPv4 与 IPv6 地址进行紧耦合。通信双方通过某种协议约定 IPv4 地址信息在 IPv6 地址中的位置，以对这种特定格式的 IPv6 地址进行识别和解析。内嵌 IPv4 地址信息构成 IPv6 地址的方式，要求在 IPv4 地址与 IPv6 地址之间建立稳定的映射关系，以便通信双方能够从 IPv6 地址中获取 IPv4 地址信息。因此这种 IPv6 地址结构要求运营商对 IPv4 地址和 IPv6 地址同时规划。

　　IPv4 地址与 IPv6 地址耦合对运营商的网络规划和运维提出一定要求，运营商在进行 IPv6 地址规划过程中，必须同时考虑用于与 IPv6 地址空间耦合的 IPv4 地址空间的规划和耦合操作。而这两种地址的分配过程也需要进行耦合，包括地址资源管理设备（如 DHCP 服务器等）。另外，将 IPv4 地址信息嵌入 IPv6 地址中，会占用 IPv6 地址中的比特位，而运营商可能使用 IPv6 地址中某些比特位以区分业务。这导致 IPv4 的嵌入可能与运营商的实际运用需求产生冲突，因此 IPv4-IPv6 地址耦合并非万全之策。

　　另一种方案是保持 IPv4 地址和 IPv6 地址的独立，并非将两种异构地址耦合。这种方案简单易行，运营商可以分别对 IPv4 地址空间和 IPv6 地址空间进行规划，以及实现地址的动态分配，从而简化运营商网络规划的复杂度，也降低 IPv6 过渡对运营商的运维管理要求。由于 IPv4 地址与 IPv6 地址相对独立，为了实现跨异构网络的正确寻址，某些特定网络结点需要维护 IPv4 地址与 IPv6 地址的动态或静态映射。

3. 路由可扩展性

　　互联网应用的蓬勃发展促使网络规模迅速膨胀，出现了多宿主的场景、域间流量工程等应用需求，也导致域间路由策略日益复杂，全球核心路由器的路由表规模急剧膨胀。现有路由结构正面临着巨大挑战。据统计，截止 2013 年 9 月，全球主干网核心 BGP 路由条目已经超过 49 万条。这种爆炸式的增长给网络的运用维护带来了沉重负担。提高互联网路由系统的效率和降低路由器制造成本成为互联网技术的研究重点之一。而 IPv4 地址消耗殆尽，下一代互联网将采用 IPv6 作为核心协议。IPv6 具有足够的地址空间，能够满足未来网络的海量地址需求。在这种趋势下，如果继续沿用现行的路由机制，IPv4 和 IPv6 路由的共存势必导致路由表极度膨胀和路由更新大幅增加，最终可能成为下一代互联网顺利演进的主要障碍之一。

　　路由表膨胀导致全球 BGP 路由更新持续增加，大量路由更新消耗了大量的网络带宽和路由计算资源。网络监测数据显示，BGP 路由表尺寸和更新报文规模保持加速增长的总体趋势。随着网络规模的扩大，BGP 路由表维护成本将持续增加。近年来，IPv4 互联网发展迅速，但是 IPv4 地址空间却持续被碎片化，导致主干网核心路由器路由信息表和转发信息表条目呈指数级增长。巨大的路由表规模，导致路由查询效率降低，而且对核心路由器的硬件提出了较高的要求，同时增加了运营商网络日常运行维护的开销。

　　路由表膨胀的成因是多方面的，主要体现在三个方面：一是多数企业用户选择独立的提供商（Provider Impendent，PI）地址，这样做可以保证在更换运营商时避免更换网络地址，从而保证系统管理员不必重新配置防火墙等 IP 地址相关设备。但这一策略导致运营商必须独立宣告客户使用的 PI 地址，以致在网络中形成不可聚合的路由前缀。PI 地址的使用在一定程度上影响了 provide4 地址的聚合性。二是网络中的多宿主连接。多宿主提高了连接的可靠性，还带来了优化接入成本，增加网络可靠性和流量均衡等好处。但这种连接方式仍然需要运营商在 BGP 中宣告不可聚合的客户端地址，同样破坏了路由地址的可聚合性。三是域内的流量工程，由于路由采用最长前缀匹配的基本策略，为了实现自治域内流量工程，影响自治域间引入流量的路径，往往需要向外广播掩码更长的子前缀，这种方式明显会导致路由前缀碎片的进一步增多，不利于路由聚合。按照目前的路由机制，域间前缀策略表达必须以牺牲路由可聚合性为代价，而这一影响会扩散到全局 BGP 的范围，最终导致互联网路由严重的可扩展性问题。

未来互联网的路由规模决定于网络应用的泛在性，特别是物联网应用的极大需求将极大地推进网络规模的扩张。在这样的应用背景下，路由系统要应对更大的地址空间，必须保证核心路由系统的路由和转发效率，并减少对带宽的消耗。路由系统的可扩展性是网络体系结构的基本要求之一。

IPv4 互联网面临着严重的路由可扩展性问题，在以 IPv6 为核心的下一代互联网的发展中，通过研究新型路由体系结构、改进路由机制，是解决问题的根本途径。IPv6 主干网核心路由聚合程度较高，路由表规模比 IPv4 小得多，路由可扩展性较高。而在互联网由 IPv4 向 IPv6 过渡的阶段，新型路由体系研究尚处在方案探索和理论研究阶段，无法彻底解决路由爆炸问题。为避免对 IPv6 未来的发展产生负面的限制性影响，在 IPv6 过渡阶段应保持 IPv6 路由系统与 IPv4 路由系统的独立，避免将 IPv4 庞大的路由表引入 IPv6 网络中，以致引发 IPv6 路由表膨胀的问题。这就要求 IPv6 过渡机制在设计过程中，保证 IPv6 网络只处理纯 IPv6 相关路由，保证 IPv4 与 IPv6 路由隔离，在 IPv6 核心骨干网中，尽量减少与 IPv4 路由信息相关的 IPv4- IPv6 转换表项或 IPv4- IPv6 映射表项，从而保证路由可扩展性。

4. 状态维护

在 IP 网络中，IP 地址标识了网络服务资源、网络用户等通信参与者的网络位置，也是区分网络参与者的标识。通过对目标 IP 地址的访问操作，就可以实现对目的网络元素的访问，如获取文本、视频资源，与网络用户进行实时通信等。因此 IP 地址即为标识网络结点的 ID。

异构网络中需要使用不同的网络 ID，以进行网络间通信的区分，以及各自特定功能的实现。由于网络 ID 不具有通用性，因此当异构的网络需要进行双向通信时，处于网络中的通信双方无法直接通信，需要在不同网络 ID 之间动态或静态建立映射关系，即维护网络 ID 之间的状态。例如在 IPv4 网络中，由于公有地址短缺引入的私有 IPv4 地址即为另一种网络 ID，两种地址分别作为公有 IPv4 网络和私有 IPv4 网络的标识，无法直接进行通信。NAT 技术对两种网络 ID 进行状态映射和维护，将私有 IPv4 地址映射为公有 IPv4 地址，从而实现了私有网络与公有网络之间的正常通信。

IPv4 网络与 IPv6 网络作为异构网络，分别使用 IPv4 地址和 IPv6 地址作为网络标识 ID。在 IPv6 过渡时期，为保证用户能获得 IPv4 以及 IPv6 互联网中的丰富服务，运营商网络需要支持 IPv4 与 IPv6 的互访问。这种服务需求要求过渡技术维护两种网络 ID 之间的状态映射，即在 IPv6 网络中表示 IPv4 地址，以及在 IPv4 网络中表示 IPv6 地址。通过对状态的维护,可以确保特定网络结点(如边界网关等)正确查找到异构网络中的对应的网络 ID,从而实现跨异构网络通信。

由于映射对象的类型可能不同,状态维护的粒度和复杂度也会不同,因此状态可分为不同类型。根据状态维护的粒度,可将状态维护分为以下 4 类。

(1) 每流映射状态。例如针对每个 IPv4 数据流,维护由 IPv4 流到 IPv6 流的映射关系。这种状态维护方式与 NAT 技术原理类似,来自相同 IPv4 地址的数据流可能被映射为不同 IPv6 数据流,可动态变化,而网络设备记录了这种映射关系。

(2) 每用户状态。针对某个 IPv4 用户发起的所有网络连接,维护由该 IPv4 地址到某 IPv6 地址的状态映射关系,这种映射关系可以动态变化,也可以预先设定。

(3) 每前缀状态。针对来自某个 IPv6 子网的数据包(相同 IPv6 前缀),全部映射为使用某一个 IPv4 地址为源地址的数据包。

(4) 网络端无状态。在网络端通过预先确定映射关系,使得网络端设备自动失效 IPv4 与 IPv6 数据包的转换,而不需要维护显性状态,此时网络端为无状态。在这种情况下,状态维护变为由 IPv4 网络与 IPv6 网络之间特定的映射关系实现,而状态维护的复杂度由网络端完全下放至用户端。

不同的网络环境和场景,对状态维护的要求不同,运营商根据自身网络状况的评估对可承受的状态维护的复杂度也不同。因此从状态维护的角度会产生多种 IPv6 过渡技术方案供运营商评估和选择。

5. IPv4 地址资源复用

在 IPv6 过渡期,须在 IPv4 网络与 IPv6 网络共存甚至部署的情况下,保证 IPv4 服务的连续性。因此用户端仍需具有合法 IPv4 地址,以支持上层纯 IPv4 业务和应用的运行。随着全球 IPv4 地址的耗尽,为用户端分配新的 IPv4 地址已越来越困难。充分利用有限的 IPv4 地址资源,在保证服务质量和用户体验的前提下实现对现有 IPv4 地址的复用,也是在 IPv6 过渡期需要解决的重要难题。

在传统 IPv4 网络中,地址复用通常是通过网络地址翻译技术 NAT 实现的。通过边界网关连接私有 IPv4 网络和公有 IPv4 网络,用户端使用私有 IPv4 地址,通过边界网关可以将多个私有 IPv4 地址翻译为同一个公有 IPv4 地址,从而实现地址复用。而不同的私有网络可以使用相同的私有地址,只需边界网关获取一个或多个公有地址。

在 IPv6 过渡期,可以对网络地址翻译技术进行扩展,用户端使用私有 IPv4 地址、网关处维护公有地址与 IPv6 地址的映射,以 NAT 的方式实现 IPv4 地址的复用。这种方式 IPv4 地址复用率高,可以最大限度地利用 IPv4 地址资源,但其复杂度和对网关设备的性能要求较高。另一种方式是将传输层端口作为 IPv4 地址资源的一部分,将一个 IPv4 地址对应的 65 536 个端口分为不重叠的"端口段",网络端为每个用户分配一个 IPv4 地址和可用传输层端口段。用户发起 IPv4 连接时,所使用的源地址为获取的 IPv4 地址,源端口必须为所获取的可用端口段中的端口号。这样可以使得同一个 IPv4 地址供多个用户使用,从而实现 IPv4 地址的复用。运营商可根据网络用户规模规划 IPv4 地址复用率,从而确定端口段的大小。但这种地址复用方式不能用在 IPv4 单栈网络中,否则会造成网络连接建立失败。

7.6.3　双栈技术

IPv4 协议栈与 IPv6 协议栈是功能相近的网络层协议,二者作为 TCP/IP 协议族框架的重要组成部分,基于相同的数据链路层和物理层平台,其上层的传输层所使用的传输层协议也没有区别。因此可以通过技术升级,使得网络结点同时支持网络层 IPv4 和 IPv6。

1. IPv4 单栈和 IPv6 单栈

IPv4 单栈是指某个系统支持 IPv4 的系统协议栈,在此系统上运行的应用直接或间接地使用 IPv4 协议栈进行通信,并通过网络中的 IPv4 路由系统进行路由转发。两个应用实体可以通过 IPv4 进行通信,而不是 IPv6。两个实体具有 IPv4 协议栈和 IPv4 地址,所连接的网络支持 IPv4 路由,并可能支持 IPv4/IPv6 翻译,但是由于功能元素缺失导致其不支持与 IPv6 实体进行通信。

IPv6 单栈是指某个系统支持 IPv6 协议栈,实体之间直接或间接使用 IPv6 进行通信,而非 IPv4。两个实体具有 IPv6 协议栈和 IPv6 地址。所连接的网络支持 IPv6 路由,但由于某些功能缺失导致其不支持与 IPv4 实体进行通信。

2. 双栈技术原理

双协议栈技术是指 IP 网络中的结点同时支持 IPv4 和 IPv6 两种协议栈,两种协议栈之间没有互操作或相互影响。这种 IPv4/IPv6 结点具有收发 IPv4 报文和 IPv6 报文的能力。这种结点可以直接通过 IPv4 连接与 IPv4 结点进行通信,也可以直接通过 IPv6 连接与 IPv6 结点进行通信。网络中的终端设备、路由器、三层交换机等具有网络功能的设备,都可以升级为能够同时处理 IPv4 报文和 IPv6 报文的设备,从而可以分别使用原生 IPv4、IPv6 协议栈与 IPv4 结点、IPv6 结点建立通信。

双栈结点需通过现有的网络配置协议从运营商处获取相关配置资源,以便接入互联网,其中最重要的是 IP 地址配置。双栈结点可以通过静态配置获取 IPv4/IPv6 地址,也可以分别使用 IPv4 地址分配机制(例如 IPv4 动态主机配置协议 DHCP)获取 IPv4 地址,以及通过 IPv6 地址分配机制(例如无状态地址自动配置 SLAAC,或者动态主机配置协议 DHCPv6)获取 IPv6 地址。

在 IPv4 和 IPv6 网络中,都由域名解析系统 DNS 来将 IP 地址与主机域名进行映射。在 IPv4 网络中使用的正向域名解析记录为 A,而在 IPv6 地址长度是 IPv4 地址长度的 4 倍,因此 IPv6 网络中使用 AAAA 记录携带 IPv6 地址。由于双栈结点需要与其他 IPv4/IPv6 结点通信,因此双栈结点的域名解析应能够处理 A 记录和 AAAA 记录。但是 DNS 系统返回 A 记录或 AAAA 记录与 DNS 请求报文是由 IPv4 重载还是 IPv6 重载无关,而且 DNS 系统也并不限制发送 DNS 请求的结点对 IPv4 和 IPv6 的支持情况。

双栈技术是实现向 IPv6 过渡的最简单、最直接策略。对现有的 IPv4 网络进行软/硬件升级,使其能够支持 IPv6 传输,从而实现同一网络对基于 IPv4 和 IPv6 的应用同时提供服务,而内容提供商可以继续提供 IPv4 内容服务,同时开拓 IPv6 业务。这种过渡策略适用于大部分网络,如家庭网、企业网、服务提供商网络和内容提供商网络。

双栈技术能够支持各式各样的设备和通信方式,并能良好地保证网络的端到端特性。

处于网络中的终端设备只需要具备最基本的功能和最简单的配置,即可实现过渡。同时采用原生连接可以有效地避免在传输中遇到的 MTU 配置等问题。因此,这样的网络具有稳定可靠的优势。

3. 公网双栈与私网双栈

在实际网络运营中,双栈技术又分为公网双栈技术和私网双栈技术。

所谓公网双栈技术,就是运营商将网络设备升级为双栈后,分配给网络设备以及终端用户的 IPv4 地址仍为全球可路由的公有 IPv4 地址。使用双栈技术后,用户体验与升级前没有差别,所有用户仍可以运行各种新型应用,如 P2P 应用作为应用服务器对外提供服务等。在此基础上,用户还可以使用 IPv6 的新型应用和服务。然而公网双栈技术并未对公网地址短缺的现状有所缓解,反而加剧了公网地址的消耗。

为应对公网地址短缺的现状,私网双栈技术(如图 7.37 所示)受到部分运营商的青睐。私网双栈技术是指终端用户和接入网络路由器均使用私有 IPv4 地址,在运营商网络的公网出口处放置 NAT 设备,对私有 IPv4 地址和公有 IPv4 地址进行双向转换。私网双栈技术可以缓解 IPv4 地址短缺的压力,但是由于 NAT 地址池可用的公网地址数有限,用户体验会有所下降。

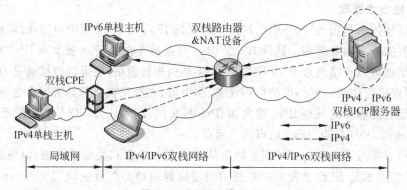

图 7.37　私网双栈原理图

4. 双栈技术面临的挑战

虽然双栈技术简单直接,但是在 IPv6 过渡过程中实际网络运营也面临着一些挑战。首先,由于目前并未实现全网的 IPv6 部署,尤其是互联网内容提供商未完成双栈部署,导致网络中 IPv6 流量较少。网络连接的两端结点都应该具有 IPv6 全球可达性,拥有自己的 IPv6 地址,并将 IPv6 地址通告相应的域名服务器。由于网络可能存在较多 IPv4 单栈目的结点(如目前大部分网站只支持 IPv4),虽然网络中的 IPv6 传输服务已经开启,但是流量集中在 IPv4 域内,实际的 IPv6 流量很少,难以达到向 IPv6 过渡的效果。比较直接的解决方案是对网络目的结点进行 IPv6 升级,保证大部分结点都能够接收 IPv6 数据。目前互联网的流量高度集中在一些特定的内容提供商网络中,即使是对其中的一小部分网络进行双栈升级,也能够带来非常明显的效果。例如 Google 由只提供 IPv4 服务升级为提供 IPv4/IPv6 双栈服务后,全球 IPv6 流量大幅攀升。

双栈技术所面临的另一个挑战是,当目的 IPv4 和 IPv6 地址中有一个不可达时,某些应用可能无法迅速完成连接切换。例如,如果 IPv6 连接是不可达的,则应用程序需要花费较长时间确认 IPv6 连接失败,并重新发起 IPv4 连接。这样导致内容提供商尽量避免向 DNS 服务器宣告服务器的 IPv6 地址。缺少支持 IPv6 的内容提供商的接入,会加剧 IPv6 流量不足问题。

5. 双栈技术小结

双栈技术的初衷是在 IPv4 地址耗尽之前部署同时支持两种 IP 网络。然而,目前互联网发展的形势是在 IPv6 尚未实现全球性的大规模使用时,IPv4 地址已经迅速消耗完毕。双栈技术要求全网升级为 IPv4/IPv6 双栈,需要对接入网,甚至主干网的网络设备进行升级改造,势必会要求大量资源投入。由于公有地址的耗尽,运营商能支持的新增用户有限,公网双栈技术无法大规模部署。虽然私网双栈可以在一定程度上缓解运营商压力,但是私有地址的大量使用破坏了端到端的特性,导致有些应用需要某些辅助技术才能正常运行,如应用层网关技术等。另外,NAT 设备的性能会成为网络服务质量的瓶颈,日志和溯源的困难导致私网双栈也无法大规模部署。

综上所述,从 IPv6 过渡的角度看,双栈技术难以有效推动网络和用户向 IPv6 过渡。虽然网络设备和终端用户都支持双栈,但是用户的网络访问需求仍将停留在 IPv4,互联网内容提供商会针对用户需求,提供更丰富更有吸引力的 IPv4 服务,导致运营商耗费巨大投资建设的 IPv6 网络流量小、利用率低。

7.6.4　翻译技术

实现 IPv4 与 IPv6 两种异构网络的直接通信,较为直观的方式是将通信发起端所使用的 IP 报文,直接转换为目标网络可识别的另一种 IP 报文。IPv4/IPv6 翻译技术就是通过特定算法对 IPv4 和 IPv6 报文的 IP 报头进行转换,经 IPv4/IPv6 翻译器完成 IPv4 与 IPv6 报文之间的语义翻译,从而实现两种异构网络的直接双向通信。

1. 翻译技术原理

经过几年的发展,翻译技术已经基本形成了较为完整的体系。这个体系由多种翻译技术组成,并已经以国际标准的形式发布。为更通用地解释 IPv4-IPv6 翻译,使用 IPvX 表示 IPv4 与 IPv6 网络中的一种,用 IPvY 表示另一种。

翻译技术的基本思想是:对 IPvX 网络和 IPvY 网络进行语义转换。过渡网络主要由通信发起点、通信接收点和 IPv4/IPv6 翻译器构造。通信发起点和接收点分别位于 IPvX 网络和 IPvY 网络中,IPv4/IPv6 翻译器位于网络边界处,通常为地址族边缘路由器 AFBR,其原理如图 7.38 所示。

IPv4/IPv6 翻译器通常具有两个网络接口,分别连接 IPvX 网络和 IPvY 网络。当位于 IPvX 网络中的主机需要访问位于 IPvY 网络中的结点时,它需要预先获知目的 IPvY 网络结点的地址在 IPvX 网络中的相应表示,并以此作为目的地址。报文经正常的 IPvX 路由系统到达 IPv4/IPv6 翻译器的 IPvX 网络接口,翻译器根据配置情况以及相关算法对报文头进行翻译,使之成为 IPvY 网络报文,并从 IPvY 网络接口转发到 IPvY 网络。该报文最终经 IPvY 路由系统到达目的结点。相反的通信过程与此类似。

假设 IPvX 网络中的主机 A(Host A)是通信的发起者,IPvY 网络中的主机 B(Host

B)是通信的目的端。在通信发起前,主机 A 必须通过某种方式(如 DNS)获得主机 B 在 IPvX 网络中的相应地址。主机 A 会以本身接口的 IPvX 地址作为源地址,以获取的主机 B 在 IPvX 网络中表示的地址为目的地址,将数据包发送出去。经 IPvX 网络路由到达 IPv4/IPv6 翻译器后,翻译器根据相关算法从此数据包的目的 IPvX 地址中获取目的 IPvY 地址,同时需要将主机 A 的源 IPvX 地址表示为 IPvY 地址。此 IPvY 地址在翻译 过程中由翻译器分配或翻译获得。翻译器以主机 A 的 IPvY 网络中所表示的地址作为源 地址,以翻译获得的主机 B 的 IPvY 地址为目的地址,将数据包转发入 IPvY 网络,经过正 常路由至主机 B。除了相关的编址操作,网络路由需要保证以主机 B 所使用的 IPvX 地址 为目的地址的 IPvX 包,和以主机 A 使用的 IPvY 地址为目的地址的 IPvY 包被路由至翻 译器。在一定程度上,IPv4/IPv6 翻译机制与 IPv4 网络地址翻译技术 NAT 类似,通过对 两种异构网络的地址进行翻译,实现处在两种网络中的用户的直接通信。

翻译技术基本的数据层面操作是 IPv4-IPv6 数据报文的翻译。涉及网络层、传输层 以及应用层。数据层面的行为包括地址和端口转换,IP/TCP/UDP 协议字段的翻译,以 及应用层翻译。翻译技术弥合 IPv4 与 IPv6 定义上的差异,需要对两种协议报文的分段 和重组、链路最大传输单元 MTU、ICMP 等相关部分进行翻译处理受控制层面,翻译技术 根据 IPv4-IPv6 地址转换规则进行报文的翻译。可以通过预先部署特定的地址规划方 案,或者动态建立地址绑定关系来实现。异构编址和相关的路由机制需要基于地址转换 规则做相应的调整。

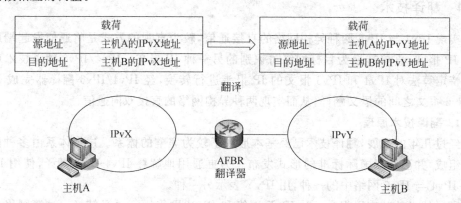

图 7.38   翻译技术原理

2. 翻译技术的主要组成部分

翻译技术的主要组成部分包括:地址翻译、IP/ICMP 翻译、状态维护、DNS64 和 DNS46 以及其他应用层协议的翻译。

(1)地址翻译。翻译技术采用特定的 IPv6 地址格式,一般将 32 位 IPv4 地址嵌入到 IPv6 地址中。如果翻译技术使用由运营商指定的网络 IPv6 前缀,则 IPv4 地址需要与其 他信息构成 IPv6 地址后缀从而形成 18 位地址。如果采用 IANA 定义的翻译技术 IPv6 专用前缀,则将 32 位 IPv4 地址与前缀连接起来就可以形成所需的 IPv6 地址。所谓地址 翻译,即翻译结点从 IPv6 地址中特定位置获取 IPv4 地址,或通过 IPv4 地址组建 IPv6 地 址的过程,进而实现 IPv6 网络与 IPv4 网络的互通。

（2）其他字段翻译。IP 报文以及 ICMP 报文中，除了源地址和目标地址外，还有其他字段用于携带报文特定的信息，例如分段 ID、校验和、禁止分段标志等。在 IPv4 地址与 IPv6 地址的双向翻译过程中，IPv4 报文头中携带的信息不能丢失。翻译技术所采用的算法需要保证 IPv4 信息的完整性，以便接收端协议栈进行相应的操作。

（3）翻译技术状态维护。翻译技术按照网络端翻译器是否需要维护动态的 IPv4 与 IPv6 映射，分为无状态翻译技术和有状态翻译技术。无状态翻译技术通过翻译算法，使得 IPv4 地址与 IPv6 地址之间具有确定的映射关系。这种技术适用于目的 IPv4 地址可通过配置的"IPv4 无状态翻译前缀"转换成特定地址区间的可翻译 IPv6 地址的情况。而有状态翻译技术则支持动态建立 IPv4 地址与 IPv6 地址之间的映射关系，针对每流数据进行映射状态的维护。当目的 IPv4 地址无法翻译为特定区间的 IPv6 地址时，需要使用有状态翻译技术。

（4）DNS64 和 DNS46。DNS64 与 DNS46 的主要功能是实现域名查询的 A 记录（IPv4 回复）与 AAAA 记录（IPv6 回复）的双向翻译。通常有两种实现方式。一种是静态配置 DNS 记录，将 DNS 服务器的解析记录都配置 A 记录和 AAAA 记录。另一种方式是动态翻译，即当用户发起 A 记录查询时，如果 DNS 服务器没有相应的 A 记录，则会回复相应的 AAAA 记录。对于 AAAA 记录查询时，如果 DNS 服务器没有相应的 AAAA 记录，则会回复相应的 A 记录。通过域名解析的过程，告知用户目的站点对应的异构 IP 地址。

（5）其他应用层协议的翻译。由于某些应用无法在 NAT 环境下正常工作，也就无法在 IPv4/IPv6 翻译的环境下正常工作，如 FTP 的主动模式。一种解决方案是使用应用层网关协助这类应用实现翻译工作。

3. 翻译技术的两种模型

目前的主要翻译技术可以分为无状态翻译和有状态翻译。对于无状态翻译技术，翻译所需的信息被嵌在 IPv6 地址中，并在 IPv4/IPv6 翻译器上有相关配置，支持由 IPv4 网络发起的访问 IPv6 网络的连接和由 IPv6 网络发起的访问 IPv4 网络的连接。无状态翻译通常会对配置到 IPv6 结点的 IPv6 地址格式有一定限制，因为 IPv6 结点需要使用特定的算法实现与目标 IPv4 的通信。有状态翻译技术需要在翻译器处维护状态，在翻译过程中动态建立地址映射状态。状态由 IPv4 地址/传输层端口与 IPv6 地址/传输层端口组成，以支持 IPv6 系统发起的与 IPv4 系统的通信连接。两类翻译技术可适用于不同的场景。

翻译技术可以实现 IP 数据包在 IPv4 和 IPv6 两种协议族之间的转换。无论客户端处在传输网络还是接入网络，翻译技术都能使之访问网络服务，并且无论其他网络中的用户使用的是何种网络协议，翻译技术都能实现它们之间的互通。然而，翻译技术并非网络发展的长期支持策略，但作为中远期的一种过渡策略，翻译技术可以作为互联网向 IPv6 演进过程中的重要技术。

4. 翻译技术的优势与缺陷

翻译技术可以实现 IPv4 与 IPv6 网络的直接互通，在单栈传输网络的情况下，实现一种 IP 地址在另一种 IP 网络中的表示。因此翻译技术可以在单栈情况下为用户提供 IPv4

和 IPv6 的服务。基于翻译技术实现的 46 互通特性,也可以有更多的创新和扩展。但翻译技术机制存在着一些问题。

(1) 可扩展性问题。翻译技术可以使用 IANA 分配的专有 IPv6 前缀,或使用运营商确定的网络特定前缀。由于知名 IPv6 前缀较长(96 位),因此如果将专用 IPv6 前缀用于自治域间的路由,会导致 IPv6 路由聚合相对困难,而且广播此前缀的自治域必须支持翻译技术。如果运营商使用网络特定前缀提供翻译服务,则需要对网络进行谨慎的规划,以免将 IPv4 的路由信息引入 IPv6 路由中,造成 IPv6 路由聚合困难。

(2) 破坏端到端特性。翻译技术通过翻译器实现 IPv4 与 IPv6 地址转换,终端只能获取对端在网络中的地址表示,而无法直接与对端通信。翻译器将通信终端"隐藏"了。翻译技术破坏了互联网的端到端特性,导致某些应用无法正常运行。

(3) 异构地址寻址问题。为了进行通信,发起端必须知道目的端所对应的翻译地址,通信双方中至少有一方能够感知翻译技术。发起端根据翻译技术去构造自己的翻译地址,或者目的端以某种方式将自己的地址通告给发起端。一般来讲,可以采用 DNS 应用层网关或 DNS64 等方法来达到上述目的。但是当 DNS 应用层网关和 DNS64 不可用,且通信双方的域名并没有在 DNS 服务器上注册时,则需要对应用程序行为进行修改才能解决。因此翻译技术会破坏对上层应用的透明性。

(4) 应用层翻译问题。理论上讲,翻译器应该支持应用层翻译功能,但在实际应用中,实时的应用层翻译是不可能做到的,因为在大量的网络设备上实现应用层翻译会造成巨大的成本和效率等方面的消耗,并且由于上层应用不尽相同、多种多样,也几乎不可能满足这样的需求。

根本上讲,IPv4/IPv6 翻译技术与当前广泛应用的 IPv4 NAT 有一定相似性。然而,由于 IPv6 地址空间与 IPv4 地址空间的严重不对等,致使 IPv6 地址向 IPv4 地址的翻译会有语义信息的丢失。因此将翻译技术运用到大规模网络上,其技术难度比 IPv4 NAT 大很多。

7.6.5　隧道技术

在 IPv6 过渡时期,无论网络使用何种网络协议,都应同时支持 IPv4 服务和 IPv6 服务,并保证传输协议对上层应用透明。双栈技术可以较好地支持 IPv4 与 IPv6,但是实现全网的双栈部署需要巨额投资。翻译技术直接实现 IPv4 结点与 IPv6 结点的通信,但是翻译过程涉及元素较多,机制较为复杂,而且会破坏端到端特性。隧道技术相对简单灵活,能够保持端到端特性,具有较好的可扩展性。

隧道过渡技术采用封装机制,将完整的 IP 分组作为负载进行传输,以穿越单栈传输网络。对于被封装的 IP 通信两端来说,就像在异构网络中为其报文建立了一条虚拟隧道,从而能充分利用已有的路由系统,实现跨越异构网络的通信,以保证对上层应用的透明性。

1. 隧道技术原理

隧道技术可以跨越 IPv4 网络提供 IPv6 服务(IPv6-over-IPv4),也可以支持跨越 IPv6 网络提供 IPv4 服务(IPv4-over-IPv6)。隧道技术的基本操作包括封装、解封装以及隧道端点之间的发现机制,只涉及网络层,对其他层的行为没有影响。使用 IPvX 表示 IPv4 与 IPv6 网络中的一种,使用 IPvY 表示另一种。

　　隧道技术的基本原理如图 7.39 所示。处于 IPvY 网络中的主机需要与处在另一个 IPvY 网络中的主机进行通信,但二者中间的传输网络为 IPvX 网络。为了实现 IPvY 网络跨域中间的 IPvX 网络进行互访,需要在 IPvX 连接两侧 IPvY 网络处部署隧道端点设备,用以建立 IPvY-over-IPvX 隧道。隧道端点设备支持 IPvX/IPvY 双栈。隧道端点设备负责对到达的报文进行封装和解封装操作,并将其转发入相应的网络。

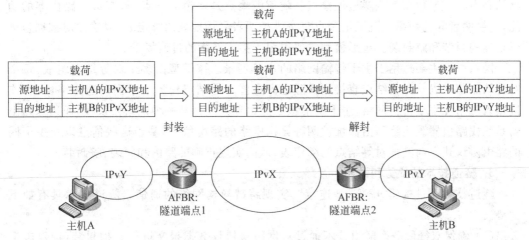

图 7.39　隧道技术原理

　　假设位于 IPvY 网络中的主机 A(Host A)为通信发起者,需要与主机 B(Host B)建立连接进行通信。主机 A 以自己的 IPvY 地址为源地址、以主机 B 的 IPvY 地址为目的地址发起建立连接请求。经 IPvY 网络的路由系统,主机 A 发送的数据包到达隧道入口(隧道端点 1),隧道端点 1 会将整个 IPvY 报文作为 IPvX 报文的部分负载。该 IPvX 报文的源地址为隧道端点 1 的 IPvX 网络,经过 IPvX 路由系统到达隧道出口。隧道出口的隧道端点 2 接收该 IPvX 报文后,进行解封装得到原 IPvY 报文,将其转发进入 IPvY 网络中,经 IPvY 路由到达主机 B。由主机 B 向主机 A 发起连接的过程与此类似。

　　隧道技术数据层面主要是对报文进行封装和解封装操作。这种封装和解封装操作是将整个 IPvY 报文作为另一种协议的负载,因此内部封装的 IP 报文信息的完整性得以保留。在 IPv6 过渡场景下,可以采用多种封装方式,如 IP-IP、通用路由封装、二层隧道协议、多协议标签交互协议、IPSec 协议等。这为运营商部署隧道技术时提供了较大的选择空间,运营商可根据实际情况选择相应的方案。

　　为保证数据层面的正确封装和转发,在控制层面上,需要实现跨越 IPvX 网络的 IPvY 路由交互,以及隧道端点对封装地址映射状态的维护。在较为简单的网络环境中,可以采取传统的配置隧道实现异构穿越。通常配置隧道适用于隧道端点均为路由器的场景,网络管理者需要在隧道端点预先静态配置相关参数,例如每个隧道所使用的 IP 地址、目的 IP 地址、链路 MTU 等。而对于更通用的过渡场景,尤其是在穿越 NAT、动态 IP 地址分配等场景下,可能涉及在隧道两端进行隧道端点地址的选择、动态/静态配置、状态维护等问题,租用其他更灵活的隧道机制。

2. 隧道技术实现方法

根据网络结构,隧道技术实现可以分为两种模型:星形模型和网状互连模型。两者的主要区别在于 IPv4 或 IPv6 孤岛控制的连接数和相关路由数目。星形模型只涉及单个连接和静态的默认路由,而网状模型则涉及多个连接以及子网的路由信息。

星形模型主要由多个隧道发起点和单个隧道汇聚点组成。隧道发起点和汇聚点都是双栈设备。隧道发起点主要负责建立隧道,对数据包进行封装和解封装操作,并通过静态默认路由将数据包路由至隧道汇聚点。隧道汇聚点是隧道的终点,具有边界路由器的功能,连接两者异构网络。隧道汇聚点负责维护两者异构地址的绑定表,以确保对数据包进行正确的封装和解封装。星形模型主要适用于接入网络的过渡场景。

网状模型主要适用于主干传输网络的过渡场景。该模型由多个对等结点组成,每个对等结点都可以与其他结点直接建立隧道。这些对等结点作为主干网的边缘路由器,连接接入网络和主干传输网络,主干网的核心路由器只支持某一种网络协议栈,而边缘路由器是双栈路由器。边缘路由器维护两种异构网络的路由信息,基于这些信息以及主干网的路由协议建立与其他对等结点的绑定表,从而实现正确的路由和封装、解封装。

3. 隧道技术的优势和缺陷

隧道技术通过构建"虚拟 IP 连接",实现跨越异构网络的通信。隧道技术具有如下优势。

(1) 确保双栈服务。隧道技术通过对网络层协议数据报文进行异构封装,构建虚拟网络隧道,实现跨异构网络的数据传输。尽管传输网络为单栈网络,通过隧道技术可以向用户提供双栈服务,也可以保证互联网内容提供商在对网络设备进行少量升级情况下,为 IPv4/IPv6 用户提供相应的服务。隧道技术可以通过单栈传输网络,实现双栈服务需求。

(2) 机制简单易行。在隧道技术中,IP 数据包被完整地封装进异构数据报文中,从而各个字段所携带的信息均无损失。隧道端点设备只需进行封装、解封装操作以及绑定表维护,而不需要进行处理复杂的翻译算法,因此隧道技术的设备简单,易于设备厂商实现和运营商的日常维护管理。

(3) 保持端到端透明性。隧道技术只涉及网络层的封装、解封装以及隧道端点之间的通信,而不需要应用层进行修改,从而避免了应用层网关的使用。原有的应用程序在不做修改的情况下,可以无缝兼容隧道技术,对底层传输协议并无感知。隧道技术可以保持端到端的透明性,使得新型技术(如 P2P、FTP 等)得以在过渡时期继续得到发展和普及。

(4) 保证路由可扩展性。隧道技术将 IPv4 与 IPv6 路由进行隔离,IPv4 网络与 IPv6 网络各自维护路由系统,避免在 IPv6 网络中引入 IPv4 路由爆炸问题,从而保证了过渡时期网络的路由可扩展性。因此隧道技术可用于大规模部署,有利于网络向 IPv6 过渡。

(5) 适用场景丰富。隧道技术的星形模型和网状模型可满足不同过渡场景的需求。根据隧道类型,又可将过渡技术分为 IPv6-over-IPv4 隧道和 IPv4-over-IPv6 隧道,使得隧道技术适用于互联网向 IPv6 过渡的不同时期。

然而,隧道技术也有其协议机制方面的缺陷。隧道技术实质上还是使用同种协议栈的通信双方的互通,只是两者之间的传输网络为异构网络。因而隧道技术无法实现 IPv4

用户与 IPv6 用户之间的直接互通,难以支持在此基础上发展的新型应用和服务。另外,由于隧道技术将完整 IP 报文作为另一个报文的负载,导致隧道报文与原始报文大小不同,因此会消耗网络带宽,并且会带来较为严重的分段和重组问题。

隧道技术通过对报文进行封装和解封装的方式建立虚拟连接,实现跨异构网络的双向通信。隧道技术只需在连接异构网络的边界路由器上维护相应的绑定关系,就可实现对 IP 报文的透明传输,是无状态且轻量级的。隧道技术机制简单,灵活性高,可以保证路由的可扩展性。隧道技术基本能够满足各种场景下的 IPv6 过渡需求。目前国内外的 IPv6 过渡技术研究重点集中在隧道技术,尤其是 IPv4-over-IPv6 隧道技术。IETF 的重要工作组 Softwire 近年来在 IPv4-over-IPv6 隧道技术的标准化方面做了大量工作。但隧道技术也存在只能实现相同协议之间的互联,不能解决传统的 IPv4 网络和 IPv6 网络直接互通的问题。

7.6.6　过渡技术面临的问题

IPv6 过渡技术是对 IP 体系结构的修改和补充。为了能够使得 IPv4 和 IPv6 网络共存和通信,需要考虑网络过渡、融合过程中产生的各种问题,例如分段和重组问题、DNS 选择问题以及应用层网关问题等。针对这些过渡技术可能面临的公有问题,过渡技术机制需要着重考虑解决方案,以免对 IPv6 后续发展产生限制。

1. 分段与重组问题

在数据链路建立之前,网络结点需要通过动态或静态方式确定链路最大传输单元 MTU,即链路上传输的单个报文的最大容量,以便确定协议栈是否对报文进行分段,并对 IP 报文头中相应的字段进行设置。接收端则需要根据报文头中与分段相关的字段携带的信息,确定收到的报文是否完整,以进行报文重组。

IPv4 报文头长度为 20 字节,而 IPv6 报文头长度为 40 字节。两者报文头长度的差异导致过渡方案在进行分段与重组处理时的操作不同。双栈技术不涉及两种 IP 地址转换,不存在地址变换问题;翻译技术需要将报文的 IPv4 头与 IPv6 头进行双向转换,会导致转换后报文长度的变换;隧道技术则是需要在原来报文基础上,增加一个 IPv4 或 IPv6 报文头,也会导致报文总长度的变化。

在实际操作中可以有三种方式来应对:链路 MTU 触发传输层协商(例如设置 TCP 的最大分段大小选项(MSS Option))、对报文进行分段。前两种方式的主要目的是通过协议栈通知上层应用,减小发送报文的总长度,从而避免分段。但是网络不同结点的网络接口之间的 MTU 并不相同,通过这两种方式无法保证报文不分段。因此翻译技术和隧道技术需要有特定的报文分段重组机制,以应对由于报文头转换导致的报文大小变化问题。

对应翻译技术而言,对 IPv4 与 IPv6 报文头中分段相关字段的翻译是其核心之一。IPv6 报文头有分段头字段(fragment header),而在 IPv4 报文头中,相关信息是由标记字段(flag)和分段偏移字段(fragment offset)表示。在 IPv4 地址与 IPv6 地址的翻译过程中,需要结合翻译方向对这些字段进行语义翻译。

隧道技术不需要对这些具体的字段进行处理。但是封装增加了整个数据包的大小,因此，封装后得到的隧道包可能需要进行分段处理。对于 IPv6 隧道，隧道包封装上了 IPv6 头，与正常的 IPv6 报文一样。因此封装后的 IPv6 报文只能在隧道入口结点处被分段，而在 IPv6 网络的传输过程中不能被路由器分段。隧道出口结点接收到隧道报文后，必须正确地完成对隧道包的解封装工作。如果是经过分段处理的隧道包，则应该对分段进行重组后再对封装的内容进行处理。

当隧道出口结点使用的是 IPv6 任意播地址时，分段的隧道报文达到该结点时会出现重组问题。所有的分段报文必须到达同一个使用该任意播地址的结点，这样才能根据报文头中的分段标识信息进行正确重组。但是，由于任意播的机制使报文可能到达使用同一任意播地址的任意一个结点。这使对报文重组的需求无法在任意播的情况下得到保证。这个问题在原生 IPv6 分段报文到达使用任意播地址结点所面临的问题是一样的。

在过渡场景下，IPv6 隧道内部是 IPv4 报文。此时如果原始 IPv4 数据包的大小超过隧道 MTU 大小，应该按照以下原则处理。

(1) 如果 IPv4 原始数据包头的 DF 位标志是 1，意味着该报文不允许分段传输，则入口结点应该丢弃该数据包，并回复一个 ICMP 报文，其类型（type）为不可达的（Unreachable），编码（code）为数据包太大（Packet too big），并建议原始数据包的发起方将 MTU 值设为隧道 MTU 的大小。

(2) 如果原始数据包头的 DF 位标志是 0，意味着该报文可以被分段，则隧道入口结点将原始数据包封装为隧道包，然后将封装点隧道包进行 IPv6 分段处理，以保证不超过隧道的 MTU 的大小。由于是在隧道的入口结点，因此可以在对封装后的隧道报文进行分段。

2. DNS 选择问题

客户端通过向 DNS 服务器进行查询获取目的结点的 IPv4 和 IPv6 地址，从而发起连接。但是无论是原生的双栈环境，还是通过过渡技术构建的虚拟双栈环境，用户端都会面临 DNS 选择问题，即 DNS 服务器会同时返回 IPv4 应答和 IPv6 应答。当从 DNS 服务器返回的目的 IPv4 和 IPv6 地址中有一个不可达时，某些应用可能无法迅速完成连接切换。当前双栈结点的 DNS 处理流程如图 7.40 所示。双栈结点收到从 DNS 服务器返回的 IPv4 地址和 IPv6 地址后，对网络的 IPv6 连接情况并不感知，因此仍试图使用 IPv6 与服务器建立连接。连接失败后，客户端需要一段时间确认 IPv6 确实不能使用，这时，客户端才会尝试使用 IPv4 建立连接。可以通过避免向 DNS 服务器宣告服务器的 IPv6 地址的方式，减少这种连接切换的情况，以保证用户体验。

3. 应用层翻译问题

在某些应用层协议建立连接的过程中，通信双方需在应用层报文中指定目的端的 IP 地址及端口信息，才能正常建立连接。这使得应用层协议出现了"跨层"现象，即在应用层报文中包含了网络层和传输层信息，而且该信息必须与报文的真正网络层、传输层信息相匹配。跨层协议和应用目前很普遍，例如 FTP、SIP 等。应用层出现的跨层协议可以使得应用程序对网络连接有一定的控制力，但是会对网络的分层模型产生一定的影响。在 IPv6 过渡的场景下，这种影响更加明显，尤其对于翻译技术。

翻译技术需要将数据包的网络层信息进行转换，即把源 IP 地址和目的 IP 地址翻译为目标网络支持的 IP 地址类型。这种翻译操作会导致网络层地址信息与应用层报文中的 IP 地址信息不匹配,造成应用层协议控制层面无法正常工作。为了能支持这类应用,翻译技术既要能对网络层数据进行翻译,也能对应用层中携带 IP 信息的报文进行相应的翻译。

对应双栈和隧道技术,IPv4 与 IPv6 网络不会存在 IPv4 地址与 IPv6 地址的直接转换,因此不需要在应用层进行翻译操作。跨层应用可以在双栈和隧道环境下进行工作。

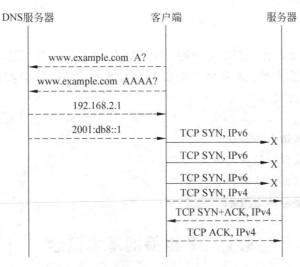

图 7.40 当前双栈结点 DNS 报文交互过程

习 题

1. 请简述 IPv6 相对 IPv4 的改进体现在哪些方面?

2. 为什么 IPv6 替代 IPv4 是网络发展的必然? 在 IPv6 未进行正式应用前,请列出针对 IPv4 地址危机临时的解决方法有哪些及其各自特点?

3. 当同一个分组中包含有 IPv6 基本报头、扩展报头和高层报头时,请列出各个报头出现的顺序。

4. IPv6 的数据转发模式分为哪几种?

5. 在 IPv6 数据传输过程中,如何判断源主机和目标主机在同一链路?

6. 试述 IPv6 的地址解析过程。

7. 试述源主机和目标主机不在同一链路的数据转发过程。

8. 邻居发现协议的类型有哪几种?

9. 邻居不可达是如何进行检测的?

第 8 章

IP 组播与 IGMP 协议

互联网要解决多媒体应用所要求的传输带宽大、实时性强等问题,需要采用不同于传统的单播转发技术来实现。本章将讨论 IP 组播技术和 IGMP 协议实现点到多点和多点到多点的分组转发方式。

本章主要介绍:

- IP 组播发展历史与现状
- IP 组播地址与分组转发方法
- IP 组播管理协议基本内容
- IPv6 的组播与路由技术

8.1 IP 组播的基本概念

8.1.1 IP 组播与单播的区别

传统的 IP 协议规定 IP 分组的目的地址只能是一个单播地址。这种 IP 单播工作模式对于新闻、股市与金融信息发布,以及讨论组、视频会议、交互式游戏等由多个用户参与的网络应用,显然会大量浪费网络资源,工作效率低下。1988 年,为了适应多用户交互式语音和视频信息服务需要,人们提出了 IP 组播(或组播)的概念。

1. 单播

所谓单播(Unicast),就是点到点的分组转发,这是目前互联网中使用最普遍的转发方式。单播方式只涉及一个发送端和一个接收端。在网络中提到单播,一般默认数据是单向传输的,但是控制数据的传输是双向的。在这种方式下,从一台主机发出的每个分组只能发送给另一台主机。例如 Web 浏览和 FTP 文件传输都是常见的单播应用。如果有多台主机想从一个发送端得到同样的信息,如果使用单播方式,发送主机必须向每个主机单独发送多份同样数据的副本。从此可以看出,使用单播实现群组通信,可扩展性不好。举例来说,有 n 台主机要进行群组通信,如果采用单播的方式,那么就要建立 $n(n-1)/2$ 个单播连接。这种发送端发送冗余信息,同一信道上传送多份同样信息的副本的方式,不仅给发送端主机带来沉重的负担,同时又占用了大量的网络带宽。图 8.1(a)为 IP 单播的工作过程。在 IP 单播状态下,如果主机 0 打算向主机 1~主机 20 发送同一个文件,则它需要准备 20 个文件副本,分别封装在源地址相同而目的地址不同的 20 个分组中,分别将这 20 个分组发送给 20 个目的主机。

2. 组播

组播(Multicast)(也称多播)技术是一种允许一台主机(称为组播源或发送端)一次发送单一数据分组到多台主机(称为接收端)的技术。组播作为一点对多点的通信方式,是节省网络带宽的有效方法之一。在网络音频/视频广播等多媒体应用中,当需要将一个结点的数据分组传送到多个结点时,如果采用重复单播方式,都会严重浪费网络带宽,而只有组播才是最好的选择。这是因为组播能使一个或多个组播源只把数据分组发送给特定的组播组,只有加入该组播组的主机才能接收到数据分组。目前,组播技术被广泛应用在网络音频/视频广播、视频点播、网络视频会议、多媒体远程教育、推送(push)技术(如股票行情等)和虚拟现实游戏等方面。组播和单播的比较见图 8.1,图 8.1(b)给出了 IP 组播的工作过程,在 IP 组播状态下,如果主机 0 打算向组播组成员主机 1～主机 20 发送

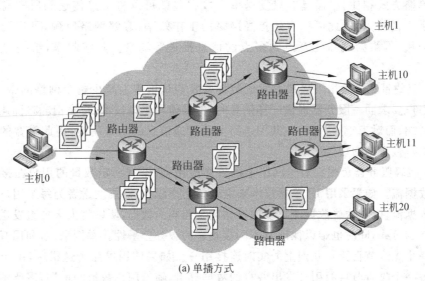

(a) 单播方式

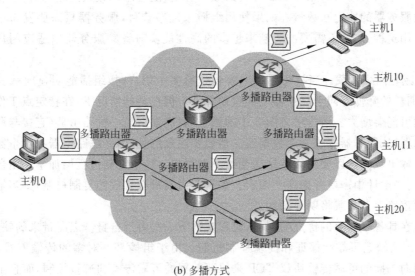

(b) 多播方式

图 8.1　IP 单播与单播的过程比较

同一个文件,则它只需要准备一个文件副本,封装在一个组播分组中,发送给组播组中的20个成员。如果IP组播组的成员达到成千上万个,则采用组播将会更加显著提高系统效率。从图中可以看出,组播和单播相比节省了网络带宽,减轻了服务器的负载。

1989年,IEEE定义了IP组播协议,即互联网组管理协议(Internet Group Management Protocol,IGMP),其目的是解决互联网组播转发问题,支持IGMP协议的路由器称为组播路由器(multicast router)。目前组播主干网的规模已经很大,拥有几千个组播路由器。目前提到组播一般是指单点到多点的工作方式。多点到多点的工作方式是组播的扩展方式,这种方式一般被称为多点通信或群播(Multipoint Communication)。

8.1.2　IP组播技术的优缺点

与单播方式相比,组播具有只发送单个数据包就可以将信息传送到所有需要它的接收者手中的特点,因此可以有效提高网络的工作效率,缓解网络瓶颈,可广泛应用于多媒体应用、网络游戏和任意点到多点的信息推送等场景。归纳起来,组播主要有以下优点。

(1) 节约带宽。运用组播技术发送数据常常能从根本上减少整个网络的带宽需求。当多个用户要求同一服务器提供同样信息时,如果使用单播技术,带宽消耗将随用户的增多不断增加;而对于组播,由于在共用链路上只传递信息的一份副本,因此带宽的需求并不会随用户数量的增加而增加。

(2) 减轻服务器负载。对于网络上的许多应用,常常有一定数量的用户在接收完全相同的数据流。如果采用IP单播技术来为这些用户服务,需要发送者为每个用户单独建立一个数据流,由于这些数据流重复地发送完全相同的数据,所以将大大加重发送主机和通信网络的负载,同时也难以保证对不同接收者的服务公平性。举例来说,利用音频服务器传送一个无线节目给互联网上的实时连接用户。如果使用单播传送机制,由于服务器必须为每一个收听节目的用户发出各自的数据分组,随着用户数量的增加,需要不断增加实时音频服务器的能力和数量。如果使用组播来发布节目,服务器只需要发布单个实时数据流。用这种方式,不需要购买越来越多的高性能实时音频服务器以适应用户数目的增长。

(3) 减轻网络负载。当将相同的内容传送给多个用户时,组播能明显地减少带宽要求,带宽消耗的降低等同于路由器上的负载降低。但在某些情况下,在特定点工作的路由器的负载可能会增大。请再参考图3.1的例子,我们知道第一跳路由器(直接与服务器相连的路由器)从服务器接收一个数据流。然而要注意的是,第一跳路由器把单个数据流复制成两个输出数据流以便将该数据送交给下游用户。这个复制过程增加了路由器的工作负载,在网络设计中需要考虑这个因素。如果路由器没有有效的复制机制,则当输出接口数很大时该路由器负载将明显增加。

组播在具备了以上的优点的同时,也存在如下一些由于自身特点所带来的缺点。

(1) 组播缺乏可靠性保证和拥塞控制机制。由于组播是一对多的传输方式,无法直接使用面向单播的可靠传输协议TCP来保证数据的可靠传输和流量控制,而且由于组播应用往往传输的是视频流,因此现有的组播应用传输组播数据时通常采用UDP协议。

UDP 协议是一种尽力而为的协议,这意味着数据的传输可能发生丢失、乱序以及重复到达等。因此如果要实现组播的可靠传输,就需要利用应用层设计方案或通过一种在 UDP 之上的可靠组播协议来实现。但是与单播相比,可靠组播实现相对困难。更为严重的问题是,组播传输目前缺乏有效的拥塞控制机制。组播数据是基于 UDP 这种没有拥塞控制机制的协议进行传输的,如果组播本身不采用拥塞控制机制,那么组播数据流就很可能占满网络带宽,使网络中的 TCP 流量难以获得足够的带宽,造成对 TCP 流的不公平。组播拥塞控制机制是目前组播研究的一个难点问题,组播拥塞控制有两个重要的目标:可扩展性和 TCP 友好(TCP-Friendly)。可扩展性是指随着组规模的增大,拥塞控制协议不会造成组播性能下降。TCP 友好则要求组播和 TCP 流量公平地竞争网络带宽。

(2) 组播缺乏足够的安全性。安全组播指的是只有注册过的发送者才可以向组播组发送数据;并且只有注册的接收者才可以接收组播数据。然而目前的 IP 组播很难保证这一点。因为 IP 组播使用无连接的协议 UDP。UDP 协议不使用肯定确认或否定确认机制来确保可靠传送,并且组播也不能被防火墙检测到,因此无法对组播进行安全认证。其次,互联网缺少对于网络层的访问控制。除此以外,组成员可以随时加入/退出组播组的动态性使得对组成员的安全联盟的建立非常复杂,它必须能够根据组成员的变化进行动态的更新。以上这几点使组播安全问题同组播的可靠性问题一样难以解决。

(3) 组播缺乏有效的用户管理功能。具体表现为:①认证难:组播协议不提供用户认证功能,用户可随意地加入或离开;②计费难:组播协议不涉及计费,加上组播源无法得知用户何时加入或离开,也无法统计某时间段到底有多少用户在接收组播数据,因此无法进行准确的计费;③管理难:组播源缺乏有效的管理手段去控制组播信息在网上传递的范围和方向。

(4) 组播实现复杂。由于组播组成员分布在网络的不同地方,通过不同的链路和互连设备相连,并且接收者自身的处理能力不同。当所有接收者都要与同一组播源交互时,就必须采取某些方法使得每一个接收者接收到与其接收能力和从组播源到接收者之间带宽相适应的数据流。网络的异构性导致了组播应用的实现复杂性。所以在设计和实现组播时,必须充分考虑到网络的异构性特点。

按照传输数据的性质,组播应用可以分为如下 4 类。

(1) 实时多媒体应用。这类应用主要包括视频会议:一种视频会议属于多点对多点的应用,在这种视频会议中,每个参会者既可以发言,也可以当听众。另一种视频会议属于一点对多点的应用,例如 IETF 使用 MBone 进行大会的网络直播。无法亲自到会的人可以作为听众通过网络听到参会者的报告。实时多媒体业务不需要很高的可靠性,但是对延时抖动的要求较高,因为在这种应用中,要求数据能够以一种平稳的速率进行发送,以便使图像看上去更自然,并且口形和声音要保持一致。

(2) 实时数据应用。实时数据应用种类很多,其中一种典型的应用是电子白板,参会者可以在此白板上写字、绘图以及通过其他的书面形式和其他参会者共享和交流信息。在这种应用中要保证数据的无差错传以保证白板上的数据的正确性,因此这种应用要求延时低。第二类实时数据应用是网络游戏。基于单播的网络游戏已经存在于互联网,但是组播非常适合网络游戏或者仿真应用的使用,参与的计算机只需进入 IP 组播组就开始发送和接收游戏及仿真数据。

（3）非实时多媒体应用。非实时多媒体应用的例子如远程教育,此外最近涌现出的如 Web 页面的 Cache 技术和镜像技术。利用镜像和 Cache 技术能够使高品质的多媒体传输成为可能。这类应用对时延的要求不高。

（4）非实时数据应用。许多非实时数据业务需要高可靠性。一个典型应用是通过软件中心向各个网点进行软件发布和软件更新。此外推送业务也是一类新兴的使用组播技术的非实时数据应用,如新闻标题、天气变化等信息的发布,它们要求的带宽较低,对延时的要求不高。

8.2　　IP 组播地址

IP 组播地址指定了一个 IP 主机的集合,集合内的主机属于同一个组播组,拥有同样的组播地址,并接收发向该组播组的数据。需要注意的是,组播地址具有其特殊性,即组播地址对应于一个逻辑组播组,它并不代表每个组成员的实际网络位置,不能像单播地址一样进行聚合。以下介绍组播地址结构,以及它们和第二层组播地址的对应关系。

8.2.1　　IPv4 组播地址

在讨论 IP 组播地址时,要注意以下几个问题。

（1）IP 组播分组使用的是 IP 组播地址。IP 组播地址只能用于目的地址,而不能用于源地址。

（2）标准分类的 D 类地址是为 IP 组播地址而定义的。D 类 IP 地址的前 4 位为 1110,因此 D 类地址的范围在 224.0.0.0～239.255.255.255。每个 D 类 IP 地址可以标识一个组播组,则 D 类地址能标识出 2^{28} 个组播组。

（3）D 类地址空间中被预留用于特殊用途的部分组播地址。例如 244.0.0.0 被保留;244.0.0.1 指定为本网中所有参加组播的主机和路由器使用;224.0.0.11 指定为移动代理的地址;224.0.1.1～224.0.1.18 被预留给电视会议等组播应用;239.0.0.0～239.255.255.255 限制在一个组织中使用。

（4）IP 组播地址是组播网络中一个组播组的唯一标识。每个组播组可能包含着分布在不同网络中的多个主机,这些主机分别属于不同的网络,本身就有不同的单播 IP 地址,同时这些主机又都属于某一个组播组。例如,一个组播组的地址为 224.0.2.6,主机 A 属于这个组播组,同时主机 A 仍然可以有它所在的网络分配的单播地址(如 202.1.1.8)。

（5）组播路由器要维护一个 IP 组播地址与组成员结点 MAC 地址的映射表,它在转发组播分组时需要通过映射表找出组成员的 MAC 地址,完成组播分组的转发。

8.2.2　　组播 MAC 地址

早期的网络系统要求计算机能够利用以太网把消息组播分发给由不同计算机构成的组播组。随着互联网发展,需要把以太网组播扩展到 IP 网络层次的问题,面临的问题是如何实现将组播组的 IP 地址与 MAC 地址进行映射。可以将 IP 组播的 MAC 地址前缀固定为 01-00-5e(十六进制),也就是说 48 位的 MAC 地址中仅剩余后 24 位可用,并且这 24 位的第一位被固定预置为 0,因此实际只有 23 位的 MAC 地址空间。但 IPv4 组播地址空间是 28 位的,因此以太网卡就必须处理 28 位 IP 组播地址到 23 位 MAC 组播地址的映射,其结果如图 8.2 所示,32 个 IPv4 组播地址映射到同一 MAC 地址上。

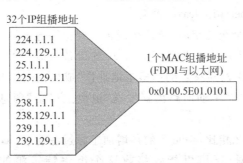

图 8.2 IP 组播 MAC 地址匹配

8.3 互联网组播管理协议 IGMP

实现 IP 组播功能需要解决两个基本问题:组播组的成员管理和组播路由选择。在组播中,组的概念是十分重要的。由组播的定义可知,组播数据是从一个源主机发送到一组主机。在 IP 组播中,一组组播主机用一个 IP 组播地址标识,它指定了发送报文的目的组。若一个主机想要接收发到一个特定组的组播报文,它需要监听发往那个特定组的所有报文。为解决网络上组播报文的选路,主机需通过通知其子网上的组播路由器来加入一个组,组播中采用互联网组管理协议(Internet Group Management Protocol,IGMP)来实现本地组播路由器与主机之间的组播组管理。

IGMP 协议目前有 3 个版本:IGMPv1、IGMPv2 和 IGMPv3。主机使用 IGMP 消息将要接收的组播数据的主机组地址通知本地的组播路由器。如果主机支持 IGMPv2,它还可以通知组播路由器它可以退出某主机组。组播路由器通过 IGMP 协议为其每个端口都维护一张主机组成员表,并定期探询表中的主机组的成员,以确定该主机组是否仍然存在。

IGMP 消息用 IP 分组进行传送。IGMPv1 中定义了两种消息类型:主机成员询问、主机成员报告。当某主机想要接收某个组播组的数据时,它向本地的组播路由器发送"主机成员报告"消息,告知欲接收的组播地址。组播路由器收到"主机成员报告"消息后把该主机加入指定的主机组,并在设定的周期内向组播地址 224.0.0.1(代表所有支持组播的主机)发送"主机成员询问"消息。主机如果还想继续接收组播数据,必须发送"主机成员报告"消息。

IGMPv2 与 IGMPv1 的不同是它将版本字段和消息类型字段融合,把未使用字段作为"最大响应时间"字段。IGMPv2 报文的消息类型字段定义了如下 3 种消息类型。

1. 成员关系询问(membership_quere)报文

当本地组播路由器需要询问它所连接的网络中是否有属于某个组播组的成员时,使用成员关系询问报文。例如,成员关系询问报文中组播地址为 224.0.2.6,那么本地组播路由器是在查询它所连接的网络主机中是否有属于地址为 224.0.2.6 的组播组成员。

2. 成员关系报告(membership_report)报文

当主机申请加入到某个组播组时,它使用成员关系报告报文通知本地的组播路由器。同时,成员关系报告报文也可以作为主机对成员关系询问报文的应答。

3. 成员离开(membership_leave)报文

当主机准备离开某个组播组时,它使用成员离开报文通知本地的组播路由器。

IGMPv2 向前兼容 IGMPv1 协议,IGMPv1 的设备可以接收处理 IGMPv2 的消息报文。IGMPv2 中允许路由器对指定的主机组地址作"成员询问",非该组的主机不必响应。如果某主机想退出,它可以主动向路由器发送"退出主机组"消息,而不必像 IGMPv1 中那样只能被动退出。

IGMPv3 和 IGMPv2 相比,最重要的是增加了源过滤功能,即不仅允许主机指定其需要接收的特定组的数据,还可以指定接收这个组中特定源的数据。主机可以通过 INCLUDE 和 EXCLUDE 两种模式来指定接收范围。使用 INCLUDE 模式时,主机给出其希望接收的源 IP 地址的列表;使用 EXCLUDE 模式时,则给出其不希望接收的源 IP 地址的列表。路由器根据主机指定的范围转发组播数据。在图 8.3 所示的实例中,组播组 224.1.1.1 的成员 H1 仅接收了来自组播源 S1=1.1.1.1 的数据,而拒绝接收来自组播源 S2=2.2.2.2 的数据。

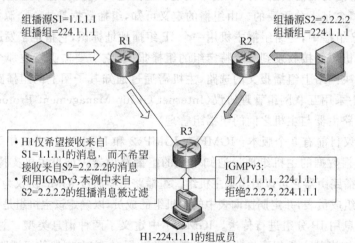

图 8.3 IGMPv3 的源过滤功能

理解 IGMP 协议需要注意以下几个问题。

(1) IGMP 协议并不能对全网范围内的所有组播组成员进行管理,它不知道一个组播组有多少个成员,以及这些成员都在哪个网络上。组播路由器在与它直接连接的网络中的组播组成员主机的通信中使用 IGMP 协议,以获得组播组成员的动态信息。

(2) 本地组播路由器通过 IGMP 协议获取本地组播组成员的动态信息,再将这些信息传递给网络中其他的组播路由器。

(3) 由于组播组的成员关系是动态的,因此本地组播路由器要周期性地探询本网络上的主机,以便知道这些主机是否还继续是某个组播组的成员。如果主机希望留在某个组播组,它就需要及时地向组播路由器发回应答报文。默认的探询时间间隔是 125 秒。

(4) 与 ICMP 协议类似,IGMP 协议数据直接封装在 IP 分组中形成 IGMP 分组。IGMP 分组包括分组头的版本、协议、校验和等 3 个字段,以及"组播地址",其中,协议字段为 2。

8.4　组播分组转发

在单播转发中,从源结点到目的结点的转发路径一般是一条最短路径。与单播不同的是,组播在进行数据转发时,要将同一信息发送到不同的接收端,为了节约网络带宽和减少复制信息的次数,应该尽量使得在同一链路上信息只复制一次。因此组播的转发结构通常采用树形结构,在这种结构下,组播包的复制只在树的分支处进行,这样可以使全网范围的分组复制数量达到最少。组播组的成员可以随时加入或离开组播组,当位于某个分支上的所有接收者都不再接收发往某个组播组的数据时,路由器便将该分支从转发树上剪去,并停止沿该分支转发数据包。如果这个分支上的接收者又被激活并要求接收组播组数据,路由器就会动态地修改转发树,重新开始向该分支转发组播数据。组播技术通常采用源树和共享树的转发树结构,以及组播的逆向路径转发策略。

8.4.1　源树

源树是最简单的组播转发树结构。它的根是组播组的源结点,各个枝干形成一棵覆盖网络中所有组播组成员的生成树。这种树使用网络中的最短路径,即转发树上从源结点到各个组成员的路径都是最短路径,在数学上,这种树也称为最短路径树(Shortest Path Tree,SPT)。在最短路径树上的每个路由器要保存的路由状态是(S, G),这里 S 代表组播源,G 代表组播组地址,也就是对每个组播组的每个组播源都要建立一棵源树。图 8.4 表示的是组播源 S1 建立的到接收端 1 和接收端 2 的源树。图 8.5 表示的是组播

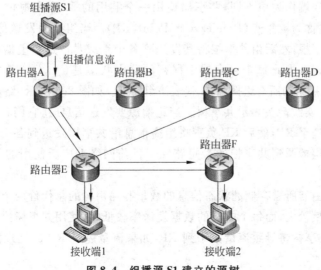

图 8.4　组播源 S1 建立的源树

源 S2 建立的到接收端 1 和接收端 2 的源树。图中箭头表示沿路建立的 SPT 传输的组播信息流。

基于源树的转发结构的好处在于不同组播源发出的数据包被分散到各自分离的组播树上,因此有利于网络中数据流量的均衡。同时,因为从源结点到各个组播组成员之间的路径是最优的,所以端到端(End-to-End)的时延性能较好,有利于流量大、时延性能要求较高的实时媒体应用。但是这种源树的转发结构的可扩展性不是很好,如果一个组播组有 N 个发送源,那么就要为每个源结点建立一棵源树,同时,每台路由器都要保存 N×M(M 是组播组的数量)个路由转发状态,引入了较大的状态维护开销。

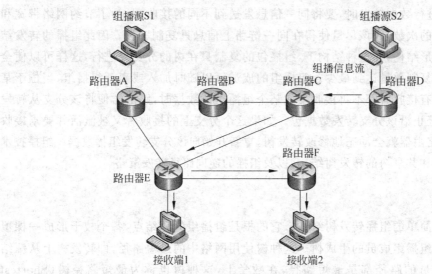

图 8.5　组播源 S2 建立的源树

8.4.2　共享树

与源树以发送端作为根不同,共享树使用一个共用的根,这个根位于网络中的某个点,这个共享的根称为汇集点(Rendezvous Point,RP)。当组播源发送信息时,它先将信息发送到这个共享根,然后由共享根将其发送到各个组成员。这个组播组的所有发送源都使用这棵组播树。为此每个路由器中保存的路由状态是(*,G),其中 * 是一个通配符,代表所有该组播组的所有组播源,G 代表该组播组。如图 8.6 所示,路由器 C 是这个共享树的根,即 RP,实线箭头表示共享树。当组播源要发送信息时,它们首先沿着到 RP 的最短路将信息发送至 RP,然后 RP 负责将组播信息沿共享树发送到各个接收端。图 8.6 中虚线表示各个组播源到共享根的最短路径。目前网络上广泛使用的 PIM-SM 协议使用共享树方案。

共享树在路由器所需存储的状态信息的数量和路由树的总代价两个方面具有较好的性能。当组的规模较大,而每个成员的数据发送率较低时,使用共享树比较适合。但当通信量大时,使用共享树将导致流量集中到 RP,如果流量超过 RP 的处理能力则会影响组播通信的性能。

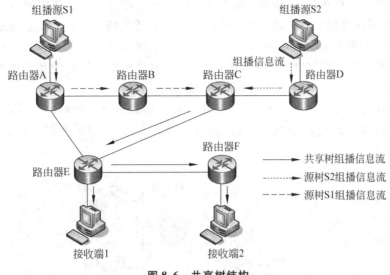

图 8.6   共享树结构

8.4.3   源树和共享树的比较

源树和共享树都是无回路的,组播分组只在树的分支处进行复制。

源树的优点在于组播源和各个接收者之间通过最优路径进行转发。这保证转发组播数据的网络时延最小。然而这种最优是有代价的:路由器必须为每个源维护路由信息。在一个包含数千个组播组的网络中,源树的开销会迅速耗尽路由器的资源,网络设计者必须考虑组播路由表所带来的内存开销。

共享树的优点在于在每个路由器上需要保存的状态数量最少。这一优势降低了对只使用共享树的网络的内存要求。共享树的缺点是某些情况下源和接收者之间的路径可能不是最优的。这就可能在数据包的传送过程中造成一些延迟。另外 RP 是整个组播组通信的单一失效点,如果 RP 失效会导致整个组播组通信失败。

目前有些组播协议使用了折中方案,即可以在共享树和源树之间进行切换,如 PIM协议,具体细节在后面详细介绍。

8.4.4   组播转发

在单播路由选择中,数据包从源结点开始,沿着单一的路径到达目的结点。单播路由器不考虑数据包的源地址而只考虑目的地址,每当一个数据包到来时,它查找自己的路由表,查找数据包目的地址对应的表项,然后从正确的接口将此数据包发送出去。

在组播转发中,组播源要把数据包发送到一组主机,这些主机拥有一个共同的组播地址。也就是说,组播数据包的目的地址不是某个特定主机的地址,而是要发送到的组播组的地址。为此组播路由器必须确定哪些数据包是来自组播源的(上游路由器),还要确定哪个方向是下游。如果有多个出口,路由器便复制组播数据包,把它们沿着适当的通路向下游结点的路径转发,而不必向所有的出口都转发。为此,与在 IP 单播中使用目的地址作为决定转发的依据相反,组播路由器不能把转发决定建立在信息包中的目的地址的基础上,而是要以发送组播信息的主机源地址作为决定转发的依据。因此组播路由与单播路由相反,IP单播路由关注的是包将发往何处,IP组播路由关注的是包从何处来。上述要求使得组播转发过程比单播转发过程更为复杂,也就涉及一个在IP组播中十分重要的概念,即逆向路径转发(Reverse Path Forwarding,RPF)。

逆向路径转发的原理和过程如下:当组播数据包到达路由器时,路由器对数据包进行RPF检查,如果RPF检查成功了,数据包将被转发,否则被丢弃,具体过程如图8.7所示。

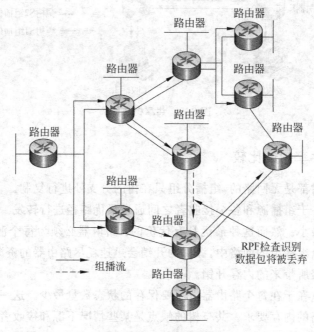

图 8.7 RPF 检查过程

RPF 检查过程如下。

(1) 路由器检查到达的组播数据包的源地址,以确定此数据包经过的接口是否在从此组播包的源地址到此结点的最短路径上(这里假设路由双向对称),此项操作通过查找相应的单播路由表实现。

(2) 如果数据包在可返回源结点的接口上到达,则RPF检查成功,且信息包被转发。

(3) 如果RPF检查失败,丢弃该数据包。

组播路由器如何确定收到的组播数据包的接口是在可返回到源结点的逆向路径上取决于所使用的路由协议。在PIM协议中,使用单播路由表来进行RPF检查。详细过程见图8.8的例子:当来自202.112.5.1的组播数据包到达路由器的S0接口时,路由器进行RPF检查,通过单播路由表,路由器发现返回源结点202.112.5.1的接口应该是S1接口,而不是S0接口,表明RPF检查失败,路由器将丢弃这个数据包。如果来自202.112.5.1的组播数据包到达路由器的S1接口,那么RPF检查通过,此组播数据包将被从输出接口表上的所有接口转发出去(注意,输出接口不必包括路由器上的所有接口,有些协议有剪枝操作,会去掉不需要转发的接口),具体过程如图 8.9 所示。

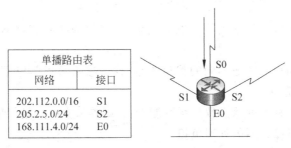

单播路由表	
网络	接口
202.112.0.0/16	S1
205.2.5.0/24	S2
168.111.4.0/24	E0

图 8.8　RPF 检查识别

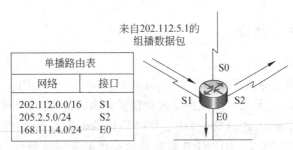

单播路由表	
网络	接口
202.112.0.0/16	S1
205.2.5.0/24	S2
168.111.4.0/24	E0

图 8.9　RPF 检查成功

　　PIM 协议就是利用单播路由信息,按照从接收者到组播源相反路径方向生成一棵转发树。然后组播路由器便沿着转发树将数据包从组播源发送到接收者。RPF 是组播转发中的关键概念。它使得路由器能够正确地将组播数据包沿着转发树进行转发。RPF 利用了现有的单播路由表来判定上游和下游邻居,路由器只转发从上游接口收到的组播数据包,RPF 检查过程保证了转发树是无回路的。

　　对于每一个输入组播数据包进行 RPF 检查会对路由器的性能造成较大的负面影响。因此,建立组播转发表时,通常由组播路由协议确定 RPF 接口。然后将 RPF 接口变成组播转发表项的输入接口。一旦 RPF 检查程序使用的路由表发生变化,必须重新计算 RPF 接口并更新组播转发表项。组播转发表项一般包括组播组地址、RPF 接口和输出接口等几项。

8.5　组播路由协议

　　组播路由协议是 IP 组播协议体系中最核心的功能。和单播路由协议类似,IP 组播路由协议也分成域内(Intra-Domain)和域间(Inter-Domain)两个层次。

　　为了能够真正实用,IP 组播必须是高效率的、可扩展的和可以逐步部署的。高效率的含义是建立和维护组的开销很小,只需要很少的控制信息。可扩展的含义是控制消息的数量和网络中保存的状态的数量只和组播组规模和网络规模成线性关系。可以逐步部署的含义是可以逐步向互联网中增加组播功能而不需要同时升级所有的路由器和主机。

　　组播路由协议主要有以下技术难点。

（1）最小化网络负载,避免出现路由循环和流量集中到某条链路或者某个子网的情况。

（2）为可靠传输提供基本支持。也就是说,需要保证路由变化不影响组播组成员间的数据传输。

（3）提供组播路由时考虑不同的代价参数（代价参数可以是可用资源、带宽、端到端延迟或使用链路的费用）。

（4）使路由器中保存的状态数量尽可能少,否则难以支持大量的组。

（5）尽可能降低路由器的处理负担。

下面把组播路由协议分成域内组播路由协议和域间组播路由协议两大类并分别加以介绍。

8.5.1　域内组播路由协议

1. DVMRP 协议

距离向量组播路由协议（Distance Vector Multicast Routing Protocol,DVMRP）是一个距离向量路由协议,也是第一个支持组播功能的路由协议,它已经被广泛地应用在组播主干网 MBone（Multicast Backbone）中。DVMRP 的最初设计来自 RIP 协议,RIP 和 DVMRP 的主要的区别在于:RIP 计算朝向目的地址的下一跳地址,而 DVMRP 则计算朝向源的前一跳地址。而且,DVMRP 是基于 RIP 协议的单播路由表进行计算的,因此只有使用 RIP 作为单播路由协议的情况下才能使用 DVMRP。

DVMRP 支持 IP 组播的逐步部署,因为它支持使用隧道机制绕过不支持 IP 组播的路由器。这一特性非常重要,基于这一特性,人们建立了第一个实验性的 IP 组播网络 MBone。它是由通过 DVMRP 隧道连接起来的 IP 组播路由器构成的覆盖网络。实际上,MBone 是自治管理的组播区域的集合,这些组播区域由一个或者多个具有组播能力的路由器定义。这些区域通过主干区域相互连接,主干区域使用 DVMRP 作为组播路由协议。

DVMRPv3 为每个源构造基于源的组播树,构造过程中使用路径经过的跳数（也就是路由器数）作为路由度量。组播树是根据需要构造的,也就是说,当源结点发送第一个分组时,使用泛洪和剪枝策略或者反向路径转发算法 RPF,DVMRP 沿着组播树单向转发数据。为了避免转发重复分组（通常是由于短暂的路由表不一致导致的路由循环造成的）,每个收到 IP 组播分组的输入端口都要进行反向路径检查,看该端口是否是向源结点发送单播分组时的输出端口,而反向路径检查算法使用单播路由表进行检查。

（1）当收到组播分组时,保存源地址 S 和输入端口标识符 I。

（2）查找单播路由表,如果 I 是向 S 发送单播分组的发送端口,则向所有（除了 I）端口发送该组播分组,否则就丢弃该分组。

RPF 算法是一个泛洪和剪枝算法,组成员可以剪掉那些不再通向组成员的组播树分支。可以使用组管理协议检测在组播树的叶子结点上是否有组播成员。这些信息上传给上游的路由器以确定是否可以执行剪枝操作。如图 8.10 所示,图中只有 R3、R8 和 R6 有组成员,路由器 R4 和 R7 发送剪枝（Prune）消息请求把自己从组播树中删除从而不再接

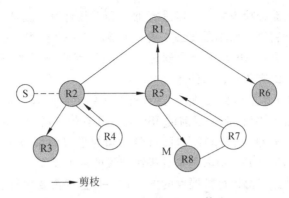

图 8.10　洪泛与剪枝 RPF 算法

收组播分组。具体过程如下。

(1) 如果组播树的叶子结点发现自己不再有组播成员,将向自己的上游路由器(组播树的反方向为上游)发送剪枝消息表示不再从端口 I 接收组播组 G 中来自源 S 的消息,同时在端口 I 设置剪枝状态表示端口已经被剪枝。

(2) 如果上游的路由器从它转发第一个分组的所有的接口都收到了剪枝消息,那么它将向树的根结点(源结点)发送一条剪枝命令。

这种策略有一些缺点。首先,第一个分组需要在整个网络中广播。另外,在有限的时间周期(这个时间周期根据组成员的动态特性和网络拓扑结构进行设置)之后,剪枝状态将从内存中删除,后续组播分组需要再次进行广播(这被称为周期性的组播状态刷新)。这是为了适应网络拓扑结构的变化。第二个缺点是路由器必须为每个组和每个源保存组播路由状态。而且,除了组播树中的路由器需要保存这些状态之外,不再属于组播树的路由器也需要保存剪枝状态。这是因为,协议设计者认为,将来很有可能还有组成员从这些路由器加入组播组,如果真有新成员从这些路由器加入组播组,那么只需要简单的嫁接(Graft)操作就可以把新成员加入组播组。对于大多数组成员都是源结点的组播组或者有大量组播组的网络来说,这种策略需要消耗大量的内存和网络资源,也就是说,DVMRP 协议的扩展性不好。

DVMRP 不需要特殊的控制消息来广播源结点,源结点是通过广播第一个数据分组进行标识的。DVMRP 没有考虑安全特性,也不支持 QoS 路由和策略路由。DVMRP 假定任意两个结点之间的路由是对称的,并具有相同的代价。如果路由不对称,则使用隧道机制。DVMRP 主要在 MBone 中应用,并且 DVMRP 有开放源代码的实现。

2. MOSPF 协议

组播开放最短路径优先协议(Multicast Open Shortest Path First,MOSPF)是一个单播链路状态路由协议,它依赖于 OSPF 协议构造的单播路由表来构建组播转发树。OSPF 可以使用不同类型的单一链路状态度量(例如延迟或者经过的跳数)来表示路径的代价。MOSFP 使用一个新的链路状态通告(Link State Advertisement,LSA)记录类型,对组成员 OSPF 的路由数据库进行补充,并利用定期泛洪方式,使得域内所有 MOSPF 路由器都掌握当前整个域内最新路由拓扑结构和接收者位置的完整信息。使用这种方式,MOSFP

路由器可以执行反向路径检查并且可以进行加入和剪枝计算。因此,组播树中的路由器可以构造源树(最短路径树)而不需要去广播每个源的第一个分组。这种单向组播树是当每个源的第一个分组到达 MOSPF 路由器时才构造的,因此,不在组播树中的路由器并不需要执行任何和组播组有关的计算任务。

　　MOSPF 协议的计算量相当大,它需要对每个源结点和组播组的组合进行计算。虽然 MOSPF 是域内路由协议,但是当前的 ISP 通常具有较大的自治域,因此潜在的组播组数量和组播组源结点数量都非常大,而目前已知的最快的最短路径算法的实现也是 $O(N * logN)$ 复杂度,因此必须有其他措施提高协议的可扩展性。

　　目前主要有两种提高协议可扩展性的方法。一是根据需要执行组播树的计算,这意味着只有收到从源 S 发到组播组 G 的第一个分组时才开始计算组播树。在生成组播树之后,组成员信息就用来对组播树进行剪枝操作。另一种方法是把整个自治系统划分成多个路由区域,构成层次结构的路由体系,这也是当前最常用的方法,实际上,OSPF 也支持这种域内的层次化路由。图 8.11 是 MOSPF 层次结构的一个实例。

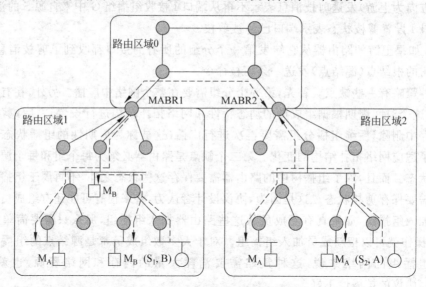

图 8.11　MOSPF 路由域的层次结构

　　图中共有 3 个路由区域:区域 0、区域 1 和区域 2。图中共有两个组播组 M_A 和 M_B,其中 M_B 成员都分布在区域 1,而 M_A 成员在区域 1 和区域 2 都有分布。由于路由区域的引入,区域内组播树的计算量大大减少,但也造成组播无法跨区域实现的后果,比如组播源 S_2 发出的组播信息(S_2, A)无法被区域 1 中 M_A 的成员接收。其改进措施是,不同区域间的组播边界路由器(本例中的 MABR1 和 MABR2)把自身涉及的路由区域的组播路由信息在区域 0 中传播,这样即可在保证协议可扩展的前提下实现整个路由域范围的组播。由于区域概念的引入,MOSPF 路由器可根据功能进一步划分为 4 种类型,不过需要注意的是这 4 种类型的路由器在定义上相互间是有重叠的。

　　(1) 域内路由器(Internal Routers):与该路由器相连的所有通信对端(网络或路由器)均属于同一个域。该路由器只运行一套基本的路由算法。

（2）域间路由器（Area Border Routers）：与多个域相连的路由器。域间路由器运行多套基本的路由算法，每套算法对应与它相连的一个区域。域间路由器将与它们相连的域的拓扑结构信息加以提炼并将其发送到主干，然后主干将这些信息分发到各个域中。

（3）主干路由器（Backbone Routers）：与主干有接口的路由器。这包括所有的域间路由器，但是，并非所有的主干路由器都是域间路由器。

（4）自治系统边界路由器（AS Boundary Routers）：与其他自治系统交换路由信息的路由器。这些路由器向整个自治系统广播自治系统外的路由信息，自治系统内的所有路由器都知道通往自治系统边界路由器的路径。

就组成员的动态特性来说，当组成员发生变化时，MOSPF 将向区域内的所有路由器发布 LSA 更新，导致所有组播树中的路由器更新自己的路由状态。如果一个新的源结点开始发送数据，它的相邻路由器只需要计算以新的源结点为根的最短路径，因为它已经知道最新的接收者信息。从这里可以看出，如果组成员变化非常频繁，MOSPF 将会发送大量的 LSA 更新并触发大量的路由计算。因此，MOSPF 的扩展性并不好，两级层次结构可以部分改进这一问题，但是并不能最终解决问题。由于这一原因，MOSPF 并没有得到广泛应用，MOSPF 不支持隧道机制，也不支持增量部署。

3. CBT 协议

CBT（Core Based Tree）路由协议通过解决 DVMRP 和 MOSPF 中存在的问题（即需要周期性的广播分组来触发剪枝、需要保存每个组和每个源结点的路由状态），以提高协议的可扩展性。如图 8.12 所示，构造一个 CBT 主要包括以下步骤。

（1）定位核心（Core）路由器。核心路由器是网络中的固定的路由器，它是组播组 G 的中心结点。核心结点可以不是组播组的成员结点。

（2）当一个新成员想加入组 G 时，它通过最短路径向核心结点发送 Join 消息，路径上的每个路由器都对该消息进行处理并在收到分组的端口和转发端口上建立临时的组状态。

（3）如果接收到 Join 消息的某个中间路由器已经是 CBT 的成员，它将通过 Join 消息的反向路径向新成员发回 Join-ack 消息。反向路径上的每个路由器都将执行下面的操作：把分组入端口和出端口都加入到组播组的端口中并创建一个新的包括入端口和出端口的状态项。

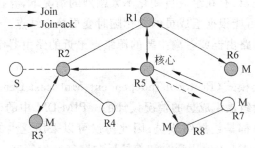

图 8.12 CBT 构造过程示例

在 CBT 中，端口并没有父子关系，端口只有两个状态，要么在树中，要么不在树中。当一个非组播组成员的源结点发送分组时，分组将向着核心结点的方向进行转发，直到到达某个已经在树中的结点。从这个结点开始，分组将被转发到在组播组中的所有端口，除了收到分组的那个端口，也就是说，在 CBT 中，组播树是双向的。而且并不是所有的分组都需要通过核心结点进行转发。这一特性可以降低核心结点对数据转发的影响。核心结点只在新成员加入树时发挥作用，其他时候它就和普通的组播树结点一样。

CBT 并不采用反向路径检查机制。CBT 通过保证 Join 消息和 Join-ack 消息经过完全相同（方向相反）的路径进行传递来保证不出现路由循环，如果 Join-ack 和 Join 消息的路径不一致，CBT 就认为出现了路由循环并重新启动加入过程。

CBT 的路由算法等价于构造一棵连接所有组成员和核心结点的组播生成树。CBT 树是共享树，也就是说，组播组中所有的源结点共享这一棵树。使用共享树是 CBT 优于 DVMRP 和 MOSPF 的地方，因为实现 CBT 的路由器只需要为每个组维护一个状态项，而不需要为每个组中的每个源结点都维护状态项。当组播组中存在大量的源结点时，这一特性就非常有用，可以节省保存状态的空间。在 CBTv3 中也可以使用有源状态，不过这只是为了和其他协议兼容，因为其他协议可能会把 CBT 作为穿通域（穿通域就是连接两个其他路由区域的路由区域），但是有源状态只能在跨越域边界和核心结点的树分支上设置。

CBT 使用单播路由表获得通往核心结点的下一跳路由器信息。这样 CBT 就可以和任何一个单播路由协议协同工作。而 DVMRP 和 MOSPF 都只能和特定的单播路由协议协同工作。

和使用有源树的协议相比，CBT 也有不足。共享树更容易使流量集中到某几条链路上。CBT 使用的双向转发机制可以部分解决这一问题。

为了能够支持大量的源结点，CBTv1 提出了多个核心结点的方案。但是这一方案效果并不理想，于是提出了一个改进方案 OCBT（Ordered Core Based Tree）。因此，在 CBTv2 中仍然决定一个组播组只有一个核心结点，这也降低了协议实现的难度。

CBTv2 假定路由是对称的，因此并不支持 QoS 路由和策略路由。就安全性来说，可以使用核心结点代表安全的源结点集合给接收者发送数据，而且接收结点的认证机制也可以很容易集成到协议中。在有多个源结点并且组成员动态变化的环境下为组播树选择一个核心结点是 NPC 问题，研究人员提出了多种算法用于选择最佳的核心结点可以使从源到接收者的转发延迟达到最小。这些算法都需要知道整个网络的完整的路由结构和全部的组成员信息。但是，只有在组成员变化不太剧烈的情况下，寻找最优的核心结点才有实际意义，这是因为不可能根据组成员的变化随时变更核心结点。通常情况下，可以选择离第一个接收者最近的路由器或者离主要的源结点最近的路由器作为核心结点。

4．PIM-DM 模式

协议无关组播密集模式（Protocol Independent Multicast-Dense Mode，PIM-DM）是专门为网络中具有大量组播组成员的情况设计的。PIM-DM 中的密集模式（DM）的含义是假定网络中全部主机都是组播组成员，因此协议可以采用泛洪的方式发送组播信息。和 DVMRP 类似，PIM-DM 也使用泛洪和剪枝反向路径转发策略。PIM-DM 与 DVMRP 相比要简单一些，因为它不需要构造单播路由表。实际上，PIM-DM 和单播路由协议独立,它假定有某种单播路由协议已经把路由表构造完成,而且它假定路由都是对称的。PIM-DM 中的反向路径转发策略如下。

(1) 当路由器收到从源 S 到组播组 G 的组播分组时,它首先在单播路由表中检查到达端口是否是向 S 发送单播分组时的输出端口。

(2) 如果是,路由器将把该分组从所有没有收到剪枝消息的端口发送出去。否则,分组将被丢弃并向分组到达端口发送剪枝消息。

(3) 如果所有的端口都被剪枝了,则通过分组到达端口发送剪枝消息。

和 DVMRP 相比,PIM-DM 更加简单。DVMRP 在向某个特定端口转发分组之前,首先判断自己是不是在该端口所连的路由器和源结点之间的最短路径上,如果是才转发分组。而 PIM-DM 则不做这样的判断,直接发送分组,这是为了简化 PIM-DM 的转发算法。

5. PIM-SM 模式

在协议无关组播稀疏模式 PIM-SM(Protocol Independent Muhicast-Sparse Mode)中,除非特殊声明,所有主机总是被假定不参与组播。组播的源结点和接收结点在汇聚点(Rendezvous Point,RP)汇合,RP 同时也用来让双方了解对方的存在。协议同时支持源树和共享树,源结点无须考虑接收结点的位置和数量,只是首先注册到 RP,然后利用 RP,以单播方式把数据传送到注册接收结点。组播成员同样无须考虑源结点的位置和数量,通常也只是注册到 RP 并利用 RP 接收数据。由于该协议具有适合不同规模、不同结点密集程度的网络的优点,因此是目前广泛应用的最主要的组播路由协议。在 PIM-SM 中,结点的加入过程如下,如图 8.13 所示。

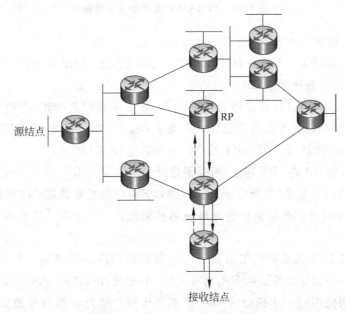

图 8.13 PIM-SM 的成员加入过程

(1) 本例中,链接到最下方叶路由器上的组播接收结点要求加入组播组 G,该路由器知道组播组 G 的 RP 的 IP 地址,并向 RP 发送加入申请消息(* ,G)。

（2）根据（＊，G）消息发送路径进行反向的逐跳路由，协议建立由 RP 到与发送申请的组播接收结点直接相连的路由器的共享树。

这样，组播信息可沿着这条共享树传输到该接收结点。

一旦组播组 G 的某源结点发送数据，与其直连的叶路由器负责实现该源结点对组播组 G 的 RP 的注册，其具体过程如图 8.14 所示。

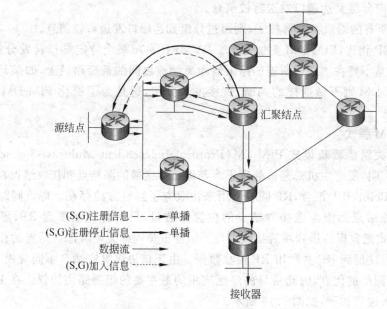

图 8.14　PIM-SM 组播源的注册过程

（1）叶路由器申请由 RP 到自身的路由树。

（2）源路由器封装一个被称为"注册消息"的由源结点到 RP 的特殊 PIM-SM 组播数据，并把封装后的消息单播给 RP。

（3）RP 接收该消息后，首先解封注册消息，获取组播数据分组，并将其沿共享树转发；同时，RP 向组播源头 S 发送消息(S,G)，建立(S,G)的最短路径树 SPT。这样做的结果是，包括 RP 在内的所有沿着 SPT 的路由器都建立(S,G)状态。

（4）一旦来自 RP 的 SPT 建立，组播消息开始由 S 流向 RP，而一旦收到来自 S 的组播数据，RP 立即向 S 发送"注册停止"消息，通知 S 可以终止单播发送注册消息。

（5）至此，来自 S 的组播消息沿着最短路径树发往 RP，并从 RP 沿共享树发往组播接收结点。

PIM-SM 和 CBT 都是面向组成员分布比较稀疏的应用环境的。在 PIM-SM 中，源结点发送的分组必须首先发送给 RP，而在 CBT 中则没有这样的要求。在 CBT 中，只有和核心结点共同使用同一个树分支的结点才会从核心结点收到组播数据（单向转发）。PIM-SM 和 CBT 还有一个重要的区别。在 PIM-SM 中，如果源结点的发送速率超过了某个特定的阈值，接收结点的最后一跳路由器（比如图 8.14 所示的实例中最下方的路由器）可切换组播路由到 SPT 而绕过 RP，其具体过程如图 8.15 所示。

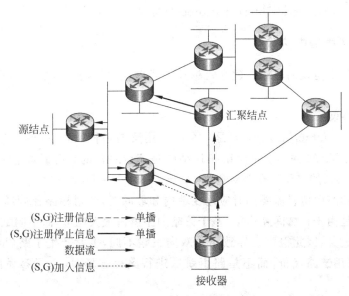

图 8.15 PIM-SM 的路由转换

首先,最后一跳路由器向 S 发送加入消息,最终生成一个新的 SPT 分支,一旦这条附加路径生成,新的组播数据将沿着这条路径传播。

其次,为了防止(S,G)组播数据继续沿着旧的路径传播,从而影响数据的正确接收,特殊的(S,G)RP-bit 剪枝信息将沿着共享树逆向传播。至此,新的组播数据无须通过 RP 传送,而只需沿着源树由第一跳路由器向最后一跳路由器传播。

最后,由于(S,G)数据无须利用 RP 传播,RP 将向组播源发送(S,G)剪枝消息,阻止新组播消息利用 RP 传播。

这样,新的组播数据将利用新的 SPT 分支,而不再利用 RP 传播。

另外,PIM-SM 使用了半软状态(Semi-Soft State),所谓半软状态是指该状态必须通过周期性的 Join 消息进行刷新,如果在超时时间周期内没有收到 Join 消息,该状态项将被删除。

PIM-SM 在转发时在输入端口执行反向路径检查以防出现循环分组。检查时用到的单播路由信息来自单播路由表,PIM-SM 独立于单播路由协议。

在 PIM-SM 中,即使接收方对应的所有的源都已经切换到有源树,RP 共享树的状态仍然需要保留,这是为了从新加入的源结点收取分组。有文献在统计了 PIM-SM 和 CBT 的性能后,提出了一种更有效的 PIM-SM 状态管理方案。指出如果组播组中有大量的源结点,则 PIM-SM 的处理负载还是相当大的。尽管如此,PIM-SM 还是得到了广泛的应用。

CBT 中对于对称路由和安全性方面的考虑同样适应于 PIM-SM。关于 RP 结点的选择问题,PIM-SM 使用协议内嵌的机制在域内通告一组可行的 RP 结点集合。每个从组 G 接收到 Join 消息的结点都通过哈希函数来确定 RP 结点并向其发送 Join 消息。在当前 RP 结点失效的情况下,这种机制可以进行快速的组播树重新构造。和 PIM-SM 类似的协议还有 MIP(Multicast Internet Protocol)协议等。

8.5.2　域间组播路由协议

域间组播路由协议的目标是建立跨越多个路由域的组播树,但它们并不解决策略和约束路由问题。

1. YAM 协议

YAM(Yet Another Multicast)是一个不采用反向路径检查进行新结点加入操作的协议,也就是说,YAM 并不假定网络拓扑结构是完全对称的。有研究表明,在互联网上确实有 30%~50% 的路径存在非对称性。

当一个组播路由协议需要同时应用在域内和域间时,非对称路径问题是一个需要解决的难点。这是由于在域间路由中,基于策略的路由占很大比重,而不同域的管理者对策略有着不同的定义,因此很容易导致路由双向策略不同,也就产生了路由的非对称性问题。另外,当采用链路代价,而不是路由跳数进行路径选择时,也很容易出现路由的非对称。

组播路由协议可以采用下面两种方案解决非对称路径下的路由问题。

(1) 使用链路状态协议提供的信息计算满足约束的双方向的路由。

(2) 在需要加入组播树的结点和组播树之间寻找多条路径,然后根据非对称路径的特定度量选择其中最好的路径。

YAM 使用了第(2)种方案,YAM 中的 QoS 路由可以使用多个静态参数(例如链路能力和可靠性等)。YAM 在构造共享树时可以为新结点提供多条连接到组播树的路径。YAM 的加入机制分成域内和域间两个层次。在域内,YAM 采用和 CBT 类似的工作原理,组播树的构造由加入结点发起,整个过程不依赖于特定的单播路由协议。YAM 不采用 CBT 中的(核心结点,组播组)映射,而是采用(出口结点,组播组)映射。出口结点既实现 CBT 中核心结点的功能,又是域的边界结点。

如果出口结点没有要加入的组播组的状态信息,那么出口结点就将启动跨域的组播树分支构造过程。出口结点将发起一对多的加入过程,向所有其他域的出口结点发送一对多的加入消息。如果收到一对多加入消息的其他域的出口结点也没有该组播组的状态信息,该结点就采用反向路径转发算法把该消息转发给所有的 YAM 组播路由器。当加入消息到达组播树中的某个路由器时,该路由器将向发起加入过程的出口结点发回单播的 Join-request 消息。该消息经过的中间结点将设置相应的临时状态。如果有多个组播树中的路由器发回了 Join-request 消息,则在多条路径上执行临时状态设置过程。由出口结点自己选择一条路径加入组播树,然后出口结点沿着该路径发回 Join-ack 消息并把路径中的临时状态更新为永久状态,其他未被选择的路径中的临时状态将在超时后被自动删除。

YAM 建议在多条路径上保留临时状态,这是该协议引起争议的主要地方。如果组成员很稀疏而且动态性很强,那么该协议的扩展性将成为主要问题。

共享树的核心结点在第一个接收者加入组播组时建立,核心结点就是第一个接收者所在域的出口结点。其他域发起一对多加入过程之后将会逐步建立以该核心结点为根的组播树。

2. QoSMIC 协议

QoSMIC(Quality of Service Sensitive Multicast Routing Protocol)协议继承了 YAM 在组播中进行 QoS 路由的思想,在 QoSMIC 中,QoS 是由用户观察到的参数定义的。

QoSMIC 区分以下两个术语:服务质量(Quality of Service, QoS)和路由质量(Quality of Route, QoR)。QoR 指的是路由的静态参数,包括链路能力、代价和可靠性等。QoS 指的是反映某个时刻路由实际情况的动态参数,包括可用带宽和当前延迟等。YAM 只考虑 QoR,而 QoSMIC 则可以支持基于 QoS 的路径选择。很显然,QoS 要比 QoR 更有意义,因为 QoS 反映的是路由的当前情况。

QoSMIC 既可以构造共享树,也可以构造有源树。和 PIM-SM 一样,QoSMIC 首先构造共享树,在必要的时候,每个接收者可以自己切换到有源树。为树增加一个分支的机制和 YAM 中的域间情况很类似。

QoSMIC 引入了组播组管理者(Manager)的概念,管理者的功能类似于 PIM 中的 RP,主要是便于新成员加入组播组。管理者和 RP 的主要区别在于管理者并不是组播树的根结点。因此,管理者的位置对组播树的拓扑结构基本没有影响,而且管理者失效后也不会造成组播数据的丢失。就这一点来说,QoSMIC 具有更高的可靠性。

QoSMIC 在为组播树加入新的分支时采用的是接收方发起的机制。由新成员的代表路由器启动到组播树的多条路径的搜索过程。搜索过程分为两个阶段:一个阶段从新成员方发起,称为本地搜索;另一个阶段从组播树方发起,称为组播树搜索。

在进行本地搜索时,由新成员的代表路由器(离新成员最近的路由器)发送一条 Bid-Request 消息,该消息的发送使用反向路径转发机制,消息的发送范围通过 TTL 域来限定。每个在组播树中的路由器都是候选的分支点,并通过向代表路由器单播发回 Bid 消息进行响应。Bid 消息在从候选分支点到达接受者的过程中收集路径的动态信息,例如延迟和负载等。代表路由器将根据特定的 QoS 和 QoR 要求从多条路径中选择一条。然后,代表路由器在这条路径上发送一条 Join 消息,Join 消息将在路径上的结点中创建软状态。本地搜索的控制消息负载很重,因此只在域内使用,而且通过 TTL 域的使用来限制其传播范围。

组播树搜索的工作过程如下。代表路由器和管理者联系,管理者将向树的根结点(QoSMIC 中树的根结点就是组播组第一个接收者的代表路由器)发送 Bid-Order 消息。组播树的路由器将采用分布式的选举算法选举出一组候选路由器。这些候选路由器将向代表路由器单播发回 Bid 消息。后面的过程就和域内的过程完全一致。有源树的加入过程和共享树的加入过程一样,从共享树切换到有源树的过程也和 PIM-SM 中的一致。图 8.16 给出了本地搜索和组播树搜索的例子。

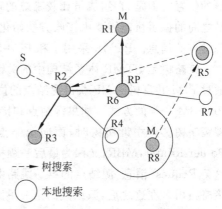

图 8.16　本地搜索与组播树搜索实例

QoSMIC 是一个复杂的协议。虽然作者宣称该协议具有很好的可扩展性，并可以同时使用在域内和域间，但是实际上，该协议的域内搜索过程的开销相当大，可扩展性究竟如何还有待实践检验。在 QoSMIC 中，只有当选择了某条路径后才开始维护组播状态。当 Join 过程完成后，QoSMIC 组播树中的路由器维护的状态数量和 PIM-SM 以及 CBT 相比基本相当。QoSMIC 和 YAM 在构造域间组播树时都没有采用反向最短路径机制。因此，它们都可以用于存在非对称路径现象的有向网络。

3. PTMR 协议

PTMR(Policy Tree Multicast Routing Protocol)是一个单层的路由协议，它用面向策略的转发模式对 PIM-SM 协议进行了扩展，它可以构造连接多个路由域的组播树，更确切地说，PTMR 是在策略域和路由域不一致的情况下连接多个策略域。PTMR 的特点是即使在路由不对称的环境下，也能够支持满足宏观策略要求的从源到接收者的最短路径。在存在路由策略的路由环境中，两个结点之间路由的对称性将不再成立，也就是说，两个结点之间两个方向的路由可能出现不一致，这种不一致可以通过 CFR(Come From Routing)机制克服。但是，为了使用 CFR 机制，路由器必须支持包括 CFR 路径信息的路由表。

要在路由域之间支持 CFR 类型的路由，最简单的方法就是通过 BGP4＋的面向组播的路径向量更新。通过这种方式，自治系统可以对组播流量经过哪些网络发送进行控制。

PTMR 中的策略路由可以看成是满足路由域定性需求(例如，域 A 不允许从域 B 到域 C 的流量穿过域 A)和定量需求(例如带宽、延时和丢失率等)的约束路由。PTMR 不考虑策略路由是如何建立的，也不考虑策略路由的选择标准。PTMR 使用 BGP4＋在域间传播反映策略约束的路由。BGP 的路径向量更新报文中包括到达目的网络的自治系统序列。如果采用 RPF 机制，那么该自治系统序列可以用来进行反向路径检查。

PTMR 使用源发起的组播树建立策略，这样可以不考虑策略路由是如何建立的。也就是说，源发起的组播树建立过程是独立于策略模型的。在源发起的组播树建立过程中，从源 S 到接收者的路径需要预先被标记。为了达到这一目的，需要把某种形式的控制分组逐跳地发送到每个接收者，控制分组用组播地址 D 进行标记。控制分组将在转发路径中的每个中间结点都创建(S,G)状态。为了分发该控制分组，源结点需要知道所有组成员的位置。但是，在组成员比较稀疏的环境中，为了减小加入过程的延时，源结点和组成员之间的握手机制需要由接收方初始化。相应地，就需要有某种机制可以让组成员得到源结点的信息。PTMR 采用了和 PIM-SM 类似的 RP 策略。

策略树是 PTMR 体系结构中的关键组成部分，它就是策略路由的组播扩展。组成员通过 PIM 共享树的 RP 获得源结点的位置信息。如果接收者想切换到有源树，则采用和 PIM-SM 一样的方式。如果源结点和接收者不在同一个域中，就需要通过 PTMR 建立一棵策略树。建立策略树时，面向源结点所在网络的出口的组播边界路由器(Multicast Border Router,MBR，又称为最后一跳标志路由器)向着源结点发送 Request 消息，通过这条 Request 消息，源结点的第一跳路由器将建立它和发起 Request 消息的 MBR 之间的策略路由。在这之后，源结点的第一跳路由器将返回一条 Pilot 消息给发起请求的最后一跳标志路由器，这个过程是为了模拟源结点发送分组的过程。Pilot 消息基于策略路由通过一系列 MBR 进行转发。当发起请求的 MBR 收到该消息后,它在共享树中组播一条 Announce 消息,该消息包括到接收者的最后一跳标志路由器的地址。最后,使用该信息,靠近接收者的路由器也加入组播树以便通过策略树收到源结点发来的数据。

PTMR 协议也说明如果在组播路由中引入策略将是非常复杂的。由于 PTMR 是基于 PIM-SM 构造的,因此它可以用于异构的组播路由环境,只要域内采用 PIM-SM 就可以。但是 PTMR 并没有提供完整的域间路由方案。

4. PIM-DM/PIM-SM

将 PIM-SM 和 PIM-DM 结合起来使用是最早提出的域间组播路由方案之一。在这种方案中,用 PIM-DM 进行域内路由,用 PIM-SM 进行域间路由。这样,PIM-SM 就可以构造一棵共享树连接每个域内用 PIM-DM 建立的有源树。

RP 集合在域间进行发布以便所有的边界路由器都可以知道组播组地址和 RP 的映射关系。这种方案可以应用在企业级的网络中,但是很难应用到互联网中,这是因为发布 RP 和维护 PIM-SM 中的软状态将消耗大量的网络资源。这种方案也不能解决策略路由的问题。

5. PIM-SM/MSDP

MSDP(Multicast Source Discovery Protocol)是 IETF 提出的一种实现域间组播的过渡方案。它不需要建立域间共享树。IETF 把建立域间共享树的 BGMP(Border Gateway Multicast Protocol)作为实现域间组播的长远方案。MSDP 可以用于在域内采用共享树的协议,例如 PIM-SM 和 CBT,也可以用于在域边界结点上保存当前活动的源信息的协议,例如支持全域报告的 MOSPF 和 PIM-DM。

MSDP 用于把组播域相互连接起来。如果组播域内部运行 PIM-SM,那么每个域都使用自己的 RP,而不依赖于别的域的 RP 进行本域的数据发送。MSDP 不采用构造域间共享树的方案,而是让所有的域内组播树都知道当前正在活动的源结点,因此它具有良好的可扩展性。

MSDP 的工作方式是为每个域的 RP 都与某些其他域的 RP 建立 MSDP 对等会话,对等会话通过 TCP 连接建立,主要用于交换控制信息。这样,各个域的 RP 和它们之间的 TCP 连接就构成了一个虚拟网络拓扑,这个虚拟拓扑可以和域间的 BGP 路径一致。

MSDP 的优点是实现简单,MSDP 采用反向路径检查来提高鲁棒性。由于在 MSDP 中转发状态是软状态,依赖于周期性的 SA 消息进行刷新。因此 MSDP 中存在一个难以解决的问题:假设有一个源结点以突发方式间歇性地发送数据,如果它的间歇周期大于软状态的刷新周期,就会造成每次突发发送后,它所在域的 RP 开始发送 SA,然后其他域中的结点加入组播组,但是这时该源结点的发送已经结束。一段时间后,转发状态超时被删除,这时该源结点又开始突发地发送数据。最终结果是接收者每次都无法接收到源结点的数据。通过用 SA 封装数据的方法可以部分解决这一问题,但是这会导致协议更加复杂,而且这种把控制信息和数据放在一起传输的方式也不符合协议的设计规范。

6. MASC/BGMP

BGMP(Border Gateway Multicast Protocol)是一种可以和任何一种域内组播路由协议协同工作的域间组播路由协议。MASC(Multicast Address-Set Claim)是一种层次化的地址分配结构,它采用带冲突检测的"监听和宣布"(Listen and Claim)策略为域分配组播地址范围。通过将 BGMP 和 MASC 协议的结合共同构成域间组播路由体系结构。

在 MASC 中,子域监听它们的上一级域选择的地址范围,从中选择一个子集并向自己的兄弟域宣布。在使用自己选择的地址集合之前,该子域将等待一段时间以检测冲突。MASC 和 MAAP(Multicast Address Allocation Protocol)以及 MADCAP(Multicast Address Dynamic Client Allocation Protocol)协议共同构成了组播地址分配体系结构(Multicast Address Allocation Architecture,MAAA)。在 MAAA 中,共有 3 个层次的地址分配:域级、域内、主机与网络之间。MASC 是域级的地址分配协议,AAP 在域内分配地址,而主机则使用 MADCAP 向组播地址分配服务器(Multicast Address Allocation Server)和申请组播地址。

在 BGMP 中,每个组播组都需要一个单独的根结点(或者称为核心)并构造域级的共享树,这一点类似于 PIM-SM 和 CBT 等其他共享树协议。但是,在 BGMP 中,这个根结点是整个域而不是某个路由器。BGMP 基于如下两条基本假设:

(1) 采用基于核心的汇集机制是最便于实现域间组播路由的机制,因为成员可以很方便地得到源结点的信息而不用进行全局广播。

(2) 组播地址空间(也就是 D 类地址)在各个域之间进行分配(分配可以通过 MASC 进行),每个域有自己的地址空间。地址在某个域的区域内的组播组的根结点就是该域,这是因为该域很可能是组播组发起者所在的域。

和域内组播不同,域间组播中根域的选择对性能影响很大。例如,第三方依赖性问题就应该避免。第三方依赖性问题是指没有任何组成员的域成为某个组播组的根域,这会对延迟等性能带来很大的负面影响。

BGMP 使用 BGP 的路由来为组播组构造组播树。BGMP 运行在域边界路由器上,并构造连接各个域内组播树的双向共享树。因此边界路由器同时也需要运行域内路由协议(如 PIM-SM 和 PIM-DM 等),这些域内路由协议被称为 MIGP(Multicast Interior Gateway Protocol)。边界路由器上的 MIGP 协议实体把域内成员的变化通知 BGMP 协议实体,触发 BGMP 的加入和剪枝操作。

在 BGMP 中,接收者所在的域也可以建立有源的单向域间转发树分支。但是,这样的树分支不能和共享树冲突,以防止出现路由循环和重复分组。当从当前域到源结点的域之间的最短路径和双向共享树不一致时就可以采用这种策略。这种机制对那些运行只支持有源树的 MIGP(例如 DVMRP 和 PIM-DM)的域来说是非常有用的。因为在这些域中只接收源数据并要进行基于最短路径的反向路径检查。如果不采用这种有源分支,那么该域的入口路由器就需要对组播数据进行封装,使其满足反向路径检查的要求。采用有源分支之后,这种封装机制就不需要了。请注意,这种有源分支只在 BGMP 路由器之间建立,到了域内,仍然使用域内的组播树(有源树或者共享树)。

为了保证控制信息的可靠传输,与 BGP 一样,BGMP 也使用 TCP 连接,不过使用和 BGP 不一样的端口号。由于采用了双向转发树,BGMP 对非对称路由的处理能力稍显不足。BGMP 的设计目标是在整个互联网上提供组播路由方案,因此 BGMP 必须解决和各类域间组播路由协议交互的问题,这并不是一个简单的问题。

图 8.17 给出了如何使用 BGMP 进行域间组播的例子。图中列出了 6 个路由域(自治系统),每个路由域各自使用自己的 MIGP。有一个组播路由域 A 的 S2 和域 B 的 S1 组成。3 个接收者 R1、R2 和 R3 分别位于域 D、域 A 和域 E。域 B 是该组播组的根域,因此,该组播组的域间双向共享树以域 B 为根,如图中双向箭头所示。由于域 C 没有任何该组播组的成员,因此它也不参加该双向共享树。域 B 的 S1 发送的组播数据需要穿越域 F 才能到达域 A 和域 E。由于域 A 和域 E 的边界路由器直接相连,因此 R2 可以建立到 S2 的有源分支,这样 R2 就可以通过有源分支直接从 S2 接收数据。

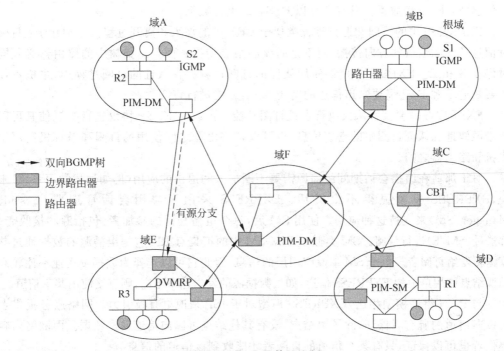

图 8.17 BGMP 协议实例

7. EXPRESS

EXPRESS 组播协议是基于显式请求单源组播模型(EXPlicit REquested Single Source)。到目前为止介绍的 IP 组播模型都允许任何一台主机在不经过预先通知的情况下向任何一个 IP 组播地址发送数据,这种模型称为 PAN 模型(Potentially ANy source)。PAN 组播模型和当前的互联网服务提供者(ISP)围绕单播设计的计费模型之间存在矛盾。ISP 对单播流量计费时通常依据的是 ISP 为客户提供的访问接口的接口速率。这种计费模型的前提是 ISP 为客户提供的转发速率不会大于客户的接口速率。在单播情况下,这个前提的确是成立的,但是在组播情况下就不是这样了。考虑有 N 个成员的组,当某个成员以速率 R 向该组播组发送数据时,ISP 需要提供大约 N×R 的速率才能保证该组播组的所有成员都接收到数据。

PAN 组播模型的另一个问题在于需要在整个互联网范围内部署复杂的路由协议对它进行支持。这一过程不可能很快进行,因为需要投入的资金(升级设备)和人力(大量的配置管理工作)都相当巨大,因此这不是一个短时期内可以完成的任务。

　　PAN 组播模型的另一个问题是组播流量的可靠性和拥塞控制问题很难解决。研究人员开始考虑是否一定要在网络层实现组播功能，从而出现了应用层组播的概念，EXPRESS 则是介于网络层组播和应用层组播之间的一种策略。在 EXPRESS 中，没有组播组的概念，而是通过(S, E)定义组播信道，其中 S 是发送者的地址，E 是 EXPRESS 目的地址。主机通过向网络发送明确的订阅(Subscriber)请求(可以通过扩展的 IGMP 报告消息来实现，其中必须包括 S 和 E 的信息)来申请接收信道(S, E)的数据。因此，在 EXPRESS 中，接收主机称为订阅者，而不是组成员。源结点 S 通过向地址 E 发送数据来向信道(S, E)发送数据。只有 S 可以向(S, E)发送数据。

　　EXPRESS 中的订阅和退订过程类似于 CBT 中的加入和离开过程。区别在于：订阅时消息是向源结点的方向传播，而不是向核心结点传播。而且组播树中的路由器必须同时保存 S 和 E。EXPRESS 建议使用认证的订阅过程。在认证的订阅过程中，主机不仅需要知道 S 和 E，还需要知道信道的密钥 $K_{(S,E)}$ 才能进行订阅。

　　EXPRESS 需要某种协议执行主机订阅功能。可以对 IGMP 协议进行扩展使其可以携带源地址和认证订阅中的密钥信息，也可以把路由器之间使用的订阅和退订机制用于主机和路由器之间。

　　对于那些在组播会话期间组播源需要不断加入和退出的应用(例如远程学习系统)来说，EXPRESS 模型显得不太灵活。EXPRESS 采用了应用会话管理器(Session Manager, SM)来支持这种应用。使用 SM 后，每个组播会话的参加者(包括源和接收者)都通过(SM, E)进行订阅。SM 类似于 PIM-SM 中的汇集点 RP，它把组播源的数据通过共享树转发给订阅者。由于 SM 掌握应用层的信息，因此它可以选择为数据发送速率比较高的源结点使用单独的 EXPRESS 信道，如果数据源的发送速率不高，则直接使用共享信道。

　　与 PAN 组播模型相比，EXPRESS 模型对于 ISP 来说更有吸引力。网络服务提供者可以向信道的所有者保证，除了源结点，没有其他结点可以向信道发送数据。而网络内容提供者也可以保证，只有某个信道的订阅者才能收到该信道的信息。

　　EXPRESS 模型可以让路由器来决定自己下游的组播树的大小(按照链路数量衡量)。链路带宽是 ISP 很珍贵的资源，因此 ISP 可以根据使用链路的数量对信道进行分类，并且可以据此进行计费。EXPRESS 提供的安全认证机制可以保证只有合法的订阅者才能收到数据。这也为计费提供了保证，因为一般来说，计费是基于信道大小的。

　　EXPRESS 还解决了组播地址比较少的问题。如图 8.18 所示，EXPRESS 这种面向源的组播(Source Special Multicast, SSM)可以使用 232.0.0.0～232.255.255.255 这 2^{24} 个地址。因此每个主机都可以建立 224 个信道，这对于组播应用来说应该是足够了。

8. SM

　　SM(Simple Multicast)采用了和 EXPRESS 类似的组播组表示方式，在 SM 中，采用 D 类地址加上单播 IP 地址的方式来表示组播组。SM 使用双向共享树而不是有源树，SM 使用了核心结点的思想，成员加入组播组必须通过核心结点。SM 是基于下面两个主要的想法设计的：

　　(1) SM 采用核心结点的 IP 地址 C 和组 G 的 D 类地址来表示组播组 G(C, G)，这样可以简化地址分配工作。

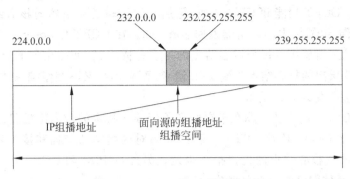

图 8.18　EXPRESS 中的组播地址

（2）主机和路由器直接把(C，G)传递给 SM 路由器，这样就不需要专门的核心结点的发布机制。

SM 有以下主要特性。

（1）路由时不需要考虑组播地址分配问题。

（2）可以同时用于域内路由和域间路由。

（3）扩展了组播地址空间。

（4）可以向下兼容现在的组播路由协议，便于增量部署。

SM 使用双向共享树是为了尽量减小核心结点位置带来的影响。实际上，数据并不需要全部经过核心结点转发，只要数据到达第一个组播树中的路由器，就可以通过该路由器的所有组播树中的接口转发出去（当然，除了收到数据的接口）。

在支持路由穿越策略时，共享树可能没有像有源树那样灵活。考虑下面的情况：域 A 中的源结点向域 B 中的接收者发送数据，而该组播组的核心结点在域 C，因此流量必须穿越域 C 进行转发。但是域 C 的策略禁止它被穿越。在这种情况下，SM 的处理方式是，域 A 中的发送结点 S 向域 C 中的核心结点发送消息，要求建立新的组播组(S，G)，核心结点将把该消息发送给所有的组成员，通知这些组成员都加入新的组播组(S，G)。只有当路由策略阻止源结点向接收者发送数据时 SM 才允许建立这种额外的有源树。

9. HDVMRP

层次化的 DVMRP 协议（即 HDVMRP）是一个支持任意域内路由协议的域间路由协议。HDVMRP 向所有的域边界路由器泛洪数据分组，不是组成员的边界路由器将向源网络发回剪枝消息。和 DVMRP 一样，HDVMRP 的网络负载很重，需要维护每个源的状态。HDVMRP 还需要封装机制使分组能够穿越路由域，这也增加了额外的负担。

10. HPIM

层次化的 PIM 协议（即 HPIM）基于 PIM-SM 设计，它为每个组使用了层次化的 RP。接收者向最低层的 RP 发出 Join 消息，该 RP 再向高一层的 RP 发送，直到层次的最高级。层次的数量和组播组地址的范围相关。数据流在 RP 组成的树中双向传递。由于 HPIM 采用哈希函数选择每个层次的下一个 RP，就延迟性能来说并不理想，特别是对本地组的情况。

11. OCBT

OCBT(Ordered CBT)是 CBT 协议的扩展，在 OCBT 中，核心结点和 HPIM 中一样

形成层次结构。OCBT 功能和 CBT 类似,想加入组播树的路由器向核心结点发送 Join 消息,核心结点或组播树中的路由器发回 Join-ack。在 OCBT 中,每个核心结点和 CBT 都有一个整数的逻辑层次。每个核心结点的层次是固定的,而路由器的层次由 Join-ack 决定。当一个低层次的核心结点收到 Join 请求,而它本身又不在组播树中时,它就向更高层次的核心结点发送 Join 请求。

HPIM 和 OCBT 的主要问题在于它们必须依赖于特定的域内组播路由协议(HPIM 依赖 PIM-SM,而 OCBT 依赖 CBT)。而且,如果对网络拓扑结构和接收者的情况不了解,层次化的 RP 和核心结点的位置很难确定。另外,HPIM 和 OCBT 也不支持策略路由,而策略路由是域间路由的重要部分。

12. HIP

层次化的组播路由协议(Hierarchical Multicast Routing)是第一个提出构造域间共享树的协议。它构造的是一种树中的树,也就是说,高层次树中的一个结点就对应了低层次的一棵树。使用这种层次结构,HIP 可以支持多个路由域之间的路由。HIP 使用 OCBT 作为域间路由协议,而域内可以使用任意的组播路由协议。

HIP 的目的类似于 BGMP,但是实现目标的方式不同。HIP 允许多个层次结构,而 BGMP 中只有两层结构,因此 HIP 的可扩展性更好。HIP 定义了发布核心结点位置的方法,而在 BGMP 中,这个功能是由 MASC 或者类似的协议来完成的。另外,HIP 不允许 BGMP 中的有源树分支。HIP 可以很容易进行安全扩展。HIP 存在着和 OCBT 同样的问题,核心结点的位置和网络拓扑以及组成员位置无关。这在某些情况下会增大分组传输延迟。

8.6　IPv6 组播

与 IPv4 相比,IPv6 扩展了地址空间,提供对数据传输的完整性和安全性的支持,支持更大规模网络等特点,这为组播技术的发展奠定了坚实的基础,IPv6 组播已经成为当前网络研究的热门领域之一。表 8-1 列出了 IPv4 组播与 IPv6 组播的区别。本节简要介绍 IPv6 组播中的相关问题。

表 8-1　IPv4 组播与 IPv6 组播对比

IP 服务	IPv4	IPv6
地址范围	32 位,D 类地址	128 位
路由	Protocol Independent All IGPs,and BGP4+	Protocol Independent All IGPs,and BGP4+ with v6 mcast SAFI
转发	PIM-DM,PIM-SM,PIM-SSM,PIM-bidir	PIM-SM,IM-SSM,PIM-bidir
组管理	IGMPv1,v2,v3	MLDv1,v2
域内路由	Boundary/Border	Scope Identifier
域间路由	MSDP across Independent PIM Domains	Single RP within Globally Shared Domains

8.6.1 IPv6 组播地址

IPv6 和 IPv4 的主要区别在于 IPv6 的地址长度为 128 位,这样可以解决 IPv4 地址空间即将耗尽的问题。IPv6 组播地址格式如图 8.19 所示。组播地址的第一个字段为 11111111,后面还有 3 个字段:

| 11111111 | 4位标志 | 4位范围 | 112位组ID |

图 8.19 IPv6 组播地址格式

(1) 标志字段:共 4 位,高三位始终设置为 0 并保留。第四位标识组地址的一个标志:永久的或暂时的。设置为 0 时,表示是一个永久分配的组播地址,永久的组地址由互联网管理机构定义,可在任何时间进行访问;设置为 1 时,表示是一个临时分配的组播地址,如某个远程会议系统。

(2) 范围字段:共 4 位,表示组播地址的范围,用来限定组播组的范围。例如确保发送给一个本地视频会议的数据包不会泄漏在广域网上。其取值为:除了 0 和 F 为保留值外,1 表示结点本地,2 表示链路本地,5 表示站点本地,8 表示机构本地,14 表示全球。

(3) 组标识符字段:共 112 位,用于标识组播组。

范围字段的取值不会影响永久分配组的含义。例如考虑这样一个组标识符 43(十六进制),它已经分配给网络时间协议 NTP 服务器。可以使用 5 个不同的范围值 1、2、5、8 和 E 来定义它获取的 5 种不同的组播地址,见表 8-2。

表 8-2 组播地址功能举例

组播地址	应 用
FF01::43	代表所有在同一结点上当作发送方的 NTP 服务器
FF02::43	代表所有在同一链路上当作发送方的 NTP 服务器
FF05::43	代表所有在同一网点内当作发送方的 NTP 服务器
FF08::43	代表所有在同一组织机构里当作发送方的 NTP 服务器
FF0E::43	所有在互联网上当作发送方的 NTP 服务器

从 IPv6 的组播地址格式定义,可见其相对于 IPv4 具有以下的优越性。

(1) 具有更大的组播地址空间。IPv4 所定义的地址空间只相当于 16 个 A 类地址,对于全球的组播应用来说是远远不够的,而 IPv6 预留了 112 位的组标识符。

(2) 范围字段的应用。组播地址不同于单播地址,它不专属于某一个主机或应用。除了少数为协议实现而预留的地址外,其他地址都是根据需求动态地分配给组播应用。这样会出现一个组播地址同时被多个组播应用所使用的情况,这就需要保证它们之间传播的范围不会重叠。IPv4 虽然使用了 TTL(报文存活时间)来控制组播报文传送的范围,但是 TTL 不够精确,还是会出现不同应用间报文范围重叠的情况。而 IPv6 在地址格式中规定了范围字段,这样就可以很方便地划分组播域,根据组播域来控制组播应用的传输范围。

8.6.2　IPv6 组成员关系协议

在 IPv6 协议中,IGMP 协议对应的 IPv6 实现是 MLD(Multicast Listener Discovery)协议。

MLD 协议源自 IGMP 协议,MLDv1 对应于 IGMPv2,MLDv2 对应于 IGMPv3。最新版本 MLDv2 和 IGMPv3 的功能非常相似,由两个部分组成:第一部分针对主机而言,指明了主机如何发现组播路由器和组播组,如何表达对某个组感兴趣;第二部分针对路由器而言,指明了组播路由器如何管理成员关系,如何相互交换信息以建立组播传递树。

以 MLDv2 消息为例,组播路由器在本地链路上周期性地发送成员关系查询消息(Multicast Listener Query),以确认是否存在接收者。查询消息可以扩展支持特定源的查询,用于发现邻居结点是否存在对某个源感兴趣的接收者。主机将发送一个报告消息(Multicast Listener Report)作为响应,指明自己对某个组播组感兴趣(include 方式),也可以报告对接收组播信息不再感兴趣(exclude 方式)。对于某一查询消息,当前子网中对于某个组只能有一个成员响应成员报告,这一机制称为响应抑制,目的是节省子网带宽和主机处理时间。组播路由器根据报告信息在每个链路上为每个组播地址维护一个状态信息,包含组播地址、组播地址计时器、过滤方式和源列表。基于成员关系信息,组播路由器开始用某种合适的组播路由协议加入指定的组播组。组成员也需要在每一个接口上维护组播倾听状态,包括组播地址、过滤方式和源列表。

8.6.3　IPv6 组播路由协议

IPv6 组播同样利用逆向路径转发技术转发分组,而且逆向路径转发协议和域内组播路由协议(例如 DVMRP、MOSPF 和 PIM-SM)、域内的单播路由协议(例如 RIP 和 OSPF)都不相关。

IPv6 PIM 协议与 IPv4 PIM 协议基本相同,二者的不同之处在于报文中的 IP 地址结构。IPv6 PIM 同样支持 SM、DM 和 SSM 这 3 种模式。

8.6.4　CNGI 大规模可控组播

由于组播服务独特的优势,可以在不增加带宽和服务器的前提下,解决由于用户快速增长带来的主干网络带宽紧张、服务器资源不足等问题。然而,组播服务在可扩展性、可管理性和可控性等方面存在的问题限制了其大规模应用推广。

当前 CNGI-CERNET2 主干网已经开通基于 PIM-SSM 的组播服务,但是当前 CNGI-CERNET2 主干网的接入校园网对 PIM-SSM 的组播服务的支持能力不尽相同,比如接入设备、网内路由器和组播协议各异,这些因素阻碍了组播服务的开展。为此,业内专家设计了 CNGI 大规模可控组播服务系统,其设计目标包括如下。

（1）建设主干网可控组播服务。

（2）建设校园网可控组播服务。

（3）实现 IPv4 主干网组播服务与 IPv6 主干网组播服务之间的互通。

（4）建立应用示范,支持全网视频直播应用示范,CNGI-CERNET2 国家网络中心提供 1 路高清视频源,100 所参加的高校应各提供 1 路普通视频/音频源。

可控组播服务系统分成主干网组播服务和校园网组播两大部分,其部署方式如图 8.20 所示。

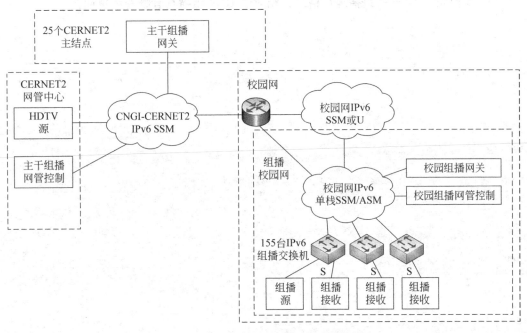

图 8.20　CNGI 可控组播服务系统

该系统由组播转发网关系统、主干网组播网管系统、校园网组播网管系统和组播交换机 4 大部分组成。

（1）组播转发网关系统负责完成 IPv6 组播服务中 ASM 和 SSM 这两种不同组播协议以及组播协议与单播协议之间的转换,这是由于部分校园网不支持组播服务,或仅支持 ASM 组播服务。

（2）主干网组播网管系统主要负责监控和管理主干网组播服务系统。

（3）校园网组播网管系统主要负责管理校园网组播用户,为用户提供访问控制,根据用户请求将调用主干网网管系统接口,将主干网组播流延伸至校园网内或将校园网组播流发送至主干网。

（4）组播交换机主要负责组播接入点对组播服务的控制。

该系统于 2008 年开始建设,其实验系统成功地经受了 2010 年南非世界杯的考验。

习　题

1. 试述 IP 组播技术的基本概念以及优缺点。
2. 试述 IPv4 组播的实现技术。
3. IPv6 组播技术有什么特点？
4. 说明源树和共享树的多播分组转发的主要特点是什么？
5. 说明域内和域间组播路由协议的工作过程。
6. 如何定义 IPv6 的组播地址格式？相对于 IPv4 组播具有哪些优越性？

第 9 章

QoS 与服务质量控制协议

网络中不同的层次都会涉及服务质量(QoS)问题。评价网络层 QoS 的参数主要是带宽与传输延时。IP 协议提供的"尽力而为"服务,对于多媒体网络服务显然不适应。在网络层引入 QoS 保障机制的目的是通过协商为某种网络服务提供所需的网络资源,防止个别网络应用独占共享的网络资源。因此,QoS 保障机制实际上是一种网络资源分配机制。

本章主要介绍:

- QoS 的服务框架
- 资源预留协议 RSVP
- 区分服务 DiffServ
- 多协议标记交换 MPLS 等协议

9.1 QoS 的基本概念

自 20 世纪 60 年代出现互联网以来,近年来以惊人的速度增长,联网主机数量几乎每年翻一番,Web 站点每半年翻一番。同时伴随多媒体技术的飞速发展,互联网上多媒体应用层出不穷,多媒体信息的数量与日俱增。互联网已逐步由单一的数据传输网向数据、语音、图像和视频等多媒体信息的综合传输网演化。但互联网中现有的传输模式仍为单一的尽力而为服务,无法满足多媒体应用和各种用户对网络传输质量的不同要求。因此,以提高网络资源利用率、为用户提供更高的服务质量(Quality of Service,QoS)为目标的研究领域成为热点问题之一。目前已经提出了许多 QoS 控制机制,包括 IETF 提出的基于 RSVP 集成服务(IntServ)和区分服务(DiffServ)体系结构,以及分组调度和队列管理算法等面向服务质量控制技术得到了长足发展。

QoS 的定义最初由 CCITT(ITU-T)(国际电信联盟远程通信标准化组)定义为一个衡量用户对服务满意程度的性能综合指标。也就是说,QoS 的最终目标就是保证终端用户能得到某种特定应用或服务的最佳体验效果。从网络的角度而言,可以将 QoS 看作一种进行业务差异性管理的机制;从用户的角度而言,可以将 QoS 看作是一种衡量网络为用户和应用提供相应服务能力的标准。与提供尽力而为服务的网络相比,支持 QoS 的网络可以更好地提供服务保证。服务保证的具体形式由网络服务提供者(ISP)和客户之间的服务级别协商(Service Level Agreement,SLA)机制决定。

IETF 最先涉足 QoS 领域,于 1994 年推出基于 RSVP 的 IntServ 解决方案,IntServ 借鉴了窄带 PSTN 领域的经验来解决 QoS 的问题,要求实现每流资源管理,但是由于 IP 网络与 PSTN 网络的流量模型与业务类型存在较大的差异,导致 IntServ 模型实际的可扩展性很差,无法在互联网中大规模推广使用。因此,1998 年,IETF 再次提出了基于 DSCP 的 DiffServ 方案,这种基于业务分类的 QoS 技术较好地解决了 IntServ 的扩展性问题。随后,ITU-T(国际电信联盟)、ETSI(欧洲标准化组织)、MSF(多业务交换论坛)和 TPHON/TISPAN(传输平台功能体)等研究组织都相继开展了 QoS 的相关研究。

在互联网上为用户提供 Qos 保证需要解决 QoS 分类、流量控制和监管、资源预约及资源调度和管理等问题。为了明确用户对不同应用的需求,QoS 首先需要定义一组指标以便网络对不同类型的业务进行管理和资源分配(如网络性能、可用性、可靠性和安全性等)。实现对网络的 QoS 服务质量控制,需要采用多种不同的控制机制(例如根据不同时间粒度和信息粒度等)。控制机制的时间粒度大致可以分成微秒级、毫秒级、秒级及长期机制 4 类。微秒级(约为 $1 \sim 100 \mu s$)是 QoS 的最小控制粒度,它是基于分组进行控制的,一般来说分组是互联网 QoS 控制机制的最小单位。流量调节机制(包括分组分类器、分组标记器和流量整形器等)、分组调度机制和主动队列管理机制等都是工作在微秒级的控制机制。毫秒级(约为 $1 \sim 100 ms$)的控制机制包括拥塞控制和流量控制等基于反馈的控制机制,它们是基于分组的往返时间进行控制的。秒级的控制机制即会话级的控制机制,它代表用户会话持续的时间(会话可以采用各种方式定义),以秒和分钟为单位。在这个粒度工作的 QoS 机制包括准入控制和 QoS 路由。长期的 QoS 控制机制属于粒度最大的 QoS 控制,主要包括流量工程、能力规划和服务定价等。

QoS 控制机制的另一个重要特点是进行控制决策时可使用不同的控制信息的粒度。最小的控制粒度是根据每流(Per-flow)状态对每个用户流进行控制。一般来说,流采用 IP 包头中的 IP 源地址、IP 目的地址、源端口号、目的端口号和协议域构成的 5 元组进行标识。对流的聚集进行控制的粒度就稍大一些。流聚集也可以基于各种方法实现,比如每台主机、每个网络前缀、每个服务类别等。控制状态的携带者和控制本身的位置是与控制粒度相关的两个概念。控制状态的携带者可以是路由器,也可以是分组。控制的位置可以在用户主机、网络边缘路由器或者是网络核心路由器。把控制粒度、控制状态的携带者和控制的位置作为空间维,把控制的时间粒度作为时间维,就可以得到 QoS 控制空间,其反映了 QoS 服务性能、操作和管理复杂性和实现代价之间的权衡。例如,如果想提供确定性的性能保证,就需要采用每流控制的分组粒度,这就对路由器的存储容量和处理能力提出了很高的要求,路由器要保存大量的流状态并对每个分组进行处理。而如果在分组的粒度上选择流聚集进行控制就可以减轻路由器的负担,但是不能提供确定性的性能保证。

QoS 控制对于容量有限的网络而言是很重要的,因为它能提供特定应用的传输保证。目前,国际上提出了许多不同的控制机制和服务模型来满足 QoS 的需求,例如,ISO/OSI 提出的基于开放式分布处理(Open Distributed Processing,ODP)的 QoS 控制,IETF 提出的集成服务(IntServ)和区分服务(DiffServ)体系结构、多协议标签(Multi-Protocol Label Switching,MPLS)技术、流量工程(Traffic Engineering)和 QoS 路由(QoS-based

Routing)、分组调度和队列管理算法,以及研究者提出的核心无状态体系结构 SCORE (Stateless CORE)等。此外,ITU-T 等也提出了许多端到端的 QoS 解决方案。

9.2　QoS 服务框架

为了保证端到端应用的服务质量(最小时延、最大带宽等),QoS 首先需要进行流分类,即采用一定规则识别和区分不同特征的报文,然后根据网络的状况对流量进行不同的处理,具体的处理形式包括流量监管、流量整形、拥塞管理及拥塞避免等。例如,当报文进入网络时进行流量监管,流出结点之前进行流量整形,拥塞时对队列进行拥塞管理等。

9.2.1　流量分类与标记

网络无论采用哪种技术手段实现 QoS,都需要路由器能够根据事先规定的规则对报文头的某些字段(例如 TOS 字段的前 3 位),这里用 $H[i]$($1 \leqslant i \leqslant K$)标记进行分类识别,判断其对应的流量规范,然后设置不同优先级以便实现不同的转发处理,这就是流分类和标记。流分类和标记是实现 QoS 服务的前提条件和基础,其目的是将报文映射到不同的服务类,属于同一类别、同一优先级的报文应该匹配事先规定的规则并以相同的方式进行标记和处理。这些事先规定的规则就称为过滤规则,所有规则的集合则称为分类器,可标记为 $R=(r_1, r_2, \cdots, r_N)$,其中每个规则 r_i($1 \leqslant i \leqslant N$)对应一个流类型/服务类,每个服务类则对应一种特定的处理行为或方式,当一个报文成功匹配一个规则时,就按照对应的行为对报文进行操作和处理。规则匹配的方式有 3 种:精确匹配、前缀匹配和范围匹配。

流量分类问题的核心是查找算法,它需要满足速度快、消耗资源小、易于更新等需求。

9.2.2　流量监管与整形

如果不限制用户发送的流量,网络中可能出现大量的突发报文导致拥塞和数据丢弃,实施 QoS 策略可以改善这一情况:QoS 策略可以检测或主动限制进入某一网络的某一连接的流量,当某个连接的流量过大以至超过约定带宽时,就可以根据报文的类别采取不同的方式进行处理,如丢弃或进行缓存等。这就是 QoS 的流量监管(Commit Access Rate,CAR)与流量整形(Generic Traffic Shaping,GTS)。衡量流量是否超过约定带宽、进行 QoS 的流量监管与整形需要使用令牌桶算法或漏桶算法。下面对令牌桶和漏洞算法进行简单的介绍。

1. 令牌桶算法

令牌桶算法(Token Bucket)是 QoS 进行流量监管和流量整形的基本算法,它用于控制网络中的某类流量或实现突发报文的发送。实际上令牌桶可以看作一个固定容量的缓存,系统根据预先设定的速度向令牌桶中存放令牌,当令牌桶中的令牌超出桶的容量时,多出的令牌将被丢弃。当分组到达时,如果令牌桶中有令牌,则从数据队列中取出相应大小的分组进行发送,流量监管和流量整形正是根据令牌桶中令牌的数量是否满足分组转发的需求来进行相应处理(如转发、丢弃或者缓存分组等)。

IETF 定义了两种令牌桶算法来对流量进行检测,即单速率三色标记算法(srTCM)

和双速率三色标记算法(trTCM)。这两种算法都采用两个令牌桶对到达的分组进行评估,然后根据评估结果分别对分组打上绿色、黄色和红色标记。三色标记类似于交通信号灯,路由器对具有 3 种颜色的分组分别依据绿灯行、黄灯减速、红灯停的方式进行相应的处理。两种算法都允许并能实现报文的突发处理,不过 srTCM 算法更关注报文长度的突发,而 trTCM 算法更关注报文速率的突发。

2. 漏桶算法

漏桶算法(Leaky Bucket)也是用于流量整形(Traffic Shaping)的一种常用算法,它的主要目的是控制数据注入到网络的速率。漏桶算法将用户进程中不均匀的分组数据流调整为均匀的数据流发送到网络中。漏桶可以看作底部具有漏孔的桶,它相当于一个单服务器队列,无规则的数据流到达漏桶后,将以常量速率注入网络,如果数据到达漏桶时漏桶已满,则发生溢出,数据分组被丢弃。漏桶容量与有效的系统内存相关。

漏洞算法与令牌桶算法都能限制数据的平均传输速率,不同的是漏桶算法的主要目的在于平滑突发流量,它对于存在突发特性的流量来说缺乏效率,因为漏桶的输出速率为固定的参数,所以即使在网络中资源利用率较低的时候,漏桶算法也不能提高突发流量的速率。而令牌桶算法则不同,它在限制数据的平均传输速率的同时还允许一定程度的流量突发,能够满足具有突发特性的流量。

3. 流量监管

流量监管利用令牌桶来限制进入某网络的某个链接的流量与突发。分组经过预先设定的规则进行分类后,由令牌桶对需要进行流量控制的报文进行处理,如果桶中有足够的令牌,即说明流量控制在允许范围内,即可从桶中取出与分组流量相当的令牌将流量发送下去;否则丢弃该分组。在实际应用中,流量监管还可以根据分组大小与令牌数量的关系来设置或修改分组的优先级。

4. 流量整形

流量整形与流量监管的使用方式和目的不同。首先,流量监管可用于分组的入口和出口,多用于入口的流量控制;而流量整形则用于限制出口方向的流量速率。其次,流量监管的目的在于控制流量,而流量整形则用于调整分组传输的平均速度,让数据报按照传输规定的速率进行传送,尽量避免流量因突发的特性而造成网络拥塞的发生。因此,流量监管对超过流量限制的分组直接丢弃,而流量整形则是对超过限速的分组进行缓冲,以等待足够的令牌后再进行发送。当然,如果缓冲区队列已经饱和,多余的分组就会被丢弃。

9.2.3　队列调度

排队是日常生活中最常见的一种现象(如排队买票、排队付款、排队上车等)。队列即是从这些日常排队现象中抽象出来的一种数学模型。通常情况下,队列按照先到先得的顺序进行处理,排在队首的用户先被接待或处理,而新到的用户需要排到队尾,这就是基本的 FIFO(First In, First Out)排队算法。当然,有时候用户具有不同的优先级,具有高优先级的用户可以插队并将优先得到处理,例如银行的 VIP 成员可以优先进行业务处理。

队列调度机制有助于 QoS 根据不同的优先级进行数据的重新排序,这对于拥塞控制管理非常重要。当数据到达出口时,路由器可以根据分组的优先级或基于分类决定数据包是否丢弃或分配到不同的队列进行缓冲,然后通过队列调度机制进行传输。当接口发生拥堵时,通过队列调度机制就可以保证实时性要求较高的分组的传输。常见的队列调度机制包括 FIFO、PQ（Priority Queuing）、CQ（Custom Queuing）、FFQ（Fluid Fair Queuing）、WFQ（Weighted Fair Queuing）、CBWFQ（Class-based Weighted Fair Queuing）、LLQ（Low Latency Queuing）和 IP RTP（The Real-time Transport Protocol）等。这些机制在分类方法、丢弃策略、调度方式和队列长度等方面都存在差异。

公平排队算法（Fair Queuing,FQ）是 FIFO 的一种改进。FQ 算法在路由器每个输出端口维护多个队列,分组达到后根据流的特征（如源地址、目的地址、源端口、目的端口和协议号等）自动归入合适的队列,系统按轮询方式来回扫描所有队列,并依次取出每队的第一个包进行发送。当扫描到某个队列为空时,路由器就依次扫描其余所有队列。当某个流的数据包到达过快且将队列占满后,属于该流的新到的数据包就会被丢弃。采用这种方式,数据流彼此互不影响,有效地改进了 FIFO 排队算法无法区分不同的数据流而导致带宽分配不公平的现象。典型的公平排队算法有 FFQ（Fluid Fair Queuing）和 WFQ（Weighted Fair Queuing）等。

FFQ（理想化的流量公平队列）也称广义处理器共享策略（Generalized Processor Sharing policy,GPS）工作模型。在该模型中,所有参与调度的工作流各自组成缓冲队列。在任意的时段内,调度服务器从所有非空队列中各取队列头任务,按照各工作流的服务速率同时进行服务。这样各工作流都按照其分得的处理服务器服务配额,公平地共享处理服务器的服务。

WFQ（加权公平队列）基于流进行排队,流的定义为五元组＜源 IP,目的 IP,协议号,源端口号,目的端口号＞。WFQ 为每个流分配一个独立的 FIFO 队列,以提供公平的调度,并保证高优先级的流能够得到更高的带宽,因此采用 WFQ 的路由器需要能够支持较大数据的队列,例如,每个华为 Quidway 路由器接口最大可以支持 4096 个 WFQ 队列。通常,WFQ 为每个 FIFO 队列分配等同的带宽,假设当前出口的带宽为 R Kbps,FIFO 队列为 N 个,那么每个队列所分配的带宽即为 R/N Kbps。如果当前某个队列为空时,其带宽将分配用于其他队列。另外,当各个流/队列的优先级不同时,WFQ 可以通过加权按照不同优先级进行带宽的分配。例如,假设某个流的优先级为 x_i,则每流带宽分配为 $(x_i+1)R/\sum(x_i+1)$。WFQ 根据流的不同优先级来分配每个流（即对应某个队列）占用的出口带宽,优先级越高,占用带宽越大。WFQ 的工作流程如图 9.1 所示。

(1) 当分组到达时,WFQ 根据当前所有队列的总数判断该分组是否被丢弃,如果当前所有队列的分组总数未达到限制值 HQL（Hold-Queue-Limit）,WFQ 则根据五元组对流进行分类并通过 Hash 算法将其分配到相应的队列上;否则丢弃该分组。

(2) 经过分类的流根据所属队列的情况确定是否入队或丢弃,如果当前队列已满,即 CDT（Congestive Discard Threshold）达到极限,则丢弃该分组,否则进行步骤（3）的处理。

(3) 在分组进入队列之前,WFQ 将根据分组长度和优先级赋予流一个序列号 SN（Sequence Number）,SN 的计算公式为:SN = Previous_SN + weight × new_packet_

length。在 Cisco 路由器中 weight 可通过 32384/(x+1)计算，x 为流的优先级。可见，SN 与分组的长度和优先级相关，优先级越高，长度越小的分组 SN 越小。Previous_SN 的取值与当前队列的状况相关，如果当前队列为空，则 Previous_SN 等于发送队列最近发送的分组 SN，否则，Previous_SN 等于最迟进入该队列的分组 SN。

（4）在进行出队调度时，使用 WFQ 的路由器将选取具有最小 SN 的分组进入发送队列进行发送。

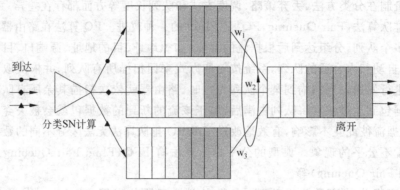

图 9.1　WFQ 的工作流程示意图

9.3　集成服务与区分服务

服务质量控制研究的目标是有效提供端到端的服务质量保证，确保不同业务流的服务需求得到满足。目前，根据应用的数据流不同，QoS 可以分为单数据流服务模式和聚集流服务模式两种，前者为端用户之间的每个单向的数据流提供服务保证，而后者为每组具有相同参数、标记或优先级的多个流提供服务。另外，根据对流的处理方式不同，QoS 又分为基于资源预留的类型和基于优先级的类型。前者根据业务流的需求通过资源预留协议 RSVP(Resource Reservation Protocol)提前制定资源管理策略，保证数据流的传输；后者通过边界路由器对流进行分类和标记，以实现不同优先级下的 QoS 保证。

9.3.1　集成服务 IntServ

9.3.1.1　集成服务 IntServ 概述

互联网最初面向非实时的单一数据类型服务，如文本传输、E-mail 等。IP 协议采用统计复用的方法为每个分组独立选择传输路径，为用户提供一种无连接的、尽力而为的网络传输服务。这种服务方式下，IP 网络对所有分组"一视同仁"，它按照先来先服务的方式尽最大努力传输分组，但不保证分组传输过程中的失序或丢失，更不承诺保证与传输质量相关的特性（如时延、带宽等）。因此，为了更好地实现端到端的可靠传输，网络的其他高层传输协议（如 TCP）需要对分组丢弃等事件做出正确的响应，但这对于应用类型越来越多的互联网来说，仍然存在不足。

互联网的迅速壮大促进了 IP 业务的多样化增长，互联网已经不再单纯地用于数据处理,多媒体应用等的出现使得网络与用户之间的交互开始走向生活化、生动化和实时化,尽管由于网络技术的发展,网络的带宽在大幅度地提高,但是与数据传输的需求相比仍然存在差距。网络流量的增加和流量性质的变化对互联网的传输能力提出了更高的要求。尽力而为的服务无法满足日渐广泛的应用通信需求,它不能根据每流状态提供服务保证,也不能在流量聚集之间提供服务区分,网络服务供应商有必要在尽力而为的基础上提供更确定的服务类型。

IETF 提出集成服务 IntServ 模型的目标是通过资源预留的方式来实现 QoS 保证,以同时支持实时服务和 IP 网络的传统服务。与传统的尽力而为的服务模式相比,IntServ在 IP 层进行显式的资源管理,在实现层次上,现有的 IntServ 方案需要为每个流建立一条固定或者稳定的路径,并要求所有路由器在控制路径上处理每流的信令消息并维护每流的路径状态和预约状态,在数据路径上执行基于流的分类、调度和缓冲区管理。具体而言,IntServ 模型主要由 4 个部分组成。

(1) 资源预留协议 RSVP:是 IntServ 模型的核心,是一个基于 IP 的传输端到端 QoS请求的信令协议。RSVP 允许每流独立向网络提出预留资源的请求(如带宽、缓冲区大小等),同时沿着分组传输的路径为分组预留资源,实现对每流的控制。

(2) 准入控制(Admission Control,又称接纳控制):根据本地和网络可用资源的使用情况,确定是否支持请求的资源预留。

(3) 分类器:根据预先设置的规则对输入的分组进行分类识别并将其映射到一定的QoS 服务类,然后放入不同队列等待服务。

(4) 分组调度器:基于一定的队列管理机制和调度算法对分类后的分组进行调度,以便将网络资源分配给不同的流。

QoS 中的服务可以说是网络与通信客户之间制定的一个合约,根据合约的不同,IntServ 模型为应用提供如下 3 种层次的服务。

(1) 保证型服务(Guaranteed Service):保证型服务为信息流提供确定性的带宽、时延和分组丢失率上界。这种服务要求用户清楚描述流量需求并明确指定实现的机制,且要求用户不会发送超过合约数量的数据量,是一种硬实时(Hard Real-Time)服务,它基于最坏情况准入控制,且路由器基于每个信息流执行分类和调度,适用于实时性要求较高的应用。

(2) 可控负载型服务(Controlled-Load Service):可控负载型服务能够在网络负荷较大的情况下提供一种近似的轻负载、大容量下的尽力而为的服务。可控负载型服务是一种软实时(Soft Real-Time)服务,它不保证确定的延迟、带宽及丢失率,但能保证性能仍然在用户可忍耐的范围内,本质上是一种定性的服务。它基于聚集流进行准入控制测量和调度,适于能容忍一定程度丢失率和时延的应用类型。

(3) 尽力而为的服务:与当前互联网提供的尽力而为的服务类似,遵循的是先来先服务的工作方式。

IntServ 的工作过程如下:IntServ 首先采用资源预留协议 RSVP 通过信令来逐跳(Hop-by-Hop)地建立每个流的资源预留软状态,包括流量参数及特定服务质量请求(如带宽和时延等)。每个软状态都关联一个时钟,当时钟超时后状态失效,这种方式不需要主动清除失效后的状态,可以容忍信令分组的丢失,且易于适应路由的动态变化。当网络收到资源请求后,通过准入控制进行资源分配的检查,决定链路或网络结点是否有足够的资源支持 QoS 资源预留请求并设置每流状态,执行资源预留。应用请求收到网络的确认信息,即可发送报文分组。一旦网络确定了预留资源请求,就需要在传输路径上的每一个结点为每个流维护一个状态,并基于此状态执行后续的分类、流量监管和调度。图 9.2 为 IntServ 模式下某个路由器内部的模块组成示意图。

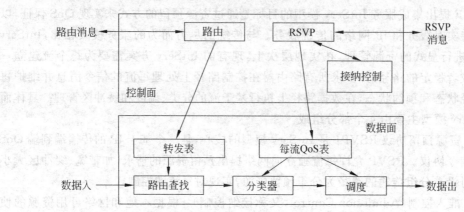

图 9.2　IntServ 模式下路由器内部功能部件的协作

9.3.1.2　RSVP 协议

RSVP(Resource reSerVation Protocol)是一种用于提供预留设置和控制、建立每流状态的信令协议。信令携带从主机传输到路由器的资源请求并收集从路由器返回给主机的必要的信息。信令在传输路径经过的每一跳和 RSVP 的准入控制模块以及策略模块进行交互,同时建立准入状态或通知请求发送者无法满足相应的需求。RSVP 协议是一个建立在 IP 协议之上的面向 IP 组播的协议,它仅在一个方向上预留资源。RSVP 由接收方发起预留过程,路由和预留机制相互独立,协同完成工作。

1. RSVP 的主要特征

RSVP 的核心是对一个应用会话提供有确定要求的服务质量保证。资源预留意味着路由器知道需要为即将出现的会话预留多少链路带宽和缓冲区。为了做到这一点,需要源结点和目的结点之间在会话之前经历一个连接,路径上的所有路由器都要预留需要的资源。

RSVP 协议的主要特征如下。

(1)支持单播和多播。RSVP 可以为单播和多播传输进行资源预留。当组成员或路由改变时,可以动态调整,并且可以为组播成员的各自需要预留资源。这些资源包括带宽和缓冲区。

(2)单向预留。RSVP 可以为单向的数据流进行资源预留。两个结点之间的数据交换可以在两个方向上有不同的预留。

(3)接收者发起预留。数据流的接收者发起并维护资源预留。

（4）维护互连网络中的软状态。软状态(soft-state)是指面向连接的实现机制是依靠沿着一条确定路由的路由器的状态信息来建立和维护的。软状态的维护责任由接收结点承担。同时,RSVP 允许不同的预留方式,具有独立于路由协议的特征,但是它最主要的特征还是接收者发起预留与软状态。

2. 数据流的相关概念

流(flow)可以定义为"具有相同源 IP 地址、源端口号、目的 IP 地址、目的端口号、协议标识符与服务质量要求的分组序列"。在讨论 RSVP 时,需要注意流的 3 个概念:会话(session)、流规范(flowspec)、过滤规则(filter spec),它们构成了 RSVP 操作的基础。

一个会话必须声明它所需要的服务质量,以便路由器确定是否有足够的资源来满足会话的需求。会话给出需预留资源结点的目的地址、IP 协议、目的端口号;流规范指定所需的 QoS;过滤规则选择与一次会话相关的分组。

图 9.3 给出了路由器对会话的处理过程。从图中也可以看出会话、流规范与过滤规则的关系。当一个会话的分组到达时,过滤规则确定它是属于哪个会话的分组。如果不属于任何一个会话,则按 IP 协议提供"尽力而为"传送服务。如果属于某一个会话,则按流规范指定的 QoS,提供标准服务质量的传送。

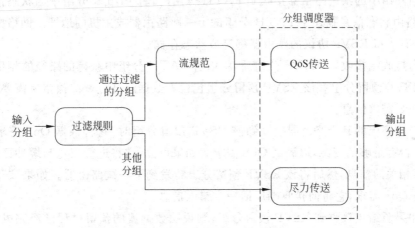

图 9.3　路由器对会话的处理过程

3. RSVP 的资源预留过程

（1）RSVP 控制分组。RSVP 的控制分组主要有：PATH(路径)类分组和 RSVP(预留)类分组。

PATH 分组在从源结点传送到目的结点的过程中收集路径的资源信息,把这些信息传送给接收者,以便接收者做出是否能够进行预留的选择。RSVP 预留分组由接收者发送到发送者,以预留相应的资源。

（2）端-端资源预留过程。图 9.4 给出了端-端的资源预留过程。资源预留过程可以分为以下几个步骤:

① 当发送数据的源端确定了发送数据流所需要的带宽、延迟、延迟抖动等参数时,就将这些参数放在 PATH 分组中,发送到接收端。

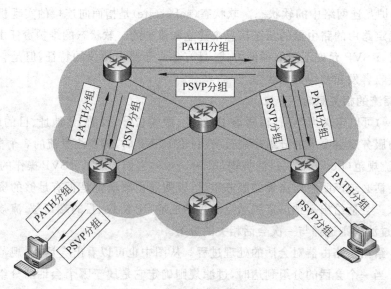

图 9.4　端-端的资源预留过程

② 当网络中的某个路由器接收到 PATH 分组时，将 PATH 分组中的状态信息储存起来，该路由状态信息描述了 PATH 分组的上一跳路由器或主机的地址。网络中传输路径上的所有支持 RSVP 协议的路由器都完成状态存储。

③ 当接收端接收到 PATH 分组后，将沿着 PATH 分组中获得的路径的相反方向发送一个 RSVP 预留分组。该 RSVP 预留分组包含着数据流进行资源预留所需要的流量、性能等 QoS 需求信息。

④ 当网络中的某个路由器接收到该 RSVP 预留分组时，它将根据 QoS 需求信息确定自己是否有足够的资源，以满足 QoS 需求。如果可能，它将进行带宽与缓冲区的预留，并且储存相关的信息，然后将该 RSVP 预留分组转发到下一跳路由器。如果该路由器不能够满足 QoS 需求，它将向接收端反馈一个错误信息。

⑤ 如果源结点接收到 RSVP 预留分组，则说明数据流的预留过程已经完成，可以开始向接收端发送数据。

⑥ 当数据流发送完毕，路由器将释放设置的资源，准备为新传输提供服务。

9.3.1.3　集成服务的局限性

基于 IntServ 的 RSVP 协议局限性主要表现在：基于单个数据流的端-端资源预留、调度处理和缓冲区管理、状态维护机制太复杂，开销太大，系统的可扩展性与鲁棒性差，不适用于大型网络。在目前的网络上推行 RSVP 服务，需要对现有的路由器、主机与应用程序做相应的调整，实现难度也很大。因此，单纯的 RSVP 结构实际上无法让业界接收，也无法在互联网上得到广泛应用。由于微软公司的 Windows XP 操作系统以后提供了 RSVP 的 QoS 功能，因此 RSVP 在企业网的接入层或校园网中得到应用。

9.3.2 区分服务 DiffServ

9.3.2.1 区分服务 DiffServ 概述

集成服务 IntServ 过于复杂、可扩展性及鲁棒性差的问题使其发展遭遇了巨大的障碍,而且目前许多网络结点并不支持 IntServ 的功能需求。基于此,1997 年,IETF 尝试从新的角度来考虑服务质量的问题,力图在具有良好可扩展性的前提条件下,对分组进行优先级分类并利用应用本身的适应性来满足各种服务质量要求,这就是区分服务 DiffServ 的基本思想。从这个意义上讲,两者是一脉相承的,但 DiffServ 的分类方法更简单方便,且支持多种类型的应用及商业模式,因此实用性更强。

DiffServ 的目标在于利用简单有效的方式满足实际应用对服务质量的要求。其初衷是避免 IntServ 的高复杂性,解决 IntServ 模型的弊端,提供一种具有良好可扩展性的QoS 解决方案。它利用 Domain,即在相同管理策略下的连通的网络区域的概念区分边界结点(边界路由器)和核心结点(核心路由器)进而实现服务质量的管理。边界路由器对每个流量聚集进行整形,并使用少量的数据位进行分组标记;核心路由器则基于分组标记对分组进行分别处理。具体而言,DiffServ 从以下两个方面简化了网络核心结点的服务功能。

(1) 简化网络核心结点的服务机制。核心结点只进行简单的调度转发,而流状态信息的保存与流监控机制的实现等只在边界结点进行,核心结点是状态无关的。

(2) 简化网络核心结点的服务对象。DiffServ 采用聚集传输控制,服务对象是流聚集(Flow Aggregate)而非单流,单流信息只在网络边界保存和处理。

在 DiffServ 架构中,边界结点根据用户的流描述(Profile)和资源预留信息将进入网络的单流分类、整形并聚合为不同的流聚集,这种聚集信息由每个 IP 包头的 DS(Differentiated Services)标记域来表示,称为 DS 标记(Differentiated Services Code Point,DSCP);核心结点在调度转发 IP 包时根据包头的 DSCP 选择提供特定的调度转发服务,其外特性称为每跳行为(Per-Hop-Behavior,PHB)。

DiffServ 仅包含有限数量的服务类别,因此状态信息数量少,实现较 IntServ 简单且扩展性更好。除实现简单外,DiffServ 体系还有以下特点。

(1) 层次化结构。DiffServ 架构分为 DS 域(DS Domain)与 DS 区(DS Region)两级,多个连续的 DS 域可以形成 DS 区。在 DS 域内,服务提供策略与 PHB 的语义和实现要一致;但 DS 区内的各 DS 域可以支持不同的 PHB,有不同的服务提供策略,它们之间通过服务级别协议(Service Level Agreement,SLA)与传输调节协议(Traffic Conditioning Agreement,TCA)协调提供跨域服务。这种结构适应了互联网中由各 ISP 提供接入服务的商业模式。

(2) 总体集中控制策略(与 IntServ 分布式控制相对照)。网络资源的分配由总体服务提供策略(Service Provisioning Policies)决定,包括在边界如何分类聚合流,在内部如何调度转发流聚集。

(3) 利用面向对象的模块化思想与封装思想,增强了灵活性与通用性。各逻辑模块相对独立,并有多种组合。少量模块可组合实现多种服务,并在发展过程中保持模块的可重用性。例如,服务类型同边界调节器(Conditioner)和内部 PHB 相对独立,使得较少种类的边界调节器和内部 PHB 可进行各种不同的组合而实现多种服务类型;而且随着进一步研究发展,可能有更多服务类型出现,却仍可以通过重用已有模块构造。再如,PHB 与其具体实现机制相分离,使 PHB 可以在发展中保持相对的稳定,这给设备厂商留下了开发的空间。

(4) 与路由无关。与一些以虚电路方式实现 QoS 的方案以及服务类型标记方案不同,区分服务结点处提供服务的手段仅限于队列调度与缓冲管理,不涉及路由选择机制。

9.3.2.2　区分服务 DiffServ 的体系结构

区分服务 DiffServ 简化了信令,对业务流的分类采用汇聚的方式,将需求相近的或属性相近的业务流看作一个大类,减少了调度算法及缓存的开销。另外,DiffServ 还采用 PHB 的方式提供一定程度的 QoS 保证。DiffServ 的基本思想如下。

(1) 定义一组服务类型和优先级。每种服务类型都有一个相关的业务流特性描述文件。DiffServ 基于流聚集进行操作,因此服务类型数量较少。

(2) DiffServ 模型由边界路由器划分为一个个的 DS 域。边界路由器中,入口路由器用于对流量进行整形、聚合,并设置 DS 域中的 DiffServ 标记(DSCP)值;核心路由器基于分组中的 DSCP 值对分组进行处理,实现每种 DSCP 的逐跳行为。

DiffServ 体系结构由如下各个组成部分(如图 9.5 所示)。

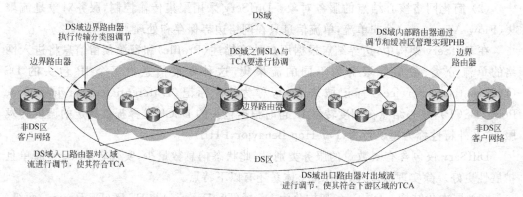

图 9.5　DiffServ 体系结构示意图

1. DS 域与 DS 区

DiffServ 包括两个工作层次(如图 9.5 所示):DS 区和 DS 域。DS 域是由一些相连的 DS 结点构成的集合,它们遵循统一的服务提供策略并实现一致的 PHB,可以看作提供 DiffServ 业务的一个个子网。DS 域有明确定义的边界,边界由边界结点(Boundary Node)构成。边界结点连通 DS 域和非 DS 域(或其他 DS 域),其主要功能为:实现传输的分类(Classify)和调节(Condition)机制(逻辑上分为分类器与调节器),保存流(单流或聚集流)的状态信息,根据预定的流描述对进入(或离开)域的流进行调节,包括计量(Metering)、标记(Marking)、整形(Shaping)和丢弃(Dropping)几个动作,使输入流(或输出流)符合预先制定的 TCA,并在包头标记 DSCP 值,然后分类归入行为聚集。需要注意的是,边界结点上也要实现 PHB。

针对特定的流,边界结点又分为入口结点和出口结点。入口结点必须对入域流进行调节,确保其符合 TCA 规范;出口结点可对出域流进行调节,保证其符合与下游 DS 域签订的 TCA。

内部结点上实现一组或若干组 PHB。处理 IP 分组时根据分组头部的 DSCP 值选择特定的调度转发行为(外特性即 PHB)。这一过程是多对一的映射,即每个 DSCP 值只能对应一个 PHB,多个 DSCP 值可能对应同一 PHB。这种映射关系在一个 DS 域内应保持一致。内部结点的处理对象是流聚集,数量有限,因而处理的时间与空间复杂度低。内部结点也可能部分或全部实现分类和调节功能以增强网络的鲁棒性。一般 DS 域由毗邻的属于同一网络管理机构的网络构成,如某个 ISP 的网络或者内部网。

连续的 DS 域构成 DS 区,区内支持跨越若干域的区分服务。区内的各 DS 域可能支持不同的 PHB 组,并且各 DS 域的 DSCP 到 PHB 的映射函数也可能不同;如果有不同 DS 域,则域之间必须有 SLA 与 TCA 定义域间的调节规则,协调彼此的服务语义。域间边界结点分别对出域与入域流进行调节以保证其符合 SLA 与 TCA 的规定。

2. DiffServ 标记域与 DiffServ 标记

为了在不改变网络结构的前提下,在路由器上增加区分服务功能的目的,DiffServ 借用了 IPv4 协议字段分组头中的 8 位服务类型字段,定义 DiffServ 的 DS 域。在 IPv6 协议中使用通信类型字段,通信类型也是 8 位,表示 IPv6 数据包的类或优先级。这个字段的功能类似于 IPv4 的服务类型字段。

DS 域占用 IPv4 协议分组头中的 8 位服务类型字段,前 6 位作为区分服务标记 DSCP(Differentiated Service CodePoint),后 2 位暂时没有使用。图 9.6 给出了 IPv4 协议分组头中的 DS 域。

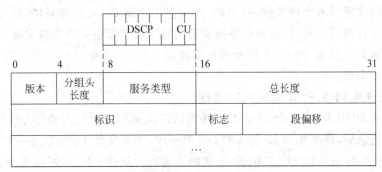

图 9.6　IPv4 协议分组头中的 DS 域

DSCP 是区分服务标记域中的具体值,用来标识数据包所属的流聚集,供数据包经过 DS 结点时选择特定的 PHB。DS 结点中 DSCP 到 PHB 的映射在具体实现中必须是可配置的。定义 PHB 时,应同时指定对应 DSCP 的推荐值。路由器在转发分组时通过查看分组的 DSCP 值,选择相应的 PHB 转发方式进行分组转发。

3. 边界结点的传输分类与调节机制

边界结点要根据 TCA 对入域(或出域)流进行分类和调节,以保证输入(或输出)流满足 TCA 中规定的规格,并将其归入某个行为聚集和标记相应的 DSCP 值。逻辑上分为分类器(Classifier)与调节器(Conditioner)两个模块,如图 9.7 所示。

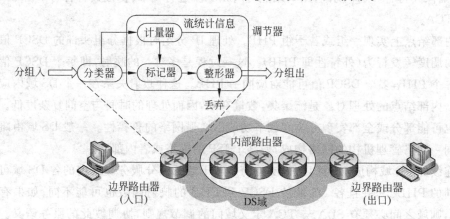

图 9.7　边界结点进行传输分类和调节的逻辑图

分类器遵照 TCA 中的特定规则,根据分组头部的某些域(如 DSCP 值或分组头部五元组)将分组划归某一类别,然后交由相应的调节模块进一步处理。调节器在逻辑上又分为计量器(Meter)、标记器(Marker)、整形器(Shaper)和丢包器(Dropper)。

计量器依据 TCA 中的流规格计量流的某些实时属性,如速率等,并将统计信息传给标记器、整形器和丢包器。标记器在包头的 DS 标记域中标记适当的 DSCP,将分组划入某个行为聚集。标记器可以将经过分类器分类后交给它处理的所有分组标记为同一DSCP 值,也可以根据计量器的统计信息将其标记为同一 PHB 组内不同 PHB 对应的DSCP 值。整形器通过延迟和丢弃等手段强制入流(或出流)符合 TCA 的流规范。

调节器的实现技术比较成熟,只要用令牌桶(Token Bucket)和漏桶(Leaky Bucket)等算法适当组合即可。当然,某种服务所需要的特定调节器也可以单独实现,其优点在于简单有效。如奖赏服务(PS)用令牌桶做整形和丢弃,确保服务(AS)也可以用层次化的计量器与标记器实现。

4. 每跳行为 PHB、PHB 组与 PHB 组族

每跳行为 PHB 是一个 DS 结点调度转发特定流聚集这一行为的外特性描述。PHB针对具体的流聚集,流聚集用 IP 包头的 DSCP 标识,因而实际上 PHB 是一个 DS 结点调度转发处理包头标有特定 DSCP 值的 IP 流的外部行为描述。PHB 可以用调度转发流聚集时的一些流特性参数(如延迟和丢失率)描述。当某个 PHB 可能与其他 PHB 共存于一个结点时,还必须指出在分配资源(如缓冲区和带宽)时与其他 PHB 的相对优先级。事实上,也只有在多个流聚集竞争资源时,PHB 甚至整个 DiffServ 体系才有意义。PHB本质上描述的就是单个结点为特定流聚集分配资源的方式;DiffServ 体系的整体资源分配策略也就是通过这样一个个单结点资源分配实现的。

需注意的是,PHB 仅是外特性描述,而不涉及具体的实现机制。这类似于对象封装

后的外部接口描述。PHB 的实现可以用队列调度与缓冲管理等各种算法(如优先级队列、分类队列等)。

多个 PHB 由于彼此关系密切(如具有按顺序排列的相对丢弃优先级)而必须同时定义,则在实现时就构成一个 PHB 组。PHB 组是区分服务体系中的基本定义或实现模块,单个 PHB 是特殊的 PHB 组。若干 PHB 组有相似构造(即各组内的 PHB 间有相似关系),因而这些 PHB 组可以同时定义,则称其属于同一 PHB 组族。组族与组的关系类似于面向对象中类与类实例(对象)的关系,一个是抽象定义,一个是具体实例。典型的例子如 AF 组族中的 4 个独立的 AF 组。

定义具体的 PHB 是 IETF 区分服务工作组的重要工作内容。目前已标准化的 PHB 有默认型 BE(Best Effort)、加速型 EF(Expedited Forwarding)、确保型 AF(Assured Forwarding)以及兼容 IP 优先级的类选择型 CS(Class Selector)4 种。此外,研究者们对准尽量做好型 LBE(Lower than Best Effort)、允许丢失的加速型 EFD(Expedited Forwarding with Dropping)以及协同 PHB 组 PHB-I(Interoperability PHB group)也进行了讨论。

5. 区分服务的典型服务与技术

自区分服务概念出现以来,奖赏服务(PS)与确保服务(AS)是 DS 服务最为典型的两种服务。

(1) 奖赏服务 PS。奖赏服务为用户提供低延迟、低抖动、低丢失率、保证带宽(三低一保证)的端到端或网络边界到边界的传输服务,是目前所定义的服务级别最高的区分服务种类。"三低一保证"的服务承诺使得用户可以享受类似专线的服务质量,因而奖赏服务也称为"虚拟专线"服务,它在入口路由器和出口路由器之间提供虚拟管道抽象。由于 PS 的服务承诺针对用户流的最高速率,资源预留量也根据最高速率计算,因而 PS 也最昂贵。但 PS 并非要取代传统的尽力而为服务,而是与之共存以提高网络资源的利用率,这是因为 PS 没有用尽的带宽可以分配给其他的流使用。实际上 PS 流只会占据很小一部分资源,最终结果是,ISP 的收入提高了,资源也不会闲置。

由于延迟、抖动和丢失主要由于分组在传送路途中排队所致,因而"三低一保证"实际上意味着传输流在传送路途中几乎不排队。而在路由器处出现排队的原因是在某些较短时间段内分组的入速率超过出速率(即请求速率超过处理速率)。则上述推导的最终结论是:任何时刻,在 PS 流传送道路上的任何结点处都要保证:PS 分组的入速率小于出速率,或更进一步,总体上的最大入速率要小于最小出速率。因此,提供这种服务要确保以下两点。

- 在传送结点处保证 PS 流有"良好定义"的最小出速率。它意味着最小出速率不依赖于结点状态的动态变化,具体而言,不依赖于此结点处其他流的强度。
- 调节 PS 流(通过整形或丢弃),以保证它在任何结点处的入速率都小于此处的最小出速率。

(2) 确保服务 AS。与 PS 的相对成熟、稳定相比,AS 目前仍处于不断改进和发展的阶段。AS 的初衷是:在网络拥塞的情况下仍能保证用户拥有预约的最低限量的带宽,使用户摆脱在单一尽力而为时无法把握自己实际占有带宽量的无奈窘况;着眼点是带宽与丢失率,不涉及延迟和抖动。服务原则是:无论是否拥塞,均保证用户占有预约的最低限量的带宽;当网络负载较轻而有空闲资源时,用户也可以使用更多的带宽。

AS 是一种大空间粒度的服务,它提供比尽力而为更低的分组丢失率,当出现拥塞时,结点将首先丢弃尽力而为服务类别的分组。AS 模式下要求用户不发送超过其预约带宽的流量,否则,超出的部分将按照尽力而为的方式进行处理。用户最终实际得到的带宽分为两部分:预定的最小保证值以及与其他 AS 流或尽力而为流竞争剩余资源获得的额外带宽。但与 PS 对带宽的严格承诺不同,AS 定位于统计性保证,这样可以提高资源利用率并降低价格,但也弱化了 AS 的质量保证。大量对 AS 的测试模拟表明,AS 的实际服务质量与诸多因素相关,较难达到量化标准,而更多的是一种优化服务。

AS 实现的基本思路如下。

- 分组进入网络时在边界结点给包做标记,预约带宽以内的流量标为 IN,超出预约带宽的流量标为 OUT。
- 拥塞时包头标记决定分组的丢弃概率,OUT 的丢弃概率大于 IN,从而一定程度上保护 IN 流。中间结点调度转发时保证源头相同的流不乱序,不管其中分组是 IN 或 OUT,在 DiffServ 体系中,前一包头标记动作由边界分类和调节器实现,后面的优先级丢弃由 AF-PHB 组(族)完成。

9.3.2.3　区分服务 DiffServ 的问题

尽管 DiffServ 提供了较 IntServ 更好的扩展性,但它也存在一些问题。

1. 组播问题

随着 DiffServ 网络研究的开展,DiffServ 域的组播问题也亟待解决。实际的组播应用需要 DiffServ 支持组播以使其同样享受 DiffServ 带来的好处。但 DiffServ 已有的框架和结构都是基于单播的,所以加入组播必然会出现一些问题。而且,对于端到端 IntServ 网络中含有 DiffServ 区的情况而言,DiffServ 网络中的组播问题较单纯的 IntServ 网络要复杂得多,因为在 DiffServ 区的外部,沿着组播树的 IntServ 路由器需要为每个流存储状态。

DiffServ 的组播问题可以通过为单播和组播使用不同的 DS 编码值,即在组播路由表的每个输出链路条目中加入一项 DSCP,并辅以一定管理机制加以解决,这种方案实现简单,又保持了 DiffServ 良好的可扩展性。解决 DiffServ 网络区支持组播存在的固有缺陷,并最终实现在 DiffServ 网络区支持具有端到端 QoS 保证的组播传输,是目前研究的难点问题。

2. 带宽分配的公平性问题

在资源共享环境中,一定会有各使用者之间的公平性问题。具体到 DiffServ,在域边界,单个流将聚合为流聚集,之后在域内 PHB 的处理对象是流聚集而非单个流,因而同一流聚集内的各流实质上在共享预留资源。DiffServ 中的公平性指的就是属于同一流聚集的各流能享受同等待遇,包括:资源总量充足时各流能充分享用其预约资源,达到预期性能;有额外资源并允许竞争时各流能平均分配或按比例分配额外资源;资源总量不足时,各流能按预约资源比例获得相应的降级服务。

影响公平性的因素包括两方面：首先是聚集流中每个单流特性不同，包括突发程度、是否有末端拥塞控制机制、流量大小、往返时间（Round Trip Time）和连接时间长短等。一般情况下，突发程度较大、末端有拥塞控制机制、流量大、往返时间和连接时间短的流在带宽竞争中处于弱势。其次是服务的实现机制，包括传输过程中的各环节（边界分类调节、内部 PHB 以及是否有反馈控制等）。

公平性问题的研究目标是改进服务实现机制，消除各种流特性差异对公平性的影响。

9.3.2.4　结合 IntServ 与 DS 服务的端到端 QoS

IP 网络的 QoS 研究导致了两种截然不同的体系结构：IntServ 体系结构及其相应的信令协议 RSVP 和 DiffServ 体系结构。目前这两种 IP 网络的 QoS 标准都不能完全满足提供 IP 的 QoS 全面解决方案。如前所述，它们各有自己的长处和局限。为了支持端到端的 QoS，可考虑将 IntServ、RSVP 和 DiffServ 看做互相补充的技术，将其结合，互相协同，取长补短，共同实现端到端的 QoS 提供机制。

IntServ 体系结构提供了一种在异构网络元素之上为应用提供端到端 QoS 的方法。一般来讲，网络元素可以是单独的结点（如路由器）或链路，更复杂的实体（比如 ATM 或 802.3 网络）也可以从功能上视为网络元素。在这种意义下，DiffServ 网络（或"网络云"）也可以视为更大的 IntServ 网络中的一种网络元素。有人提出一种在 DiffServ 网络之上实施 IntServ 的框架，它描述了在 IntServ 体系结构下 DiffServ 网络支持端到端 QoS 的方法。在该框架中，端到端的、定量的 QoS 是通过在含有一个或多个 DiffServ 区的端到端网络中应用 IntServ 模型来提供的。为了优化资源的分配和支持准入控制，DiffServ 区可以参加端到端的 RSVP 信令过程。从 IntServ 的角度看，网络中的 DiffServ 区被视为连接 IntServ 路由器和主机的虚链路。该框架的目标是实现 IntServ 区与 DiffServ 区无缝的相互操作，网络管理员可以自由选择网络中的哪个区作为 DiffServ 区。

9.3.3　多协议标记交换 MPLS

9.3.3.1　多协议标记交换 MPLS 的基本概念

多协议标记交换（multi-protocol label switching，MPLS）技术始于 20 世纪 90 年代中期。从设计思想看，MPLS 将数据链路层的第二层交换技术引入到网络层，实现快速 IP 分组交换。在这种网络结构中，核心网络是 MPLS 域，构成它的路由器是标记交换路由器（label switching router，LSR），在 MPLS 域边缘连接其他子网的路由器是边界标记交换路由器（E-LSR）。MPLS 在 E-LSR 之间建立标记交换路径（label switching path，LSP），这种标记交换路径 LSP 与 ATM 虚电路 VC 非常相似。MPLS 减少了 IP 网络中每个路由器逐个进行分组处理的工作量，可以进一步提高路由器性能和网络传输的服务质量。

需要注意的是，在开展 MPLS 技术研究的同时，各个网络设备公司的高性能路由器的研发工作也在加速。20 世纪 90 年代末，大量速度、性能与 ATM 交换机相当的高端路由器已开始实际应用。这样就出现了一个问题：是否有必要在一个网络中同时使用

ATM 和 IP 技术？显然，如果新建一个核心网络，人们完全可以只使用高端路由器与光纤链路。但是，当前实际应用的广域网的核心网络很多仍使用 ATM，因此还需要考虑 MPLS 的应用问题。

MPLS 可以提供以下 4 个服务功能。

（1）面向连接的 QoS 服务。无连接的 IP 网络不能提供可靠的 QoS 服务，而 MPLS 的设计思想是借鉴 ATM 面向连接和可以提供 QoS 的特性，在 IP 网络中提供一种面向连接的服务。

（2）流量工程。流量工程（Traffic engineering，TE）是指研究如何调整网络流量，使之能从出现拥塞的链路转移到那些没充分利用的链路。流量工程不是特定于 MPLS 的产物，而是一种通用的概念和方法，实质上就是拥塞控制研究中的均衡负载方法。基于 MPLS 的流量工程是利用面向连接的流量工程技术与 IP 路由技术相结合，动态地定义路由，根据已有需求做出资源提交方案，优化网络利用率的能力。

在 MPLS 中引入了"流"（flow）的概念，流是从某个源结点发出的分组序列，它们将以单播或多播方式传送到特定的目的结点，这些分组在 QoS 需求与路由上相关。利用 MPLS 可以为单个流建立路由，对于端-端之间不同的流可以选择不同的路由。在网络出现拥塞时，MPLS 不是逐个分组改变路由，而是逐个流改变路由，从而充分满足各个流的业务需求，大大地提高网络的资源利用率。研究流量工程的目的是更合理地利用网络资源，降低网络的运营成本，提高服务质量。

（3）支持虚拟专用网（virtual private network，VPN）。MPLS 提供了支持 VPN 的有效机制。采取 VPN 机制，企业或部门之间的分组流可以透明地通过互联网，有效提高应用系统的安全性和服务质量。

（4）由于 MPLS 有支持多种协议的能力，很好地解决了支持 MPLS 协议的路由器可以与普通 IP 路由器、ATM 交换机、支持 MPLS 的帧中继交换机的共存问题。因此，MPLS 可以用于纯 IP 网络、ATM 网络、帧中继网络及多种混合型网络，同时可以支持 PPP、DSH、DWDM 等多种底层网络协议，这样多种网络协议都可以很好地运行在 MPLS 环境中。图 9.8 给出了 MPLS 支持多协议的结构示意图。

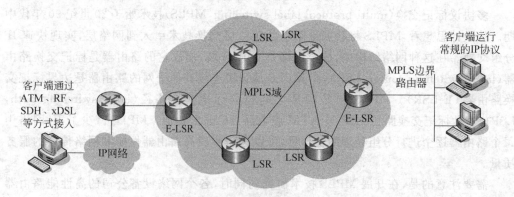

图 9.8 MPLS 支持多协议的结构示意图

9.3.3.2 MPLS 结构

在传统 IP 网络的分组转发过程中,分组到达每个路由器都必须查找路由表,按照"最长前缀匹配"的原则找到下一跳路由器的地址。这是传统 IP 网络多年运行的基本模式,其基本特征可以总结为:基于目标的逐跳单播路由(hop-by-hop destination-based unicast routing)技术。应该肯定,这种技术已被实践证明是很成功的。

但是,这里也存在两个问题:一是当网络规模很大时,查找含有大量路由信息的路由表将花费较多的时间,造成延时增大。在突发性通信量增大时,往往由于来不及处理或缓冲区溢出,而造成分组丢失增加,网络服务质量下降。二是来自路由表的转发路径发生拥塞,或路径延迟比预期要长,则除了这条路径之外,常常是别无选择,可能进一步加重拥塞。MPLS 协议希望在这些问题上有所改进。

1. MPLS 域结构

图 9.9 描述了 MPLS 的基本原理。支持 MPLS 功能的路由器分为两类:标记交换路由器 LSR 和边界标记交换路由器 E-LSR。MPLS 域是实现 MPLS 功能的网络区域,它由 LSR 组成。

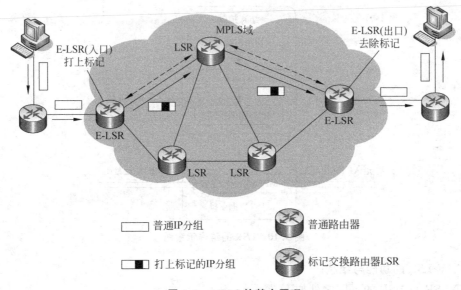

图 9.9 MPLS 的基本原理

2. 标记交换

要讨论标记交换概念,需要注意"路由"与"交换"的区别。

"路由"是网络层的概念。网络层需要使用路由选择算法生成路由器的路由表。路由器软件根据路由表和分组的目的地址、源地址,为每个进入的分组确定转发路径上的下一跳结点地址与输出端口。

"交换"是指一个结点与相邻结点分组转发的过程。交换只需使用第二层地址,例如以太网的 MAC 地址。同时,它也不一定要求第二层的地址在全网唯一,例如 ATM 的 VPI/VCI 与帧中继的数据链路连接标识(DLCI)。要保障分组在网络中端-端传输的可达性,必须依赖其他控制机制或协议(例如 ATM 信令协议或网关),为分组建立端-端的可到达的路径(例如永久虚电路 PVC)。

传统的 IP 网络分组转发过程中,分组经过一个路由器都必须查找路由器,找出下一跳的 IP 地址。"标记交换"的意义在于:LSR 不是使用可变长度的 IP 地址前缀方法,在每个路由器上查找下一跳的地址,而是简单地根据 IP 分组"标记",通过交换机的硬件在第二层实现快速转发。这样,就省去了分组到达每个结点时要通过软件去查找路由的费时过程。

3. LSR 的功能与结构

在 MPLS 机制中,LSR 完成如下两个功能。

(1) 在转发分组之前使用网络层的路由协议形成路由表。根据路由表和 LSR 专用的标记分布协议 LDP(label distribution protocol),形成特定标记所对应的标记交换路径 LSP,构造 MPLS 标记转发表。实际上,LDP 完成第三层路由到第二层交换标记之间的映射,实现 MPLS 域中结点之间的标记与路由之间的绑定。

(2) 根据分组的"标记",利用第二层的硬件进行交换,实现分组的快速转发。

图 9.10 给出了 LSR 的结构示意图。

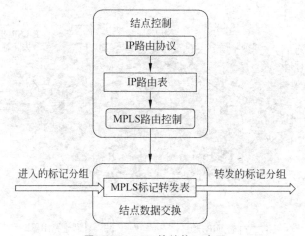

图 9.10 LSR 的结构示意图

4. E-LSR 的功能与结构

E-LSR 与 LSR 的不同之处如下。

(1) 除了具有在 MPLS 域中的标记交换功能之外,E-LSR 还要将进入 MPLS 域的普通 IP 分组加上标记,形成标记分组,然后在 MPLS 域中实现标记交换;

(2) 将离开 MPLS 域的标记分组还原成普通 IP 分组,然后按路由表来完成分组转发。图 9.11 给出了 E-LSR 的结构示意图。

MPLS 工作机制的核心是:路由仍使用第三层的路由协议来解决,而交换则使用第二层的硬件完成,这样就可以将第三层成熟的路由技术与硬件快速交换相结合,达到提高结点性能和服务质量的目的。例如,Cisco 的 LS1010 与 BPX 交换机是一种典型的 LSR,它的 ATM 交换机的硬件交换矩阵就是使用 MPLS 标记转发表来实现 MPLS 功能。

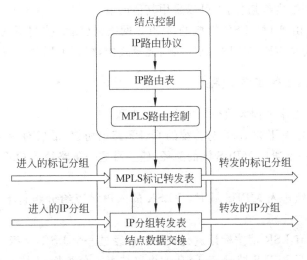

图 9.11　E-LSR 的结构示意图

5. 标记的结构

MPLS 有两种工作模式：帧模式和信元模式。图 9.12 给出了 MPLS 帧结构与标记格式。

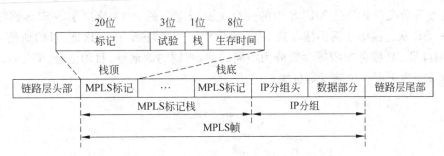

图 9.12　MPLS 帧结构与标记格式

MPLS 标记的长度为 32 位，由如下 4 个部分组成。

(1) 标记字段。标记字段的长度为 20 位，可以产生 2^{20} 和标记值。一个分组不一定只有一个标记，它可以有多级标记，形成一个"标记栈"(label stack)；标记栈中的第一个标记为栈顶，最后一个标记为栈底。

(2) 试验字段的长度为 3 位，用来保留作为试验使用。Cisco 和很多公司将它作为 QoS 标识，通常是直接拷贝 IP 分组的优先级。当 MPLS 分组进入队列时，试验位可以起到与 IP 分组的优先级一样的作用。

(3) 栈字段。栈字段长度为 1 位，栈值为 1，表示下一个标识为栈底。如果不是，则为 0。

(4) 生存时间字段。生存时间字段的长度为 8 位，可以直接拷贝 IP 分组的生存时间。它与 IP 分组的生存时间值的意义相同，在经过每一跳之后时间减 1，这样做也是为了防止存在环路而形成无休止的转发。如果网络管理员为了防止外部网络通过路由器去跟踪了解 MPLS 网络内部拓扑,也可以采用其他的值。

信元模式是指由 ATM LSR 组成的 MPLS 网络,网络的控制不是使用 ATM 信令,而是使用 MPLS 交换 VPI/VCI 信息。在信元模式中,标识编码放在 VPI/VCI 字段。

9.3.3.3 MPLS 的工作过程

MPLS 的基本工作过程大致分为如下 4 个步骤。

(1) MPLS 使用专用的 LDP 与传统的 OSPF 路由协议,形成对应于特定标记的标记交换路径,定义了一条通过 MPLS 域的路径,建立沿这一条路径的 QoS 参数,构造分组转发表。

(2) 当一个分组进入 MPLS 域时,E-LSR 的入口结点给分组打上标记,并按照标记将分组转发到下一个 LSR。

(3) 以后的所有 LSR 都按标记进行转发。每经过一个 LSR,更换一个新的标记。

(4) 当分组离开 MPLS 域时,E-LSR 的出口结点将分组标记去除,然后按普通 IP 分组转发到下一个路由器。

9.3.3.4 转发等价类

转发等价类(FEC)是 MPLS 中的一个重要概念。图 9.13 给出了 MPLS 网络的结构。E-LSR 从连接的子网中接收到 IP 分组后首先分类,按分组源地址、目的地址、TCP/UDP 端口号、IP 服务类型等参数分为不同的类,相同的源地址、目的地址、TCP/UDP 端口号的分组属于同一个转发等价类。

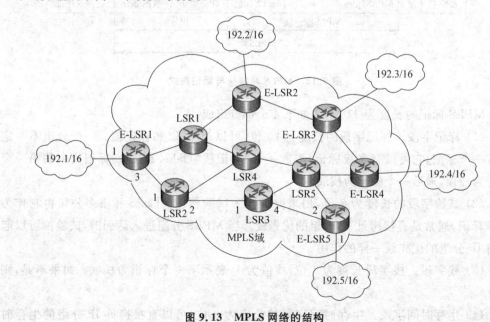

图 9.13 MPLS 网络的结构

图 9.14 给出了 E-LSR1 的标记交换路径。例如 E-LSR1 将目的地址为 191.2/16 的 IP 分组归为一个 FEC,通过标记交换路径 LSP1 传输。同样,E-LSR1 将目的地址为

191.3/16、191.4/16、191.5/16 的 IP 分组分别通过 LSP2、LSP3、LSP4 传输。

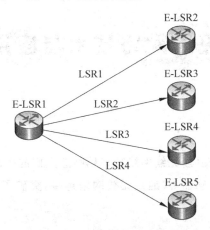

图 9.14 E-LSR1 的标记交换路径

图 9.15 给出了 E-LSP1 至 E-LSP5 的 LSP4。标记交换路径 LSP4 由 E-LSP1、LSP2、LSP3、E-LSP5 组成。每个 LSR 都记录了不同 LSP 的输入与转发的端口号。

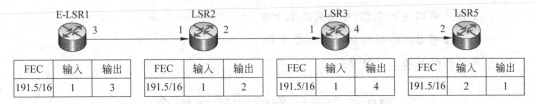

FEC	输入	输出
191.5/16	1	3

FEC	输入	输出
191.5/16	1	2

FEC	输入	输出
191.5/16	1	4

FEC	输入	输出
191.5/16	2	1

图 9.15 E-LSP1 至 E-LSP5 的 LSP4

目前,动态建立 LSP 的信令协议有两种:一是标记分布协议 LDP;二是扩展的资源预留协议 RSVP。如果使用 RSVP 建立 LSP,可以为 LSP 预留一定的资源。LSP 预留资源与 FEC 灵活分类功能相结合,可以实现对不同数据流的分类服务。

习 题

1. 为了保证端到端应用的服务质量,QoS 如何进行流分类和标记?
2. 说明进行 QoS 的流量监管与整形使用的算法原理。
3. 说明队列调度 WFQ 的工作流程。
4. 为确保不同业务流的服务需求得到满足,说明 QoS 提供服务模式的策略是什么?

第 10 章

无线网络技术与应用

随着计算机网络技术发展,无线网络越来越贴近人们的生活和工作,越来越多的终端设备(笔记本电脑、手机、传感器等)通过无线网络连接,突破了传统线缆束缚。无线网络技术呈现出多元化特点。

本章主要介绍:

- 无线网络技术的形成和发展
- 无线局域网与 802.11 协议的基本内容
- 无线城域网与 802.16 协议的基本内容
- 无线广域网与 802.20 协议的基本内容
- 无线传感器网络与物联网的主要特点
- 无线网状网的主要特点

10.1 无线网络的基本概念

10.1.1 无线网络的分类与无线电频谱

无线网络是网络技术研究与发展的另一条主线,它的研究、发展与应用将对 21 世纪信息技术与产业发展产生重要的影响。从设施的角度来看,无线网络可以分为两类:基于基础设施与无基础设施。图 10.1 给出了无线网络的分类。

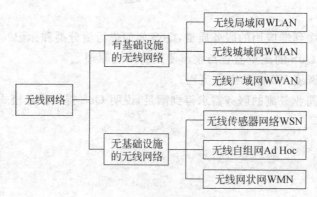

图 10.1　无线网络的分类

IEEE 802.11 无线局域网（wireless LAN，WLAN）、IEEE 802.16 无线城域网（wireless MAN，WMAN）和 IEEE 802.20 无线广域网（wireless WAN，WWAN）属于基础设施的无线网络。无线自组网（Ad Hoc）、无线传感器网络（wireless sensor network，WSN）、无线网状网（wireless mesh network，WMN）属于无基础设施的无线网络。

无线网络通过电磁波传输，但其频谱分布范围在一定时间、空间、地点方面有限制，我国已颁布了专门法规来保护、开发和管理无线电频谱资源，由专设机构予以执行。

无线电频谱具有如下特点。

（1）有限性。无线电业务不能无限使用较高频段的频率，目前暂无 3000GHz 以上频率的应用。尽管无线电可根据时间、空间、频率和编码等方式进行复用，但就单一频段和频率而言，在一定区域、时间和条件下能使用的频率是有限的。

（2）排他性。无线电频谱资源在一定时间、地区和频域内，一旦被某个设备使用，不能再被其他设备使用。

（3）复用性。虽然无线电频谱有排他性，但在一定时间、地区、频域和编码条件下，无线电频谱可被重复利用，即不同无线电业务和设备可复用和共用。

（4）非耗尽性。与不可再生资源不同，无线电频谱资源可被重复利用而不会耗尽。但是利用不当会造成浪费，以至于产生干扰而造成危害。

（5）传播性。无线电传播不受国界和行政地域限制，但受自然环境影响。

（6）易干扰性。无线电频谱使用不当，会受到其他无线信号源、自然和人为噪声的干扰而无法正常工作，或干扰其他无线系统，使其不能正常传输信息。

根据无线电波传播及使用特点，国际上将其划分为 12 个频段，通常的无线电通信只使用其中的第 4～12 频段，无线电频谱和波段的划分如表 10-1 所示。

表 10-1　无线电频谱和频段划分表

序号	频段名称	频段范围	波段名称
1	极低频（ELF）	3～30Hz	极长波
2	超低频（SLF）	30～300Hz	超长波
3	特低频（ULF）	300～3000Hz	特长波
4	甚低频（VLF）	3～30kHz	甚长波
5	低频（LF）	30～300kHz	长波
6	中频（MF）	300～3000kHz	中波
7	高频（HF）	3～30mHz	短波
8	甚高频（VHF）	30～300mHz	超短波
9	特高频（UHF）	300mHz～3GHz	分米波
10	超高频（SHF）	3～30GHz	厘米波
11	极高频（EHF）	30～300GHz	毫米波
12	至高频	300～3000GHz	丝米波

10.1.2　无线分组网与无线自组网

1972 年在美国国防部高级研究计划署启动 ARPANET 的研究计划后，又启动了将分组交换技术移植到无线分组网（packer radio network，PRNET）的项目，该项目研究无线分组交换技术在战场环境的数据通信中的应用。无线分组网的研究成果为无线自组网 Ad Hoc 的发展奠定了良好的基础。

在无线分组网项目结束后，DARPA 认为尽管无线分组网的可行性得到了验证，但还是不能满足大型网络环境的需要，无线移动自用网络还有几个关键技术没有解决。在这样的背景下，DARPA 在 1983 年启动了残存性自适应网络（SURvivable Adaptive Network，SURAN）项目研究如何将无线分组网技术用于支持更大规模的网络，并开发能适应战场快速变化的自适应网络协议。

20 世纪 70 年代末，美国海军实验室完成了短波自用组织网络（HF-ITF）系统的研究。该系统是采用跳帧方式组网的低速无线自组网。HF-ITF 使用短波频段，采用 ALOHA 信道访问控制方法，可以将 500km 范围内的舰只、飞机、潜艇组成一个无线移动自组网络。

1994 年，美国 DARPA 启动全球移动信息系统（global mobile information system，GloMo）计划。GloMo 计划的研究范围几乎覆盖了无线通信的所有相关领域。其中，无线自适应移动信息系统（WAMIS）是在无线分组网的基础上，研究的一种在多跳、移动环境下支持实时多媒体业务的高速无线分组网。另一个与无线自组网有关的项目是与 1996 年启动的 WINGs，其主要目标是如何将无线移动自组网与互联网无缝连接。

10.1.3　无线自组网与无线传感器网络

IEEE 将无线自组网定义为一种特殊的自组织、对等式、多跳、无线移动网络，称为移动无线自组网络（Mobile Ad Hoc NETwork，MANET），它是无线分组网的基础上发展起来的一种无线对等网络，是由若干个无线终端构成的一个临时性、无中心的网络，网络中也不需要任何基础设施。无线传感器网络的研究起步于 20 世纪 90 年代末期，当无线自组网技术的日趋成熟时，无线通信、微电子、传感器技术也得到了快速发展。在军事领域中，如何将无线自组网与传感器技术结合起来的研究课题被提出，这就是无线传感器网络的研究。无线传感器可以用于对敌方兵力和装备的监控，战场的实时监视，以及目标的定位、战场评估与对核攻击和生物化学攻击的检测和搜索。

近年来，无线传感器网络引起了学术界、军事领域和工业界的极大关注，美国和欧洲相继启动了很多有关无线传感器网络的研究计划。无线传感器网络的研究将涉及传感器、微电子芯片制造、无线传输、计算机网络、嵌入式计算、网络安全与软件等技术，是一个必须由多个学科专家参加的交叉学科研究领地。

10.1.4　无线自组网与无线网状网

无线网状网也称为无线网格网，是无线自组网在接入领域的一种应用。它作为对无线局域网、无线城域网技术的补充，将成为解决无线接入"最后一公里"问题的重要技术手段。

推动无线网状网发展的直接动力是互联网接入的应用需求。当无线自组网技术逐渐成熟并进入实际应用阶段时,它通常还是局限于军事领域,在民用领域应用无线自组网技术还是一个研究课题。研究人员很快就发现,如果将无线自组网技术作为无线局域网与无线城域网等无线接入技术的一种补充,将它应用与互联网无线接入网中,是一个很有发展前途的课题。在这样的背景下,出现了无线网状网技术的研究。

目前,无线自组网技术向两个方向发展的趋势已经明晰:一个方向是向军事和特定行业发展和应用的无线传感器网络;另一个方向是向民用的接入网领域发展的无线网状网。图 10.2 给出了无线自组网与无线传感器网络、无线网状网的关系。无线网络问题的研究涉及多个学科领域。

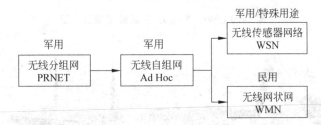

图 10.2　无线自组网与无线传感器网络、无线网状网的关系

10.2　无线局域网与 802.11 协议

10.2.1　无线局域网概述

无线局域网 WLAN 类似于传统的有线局域网,可以是客户机/服务器类型,也可以是无服务器的对等网络。网络链路从线缆改为无线,用户能方便地通过无线方式连接网络和收发数据。

10.2.1.1　无线局域网的定义

无线局域网 WLAN 是计算机网络与无线通信技术相结合的产物,通常指采用无线传输介质的计算机局域网。其利用无线电和红外线等无线方式,提供对等或点对点连通性的数据通信。从技术角度分析,WLAN 利用无线多址信道和带宽调制技术来提供统一的物理层平台,以此来支持结点间的数据通信,为通信的移动化、个性化和多媒体应用提供可能。

WLAN 的覆盖范围较为有限,距离差异使数据传输的性能不同,导致网络具体设计和实现上有所区别。WLAN 能在几十到几千米范围内支持较高数据率,可采用微蜂窝(microcell)、微微蜂窝(picocell)或非蜂窝(Ad Hoc)结构。图 10.3 是 WLAN 与有线网络的集成部署示意图。图 10.4 为常见的 WLAN 设备。

目前 WLAN 领域主要有两个典型标准:IEEE 802.11 和 HiperLAN。

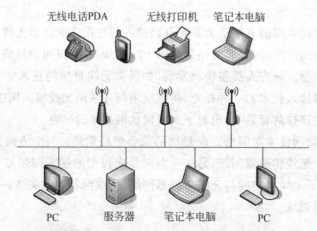

无线电话PDA　　　无线打印机　　笔记本电脑

PC　　　　服务器　　笔记本电脑　　　PC

图 10.3　WLAN 与 LAN 集成部署示意图

(a) PCMCIA无线局域网卡　　(b) USB无线局域网卡　　　(c) 室内AP　　　　(d) 室外AP

图 10.4　常见的 WLAN 设备

IEEE 802.11 系列标准由 IEEE 802.11 工作组提出,包括多个子标准(如目前较常见的 IEEE 802.11/n 等)。IEEE 802.11g 工作于 2.4GHz 频率。采用补码键控(CCK)、OFDM 和分组二进制卷积码(PBCC)等技术,可提供 54Mbps 的速率。IEEE 802.11n 进一步使用 MIMO 和 OFDM 等技术,将速率提升至 300Mbps 甚至 600Mbps。Wi-Fi 是 IEEE 802.11 的商业名称,由 Wi-Fi 联盟持有。

HiperLAN 由欧洲 ETSI 开发,包括 HiperLAN1、HiperLAN2、室内无线骨干网 HiperLink 和室外接入有线基础设施 HiperAccess 四种标准。HiperLAN 致力于实现高速无线连接,减少无线技术复杂性,采用移动通信中广泛使用的高斯最小频移键控调制技术。

10.2.1.2　无线局域网的特点

1. 无线局域网的优点

无线局域网 WLAN 是在有线局域网的基础上发展而来,主要特点如下。

(1)移动性。网络和主机迁移方便,通信范围不再受线路环境的限制,扩大了覆盖范围,为便携式设备提供有效的网络接入功能,用户可随时随地获取信息。

(2)灵活性。安装简单,组网灵活,可将网络延伸到线缆无法连接的地方。

(3)可伸缩性。放置或添加接入点(Access Point,AP)或扩展点(Extend Point,EP)可扩展组网。

（4）经济性。可用于难以物理布线的环境,节省线缆、附件和人工费用。同时省去布线工序,快速组网,快速投入使用,成本效益显著,可低成本快速组建临时性网络。

2. 无线局域网的局限性

尽管无线局域网 WLAN 有很多优点,但也面临一些不足,主要包括如下。

（1）可靠性。传统 LAN 的信道误码率小于 10^{-9},可靠性和稳定性极高。而 WLAN 的无线信道并不十分可靠,各种干扰和噪声会引起信号衰落和误码,进而导致吞吐性能下降和不稳定。此外,无线传输的特殊性还会产生"隐藏结点"、"暴露结点"等现象。

（2）兼容性与共存性。兼容性包括:WLAN 要兼容有线局域网、现有网络操作系统和网络软件;互相兼容多种 WLAN 标准;兼容不同厂商的无线设备。共存性包括:同一频段的不同制式或标准共存,如 2.4GHz 和 5GHz 的 WLAN 共存。

（3）带宽与系统容量。由于频率资源匮乏,WLAN 的信道带宽远小于有线网络带宽。即使进行复用,其系统容量通常也小于有线网。

（4）覆盖范围。WLAN 的低功率和高频率限制了其覆盖范围。为扩大覆盖范围,引入蜂窝或微蜂窝网络结构,或中继与桥接等措施。

（5）干扰。外界干扰可影响无线信道和设备,WLAN 内部会形成自干扰,也会干扰其他无线系统。因此在使用 WLAN 时,要综合考虑电磁兼容和抗干扰性。

（6）安全性。一是信息安全,即信息传输的可靠性、保密性、合法性和不可篡改性等。二是人员安全,即电磁波辐射对人体的影响。不同于有线封闭信道,WLAN 中无线电波可能遭受窃听和恶意干扰。此外,WLAN 网络也存在一些安全漏洞。

（7）能耗。WLAN 的终端多为便携设备(如笔记本电脑、智能手机等),为延长使用时间和提供电池寿命,网络应有节能管理功能,当设备不进行数据收发时,应使收发功能处于休眠状态。而要收发数据时,再激活收发功能。

（8）多业务和多媒体。已有 WLAN 标准和产品主要面向数据业务,而由于语音、图像等多媒体业务的需求,要进一步开发保证多媒体服务质量的相关标准和产品。

（9）移动性。虽然 WLAN 支持站点移动,但对大范围移动和高速移动的技术支持上不完善。而小范围低速移动也会对性能造成一定影响。

（10）小型化和低成本。这取决于大规模集成电路,尤其是高性能、高集成度技术的进步。目前相关技术已较成熟,具备了生产小型、低价 WLAN 射频器件的能力。

10.2.1.3 无线局域网的分类

无线局域网 WLAN 可根据不同层次、不同业务、不同技术、不同标准及不同应用等进行分类。

（1）按照频段可分为两类:专用频段、自由频段。

（2）根据业务类型可分为无连接和面向连接两类。前者用于高速数据传输(如 IP 分组)。后者常用于语音等实时性较强的业务,以及基于 TDMA 等技术。

（3）根据网络拓扑和应用要求,可分为对等、基础架构、接入和中继等。

图 10.5 给出了无线局域网的分类。

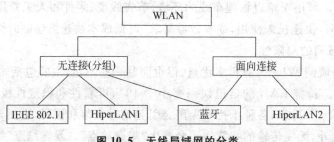

图 10.5　无线局域网的分类

10.2.1.4　无线局域网的应用

随着无线局域网技术的发展,人们越来越深刻的认识到,无线局域网不仅能够满足移动和特殊应用领域网络的要求,还能覆盖有线网络难于涉及的范围。

WLAN 应用分为室内和室外。室内应用包括家庭或小型办公室、大型建筑物、企事业单位等,室外应用包括园区和较远距离的无线网络连接,以及较远距离的网络中继。近年来,公共 WLAN 接入发展较快,主要部署在热点(hot spot)场所。WLAN 应用领域主要有以下 4 个方面。

(1) 作为传统的局域网的扩充。传统的局域网用非屏蔽双绞线实现 10Mbps 甚至更高速率的传输,使得结构化布线技术得到了广泛应用。很多建筑物在建设过程中已预先布好了双绞线。但是,在某些特殊的环境中,无线局域网却能发挥传统局域网所没有的作用。这类环境主要是建筑物群之间、工厂建筑物之间的连接,股票交易等场所的活动结点,不能布线的历史古建筑,以及临时性的大型报告会与展览会。在上述情况中无线局域网提供了一种更有效的联网方式。在大多数情况下,传统的局域网用来连接服务器和一些固定的工作站,而移动和不易于布线的结点可以通过无线局域网接入。图 10.6 给出了典型的无线局域网结构。

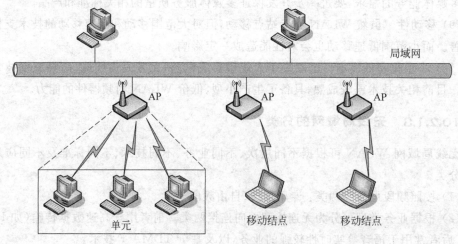

图 10.6　典型的无线局域网结构

（2）建筑物之间的互连。无线局域网的另一个用途是连接邻近建筑物种的局域网。在这种情况下，两座建筑物使用一条点-点无线链路，典型的连接设备是无线网桥或路由器。

（3）漫游访问。带有天线的移动数据设备（例如笔记本电脑、智能手机等）与无线局域网之间可以实现漫游访问。例如，在展览会场的工作人员向听众做报告时，通过笔记本电脑访问办公室里的服务器文件。漫游访问在大学校园或业务分部在几座建筑物的环境也很有用。用户可以带自己的笔记本电脑随意走动，从任何地点链接到无线局域网集线器。

10.2.2 无线局域网层次结构与组成

10.2.2.1 无线局域网的组成

WLAN 由站点、无线介质、无线接入点、分布式系统等组成。

1. 站点

站点也称主机或终端，是 WLAN 的基本组成单元。站点一般作为客户端，是具备无线网络接口的计算机设备，通常包括终端用户设备、无线网络接口和网络软件三部分。如果站点是移动主机或移动终端，按移动性可分为固定站、半移动站和移动站。固定站指其位置固定不变；半移动站指经常改变地理位置，但移动时并不要求保持网络连接；而移动站则要求在移动状态保持连接，通常移动速率为 $2\sim10\text{m/s}$。

站点之间的通信距离由于天线辐射能力有限和应用环境不同而受到限制。WLAN能覆盖的区域范围称为服务区（Service Area，SA），由移动站的无线收发信机及地理环境确定的通信覆盖区域称为基本服务区 BSA 或小区（cell），它是网络的最小单元。一个 BSA 内相互联系、相互通信的一组主机组成了基本服务集 BSS。

2. 无线介质

无线介质是 WLAN 中站点或 AP 间通信的传输介质，空气是无线电波和红外线传播的良好载体，WLAN 中的无线介质由物理层标准定义。

3. 无线接入点

AP 类似于移动通信网络的基站 BS，常处于 BSA 中心，固定不动，其功能包括如下。

（1）完成其他非 AP 站的接入访问和同一 BSS 中的不同功能。

（2）作为桥接点，完成 WLAN 与分布式系统间的桥接功能。

（3）作为 BSS 的控制中心，控制和管理其他非 AP 站。

无线 AP 是具有无线网络接口的网络设备，它包括：分布式系统接口；无线网络接口和相关软件；桥接、接入控制、管理等 AP 软件和网络软件。

4. 分布式系统

单个基本服务区 BSA 受环境和主机收发信机特性的限制。为覆盖更大区域，可将多个 BSA 通过 DS 连接，形成一个扩展服务区 ESA，而通过 DS 互连的属同一 ESA 的所有主机组成一个扩展服务集 ESS。

10.2.2.2 无线局域网拓扑结构

BSS 是 WLAN 的基本构造模块,有两种基本拓扑结构或组网方式:分布对等式拓扑和基础架构集中式拓扑。单个 BSS 称为单区网,多个 BSS 通过 DS 互连构成多区网。

1. 分布对等式拓扑

分布对等式网络是独立的 BSS。它是典型的自治方式单区网,任意站之间可直接通信,而无需依赖 AP 转接,如图 10.7 所示。由于无 AP,站之间是对等的(无中心)和分布式。由于 IBSS 网络不必预先计划,可按需随时构建,因此也是自组织网络。该结构中各站竞争共用信道,如站点数过多,竞争会影响网络性能,因此,较适合小规模、小范围的WLAN,多用于临时组网和军事通信。

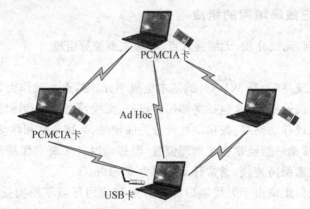

图 10.7 分布对等式工作模式

2. 基础架构集中式拓扑

一个基础架构除 DS 外,至少要有一个 AP。只包含一个 AP 的单区基础架构网络如图 10.8 所示。AP 是 BSS 的中心控制站,其他站在该中心站的控制下互相通信。与IBSS 相比,基础架构 BSS 的可靠性较差,如果 AP 发生故障或遭破坏,整个 BSS 就会瘫痪。

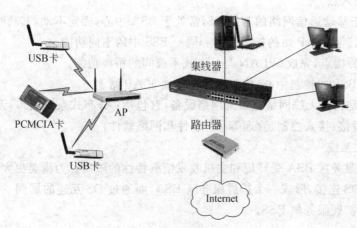

图 10.8 基础架构 BSS 工作模式

基础架构 BSS 中的某个站在与另一站通信时,须经源站→AP→目标站的两跳过程,由 AP 转接,其占用了链路,增加了传输时延,但比两站间直接通信仍有如下优势。

(1) BSS 内的所有站都需在 AP 通信范围之内,而各站之间的距离无限制,即网络中的站点布局受环境限制较小。

(2) 由于各站无需保持邻居关系,其路由复杂性和物理层实现复杂度较低。

(3) AP 作为中心站,控制所有站点对网络的访问,当网络业务量增大时,网络吞吐量和时延性能恶化并不激烈。

(4) AP 可对 BSS 内站点进行同步、移动和节能管理等,可控性好。

(5) 为接入 DS 或骨干网提供了逻辑接入点,可伸缩性较强。可通过增加 AP 数量、选择 AP 位置等扩展容量和覆盖区域,即将单区 BSS 扩展为多区 ESS。

3. ESS 网络拓扑

ESA 是多个 BSA 通过 DS 连接形成的扩展区域,范围可达数千米。同一 ESA 的所有站组成 ESS。在 ESA 中,AP 除完成基本功能外,还可确定一个 BSA 的地理位置。ESS 是一种由多个 BSS 组成的多区网,每个 BSS 都有一个 BSS 标识(BSSD)。如果网络由多个 ESS 组成,每个 ESS 也有一个 ESSID,所有 ESSID 组成一个网络标识(NID)以区分不同网络。

4. 中继或桥接型拓扑

两个或多个网络(LAN 或 WLAN)或网段可通过无线中继器、网桥或路由器等连接和扩展。

10.2.3　无线局域网层次模型结构

1. IEEE 802.11 的层次结构模型

图 10.9 给出了 802.11 的层次结构模型。物理层定义了红外、跳频扩频与直接序列扩频的数据传输标准。MAC 层的主要功能是对无线环境的访问控制,提供多个接入点的漫游支持,同时提供数据验证与保密服务。

逻辑链路子层(LLC)		
介质访问控制子层 (MAC)	介质访问控制层管理	站点管理层
物理层汇聚协议(PLCP)		
物理介质依赖子层 (PMD)	物理层管理	

图 10.9　IEEE 802.11 层次结构

MAC 层支持两种访问方式:无争用服务与争用服务。其中,无争用服务的系统中存在中心控制结点,中心结点具有点协调功能(point coordination function,PCF)。争用服务类似以太网随机争用访问控制方式,称为分布协调功能(distributed coordination function,DCF)。

2. IEEE 802.11 协议标准

1990 年 IEEE 802.11 工作组成立,1993 年形成基础协议,此后协议标准一直不断发展和更新,迄今形成了许多协议标准,如表 10-2 所示。

表 10-2　IEEE 802.11 标准体系

协议名称	发布时间	说　明
IEEE 802.11	1997 年	2.4GHz 微波和红外线标准,速率为 1Mbps 和 2Mbps
IEEE 802.11a	1999 年	5GHz 微波标准,速率为 54Mbps
IEEE 802.11b	1999 年	2.4GHz 微波标准,速率为 5.5Mbps 和 11Mbps
IEEE 802.11c	2000 年	IEEE 802.11 网络和普通以太网之间互通
IEEE 802.11d	2000 年	国际间漫游规范
IEEE 802.11e	2005 年	服务质量控制,包括数据包脉冲
IEEE 802.11f	2003 年	服务访问点间通信协议
IEEE 802.11g	2003 年	2.4GHz 微波标准,速率为 54Mbps
IEEE 802.11h	2003 年	5GHz 微波频谱管理(欧洲)
IEEE 802.11i	2004 年	增强安全机制
IEEE 802.11j	2004 年	微波频谱扩展(日本)
IEEE 802.11k	2008 年	微波测量规范
IEEE 802.11n	2009 年	2.4G/5GHz 使用 MIMO 技术,速率为 100Mbps
IEEE 802.11p	2010 年	车载环境的无线接入

10.2.4　IEEE 802.11 的 CSMA/CA 工作原理

10.2.4.1　IEEE 802.11 的 MAC 层服务类型

无争用服务的点协调功能采用集中控制的方法,通过探寻方法解决对结点发送的控制。

在争用服务中,802.3 标准采用 CSMA/CD 冲突检测方法,而 802.11 的 MAC 层采用 CSMA/CA 冲突表面方法。冲突避免(collision avoidancem,CA)要求每个发送结点在发送帧之前先侦听信道。如果信道空闲,结点可以发送帧。发送结点在发送完一帧之后,必须在等待一个短的时间间隔,检查接收结点是否发回帧的确认(ACK)。如果接收到确认,则说明此次发送没有出现冲突,发送成功。如果在规定的时间内没有接收到确认,表明出现了冲突,发送失败,重发该帧,直到规定的最大重发次数。其中,等待的时间间隔称为帧间间隔(inter frame space,IFS)。帧间间隔的长短取决于帧类型,高优先级帧的 IFS 短,因此可以优先获得发送权。图 10.10 给出了 802.11 结点发送数据帧的过程。

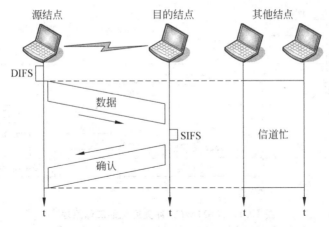

图 10.10　802.11 结点发送数据帧的过程

10.2.4.2　CSMA/CA 基本工作原理

1. 帧间间隔的类型

常用的帧间间隔可以分为：短帧间间隔、点协调功能帧间间隔与分布协调功能帧间间隔。

（1）短帧间间隔（short IFS，SIFS）用于分割属于一次对话的各帧，如 ACK 帧。它的值与物理层相关。例如，红外无线（IR）的 SIFS 值为 $7\mu s$，直接序列扩频（DSSS）的 SIFS 值为 $10\mu s$，跳频扩频（FHSS）的 SIFS 值为 $28\mu s$。

（2）点协调功能帧间间隔（point coordination IFS，PIFS）的长度等于 SIFS 值加一个 $50\mu s$ 的时间片值，于是跳频扩频（FHSS）的 PIFS 值为 $78\mu s$。

（3）分布协调功能帧间间隔（distributed coordination IFS，DIFS）最长，它等于 PIFS 值加一个 $50\mu s$ 的时间片值，于是跳频扩频（FHSS）的 DIFS 值为 $128\mu s$。

2. CSMA/CA 冲突避免的工作原理

802.11 的物理层执行信道载波侦听功能。当确定信道空闲时，源结点在等待 DIFS 时间之后，信道仍然空闲则发送一帧。发送结束后，源结点等待接收 ACK 帧。目的结点在收到正确的数据帧的 SIFS 时间之后，向源结点发送 ACK 帧。源结点在规定的时间之内接收到 ACK 帧，说明没有发送冲突，该帧发送成功。

为了进一步减少冲突的发送，802.11 的 MAC 层采用虚拟载波侦听（virtual carrier sense，VCS）机制。802.11 的 MAC 层在帧格式中的第 2 个字段设置了一个 2 字节的"持续时间"。源结点在发送一帧时，在该字段内填入以 μs 为单位的值，表示在该帧发送结束后，还要占用信道多长时间，包括目的结点的确认时间。其他结点在收到正在信道中传输的帧头"持续时间"的通知后，调整自己的网络分配向量（network allocation vector，NAV）。NAV 值等于发送一帧的时间，加上 SIFS 时间与源结点发送 ACK 帧的时间。它表示信道在经过 NAV 值的时间之后才可能进入空闲状态。有帧需要发送的结点在信道空闲后，再经过一个 DIFS 时间后，进入争用窗口。图 10.11 给出了 CSMA/CA 冲突避免的工作原理。

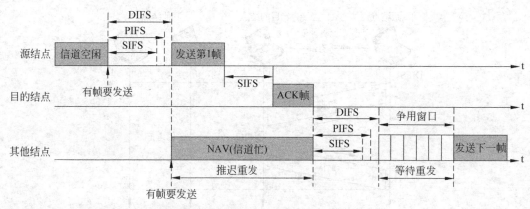

图 10.11   CSMA/CA 冲突避免的工作原理

3. 退避算法

802.11 的 CSMA/CA 协议中没有采用类似于以太网的冲突检测机制。因此,当信道从忙转到空闲时,各站不仅要等待一个 DIFS 时间,还必须执行退避算法,以进一步减少冲突的概率。802.11 采用的是二进制指数退避算法。它与 802.3 协议不同的地方是第 i 次退避在 2^{2+i} 个时间片中随机选择一个。例如,第 1 次退避是在 8 个时间片中随机选择 1 个时间片,第 2 次退避是在 16 个时间片中随机选择 1 个时间片。

当一个结点使用退避算法进入争用窗口时,它将启动一个退避定时器(backoff timer),按二进制指数退避算法随机选择退避时间片的值。当退避定时器的时间为 0 时,结点开始发送。如果此时信道已经转入忙,则结点将退避定时器复位后,重新进入退避争用状态,直到成功发送。

10.3   无线城域网与无线广域网

10.3.1   无线城域网概述

802.11 无线局域网 WLAN 作为局域网接入方式的一种补充,已在个人计算机无线接入中发挥着重要作用。在 WLAN 技术基础上,提出了以无线方式构建城域网提供高速的互联网接入,它是为了满足宽带无线接入的市场需求,解决城域网的最后一公里接入问题,代替电缆(Cable)、数字用户线(xDSL)和光纤等,以 IEEE 802.16 标准为基础的无线城域网 WMAN,覆盖范围达几十公里,传输速率高,并提供灵活、经济、高效的组网方式,支持固定和移动的宽带无线接入方式。

IEEE 802.16 标准(也称全球微波互取接入 WiMax)能达到 30～100Mbps 或更高速率,移动性要优于 Wi-Fi。

WMAN 能有效解决有线方式无法覆盖地区的宽带接入问题,有完备的 QoS 机制,可根据业务需要提供实时、非实时不同速率要求的数据传输服务,为居民和各类企业的宽带接入业务提供新的方案。图 10.12 给出了 WMAN 宽带城域网接入简单应用。

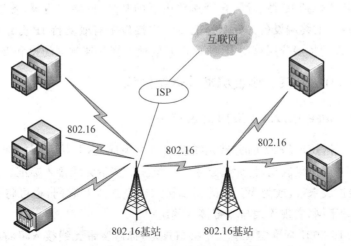

图 10.12　WMAN 城域网宽带接入

10.3.2　无线广域网概述

无线广域网(WWAN)进一步扩展了传统无线网络范围,是一种覆盖范围更大的无线网络,提供更方便和灵活的无线接入。用户使用笔记本电脑、智能手机等移动设备在覆盖范围内灵活接入网络,进而访问互联网,其传输率通常低于 Wi-Fi、WiMax 等。

典型的无线广域网有卫星通信网络、移动通信(2G/3G/4G)等系统。卫星通信网络堪称范围最大的 WWAN,而移动通信网络覆盖范围广,涵盖了地区大面积的居住区域,被列入无线广域网的范围。目前全球的移动通信网络主要采用两大技术：GSM 和 CDMA。GSM 标准很早就在欧盟得以应用,包括 GSM 语音通信、GPRS 数据传输和 EDGE 等技术,占据了全球 60% 的市场。WCDMA 技术作为 GSM 的 3G 更新标准,其数据传输速率可达 2Mbps 或更高。

窄带 CDMA 技术之后发展起来的 CDMA2000 主要是日、韩和北美使用的 3G 技术。我国提出的 TD-SCDMA 技术标准是具有自主知识产权的 3G 标准,其融合了智能天线、同步和软件无线电等技术,在频谱利用率、业务支持、频率灵活性和成本等方面有独特优势。

传统 Wi-Fi 用户在旅途中如需保持网络连接,需要反复重新登录不同网络。而蜂窝移动通信网络用户则可畅通无阻地使用网络,为不断移动的用户提供方便。但蜂窝技术速率略低,宽带接入性能不如 Wi-Fi,无法满足多媒体等应用需求,更多地适用于手机、PDA 等处理能力较低的弱终端设备,并不适用于有高处理能力的 PC 终端。

为了提供高效的移动宽带无线接入,IEEE 802 委员会也开展相应工作,其下属的 802.20 小组专门负责制定无线广域网移动宽带接入技术标准。但是,由于各技术和非技术原因,IEEE 802.20 标准的制定进行并不顺利。IEEE 802.20 标准规定了工作在 3.5GHz 以下需申请牌照的频段,在 5MHz 带宽和移动速度 250km/h 的情况下,实现每个用户峰值速率大于 4Mbps(下行)/1.2Mbps(上行)的通信线路连接。IEEE 802.20 采用纯 IP 体系结构,从网络到终端均基于 IP 协议,包括结构和协议 IP 化、传输与业务 IP 化的全过程。其组成包括 IP 核心网、含高速路由器的基站、网络调度器、鉴别/认证/计费，以及支持各种应用的终端设备等。基站能在空中接口中有效支持 IP 分组传输。在移动性管理上，基站采用扩展分层移动 IP 协议以有效地支持快速越区切换和漫游。

10.3.3　IEEE 802.16 系列协议标准与体系结构

10.3.3.1　IEEE 802.16 系列协议标准

1998 年 11 月，IEEE 802 的宽带无线接入研究组成立，开始系列标准的制定。1999 年，IEEE 802.16 工作组成立，目标是建立一个统一的宽带无线接入标准。其可作为线缆和 DSL 的无线扩展末端，或为 Wi-Fi 的无线接入热点连入互联网，也可将企业与家庭网络连接到有线骨干网，实现无线与宽带接入的统一。

IEEE 802.16-2001 标准定义了空中接口规范，标志宽带无线接入可将各商业机构和家庭接入全球骨干网。IEEE 802.16 标准的物理层规范取决于所用频谱和相应法规。其工作在 10~63GHz 频段(不能穿透建筑物和树等障碍物)，要求基站和终端是视距链路，限制了覆盖范围，一定程度上阻碍了其发展。

IEEE 802.16a 标准于 2003 年发布，支持 2~11GHz 工作频段，该频段能以更低成本提供更广的用户覆盖，系统可在非视距环境下运行，并提供了服务质量的保证机制，可支持语音和视频等实时业务，增加了对网络拓扑结构的支持，能适应各种物理层环境。

2004 年 IEEE 802.16d 标准详细规定了 2~11GHz 频段的 MAC 层和相应物理层，仍属于固定宽带无线接入规范，相对成熟且很具实用性。

2005 年 IEEE 802.16e 标准发布，在 2~6GHz 频段上支持移动宽带接入，提供了高速数据的移动宽带无线接入解决方案。

2010 年 IEEE 802.16m 被 ITU 确定为 4G 技术标准之一。

表 10-3 给出 IEEE 802.16 中若干重要标准的特点。

表 10-3　IEEE 802.16 若干重要标准的特点

标准	IEEE 802.16a	IEEE 802.16d	IEEE 802.16e	IEEE 802.16m
覆盖范围	几公里	几公里	几公里	几公里
工作频率	2~11GHz	2~11/11~66GHz	<6GHz	<3.5GHz
移动性	无	无	中低车速	高速
业务定位	个人用户漫游数据接入	中小企业用户的数据接入	个人用户的宽带移动数据接入	个人用户的高速移动数据接入
QoS	支持		支持	支持

10.3.3.2　IEEE 802.16 协议体系结构

IEEE 802.16 标准描述了点对点的宽带无线接入系统的空中接口，包括 MAC 层和物理层。MAC 层分为汇聚子层、公共部分子层和安全子层。汇聚子层负责将接入点收到的外网数据转换和映射到 MAC 业务数据单元，并传递到 MAC 层业务接入点。公共部分子层是 MAC 的核心，负责系统接入、带宽分配、连接建立、连接维护等，将汇聚子层的数据分类到特定 MAC 连接，实现对物理层传输和调度数据实施 QoS 控制。安全子层负责认证、密钥交换和加解密处理。图 10.13 为 IEEE 802.16 空中接口协议模型。

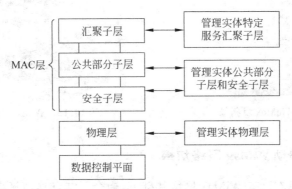

图 10.13　IEEE 802.16 空中接口协议模型

　　考虑到带宽资源有限、传输易受干扰、链路可靠性较低、电池能量、移动性切换等问题的负面影响，需对宽带无线接入网络提供 QoS 机制。IEEE 802.16 MAC 层实现 QoS 的思路是将 MAC 层传输与业务流对应起来，包括业务流分类、带宽请求和带宽分配等。

10.3.3.3　IEEE 802.16M(WiMax)系统组成

　　WiMax 网络可在需牌照的频段或公用无线频段运行，尤其是在授权频段运行时，WiMax 可使用更多频宽、时段和更强功率。而 Wi-Fi 只在公用频段的 2.4～5GHz 之间工作。FCC 规定 Wi-Fi 的传输功率在 1～100mW 之间。而一般的 WiMax 系统的传输功率可达 100kW，这也是 WiMax 的传输距离远大于 Wi-Fi 的原因之一。

　　WiMax 系统通常由如下两个部分组成。

　　(1) WiMax 发射塔。它与移动通信网络系统的发射塔相似(如图 10.14 所示)，单台 WiMax 发射塔可覆盖面积达数千平方公里。发射塔站可使用宽带有线链路连接互联网，也可使用视距微波连接另一个发射塔。

　　(2) WiMax 接收机。它的接收机和天线(如图 10.15 所示)可以是一个小盒子或一张 PCMCIA 卡，也可以像 IEEE 802.11 一样内置到笔记本电脑中。

　　WiMax 可提供如下两种形式的无线服务。

　　(1) 非视距服务。该形式下，WiMax 使用较低频率范围(2～11GHz)。较低波长的传输不易受物理干扰，传输可衍射、弯曲或绕过障碍物。其服务范围限于半径 6～10km。

　　(2) 视距型服务。安装在屋顶或电线杆上的固定抛物面天线和发射塔提供视距连接。这种类型功率更大，更稳定，误码更少。使用较高频率，可达 66GHz。其服务范围半径可达 50km。

图 10.14　WinMax 发射塔

图 10.15　WiMax 接收机

10.3.3.4　移动 WiMax 网络切换

移动 WiMax 是在已有 WiMax 网络基础上，融合了结点移动管理和切换技术，实现移动站平均移动速度为 120km/h 及以上时，切换过程时延远低于 100ms 的无缝切换，并具备零丢包能力。移动 WiMax 切换分为链路层、网络层和跨层融合三种切换。

1. 移动 WiMax 链路层切换

IEEE 802.16 规定了高灵活、可扩展的链路层切换策略，允许移动站（Mobile Station，MS）、基站（Base Station，BS）和骨干网发起切换，支持各种如蜂窝内和蜂窝间、扇区内和扇区间、层间、系统内和系统间等的切换。定义了 3 类链路层切换：硬切换（Hard Handover，HHO）、宏分集切换（Mirco-Diversity Handover，MDHO）和快速基站切换（Fast Base Station Switching，FBSS），如图 10.16、图 10.17、图 10.18 所示。

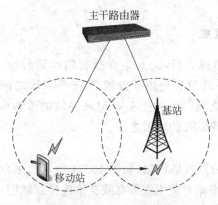

图 10.16　WiMax 硬切换

切换主要依据当前服务基站 SBS 和相邻基站 NBS 的接收信号强度 RSS，移动站点和服务基站共同决定何时开始切换。一旦 SBS 收到的 RSS 低于阈值，可能影响当前通信会话，移动站点就与某个已选定的 NBS 进行切换，该 NBS 称为目标基站 TBS。

链路层切换中，HHO 为先中断后切换，即先断开 MS 与 SBS 的通信，然后连接 TBS 该过程使 MS 与 TBS 连接前经历了一段连接空白。与 HHO 不同，MDHO 和 FBSS 都采取先通后断方式（软切换），即 MS 断开与当前 BS 连接前已与 TBS 建立的新连接。显然后两类无连接空白，且 MS 可同时与多个 BS 保持连接。FBSS 和 MDHO 具有无缝和快速的特性，能为更高层切换提供支持。

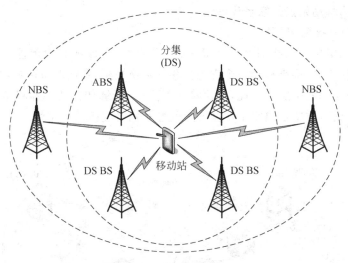

图 10.17　WiMax 宏分集切换

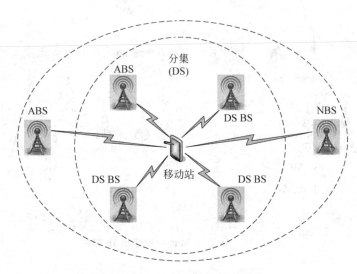

图 10.18　WiMax 快速基站切换

2. 移动 WiMax 网络层切换

与 MAC 层相比,网络层切换面临许多问题,如高切换时延、选择合适的切换协议,这些问题应结合链路层考虑解决。为减少整个移动 WiMax 切换的时延,需同时减少网络层和链路层的切换时延,以达到总切换时延最小。网络层切换方案绝大部分要依靠移动IPv4 或移动 IPv6(类似于 WLAN 中的移动 IP)。图 10.19 为移动 WiMax 切换过程,也是移动 WiMax 中的移动 IP 架构,图中 WBS 为 WiMax 基站,CN 为通信结点。

移动 WiMax 需要高效支持移动 IP,特别是子网间的移动站点。为了提供无障碍和可靠的 QoS,网络连接需连续且能保持到路由改变。移动 IPv6 能用有效和可扩展的方式支持全局 IP 移动性。在支持移动 IP 的移动环境中,移动站点在整个运动过程中可保持其标识地址,当移动站点在外地时,可提供本地网络注册一个新的配置好的转交地址,该本地网络即成为移动站点的家乡代理。

3. 移动 WiMax 跨层切换

链路层和网络层的切换对移动 WiMax 十分重要,是保证其通信性能的基础。但仅基于单层的切换方法,很难构建一个理想的移动切换框架,其性能将由各层的整体性能决定,特别是链路层和网络层。因此,优化移动 WiMax 无缝切换的性能将依靠链路层和网络层,它们之间的有效整合决定了切换的有效性和网络连接的稳定性。

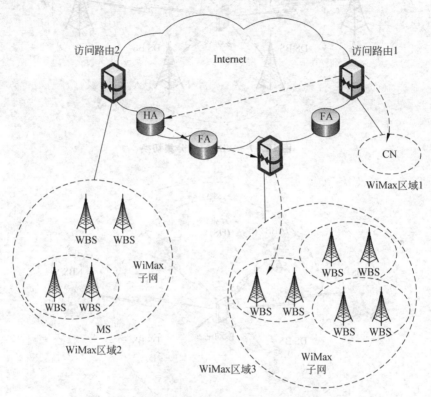

图 10.19　移动 WiMax 中的移动 IP 架构

10.3.4　IEEE 802.20 技术标准

10.3.4.1　IEEE 802.20 标准的组成和模型

IEEE 802.20 标准内容主要包括无线信道模型、移动性管理及切换模型、分布式安全模型和所支持的业务模型。

1. 无线信道模型

该模型采用 MIMO 方式,对于单入单出(SISO)空间信道模型,主要考虑接收信号的信号功率分布和多普勒频移信息,而对基于多径衰落和多普勒频移的 MIMO,还需多径角扩展、功率方位谱、发送端和接收端的天线陈列相关性等信息。

移动宽带无线信道中,高移动性会导致时域特性的快速变化,多径时延会导致严重的频率选择性衰落,多径角扩展会导致严重的空间信道响应改变。要获取优良性能,接收方和发送端采用的算法必须准确跟踪各维信道响应(空间、时间和频率)。因此,MIMO必须捕获所有信道特性,包括空间特性、时域特性和频域特性。

具体的 MIMO 模型主要有相关模型、射线跟踪模型和散射模型。

(1)相关模型。通过在发射端和接收端合并独立复用高斯信道矩阵来描述空间相关性。对于多径衰落,使用 ITU 提出的延迟线信道模型来产生功率迟延谱和多普勒频谱,其具有易于应用并与已有 ITU 信道特性描述相兼容的特点。

(2)射线跟踪模型。假设已知反射物位置,信道特性通过仿真从每一个发送天线到每一个接收天线的大量数据累加来预测。该模型通过使用特定信息(如建立结构库)来提供准确信息。但由于难以获取详细地形和建筑物数据,室外环境下一般不使用。

(3)散射模型。假定散射物的特定统计分布,利用该分布,通过仿真散射物之间的相互作用平面波的方向产生信道模型。

2. 移动性管理及切换模型

如果移动结点与固定用户通信,则家乡代理 HA 和外地代理 FA 共同参与。HA 和 FA 可以是驻留在基站路由器的专家通信模块,也可用另外的设备实现。

家乡代理负责截获所有发往已经移出家乡网的移动结点的报文,并通过隧道将它们发送到该移动结点最新告知的转交地址。外地代理通过周期性发送代理公告或响应移动结点的代理请求,来告知移动结点它已移动到外地网,并向移动结点提供路由服务。

移动站在不同基站间切换时,可采用先中断后切换和先切换后中断两种方式。移动站收到相邻基站的广播后,会侦听所有基站的无线信号并测量强度,寻找合适作为目标的相邻基站。当发现一个信号强度大于原基站的相邻基站,移动站通知基站其在两个基站重叠区内并希望切换,同时将目标基站地址告知原基站。当收到移动站的信息,原基站通过骨干网向目标基站发送有关移动站及切换的信息。目标基站为移动站选择接入资源,并通过原基站通知移动站接入资源、定时信息及功率等级等。

先中断后切换方式中,原基站首先终止与移动站连接,之后移动站开始切换,建立与目标基站的连接。而对先切换后中断方式,移动站通过广播和接入信息获取转交地址,并向家乡代理登记新的转交地址,从而把业务转向目标基站。但此时移动站还保持与原基站的连接,不会导致时延和丢包。当移动站登记信息到达家乡网络,家乡代理把包交付新的转交地址。一段时间后,移动站关闭与原基站的连接,确保原基站中不再有发往移动站的包。

3. 分布式安全模型

IEEE 802.20 采用分布式安全模型来管理网络安全。相对于集中式安全模型而言,分布式安全模型中,各设备自身作为安全管理器,不依赖其他设备来实现信任功能。某一设备状态改变不影响其他设备间的密钥关系。具有实现包括公钥建立、密钥传输和数据传输,完成密钥产生、传输和管理的整个过程。

4. 业务模型

随着各种移动终端设备的普及,移动通信业务的需求也在不断增长,主要是移动互联网业务,包括 WWW、FTP、E-mail、VoIP、视频会议、即时通信及其他各种应用等。

10.3.4.2　IEEE 802.20 的性能与协议栈

1. IEEE 802.20 功能特性

IEEE 802.20 的物理层以 OFDM 和 MIMO 为核心,挖掘时域、频域和空间域的资源,提高系统的频谱效率。而设计理念上,强调基于分组转发的纯 IP 架构处理突发性数据,与 3.5G(HSDPA、EV-DO)性能相当。另外,在实现和部署成本上也具有较大优势。

IEEE 802.20 的主要技术特性如下。

(1) 支持实时和非实时业务。

(2) 空中接口中不区分电路域和分组域。

(3) 保持持续连通性,频率统一且可复用。

(4) 支持小区间和扇区间的无缝切换。与其他无线网络(如 802.11/16 等)的切换。

(5) 支持 QoS,与核心网的端对端 QoS 相一致,支持 IPv4/v6 等具有 QoS 保证的协议。

(6) 支持内部状态快速转变的多种 MAC 协议状态。

(7) 为上下行链路快速分配所需资源,并根据信道环境变化选择最优输出速率。

(8) 提供终端和网络间认证,实现与现有蜂窝移动通信系统的共存,降低部署成本。

表 10-4 给出了 IEEE 802.20 的性能指标。

表 10-4　IEEE 802.20 的性能指标

工作频率	<3.0GHz			
频带分配	分配给移动通信业务的需牌照频频段			
双工方式	FDD 和 TDD			
移动速度	最高可达 250km/h			
小区范围	约 15km,即一般城域网范围,视具体情况而定			
安全模式	AES			
MAC 帧环路时延	<10ms			
信道带宽	1.25MHz		5MHz	
小区峰值数据速率(上行)	>800Kbps		>3.2Mbps	
用户峰值数据速率(上行)	>300Kbps		>1.2Mbps	
小区峰值数据速率(下行)	>4Mbps		>16Mbps	
用户峰值数据速率(下行)	>1Mbps		>4Mbps	
移动终端速度	上行		下行	
	3km/h	120km/h	3km/h	120km/h
频谱效率(bps/Hz)	1.0	0.75	2.0	1.75

2. IEEE 802.20 协议栈

(1) IEEE 802.20 标准协议模型。IEEE 802.20 协议模型分为数据链路层和物理层 (如图 10.20 所示)。链路层分为 MAC 子层和 MAC 管理子层。前者负责正确组建数据帧,以及对空中资源接入发出申请命令。后者负责提供 MAC 层参数和提取 MAC 层监视数据,该信息可用作网络管理。

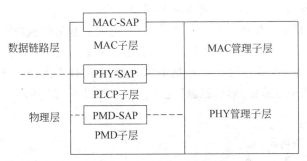

PHY-SAP:物理层业务接入点　　PLCP:物理层汇聚协议
MAC-SAP:MAC层业务接入点　　PMD-SAP:物理媒体依赖业务接入点

图 10.20　IEEE 802.20 协议模型

物理层由汇聚子层、介质子层和管理子层组成。介质子层负责提供比特传输。汇聚子层主要实现比特流和信元流之间的转换。管理子层负责物理层参数定义,获取用于网络管理的一些监视参数。

(2) IEEE 802.20 协议栈。IEEE 802.20 在 MAC 层上可同时传输数据、语音和视频,定义了不同 QoS 级别。其 MAC 层不仅具有网络的基本概念,还可独立控制一些建立信道的分组,能通过定义双向原语触发切换,并定义了定时参数和允许原语的时延。为支持移动性,系统引入了 IPv6。在网络控制的切换中,网络决定移动结点的连接点。在移动结点控制的切换中,网络决定了新连接点,并与该结点建立连接。

图 10.21 给出了基于 IP 的 IEEE 802.20 协议栈,系统具有以下优势。

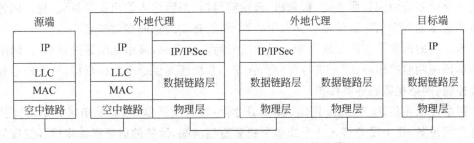

图 10.21　基于 IP 的 IEEE 802.20 协议栈

- 基于 IP 的设计。将现有 IP 网络简单扩展到无线终端,形成移动的、无处不在的网络接入,透明地支持基于各种网络的应用业务。
- 使用标准 IP 网络部件,无需额外增加网络设备。
- 以数据为中心的物理层和 MAC 层具有高吞吐量、低冗余等特点。

10.3.5 无线城域网 WiMax 的应用

1. WiMax 在视频监控中的应用

由于社会发展和人员流动增加,视频监控的应用需求越来越多。伴随计算机、通信、网络和图像处理等技术的发展,视频监控系统迅速普及。凭借数字化、压缩编码和实时传输等技术,已成为安防、生产自动化等系统的重要应用。

实际组网中可根据具体监控点分布方位,结合可安装基站的机房资源、网络结点分布情况和可用频率资源等情况,合理设计。选择合适位置设立基站,各监控点作为远端站,通过无线链路连接基站,基站再通过高速有线链路接入有线网络。各监控点数据通过WiMax 网络传输到中心基站,然后汇聚到监控中心,如图 10.22 所示。

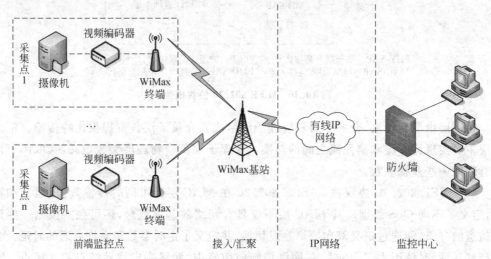

图 10.22　基于 WiMax 的视频监控系统

WiMax 无线视频监控系统包括:视频采集前端、无线网络传输、视频流信息处理等系统。前端系统由视频服务器、摄像机、云端解码器、报警输入输出设备组成,视频图像直接转换成压缩数字信息后传输。其占用带宽小,能自动维护前端监控点。

压缩后的视频信息经系统处理为射频信号后发往基站,再由基站通过有线 IP 网络传输到本地视频监控中心,统一进行监控和管理。系统还提供标准的控制接口,实现远程的云端控制、网络视频服务器维护等。

网络传输系统由 WiMax 网络、有线 IP 网络等组成。单 WiMax 扇区站下可支持多个客户端设备,每个设备接入一个或多个视频监控前端,设备的射频模块将信号变换为适宜频率,再经天线发给基站,从而汇聚多路监控点视频信号。

2. WiMax 在高速列车接入互联网的应用

多个因素使列车上进行宽带通信较为困难,我国的高速铁路时速可达 350km/h,基站切换极度频繁。我国部分高铁/动车开始为乘客提供高速网络宽带接入,列车上接入互联网的参考架构如图 10.23 所示。

列车宽带接入网络系统通常沿铁轨部署,可使用带基站的无线网络,如 GPRS、

HSDPA、WiMax、Wi-Fi、卫星链路、IEEE 802.20 等。以 WiMax 为例,我国提出了一个用于高铁环境下的基于 WiMax 网络架构,据称能提供 500km/h 时速的服务支持,同时还支持 QoS。该方案使用 WiMax 作为回程线路,在车上接入使用 Wi-Fi 网络,需要补强WiMax 天线,具有较低的运营成本,能吸引更多的移动互联网用户。

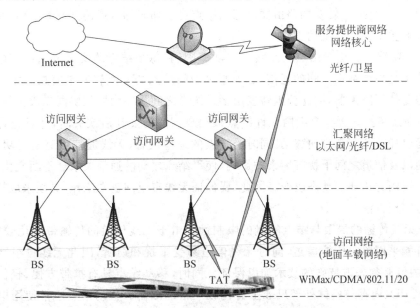

图 10.23 列车上接入互联网的参考架构

10.4 无线自组网与无线网状网

10.4.1 无线自组织网络的特点

IEEE 802.11 无线局域网是基于基础设施的,其结点直接与接入点设备通信的一跳网络。而无线自组网(又称无线对等网络)是不需要基础设施的一种无线网络的组网形式。

1991 年 5 月,IEEE 将无线自组织网络命名为 Ad Hoc 网络,并将其定义为是由一组带有无线通信收发设备的移动结点组成的多跳、临时和无中心的自治系统。网络中的移动结点本身具有路由和分组转发的功能,可以通过无线方式自组成任意的拓扑。无线自组网可以独立工作,也可以接入移动无线网络或互联网。当无线自组网接入移动无线网络或互联网时,考虑到无线通信设备的带宽与电源功率的限制,它通常不会作为中间的承载网络,而是作为末端的子网出现。它只会产生作为源结点的数据分组,或接受将本结点作为目的结点的分组,而不转发其他网络穿越本网络的分组。无线自组网中的每个结点都担负着主机与路由器双重角色。结点作为主机,需要运行应用程序。结点作为路由器,需要根据路由策略运行相应的程序,参与分组转发与路由维护的功能。

总结以上的讨论可以看出,无线自组网具有以下几个主要特点。

（1）自组织与独立组网。无线自组网可以不需要任何预先假设的无线通信基础设施，所有结点通过分层的协议体系与分布式算法，来协调每个结点各自的行为。结点可以快速、自主和独立地组网。

（2）无中心。无线自组网是一种对等结构的网络。网络中所有结点的地位平等，没有专门用于分组路由、转发的路由器。任何结点可以随时加入或离开网络，任何结点的故障不会影响整个网络系统的工作。

（3）多跳路由。由于结点的无线发射功率限制，每个结点的覆盖范围都有限。在有效发射功率之外的结点之间的通信，必须通过中间结点的多跳转发来完成。由于无线自组网不需要使用路由器，因此分组转发由多跳结点之间按路由协议协同完成。

（4）动态拓扑。无线自组网允许结点根据自己的需要开启或关闭，并且允许结点在任何时间以任何速度和方向移动，同时受结点的地理位置、无线通信信道发射功率、天线覆盖范围以及信道之间干扰等因素的影响，使得结点之间的通信关系会不断变化，从而造成无线自组网的拓扑的动态改变。因此，要保证无线自组网正常工作，必须采取特殊的路由协议与实现方法。

（5）无线传输的局限与结点能量的限制性。由于无线信道的传输带宽比较窄，部分结构点可能采用单向传输信道，同时无线信道易受干扰和窃听，因此无线自组网的安全性、可扩展性必须采取特殊的技术加以保证。同时，移动结点具有携带方便、轻便灵活的特点，在 CPU、内存与整体外部尺寸上有比较严格的限制。移动结点通常使用电池来供电，每个结点中的电池容量有限，因此必须采用节约能量的措施，以延长结点的工作时间。

（6）网络生存时间的限制。无线自组网通常是针对某种特殊目的而临时构建的，例如，用于战场、救灾与突发事件等，在事件结束后无线自组网应自行结束使命并消失。因此，相对于固定网络，无线自组网的生存是临时性的、短暂的。

由于 Ad Hoc 网络是多跳无线移动网络，两个要交换信息的主机可能不在彼此的直接通信范围内，图 10.24 描述了由结点 A、B、C 共同构建的 Ad Hoc 网络，图中结点 C 不在 A 的信号覆盖范围内（以 A 为圆心的环内），同时结点 A 也不在结点 C 的信号覆盖范围内。如果 A 和 C 需要交换信息，就需要 B 为它们转发分组。因为 B 在 A 和 C 的无线覆盖范围内，B 就在 A 和 C 的通信中充当路由器角色。

10.4.2　Ad Hoc 网络体系结构

1. Ad Hoc 网络的拓扑结构

鉴于 Ad Hoc 网络具有的特殊性，实际组网时必须充分考虑网络的应用规模、扩展性、可靠性和实时性等要求，再选择合适的网络拓扑结构。通常 Ad Hoc 网络的拓扑结构分为两种：对等式结构和分级结构。

对等式结构如图 10.25 所示，所有结点是平等的。而网络中（如图 10.26 所示），网络会划分为多个簇，每个簇包含一个簇头和多个簇员。簇头形成高一级网络，高一级网络中可再分簇，形成更高一级网络。簇头负责簇间数据转发，簇头可由结点应用算法自动产生，也可预先指定。

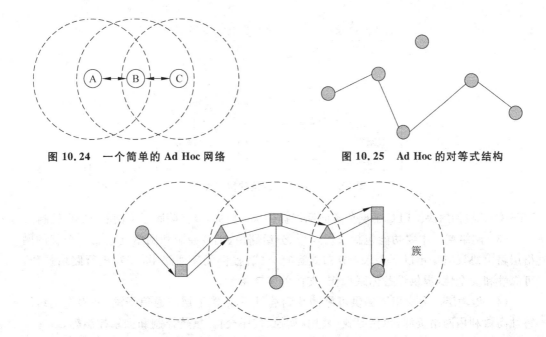

图 10.24 一个简单的 Ad Hoc 网络   图 10.25 Ad Hoc 的对等式结构

⬤ 内部结点   ⬛ 簇头   ▲ 网关结点

图 10.26 Ad Hoc 的分级网络结构

分级结构网络分为单频和多频两种。单频分级网络的所有结点使用同一频率,为实现簇头间通信,需要网关结点(属于两个簇)的支持。而在多频分级网络中,不同级采用不同频率,低级结点的通信范围往往较小,高级结点则覆盖较大范围。

对等式网络结构简单,所有结点完全对等,源结点与目标结点通信时存在多条路径,原则上不存在瓶颈,所以健壮性较好,而且网络相对比较安全。缺点是可扩充性略差,因为每个结点都需要知道到达其他所有结点的路由,而维护这些动态变化的路由需要大量控制信息,路由维护的开销呈指数增长,消耗有限的带宽。

在分级结构网络中,簇成员的功能较简单,不需维护复杂的路由信息。有效减少了网络中路由控制信息的数量,资源开销相对较小。因此具有良好的可扩充性。但缺点是:维护分级结构需要结点执行簇头选择算法,而簇头结点可能会成为网络瓶颈。

分级网络结构具有较高的系统吞吐量,结点定位简单,使 Ad Hoc 网络正逐渐呈现分级化的趋势,许多网络路由算法都是基于分级结构网络模式提出的。一般考虑,当网络规模较小时,可采用简单的平面式结构。而当网络规模较大时,应采用分级结构。

2. Ad Hoc 网络的协议层次

根据 Ad Hoc 网络的特征,其协议层次如图 10.27 所示。具体功能描述如下。

(1)物理层。实际应用中 Ad Hoc 物理层的设计视实际需要而定。首先是通信频段,通常选用免费频段。其次,相应的无线通信机制应具有良好的收发信功能。物理层设备可使用多频段、多模式的无线传输方式。

(2)数据链路层。分为 MAC 子层和 LLC 子层。前级包含链路层的绝大部分功能。多跳无线网络基于共享访问传输介质,隐藏结点和暴露结点问题通常采用 CSMA/CA 和

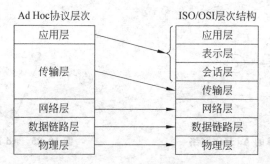

图 10.27　Ad Hoc 网络的协议层次

RTS/CTS 机制解决。LLC 子层负责向网络提供统一服务,以屏蔽底层不同的 MAC 机制。

(3) 网络层。主要功能包括邻居发现、分组路由、拥塞控制和网络互连。一个好的网络层路由协议应满足以下要求:分布式运行方式,提供无环回路由,按需进行路由操作,可靠性和安全性,提供设备休眠操作,支持单向链路等。

(4) 传输层。为应用层提供可靠的端到端服务,隔离上层与通信子网,并根据网络层特性高效利用网络资源,包括寻找、复用、流控、按序交付、重传控制和拥塞控制等。

(5) 应用层。提供面向用户的各种应用服务,包括有严格时延和丢包率要求的实时应用、基于 RTP/RTCP(实时传输协议/实时传输控制协议)的音视频应用,以及无任何服务质量保障的数据包业务。

10.4.3　无线网状网 WMN 的特点

10.4.3.1　无线网状网发展的背景

无线网状网出现在 20 世纪 90 年代中期,2000 年后开始引起人们的重视。2000 年初,业界出现了几件重要的事件,使得人们开始重视无线网状网技术。美国 ITT 公司将它为美国军方战术移动通信系统的一些专利转让给 Mesh 公司。在此基础上,该公司生产民用无线多跳自组网产品推向市场。同时,Nokia、Nortel Network、Tropos、SkyPilo、tRadiant 等公司联合开发的无线网状网产品问世。2005 年,Motorola 公司收购 Mesh 公司,在无线城域网标准 802.16 的研究过程中,802.16a 增加了对无线网状网结构(Wireless Mesh Network, WMN)的支持。802.16 与 802.16a 经过修订后统一命名为 802.16d,于 2004 年 5 月正式公布。2004 年底,Nortel 公司在我国的一个城市组建了一个大型的延伸 WLAN 覆盖范围的 WMN 网络系统,用于宽带无线接入。

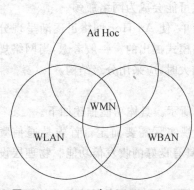

图 10.28　WMN 与 Ad Hoc、WLAN、WBAN 的关系

从技术之间的融合、应用的关系来看,无线网状网与无线自组网技术 Ad Hoc、无线局域网技术 WLAN,以及无线宽带接入网(wireless broadband access network,WBAN)技术之间的关系如图 10.28

示。无线自组网(Ad Hoc)与无线网状网(WMN)技术一直和技术成熟的无线局域网(WLAN),无线宽带接入网(WBAN)紧密结合,可以预见,未来的 4G 时代也必然是多种技术与标准的共存、结合与补充。

10.4.3.2 无线网状网的特点

无线网状网 WMN 由客户结点、路由器结点和网关结点组成。客户结点分为普通WLAN 客户结点和具有路由和信息转发功能的客户结点两类。与传统无线路由器相比,WMN 路由器在很多方面有所增强,包括提升多跳环境下的路由功能、MAC 协议和多种无线接口等。网关结点通过有线宽带连接互联网。WMN 接入网的结构示意图如图 10.29所示。

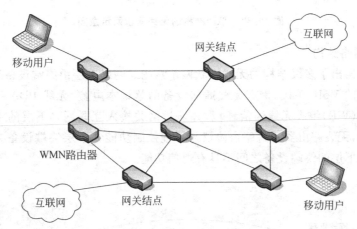

图 10.29 WMN 接入网的结构

传统 WLAN 中每个终端均通过一条连接 AP 的无线链路来访问网络,用户相互通信须先访问固定 AP,这种结构称为单跳网络。而 WMN 中任何无线结点都可同时作为 AP和路由器,每个结点都可发送和接收信号,与一个或多个对等结点直接通信。

该结构优点在于:如果最近的 AP 因流量过大而导致拥塞,数据包可自动重新路由到一个流量较小的邻结点进行传输。以此类推,数据包还可根据网络情况,继续路由到与之最近的下一结点传输,直到到达最终目标。此种方式即为多跳访问。

与传统有线交换网络相比,WMN 无须在结点间布线,但仍具有分布式网络所提供的冗余机制和重新路由功能。添加和移动设备时,WMN 可自动配置并确定最佳多跳传输路径。网络能自动发现拓扑变化,并自动调整通信路由,以获取最佳传输路径。

10.4.3.3 无线网状网的结构

WMN 在与 WLAN、WMAN 技术的结合过程中,为适应不同的应用呈现出不同的网络结构。

1. 平面网络结构

平面结构是一种最简单的无线网状网结构。图 10.30 给出了平面结构的无线网状网示意图。平面网络结构中,所有的无线网状网结点采用对等的 P2P 结构。每个结点都执行相同的 MAC、路由、网络管理与安全协议,与无线自组网的结点的作用相同。实际上,平面结构的无线网状网退化为普通的无线自组网。

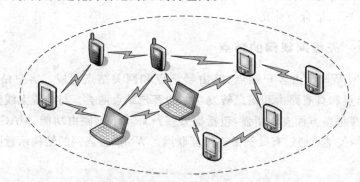

图 10.30　平面结构的无线网状网示意图

2. 多级网络结构

图 10.31 给出了多级结构的无线网状网示意图。网络下层由终端设备组成。这些设备可以是普通的 VoIP 手机、带有无线通信设备的笔记本电脑、无线 PDA 等。网络上层由无线路由器(WR)组成无线通信环境,并通过网关接入互联网。下层的终端设备接入到无线路由器,无线路由器通过路由协议与管理控制功能为下层终端设备之间的通信选择最佳路径。下层的终端设备之间不具有通信功能。

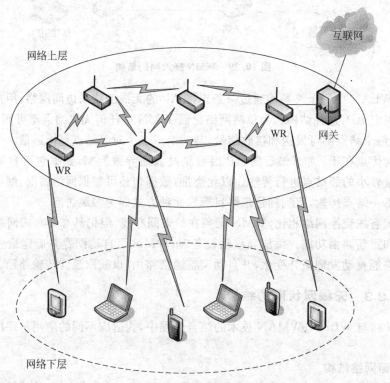

图 10.31　多级结构的无线网状网

3. 混合网络结构

图 10.32 给出了混合结构的无线网状网。混合网络结构将平面结构和多级结构相结合,可以实现优势互补。

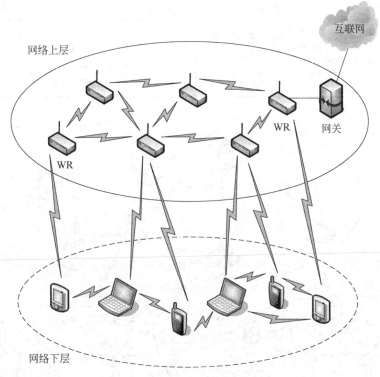

图 10.32　混合结构的无线网状网

图 10.33 给出了一个更优化的网络结构。骨干网采用无线城域网,充分发挥无线城域网技术的远距离、高带宽的优点,在 50km 范围内提供最高 70Mbps 的传输速率;接入网采用无线局域网,满足一定的地理范围内的用户无线接入需求,底层采用平面结构的无线网状网,无线局域网接入点可以与邻近的无线网状网路由器连接,由无线网状网路由器组成无线自组网传输平台,实现无线局域网不能覆盖范围的大量 VoIP 手机、笔记本电脑、无线 PDA 等设备接入。这种结构着眼于延伸无线局域网的覆盖范围,提供更为方便、灵活的城域范围无线宽带接入,这是人们所能看到的无线自组网转向民用的最重要应用之一。

表 10-5 给出了几个无线网络的特点比较。

表 10-5　比较 WMN、WWAN 和 Ad Hoc 等各种主要无线网络的特点

性能指标	WMN	WWAN	Ad Hoc	WLAN	WSN
拓扑结构	多点对多点	点对多点	动态拓扑	点对点	动态拓扑
覆盖范围	实现城域覆盖	覆盖广泛	局域网范围	局域网范围	中小范围
客户数	多	很多	较少	中等	多

续表

性能指标	WMN	WWAN	Ad Hoc	WLAN	WSN
控制方式	分布式	集中式	分布式	集中式	分布式
设计目的	接入	通信	通信	接入	数据传输
结点移动	主干网静止,路由器静止或移动,客户可移动	接入设备静止,客户移动	结点动态拓扑	AP静止	动态拓扑
能耗限制	灵活选择能耗	客户需节能	首要因素	客户需节能	首要因素

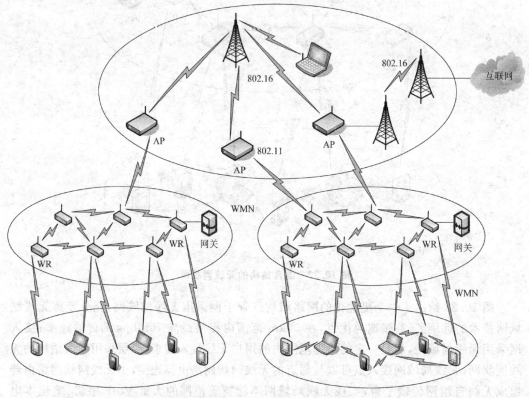

图 10.33　一个更优化的网络结构

10.4.3.4　无线网状网的优势

相对于传统 WLAN,WMN 具有如下优势。

(1) 快速部署和易于安装。安装结点简单,很容易新增结点来扩大覆盖范围和网络容量。WMN 力图将有线设备和 AP 数量降至最低,减少了成本投入和安装时间。其配置和网管等功能与传统 WLAN 大部分相同,用户能较快适应。

(2) 健壮性。通常使用多路由器传输数据,如果某个路由器故障,数据通过备用路径传输。相比于单跳网络,WMN 不依赖于某个单一结点的性能。如果结点有故障或受到干扰,数据包将自动路由到备用路径进行传输,整个网络运行不受影响。

（3）结构灵活。单跳 WLAN 中设备必须共享 AP，如果几个用户同时访问网络，可能产生通信拥塞并导致系统运行速度降低。而多跳 WMN 中，可通过不同结点同时连接到网络，不会导致系统性能降低。

（4）高带宽。通常无线传输距离越短，越容易获得高带宽，因为可减少各种干扰和其他不利因素。选择多个短跳传输数据即可获得更高网络带宽，WMN 中结点不仅能收发数据，还能充当路由器为邻结点转发数据，而更多结点互连和路径数量增加也使总带宽增加了。

（5）低干扰。每个短跳距离短，传输数据所需功率小。结点间的无线信号干扰也较小，网络信道质量和利用率大为提高，进而实现更高的网络容量。

10.4.4　无线自组网的主要应用领域

1. 军事领域

研究无线自组网技术的初衷是应用于军事领域，作为美国军方战术网络的核心技术。无线自组网无需事先架设通信设施，可以快速展开和组网，生存能力强。因此，无线自组网已成为未来数字化战场通信的首选技术，并在近年来得到迅速发展。无线自组网适用于野外联络、独立战斗群通信和舰队战斗群通信、临时通信，以及无人侦查与情报传输的应用领域。

为了满足信息战和数字化战场的需要，美国军方研制了大量的无线自组织网络设备，用于单兵、车载、指挥所等不同的场合，并大量装备部队。美国近期研究的数字电台（near-term digital radio，NRDR）和无线网络控制器等主要通信装备，都使用了无线自组网技术。据报道，美国军方在伊拉克战争中大量使用了无线自组网技术。

在 2000—2003 年，美国军方自组"自愈式雷场系统"项目研究。该项目采用智能化的移动反坦克地雷阵，以挫败地方突破地雷防线的尝试。这些地雷均配备有无线通信与自组网单元，通过飞机、地对地导弹或火箭弹远程布撒地雷之后，这些地雷迅速构成一个移动无线自组网。在遭到地方坦克突破之后，这种地雷通过对拓扑结构自适应判断和自身具备的自动弹跳功能迅速"自愈"。通过网络重构恢复连通，再次对地方坦克实施拦阻。这样多次反复，直到在一定时间内网络无法重构，系统最后自行引爆。研究表明，"自愈式雷场系统"可以大大限制敌军的机动能力，延缓敌军进攻或撤退的速度，在一段时间内封锁特定区域。这项研究是无线自组网应用与现代军事领域的一个典型事例。

2. 民用领域

在民用领域中，无线自组网在办公、会议、个人通信、紧急状态、临时性交互式通信组等应用领域都有重要应用前景。可以预测，无线自组网技术在未来的移动通信市场上将扮演非常重要的角色。

（1）办公环境中的应用。无线自组网的快速组网能力，可以免去布线和部署网络设备，使得它可以用于临时性工作场合的通信，例如会议、庆典、展览等应用。在室外临时环境中，工作团队的所有成员可以通过无线自组网组成一个临时的协同工作网络。在室内办公环境中，办公人员携带的有无线自组网收发器的 PDA、便携式个人计算机，可以方便地相互通信。无线自组网可以与无线局域网相结合，灵活地将移动用户接入互联网。无线自组网与蜂窝移动通信系统相结合,利用无线自组网结点的多跳路由转发能力,可以扩大蜂窝移动通信系统的覆盖范围,均衡相邻小区的业务,提高小区边缘的数据速率。

(2) 灾难环境中的应用。在发生地震、水灾、火灾或者遭受其他灾难打击后,固定的通信网络设施可能被损坏或者无法正常工作,这时就需要无线自组网这种不依赖任何固定网络设施又能快速布设的自组织网络技术。无线自组网能在这些恶劣和特殊的环境下提供通信服务。

(3) 特殊环境中的应用。当处于偏远地区和野外地区时,无法依赖固定或预设的网络设施进行通信,无线自组网技术是最佳选择。它可以用于野外科考队,边远矿山作业,边远地区执行任务分队的通信。对于像执行运输任务的汽车队这样的动态场合,无线自组网技术也可以提供良好的通信支持。人们正在开展将无线自组网技术应用于高速公路上自动驾驶汽车间通信的研究。

未来,装备无线自组网收发设备的机场预约和登机系统可以自动地与乘客携带的个人无线自组网设备通信,完成换登机牌等手续,节省排队等候时间。

(4) 个人区域网中的应用。无线自组网的另一个重要应用领域是个人局域网。无线自组网技术可以在个人活动的小范围内,实现 PDA、手机、掌上电脑等个人电子通信设备之间的通信,并构建虚拟教室和讨论组等崭新的移动对等应用。考虑辐射问题,个人区域网通信设备的无线发射功率应尽量小,这样无线自组网的多跳通信能力将再次显现出它的特点。

(5) 家庭无线网络的应用。无线自组网技术可以用于家庭无线网络,移动医疗监护系统,从而开展移动和可携带计算等技术的研究。

10.4.5　无线自组网关键技术的研究

无线自组网在应用需求、协议设计和组网方面都与传统的 802.11 无线局域网和
802.16 无线城域网有很大的区别,因此无线自组网技术的研究有其特殊性。无线自组网关键技术的研究主要集中在 5 个方面:信道接入、路由协议、QoS、多播、安全。图 10.34 给出了无线自组网技术研究的主要内容。

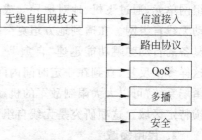

图 10.34　无线自组网技术研究的主要内容

1. 信道接入技术的研究

信道接入是指如何控制结点接入无线信道。信道接入方法研究是无线自组网协议研究的基础,它对无线自组网的性能起决定性作用。无线自组网采用"多跳共享的广播信道"。在无线自组网中,当一个结点发送数据时,只有最近的邻结点可以收到数据,而一跳以外的其他结点无法感知。但是,如果感知不到的结点同时发送数据,就会产生冲突。多跳共享的广播信道带来的直接影响是数据帧发送的冲突与结点的位置相关,因此冲突只是一个局部的时间,并非所有结点能同时感知冲突的发生,这就导致基于一跳共享的广播信道、集中控制的多点共享信道的介质访问控制方法都不能直接用于无线自组网。因此,"多跳共享的广播信道"的介质访问控制方法很复杂,必须专

门研究特殊的信道接入技术。

2. 路由协议的研究

从网路层的角度来看,无线自组网是一个多跳的网络。由于无线局域网是单跳网络,分组的处理不需要通过网络层,因此它的研究内容主要集中在物理层和数据链路层的信道访问控制上。而无线自组网中的结点是移动的,无线自组网的拓扑结构会不断变化,无线自组网的路由协议需要在拓扑结构动态变化的条件下提供正确的路由。因此,无线自组网研究的主要内容是以路由协议为核心的网络层设计。

在无线自组网中,由于结点的移动以及无线信道的衰耗、干扰等原因造成的网路拓扑结构频繁变化,同时考虑到单向信道问题与无线传输信道较窄等因素,无线自组网的路由问题与固定网络相比要复杂得多。无线自组网实现多跳路由必须有相应的路由协议支持。IETF 成立的 MANET 工作组主要负责无线自组网的网络层路由标准的制定。

3. 服务质量技术的研究

初期的无线自组网主要用于传输少量的数据。随着应用的不断扩展,需要在无线自组网中传输话音、图像等多媒体信息。多媒体信息对带宽、时延、时延抖动等都提出了很高的要求,这就需要解决保证服务质量的问题。保证无线自组网服务质量是一个系统问题,它将涉及从物理层到应用层的多层结构与协议。

在讨论无线自组网服务质量技术时,必须认识到问题特殊性的一面。这些特殊性主要表现在以下几个方面:链路质量难以预测,链路带宽资源难以确定,分布式控制为保证服务质量带来的困难,网络动态性是保证服务质量的难点。目前,很多研究工作也都属于开始阶段,很多协议研究仅考虑到可用性和灵活性,在协议执行效率方面还有很多工作要做。

4. 多播技术的研究

用于互联网的多播协议不适用于无线自组网。在无线自组网拓扑结构动态变化的情况下,结点之间的路由向量或链路状态表频繁交换,将会产生大量的信道和处理开销,并使信道不堪重负。因此,无线自组网多播研究是一个具有挑战性的课题。目前,针对无线自组网多播协议的研究可分为两类:基于树的多播协议与基于网的多播协议。

5. 安全技术的研究

从网络安全的角度来看,无线自组网与传统网络相比有很大区别。无线自组网面临的安全威胁有其自身的特殊性,传统的网络安全机制不再适用于无线自组网。无线自组网的安全性需求与传统网络安全应该一致,包括机密性、完整性、有效性、身份认证与不可抵赖性等。但是,无线自组网在安全需求上也有特殊的要求,用于军事用途的无线自组网对数据传输安全性的要求更高。无线自组网安全体系结构涉及如何解决危及网络总体安全的一系列问题。理想的安全体系结构至少应包括路由安全问题、密钥管理、入侵检测与身份认证等。

10.5　无线传感器网与物联网技术

10.5.1　无线传感器网络发展背景和特点

随着无线网络技术不断发展,其涉及范围不再局限于以社会信息为主,许多新技术应运而生,无线传感器网络(Wireless Sensor Network,WSN)就是其中之一,目前已成为发展最为迅速的无线网络技术之一。WSN 被认为是物联网的核心技术之一,得到了广泛关注和深入研究。

1. 传感器和无线传感器网络

这里的传感器是指包含了敏感元件和转换元件的检测设备,能将检测和感知的信息变换成电信号,进一步转换成数字信息进行处理、存储和传输。

考虑人的视觉、听觉、触觉和味觉,可分别对应光照/图像传感器、声音传感器、温度/湿度/压力传感器、气体传感器和生化传感器等。其他还有感知速度、位置、超声波、不可见光、射线、磁性、离子等各种传感器。

在微电子技术、嵌入式计算技术和通信技术的发展和支撑下,兼具感知、计算和通信能力的无线传感器网络进一步引起了人们的关注。

WSN 综合了传感器、嵌入式计算、分布式信息处理和无线通信等技术,能协作地实时监控、感知和采集网络区域内的各种环境或被监测对象的信息,并予以处理和传输,发送给需要的用户。WSN 可使人们在任何时间、任何地点和任何环境条件下获得大量翔实可靠的物理世界的真实信息,可广泛应用于国防军事、公众安全、环境监测、交通管理、医疗卫生、制造业、野外作业和抢险抗灾等领域。

WSN 被认为是信息感知和采集的一场革命,在新一代物理中具有非常关键的作用,将会对人类的未来生活方式产生巨大影响。

2. 无线传感器网络与传统无线网络的区别

WSN 是集成了监测、控制以及无线通信的网络系统,结点数目庞大、分布密集。由于环境影响和能量耗尽,结点更易出现故障。虽然通常情况下多数传感器结点固定不变,但环境干扰和结点故障容易造成网络拓扑结构的变化。需要指出,无线传感器结点的处理、存储、通信能力和电池容量等都十分有限。

传统无线网络的首要目标是提供高质量服务和高效带宽利用,其次才考虑节能。而WSN 的首要目标是能源的高效利用,这也是和传统网络的重要区别之一。

3. 无线传感器网络的特点

首先,WSN 具有 Ad Hoc 网络的自组织性,此外还有如下特点。

(1) 网络规模大。为获取精确数据,检测区域通常会部署大量传感器,结点数量可达成百上千甚至更多。通过分布式处理大量采集的信息,能够提高监测精确度,降低对单个结点的精度要求。大量冗余结点使系统具备很强的容错性。大量的结点能增大监测区域,减少监测空洞和盲区。

(2) 低速率。WSN 的结点通常只需定期传输温度、湿度、压力、流量、光强和气体浓度等被测参数信息,相对而言,信息量较小,采集数据频率较低。

（3）低功耗。一般传感器结点均利用电池供电,且分布区域复杂、广阔,难以通过更换电池来补充能量,所以要求结点功耗尽量低,传感器体积要小。

（4）低成本。WSN 的监测区域广、结点多,而且有些区域的环境复杂,甚至工作人员都无法进入,传感器一旦安装完毕较难更换,因而要求其成本低廉。

（5）短距离。为组网和传输数据方便,相邻结点的距离一般不超过几十至几百米。

（6）可靠性。信息获取源自分布于监测区域内的各个传感器,如果传感器本身不可靠,则其信息的传输和处理无任何意义。

（7）动态性。复杂环境下的组网会遇到各种因素的干扰,加之结点能量的不断损耗,易引起结点故障,因此要求 WSN 具有自组网、智能化和协同感知等功能。

10.5.2　无线传感器网络的基本结构

1. 无线传感器网络结点类型

无线传感器网络 WSN 由三种结点组成：传感器结点、汇聚结点和管理结点。大量传感器结点随机部署在监测区域内部或附近。这些结点通过自组织方式构成网络。传感器结点监测的数据沿其他传感器结点逐跳进行传输,在传输过程中监测数据可能被多个结点处理,数据在经过多跳路由后到达汇聚结点。最后通过互联网或卫星通信网络传输到管理结点。拥有者通过管理结点对传感器网络进行配置和管理,发布监测任务,收集监测数据。图 10.35 给出了无线传感器网络结构。

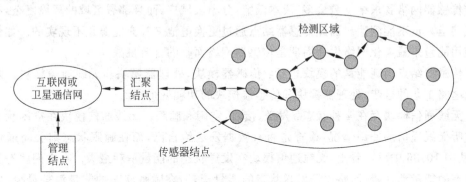

图 10.35　无线传感器网络结构

传感器结点通常是一个微型的嵌入式系统,其处理能力,存储能力和通信能力相对较弱,通过自身携带的能量有限的电池来供电。从网络功能上来看,每个传感器结点兼顾传统网络结点的终端和路由器双重功能。除了进行本地信息收集和数据处理之外,还要对其他结点转发来的数据进行存储,管理和融合等处理。同时与其他结点协作完成一些特定任务。目前,传感器结点的软硬件技术是传感器网络研究的重点。汇聚结点的处理能力,存储能力和通信能力相对较强,它连接传感器网络与互联网等外部网络。实现两种协议栈的通信协议之间的转换。同时发布管理结点的监测任务,并将收集到的数据转发到外部网络上。汇聚结点既可以是一个具有增强功能的传感器结点,有足够的能量提供给更多的内存与计算资源,也可以是没有监测功能而仅带有无线通信接口的特殊网关设备。

2. 无线传感器网络的结点结构

图 10.36 给出了无线传感器结点结构。无线传感器结点由以下 4 部分组成。

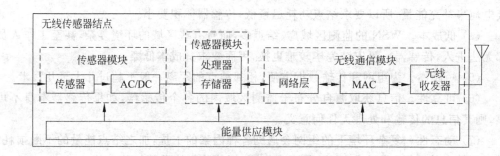

图 10.36　无线传感器结点结构

(1) 传感器模块：负责监控区域内信息采集和数据转换。

(2) 处理器模块：负责整个传感器结点的操作，存储和处理传感器采集的数据，以及其他结点传送的数据。

(3) 无线通信模块：负责与其他传感器结点进行无线通信，接收和发送手机的信息，交换控制信息。

(4) 能量供应模块：通常是采用微型电池为传感器结点提供运行所需要的能量。

传感器结点存在一些限制，最主要的是电池能量有限，在实际应用中，通常要求传感器结点数量很多，但是每个结点的体积很微小，通常只能携带能量十分有限的电池。由于无线传感器网络要求结点数量多，成本低廉，分布区域广，而且部署区域的环境复杂，有些区域甚至人员不能到达。因此传感器结点通过更换电池来补充能源是不现实的。如何高效使用能量来最大化网络生命周期是传感器网络面临的首要挑战。

传感器结点消耗能量的模块包括：传感器模块，处理器模块和无线通信模块。随着集成电路工艺的进步，处理器模块和传感器模块的功耗变得很低。

无线通信模块存在 4 种状态：发送，接收，空闲和睡眠。无线通信模块在空闲状态一直监听无线通信的使用情况，检查是否有数据发送给自己，而在睡眠状态则关闭通信模块，从图 10.36 中可以看出，无线通信模块在发送状态的能量消耗最大。在空闲状态和接收状态的能量消耗接近，略少于发送状态的能量消耗，在睡眠状态的能量消耗最少，要想让网络通信更有效率，必须减少不必要的转发和接收，不需要通信尽快进入睡眠状态，这是传感器网络协议设计中需要重点考虑的问题。

传感器结点是一种微型嵌入式设备，要求它价格低，功耗小，这些限制必然导致其结点的 CPU 处理器能力比较弱，存储器容量比较小。传感器结点需要完成监测数据的采集和转换，数据的管理和处理，应答汇聚结点的任务请求，结点控制等多种工作。如何利用有限的计算和存储资源完成诸多协同工作的任务，是传感器网络设计的又一挑战。

3. 无线传感器网络的协议结构

研究人员参照 TCP/IP 参考模型提出了无线传感器网络 WSN 参考模型，该模型包括物理层、数据链路层、网络层、传输层与应用层，以及能量管理平台，移动管理平台与任务管理平台。图 10.37 给出了无线传感器网络参考模型的结构。

无线传感器网络参考模型中各层的主要功能
如下。

（1）物理层提供可靠的信号调制与无线发送、
接收功能。

（2）数据链路层负责数据成帧，信道接入控制，
帧检测与差错控制功能。

（3）网络层负责路由生成与路由选择功能。

（4）传输层负责数据流的传输控制功能。

（5）应用层负责基于任务的信息采集，处理、监
控等应用服务功能。

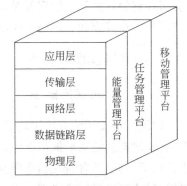

图 10.37　无线传感器网络参考模型

无线传感器网络参考模型中各平台的主要功
能如下。

（1）能量管理平台负责完成监控传感器系统能量使用的功能。

（2）移动管理平台负责实现监测与注册传感器结点的移动，维护汇聚结点的路由，以
及动态追踪邻接点位置的功能。

（3）任务管理平台负责实现在给定的区域内任务的平衡和调度监控功能。

4. 基于功能的无线传感器网络结构模型

随着无线传感器网络研究的深入，人们提出了一种更能体现无线传感器网络特点的
结构模型。图 10.38 给出了基于功能的无线传感器网络结构模型。这个结构模型增加了
时间同步与定位两个子层，同时考虑了拓扑与数据链路层，网络层的关系，以及能量管理
接口与 QoS 保证机制的关系问题。

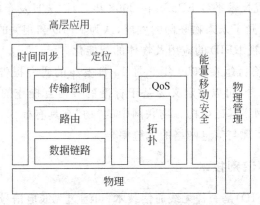

图 10.38　基于功能的无线传感器网络结构模型

时间同步和定位两个子层的位置比较特殊，它们建立在物理信道的基础上，基于依赖
数据链路的协助进行时间同步和定位，有需要网络层的路由与传输层的传输控制协议的
支持为高层应用提供服务。

无线传感器网络中的能量管理设计所有的层次与功能。QoS 保证机制涉及各层的
队列管理，优先级机制与宽带管理。拓扑生成涉及结点的物理位置。结点发送与接收能

力,链路层信道接入方法,以及网络层的路由协议,网络管理需要与各层协议都有接口,收集、分析各层协议的执行情况并及时进行处理。模型中所有功能与协议执行过程,都与能量、移动与安全管理相关,这正体现出无线传感器网络的特点。

10.5.3　物联网发展和特点

10.5.3.1　物联网起源

物联网的英文说法其实更清楚,"The Internet of Things"直译过来就是"物体的互联网"。物联网理念的较早提出者中包括比尔·盖茨,他在 1995 年出版的《未来之路》一书中也提到了"物联网"的构想,意即互联网仅仅实现了计算机的联网,而未实现与万事万物的联网,但迫于当时网络终端技术的局限使得这一构想无法真正实现。

1998 年,美国麻省理工学院(MIT)创造性地提出了"产品电子代码(Electronic Product Code,EPC)"系统,把所有物品通过射频识别等信息传感设备与互联网连接起来,实现智能化识别和管理。1999 年,MIT 自动识别中心提出要在计算机互联网的基础上,利用射频识别(Radio Frequency Identification,RFID)、无线传感器网络(Wireless Sensor Network,WSN)和数据通信等技术构造覆盖世界上万事万物的"物联网"。在这个网络中,物品(商品)能够彼此进行"交流",而无需人的干预。

2005 年 11 月 17 日,在突尼斯举行的信息社会世界峰会上,国际电信联盟 ITU 在发布的《ITU 互联网报告 2005:物联网》中正式提出了物联网的概念。报告指出,无所不在的"物联网"通信时代即将来临,世界上所有的物体,从轮胎到牙刷、从房屋到纸巾,都可以通过互联网主动进行数据交换。射频识别技术、传感器技术、纳米技术和智能嵌入这 4 项技术将得到更加广泛的应用。

欧洲智能系统集成技术平台 EPoSS 在 2008 年 5 月 27 日发布的"Internet of Things in 2020"报告中分析预测了未来物联网的发展,认为 RFID 和相关的识别技术是未来物联网的基石,建议更加重视 RFID 的应用及物体的智能化。

欧盟物联网研究项目组在 2009 年 9 月 15 日发布的研究报告认为:物联网是未来 Internet 的一个组成部分,可以被定义为基于标准的和可互操作的通信协议且具有自配置能力的动态的全球网络基础架构。物联网中的"物"都具有标识、物理属性和实质上的个性,使用智能接口,实现与信息网络的无缝整合。

10.5.3.2　射频识别技术

射频识别技术(RFID)是一种无线通信技术,可通过无线电信号识别特定目标并读写相关数据,而无须识别系统与特定目标之间建立机械或光学接触,俗称"电子标签"。射频识别技术自 20 世纪 90 年代开始兴起,从信息传递的基本原理来说,RFID 在低频段基于变压器耦合模型,在高频段基于雷达探测目标的空间耦合模型。1948 年 Harry Stockman 发表的《利用反射功率的通信》一文中奠定了射频识别技术的理论基础。

RFID 技术的基本工作原理并不复杂:标签进入磁场后,接收解读器发出的射频信号,凭借感应电流所获得的能量发送出存储在芯片中的产品信息(无源标签或被动标签),

或者主动发送某一频率的信号(有源标签或主动标签);解读器读取信息并解码后,送至中央信息系统进行有关数据处理。如图 10.39 所示,一套完整的 RFID 系统由阅读器(Reader)与电子标签(Tag,即应答器(Transponder))及应用软件系统 3 个部分所组成,其工作原理是 Reader 发射特定频率的无线电波能量给 Transponder,用以驱动 Transponder 电路将内部的数据送出,此时 Reader 便依序接收解读数据,送给应用程序做相应的处理。

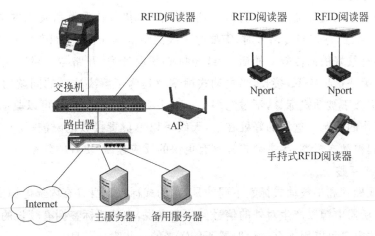

图 10.39　RFID 系统

以 RFID 卡片阅读器及电子标签之间的通信及能量感应方式来看,大致上可以分成感应耦合及后向散射耦合两种,一般低频的 RFID 大都采用第一种方式,而较高频大多采用第二种方式。阅读器根据使用的结构和技术不同可以是读或读/写装置,是 RFID 系统信息控制和处理中心。阅读器通常由耦合模块、收发模块、控制模块和接口单元组成。阅读器和应答器之间一般采用半双工通信方式进行信息交换,同时阅读器通过耦合给无源应答器提供能量和时序。在实际应用中,可进一步通过以太网或者无线局域网等实现对物体识别信息的采集、处理及远程传送等管理功能。应答器是 RFID 系统的信息载体,目前应答器大多是由耦合原件(线圈、微带天线等)和微芯片组成无源单元。图 10.40 为一些 RFID 设备。

图 10.40　一些 RFID 设备

RFID 标签依据是否内置电源可以分为被动式、半被动式(也称为半主动式)和主动式 3 种类型。

1. 被动式标签

被动式标签没有内部供电电源。其内部集成电路通过接收到的电磁波进行驱动,这些电磁波是由 RFID 读取器发出的。当标签接收到足够强度的信号时,可以向读取器发出数据。这些数据不仅包括 ID 号(全球唯一标识 ID),还可以包括预先存在于标签内 EEPROM 中的数据。

由于被动式标签具有价格低廉、体积小巧、无需电源的优点,因此目前市场的 RFID 标签主要是被动式的。

2. 半被动式标签

一般而言,被动式标签的天线有两个任务:第一,接收读取器所发出的电磁波,借以驱动标签 IC;第二,标签回传信号时,需要靠天线的阻抗作切换,才能产生 0 与 1 的变化。问题是,想要有最好的回传效率的话,天线阻抗必须设计为"开路与短路",这样又会使信号完全反射,无法被标签 IC 接收,半主动式标签就是为了解决这样的问题而提出的。半主动式标签类似于被动式标签,不过它多了一个小型电池,电力恰好可以驱动标签 IC,使得 IC 处于工作的状态。这样的好处在于,天线可以不负责接收电磁波,而是专门用于回传信号。比起被动式标签,半主动式标签有更快的反应速度,更好的效率。

3. 主动式标签

与被动式标签和半被动式标签不同的是,主动式标签本身具有内部电源供应器,用以供应内部 IC 所需电源以产生对外的信号。一般来说,主动式标签拥有较长的读取距离和较大的记忆体容量可以用来存储读取器所传送来的一些附加信息。

RFID 标签的广泛应用引起了人们对物联网研究的热潮。虽然由于标准、成本、相关法规和技术成熟度等诸多因素的阻碍,仅仅基于 RFID 技术实现理想中的物联网还远远不够,但 RFID 技术在物流、仓库管理、物品防伪、快速出入和动植物管理等诸多领域的应用已经如火如荼,展现出"革命性"技术的实力和魅力。因此,随着数字信息技术在各行业的广泛深入,RFID 将逐步在零售、医疗等行业以及政府部门拓展开来,各厂商的标准化问题也会得到相应解决,其潜在的商用价值也将逐渐发挥出来。

10.5.3.3　物联网应用场景

物联网所具有的诸多特点使其广泛应用于各行各业,如交通物流、智能医疗和智慧农业等社会应用和未来应用,改变了企业的工作效率、管理机制和人们的生活方式与行为模式等。本节列举一些常见的应用场景。熟悉无线传感器网络的读者可能发现,这里提到的很多场景都可以采用无线传感器网络技术,实际上,我们认为,物联网本身就是无线传感器网络和互联网融合的产物,当前物联网的很多技术就是基于无线传感器网络发展而来的。

1. 智能生产线

通过物联网连接传感器结点和 RFID 电子标签并进行生产控制,可以实现企业和工厂的高效生产,同时对货物的运输决策、库存管理和物流配送等也具有积极的指导意义,可节约成本,最终服务于用户,并可以形成良性循环,有利于优化产业流程,精简组织结构,刺激经济增长。图 10.41 给出了以物联网为核心的智能生产线示意图。

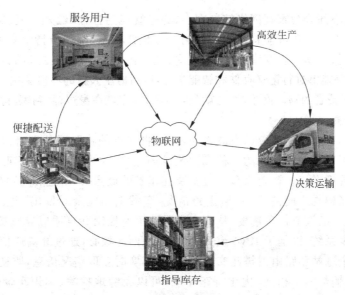

图 10.41 物联网智能生产线

2. 智能家居

智能家居一直是传感器网络应用的热点,未来物联网也将在这一领域大显身手。例如海尔的 U-home 是海尔在物联网时代推出的美好家居生活解决方案。它采用有线与无线相结合的方式,把所有设备通过信息传感设备与网络连接,超越了单个产品的局限,从客厅到厨房,从黑电到白电,从生活电器到计算机和手机等移动终端,都不再是一个个孤单的产品,而是一个互联互通、人性化、智能化的整体。如图 10.42 所示为海尔"智慧屋"

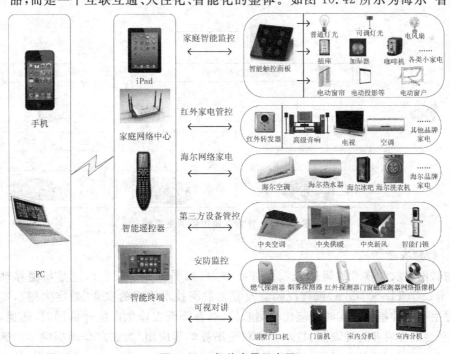

图 10.42 智能家居示意图

解决方案,其核心部分为家庭网络控制中心,通过智能遥控器、红外转发器和协议转换器等设备,根据主人的生活习惯将室内环境调节为最佳状态,例如维持适宜的室温和水温,以减少能源损耗;自动开启家庭影院、电饭锅、洗衣机等家电保证主人的饮食起居和身心娱乐;更重要的是能够进行记忆存储和智能学习,以适应主人新的习惯变化。用一句话概括智能家居带给消费者的物联网生活,那就是:身在外,家就在身边;回到家,世界就在眼前。

3. 智能交通

智能交通是未来交通系统的发展方向,它是将先进的物联网技术有效地集成运用于整个地面交通管理系统而建立的一种在大范围内、全方位发挥作用的实时、准确、高效的综合交通运输管理系统。智能汽车通过安装在车身的摄像头、雷达和超声传感器,可以准确地判断车与障碍物之间的距离,遇紧急情况,车载电脑能及时发出警报或自动刹车避让,并根据路况自己调节行车速度,从而实现道路恒速控制和自适应导航控制。图 10.43 为智能控制调度系统,以基于 IPv4 或 IPv6 的互联网为核心,通过蜂窝通信网以及无线局域网分别用多个基站和路由器搭建交通信息网络,实时获取路况信息,监视和控制交通流量;可以实现车辆与网络相连,优化行车路线;可以无缝地检测、标识车辆并收取行驶费用。智能交通可以有效地减少交通负荷和环境污染,保证交通安全,提高运输效率,日益受到各国的重视。

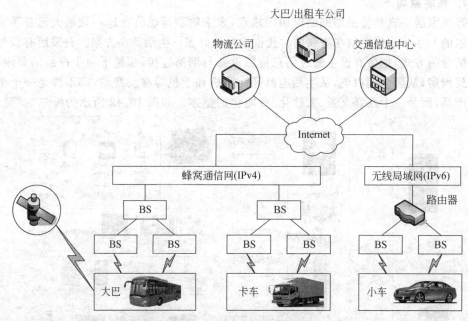

图 10.43　智能交通控制调度系统

4. 智慧农业

物联网在农业技术的运用让农民省心省力(如图 10.44 所示),这是新疆移动采用 RFID 卡、3G(TD-SCDMA)远程视频监控等物联网技术构建的农业“数字大棚”,实现农户通过手机对种植大棚实时智能化检测和控制,在降低农业生产能耗的同时,还通过“农信通”平台聚合农业远程观测、技术指导和现场教学等应用,为农户全面提供 3G“远程视频监控”、农技师“单兵实时视频”、大棚参数“短信通知”等多项技术支撑和服务,让农民在领略数字智慧的同时增产增收,效益凸显。

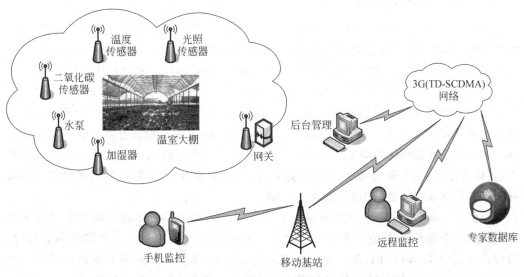

图 10.44　智慧农业系统

5. 医疗物联网

物联网技术在医疗领域具有巨大的应用潜力,能够实现医疗信息数字化、服务沟通人性化、公共卫生安全智能化的需求,解决医疗平台支撑薄弱、医患信息沟通不畅等安全隐患。如图 10.45 所示,病人在家中利用各种移动终端通过集中控制中心(如家庭网关)与远程的医务人员取得联系,其通信方式可以是卫星雷达、移动基站或者是互联网;远程的医务工作者可利用各种形式的客户端进行望闻问切,对病人做出诊断并予以治疗。借助植入病人体内的智能诊断设备,有助于疾病的早期诊断,增强康复效果;应用了生物降解材料的智能设备能够检测人体的温度和湿度,防止皮肤过敏、皮疹等问题;远程医疗监护设备可以使危重病人在家接受远程会诊和持续监控服务,避免昂贵的路费,减少患者进院次数;医疗报警系统可以帮助患者或老年人在发生意外时发出紧急求助信号,也可防止病人私自出走等不可控事件的发生。物联网技术的出现能够满足人民群众关注自身健康的需要,推动医疗卫生信息化产业的发展。

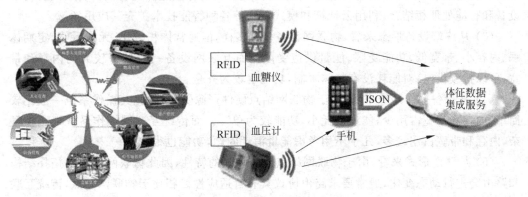

图 10.45　医疗物联网示意图

10.5.4　物联网体系结构

可以预见,物联网的广泛应用将彻底改变人们的工作方式、生活方式及行为模式等。然而,当前物联网的发展正遭遇严峻的技术瓶颈,一方面,以 IPv4 协议为核心技术的互联网体系自身正面临着严峻的考验,如 IP 地址枯竭、安全机制不足和移动性欠缺等;另一方面,物联网作为互联网的网络延伸,其端到端通信需求、感知层等外围网络带来的额外安全需求以及无线为主的通信方式,都进一步加重了当前互联网体系的负担,因此有必要设计融合物联网的下一代互联网体系结构,应对物联网的引入对当前互联网体系提出的挑战。对比当前互联网体系结构,以 IPv6 为标志的下一代互联网体系结构具有地址空间大、传输速率更快、更安全可靠、服务质量更高、无线通信方便等特点,这为设计融合物联网的下一代互联网体系结构提供了技术基础。

当前研究物联网和下一代互联网的组织很多,也已经提出了多种应用架构,但由于只针对某种特定场景设计,这些体系欠缺对于互联网的继承性和对于不同场景的兼容性。目前建立在 IETF 和 IEEE 等工作组现有工作基础上,提出了一种融合物联网的下一代互联网体系结构,该体系结构具有兼容性、自适应性、简单性和高效性等特点。在总体上,该体系的底层是由各种物体联网组成的异构的低功耗松散末梢网络,末梢网络通过网关接入以 IPv6 为核心的互联网;在层次上,末梢网络与互联网具有相似的体系,都具有 5 层结构(物理层、链路层、网络层、传输层及应用层),只是对各层做了少量的改动。

1. 物联网的特性

物联网虽然是在互联网的基础上提出的,但两者在很多层面上都存在着较大的差异。通过对物联网和传统互联网的分析比较,总结出两者的主要差异如下。

(1) 从网络体系结构来看,物联网由主干网、末梢网络和二者之间的物联网网关构成,主干网是互联网,末梢网络是终端设备(结点)联网组成的异构的低功耗松散网络,因此可以说物联网涵盖了互联网。末梢网络结点作为信息源感知信息,信息通过末梢网络传递给互联网。

(2) 从应用角度来看,物联网一般是为专门功能部署的信息采集、分析和智能处理系统,而互联网则是一个互联的资源共享的综合应用服务平台。物联网不仅提供了各种终端设备的连接,其本身也具有智能处理的能力,能够对物体实施智能控制。物联网将终端设备和智能处理相结合,利用云计算和模式识别等各种智能技术扩充其应用领域。

(3) 从终端设备形态来看,物联网设备多种多样,但通常体积较小、无人看管、定期休眠、内存小、带宽低、功能受限、能量供应受限。而互联网设备一般具备较大的内存和带宽,可以持续供电,对能耗没有特殊限制,功能也较为齐全。

(4) 从设备操作系统来看,由于物联网结点硬件资源受限,因此其操作系统一般比较简单,内存和带宽占用少,能量消耗小,功能较为单一。而传统互联网操作系统则比较复杂,内存和带宽占用较多,几乎不用考虑能量消耗问题,功能也很完备。

(5) 从路由形式来看,由于物联网结点具有休眠的特性,因此物联网网络的拓扑结构和路由会进行动态变化,通常要求路由协议具有自适应性。相比于物联网结点,传统互联网终端结点通常路由变化较小。

综上,物联网与传统互联网之间存在着诸多差异,这些差异导致物联网结点和末梢网络不能直接支持采用多数互联网的传统协议和技术,这给融合物联网的下一代互联网体系结构的设计工作带来了较大挑战。但物联网起源于互联网,二者在体系结构上存在着某些共性,例如结点都需要身份标识(物联网结点较常用的是设备 ID,互联网采用的是 IP地址),都需要一定的路由方案(物联网结点采用简单的路由结构,如 RPL 协议;互联网有较为复杂的路由结构,如 OSPF 和 BGP 等),这些共性说明当前互联网使用的多数策略、方案与技术都对新体系结构的设计工作具有重要的参考和借鉴意义。

2. 物联网体系结构设计原则

物联网有别于互联网。互联网的主要目的是构建一个全球性的计算机通信网络,而物联网则主要从是应用出发,利用互联网和无线通信网络资源进行行业业务信息的传送,它是互联网和移动通信网应用的延伸,是自动化控制、遥控遥测及信息应用技术的综合展现。当物联网概念与近程通信、信息采集与网络技术、用户终端设备结合后,其价值才将逐步得到展现。因此,设计物联网体系结构时应该遵循以下几条原则。

(1) 多样性原则。物联网体系结构需根据物联网的服务类型和结点的不同,分别设计多种类型的体系结构,没有必要建立统一的标准体系。

(2) 时空性原则。物联网尚在发展之中,其体系结构应能满足在物联网的时间、空间和能源方面的需求。

(3) 互联性原则。物联网体系结构需要平滑地与互联网实现互联互通;试图完全重新设计一套互联通信协议及其描述语言是不现实的。

(4) 扩展性原则。对于物联网体系结构的架构,应该具有一定的扩展性设计,以便最大限度地利用现有网络通信基础设施,保护已有投资。

(5) 安全性原则。物物互联之后,物联网的安全性将比计算机互联网的安全性更为重要,因此物联网的体系结构应能够防御大范围内的网络攻击。

(6) 健壮性原则:物联网体系结构应具备相当好的健壮性和可靠性。

3. 物联网的应用参考模型

针对上述难点,图 10.46 给出了物联网应用参考模型,该模型底层是由各种物体联网组成的异构的低功耗松散末梢网络,其通信方式和网络接口各异,其网络体系与 IPv6 体系类似,并通过不同类型的网关接入作为骨干网络的互联网。

该模型选择以 IPv6 为标志的下一代互联网作为物联网的骨干网络,其主要特点有:首先是 IPv6 将地址空间扩充到了 128 位,为结点预留了足够的地址空间,可为结点分配IPv6 地址,以保证结点间的端到端通信;其次是 IPv6 具有的邻居发现、安全防御等机制可降低部署难度并提升物联网的网络安全;再次,引入 IPv6 可更好地支持多种无线通信方式;最后,引入 IP 机制可使物联网与互联网具有类似的结构,对于两者向互相兼容的方向发展具有重要意义。另外,由于当前 IPv4 互联网向以 IPv6 为代表的下一代互联网过渡需要一个过程,因此该模型设计了 IPv4/IPv6 过渡模式。

以该模型为基础设计的融合物联网的下一代互联网体系结构具有诸多优点。首先,融合的体系结构可以忽略底层接入设备的差异。接入设备千变万化,而对应设备上运行的系统也多种多样,不可能为每个新增加的设备设计一种对应的体系结构。其次,这种体系结构可以打破不同设备间相互通信的障碍。对于不同的设备上运行的不同的系统,由于其体系结构的差异,互相通信的信息格式不尽相同,造成了不同设备间通信的障碍,而采用两者融合的体系结构,规定统一的信息格式,制定统一的通信标准,这些障碍将不复存在。最后,该体系结构可以提高通信效率。当不同设备都具有统一的结构时,设备间通信就不再需要复杂的转换机制,能够有效地提高通信效率。

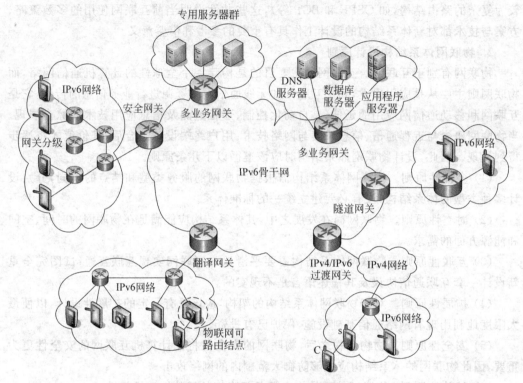

图 10.46　物联网应用参考模型

4. 一种层次化物联网体系结构

根据物联网的服务类型和结点等情况,提出了一个由感知层、网络层和应用层组成的三层物联网体系结构(如图 10.47 所示)。

(1) 感知层。感知层的主要功能是信息感知与采集,主要包括二维码标签和识读器、RFID 标签和读写器、各种传感器和视频摄像头等。传感器主要包括温度感应器、声音感应器、震动感应器和压力感应器等,完成物联网应用的数据采集和设备控制。

(2) 网络层。网络层包括各种通信网络形成的承载网络。承载网络主要是现行的通信网络,如 2G 网络、3G 网络、4G 网络或者是企业网等局域网络,完成物联网接入层与应用层之间的信息通信。

(3) 应用层。应用层由各种应用服务器组成(包括数据库服务器),主要功能包括对采集数据的汇聚、转换和分析,以及用户层呈现的适配和事件触发等。对于信息采集,由于从末梢结点获取了大量原始数据,且这些原始数据对于用户来说只有经过转换、筛选和分析处理后才有实际价值;这些有实际价值内容的应用服务器将根据用户呈现的设备不同完成信息呈现的适配,并根据用户的设置触发相关的通告信息。同时当需要完成对末梢结点控制时,应用层还能完成控制指令生成和指令下发控制。

应用层要为用户提供物联网应用接口,包括用户设备(如 PC、手机)和客户端等。除此之外,应用层还包括物联网管理中心和信息中心等利用网络的能力对海量信息进行智能处理的云计算功能。

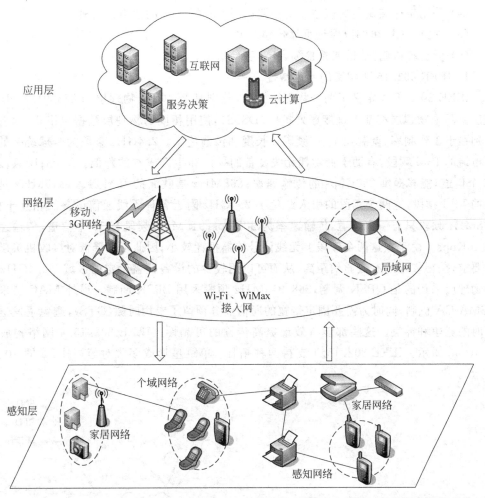

图 10.47 物联网三层体系结构

10.5.5 物联网典型协议

物联网典型的协议栈包括 ZigBee、802.15.4、6LoWPAN 适配层等。

10.5.5.1 IEEE 802.15.4 标准

2000 年 12 月,IEEE 发布了 802.15.4 标准,它是一个低速率的无线个域网 WPAN 标准,具有复杂度低、成本极少、功耗很小的特点,能在低成本的设备之间进行低数据率的传输。

IEEE 802.15.4 标准有以下特征：

(1) 20Kbps、40Kbps、100Kbps、250Kbps 等 4 种不同的传输速率。

(2) 支持星形和点到点两种拓扑结构。

(3) 在网络中采取两种地址方式：16 位地址和 64 位地址。其中 16 位地址是由协调器分配的，64 位地址是全球唯一的扩展地址。

(4) 采用带冲突避免的载波侦听多路访问 CSMA-CA 的信道访问机制。

(5) 支持 ACK 机制以保证可靠传输。

(6) 低功耗机制，信道能量检测，链路质量指示。

1. IEEE 802.15.4 网络的物理特性

IEEE 802.15.4 定义了两个物理层标准，分别是 2.4GHz 物理层和 868/915MHz 物理层。两个物理层都基于直接序列扩频（DSSS），使用相同的物理层数据包格式，两者的区别在于工作频率、调制技术、扩频码片长度和传输速率。2.4GHz 频段为全球统一的无须申请的 ISM 频段，有助于低功耗无线设备的推广和生产成本的降低。2.4GHz 频段有 16 个信道，能够提供 250Kbps 的传输速率；868MHz 是欧洲的 ISM 频段，915MHz 是美国的 ISM 频段，这两个频段的引入避免了 2.4GHz 附近各种无线通信设备的相互干扰。868MHz 频段只有一个信道，传输速率为 20Kbps；915MHz 频段有 10 个信道，传输速率为 40Kbps。由于在这两个频段上无线信号传播损耗较小，因此可以降低对接收机灵敏度的要求，获得较远的有效通信距离，从而可以用较少的设备覆盖给定的区域。2.4GHz 频段物理层采用的是 QPSK 调制，868/915MHz 频段采用 BPSK 调制。另外 MAC 层采用 CSMA-CA 机制，同时为需要固定带宽的通信业务预留了专用时隙（GTS），避免了发送数据时的竞争和冲突。这些都能有效地提高传输的可靠性。IEEE 802.15.4 网络构成如图 10.48 所示。IEEE 802.15.4 支持两种拓扑：单跳星形或多跳对等拓扑（如图 10.49 所示）。

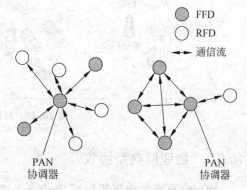

FFD
RFD
通信流

PAN 协调器　　　　　PAN 协调器

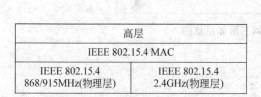

高层	
IEEE 802.15.4 MAC	
IEEE 802.15.4 868/915MHz(物理层)	IEEE 802.15.4 2.4GHz(物理层)

图 10.48　IEEE 802.15.4 网络构成　　　**图 10.49　IEEE 802.15.4 支持的拓扑结构**

星形拓扑由一个充当中央控制器的 PAN Coordinator 和一系列的 FFD 和 RFD 组成。网络中的设备可以使用唯一的 64 位长地址，也可以使用 PAN Coordinator 分配的 16 位短地址。在这种拓扑中，除了 PAN Coordinator 以外的设备大部分都由电池供电，且只与 PAN Coordinator 通信。星形拓扑实现较为简单，可以最大限度地节省 FFD 和

RFD 的能量消耗。P2P 拓扑也需要一个 PAN Coordinator,但与星形拓扑不同的是,对等拓扑中的每个设备均可与在其范围内的其他设备进行通信。对等拓扑允许实现更复杂的网络构成,如树状拓扑或网状拓扑等。同时,在网络层支持的情况下,对等拓扑还可以实现设备间的多跳路由。

2. IEEE 802.15.4 网络的工作模式

IEEE 802.15.4 网络可以工作在两种不同的模式:信标使能(Beacon-enabled)模式和无信标使能(Nonbeacon-enabled)模式。在信标使能模式中,Coordinator 定期广播 Beacon,以达到相关 Device 实现同步及其他目的。在无信标使能模式中,Coordinator 不采用定期广播 Beacon 的方式,而是在 Device 主动向它请求 Beacon 时再向它单播 Beacon。

在 IEEE 802.15.4 中,有 3 种不同的数据传输流:从 Device 到 Coordinator;从 Coordinator 到 Device;在对等网络中从一方到另一方。为了实现低功耗,又把数据传输分为以下 3 种方式:

(1) 直接数据传输。适用于以上所有 3 种数据转移。采用非时隙 CSMA-CA(多路载波侦听-冲突避免)还是时隙 CSMA-CA 的数据传输方式,要视使用模式是信标使能模式还是无信标使能模式而定。

(2) 间接数据传输。仅适用于从 Coordinator 到设备的数据传输。在这种方式中,数据帧由 Coordinator 保存在事务处理队列中,等待相应的设备来提取。通过检查来自 Coordinator 的 Beacon 帧,设备就能发现在事务处理队列中是否挂有一个属于它的数据分组。在确定有属于自己的数据时,设备使用非时隙 CSMA-CA 或时隙 CSMA-CA 来进行数据传输。

(3) 有保证时隙(GTS)数据传输。适用于设备与其 Coordinator 之间的数据传输。在 GTS 传输中不需要 CSMA-CA。

低功耗是 IEEE 802.15.4 最重要的特点。IEEE 802.15.4 在数据传输过程中引入了多种延长设备电池寿命或节省功率的机制。多数机制是基于 Beacon-enabled 模式的,主要是限制设备或 Coordinator 的收发器的开通时间,或者在无数据传输时使它们处于休眠状态。安全性是 IEEE 802.15.4 考虑的另一个重要问题。为了提供灵活性并支持简单器件,802.15.4 在数据传输中提供了 3 种安全模式。第一种是无安全性方式,这是考虑到某些安全性并不重要或者上层已经提供了安全保护的应用。当处于第二种安全模式时,设备可以使用访问控制列表(ACL)来防止外来结点非法获取数据,在这一级不采取加密措施。第三种安全模式则在数据传输中使用高级加密标准(AES)来进行对称加密保护。

IEEE 802.15.4 的主要特点如下。

(1) 允许传输的报文长度较短。MAC 层允许的最大报文长度为 1278,除去 MAC 头部 258 后,仅剩下 1028 的 MAC 数据。如果在 MAC 加入安全机制,则另外需要最大 218 的安全相关字段,因此提供给上层的报文长度将仅剩下 818。

(2) 支持两种地址。长度为 64 位的标准 EUI-64 长 MAC 地址以及长度仅为 16 位的短 MAC 地址,可以视协议实现选用两种地址。

（3）低带宽。IEEE 802.15.4 协议在不同的工作频率下提供不同的数据速率：250Kbps(2.4GHz)，40Kbps(915MHz)，20Kbps(868MHz)。

（4）网络拓扑简单，支持星形网络、树状网络以及 Mesh 网络，可以在拓扑中进行多跳路由的操作。

（5）低耗电量。一般运行 IEEE 802.15.4 的结点都要求使用低功耗的硬件设备，使用电池供电。

（6）低开销。通常无线结点上都会附着某些传感器（如温度传感器、湿度传感器等），而控制这类传感器所采用的微控制单元通常都是低速率的，内存空间也相当有限。

（7）网络内部署的结点数量较大。根据具体的应用需求，一般地，无线传感器网络都会部署大量的传感器结点，以达到数据采集的目的。

（8）无法预知传感器结点的物理位置。通常情况下，传感器结点是通过随机布撒的方式进行部署，而且某些部署的地方是人类难以触及的地方。同时，结点也有一定的移动性，但是其对移动性的要求并没有 IEEE 802.11 协议所要求的那么高。

（9）为了达到省电的目的，结点通常具有休眠模式，绝大部分时候处于休眠模式，并通过一定方式来与其他结点进行同步。

10.5.5.2　ZigBee

ZigBee 是一种新兴的短距离、低复杂度、低功耗、低数据速率、低成本的无线网络技术，由于 IEEE 802.15.4 标准并没有为网络层和应用层等高层通信协议建立标准，为了保证采用 IEEE 802.15.4 标准的设备间的互操作性，必须对这些高层协议的行为作出规定。ZigBee 就是实现和开发了这些规范。

ZigBee 网络规范的第一版于 2004 年上半年完成，它支持星形和点对点的网络拓扑结构，并提出了第一个应用原型。其第二版于 2006 年底推出，它进一步支持现在在工业领域应用非常广泛的 Mesh 网络，对第一版进行了全方位的改进和提高，在低功耗、高可靠性等方面有了全面进步。随着无线传感器网络应用领域的不断发展，ZigBee 联盟也在不断改进，推出支持新功能的协议栈和应用原型。ZigBee 联盟也已将 IPv6 over ZigBee 列入了开发进程中。

10.5.5.3　6LoWPAN

IETF 于 2004 年 11 月发布了 6LoWPAN(IPv6 over Low-Power Wireless Personal Area Networks)标准，它是基于 IPv6 的低速无线个域网标准，旨在将 IPv6 引入以 IEEE 802.15.4 作为底层标准的无线个域网中。同 ZigBee 技术一样，6LoWPAN 技术也采用 IEEE 802.15.4 规定的物理层和 MAC 层，不同之处在于 6LoWPAN 技术在网络层上使用 IETF 规定的 IPv6，采用 IPv6 协议栈。

将 IPv6 与 IEEE 802.15.4 结合能够较好地满足 LoWPAN 的许多需求：IPv6 的巨大地址空间能够满足 LoWPAN 网络的地址需求；IPv6 的一些新技术，如邻居发现、无状态的地址自动配置等技术使构建 IPv6 环境下的 LoWPAN 网络要相对容易一些；在 LoWPAN 网络数据包包长度受限的情况下，可以选择用 IPv6 地址直接包含 IEEE 802.15.4MAC

地址等,将 IPv6 与 LoWPAN 结合,能实现 LoWPAN 与 Internet 的互连。

习　题

1. 无线局域网具有什么特点? 存在哪些局限性?

2. 阐述无线局域网的组成和结构。

3. 阐述 IEEE 802.16 系列协议标准和 WiMax 协议体系结构。

4. 试从多方面分析和比较 Wi-Fi 和 WiMax 技术。

5. Ad Hoc 网络具有哪些特点? 哪些拓扑结构?

6. 什么是无线网状网? 它具有哪些优势?

7. 针对 Ad Hoc 列举一个自己了解的应用,并分析其特点。

8. WSN 网络具有什么现实意义? 有哪些特点? 面临什么挑战?

9. WSN 网络结构有哪几种? 各具有什么特点?

10. 说明 WSN 协议栈结构? 各层实现什么功能?

第 11 章

P2P 体系结构与应用

P2P 是一种分布式的应用架构,它不依赖中心结点而依靠边缘网络结点自组织,以对等协作的方式进行资源发现与共享,具有自组织、自管理、可扩展性好、鲁棒性强以及负载均衡等优点。

本章主要介绍:

- P2P 技术的形成和发展
- 无结构 P2P 系统
- 有结构 P2P 系统
- 典型 P2P 应用

11.1　P2P 技术发展与应用

与传统的客户端/服务器模式不同,P2P 系统中的结点作为平等的个体参与到系统中,结点贡献自身的部分资源,比如处理能力、存储空间和网络带宽等,以供其他参与者利用,而不再需要提供服务器或者稳定主机。传统的客户端/服务器模式中,服务器仅仅作为资源的提供者,客户端仅仅作为资源的消费者,而 P2P 系统中结点既作为资源的供应者,同时也是资源的消费者。

P2P 应用从 Napster 等文件分享系统出现后开始流行,并在短短几年时间内迅速发展,目前已经成为互联网上用户数量最大的应用之一。目前 P2P 技术广泛应用于文件共享、网络语音和网络视频等领域,以其分布式资源共享和分布并行传输的特点,为用户提供了更多的存储资源、更高的可用带宽以及更好的服务质量,同时也减少了内容提供商的带宽消耗,节省了内容提供商的费用开销。近年来 P2P 应用快速增长,涌现出许多新的 P2P 协议与应用,丰富的 P2P 应用以及庞大的 P2P 用户群也带来了巨大的网络带宽开销。据统计,P2P 应用已经占据了运营商业务总量的 70%,成为网络带宽的主要消费者,给运营商带来了沉重的网络负载。从 P2P 的实现原理来看,P2P 并不是一种高效率的传输模式,因为在 P2P 应用的传输过程中有很多重复的数据分组,占用了大量的网络带宽,甚至造成网络拥塞,从而降低其他业务的性能,但是 P2P 网络利用多路并行传输带来的快速传输性能却使其他应用难以望其项背。

1998 年,美国东北大学的学生 Shawn Fanning 开发出了 Napster 系统,成为了 P2P 文件共享的先锋和范例。开发 Napster 是为了解决他的一个问题,即如何在网上找到音乐。这个程序能够搜索音乐文件并提供检索,把所有的音乐文件地址存放在一个集中的服务器中,这样使用者就能够方便地找到自己需要的 MP3 文件。到了 1999 年,令人们没有想到的是,这个称为 Napster 的程序成为了人们争相转告的"杀手程序",它令无数音乐爱好者美梦成真。无数人在一夜之内开始使用 Napster,在最高峰时 Napster 网络有 8000 万的注册用户,这是一个让当时其他所有网站望尘莫及的数字。尽管 Napster 仍然需要借助集中的服务器完成查找功能,但它被认为是第一个真正有影响的 P2P 软件。1999 年《时代周刊》和《财富》把 Shawn Fanning 放上了封面,那时他才 19 岁。

1999 年 5 月 Shawn Fanning 成立了 Napster 公司,从那时起,P2P 开始了它曲折但极富生命力的发展历程。由于 Napster 开发的软件可以把音乐作品从 CD 转化成 MP3 的格式,同时它提供软件,供用户上传、检索和下载音乐作品。P2P 免费共享是 Shawn Fanning 的核心理念,但免费自由的文件共享程序像病毒一样的泛滥,而用户则热衷于利用文件共享程序来填满他们的音乐硬盘,Shawn Fanning 创造了一个连他自己都无法击败的怪物。后来有人避开了采用集中服务器储存用户文件信息的做法,所有的信息全部放在用户的计算机上,换句话说,它们只提供了 P2P 技术,至于用户用这种技术做什么,与它们是没有关系的。Justin Frankel 是 Shawn Fanning 免费共享精神的继承者。

P2P 技术除了应用于文件共享领域,还在音频通话、视频直播和视频点播等流媒体领域得到了广泛应用,采用 P2P 模式能够显著减少流媒体服务器的带宽消耗,降低服务提供商的成本消耗。网络即时语音沟通工具 Skype 利用 P2P 技术实现语音服务,Skype 网络中除了注册服务器,没有其他任何集中的服务器,语音与文本数据均通过 P2P 传输方式完成。CoolStreaming 是第一个真正意义上的 P2P 视频直播软件,通过构建数据驱动的 P2P 覆盖网络实现数据的传输,无需复杂的控制结构。此后,PPLive、PPStream 等基于 P2P 技术的视频直播、点播软件开始逐渐流行,并吸引了大量的用户。此外,PPLive 公司开发的 PPVA 能够提供透明的可扩展的 P2P 服务,可以为 Youtube、Youku 等非 P2P 视频服务提供商提供 P2P 加速,提升用户视频播放体验。

随着社会的进步与技术的发展,人们的版权保护意识日益增强,越来越多的 P2P 应用开始重视版权问题。从目前的情况看,越来越多的视频直播与点播网站都已经注意到了版权问题,通过购买版权来为用户提供正版的内容资源,比如 PPLive、PPStream 等公司已经删除了缺少版权的内容资源,而 BitTorrent 则成为 20 世纪福克斯、派拉蒙、华纳兄弟和米高梅影业公司的合作伙伴,和它们共同组成了种子娱乐网络(Torrent Entertainment Network),主要提供电影、电视和电子游戏的购买和零售。

基于对等网络的 P2P 技术不同于传统客户端/服务器模式,最大意义在于它不依赖于中心结点,而依靠网络边缘结点自组织与对等协作实现资源发现和共享,从而拥有自组织、可扩展性好、鲁棒性好、容错性强以及负载均衡等优点。

P2P 技术在出现后的短短十几年时间里得到了迅速的发展,P2P 的概念和应用已经成为当今互联网的主流。P2P 技术同样被广泛应用于文件共享、网络视频和网络电话等领域,以其分布式资源共享和分布并行传输的特点,为用户提供了更多的存储资源、更高的可用带宽以及更好的服务质量。

P2P 应用的体系结构经过了几代的发展。第一代 P2P 属于集中控制的网络,由中心服务器提供资源索引功能,存在单一故障点和服务器压力大等缺点;第二代 P2P 是一种完全无中心的分布式网络,利用泛洪进行资源定位,存在通信开销大、效率不高等缺点;第三代 P2P 则基于混合式的体系结构,同时具备前两代体系结构高效性和容错性的优点,由超级结点提供路由和资源定位等功能,普通结点只需提供资源共享的功能。

P2P 技术在十余年时间里发展极其迅速,已经成为互联网上广泛应用的一种服务。P2P 技术的成功一方面为文件传输以及多媒体文件共享提供了无可比拟的方便途径,另一方面,这种基于端系统协作并能够自适应网络变化进行传输的技术无疑是最适应当前互联网环境的应用。随着网络规模的不断扩大,当前互联网已成为全球信息基础设施的主体。而作为特殊传输协议与连接模式的信息传播载体,P2P 的蓬勃发展在提升了用户体验及增加网络流量的同时,也对网络中的其他应用,甚至对作为其载体的互联网本身,都产生了重要的影响。

11.2　P2P 的体系结构

11.2.1　P2P 与应用层网络

P2P 系统通常在物理网络拓扑的基础上构造一个抽象的网络覆盖层,用于索引或者发现结点,使得 P2P 系统能够独立于物理网络拓扑。

P2P 体系结构的形成发展可以简单地分为三代(如图 11.1)所示。

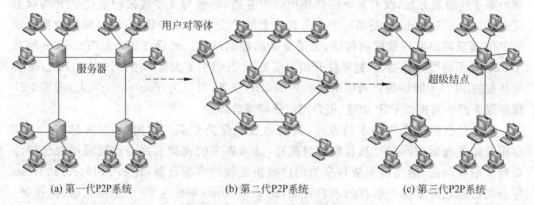

(a) 第一代P2P系统　　　(b) 第二代P2P系统　　　(c) 第三代P2P系统

图 11.1　P2P 体系结构的发展

第一代 P2P 应用的主要特点是集中控制,系统中存在中央服务器,用户向中央服务器提出查询请求,由服务器返回满足查询条件的文件列表。服务器负责维护所有的文件信息并一直处于在线的状态。第一代的 P2P 协议简单,查询回复快,但是由于中央服务器容易成为系统的单一故障点和性能瓶颈,系统的鲁棒性和可扩展性相对较差。第一代 P2P 应用的主要代表是 Napster。

第二代 P2P 是一种完全无中心的分布式网络。所有的查询和响应均在分布式的 P2P 结点之间完成。它们以广播的方式散发查询消息,这种分布式的网络容错性能好,但由于查询请求在网络中广泛传播,带宽消耗比较大。第二代 P2P 应用的主要代表包括 Gnutella、KaZaA 和 Freenet 等。

第三代 P2P 采用混合式的体系结构,同时具备前两代体系结构高效性和容错性的优点。这种混合式的结构的维护由处于主干位置的超级结点承担,各个 P2P 结点通过和超级结点交互以获得文件信息并进行文件传输,这种结构具有合理的查询时间和良好的扩展性能,对现有的网络具有更好的适应性。

应用层网络(Application Layer Network)又称为覆盖网络(Overlay Network),是在现有的互联网传输网络之上构建一个位于应用层的网络系统,应用层网络自己定义主机之间通信的寻址方式、路由方式和服务模型。无论是 OSI 模型还是互联网模型,网络都是具有层次结构的,应用层位于层次结构的最高层,它利用传输层提供的服务完成相应的应用功能,比如 Web 浏览、FTP 服务和电子邮件服务等。但随着应用的模式越来越复杂,只依赖于传输层的应用层已经不能满足需要。

就以 P2P 系统来说,单个 P2P 系统中往往有数千台甚至更多的计算机构成了统一的分布式系统为客户提供文件下载等服务,P2P 系统中的每台计算机既是服务器又是客户机。P2P 系统本身就构成了一个应用层网络,对等体需要自己发现其他结点,选择到其他对等体的路由等等,这些功能与 P2P 系统提供的服务模式是紧密相关的,因此不能放到传输层完成,只能在应用层构建应用层网络来执行这些功能。

由于目前的互联网的传输网络还不能完全支持组播,而多媒体应用的发展又迫切地需要网络能够支持组播功能。因此,人们提出在应用层实现组播,具体的做法是参加组播的计算机自己构成一个覆盖网络,然后在应用层维护组播树的结构并由应用结点参与进行组播转发。实际上,可以把应用层网络看作一个基于互联网网络的大规模的分布式应用。由于这种分布式应用的规模相当大,导致它必须借助于类似网络层功能的一些技术来进行成员之间的寻址和路由,从而具有了网络层的某些特征。正是从这个意义出发,它们才被统称为应用层网络。应用层网络具有易于部署和不依赖于网络设备升级的特点,并且具有良好的可扩展性;但是应用层网络增加了复杂性和处理开销,无法利用最佳路由而增加了网络延迟,还破坏了网络的分层结构模型。

应用层网络可以用于实现应用层组播,目前网络层组播并没有全局性部署,因此可以在应用层实现组播。不同于网络层组播基于网络路由器实现,应用层组播基于端系统实现,端系统在应用层利用结点间的多次单播实现组播(如图 11.2 所示),经过 3 次单播,可以将内容从结点 S 发送到结点 E1、E2 和 E3。应用层组播可以分为基于树的组播与基于网的组播。在基于树的组播中,结点组织成树结构,内容源作为树的根将内容发送至子结点,子结点又发送至它们的子结点,

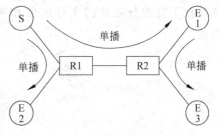

图 11.2 应用层组播

如此递归实现内容分发,该方法中单点失效会导致整棵子树的失效,具有较长的恢复时间。而在基于网的组播中,单个结点维护多个结点的状态信息,可以在各个结点间自由地交换内容,实现内容分发,可以克服基于树的组播的缺点;但结点间需要频繁地交换状态

信息,因此具有较高的控制信息开销。

P2P 系统中结点通过自组织的应用层网络来实现文件分发、流媒体以及语音等服务。应用层网络的组织方式又可以分为无结构的网络和有结构的网络。无结构的应用层网络通过一些松散的规则组织在一起,其文件的存放也表现出很大的随机性和不确定性。特别需要指出,一般来说,由于无结构的覆盖网络缺乏严格的组织结构,因此不能保证查询的正确性。换句话说,即使系统中存在某个文件资源,也可能出现查询失败的情况。而有结构的 P2P 应用层网络是指应用层的网络有确定的拓扑特征,目的是使其内容的存放也相对有序。有结构的 P2P 应用层网络通常使用分布式哈希表(Distribute Hash Table,DHT)来实现,文件资源由哈希产生的标识符唯一标识,文件存放的位置也由文件标识符决定。

11.2.2　无结构的 P2P 网络

无结构的 P2P 网络出现在 P2P 发展的早期。不同于结构化的 P2P 网络,无结构网络中 Peer 间的连接关系并不是由特定的算法确定的。无结构化的 P2P 网络不提供任何内容组织或者网络连接优化算法。无结构化的 P2P 网络结构可以分为如下 3 类。

(1) 集中式 P2P 网络。该网络中存在中心服务器用于提供索引服务来引导整个系统,第一个流行的 P2P 文件分享系统 Napster 即是集中式 P2P 网络的代表。

(2) 纯 P2P 网络。该网络由全部对等的结点构成,只有单一的路由层,该类型网络的典型代表为 Gnutella 与 Freenet。

(3) 混合 P2P 网络。该网络存在固定的结点,又称为超级结点,其代表为 KaZaA。

下面以早期比较著名的 Gnutella、Freenet、FastTrack 和 KaZaA 为例对无结构 P2P 网络进行简单介绍。

1. Gnutella 原理

Gnutella 是一种网络交换文件软件,为用户提供简单的交换文件方式。Gnutella 是一种非集中式控制的协议,目前仍被广泛使用并且有了很多新的改进。Gnutella 的特别之处在于它的分布式的文件定位和响应方法。图 11.3 给出了 Gnutella 文件的定位方法。

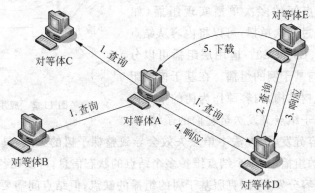

图 11.3　Gnutella 文件定位方法

　　在图 11.3 中,每一个结点既是服务器又是客户端。这个系统没有任何集中控制,也无法事先掌握网络的拓扑结构。由于数据的查询不依赖于任何有结构的网络组织形式,结点发起查询的方式只能是把请求发送到自己的所有邻居结点,邻居结点再进一步向它们的邻居结点转发。为了控制这种广播流量,Gnutella 会设置 TTL(Time to Live)值限制广播的半径。这种网络的突出优势是良好的健壮性和可扩展性。其明显的缺点是会带来很大的查询开销。

　　结点想要加入 Gnutella 网络,首先需要连接一些众所周知的可以连接的结点,一旦建立连接,结点通告其他结点它的存在,这种通告以广播的方式进行。一开始每一个消息被赋予一个唯一的随机产生的标识,其他结点记录到该结点的路由信息,用来防止重新广播和后向传播。通过给消息打上 TTL 和经过的跳数的信息来控制消息洪泛的范围。这样,当结点加入了 Gnutella 网络,其他结点也知道了它的存在和如何到达。结点之间通过周期性的类似 ping 的消息维护彼此的连接,每个结点建立的连接都是根据它自己拥有的信息来选择的。这些功能使得 Gnutella 成为了一个动态的、自组织的具有独立实体的网络。最新的 Gnutella 引入了超级结点(具有较好的带宽和性能的结点)的概念用来提高路由查找的效率。但是往往由于网络本身的自组织特性使得这种超级结点的部署优势不能充分发挥。网络的背后是人组成的虚拟社会,Gnutella 网络没有严格的拓扑结构,使其看起来更像一个随机图,这种随机图使得结点度呈现出幂率分布的特点。有少数结点的度十分低,由于部分结点失效而造成网络形成几个不相交子图的概率加大。Gnutella 带来的分布式无结构的思想已经广为流传,对于 Gnutella 的分析研究为有结构的 P2P 网络提供了丰富的思路和借鉴,它是无结构 P2P 网络的典型代表。

2. Freenet 原理

　　Freenet 的设计用来防止审查机构探测的分布式文件存储系统,其目的是通过 P2P 网络提供高度匿名的访问来为用户提供更多的自由度。Freenet 通过聚合成员结点贡献的带宽与存储资源允许用户匿名发布与获取不同种类的信息。

　　Freenet 是一种自适应的 P2P 网络,结点自己负责文件的查找和数据的交换。每一个文件用唯一的关键字 key 来表示,通过 SHA1 算法生成一个 160 位的二进制串作为文件的唯一标识。Freenet 并没有机制来保证不会出现不同文件具有相同 key 的情况,这一点依赖于 SHA1 的哈希算法本身的均匀性。每一个结点维护一个动态的路由表,该路由表中包含其他结点的地址及其拥有的文件。每个表项可以表示为(id,next_hop,file)组成的三元组,其中 id 表示文件标识,next_hop 表示存储 id 标识的文件的另一结点,file 表示 id 标识的本结点存储的文件。当结点收到请求标识为 id 的文件的消息时,若本结点存储有 id 标识的文件,则已找到,否则路由表中查找合适的下一跳路由。Freenet 协议利用基于键值的路由协议,不同版本的 Freenet 使用的路由协议不同。Freenet 0.3 与 0.5 版本均使用启发式路由算法,0.3 版本路由选择时会选取拥有与请求文件键值最相近的文件标识所指示的下一跳结点作为下一跳,而 0.5 版本则选择与本结点连接质量好的结点。确定下一跳结点后,本结点会将请求消息转发到下一跳指示的结点。每次查询请求会设置一个 TTL 值,并且每次转发会使 TTL 值减 1,当 TTL 值为 0 时查询请求消息失效。每个结点会维持经过该结点的未完成请求的状态,以防止产生路由回路。当请求的文件按照反向的查询请求路径返回源请求结点时,中间结点会缓存文件内容。图 11.4 表示了 Freenet 的查询过程。

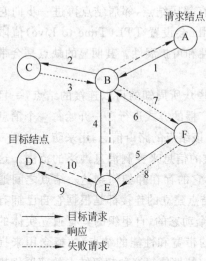

图 11.4　Freenet 的查询过程

首先,对等体 A 发出一个文件请求,对等体 A 无请求的文件的副本,根据路由协议选择下一跳为 B,请求转发到 B,再由 B 转发到 C,由于 C 结点没有和其他结点连接,C 将发送一个查询失败的消息给 B,B 发送请求给 E,E 转发请求到 F,然后请求回到 B,B 会意识到发生了消息回路(B 保存一段时间内自己发出的未完成的查询请求),所以 B 将发送一个查询失败的消息给 F,该查询失败消息一直传播到 E,E 结点再继续转发给 D,最终在结点 D 找到查询的文件。在文件传输给 A 的过程中会经过 E 和 B,传输同时文件被缓存在 E 和 B 上。在 B 和 E 缓存 A 请求的文件的好处是,如果在网络内再次请求这个文件,E 和 B 都可以提供这个文件了,这意味着越热门的文件,在系统中的副本就会越多,这样查询起来就会越快。当然如果该文件并不是热门文件,将会浪费一定的存储空间和传输带宽。

　　Freenet 设计目的是提供一个自由、安全、匿名的共享资源的平台(就像它的名字一样),所有的对等体计算机划分出一个空间作为公共的存储空间,其中存取的数据是加密的,用户并不知道实际存放数据的内容。Freenet 匿名性的本质在于它提供的安全、隐秘的路由机制,当数据传输通过某个结点传输时,该结点仅知道“前一跳”和“后一跳”的地址,无法知道全局的路由信息。当结点发布新的文件资源时,需要先根据文件的标识在系统中查找,如果找不到再存入系统,存入时路径上的每个结点都会以一定的概率把文件的发布者改成自己,起到了保护文件真正的发布者的目标。Freenet 的主要问题是无法保证一定能够找到网络中存储的文件,即使这个文件存在。从 Google Scholar 的数据来看,广大网民对于自由和匿名的共享方式的热爱可见一斑。

3. FastTrack 与 KaZaA 原理

　　FastTrack 是一种混合分布式 P2P 系统,可以实现快速检索以及网络的可测量性。FastTrack 采用树形对等网络模型,是集中目录式 P2P 网络结构的发展模式。处于网络模型中的结点自动组成树形结构,其中计算能力较强的或者带宽更大的结点成为超级结点,超级结点的功能类似于集中目录式网络中的服务器。客户结点加入超级结点的树中之后,当需要查询某个文件时,客户结点会向超级结点发出文件查询请求。超级结点进行相应的检索和查询后,会返回符合查询要求的客户结点地址信息列表。查询发起客户结点接收到应答后,会根据网络流量和延迟等信息选择与合适的客户结点直接建立连接,并开始文件传输。

　　FastTrack 是一个基于超级结点的无结构文件分发网络。它的体系结构十分有利于文件的查找和定位。超级结点是具备高带宽、大磁盘以及较强的 CPU 计算能力的结点,并且自愿为其他结点提供查询服务,普通结点首先向超级结点提出查询请求,由超级结点负责返回一个文件的位置信息,超级结点之间可以通过洪泛的方式进行查询,如果没有超级结点,结点仍然可以通过洪泛等方式定位到所需要的文件。

FastTrack 结点启动时首先在服务器上注册,并从服务器获取到 200 个超级结点列表。结点上的程序会自动检查返回的列表中的结点是否有超级结点,如果有则连接到该超级结点作为父结点,否则选择任一结点作为父结点。与超级结点连接时,先用 UDP 包来探查与结点列表中结点的所有可用的连接,然后与探查成功的超级结点建立 TCP 连接,再根据策略选择其中的一个作为父结点,断掉其他的连接,然后向选中的父结点上传其共享文件的信息。选择父结点的策略通常是超级结点的负荷和超级结点的位置。位置的判断可以依据 IP 地址的前缀和 RTT 等。用户查询文件,发送查询请求到父结点,父结点向其连接的超级结点广播此查询请求,然后父结点从超级结点的应答中提供可用的文件列表,以及文件所在结点的信息。用户从父结点获取到文件列表与结点信息后,选择一个结点建立 TCP 连接,发送文件共享请求,文件所有者响应文件请求并传输文件。

图 11.5 显示了 FastTrack 的工作机制。Peer3 与 Peer2 将自己的共享文件信息发送到超级结点,Peer1 加入查询 Object2 时向超级结点发送查询请求,超级结点向 Peer1 发送 Object2 与拥有 Object2 的 Peer2 信息作为回应,Peer1 获取到 Object2 与 Peer2 的信息后向 Peer2 发送文件请求,从 Peer2 处获取到所请求的文件。

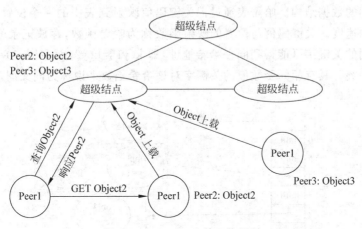

图 11.5　FastTrack 的工作机制

FastTrack 可以说是与 Gnutella 齐名的无结构的 P2P 协议,它最突出的特点就是引入了超级结点(Supernode)的概念,率先实现了层次化的 P2P 网络。著名的 Skype 软件就是基于 FastTrack 协议的,这也使得 FastTrack 成为为数不多的能够在激烈的竞争中生存下来的早期 P2P 协议之一。

KaZaA 也是使用 FastTrack 协议的 P2P 应用,其中的超级结点具有很高的可用带宽,在相关的超级结点上存储了许多经常被请求的文件,并且所有的查询都是指向超级结点的。KaZaA 的数据传输是通过非加密的 HTTP 协议完成的,但是所有的 HTTP 头都包含特定的特征码(X-KaZaA-IP),这样就很容易检测出 KaZaA 和普通的 HTTP 流量的区别,KaZaA 还提供了自动的升级机制,周期性地查询是不是有更高级的版本,如检测到存在更高级的版本,自动下载并且执行新的 KaZaA 程序。

KaZaA 的出现实际上是 FastTrack 协议的成功,KaZaA 用户之间频繁的交互各自的超级结点信息,根据列表发现更多可用、稳定的资源,提高了 KaZaA 的稳定性和自适应性;它采用动态端口避免了使用固定端口的脆弱性,同时提供连接反转的方法,有效地解决了 NAT 穿越问题。

11.2.3 有结构的 P2P 网络

有结构的 P2P 网络中,结点通过特定的标准或者算法组织起来,形成拥有特定拓扑与特性的覆盖层网络。有结构的 P2P 网络利用全局一致的协议来保证任意结点能够有效地将查询请求路由传送到拥有请求内容的结点,即使在请求内容极度稀缺的情况下也能返回正确的结果。有结构的覆盖层网络通常利用分布式哈希表(Distributed Hash Table,DHT)来组织。

随着 Napster、Gnutella 和 Freenet 等 P2P 系统的流行,学术界注意到当时的此类 P2P 系统都存在着缺陷,Napster 容易受到攻击或者法律诉讼,Gnutella 的广播协议存在效率低下的问题,而 Freenet 则难以保证查找的正确性。2001 年,提出基于 DHT 的分布式资源查找方案,并在以后几年的时间内成为研究热点。

哈希表(Hash Table,又称为散列表)如图 11.6 所示,是根据关键码值(Key Value)而直接进行访问的数据结构。哈希表通过把关键码值映射到表中的一个位置来访问记录,以加快查找的速度。关键码值与位置的映射函数称为哈希函数,存放记录的数组称为哈希表。对不同的关键字可能得到同一哈希地址,即 key1≠key2,而 f(key1)=f(key2),这种现象称为冲突。具有相同函数值的关键字对该哈希函数来说称为同义词。

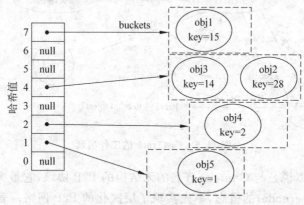

图 11.6 哈希表示意图

如图 11.7 所示,分布式哈希表与传统的哈希表将每个关键码值(key)映射到的位置不同,分布式哈希表利用相容哈希算法(Consistent Hashing)将内容的 key 映射到对应的网络中不同的结点,这也是分布式这一名称的由来。DHT 存储(key,value)对,能够提供与基于键值的哈希表类似的查找服务,任意加入系统的结点能够高效地利用给定的键值获取对应的值。而维护键值与值的对应关系的任务则分布到各个结点,结点集合的变动对于对应关系的破坏较小。DHT 具备良好的可扩展性,能够处理连续的结点加入、退出和失效等情况。DHT 系统还需要支持随时根据现有结点的情况划分哈希范围、识别邻居结点、支持新结点冷启动等。

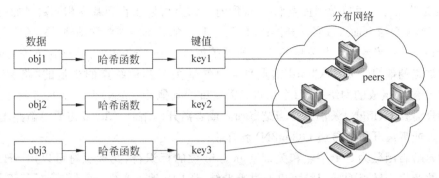

图 11.7　分布式哈希表示意图

分布式哈希表的工作过程主要分为以下两部分。

(1) 哈希步骤。分布式哈希表引入哈希函数把查找的内容映射为唯一的键值,同时保证将哈希函数的键值空间划分为相等的区间分布到网络中的结点。每个结点必须了解自己负责的键值空间中任一键值对应的内容的至少一个副本的存放位置,即该结点必须存储指向自己所负责的键值区间对应的内容副本或者指向内容副本的指针。

(2) 路由步骤。该步骤使得结点能够找到所请求的内容,不同的 P2P 网络应用的路由算法不同。路由算法需要考虑系统的可扩展性,有效地处理结点加入、退出和失效等情况。DHT 虽然能够解决大规模资源定位和查找问题,但是仍然存在以下问题:

- 只能进行精确匹配,实用价值有限。
- 适应结点动态变化的能力低。
- 哈希会破坏结点的位置信息,同一个子网的结点可能结点号相距甚远,不利于查询性能的优化。
- 基于哈希表的系统不能利用应用本身的信息,许多应用(比如文件系统)的数据本身是按照层次结构组织的,哈希函数会丢弃此类信息。有人提出了一种面向层次结构的查找机制,可以对此进行优化。

基于分布式哈希表构造的网络能够广泛应用于建立 P2P 网络,此外,DHT 还可以用于构建分布式文件系统,典型应用有协作文件系统(Cooperative File System,CFS)、PAST 和 OceanStore。

下面对基于分布式哈希表的 P2P 网络的工作原理进行简单介绍。

1. Chord 原理

Chord 是一种 P2P 分布式哈希表的协议与算法,2001 年由加州大学伯克利分校提出,其核心思想就是要解决在 P2P 应用中遇到的基本问题:如何在 P2P 网络中找到存有特定数据的结点。Chord 算法本身具有负载均衡、分布性、可扩展性、可用性以及命名灵活性等特点。

Chord 可以实现这样一种操作:给定一个关键字(key),将 key 映射到某个结点。如果给 P2P 应用的每个数据都分配一个 key,那么应用中的数据查找问题就可以很容易地用 Chord 解决。

　　Chord 采用了相容哈希算法的变体为结点分配关键字。相容哈希算法具有良好的特性,首先是哈希函数可以做到负载平衡,即所有的结点可以接收到基本相同数量的关键字。另外,当第 N 个结点加入或者离开网络时,只有 1/N 的关键字需要移动到另外的位置。

　　Chord 进一步改善了相容哈希算法的可扩展性。在 Chord 中,结点并不需要知道所有其他结点的信息。每个 Chord 结点只需要知道关于其他结点的少量的"路由"信息。在由 N 个结点组成的网络中,每个结点只需要维护其他 O(logN) 个结点的信息,同样,每次查找只需要 O(logN) 条消息。当结点加入或者离开网络时,Chord 需要更新路由信息,每次加入或者离开需要传递 O(log2N) 条消息。

　　相容哈希函数为每个结点和关键字分配 m 位的标识符,此标识符可以用 SHA-1 等哈希函数产生。结点的标识符可以通过哈希结点的 IP 地址产生,而关键字的标识符可以直接哈希此关键字。标识符长度 m 必须足够长,这样才能保证两个结点或者关键字哈希到同一个标识符上的概率足够小。

　　Chord 中每个关键字都保存在它的后继(successor)结点中,后继结点是结点标识符大于等于关键字 k 标识符的第一个结点,将其记为 successor(k)。图 11.8 中假设 IP 地址为 198.10.10.1 的结点经过 SHA-1 哈希之后得到的标识符为 123,而关键字"LetItBe"哈希之后的关键字为 60。关键字"LetItBe"的标识符为 60,其后继结点为 90,因此它被保存在 90 结点中。可以从图 11.9 中看出,如果标识符采用 m 位二进制数表示,并且将从 0 到 2^m-1 的数排列成一个圆圈,那么 successor(k) 就是从 k 开始沿顺时针方向距离最近的结点。

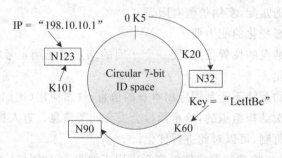

图 11.8　相容哈希算法

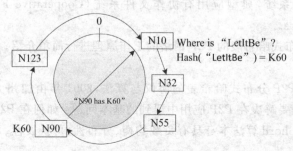

图 11.9　一种关键字查询方案

相容哈希算法的另一个特点就是当结点加入或者离开网络时对网络带来的冲击可以达到最小。当结点 n 加入网络时，为了保持相容哈希映射，某些原来分配给 n 的后继结点的关键字将分配给 n；当结点 n 离开网络时，所有分配给它的关键字将重新分配给 n 的后继结点。除此之外，网络中不会发生其他的变化。以图 11.8 为例，当结点 N90 离开网络时，关键字"LetItBe"将被分配给结点 N123。下面解释 Chord 如何进行关键字查找。

首先考虑最简单的情况，假设每个结点都知道整个网络中的结点和关键字的信息，也就是说，每个结点都维护 O(N) 大小的路由表。当网络规模很大时，这种策略的扩展性存在问题，甚至是不可行的。当然，这种策略的优点也很明显，它只需要进行一次路由表查找就可以找到关键字所在的结点。

在图 11.9 的方案中，图中每个结点只知道其后继结点的信息。这样当进行查找时，结点将依次查询其后继结点，直到找到关键字或者遍历完整个网络为止。这种方式的优点是可扩展性好，每个结点需要知道的信息很少；缺点是查询速度比较慢，为 O(N) 数量级，当网络规模很大时(设想一下大的 P2P 系统可能有百万以上的主机参与)，这样的速度是不能接受的。Chord 采用了上述两种方案的折中方案。在 Chord 中，每个结点维护少量的路由信息，通过这些路由信息，可以大幅度提高查询的效率。

如果 m 是关键字和结点标识符的位数(采用二进制表示)，那么每个结点只需要维护一张最多 m 个表项的路由表，称为指针表(Finger Table)。结点 n 的查找表的第 i 个表项包括的是 $s = success(n + 2^{i-1})$，这里 $1 \leqslant i \leqslant m$，并且所有的计算都要进行 mod 2^m，s 称为结点 n 的第 i 个指针，用 n. finger[i]. node 表示，指针表中的其他项的含义如表 11-1 所示。

表 11-1　Chord 指针表中各项的含义

符　　号	定　　义
finger[k]. start	$(n + 2^{k-1})$ mod $2^m, 1 \leqslant k \leqslant m$
. interval	[finger[k]. start, finger[k+1]. start]
. node	第一个大于等于 n. finger[k]. start 的结点
successor	标识符环中的下一个结点；finger[i]. node
predecessor	标识符环中的前一个结点

以图 11.10 为例，结点 1 的指针表的表项应该分别指向标识符 $(1 + 2^0)$ mod $2^3 = 2$，$(1 + 2^1)$ mod $2^3 = 3$，$(1 + 2^2)$ mod $2^3 = 5$。标识符 2 的后继是结点 3，因为它是 2 之后的第一个结点，标识符 3 的后继是结点 3，而标识符 5 的后继是结点 0。

这一方案有两个重要的特性：首先，每个结点都只需要知道一部分结点的信息，而且离它越近的结点，它知道的信息越多。其次，每个结点的指针表通常并不包括足够的信息可以确定任意一个关键字的位置。例如，图 11.10 中的结点 3 就不知道关键字 1 的位置，因为 1 的后继结点信息并没有包含在结点 3 的指针表中。

当结点 n 不知道关键字 k 的后继结点时怎么办？如果 n 能够找到一个结点，这个结点的标识符更接近 k，那么这个结点将会知道该关键字的更多信息。根据这一特性，n 将查找它的指针表，找到结点标识符大于 k 的第一个结点 j，并询问结点 j，看 j 是否知道哪

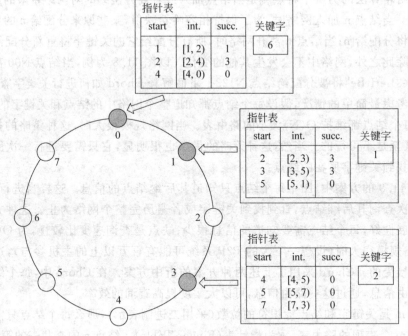

图 11.10　Chord 数据组织实例

个结点更靠近 k。通过重复这个过程,n 最终将会知道 k 的后继结点。

　　仍然考虑图 11.10 中的例子,结点 3 需要查找关键字 1 的后继结点。由于 1 属于循环区间[7,3],它属于 3.finger[3].interval,因此结点 3 查找其指针表的第 3 项,返回 0。由于 0 在 1 之前,因此结点 3 将要求 0 去寻找关键字 1 的后继结点。依此类推,结点 0 将查找它的指针表并发现 1 的后继结点是 1 本身,于是结点 0 将告诉结点 3,结点 1 是它要找的结点。

　　下面讨论 Chord 中如何处理新结点的加入。结点 n 的加入分为以下 3 个阶段。

　　(1) 初始化新结点的指针表:假设结点 n 在加入网络之前通过某种机制知道网络中的某个结点 n′。这时,为了初始化 n 的指针表,n 将要求结点 n′ 为它查找指针表中的其他表项。

　　(2) 更新现有其他结点的指针表:结点加入网络后将调用其他结点的更新函数,让其他结点更新其指针表。

　　(3) 从后继结点把关键字传递到结点 n:把所有后继结点是 n 的关键字转移到 n 上。整个加入操作的时间复杂度是 O(log2N)。如果采用更复杂的算法,可以把复杂度降低到 O(logN)。

　　在对等网络中,某个对等结点随时可能退出系统或者发生失效,因此处理结点失效是一个重要的问题。在 Chord 中,当结点 n 失效时,所有在指针表中包括 n 的结点都必须把 n 替换成 n 的后继结点。另外,结点 n 的失效不能影响系统中正在进行的查询过程。

　　在失效处理中最关键的步骤是维护正确的后继指针。为了保证这一点,每个 Chord 结点都维护一张包括 r 个最近后继的后继列表。如果结点 n 注意到它的后继结点失效了,它就用后继列表中第一个正常结点替换失效结点。

2. CAN 原理

CAN(Content-Addressable Network)可以在互联网规模的大型对等网络上提供类似哈希表的功能,与其他分布式哈希表类似,CAN 具有良好的可扩展性、容错性以及自组织特性。CAN 的结构设计基于虚拟的多维笛卡儿坐标空间,形成多环的覆盖网络,该多维笛卡儿坐标空间基于虚拟的逻辑地址,完全独立于结点的物理位置与物理连接,空间的结点通过坐标值来表示。

CAN 类似于一张大哈希表,CAN 的基本操作包括插入、查找和删除(关键字,值)对。CAN 由大量自治的结点组成。每个结点保存哈希表的一部分,称为一个区(zone)。此外,每个结点还保存少量的邻接区的信息。对每个特定关键字的插入(或者查找、删除)请求由中间的 CAN 结点进行路由直到到达包括该关键字的 CAN 结点所在的区。CAN 的设计完全是分布式的,它不需要任何形式的中央控制点。CAN 具有很好的可扩展性,结点只需要维护少量的控制状态,而且状态数量独立于系统中的结点数量。CAN 支持容错特性,结点可以绕过错误结点进行路由。CAN 基于虚拟的 d 维笛卡儿坐标空间实现其数据组织和查找功能。整个坐标空间动态地分配给系统中的所有结点,每个结点都拥有独立的互不相交的一块区域。图 11.11 给出了一个二维的[0,1] * [0,1]的笛卡儿坐标空间划分成 5 个结点区域的情况。

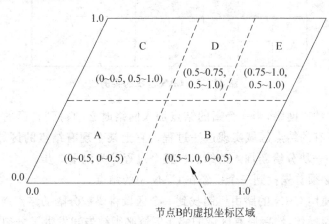

图 11.11 笛卡儿坐标空间的区域划分

虚拟坐标空间采用下面的方法保存(key,value)对。当保存(K1,V1)时,使用统一的哈希函数把关键字 K1 映射成坐标空间中的点 P。那么这个值 V1 将被保存在该点所在区域的结点中。当需要查询关键字 K1 对应的值时,任何结点都可以使用同样的哈希函数找到 K1 对应的点 P,然后从该点对应的结点取出相应的值。如果此结点不是发起查询请求的结点,CAN 负责将此查询请求转发到对应的结点。因此,有效的路由机制是CAN 中的一个关键问题。

CAN 中的路由机制非常简单,只需要计算目的点的坐标,然后寻找从发起请求的点到目的点的一条路径就可以。首先需要给出两个结点区域邻接的含义,在 d 维坐标空间中,当两个区域在 d−1 维上都覆盖相同的跨度而在另一维上相互邻接,则称这两个区域邻接。例如,图 11.11 中 D 和 E 是邻接结点,而 D 和 A 就不是邻接结点。每个 CAN 结点都保存一张坐标路由表,其中包括它的邻接结点的 IP 地址和虚拟坐标区域。每条 CAN 消息都包括目的点坐标。路由时结点只要朝着目标结点的方向把请求转发给自己的邻接结点就可以了。

图 11.12 给出了查找过程的一个简单的例子。如果一个 d 维空间划分成 n 个相等的区域,那么平均路由长度是$(d/4)(n^{1/d})$,每个结点只需要维护 2d 的邻接结点信息。这个结果表明 CAN 的可扩展性很好,结点数增加时每个结点维护的信息不变,而且路由长度只是以 $O(n^{1/d})$ 的数量级增长。可以看到,在坐标空间中,两点之间可以有许多条不同的路径。因此,单个结点的失效对 CAN 基本上没有太大的影响。遇到失效结点时,CAN 结点会自动沿着其他的路径进行路由。

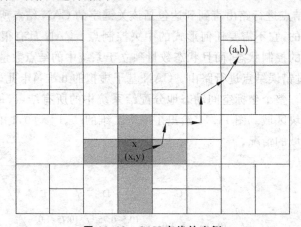

图 11.12　CAN 查找的实例

CAN 是一种动态网络,当一个新的结点加入网络时必须得到自己的一块坐标空间。CAN 通过分裂现有的结点区域实现这一过程。它把某个现有结点的区域分裂成同样大小的两块,把其中一块分给新加入的结点。整个过程分为以下 3 步。

(1) 新结点必须首先找到一个已经在 CAN 中的结点。

(2) 新结点使用 CAN 的路由机制找到一个区域将要被分隔的结点。

(3) 执行分裂操作,然后原有区域的邻接区域必须被告知发生了分裂,这样新结点才能被别的结点路由到。

当结点离开 CAN 时,必须保证它的区域被 CAN 系统收回,也就是分配给其他仍然在系统中的结点。一般过程是由某个结点来接管这个区域和所有的(key,value)数据库。如果这个区域可以和相邻区域合并形成一个大的区域,那么 CAN 将执行合并操作。如果合并不能进行,那么该区域将交给其邻接结点中区域最小的结点。也就是说,这个结点将临时负责两个区域。

在正常情况下,CAN 的相邻结点之间将交换周期性的更新消息。如果连续多次没有接收到某个结点的更新消息,那么相邻结点就认为这个结点失效了。这时,相邻结点将启动取代操作,并启动一个时钟。失效结点的每个相邻结点相互独立地执行该过程。如果时钟超时,结点将向失效结点的所有相邻结点发送取代消息,该消息中包括它自己的区域面积信息。当某个结点接收到取代消息后,如果它的区域面积比发出消息的结点大,则它将取消取代操作。否则它将发出自己的取代消息。采用这种机制可以保证选择面积最小的结点取代失效结点。

11.2.4　P2P 研究展望

　　P2P 技术是一种基于对等网络的新兴技术。与传统客户端/服务器模式不同,P2P 技术的最大意义在于其不依赖于中心结点而依靠网络边缘结点自组织与对等协作实现资源发现和共享,从而拥有自组织、可扩展性好、鲁棒性好、容错性强以及负载均衡等优点。

　　P2P 技术在出现后的短短十几年时间里得到了迅速的发展,已经成为互联网上用户广泛使用的一种应用。P2P 的概念和应用已经成为当今互联网的主流。P2P 技术同样被广泛应用于文件共享、网络视频和网络电话等领域,以其分布式资源共享和分布并行传输的特点,为用户提供了更多的存储资源、更高的可用带宽以及更好的服务质量。

　　P2P 技术的相关研究有很多方向:P2P 网络的组织结构、资源管理、激励机制和安全问题等等。P2P 网络的组织结构主要研究资源如何在 P2P 网络中存放结点,如何定位需要下载的资源等。P2P 资源管理侧重于考虑资源如何管理,包括在网络中存储资源的更多副本来提高 P2P 应用的性能等。P2P 激励机制研究如何防止结点只享受别人提供的服务,而不为其他结点提供服务。P2P 中的安全问题包括数据存取安全、P2P 路由安全和资源访问安全等问题。P2P 技术的研究仍在不断地进行,技术也在不断地发展。

　　近年来,除了研究 P2P 网络技术之外,学术界正在逐渐把注意力转移到了 P2P 流量的识别和管理上来。根据现有的研究成果,P2P 流量在网络中所占的比重已经远远超过传统的 HTTP 应用以及其他应用,在世界各主要地区都占了总流量的 70% 以上,并且仍在快速地增长。P2P 流量对网络造成了巨大影响,作为“带宽杀手”的 P2P 流量造成了链路的压力,增加了拥塞发生的概率,降低了网络的总体性能和应用的服务质量。此外,P2P 应用对带宽的需求巨大,而运营商实际的物理网络的资源是有限的,研究发现,实际上最终用户中长期运行 P2P 应用的用户仍然是少数,而少数的 P2P 用户占据了大部分运营商的带宽,这对于支付了相同费用的其他用户来说是不公平的,尤其当这些非 P2P 用户的业务流量因为 P2P 流量而服务质量降低的时候,对于运营商来说,制定一系列针对 P2P 网络的识别监控控制管理机制已经成为了一个迫在眉睫的问题。

　　为了管理 P2P 流量,首先需要检测 P2P 流量。P2P 流量检测研究是一个困难的问题,其原因在于各种 P2P 应用种类繁多,单一特征很难刻画它们的性质。此外,很多 P2P 应用为了躲避检测采用了很多隐蔽流量的办法,比如动态端口、协议加密和 HTTP 伪装等。这些都造成了 P2P 检测的困难,现有的几类方法都存在各自的不足。工业界关于 P2P 监控和管理的软件往往都使用基于报文内容的方法,实现较为简单,并且精确度较高。然而它们的缺点也正如基于报文内容的检测方法一样:对于 P2P 的识别能力受限于规则库,无法检测不在规则库中 P2P 流量,对于类似 Skype 这样的对流量加密的 P2P 应用无法识别等等,这些问题的解决都有待 P2P 检测技术的进一步发展。

　　识别 P2P 流量的目的是为了更好地管理网络,优化网络性能,基于流量识别的网络优化服务模型是 P2P 流量识别之后进一步的研究方向。现在对网络提供商而言,可以选择封禁或者带宽限制的方法,不过单纯的封禁限制手段只会带来运营商和用户之间的博弈和对抗,使得 P2P 应用采取更加复杂的方法逃避检测。如何优化管理 P2P 流量从而优化网络性能,减少 P2P 流量对网络性能的影响是研究者需要思考的问题。在这方面,已经有一些研究成果,包括流量工程、流量缓存以及尽量让 P2P 流量本地化等,但仍然有待进一步的研究。

11.3   P2P 的典型应用与系统分析

P2P 网络自从出现以来的短短几年内迅速发展,涌现出许许多多的应用,总体上 P2P 应用可以分为如下 3 类。

(1) 文件分发:该类型的 P2P 应用主要用于文件分享服务,比如最初的 Napster 就是用于分享音乐文件。目前国内应用广泛的 P2P 文件分发软件有 BitTorrent、Emule 以及迅雷等。统计数据显示,利用 BitTorrent、eDonkey、FastTrack 与 Gnutella 四种 P2P 软件共享的文件内容分布中,视频文件占 60% 以上。

(2) 语音服务:该类型应用用于提供语音服务,Skype 是该类型应用的代表。Skype 是目前最流行的网络语音工具,可以实现与其他用户的高清晰语音对话,也可以拨打国内国际电话,还具备即时通信所需的其他功能。Skype 在实现中采用了 P2P 技术,当通信双方的互联网连接质量不佳时,可以选择系统中的一个其他结点作为中继。

(3) 流媒体服务:该类型应用用于提供在线的音频、视频流媒体服务。流媒体应用又分为非实时流媒体服务和实时流媒体服务。非实时流媒体应用主要是目前应用广泛的视频点播应用,其典型代表为 PPLive 与 PPStream。P2P 实时流媒体应用为用户提供直播服务,可以分成基于组播树(Tree-based)的实时流媒体应用(EMS)和网状结构(Mesh-based)的流媒体应用(CoolStreaming、PPLive)。典型的 Mesh-based 的实时流媒体应用借用 P2P 文件分发应用中的数据分块传输机制,实现对流媒体的实时播放。此外,PPVA 能够提供透明的可扩展的 P2P 服务,能够为 Youtube、Youku 等非 P2P 视频服务提供商提供 P2P 加速。流媒体视频服务最近几年来增长迅速,网络带宽消耗持续增加,采用 P2P 模式能够显著减少服务器带宽消耗,降低服务提供商成本消耗。

目前 Emule 和 BitTorrent 是全球最热门的 P2P 文件分发软件,它们产生的流量占 P2P 总流量的 50% 以上。PPLive 等实时的流媒体应用发展也极其迅速,用户数目迅速增长。

11.3.1   BitTorrent

BitTorrent 既是一种 P2P 内容分发协议,也是一种 P2P 内容分发软件。它采用高效的软件分发系统和点对点技术共享文件,并使每个用户像网络重新分配结点那样提供上传服务。一般的下载服务器为每一个发出下载请求的用户提供下载服务,而 BitTorrent 的工作方式与之不同。文件的持有者将文件发送给其中一名用户,再由这名用户转发给其他用户,用户之间相互转发自己所拥有的文件部分,直到每个用户的下载都全部完成。这种方法可以使下载服务器同时处理多个文件的下载请求,而无须占用大量带宽。同时,

BitTorrent 能够将大文件分为许多小的片段,用户可以并发地从多个其他用户请求未下载的片段,再合并为完整文件,从而显著提高下载速度。

BitTorrent 协议是架构于 TCP/IP 协议之上的一个 P2P 文件传输协议,处于 TCP/IP 结构的应用层。BitTorrent 协议本身也包含了很多具体的内容协议和扩展协议,并在不断扩充中。根据 BitTorrent 协议,文件发布者会根据要发布的文件生成一个. torrent 文件,即种子文件。. torrent 文件本质上是文本文件,包含 Tracker 信息和文件信息两部分。Tracker 信息主要是 BT 下载中需要用到的 Tracker 服务器的地址和针对 Tracker 服务器的设置;文件信息是根据对目标文件的计算生成的,计算结果根据 BitTorrent 协议内的编码规则进行编码。它的主要原理是需要把提供下载的文件虚拟分成大小相等的块,块大小必须为 2 的整数次方(由于是虚拟分块,硬盘上并不产生各个块文件),并把每个块的索引信息和 Hash 验证码写入. torrent 文件中;因此,. torrent 文件就是被下载文件的"索引"。下载者要下载文件内容,需要先得到相应的. torrent 文件,然后使用 BT 客户端软件进行下载。下载时,BT 客户端首先解析. torrent 文件得到 Tracker 服务器的地址,然后连接 Tracker 服务器。Tracker 服务器回应下载者的请求,向下载者提供其他下载者(包括发布者)的 IP。下载者再连接其他下载者,根据. torrent 文件,两者分别向对方告知自己已经有的块,然后交换对方没有的数据。此时不需要其他服务器参与,分散了单个线路上的数据流量,因此减轻了服务器负担。下载者每得到一个块,需要算出下载块的 Hash 验证码与. torrent 文件中的对比,如果一样则说明块正确,如果不一样则需要重新下载这个块,以此来解决下载内容准确性的问题。

为了完成内容的发布,至少需要一个 Tracker 服务器和一个 Seed。Seed 又称为种子,通常是第一个向 Tracker 服务器注册的结点,然后它就开始进入循环,等待为别人提供文件,也就是说,第一个 Seed 只负责上传文件。一旦有 Peer 向 Tracker 服务器注册后,就可以取得 Seed 的信息,从而与 Seed 建立连接。由于原始的文件只有 Seed 拥有,所以 Seed 至少要上传原始文件的一份完整副本。

BitTorrent 客户端需要完成以下功能。

(1) 解析. torrent 文件,获取要下载的文件的详细信息,并在磁盘上创建空文件。

(2) 与 Tracker 服务器建立连接,并交互消息。

(3) 根据从 Tracker 得到的信息,与其他 Peer 建立连接,并下载需要的文件片断。

(4) 监听某端口,等待其他 Peer 的连接,并提供文件片断的上传。

BitTorrent 客户端需要处理如下两种协议。

(1) 与 Tracker 服务器交互的 Track HTTP 协议。

(2) 与其他 Peer 交互的 BitTorrent 对等协议。

BitTorrent 客户端进行连接的过程如下:假设一个 BitTorrent 客户端为 A,另一个客户端为 X。如果是 X 主动向 A 发起连接,那么在 TCP 连接建立之后,A 立刻利用这个连接向 X 发送 BitTorrent 对等协议的"握手"消息。同样,X 在连接建立之后也向 A 发送 BitTorrent 对等协议的"握手"消息。A 一旦接收到 X 的"握手"消息,它就认为"握手"成功,并建立 BitTorrent 对等协议层次上的连接。因为在该过程中,A 发送了一个消息,同时接收了一个消息,所以这个握手过程是两次"握手"。同样,对 X 来说,因为连接是它主动发起的,所以它在发送完"握手"消息之后,就等待 A 的"握手"消息,如果收到,那么它也认为"对等连接"建立了。一旦"对等连接"建立之后,双方就可以通过这个连接传递消息了。

　　Tracker 服务器是 BitTorrent 下载中的重要角色。一个 BitTorrent 客户端在下载开始以及下载进行的过程中要不停地与 Tracker 服务器进行通信,同时报告自己的信息,并获取其他下载客户端的信息。这种通信是通过 HTTP 协议进行的(现在已经出现了基于 UDP 的实现),又称为 Tracker HTTP 协议,它的过程如下: 客户端向 Tracker 发一个 HTTP 的 GET 请求,并把它自己的私有信息放在 GET 的参数中;Tracker 服务器对所有下载者的信息进行维护,当它收到一个请求后,首先把对方的信息记录下来,然后将一部分参与下载同一个文件的下载者的信息返回给对方。客户端在收到 Tracker 服务器的响应后,就能获取其他下载者的信息,于是它就可以根据这些信息与其他下载者建立连接,从它们那里下载文件片断。图 11.13 说明了 BitTorrent 的工作原理。

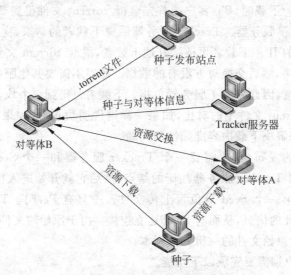

图 11.13　BitTorrent 工作原理

　　BitTorrent 通过 Tracker 服务器返回可用结点列表。Tracker 服务器维护一个四级的字典结构。当用户请求到达的时候,Tracker 服务器会查询二级字典的 HashID,这样就可以获得三级字典的内容: 即下载这个文件的所有的 Peer;四级字典详细描述了这个 Peer 的 IP 地址和端口等情况。Tracker 服务器调用函数 Peerlist 随即返回给用户一个三级字典的子集。集合的大小为默认值 30 或者是用户指定的返回大小(不能超过 BitTorrent 设置的最大值)。因此可以称 BitTorrent 的结点选择策略为随机的结点返回策略,客户端根据返回的列表连接并下载所需要的数据。客户端本身并不进行地址的优先值划分和过滤。因此可以在服务器端优化结点的返回策略(比如说优先返回同一个 ISP 的 Peer),从而提高用户的下载速率并减少 ISP 之间的 BitTorrent 流量。

　　BitTorrent 发布过程如下。

　　(1) 启动 Tracker 服务器。首先检查保证所使用的服务器拥有固定的 IP 地址以及

稳定的连接,利用 bitorrent-tracker.py 启动 Tracker,具体命令为

> ./bittorrent-tracker.py--port 6969--dfile dstate

其中 Tracker 服务器运行在 6969 端口,Tracker 必须是网络可以访问的,必须知道其 IP 地址或者域名。Tracker 会输出日志记录,可以通过索引页了解 Tracker 当前正在服务的文件列表。

(2) 创建种子文件。可以利用 GUI 程序 maketorrent.py 或者命令行程序 maketorrent-console.py 创建种子文件。为了创建种子文件,需要指定分享的文件以及 Tracker 服务器的 URL,具体命令为

> ./maketorrent-console.py myfile.ext http://my.tracker:6969/announce

生成的种子文件为 myfile.ext.torrent,执行该命令时需要用 Tracker 的域名或 IP 地址替换 my.tracker。

(3) 在 Web 服务器上发布种子文件。该步骤的具体操作取决于使用的 Web 服务器类型,用户将通过 Web 服务器获取到种子文件。

(4) 启动上传完整文件。发布前必须启动一个拥有完整文件的下载者,作为新的下载者的下载源,具体命令为

> ./bittorrent-console.py--url http://my.server/mvfile.torrent--save_as myfile.ext

save_as 的参数需要指定为完整共享文件的路径。

现在其他下载者可以从 Web 站点的指定 URL 上获取.torrent 文件,利用 BitTorrent 下载共享的文件了。

11.3.2　CoolStreaming

2004 年发布的 CoolStreaming 是第一个真正意义上的 P2P 视频直播软件,它通过构建 P2P 覆盖网络实现数据的传输,无需复杂的控制结构。CoolStreaming 采用数据驱动模式(Data-driven Overlay Network,DoNet),即数据的有效性决定流的方向,而不需要维护固定的数据拓扑结构,每个结点随机选择一些邻居结点并定期和邻居交换自己的数据信息,结点可以从相连的邻居结点获取自己仍未下载的播放数据。不同于应用层组播采用的树形结构,CoolStreaming 采用的 DoNet 机制没有固定的数据拓扑结构,结点间可以相互请求数据,如图 11.14 所示。

CoolStreaming 的系统设计框架如图 11.15 所示,CoolStreaming 系统可以分为如下 6 个模块。

(1) 缓存管理模块:负责管理缓存,从数据调度模块接收数据,同时为发送模块提供数据。

(2) 数据调度模块:负责决定数据来源结点,发送请求并接收数据。

(3) 数据发送模块:负责在接收到邻居结点的发送请求后,从缓存得到数据并发送至请求成员。

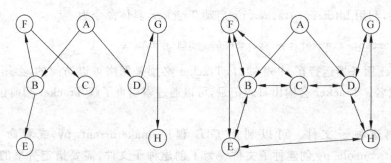

图 11.14　ALM 与 DoNet 对比

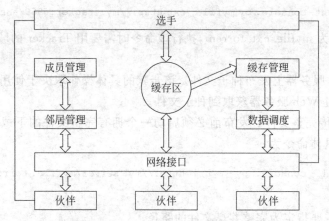

图 11.15　CoolStreaming 系统设计框架

(4) 邻居管理模块：负责邻居结点管理,新结点加入时会首先连接源结点,源结点从自身成员列表里选取一个代理负责新结点的加入过程。新结点从代理结点那里获得候选结点列表后,向这些候选结点发送连接请求,建立协作关系。加入成功后,每个结点都会保持一个属于自身的局部的结点列表。每个结点会发送消息给其他结点宣布自己的存在,其他结点收到信息后将该结点加入到自己的成员列表。成员列表中每一项有一个生命周期时间,过期之后会从成员列表中去除。结点计算它和邻居之间的双向流量(包括它给邻居的,和邻居给它的),评价邻居结点并选择更优的邻居结点(带宽更高或者有效数据更多)。

(5) 信息交互模块：负责邻居间的信息交互,信息更新通过 Scalable Gossip Membership 协议周期性地交互结点的状态消息实现,消息的格式为 4 元组:消息序号(seqnum)、结点标识(id)、伙伴数量(num partner)和消息存活时间(TTL)。当结点接收一个消息时,就会按照其中的信息为相应结点更新状态信息或者建立一个新的状态信息记录,通过 Scalable Gossip Membership 协议进行状态信息的交互,可以在较低的控制负载下实现成员的管理。

(6) 数据调度模块：负责数据请求调度,CoolStreaming 中视频流被分割成固定长度的段,结点缓存中每个片段的有效性通过缓冲图 BM(Buffer Map)表示,可以采用 120 位的 BM,其中 1 表示数据有效,0 表示数据无效,则 120 位的 BM 可以表示 120 个片段的有效信息,结点间通过和协作结点交互 BM 获得数据的有效信息,确定可以从哪些协作结点获取自身没有的视频片段。数据调度模块需要满足数据可用性、视频播放时间要求、邻居间带宽限制等 3 个约束,为每个数据段选择邻居数据源,保证延迟最小,达到流畅播放的效果。CoolStreaming 计算每个视频片断潜在的提供者的数目,通过视频片段的提供者数目来确定优先顺序,然后从少到多来进行调度处理;具有多个提供者的情况,再按照结点的带宽和延时来确定优先顺序。

通过以上模块的协作以及策略设计,CoolStreaming 能够利用 P2P 技术提供视频直播服务,减少服务器带宽消耗。CoolStreaming 发布之后,许多公司认识到了 P2P 在流媒体应用中的巨大价值,开始纷纷进入 P2P Streaming 服务市场。

11.3.3　PPLive

PPLive 实现了基于 P2P 的网络电视直播平台,在同类系统中,PPLive 拥有用户数量和版权资源最多,目前拥有 1000 多万用户和 300 多路的节目直播频道。PPLive 目前平均日访问量约为 40 万独立 IP,最高达到 60 万独立 IP,日访问量达 100 万左右。PPLive 网络电视软件是目前国内知名度最高、用户数最多、覆盖面最广的 P2P 网络电视软件。

PPLive 的优点在于:播放流畅、稳定;接入的结点越多,则效果越好。个别结点的退出不影响整体性能;系统配置要求低,占系统资源非常少;使用时数据缓存放在内存里,不在硬盘上存储数据,对硬盘无任何伤害;多点下载,动态地找到较近连接;支持多种格式的流媒体文件。其工作机制为:PPLive 应用程序先是向域名为 www. pplive. corn 的主机建立 TCP 连接。正常的 HTTP 协议在建立 TCP 连接之后,主机发送的第一个数据报的内容是 GET/HTTP/1.1,然后站点就将 HTTP 网页信息发送给 IE 浏览器。而 PPLive 协议在建立 TCP 连接后,主机发送的第一个数据报是 GET/web/xml/newchannel_ 2052. xml?%20a＝143427 HTTP/1.1,然后对方将一个 XML 数据页面发送给 PPLive 应用软件。根据多次实验,GET 信息中的 %20a＝143427 字段是可变的,143427 标识了不同时刻的 XML 信息。PPLive 软件按照一定的频率更新频道列表和固定结点通信,获取网络资源拓扑信息。获得了频道信息后,PPLive 应用程序通过 UDP 协议端口 8296 与域名为 x. GlD. net 的目的主机通信(其中 x 可以为 1～5),由于其采用域名方式访问,可以假定为固定的服务器提供 P2P 网络中的资源信息。

PPLive 的工作机制和 BitTorrent 十分类似,PPLive 将视频文件分成大小相等的片段,第三方提供播放的视频源,用户启动 PPLive 以后,从 PPLive 服务器获得频道的列表,用户点击感兴趣的频道,然后从其他 Peer 获得数据文件,并且开放本地端口 8888 (http://127.0.0.1:8888)作为视频服务器,PPLive 的客户端播放器连接此端口,因此任何同一个局域网内的用户都可以通过连接这个地址收看到喜欢的节目。图 11.16 为 PPLive 视频直播的工作原理图。

下面通过一个直播 NBA 火箭队对爵士队的比赛例子来理解 PPLive 的工作过程。视频源的编码器不断地从视频卡上采集数据,并且编码后将数据传给视频源;视频源到 PPLive 上注册节目(关键事件 0);客户端向 PPLive 请求频道列表或者请求播放某一个频道(关键事件 1);PPLive 服务器返回客户端感兴趣的频道或者是 Peer 结点信息(关键事件 2）；客户端向返回的列表中的 Peer 请求文件信息，并且在本地循环播放。不难发现，在数据组织和传输机制上 PPLive 和 BitTorrent 十分类似，不同之处在于一个用于流媒体数据的传输，另一个用于普通文件的传输。

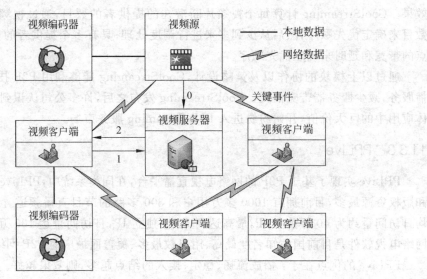

图 11.16　PPLive 视频直播的工作原理图

目前除了视频直播外，越来越多的 P2P 服务提供商开始提供视频点播（Video On Demand，VOD）服务，比如 PPLive 和 PPStream 都推出了点播业务。下面以 PPLive 的点播系统为例介绍 P2P 的 VOD 系统参考模型和对其中用户行为的基本分析。点播系统由于不具备大量用户同时在线观看相同视频这一特点，而且用户随时可以进行视频拖动选择播放点，因此比视频直播的设计难度更大，这里必然也更需要强调服务器（也就是服务提供商放置的超级结点）的作用。

因此，目前的 P2P VOD 系统一般都采用带中央服务器的 P2P 模式，它的一个最大的好处是可以提高用户感受，例如减少播放缓存延迟，提高播放流畅度。但是为了提高系统的可扩展性，中央服务器只完成其必要的工作，绝大部分决策仍然在 Peer 端完成。

典型的 P2P VOD 系统部署如图 11.17 所示，主要由 Tracker、发布服务器、镜像服务器、穿透服务器、日志服务器和 Peer 构成，各部分的功能如下。

（1）Tracker：系统 P2P 索引服务器，用来管理各区域内的结点，存储客户端结点所拥有的数据资源信息，负责 P2P 网络中资源的发现和查找功能。客户端在启动时需向 Tracker 注册加入，并定期汇报自己所拥有的资源信息。

（2）发布服务器（Publish Server）：主要负责节目的发布，向 Tracker 注册已发布的资源信息，同时推送节目数据到镜像服务器，建立节目的多个数据源副本。

（3）镜像服务器（Image Server）：存储节目源数据，驱动整个 P2P 网络的数据扩散，待节目数据扩散到一定程度后，作为数据补足服务器。

（4）穿透服务器（Trans Server）：专门用于 UDP 报文的 NAT 穿透。

（5）日志服务器（Log Server）：收集日志信息的服务器，后台数据分析系统可进行用户的行为分析和统计。以 PPLive 的点播系统为例,整套的 PPLive 点播系统拥有一个发布服务器,系统支持跨异构网络运行(教育网、电信和网通等 ISP),在每个支持的网络中至少拥有一个 Tracker,在每个异构网络中拥有自己的镜像服务器。通过让整个系统的网络实行区域化管理,减小 ISP 骨干网的数据传输量,区域内的结点进行自组织,网络也便于管理和维护,有很好的可控性。

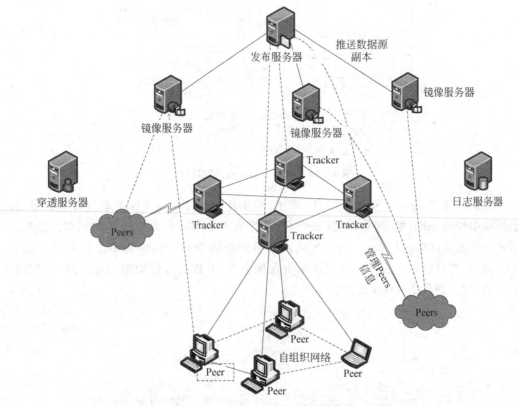

图 11.17　PPLive 的 VOD 系统部署

　　(6) 客户端(Peer):直接面向用户的应用软件,在 P2P 网络中作为一个普通结点,可以从网络获取流媒体数据,进行视频的重组、解码及播放,同时对网络提供物理数据存储和服务,可与 P2P 网络中的其他结点交换资源。

　　P2P VOD 系统数据主要分布存储在镜像服务器和各个客户端中。每个客户端会根据其自身的磁盘空间情况分配一定的空间。比如在 PPLive 点播系统中客户端设置了 1GB 的磁盘空间作为缓存来存储流媒体数据,同时可推动数据共享。

　　典型的 P2P VOD 数据组织为 3 个层次(如图 11.18 所示):片段(Piece)、页面(Page)和块(Block)。将整个流媒体分成大小相等的片断,若干固定长度的连续片段组成一个页面(Page),若干固定长度的页面组成一个块(Block),其中一个块包含若干页,一页包含若干片段数据。数据请求以片段为粒度,缓存替换以页为粒度,磁盘存储以块为粒度。P2P VOD 系统维护两个位图(Bitmap),一是块位图(Block Bitmap),一是片位图(Piece Bitmap)(以下分别简称 BBM 和 PBM)。当有某个 Piece 数据时,PBM 中对应的位为 1,否则为 0;而 BBM 是在网络中传播的资源索引信息,以一个 Block 为最小单位,仅当 Block 中的所有 Piece 数据都被占满后,该 BBM 中对应的位置为 1,否则为 0。

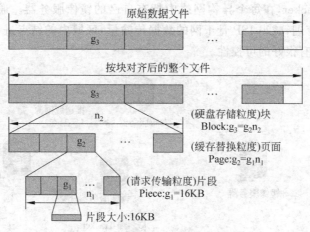

图 11. 18　PPLive 的数据组织层次

　　PPLive 数据发布过程如图 11. 19 所示,首先片源文件在发布服务器发布节目时,被切片成单位为 mKB 的 Piece,并以 n 个 Piece 组成一个 Block,对数据进行加密并以私有格式文件形式存储在磁盘中,同时生成该节目资源的 MD5 值,作为该节目的唯一标识 ID。随后,节目资源会被推送到预设的镜像服务器中,作为节目的发布源。同时把节目资源 ID 注册到各个 Tracker 中。

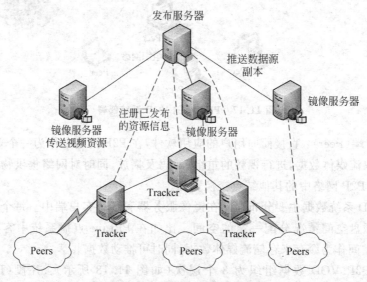

图 11. 19　PPLive 数据发布过程

　　节目的上线主要以客户端节目单的形式出现,里面记录了最初的多个源服务器,客户端从节目单中获取源服务器,即可以开始向其下载数据分片,重组分片,解码并播放节目,其中节目的发布采用了多源服务器的方式。待节目资源数据扩散且分布存储到网络普通

Peer 中后,客户端之间直接可进行所需数据的交换,来达到更好的观看效果。

如图 11.20 所示,客户端操作从用户的角度看主要分为启动、观看节目、暂停、拖动和退出。

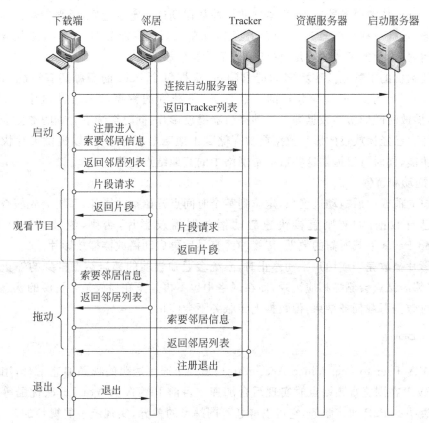

图 11.20 客户端操作流程

1. 启动和退出

客户端启动后,首先加入 P2P 网络,先连接启动服务器(Boot Strap Server),获取本结点所在 ISP 网络内的 Tracker 列表,向这些 Tracker 列表发送连接请求,选择响应时间最短且同意其加入的 Tracker,向其注册本地基本信息(拥有的资源情况等),同时每隔一段时间向 Tracker 进行保活注册操作,如果本地资源记录有变化则通知该 Tracker。

客户端退出系统,首先要退出 P2P 网络,通知自己的邻居结点和所有正在向自己请求数据的结点退出消息,向所注册的 Tracker 通知退出消息。

2. 播放影片

客户端播放一部影片时,首先从节目列表中得到源服务器地址,同时向 Tracker 获取一批拥有该影片数据的在线 Peer 地址(包括正在观看的 Peer 和本地有数据而不在观看该影片的 Peer),分别向这些 Peer 请求 BBM 信息,同时把正在观看影片的 Peer 加入到邻居列表中。当收到 Peer 的资源索引信息后,即可向这些 Peer 发送数据下载请求。当可下载的 Peer 数低于阈值时,会从邻居列表中的 Peer 处获取它们当前使用的 Peer 来补充本地的记录。所有拥有影片资源数据的结点组成了一个网状网络,其中正在观看影片的结点作为该网络的建立和维护者的角色出现。

在下载数据的初始阶段,源服务器作为一个普通的 Peer 加入到下载请求列表中,数据会有一部分从源服务器获得,当本地的缓冲数据到达一定数量后,源服务器会逐渐退出下载任务,数据下载全部向 Peer 获取。当 Peer 的数量及资源分布不够时,源服务器会被重新使用,作为数据下载的补足,保证数据下载及播放质量。

影片数据的下载是按照数据的请求顺序,根据每个 Peer 的资源拥有情况和网络能力,分别向不同的 Peer 分配分片的下载任务,下载到的数据放入缓冲区中,等待达到 10～30s 播放时间的缓冲数据即可启动播放器播放影片,同时继续下载到的数据会不断地填满缓冲。已经播放过的影片数据会被存储到本地磁盘缓存中,可以提供影片快速回拖播放的功能,同时可以提供这些数据给网络中的其他结点使用。

3. 拖动和暂停

用户向前或向后拖动进度条,定位到某个时间点开始播放影片,系统会先检查本地磁盘是否已有数据,如有则直接快速启动播放器播放影片,否则,继续向正在使用的 download Peers 下载所需的数据,待缓冲区充足后再启动播放器播放影片。

当影片播放完毕或用户手动停止时,系统会通知当前的邻居结点自身的停止播放信息,这些邻居结点会删除相应记录,而在网络中也不再是正在播放某个资源的状态。

此时数据下载任务结束,但数据上传服务不会停止。

11.3.4　PPVA

PPVA(Peer-to-Peer Video Accelerator)是一个通用透明的视频加速平台,用户可以利用 PPVA 在浏览视频站点时实现后台加速。目前 PPVA 为 YouTube、优酷等视频站点提供透明的 P2P 加速服务,它可以屏蔽不同站点的差异,实现统一的视频加速,减少视频站点服务器的带宽消耗,增加用户播放体验。

PPVA 的部署如图 11.21 所示,PPVA 平台的主要参与者包括如下。

(1) 视频服务商:包括视频站点的存储服务器与 Web 站点,比如 YouTube、优酷等视频服务商。PPVA 可以支持任意的存储服务器与 Web 站点架构,对于视频的格式、比特率和大小均没有限制,可以为不同的视频站点提供统一的透明的 P2P 加速服务。

(2) Peer 结点:运行 PPVA 客户端,用户可以通过传统方式在视频站点上观看视频,PPVA 会探测观看请求并提供 P2P 视频加速服务,与视频站点服务器下载一同提供下载内容。PPVA 采用与 PPLive 的 VoD 相同的引擎,仅仅对引擎的透明性与通用性进行了改进。

(3) Tracker 服务器:用于管理 Peer,可以为结点提供需要的视频内容的存储结点信息,结点加入到系统时需要向 Tracker 服务器注册,并周期性地向 Tracker 服务器更新结点观看与存储视频的信息。

(4) 索引服务器:用于获取用户的行为,比如开始观看视频、拖动视频等,同时索引服务器可以提供视频的索引信息。由于每个视频分享网站均具有自身的视频识别特征,PPVA 需要为每个视频设置全局的视频标识 GVID(Global Video ID)来全局性地区分不

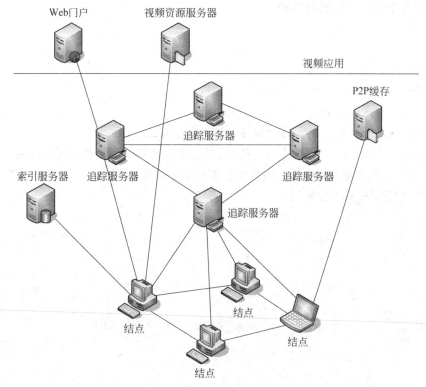

图 11.21　PPVA 的部署

同视频。PPVA 采用视频内容的哈希值作为 GVID。

（5）P2P 缓存：存储视频副本，为视频播放提供缓存加速服务。

PPVA 的工作流程分为如下 3 个步骤。

（1）请求探测：PPVA 可以作为用户与浏览器的代理，可以抓取用户的视频观看请求，然后对于用户的视频观看进行加速。PPVA 会忽略下载视频格式（比如 FLV、MP4等）文件之外的请求，捕捉到视频观看请求后，PPVA 会启动 P2P 加速引擎。

（2）加入系统：P2P 加速引擎启动后，PPVA 客户端会向 Tracker 服务器注册自身ID、IP 地址、共享的视频信息以及观看视频的信息，并且周期性地更新。同时 PPVA 客户端会从 Tracker 获取一组候选的邻居列表用于获取视频数据。

（3）播放视频：PPVA 启动后，有 3 种视频下载模式可供选择：仅从服务器下载、仅P2P 下载和以上两者的混合模式。PPVA 默认采用混合模式下载以达到最大的下载速度，待下载足够多的数据后可以在浏览器中播放。

PPVA 平台设计需要克服可扩展性和透明性等难点。由于每个流行的视频分享站点都存在大量的用户，PPVA 需要为数千个视频网站的百万级的视频内容以及千万级的用户提供视频加速服务，面临着巨大的可扩展性挑战。此外，PPVA 需要透明地兼容不同的视频站点，屏蔽视频站点的异构性来提供透明的加速服务。

但是 PPVA 也有着自身独一元二的优势，通过为不同的视频站点提供加速服务，可以将不同站点观看同一视频的用户汇聚在单一系统之内，增加 P2P 系统的规模与健壮性,提升视频观看用户的观看体验。

习　　题

1. P2P 体系结构有几种? 试比较各自的优缺点。
2. 简述分布式哈希表(DHT)的工作原理。
3. P2P 应用分为哪几类? 并举例每一类的典型系统。
4. 简述 BitTorrent 客户端进行连接的过程,并说明 Tracker 服务器的作用。
5. PPLive 的系统由哪些部分组成? 各部分功能是什么?
6. 简述 PPVA 的工作流程。

第 12 章

网络安全与安全协议

本章的网络安全问题分为两个方面：一是网络本身和计算机系统的安全,保护端系统和网络本身的可用性和功能的完整性,防止计算资源或通信资源的非法利益。二是信息安全。为网络中的信息提供保密与完整性传输、抗抵赖等安全服务。

网络安全作为网络研究中的一个重要的研究领域,其内容相对广泛。

本章主要介绍：

- 网络安全的基本技术
- 如何防范网络面临的安全问题
- IP 层的安全协议 IPSec
- 拒绝服务攻击
- 恶意软件与僵尸网络

12.1 网络安全产生的背景

网络与信息技术的飞跃促进了信息资源的共享和流通,为人类提供了方便、自由和丰富的资源,但是网络特别是互联网的开放性也引发了大量的网络安全事件,蠕虫、病毒、垃圾邮件泛滥,严重威胁着网络信息的安全。

1988 年,第一只互联网蠕虫病毒(morris 蠕虫)是由当时就读于康奈尔大学的 Robert Morris 设计的一个包括 99 行代码程序,它利用 UNIX 系统的漏洞查询联机用户的名单并破译其登录口令,然后通过互联网不断自我复制扩散,造成全球 6000 多台 UNIX 系统的计算机崩溃。它感染了当时互联网近 1/10 的系统,并最终使得整个互联网瘫痪,导致全世界损失约 1 亿美元,这一事件首次向人们展示了网络攻击的基本方式和巨大威力。可以说,morris 蠕虫缔造了蠕虫病毒在网络攻击中令人生畏的地位。

1994 年,俄罗斯黑客 Vladimir Levin 在互联网上上演了精彩的偷天换日,他侵入花旗银行的计算机系统窃取了几个公司的账号密码,并盗走了一千多万美元,随后将这笔巨款转移至自己位于美国、芬兰、荷兰、德国等地的账户中。Vladimir Levin 是第一个历史上有记录的通过入侵银行计算机系统来获利的黑客。

1999 年,David Smithz 在新泽西用一个盗用的 AOL 账号发布了一个通过邮件传播的宏病毒—梅利莎病毒。这是第一个通过邮件大量传播的病毒,它自动给被感染者的 Outlook 中的前 50 名联系人发送嵌入附件的邮件。这一病毒导致包括微软、英特尔、朗讯科技等在内的 300 多家公司的计算机系统被感染,并被迫关闭邮件系统,造成的损失接近 4 亿美元,它是首个具有全球破坏力的病毒。这一病毒也促进了微软软件更新机制的发展。

2000 年以后,黑客队伍不断壮大,网络安全事件的规模和次数不断攀升,攻击影响范围不断扩大,传播速度和破坏力不断增强,红色代码、Nimda 蠕虫、SQL 杀手蠕虫、冲击波蠕虫等等,一次次考验着互联网的防御能力。每一台连网的计算机几乎都有遭遇垃圾邮件、网页病毒破坏的经历。惨痛的经历告诉我们,一个很小的网络安全事件却可能在短短的几分钟之内给用户造成巨大的损失,甚至会威胁到国家的稳定和安全。网络安全已经成为影响网络发展的一个重大课题。

ISO 7498-2 中定义安全为最大程度地减少数据和资源被攻击的可能性。而就网络安全而言,是指通过各种技术和管理措施保证网络系统及网络服务连续可靠正常运行,保护网络系统的资源(包括硬件、软件及其系统中的数据等计算资源、信息资源和通信资源)不因偶然或恶意的原因而遭到破坏、更改、滥用和泄露,确保其保密性、完整性和可用性。

12.2　网络安全概述

网络安全是一门涉及计算机科学、通信技术、网络技术、密码技术和信息论等多个学科的综合性学科。这里我们关注的是互联网安全,包括互联网环境下计算机系统和互联网本身的安全保护,以及基于互联网的通信和分布式应用系统的安全保护。

12.2.1　网络安全威胁的因素

网络安全要保护的对象实际上是指网络中的资产,即网络中的信息、信息传输和处理等资源。例如计算机系统中的软硬件;网络中的路由器、交换机、拓扑结构信息、信道和带宽等;以及网络中的信息资源等。

事实上,网络面临着多方面的威胁,主要来自人为和非人为因素。非人为威胁因素主要是指自然灾害造成的不安全因素,如地震、水灾、火灾、战争等原因造成网络中断、数据破坏、数据丢失等。解决的办法为软硬件系统的选择、机房的选址与设计、双机热备份、数据备份等。人为威胁因素往往是威胁源(入侵者或入侵程序)利用系统资源组的脆弱性进行人为入侵而产生的。

图 12.1 给出了网络安全威胁的 4 种形式。

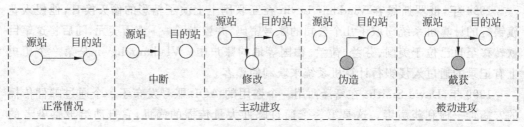

图 12.1　网络安全威胁的 4 种形式

（1）中断（Interruption）：以可用性作为攻击目标，它毁坏系统资源，切断通信线路，造成文件系统不可用。

（2）截获（Interception）：以保密性作为攻击目标，非授权用户通过某种手段获得对系统资源的访问，如窃听、非法拷贝等。

（3）修改（Modification）：以完整性作为攻击目标，非授权用户不仅获得对系统资源的访问，而且对文件进行篡改，如改变数据文件中的数据或修改网上传输的信息等。

（4）伪造（Fabrication）：以完整性作为攻击目标，非授权用户将伪造的数据插入到正常系统中，如在网络上散布一些虚假信息等。

网络安全攻击又可分为主动进攻和被动进攻。被动进攻的主要目的是窃听和监视信息的传输和存储。攻击者的目标只是想获得被传输的信息。被动进攻又可进一步分为信息窃听和数据流分析。电话通话、电子邮件和文件传输中可能包含一些非常敏感和绝密的信息，人们总是希望能够使这些信息保密而不至于泄露给对方。尽管信息可通过加密来保护，但对手仍可以通过观察数据流的模式、信息交换的频率和长度等，得知通信双方的方位和身份，甚至猜测出通信的本质内容。

被动攻击通常很难被检测出来，因为它不改变数据，但预防这种攻击的发生是可能的。因此，对被动攻击通常是采用预防为主的手段，而不是检测恢复手段。

主动攻击通常修改数据流或创建一些虚假数据流。它包括伪造（如一个实体假冒成另一个实体、重演（被动截获数据之后重发）、修改（对合法数据进行修改或重排）、拒绝服务（阻碍或禁止通信设施的正常使用或管理）。

主动进攻具有被动进攻的一些相反特性。对于主动进攻，要绝对预防是非常困难的，因为这需要在所有时间内对所有通信设施或路径实行物理安全保护。但是，主动进攻通常可以采取有效的检测和恢复手段进行保护，由于检测具有一定的威慑效果，从而对预防也能起到一定的作用。

12.2.2　网络安全的目标与安全机制

网络通过各种安全服务实现网络的保密性、完整性和可用性等安全目标。网络服务是安全系统的功能体现，而安全机制是实现安全服务的保证。一种安全服务可以由多种安全机制实现。同时，一种安全机制也可用于实现多种安全服务，如图 12.2 所示。

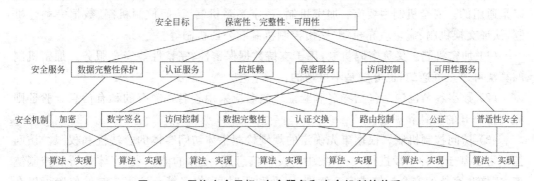

图 12.2　网络安全目标、安全服务和安全机制的关系

1. 网络安全的目标

网络安全的本质目的是保护网络信息的保密性、完整性和可用性。

(1) 保密性(Confidentiality)。也称为机密性,是指阻止非授权的被动攻击,保护网络中的信息内容(包括业务数据、网络拓扑、流量特征等)不会被泄露给未授权的实体。

(2) 完整性(Integrity)。主要针对主动攻击而言,指保证信息不被未经授权的篡改、或者能够保证检测出被修改的内容。

(3) 可用性(Availability)。指防止对计算机系统可用性的攻击,保证资源的授权用户能够访问到应得资源或服务,路由交换设备的分组处理能力、缓冲区、链路带宽等。

2. 网络安全服务

网络安全服务是指计算机网络提供的安全防护措施。基本的安全服务包括:认证服务、保密服务、数据完整性服务、访问控制、抗抵赖服务和可用性服务。

(1) 认证服务。包括对等实体认证和数据源发认证。前者是面向连接的应用,目的是确保参与通信的实体身份真实。后者是面向无连接的应用,目的是验证收到的信息的确来自它所宣称的来源。

(2) 保密服务。分为连接保密服务和无连接保密服务。保密服务主要进行信息流的保密。保密粒度分为:流、消息和选择字段等。

(3) 数据完整性保护。同保密服务类似,分为面向连接和无连接的完整性保护。保护粒度也分为:流、消息和选择字段等。数据完整性有两种实现方式:访问控制方式(未授权者无法修改信息)和验证码方式(通过消息验证码实现,可以检查出未被授权的修改)。

(4) 访问控制。指通过不同的授权来限制实体的访问权限。实现访问控制的前提是标识与认证。

(5) 可用性服务。指通过资源冗余(备份)防止针对计算机系统可用性的攻击,以及用于灾难恢复。

(6) 抗抵赖。指通过有效的措施和机制(如数字签名)防止用户否认其行为(如已发送的信息)。包括源发抗抵赖和交付抗抵赖。

3. 网络安全机制

网络安全机制是用于实现安全服务的机制。安全机制既可以是具体的、特定的,也可以是通用的。安全机制主要有:加密机制、数字签名机制、访问控制机制、数据完整性机制、认证交换机制、流量填充机制、路由控制机制和公证机制等。

(1) 加密机制。又称密码机制,用于支持数据保密性、完整性等安全服务。加密机制的算法可以是可逆的,也可以是不可逆的。

(2) 数字签名机制。包括签名和验证。签名应采用签名者独有的私有信息。验证则应使用公开的信息和规程。

(3) 访问控制机制。根据事先确定的规则检测主体访问客体的合法性和权限。访问控制可以基于多种手段进行,例如集中的授权信息库、主体的能力表、客体的访问控制链表、主体和客体的安全标签或安全级别,以及利用时间、位置等。访问控制的位置可以在源点、中间或目的结点。

（4）数据完整性机制。包括单个数据单元的完整性以及数据单元序列的完整性。前者主要通过添加标记进行检测。后者主要通过添加序列号和时间戳等进行检测。

（5）认证交换机制。用交换信息的方式来确定身份的技术。交换的内容包括：认证信息（如口令）、密码技术、被认证实体的特征等。

（6）路由控制机制。动态地或根据事先预设的方式选择路由，以确保只使用物理安全的子网、中继站或链路。

（7）公证机制。确保在两个或多个实体之间的可靠身份、通信数据的性质（如完整性、源地址、时间和目的地等）的机制。公证机制由通信实体都信任的第三方实体—公证机构提供，公证机构须掌握必要信息以确保提供所需的公证服务。

（8）普适性安全机制。包括安全标签、事件检测、审计跟踪和安全恢复等。

12.2.3　网络安全的评估标准

对计算机网络系统安全的评估，目前常用美国国防部计算机安全中心发布的《桔皮书》，即"可信计算系统评估标准"（Trusted Computer System Evaluation Criteria）。其评估标准主要是基于系统安全策略的制定、系统使用状态的可审计性及对安全策略的准确解释和实施的可靠性等方面的要求。

在标准中，系统安全程度被分为 A、B、C、D 四类，每一类又分为若干等级，共八个等级，它们从低到高分别是 D、C1、C2、B1、B2、B3、A1、A2，其中以 D 级系统的安全度为最低，常见的无密码保护的个人计算机系统即属此类，通常具有密码保护的多用户的工作站系统属于 C1 级。一个网络系统所能达到的最高安全等级不超过网络上安全性能最低环节的安全等级。因而计算机网络系统安全的实现具有更高的难度。

12.3　加密技术及其应用

12.3.1　加密技术的历史

密码学历史悠久，早期的密码主要用于军事、情报、外交、间谍和战争等领域。

1. 替代式密码

替代式密码就是将明文中的字符按照一定的规律替换成另一个字符，从而得到密文。Caesar 密码就是最为经典的一种替换式密码，据传它是古罗马帝国的凯撒大帝与远方将领进行通信而发明的。它用字母表中的每个字符取代明文中的特定字符，替代规律（加密算法）就形成了特定的密码本。例如每个明文字符都使用其右边第三个字符代替，即加密算法为 $c=(p+3)\ \mathrm{mod}\ 26$ 时，得到表 12-1 的密码本。

表 12-1　Caesar 密码的密码本

明文	ABCDEFGHIJKLMNOPQRSTUVWXYZ
密文	DEFGHIJKLMNOPQRSTUVWXYZABC

根据表 12-1,当明文为"Caesar was a great soldier"时,得到的密文则为"Fdhvdu zdv djuhdw vrglhu"。显然,这是一种很简单的替代密码,密文字符即是明文字符的循环移动,因此仅有 26 种可能,极易破译。事实上,在公元 9 世纪,阿拉伯的密码破译专家 Kindi 便提出使用统计字符出现频率的方法来破译简单的替代密码。他提出在每种语言中每个字符出现的频率不同,通过统计这些字母出现的频率,再统计密文中各个字母出现的频率,然后对应互换,大致可以得到想要的明文。

2. 换位密码

换位密码即是保持明文的内容不变,通过打乱其顺序得到密文的一种加密方式。在美国南北战争中就使用了一种简单的纵行换位密码:明文以固定的宽度从左往右横向循环排列,随后,按照纵向的循环方式读取排列好的明文即得到密文。图 12.3 给出了明文"Canyouunderstand"—固定的宽度 4 循环排列后得到密文"Codtaueanurnynsd"。解密的过程只要将密文按照对应的宽度沿纵向写出,然后水平读出即可得到明文。

图 12.3　纵行换位密码方式

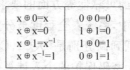

图 12.4　异或运算

3. 简单异或

异或(XOR)的数学表达式为 $\oplus$(一种基于位操作)。异或的运算情况如图 12.4 所示。

因为异或是对称算法,因此基于异或的加密算法很容易破译。设密文 $C = P \oplus K$,则明文 $P = C \oplus K$。表 12-2 为异或操作不带进位加法加密和解密的一个示例。当攻击者获得密文后,可以使用重合码计数法结合移位得到明文。

表 12-2　异或的加密和解密算法示例

加密	明文 P	0	0	1	1
	密钥 K	0	1	0	1
	密文 C	0	1	1	0
解密	密钥 K	0	1	0	1
	明文 P	0	0	1	1

4. 轮转密码

为抵挡使用数学分析方法的解密,1467 年 Alberti 发明了多字符加密法,并提出了基于轮转概念的自动加密设备以实现自动加密。随后的几十年中,基于轮转的自动加密算法得到了发展,并在实战中取得了很好的效果。

12.3.2 密码学的基本概念

密码学是研究如何隐蔽地进行通信的一门学科。密码学被认为是数学和计算机科学的分支,和信息论也密切相关。同时,密码学也是提供认证、访问控制和数据完整性保护等信息安全服务的核心。

密码学的目的是采取一定的秘密保护措施或转换方法传送信息,防止未授权的信息窃取。图12.5给出了密码技术中的加解密模型。在模型中将被加密的信息称为明文(plaintext),明文经过以密钥(key)为参数的函数转换(即加密)得到的结果称为密文(ciphertext)。密文在信道上传输,入侵者(intruder)可能会从信道上获得密文。由于窃密者不知道密钥,因而不能轻易地破译密文。有些入侵者仅仅监听信道接收信息,将这种入侵者称为被动入侵者;而有些入侵者不仅监听信道接收信息,而且还要记录信息并且修改信道中的信息,这样的入侵者称为主动入侵者。

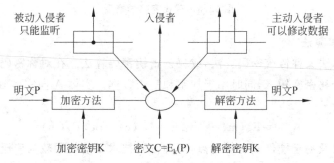

图 12.5　密码技术中的加解密模型

用数学符号和表达式来表示相关的信息。$C=E_k(P)$表示对明文 P 使用密钥 K(加密密钥)进行加密,获得密文 C。类似地,$P=D_k(C)$表示对密文 C 解密(解密密钥也为 K)得到明文 P。需要注意的是,E 和 D 是数学函数,而且两者都有两个参数,把其中的一个参数(密钥)标注为下标,而不是变量,以便将它与待加解密的信息相区别。我们将五元组(P,C,K,E,D)称为一个密码体制。一个实用的密码体制还要满足以下两点:

(1) 对所有密钥,加解密算法必须迅速有效,常常需要实时使用。

(2) 体制的安全性不依赖于算法的保密,只依赖于密钥的保密。

密码学的一条基本原则是:必须假定破译者知道一般的加密方法,也就是说破译者知道如图12.5所示的一般加密方法的工作原理。而上述模型的保密性体现在密钥上,为此在图12.5的加解密模型中必须引入密钥。密钥通常由一小串字符组成,与加密方法相比,密钥可以按需频繁更换。

12.3.2.1　密码编码

在密码编码中,按照密码应用年代可分为古典密码和现代密码。按照密钥使用的数量不同,编码体系分为对称密码(单钥密码)和非对称密码(公钥密码两种)。对称密码是一种传统的编码方式,它采用的加密密钥和解密密钥相同或彼此之间很容易确定。而非对称密码中使用的加密密钥和解密密钥不同。按照明文加密的方式,编码体制还可以分为流密码和分组密码两种。

1. 古典密码

古典密码主要使用替代密码和换位密码以及两种密码的组合进行编码。但是古典密码算法本身存在一定的缺陷,不适合大规模使用,也不适合较大组织或人员变动较大的组织。由于用户无法了解算法的安全性,因此古典密码是一种受限密码。

2. 现代密码

现代密码将密码算法和密钥分开,它公开密码算法,通过对密钥的保护实现密码系统的安全性,如图 12.6 所示。

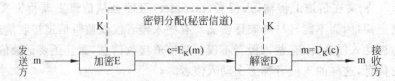

图 12.6　现代密码学模型

3. 对称密码算法

对称密码算法又称传统密码算法,或秘密密钥密码算法。在对称密码算法中,对等通信实体共享一个秘密密钥 K,同时用于加密和解密数据。实体 A 向实体 B 发生信息 m 的过程可以表示为

$$A：c=E_K(m) \rightarrow B：m=D_K(c)=D_K(E_K(m))$$

由于速度快及易于硬件实现等特点,对称密码技术目前使用较为广泛,最为普遍的是 DES 及其各种变种(如 3DES),还有其他 IDEA、Blowfish、CAST 以及 AES 等。然而由于密钥空间按通信实体数量的平方量级(两两用户分别使用一个密钥,则 n 个用户彼此通信需要 $n(n-1)/2$ 个密钥)的急剧增长以及密钥分发信道的安全性需求,在开放式、大规模应用环境中,密钥管理问题变得非常困难,一般要结合公开密钥技术来解决。

4. 非对称密码算法

非对称密码算法又称公开密钥密码算法。在非对称密码算法中,一个实体拥有两个数学上相关的密钥,即加密和解密使用不同的密钥:公开密钥 K_P 和私有密钥 K_S。公开密钥对外公开,用于数据加密和数字签名的验证;私有密钥严格保密,用于数据解密和数字签名。

通常,实体 A 具有一对密钥 (K_A, K_A^{-1}),其中 K_A 为对外公开的 A 的公钥,K_A^{-1} 为对外保密的 A 的私钥。假设 A 向 B 发送信息 m,其加密解密过程如下(如图 12.7 所示)

$$加密：A \rightarrow B：c=E_{K_B}(m)；\quad 解密：B \rightarrow A：m=D_{K_B^{-1}}(m)$$

由于公开密码体制的效率较低,常用来加密少量数据(如会话密钥)。公钥密码体制还可用来验证数据的真实性与完整性,因此大量用于数字签名中(如 RSA)。数字签名的操作过程如下

$$签名(A)：s=D_{K_A^{-1}}(m)；\quad 验证(B)：E_{K_A}(s)=m?$$

在众多公钥密码算法中,RSA 是目前使用最为普遍的一种,它可以同时用于数字签名的产生和验证,其安全性的保证来源于大素数分解的困难性,其安全性基于有限域中的

离散对数问题,只用于数字签名。

在非对称密码算法中,密钥分配不必通过保密信道进行传递。密钥的个数与通信方的数量 n 相同。它可以用来完成签名和抗抵赖。但非对称密码加密速度慢,不便于硬件实现和大规模使用。

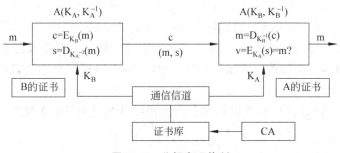

图 12.7　公钥密码体制

12.3.2.2　密码分析

密码分析是在未知密码的前提下从密文恢复出明文,或者推导出密钥,对密码进行分析的过程。根据已知信息量的多少,可以将密码分析分为如下 5 类。

(1) 唯密文攻击(Ciphertext only)。分析者已知一些经过同一加密算法产生的消息密文。分析者的任务是尽可能恢复足够多的明文,或者能推算出加密信息的密钥。

(2) 已知明文攻击(known Plaintext)。分析者已知部分明文及其对应的密文,分析者的任务是推出用来加密的密钥可以对用同一密钥加密的新信息进行加密的算法。

(3) 选择明文攻击(Chosen Plaintext)。分析者不仅已知部分明文及其对应的密文,而且他们可以选择被加密的明文。这比已知明文攻击更有效,因为密码分析者能选择特定的明文块去加密,可能获得更多关于密钥的信息。分析者的任务是推出用来加密的密钥或导出一个可以对用同一密钥加密的新信息进行加密的算法。

(4) 选择密文攻击(Chosen Ciphertext)。密码分析者能选择不同的被加密的密文,并可以得到对应的解密的明文,分析者的任务是推出密钥,该类攻击主要针对公钥算法。

(5) 选择密钥攻击(Chosen Key)。并不表示密码分析者能够选择密钥,只表示分析者具有不同密钥之间关系的有关知识。

12.4　IP 层安全协议 IPSec

12.4.1　IPSec 协议的作用

网络层安全协议 IPSec(Internet Protocol Security)是 IETF 提供互联网安全通信的一系列规范之一,它提供私有信息通过公共网的安全保障。IPSec 能提供的安全服务包括:访问控制、无连接的完整性、数据源认证、拒绝重发包、保密性以及有限传输流保密性。由于 IPSec 是在 IP 层实现,因此可以有效地保护各种上层协议,并为各种安全服务提供一个统一的平台。

IP 分组本质上是不安全的,伪造 IP 地址、篡改 IP 分组内容、嗅探传输中的数据分组内容等都是比较容易的。IPSec 的基本目的是把密码学的安全机制引入 IP,通过使用现代密码学方法支持保密和认证服务,使用户能有选择地使用,并得到所期望的安全服务。IPSec 是随着 IPv6 的制定而产生的,鉴于 IPv4 的应用仍然十分广泛,所以在 IPSec 的制定中也增加了对 IPv4 的支持。这样,IPSec 适用于目前的 IPv4 和下一代 IPv6。

IPSec 主要包含 3 个功能:鉴别机制、机密性机制和密钥管理。鉴别机制确保收到的报文来自该报文首部所声明的源实体,并保证该报文在传输过程中未被非法篡改;机密性机制使得通信内容不会被第三方窃听;密钥管理机制则用于配合鉴别机制和机密性机制处理密码的安全交换。

企业的远程访问用户、分支机构和合作伙伴可以通过 IPSec 在公共网上建立安全的虚拟专用网。

12.4.2　IPSec 体系结构

IPSec 不是一个单独协议,它是应用于 IP 层上网络数据安全的一整套体系结构,它包括 IP 首部鉴别(Authentication Header,AH)协议和封装安全载荷(Encapsulating Security Playload,ESP)协议、密钥交换(Internet Key Exchange,IKE)协议和用于网络验证及加密的一些算法等。因此可以把 IPSec 看成是位于 IP 协议层之上的一层协议,它由每台计算机上的安全策略和发送、接收方协商的安全关联(Security Association,SA)进行控制。图 12.8 给出了 IPSec 的体系结构。

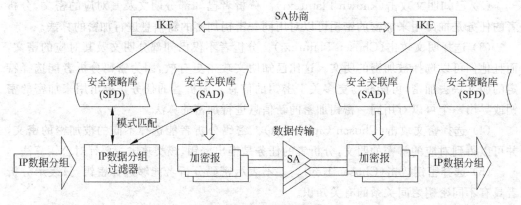

图 12.8　IPSec 的体系结构

(1) SA 是构成 IPSec 的基础,是两个通信实体经 IKE 协议协商建立起来的一种协定,它决定了用来保护数据分组安全的安全协议(AH 协议或者 ESP 协议)、转码方式、密钥及密钥的有效存在时间等。IPSec 工作时,两端的网络设备必须就 SA 达成一致。由于 SA 是单向的,因此在双向通信时要建立两个 SA。对于某一主机来说,某个会话的输出数据和输入数据流需要两个独立的 SA。SA 通过密钥管理协议(IKE)在通信双方之间进行协商,协商完毕后,双方都在它们的安全关联数据库(SAD)中存储该 SA 参数。

安全关联可以表示为一个三元组:SA=(SPI、IPDA、SPR)。

* SPI(Security Parameter Index)安全参数索引是一个 32 位的值,用于区分相同目

的地和相同 IP 的不同 SA。其出现在 AH 和 ESP 的首部,接收方根据首部中的 SPI 确定对应的 SA。

- IPDA 为 IP 目的地址。
- SPR 为安全协议标识,如 AH 或 ESP。

IPSec 接收端的网络设备根据接收端的安全关联库对使用 IPSec 加密的数据进行相应的解密和接收,这样就达到了传送数据的私有性和完整性。

(2) 互联网密钥交换(IKE)协议是 IPSec 默认的安全密钥协商方法。IKE 通过一系列报文交换为两个实体(如网络终端或网关)进行安全通信派生会话密钥。IKE 建立在 SA 和密钥管理协议(ISAKMP)定义的一个框架之上。IKE 是 IPSec 目前正式确定的密钥交换协议,IKE 为 IPSec 的 AH 和 ESP 协议提供密钥交换管理和 SA 管理,同时也为 ISAKMP 提供密钥管理和安全管理。IKE 具有两种密钥管理协议(Oakley 和 SKEME)的一部分功能,并综合了 Oakley 和 SKEME 的密钥交换方案,形成了自己独一无二的受鉴别保护的加密信息生成技术。

(3) 安全策略数据库(Security Policy Database,SPD)中包含一个策略条目的有序表,通过使用一个或多个选择符来确定每一个条目。选择符可以是五元组(目的/源地址,协议,目的/源端口号),或其中几个。每个条目中包含:策略(包括丢弃、绕过、加载 IPSec)、SA 规范、IPSec(AH 或 ESP)、操作模式、算法、对外出处理等。

(4) 安全关联库(Security Association Database,SAD)包含现行的 SA 条目,每个 SAD 条目主要包含如下。

- 序列号计数器:32 位整数,用于生成 AH 或 ESP 头中的序列号。
- 序列号溢出:是一个标志,标识是否对序列号计数器的溢出进行审核。
- 抗重放窗口:使用一个 32 位计数器和位图确定一个输入的 AH 或 ESP 数据报是否是重放包。
- AH 的认证算法和所需密钥。
- ESP 的认证算法和所需密钥。
- ESP 加密算法、密钥、初始向量 IV 和 IV 模式。
- IPSec 操作模式。
- 路径最大传输单元(PMTU)。
- SA 生存期。

12.4.3 鉴别首部协议

IP 首部鉴别(AH)协议为 IP 通信提供数据源认证、数据完整性和反重播保证,它能保护通信免受篡改,但不能防止窃听,适合用于传输非机密数据。AH 的工作原理是在每一个数据报上添加一个鉴别首部。此首部包含一个带密钥的哈希散列(可将其当作数字签名,只是它不使用证书),该哈希散列在整个数据报中计算,因此对数据的任何修改将致使散列无效,从而对数据提供了完整性保护。

AH 首部位于 IP 分组头部和传输层协议首部之间,图 12.9 给出了 AH 结构与首部格式。AH 由 IP 协议号"51"标识,该值包含在 AH 首部之前的协议首部中,如 IP 分组首部。AH 可以单独使用,也可以与 ESP 协议结合使用。

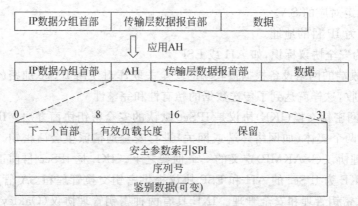

图 12.9 AH 传输结构与首部格式

AH 首部包括如下几个部分。

(1) 下一个首部(Next Header)。识别下一个使用 IP 协议号的首部。例如,下一个首部字段值等于"6",表示紧接其后的是 TCP 数据报首部。

(2) 有效负荷长度(Length)。AH 首部长度。

(3) 安全参数索引(Security Parameter Indx,SPI)。这是一个为数据报识别安全关联的 32 位伪随机值。SPI 值为 0 被保留来表示"没有安全关联存在"。

(4) 序列号(Sequence Number,SN)。从 1 开始的 32 位单增序列号,不允许重复,唯一地标识了每一个发送数据报,为安全关联提供反重播保护。接收端校验序列号为该字段值的数据报是否已经被接收过,若是,则拒收该数据报。

(5) 鉴别数据(Authentication Data,AD)。包含完整性检查值 ICV。接收端接收数据报后,首先执行哈希计算,再与发送端所计算的该字段值比较,若两者相等,表示数据完整。若在传输过程中数据被篡改,两个计算结果不一致,则丢弃该数据报。

根据 AH 首部结构,AH 处理过程分为如下步骤。

1. IP 分组外出处理

(1) 使用相应的选择符(目的 IP 地址、端口号和传输协议)检查安全策略数据库 SPD 获取策略。如果需要对 IP 分组进行 IPSec 处理,且到目的主机的 SA 已经建立,那么符合数据分组选择符的 SPD 将指向外出 SAD 的一个相应 SA 条目。如果 SA 还未建立,IPSec 将调用 IKE 协商一个 SA,并将其连接到 SPD 条目上。

(2) 产生或增加序列号。当一个新的 SA 建立时,序列号计数器初始化为 0,以后每发一个分组,序列号加 1。

(3) 计算 ICV。

(4) 转发 IP 分组到目的结点。

2. IP 分组进入处理

(1) 若 IP 分组采用了分段处理,要等待所有分段到齐后重组。

(2) 使用 IP 分组首部中的 SPI、目的 IP 以及 IPSec 在进入的 SAD 中查找 SA,如果查找失败,则抛弃该数据分组,并记录事件。

（3）使用已查到的 SA 进行 IPSec 处理。

（4）使用分组中的选择符进入 SPD 查找一条匹配的策略,检查策略是否相符。

（5）检查序列号,确定是否为重放分组。

（6）使用 SA 指定的 MAC 算法计算 ICV,并与认证数据域中的 ICV 比较,如果两值不同,则抛弃数据分组。

（7）鉴别数据中的 ICV 由发送方根据分组鉴别码 MAC 算法生成,兼容实现必须支持的两个算法是 HMAC-MD5-96 和 HMAC-SHA-1-96。两者都使用 HMAC 算法,一个是基于 MD5 的,另一个是基于 SHA-1 的,计算出 HMAC 值后,截取前 96 位作为 ICV。

12.4.4　封装安全载荷协议

ESP 协议用于提高 IP 层的安全性。它为 IP 提供机密性、数据源验证、抗重传,以及数据完整性等安全服务。ESP 属于 IPSec 的机密性服务。其中,数据机密性是 ESP 的基本功能,而数据源身份认证、数据完整性检验以及抗重传保护都是可选的。ESP 主要保障 IP 分组的机密性,它将需要保护的用户数据进行加密后再重新封装到新的 IP 分组中。

ESP 为 IP 分组提供完整性检查、认证和加密,可以看作是"超级 AH",因此它提供机密性,并可防止篡改。ESP 服务依据建立的 SA 是可选的,其要求如下。

（1）完整性检查和认证要一起进行。

（2）仅当与完整性检查和认证一起时,"重播"(Replay)保护才是可选的。

（3）"重播"保护只能由接收方选择。

如果启用 ESP 加密,则也同时选择了完整性检查和认证。因此如果仅使用加密,入侵者就可能伪造包以发动密码分析攻击。ESP 可以单独使用,也可以和 AH 结合使用。一般 ESP 不对整个分组加密,而是只加密 IP 包的有效载荷部分,不包括 IP 头。但在端对端的隧道通信中,ESP 需要对整个分组加密。图 12.10 给出了 ESP 传输结构与格式。

ESP 首部插在 IP 分组首部之后,TCP 或 UDP 等传输层协议首部之前。ESP 由 IP 协议号"50"标识。ESP 报文字段主要包括如下。

（1）安全参数索引(Security Parameter Index,SPI):为分组识别安全关联 SA,出现在 ESP 首部。

（2）序列号(Sequence Number,SN):从 1 开始的 32 位单增序列号,不允许重复,唯一地标识每一个发送分组,为安全关联提供反重播保护。接收端校验序列号为该字段值的数据分组是否已经被接收过,若是,则拒绝该分组。出现在 ESP 首部。

（3）填充位(Padding):0~255 个字节。DH 算法要求数据长度(以位为单位)模 512 为 448,若应用数据长度不足,则用填充位填充。位于 ESP 尾部。

（4）填充长度(Padding Length):接收端根据该字段长度去除数据中填充位。位于 ESP 尾部。

（5）下一个首部(Next Header):识别下一个使用 IP 协议号的首部,如 TCP 或 UDP。位于 ESP 尾部。

（6）鉴别数据(Authentication Data,AD):包含完整性检查值 ICV。完整性检查部分包括 ESP 首部、有效负载数据(即应用程序数据)和 ESP 报尾。位于 ESP 认证。

如图 12.10 所示,ESP 首部的位置在 IP 分组首部之后,TCP、UDP 或 ICMP 等传输层协议数据报首部之前。如果已经有其他 IPSec 使用,则 ESP 首部应插在其他任何 IPSec 首部之前。ESP 认证报尾的完整性检查部分包括 ESP 首部、传输层协议数据报首部、应用数据和 ESP 报尾,但不包括 IP 分组首部。因此 ESP 不能保证 IP 分组首部不被篡改。ESP 加密部分包括上层传输协议信息、数据和 ESP 报尾。

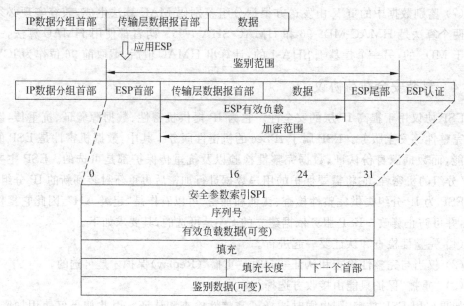

图 12.10　ESP 传输结构与格式

ESP 的处理过程如下。

1. IP 分组外出处理

(1) 使用分组的相应选择符(目的 IP 地址、端口、传输协议等)查找安全策略数据库(SPD)获取策略,若分组需要 IPSec 处理,且其 SA 已建立,则与选择符相匹配的 SPD 项将指向安全关联数据库中的相应 SA,否则使用 IKE 建立 SA。

(2) 生成或增加序列号。

(3) 加密分组,SA 指向加密算法,一般采用对称密码算法。

(4) 计算完整性校验值。

2. IP 分组进入处理

(1) 若 IP 分组分段,先重组。

(2) 使用目的 IP 地址、IPSec、SPI 进入 SAD 索引 SA,如果查找失败,则丢弃分组。

(3) 使用分组的选择符进入 SPD 中查找与之匹配的策略,根据策略检查该分组是否满足 IPSec 处理要求。

(4) 检查抗传播功能。

(5) 如 SA 指定需要认证,则检查数据完整性。

(6) 解密。

12.4.5　IPSec 传输模式

IPSec 的传输模式有两种：IPSec 隧道模式和 IPSec 传输模式。

隧道模式的特点是数据分组最终目的地不是安全终点。通常情况下，只要 IPSec 双方有一方是安全网关或路由器，就必须使用隧道模式。在传输模式下，IPSec 主要对上层协议（IP 分组载荷）进行封装保护，通常情况下，传输模式只用于两台主机之间的安全通信。

在传输模式中，AH 和 ESP 首部被插在 IP 分组首部及其他选项之后，但在传输层协议数据之前。它保护净荷的完整性和机密性。在隧道模式下，AH 和 ESP 首部插在 IP 分组首部之前，另外生成一个新的 IP 分组首部放在前面，隧道的起点和终点的网关地址就是新 IP 分组首部的源/目的 IP 地址。图 12.11 给出了 IPSec 传输模式结构。

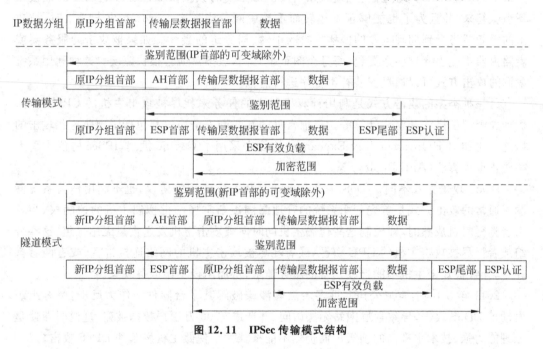

图 12.11　IPSec 传输模式结构

12.5　拒绝服务攻击防范

12.5.1　拒绝服务攻击的危害

拒绝服务攻击（Denial of Service，DoS）与分布式拒绝服务攻击（Distributed DoS，DDoS）是破坏网络服务的常见方式，他们通过发送具有虚假源地址的数据包请求或其他非法请求，消耗受害主机或网络的资源，使其不能正常工作。由于这种攻击很容易实现，效果明显，很受黑客青睐，给网络带来巨大威胁和经济损失。

拒绝服务的攻击方式有很多种，从广义上来说，任何可以通过合法的方式使服务器不能提供正常服务的攻击手段都属于 DoS 攻击的范畴。最基本的 DoS 攻击手段是利用合理的服务请求来占用过多的服务器资源,从而使合法用户无法得到服务器的响应。被攻击的受害者可以包括连网主机、路由器或者整个网络。

最简单的攻击方法是利用系统设计的漏洞(如 ping-of-death)。由于早期的路由器对所传输的分组的最大长度都有限制,许多操作系统的 TCP/IP 实现对 ICMP 分组长度规定为不超过 64KB,并且在对分组头部进行读取后,要根据头部信息包含的信息来为有效载荷生成缓冲区,一旦收到畸形的分组,即声称自己的尺寸超过 ICMP 上限(64KB)的分组,就会出现内存分配错误,导致 TCP/IP 堆栈崩溃,致使接收方死机。这种攻击方式主要针对 Windows 操作系统。类似的攻击手段还有 teardrop,它主要是利用系统重组 IP 分组过程中的漏洞。一个 IP 分组在互联网的传输过程中可能出现分段,这些分段分组中的每一个都拥有最初的 IP 分组的报头,同时还拥有一个偏移字节来标识它拥有原始数据分组中的哪些字节。通过这些信息,一个被正常分割的数据报文能够在它的目的地被重新组织起来,并且为了也能够正常运转而不被中断。当一次 teardrop 攻击开始时,被攻击的服务器将受到拥有重叠的偏移字段的 IP 数据分组的轰炸。如果被攻击的服务器或者路由器不能丢弃这些数据包,而且企图重组它们,服务器就会很快瘫痪。这种利用系统漏洞的攻击方式可以通过安装补丁程序进行防范。

另一种类型的攻击方式是利用计算机很大的任务来耗尽被攻击主机的 CPU 资源,例如加密解密操作和密钥计算等。目前常见的互联网安全协议都包括了预防这些攻击的措施。比如 IKE(Internet Key Exchange)协议中采用了 Cookie 机制,IPSec 协议中引入了防止重现算法(Anti-Replay)等。

DDoS 攻击方式不同于 DoS,它不依赖于任何特定的网络协议,也不利用任何系统漏洞。通常的攻击方式是首先利用系统的管理漏洞逐渐掌握一批傀儡主机的控制权,当攻击者觉得时机成熟时,即控制这些傀儡主机同时向被攻击主机发送大量无用分组,这些分组或者耗尽被攻击主机的 CPU 资源,或者耗尽被攻击主机的网络连接带宽,或者两者都耗尽,导致被攻击主机不能接收正常的服务请求,从而出现拒绝服务现象。

2011 年 3 月底,索尼公司起诉多名黑客涉嫌破解其平台固件。作为反击,黑客组织发动了 DDoS 攻击,导致索尼网站无法访问,并造成 7700 万用户数据被盗,这说明即使是处理能力强、技术水准高的顶级厂商仍然不能抵挡大小傀儡主机发起的 DDoS 攻击。

实际上,在当前的互联网上,分布式拒绝服务攻击相当普遍,只不过它们中的大多数都没有被报道。DDoS 攻击已经成为互联网稳定运行的主要威胁。卡巴斯基实验室的统计数据表明,当前网络遭受的攻击中有 70% 以上来自 DDoS 的攻击。一方面,目前已经出现了许多使用很方便的 DDoS 攻击工具,这使发动 DDoS 攻击变得相当容易。另一方面,目前还没有有效的手段能够防范 DDoS 攻击,也很难对 DDoS 攻击的发动者进行追踪。

12.5.2　拒绝服务攻击的基本方式

拒绝服务攻击可以分为两类: 直接攻击(Direct Attacks)和反射攻击(Reflector Attacks),如图 12.12 所示。

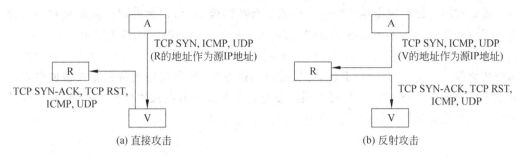

图 12.12　两种类型的拒绝服务攻击

1. 直接攻击

直接攻击是攻击者直接向被攻击主机发送大量攻击分组。攻击分组可以是各种类型，比如 TCP、ICMP 和 UDP，也可以是这些分组的混合。使用 TCP 作为攻击分组时，最常见的攻击方式是 TCP SYN 泛洪（SYN Flooding），这种攻击利用了 TCP 的三次握手机制。使用这种攻击方式的攻击者向被攻击主机的 TCP 服务器端口发送大量的 TCP SYN 分组。如果该端口正在监听连接请求，那么被攻击主机将通过发送 SYN-ACK 分组对每个 TCP SYN 分组进行应答。由于攻击者发送的分组源地址往往是随机生成的，因此，SYN-ACK 分组将被发往对应随机源地址的主机 R，当然也就不可能建立 TCP 连接。直接攻击如图 12.12(a)所示，其中 A 表示攻击者，V 表示被攻击者，R 表示攻击者分组源地址对应的主机。这种情况下服务器一般会重试（再次发生 SYN-ACK 给客户端）关闭并等待一段时间后丢弃这个未完成的连接，这段时间长度称为 SYN 超时周期（SYN Timeout），一般来说，这个时机是分钟的数量级（大约 30 秒到 2 分钟）。一个用户出现异常导致服务器的一个线程等待一分钟并不是什么大问题，但如果有一个恶意攻击者大量模拟这种情况，服务器端将为了维护一个非常大的半开连接（Half-Open Connections）列表而消耗非常多的资源（数以万计的半开连接），即使是简单的保存并遍历也会消耗非常多的 CPU 时间和内存，何况还要不断地对这个列表中的 IP 地址进行 SYN-ACK 的重试。实际上如果服务器的系统足够强大，服务器也将忙于处理攻击者伪造的 TCP 连接请求而无暇理睬客户的正常请求（毕竟在被攻击时客户端的正常请求比率非常之小），此时从正常客户的角度来看，作为被攻击主机的服务器失去响应，也就是说，服务器受到了拒绝访问攻击。

另一种基于 TCP 的攻击是用大量分组消耗被攻击主机输入链路的带宽，这时被攻击主机只会对 RST 分组做出响应，也发出 RST 分组并导致某个正常连接被切断，正常连接的客户端将再次发起连接，导致情况进一步恶化。ICMP 分组（echo requests 和 timestamp requsts）和 UDP 分组也可以用来进行这种带宽攻击，这时被攻击主机通常会发回 ICMP 应答、错误消息和相应的 UDP 分组作为响应。一般来说，通过 SYN-ACK 分组的异常增加客源判断出系统是否遭受了 SYN 泛洪攻击。

在进行直接攻击之前，攻击者首先建立一个 DoS 攻击网络，攻击网络由一台或多台攻击主机、一些控制傀儡机和大量的攻击傀儡机组成，如图 12.13 所示。攻击主机是攻击者实际控制的主机，攻击者通过攻击主机运行扫描程序来寻找有安全漏洞的主机并植入

DoS 傀儡程序。每台攻击主机控制一台或多台控制傀儡机,每台控制傀儡机又和一组攻击傀儡机相连。当攻击网络准备就绪后,攻击主机就可以向控制傀儡机下达攻击命令了,攻击命令包括被攻击主机的 IP 地址、攻击的周期和攻击的方法等内容。攻击主机和控制傀儡机之间的通信是基于 TCP 的,在接受攻击命令后,控制傀儡机将通知攻击傀儡机展开攻击。目前的 DoS 攻击工具可以同时发起对多个被攻击主机的攻击,并且针对不同的被攻击主机可以采取不同的攻击分组类型。

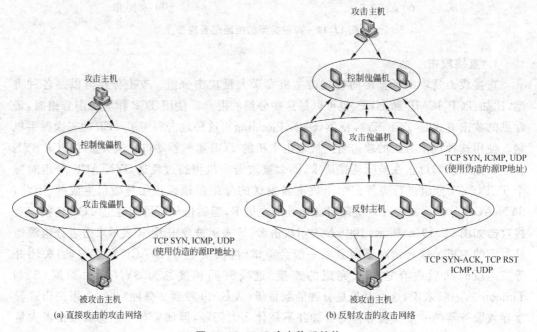

图 12.13　DoS 攻击体系结构

2. 反射攻击

反射攻击是一种间接攻击,在反射攻击中,攻击者利用中间结点(包括路由器和主机,又称反射结点)进行攻击。攻击者向反射结点发送大量需要响应的分组,并将这些分组的源地址设置为被攻击主机的地址。由于反射结点并不知道这些分组的源地址是经过伪装的,反射结点将把这些分组的响应分组发往被攻击主机,如图 12.12(b)所示。真正发往被攻击主机的攻击分组都是经过反射结点反射的分组,如果反射结点数量足够多,那么反射分组将淹没被攻击主机的链路。

反射攻击并不是一种全新的攻击方法。Smurf 就是一种传统的反射攻击。Smurf 攻击通过向被攻击主机所在的子网的广播地址发送 ICMP 的 echo request 分组(也就是 ping 包)来触发。该 ICMP 分组的源地址被设置为被攻击主机的源地址。这样,子网中的每台主机都会向被攻击主机发回响应分组导致被攻击主机的拥塞。严格的说,Smurf 并不是 DDoS 攻击,因为攻击源(反射结点)位于攻击者所在的子网。Smurf 攻击可以通过过滤发向子网广播地址的分组来进行防范。

由此可见,反射攻击是基于反射结点为了响应收到的分组而生成新的分组的能力来进行。因此,任何可以自动生成分组的协议都可以用来进行反射攻击。这样的协议包括

TCP 协议、UDP 协议、ICMP 协议和某些应用层协议。当使用 TCP 分组进行攻击时,反射结点将对 SYN 分组响应 SYN-ACK 分组或者是 RST 分组。当反射结点发出大量的 SYN-ACK 分组时,它实际上也是一个 SYN 泛洪攻击的被攻击主机,因为它也维护了大量的半开连接。当然,反射结点的情况比直接攻击中的被攻击主机要好一点,因为每个反射结点只对整个攻击做一部分贡献。另外,和 SYN 泛洪攻击相比,这种 SYN-ACK 泛洪攻击并不会耗尽被攻击主机接受新连接的能力。因为攻击的目标主要是耗尽被攻击主机网络链路的带宽。

除了 ICMP echo 报文之外,其他的 ICMP 错误报文也可以被攻击者用来进行反射攻击。例如,攻击分组中可以包含当前没有使用的目的端口号,这就会触发主机发出 ICMP 端口不可达报文。攻击分组可以使用非常小的生存时间 TTL,这可以触发路由器发出 ICMP 超时报文。还可以使用更具攻击性的带宽放大策略,例如可以采用 DNS 递归查询作为攻击分组,从而触发分组长度更长的反射分组。这些攻击方法如表 12-3 所示。

表 12-3　反射攻击方法

攻击方法	攻击者发送给反射结点的分组 (被攻击主机的地址是源地址)	反射结点发往被攻击主机 的响应分组
Smurf	发往子网广播地址的 ICMP echo 请求	ICMP echo replies
SYN 泛洪	发往公用的 TCP 服务器(如 Web 服务器)的 TCP SYN 分组	TCP SYN-ACK 分组
RST 泛洪	发往不处于监听状态的 TCP 端口的 TCP 分组	TCP RST 分组
ICMP 泛洪	ICMP 请求(通常是 echo 请求) 发往不处于监听状态的 UDP 端口的 UDP 分组 带有很小的 TTL 值的 IP 分组	ICMP 响应(通常是 echo 响应) ICMP 端口不可达报文 ICMP 超时报文
DNS 响应泛洪	发往 DNS 服务器的 DNS 递归查询	DNS 响应(一般分组大小大于 DNS 查询)

反射攻击的攻击体系结构与直接攻击很类似,当然,两者也存在重要的区别。主要是发起反射攻击之前,必须有一组预先确定的反射结点,可能包括 DNS 服务器、HTTP 服务器和路由器。攻击分组的数量就由反射结点的数量、分组发送速率和反射分组的大小决定。而在直接攻击中,攻击分组的数量由攻击傀儡机的数量决定。在反射攻击中,反射结点的物理位置可能更加分散,因为攻击者并不需要在反射结点上运行傀儡程序。另外,在反射攻击中,攻击分组实际上是正常的 IP 分组,具有合法的 IP 地址源和分组类型。因此,基于地址欺骗的分组过滤技术和基于路由的 DoS 检测机制就很难发挥作用。

3. 攻击分组的数量

在 SYN 泛洪攻击中,每个半开连接在断开之前都需要保持一段时间。如果被攻击主机的资源可以允许 N 个半开连接,那么就可以用 $G/D/\infty/N$ 队列模型来描述其处理到达的 SYN 分组的能力,其中 G 是 SYN 分组的广义到达过程,D 表示每个半开连接在没有收到第三次握手消息的情况下的超时时间。使用这个有限容量的无限服务器队列模型可以计算出能够耗尽服务器资源的最小的 SYN 分组速率。图 12.14 给出了 3 种类型服务器的计算结果。

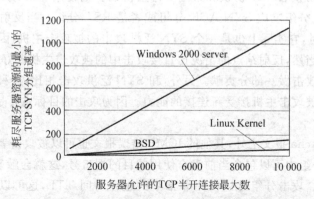

图 12.14   SYN 泛洪攻击中最小 SYN 分组速率

这 3 个系统都采用了类似的指数后退机制来重传可能丢失的 SYN 分组。BSD 系统设置的重传超时时间分别为 6s、24s 和 48s，也就是在 78s 后放弃重传。而 Linux 和 Windows 2000 就会断开连接。而 Linux 则允许 7 次重传，也就是需要 309s 才会断开连接。

基于上述半开连接的保持周期，可以看出 Windows 2000 系统对 SYN 泛洪攻击具有更好的防御能力。也就是说，想耗尽 Windows 2000 的资源需要更高的 SYN 分组速率。假设每个 SYN 分组长度为 84 字节（包括以太帧头），那么 56Kbps 的连接就足够耗尽 Linux 和 BSD 系统的资源（N≤6000）。如果链路速率达到 1Mbps，那么 3 种服务器的资源都会被耗尽（N≤10 000）。在反射攻击方式中，SYN-ACK 攻击也是很有效率的，因为反射结点会自动多次发送 SYN-ACK 消息，尤其是采用 Linux 服务器作为反射结点时情况更为严重。在目的是为了阻塞被攻击主机的网络链路的 ICMP ping 包泛洪攻击中，大约需要 5000 台攻击傀儡机以每秒钟一次查询的速度发送攻击分组才能阻塞被攻击主机的网络链路。如果采用反射攻击方式，那么反射结点的数量仍然是 5000，但是攻击傀儡机的数量则大大减少了，因为每台攻击傀儡机可以向大量反射结点发送 ICMP echo 请求。

12.5.3   拒绝服务攻击的防范

拒绝服务攻击的防范是一个非常困难的问题，目前还没有很好的解决方案。如果从攻击的过程来分析，可以设置 3 条防线来防范攻击。首先是做好攻击的预防工作，其次是在攻击发生时能够迅速进行攻击检测并实施过滤，第三是在攻击过程中或者攻击结束后进行攻击源追踪和标识。这 3 条防线必须协同工作以取得最佳防范效果。

为了发起 DoS 攻击，攻击者必须能够找到许多台控制傀儡机和攻击傀儡机，并在上面运行攻击程序。过去，这通常需要花费几个月的时间，然而，近年来僵尸网络的发展为 DoS 提供了便利。如果每个用户和管理员都能增强安全意识，定期扫描系统，发现不明进程后尽快处理，就可以大大地降低攻击发生的可能性。另一方面，ISP 也应该经常监控网络流量以发现已知的攻击分组。目前，DoS 的攻击预防工作还很不够，网络上的大部分用户还没有很高的安全意识,ISP 也没有动力去监控数据流量。这就对后两条防线提出了更高的要求。然而,僵尸网络和地址欺骗技术在 DoS 的应用增加了对攻击源追踪的困难,如果路由器能根据分组到来的方向或在分组经过路由器时添加的路径标记来确定分组的源地址,那么就很容易识别伪造的源地址。这样做虽然增添了路由器的负担,但它可以很快识别伪造源的分组,并在它们造成影响之前阻断,而且容易进行攻击源的追踪。例如,非常有名的 SAVE、BASE、Ingress/Egress 过滤、SPM、Passport、StackPi、DPM 和 PPM 等都是基于这一思想实现的。

1. 安全覆盖网服务的防范思想

安全覆盖网服务(Secure Overlay Service,SOS)是防范 DoS 攻击的一个典型策略,DoS 利用覆盖网络控制经过授权的合法用户访问目标,而非授权的攻击者则不能到达目标。具体步骤如下。

(1)靠近目标的路由器基于 IP 地址进行分组过滤,来自合法用户的 IP 地址允许通过,非法用户禁止通信。但是当非法用户使用 IP 地址欺骗进行攻击时,无法进行检测。另一方面,合法用户可能由于移动 IP 地址发生改变,系统也无法正常识别。

(2)在过滤区域外,使用代理服务器完成访问控制,代理仅转发来自合法用户的分组,过滤器仅允许来自代理的分组通过。但是代理引入了新的问题,攻击者可以伪造代理地址进行通信,或者利用 DoS 攻击阻止合法用户的通信。

(3)使用多个代理进行秘密转发。系统创建多个代理,由目标主机指定一组代理为秘密转发者(仅秘密转发者自己知道自己的身份)。过滤器仅允许秘密转发者的分组通过,用户发送消息到目标主机时,首先将消息发送给任意的代理,然后代理在代理之间随机路由分组,如果目标代理为秘密转发者,它将消息再转发给目标。使用这种方式,攻击者无法确定攻击的目标(代理),而同时攻击所有的代理则开销太大或者根本无法完成。

2. 拒绝服务攻击检测的进一步研究

可以说,拒绝服务攻击是互联网最难解决的问题之一,它的产生根源在于互联网本身的开放性。由于互联网用户数量众多,总有一部分用户安全意识薄弱,这也给攻击者带来了可乘之机。理论上说,直接攻击可以通过同时采取的输入分组过滤能很好地防范,但实际中几乎不可能在互联网上同时部署这么多的分组过滤器。互联网防火墙策略是目前看来比较好的防范攻击方案。另外,反射攻击还没有得到很好的解决,SOS 可以起到一定的效果,实际效果如何还需要进一步验证。

除了 DoS 攻击外,攻击者还在不断地设计出新的攻击方式,例如 DeS(Degradation of Service)。DeS 通过一次使用一组攻击傀儡主机在一小段时间内进行集中攻击的攻击方式,目的是降低服务器的性能,而不是使服务器彻底丧失服务能力。由于 DeS 攻击的攻击时间短,流量相对于 DoS 要小,而且在攻击过程中攻击者还可以不断更换攻击傀儡机,这都增大了对 DeS 攻击的防范难度。

总的来说,拒绝服务攻击防范任重道远,需要用户、网络管理员和 ISP 的共同努力。一方面用户需要提高安全意识,防止系统被攻击者利用,管理员也需要切实负起责任。另一方面,需要 ISP 之间的通力合作。拒绝服务攻击检测和过滤中的相关理论和实践问题也需要研究人员付出更大的努力去研究解决。

12.6 恶意软件和僵尸网络

12.6.1 恶意软件的发展状况

多年来,恶意软件(广义上的计算机病毒)正日趋严重地危害计算机系统以及网络安全。有别于传统的计算机病毒,广义上的计算机病毒包括传统病毒、蠕虫和木马等所有恶意软件,它是指具有恶意和入侵特性的软件和程序代码,其设计目的是为了实施干扰和阻断进程、获取和泄露用户隐私、非法访问系统资源以及其他非法行为。

随着互联网应用的不断推广,恶意软件的数量呈现不断高速增长的趋势。据赛门铁克公司统计,2007年年内新增的恶意软件总数相对于过去20年所有恶意软件的总和。图12.15是对已识别的恶意软件数量的分类统计结果,其中最大的是特洛伊木马,约占总量的70%,其后依次是病毒、蠕虫、广告软件、后门和间谍软件等。

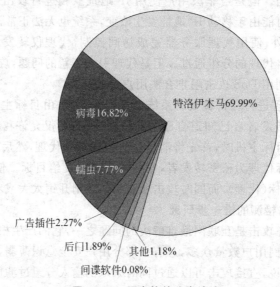

图 12.15 恶意软件分类统计

12.6.2 传统计算机病毒

计算机病毒是一种程序,它可以感染其他程序,感染的方式是在被感染程序中加入计算机病毒的一个副本,这个副本可能是在原病毒基础上演变过来的。正如在生物活细胞内寄生并以复制方式增殖的微生物病毒一样,计算机病毒附着在宿主程序中,以复制方式不断感染新的宿主,其感染目标可能是可执行程序、引导区以及支持宏命令的文档,并利用宿主文件或移动传输介质传播到新的计算机系统。

1. 病毒的工作机制

传统病毒最常见的感染方式是附着在可执行文件上,一旦用户运行被感染的可执行文件,病毒就可以被激活。病毒可感染多种操作系统的可执行文件,包括 UNIX 系统下的二进制文件和多种脚本文件、Windows 系统下的.com 和.exe 文件,以及可执行文件的链接文件。利用前置感染和附加感染技术,多数病毒只是依附在宿主程序上,而不破坏可执行文件。

病毒的第二类感染方式是附着在计算机磁盘的某一个引导区中,在操作系统的启动过程中,计算机首先启动 BIOS 程序,执行本机的第一个硬盘的第一个分区(也称引导分区)中的“主引导记录”程序,再由本程序引导启动“分区引导区”,并由嵌入分区引导区中的程序定位操作系统。该类病毒正是利用主引导区和分区引导区的可执行特点感染这两类引导区,并在操作系统启动过程中启动自身。值得注意的是,为提高病毒自身的传播能力,引导区病毒除了感染硬盘引导区外,还可以感染 U 盘、软件和光盘的引导区。

病毒的最后一类感染目标是一些支持宏的文档或模板。宏是为了增强应用程序功能而被嵌入文档或模板中的命令,常见支持宏的产品有：Word、Excel、PowerPoint 等微软的 Office 系列产品,以及 AutoCAD 绘图工具软件,由这些软件生成的文档可能会成为此类病毒的攻击目标。为便于被触发运行,通常病毒包含多个子例程,这些例程的名字对于受攻击软件具有特殊意义,比如“Document_Open()”,当受感染的文档被打开时,Word 会执行该例程,从而触发病毒。

在病毒传播方面,一旦病毒被触发,它将自行寻找和感染宿主,在操作系统内不断传播,破坏计算机软硬件,占用系统资源,影响计算机正常工作。病毒感染新的操作系统和主机的主要方式包括移动存储、电子邮件、网络下载和共享目录等。

软件、光盘和闪存等多种移动存储介质都可以成为病毒传播的载体,一旦人们利用这类介质交换文件,病毒就可以利用这些受感染的文件实现传播。病毒甚至可以感染这些介质的引导区,在这种情况下,只要受感染介质插入其他计算机,并以“我的电脑”或自动播放等模式打开,病毒就可以迅速感染新的操作系统。

随着互联网的不断普及,网络已成为病毒传播的主要媒介,其传播方式主要是电子邮件和网络下载。普通的电子邮件不能携带可执行代码,病毒主要利用电子邮件的附件实现传播,另外利用 Web 服务器下载的程序软件和文件都可能已经被病毒感染。

共享目录,特别是多人共享的文件服务器是病毒以及其他恶意软件传播的绝佳场所,这是因为普通用户理所当然认为文件服务器上的文件都是“干净”的,因此如果文件服务器感染病毒,用户会不加防备地下载和打开文件,造成病毒高效快速传播。

2. 病毒防御策略

理论上讲,阻止病毒的传播和感染,都能有效防止病毒入侵系统。在传播方面,慎用移动存储介质,使用前尽量搞清楚其来历,不要双击或利用“自动播放”模式,而采用“资源管理器”方式打开此类介质。只打开“可靠的”邮件附件,尽量使用授权网站上下载的程序安装软件。网络管理员确保文件服务器的系统安全以及共享目录文件无毒。在感染方面,安装杀毒软件和定期更新病毒库,可有效识别和查杀病毒。强化系统的安全设置,可以有效防止病毒的感染和传播。

值得注意的是,恶意软件制造者一直在努力规避上述防范措施,恶意软件防御和反防御之间的技术斗争将是一个长期的过程。

12.6.3　蠕虫

早期恶意代码的主要形式是计算机病毒。1988 年 Morris 爆发,研究者认为其自身的主动性和独立性有别于传统病毒,从而提出了"蠕虫"的定义。随着蠕虫开发技术的不断深入,以及人们对其认识的不断加强,研究者提出了多种蠕虫的定义。为体现新一代网络蠕虫智能化、自动化和高技术化的特征,对蠕虫比较全面的定义是:网络蠕虫是一种智能化、自动化的,综合网络攻击、密码学和计算机病毒技术,不需要计算机使用者干预即可运行的攻击程序或代码。它会扫描和攻击网络上存在系统漏洞的结点主机,通过局域网或互联网从一个结点传播到另一个结点。

由于蠕虫具有自我传播能力,因此可以实现病毒和其他恶意软件不易到达的攻击效果。首先,蠕虫可以快速控制大量攻击目标。由于蠕虫的传播过程无需用户交互,因此它可以按指数形式快速增长,攻击者可以只用几个小时就控制上万台用户主机系统。其次,蠕虫可以高效隐藏攻击者的位置。蠕虫代码是分段的,每个受控系统上运行同一个代码段,而不同的受控系统运行不同的代码段,蠕虫可以实现段与段之间的任意连接,在这种前提下,在数以万计的受控主机中找出直接受攻击者主机控制的系统,从而定位攻击者,无异于大海捞针。最后,利用蠕虫控制的大量主机,可以扩大一些网络攻击的攻击效果。例如,在分布式的拒绝服务攻击中,攻击者操控受控者主机向受害者发送数据包,单台或几台主机的访问对受害者的网络质量不会造成明显的影响,可一旦受控主机数以万计,受害者的带宽很快被大量的数据包淹没。

1. 工作机制

蠕虫与传统病毒拥有非常类似的感染机制,事实上,很多病毒同时具备病毒、蠕虫和木马的特征,例如 2001 年 9 月 8 日发行的 Nimda 病毒,有的把它归为病毒,有的把它归为蠕虫,而卡巴斯基把它同时归为病毒和蠕虫。

蠕虫与其他恶意软件相比,其最大特点在于:无需计算机使用者干预即可运行攻击程序或代码。具体来说,其传播过程可分为 4 个阶段:信息收集、扫描探测、攻击渗透和自我推进。其工作机制如图 12.16 所示。

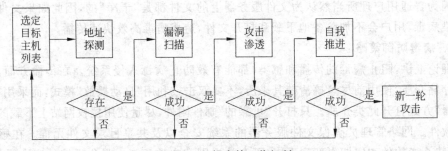

图 12.16　蠕虫的工作机制

信息收集的目的在于搜集本地和目标结点的漏洞信息;扫描探测主要完成对具体目标主机服务漏洞的检测;攻击渗透利用已发现的服务漏洞实施攻击;自我推进完成对目标结点的感染。

蠕虫利用系统漏洞进行传播首先要进行主机探测，其探测手段包括发送 ICMP Ping 包和 TCP SYN、FIN、RST 及 ACK 包。理想化的扫描策略能够使蠕虫在最短时间内找到互联网上全部可以感染的主机，加速蠕虫传播。各种扫描策略的差异主要在于目标地址空间的选择，按照蠕虫对目标地址空间的选择方式进行分类，具体策略包括：选择性随机扫描、顺序扫描、基于目标队列的扫描、分治扫描、基于路由的扫描和基于 DNS 扫描等。目前，网络蠕虫扫描的最佳选择是先采用路由扫描，再利用随机扫描。

2. 防御策略

由于网络蠕虫具有相当高的复杂性和行为不确定性，对网络蠕虫的防范需要多种技术综合应用，包括有：网络蠕虫监测与预警、网络蠕虫传播抑制、网络蠕虫漏洞自动修复和网络蠕虫阻断等。近年来的网络蠕虫检测防御技术主要包括：根据网络活动行为检测网络蠕虫、基于可编程逻辑设备构建蠕虫防范系统、基于蜜罐的蠕虫检测和防御、良性蠕虫抑制恶意蠕虫、建立疾病控制网络中心对抗网络蠕虫攻击等，这些技术都存在着自身的优点和不足。

由于网络蠕虫的种类繁多，形态千变万化，而且难以对可能出现的新型网络蠕虫进行准确预测，因此需要研究者在掌握当前网络蠕虫的实现机理基础上，加强对未来网络蠕虫发展趋势的研究，做到防患于未然。

12.6.4　特洛伊木马

在希腊神话中，木马作为进攻方的"礼物"被防守方"请"进了自己严防死守的城门，木马中的希腊战士随后打开了城门，城外的希腊大军蜂拥而入，久攻不下的特洛伊城被洗劫一空。木马程序采用同样方式，以欺骗手段越过计算机安全防线，使攻击者获取被攻计算机系统的访问权限。作为当前数量最多的恶意软件，木马一直没有一个公认的形式化定义，通常认为：木马是伪装成可以实现用户预期功能的可执行文件或安装文件，但其真实目的（除了实现用户期望功能）是为了窃取信息或损毁操作系统。

与病毒和蠕虫不同，木马通常不会自行复制，其功能与远程控制软件相似，不以破坏系统、占用资源为目的，而且其入侵和工作过程相对隐蔽，因此难以被用户识别。一些攻击者利用木马来控制其他用户的操作系统后，甚至还会为目标主机升级系统和应用程序补丁，并且清理其他可能已经提前入侵目标系统的木马，其目的是为了防止更多攻击者入侵，达到自己独享系统的目的。用户主机系统被攻击者非法入侵，其主要危害如下。

（1）利用木马攻击者可以浏览和获取受控主机上的信息，包括文档资料、照片、银行卡账号和口令、电子邮箱口令等隐私信息。

（2）利用受害者主机为跳板，攻击者可以获取更高的权限。比如一台"邪恶"国家主机可能无法直接浏览美国国防部网页上的一些受限信息，但如果这些"邪恶"国家的攻击者利用木马控制了一台美国主机，就可以间接访问美国国防部网站。

（3）受害者主机可能成为攻击者实施内网渗透的跳板。通常，企业网的进口防护严密，攻击者无法穿透企业网边界防火墙控制网内主机，但一旦利用木马控制了企业网内部某台主机，攻击者就成功绕过防火墙，直接攻击企业网内网其他主机。

（4）攻击者可以利用受害者主机实施网络攻击，并成功将攻击责任嫁祸给受害者。

1．工作机制

木马由服务端和控制端两部分组成，控制端安装在攻击者主机上，用以对安装在受害者主机上的服务端进行远程控制，并由服务端实施攻击行为。木马设计的核心技术是如何保证服务端上攻击行为不被察觉和发现，以及如何保证服务端和控制端之间的信息安全传输。

在传播方式上，木马通常不会自行复制，也不会主动传播，而是利用电子邮件、软件下载、网络钓鱼等方式传播，其传播过程主要有配置、发送和运行 3 个阶段。与传统病毒和网络蠕虫相比，木马传播最主要的特点在于它的隐蔽性。

配置的内容主要包括木马伪装和信息反馈。伪装的目的是为了尽可能隐藏木马的服务端程序，信息反馈的设置内容包括反馈方式和反馈地址，其中反馈方式可以是网页浏览，也可以是木马控制端的控制窗口，而反馈地址可以被直接设置为 IP 地址，也可以被设置为域名，再通过域名设置映射到相应的计算机系统。

木马控制者通常利用电子邮件/网页下载等方式发送木马服务端，服务端自身是可执行文件。由于接收方防火墙可能识别木马，或者拒绝接收可执行文件，发送者通常事先对服务端压缩或加壳。为防止接受者对可执行文件安全性的怀疑，发送者可能会更改服务端文件的后缀和图标。最为隐蔽的方式是把木马服务端捆绑在其他合法的可执行文件或文档文件中。此外发送者在发送挂马邮件前可能事先利用邮件或其他通信手段与受害者联系，建立信任关系，最大限度地增加接受者打开木马服务端的可能。

一旦木马服务端或其捆绑文件被受害者接收并打开，木马就会自动进行安装和启动，通过与木马控制端的远程通信实现对受害者操作系统的远程控制。为防止受害者重启系统后失效，木马通常利用 1024 以上的非常用端口或者 80 等常用端口传送数据，用户难以简单利用端口号识别。

2．防御策略

由于木马隐蔽性，其防御难度很大。除了安装杀毒软件、增强系统安全设置外，还要求用户掌握一些必要的操作系统和网络管理知识，以便能够识别木马的操作和链接行为。另外，用户还有必要掌握一些被称为"社会工程学"方面的基础知识，防止因受骗而错误接收和触发木马。

12.6.5　僵尸网络

所谓僵尸网络就是通过入侵网络空间内若干非合作用户终端构建的、可被攻击者远程控制的通用计算平台。其中，"非合作"是指被入侵的用户终端没有感知。"攻击者"是指对所形成的僵尸网络具有操控权利的控制者。"远程控制"是指攻击者可以通过命令与控制信道一对多地控制非合作用户终端。一个被控制的受害用户终端成为僵尸网络的一个结点，可称之为"僵尸主机"，俗称"肉鸡"。一个僵尸网络可以控制大量的用户终端，可以获得强大的分布式计算能力和丰富的信息资源储备，因此可能对个人用户、企业网以及整个互联网及国家安全造成严重危害。

僵尸网络对互联网个人用户安全的威胁主要包括：窃取受害主机上的用户敏感信息，利用被感染主机作为实施其他恶意行为的跳板，依托僵尸主机搭建钓鱼网站，发送垃坂邮件,投送虚假广告等行为。僵尸网络对企业互联网业务安全的威胁主要包括:以僵尸网络作为发动 DoS 的攻击平台和以僵尸网络作为散发广告业务的平台。此外,僵尸网络严重危害互联网安全并由此危机国家安全。

1. 工作机制

僵尸网络的工作过程包括传播、加入和控制 3 个阶段。

要达到预期的攻击效果,攻击者通常需要控制一定数量的受控主机,其实现手段是利用一种或多种传播手段不断扩大网络规模。当前主要的传播手段包括利用系统漏洞主动攻击、利用邮件发送病毒以及恶意脚本、特洛伊木马等。

无论被何种恶意软件感染,隐藏在恶意软件中的僵尸程序都会发作,将被感染主机加入僵尸网络中,根据控制方式和通信协议的不同,加入方式不尽一致,比如在基于 IRC 协议的僵尸网络中,感染僵尸程序的主机会登录到指定的服务器和频道中,并在频道中等待控制者发来的恶意指令。

在控制阶段,攻击者通过中心服务器发送预先定义好的控制指令,让被感染主机执行恶意行为,如发起 DoS 攻击、窃取主机敏感信息和更新升级恶意程序等。

从僵尸网络的工作过程看,僵尸网络具有网络可控、采用多种恶意传播手段、可以一对多执行相同的恶意行为等特点,而不是多个受控主机系统的简单叠加,因此能够在快速扩散的基础上实现对单台受害主机的远程控制。

2. 防御策略

对僵尸网络的研究可归纳为检测、追踪、测量、预测和对抗 5 个部分。其中,检测的目的是发现新的僵尸网络;追踪的目的是获知僵尸网络的内部活动;测量的目的是掌握僵尸网络的拓扑结构、活跃规模、完全规模和变化轨迹;预测的目的是考虑未来可能出现的攻击技术,并预先研究防御方法;对抗的目的是接管僵尸网络控制权或降低其可用性。

习　题

1. 什么是网络安全,它包含哪几方面的内容?
2. 是否有绝对安全的网络? 你是如何理解这个问题的?
3. 网络安全策略指的是什么概念?
4. 网络安全机制有几种? 各自的特点是什么?
5. 什么是公开密钥加密法? 它的数学基础是什么?
6. IPSec 主要提供了哪些功能?